高职高专土木与建筑规划教材

工程制图与 CAD

牟　明　主　编

芦金凤　马扬扬　副主编

清华大学出版社

北 京

内 容 简 介

本书是全国高职高专土木与建筑专业实用型规划教材。为更好地突出高等职业教育特色，本书将工程制图与计算机辅助设计(CAD)进行有机融合，重组了教学内容与教材体系，把制图投影理论与图示应用相结合，AutoCAD 绘图命令与绘图实例优化组合，内容注重实用性与实践性，并与职业资格证书及技能鉴定标准进行有效衔接，以满足高等职业教育对专业基础知识和专项能力的需要。

全书共分为 9 章。主要内容有：制图基本知识与技能，AutoCAD 绘图基础，正投影基础，立体的投影，轴测投影图，工程形体的表达方法，钢筋混凝土结构图，道路、桥涵与隧道工程图和房屋建筑工程图。

本书内容由浅入深、图文并茂，文字叙述简练严谨、通俗易懂，符合学生的认知规律，可作为高职高专、职工大学、函授大学、电视大学土建及各相关专业教材，也可供相关专业的工程技术人员学习参考。此外，本书将随书赠送《工程制图与 CAD 习题集》供学习者使用。

图书在版编目(CIP)数据

工程制图与 CAD/牟明主编. —北京：清华大学出版社，2018（2021.8 重印）
(高职高专土木与建筑规划教材)
ISBN 978-7-302-50784-0

Ⅰ. ①工…　Ⅱ. ①牟…　Ⅲ. ①工程制图—AutoCAD 软件—高等职业教育—教材　Ⅳ. ①TB237

中国版本图书馆 CIP 数据核字(2018)第 178790 号

责任编辑：梁媛媛
装帧设计：刘孝琼
责任校对：李玉茹
责任印制：宋　林
出版发行：清华大学出版社
网　　址：http://www.tup.com.cn, http://www.wqbook.com
地　　址：北京清华大学学研大厦 A 座　　邮　　编：100084
社 总 机：010-62770175　　邮　　购：010-62786544
投稿与读者服务：010-62776969, c-service@tup.tsinghua.edu.cn
质量反馈：010-62772015, zhiliang@tup.tsinghua.edu.cn
课件下载：http://www.tup.com.cn, 010-62791865
印 装 者：北京嘉实印刷有限公司
经　　销：全国新华书店
开　　本：185mm×260mm　　印　张：22.75　　字　数：550 千字
版　　次：2018 年 9 月第 1 版　　印　次：2021 年 8 月第 5 次印刷
定　　价：66.00 元(全两册)

产品编号：077827-02

前　言

本书按照教育部对高职高专土建类专业学生的培养目标要求而编写，是全国高职高专土木与建筑专业实用型规划教材。

本书在编写过程中，编者根据高职高专的特点，从培养应用型人才这一目标出发，本着“以应用为目的，以必需、够用为度”的原则编写，主要特点如下。

(1) 围绕培养学生的职业技能这条主线来设计教材的结构、内容和形式，并与职业资格证书及技能鉴定标准进行有效衔接。

(2) 将工程制图与计算机辅助设计(CAD)进行有机融合，内容注重实用性与实践性。合理安排基础知识和实践知识的比例，强调专业技术应用能力的训练，适度增加实践环节，将“教、学、做、练”融为一体。

(3) 教学性强，符合高职学生的学习特点和认知规律。对基本理论和方法的论述力求浅显易懂，简明扼要，直观通俗。结构上加强导学、助学环节，引导学生主动学习，有利于学生学习能力的培养。

(4) 教材内容紧随现代技术的发展而更新，及时将新知识、新技术、新案例和新标准等引入教材，并根据课程内容的需要，将部分标准分别编排在相关的章节中，以方便学生查阅并有利于树立其贯彻最新国家标准的意识。

(5) 在绘图技能方面，从手工绘图所用的绘图工具和用品的使用入手，逐步介绍徒手作图的要领、计算机绘图的方法与技巧等，使学生能获得当代工程技术人员所应具备的基本技能与技巧。

(6) 注重立体化教材建设。增加配套习题集与电子课件等教学资源，以满足教学、自学和复习等多方面的需要。

本书由山东职业学院牟明任主编，济南工程职业技术学院芦金凤、山东职业学院马扬扬任副主编，山东职业学院郭忠相、山东协和学院封妍、山东职业学院刘力、济南市技师学院逄锦彦参编。本书绪论及第1、2、7、9(9.5)章由牟明编写；第3、4章由芦金凤编写；第9章(9.1～9.4)由马扬扬编写；第5章由郭忠相编写；第6章由封妍编写；第8章(8.2～8.4)由刘力编写；第8章(8.1)由逄锦彦编写；全书由牟明统稿。

由于编者水平所限，书中难免有不当之处，恳请广大读者批评指正。

编　者

目　录

绪　论

在现代化生产中，一切工程建设都离不开图样，而“工程制图与 CAD”就是研究工程图样的绘制与识读规律以及用计算机绘图的一门课程。

1．工程图样及其在工程建设中的作用

工程图样是一种以图形为主要内容的技术文件，用以表达工程实体的形状、大小、所用材料以及加工和施工时的技术要求等。工程图样示例如图 0-1、图 0-2 所示。

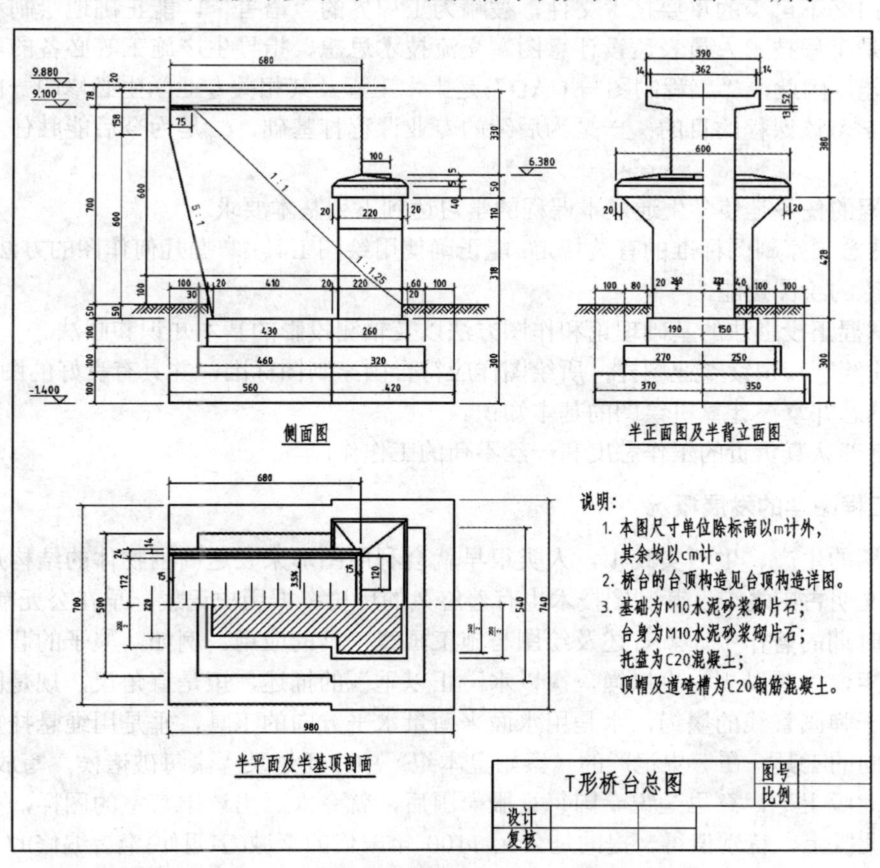

图 0-1　工程图样示例——T 形桥台总图

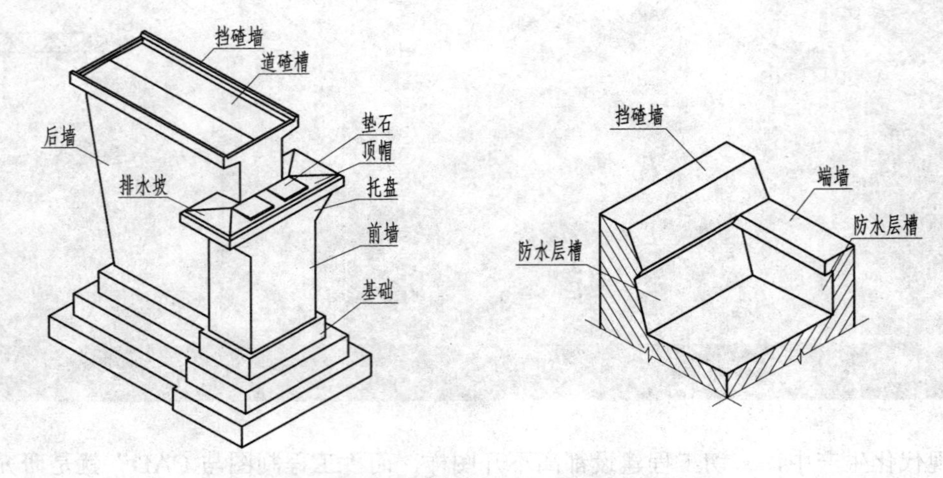

图 0-2　工程图样示例——T 形桥台轴测图

土木工程包括房屋建筑、公路与城市道路、桥梁、涵洞与隧道以及岩土工程、铁路工程等各专业的工程建设，都是先由设计人员用图样表达出设计意图，施工建造部门依据图样进行建造、施工。另外，运用维修、技术交流等也都离不开图样。因此，工程图样是工程技术部门必不可少的重要技术文件，被喻为工程界的“语言”。能正确地绘制和阅读工程图样，是工程技术人员表达设计意图、交流技术思想、指导生产施工等必备的基本知识与基本技能，因此，“工程制图与 CAD”是土木工程及其相关专业学生必修的一门重要的基础课。学习该课程的目的：一是为后续的专业课程打基础，二是为今后能胜任本职工作创造条件。

本课程的任务是使学生通过本课程的学习达到下列基本要求。

(1) 熟悉国家制图标准的有关规定；能正确使用绘图工具；掌握几何作图的方法和步骤，获得较熟练的绘图技能。

(2) 掌握正投影法的基础理论和作图方法以及轴测投影的基本知识和画法。

(3) 能绘制和识读专业图样；所绘图样应符合国家制图标准，并具有良好的图面质量。

(4) 熟悉并掌握计算机绘图的基本知识。

(5) 培养认真负责的工作态度和一丝不苟的工作作风。

2. 工程图学的发展概况

在长期的生产、生活实践中，人类很早就会利用图形来表达周围物体的结构形状。我国是世界文明古国之一，其制图技术也有着悠久的历史。据历史记载，早在公元前 5 世纪春秋战国时期的著作中，就曾述及绘图与施工画线工具的应用。例如，墨子的著述中就有“为方以矩，为圆以规，直以绳，衡以水，正以垂”的描述，矩是直角尺，规是圆规，绳是木工用于弹画直线的墨绳，水是用水面来衡量水平方向的工具，垂是用绳悬挂重锤来校正铅垂方向的工具。在《史记》的《秦始皇本纪》中，还述及“秦每破诸侯，写放其宫室，作之咸阳北阪上”，意思是说秦国每征服一国后，就令人画出该国宫室的图样，并照样建造在咸阳北阪上。特别值得一提的是公元 1100 年宋代的李诫(字明仲)奉旨编修的《营造法式》(见图 0-3)一书，该书是一部集建筑技术、艺术和制图于一身的建筑典籍。全书共 36 卷，其中 6 卷是图样(包括平面图、轴测图、透视图)。这是一部闻名世界的建筑工程巨著，书中用了大量的插图来表达复杂的建筑结构，所用的图示方法与现代土木工程制图所用的颇为相似(图 0-4 所示为《营造法式》中的一些图样)，这在当时是非常先进的。

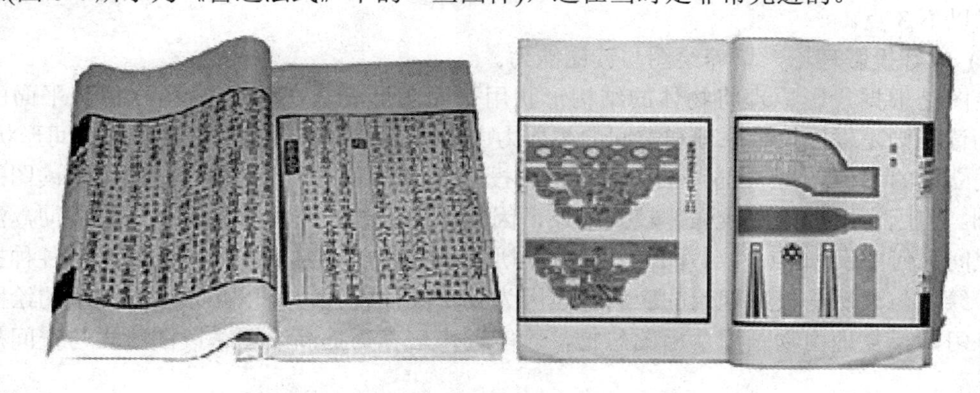

图 0-3 《营造法式》的文字部分和图示部分

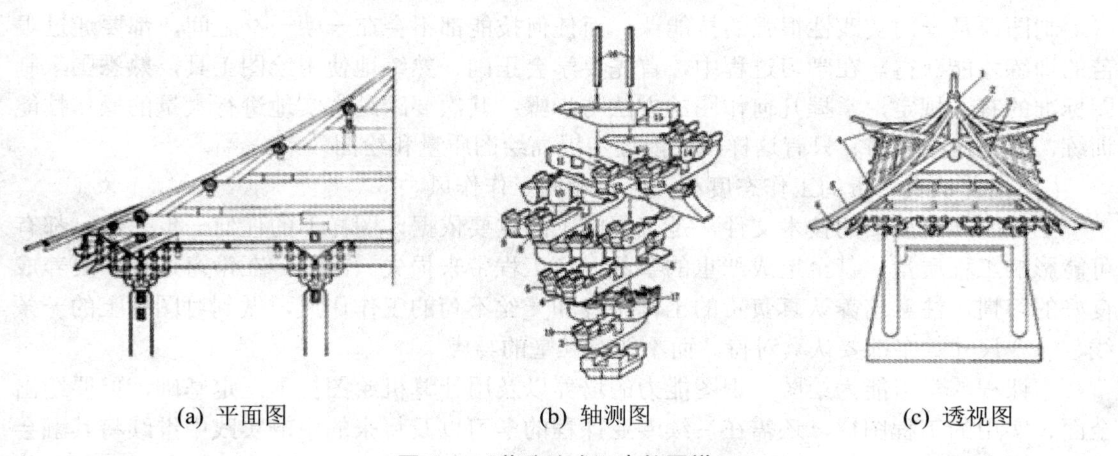

(a) 平面图　　(b) 轴测图　　(c) 透视图

图 0-4 《营造法式》中的图样

经过长期的实践和研究，人们对工程图样的绘制原理和方法有了广泛深入的认识。1775 年，法国数学家、教育学家蒙日创立了《画法几何》，该书系统地阐述了各种图示、图解的基本原理和作图方法，对工程图学的建立和发展起到了重要的作用。

目前，工程图样已广泛应用于各个领域。为了使这种“语言”规范化，我国分别制定了建筑、机械、道路及其他各个专业的制图标准，并不断修订完善，而且正在逐步与世界各国和行业组织的制图标准进行协调和统一。

随着科学技术的不断发展，制图理论、制图技术及其应用都得到了相应的发展，制图工具和手段也在不断更新。现在，工程图学已发展成为一门理论严密、内容丰富的综合性学科，包括图学理论、制图技术、制图标准等方面。而计算机图形学的建立和应用，则是工程图学在近代最重要的进步和发展。与传统的手工绘图相比，计算机绘图具有速度快、精度高、图样规范化等优点，因此已在航空航天、建筑、机械、气象、地质、电子、轻纺等领域得到了广泛应用。

3．本课程的特点、学习方法及要求

本课程是一门既有抽象的投影理论，又有很强实践性的技术基础课。要学好该课程必须注意以下 3 点。

(1) 学好投影理论，培养绘图与读图能力。

绘图是根据投影原理将物体的结构形状用平面图形表达在图纸上(由立体到平面的过程)；而读图则是根据投影原理和空间的想象力由平面图形想象出所表达物体的空间形状(由平面到立体的过程)。绘图与读图都需要运用投影理论，因此，投影理论是绘图与读图的理论基础。但因为其理论性较强，较为抽象，因而在学习时必须将有关概念理解透彻，注意弄清空间几何要素(如点、线、面等)与平面图形的对应关系，掌握空间几何要素的各种投影特性。绘图与读图是投影理论的应用，也因为其实践性较强，所以必须通过大量的绘图与读图练习，反复地由物画图、由图想物，才能逐步培养与提高绘图、读图能力与空间想象能力。

(2) 练好绘图基本功，掌握绘图基本技能。

制图课是一门实践性很强的技能课，而任何技能都不会在一朝一夕之间，都要通过艰苦的训练才能获得。在学习过程中，首先要学会正确、熟练地使用绘图工具，熟悉国家制图标准的有关规定，掌握几何作图的方法与步骤；其次要踏踏实实地进行大量的操作技能训练，掌握作图技巧。只有这样，才能逐步提高绘图质量和绘图效率。

(3) 培养认真负责的工作态度和一丝不苟的工作作风。

工程图样是重要的技术文件，是工程施工的重要依据，图样上的任何一点差错，都有可能影响工程质量，甚至造成严重的事故，给工程带来损失。因此，在学习过程中要养成良好的习惯，注意培养认真负责的工作态度和一丝不苟的工作作风，做到对图样上的一条线、一个尺寸数字都要认真对待，而不能有丝毫的马虎。

本课程的学习能为绘图、识图能力的培养以及用计算机绘图打下一定基础，但要绘出全面、实用的工程图样，还需在后续专业课程的学习以及将来的生产实践中继续将其融会贯通，只有这样，才能真正完成工程制图与识图的训练。

第 1 章　制图基本知识与技能

本章要点

- 绘图工具的使用方法。
- 国家制图标准的有关规定。
- 几何作图的方法。
- 平面图形的画法。

本章难点

- 平面图形的分析及画法。

工程图样是现代工业生产中必不可少的技术资料，每一位工程技术人员都应熟悉和掌握有关制图的基本知识与技能。本章将着重介绍绘图工具和用品的使用、国家制图标准的有关规定、几何图形的作图方法以及平面图形的基本画法等。

1.1　绘图工具及用法

“工欲善其事，必先利其器”，正确地使用与维护绘图工具和仪器，是提高绘图质量和速度的前提，因此必须熟练掌握绘图工具和仪器的使用方法。手工绘图所用绘图工具的种类很多，本节仅介绍常用的绘图工具和用品。

1.1.1　图板、丁字尺和三角板

图板用于铺放图纸，其表面要求平整、光洁。图板的左、右侧为导边，必须平直。

丁字尺用于绘制水平线，使用时应将尺头内侧紧靠图板左侧导边上下移动，自左向右画水平线，如图 1-1 所示。

三角板用于绘制各种方向的直线。其与丁字尺配合使用，可画垂直线以及与水平线成 15° 倍数的斜线，如图 1-2 所示。用两块三角板配合使用还可以画任意已知直线的平行线和垂直线，如图 1-3 所示。

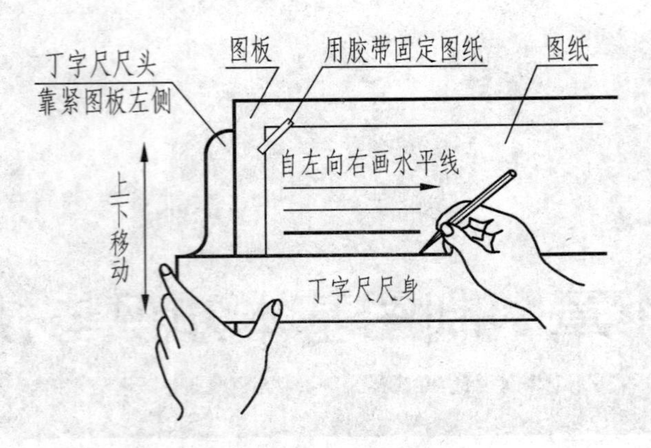

图 1-1 用丁字尺画线

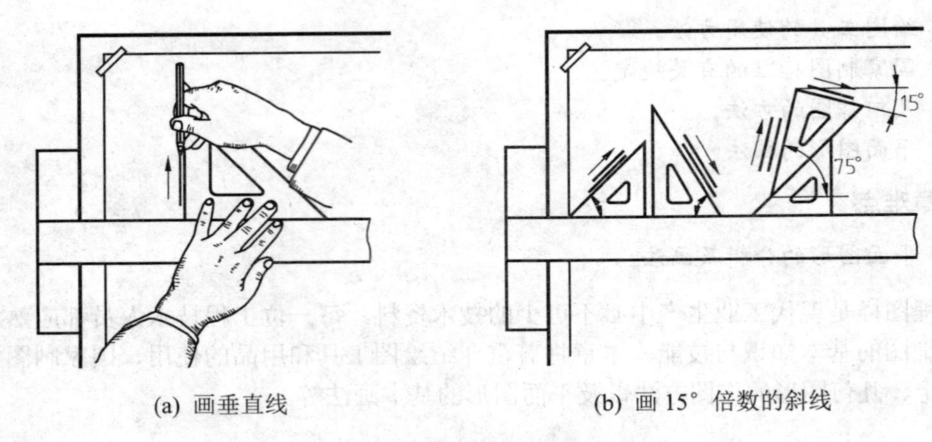

(a) 画垂直线　　(b) 画 15° 倍数的斜线

图 1-2 用丁字尺和三角板配合画线

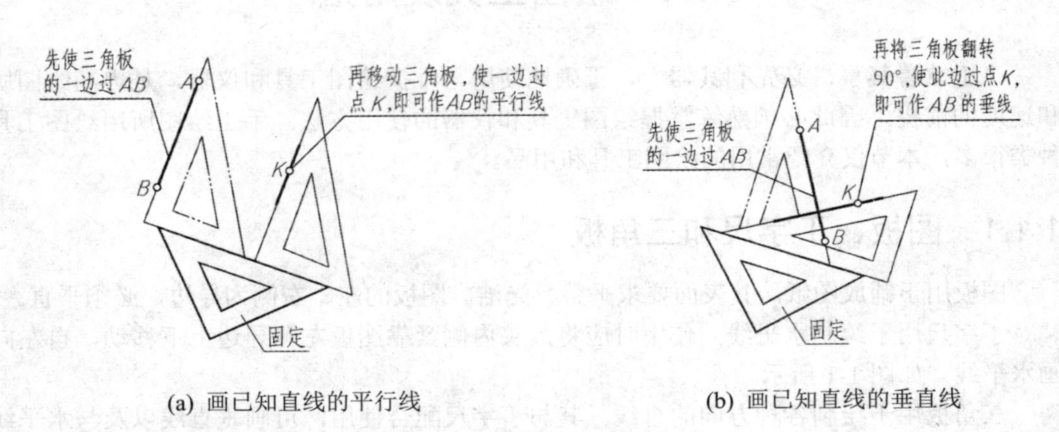

(a) 画已知直线的平行线　　(b) 画已知直线的垂直线

图 1-3 用两块三角板配合画线

1.1.2 圆规和分规

圆规用于画圆和圆弧。圆规的其中一条腿装有带台肩的钢针，用来固定圆心；另一条

腿的端部可按需要装上有铅芯的插腿或钢针(作分规时用)。当钢针插入图板后，钢针的台肩应与铅芯尖端平齐，并使笔尖与纸面垂直[见图 1-4(a)]。画圆时，转动圆规手柄使圆规向前进方向稍微倾斜，均匀地沿顺时针方向一笔画成[见图 1-4(b)]。画大圆时，应使圆规两脚都与纸面垂直[见图 1-4(c)]。

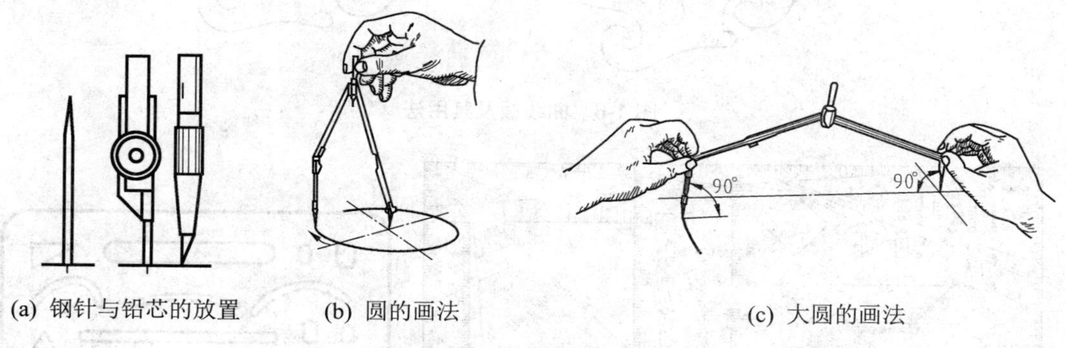

图 1-4　圆规的用法

分规用于量取尺寸和等分线段。使用前先并拢两针尖，检查是否平齐，用分规等分线段的方法如图 1-5 所示。

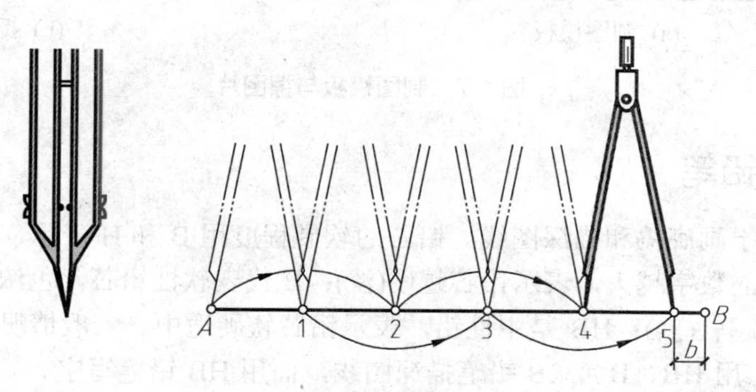

图 1-5　分规的用法

1.1.3　曲线板、制图模板和擦图片

曲线板是画非圆曲线的工具，其轮廓线由多段不同曲率半径的曲线组成，如图 1-6 所示。使用曲线板时，应根据曲线的弯曲趋势，从曲线板上选取与所画曲线相吻合的一段进行描绘。每个描绘段应不少于 3～4 个吻合点，吻合点越多，画出的曲线越光滑。每段曲线描绘时应与前段曲线重复一小段(吻合前段曲线后部约两个点)，这样才能使曲线连接得光滑流畅。

把图样上常用的一些符号、图例和比例等，刻在透明的有机玻璃薄板上，制成模板使用可以提高绘图速度和质量。如图 1-7(a)所示为一种类型的制图模板。

擦图片是用薄塑料片或金属片制成的，其上有各种形状的镂孔[见图 1-7(b)]。当需要从图上擦掉错误的或多余的图线时，可将需要擦掉的部分从适宜的镂孔中露出，然后再用橡皮擦拭，这样可起到保护相邻有用图线的作用。

图 1-6　曲线板及其用法

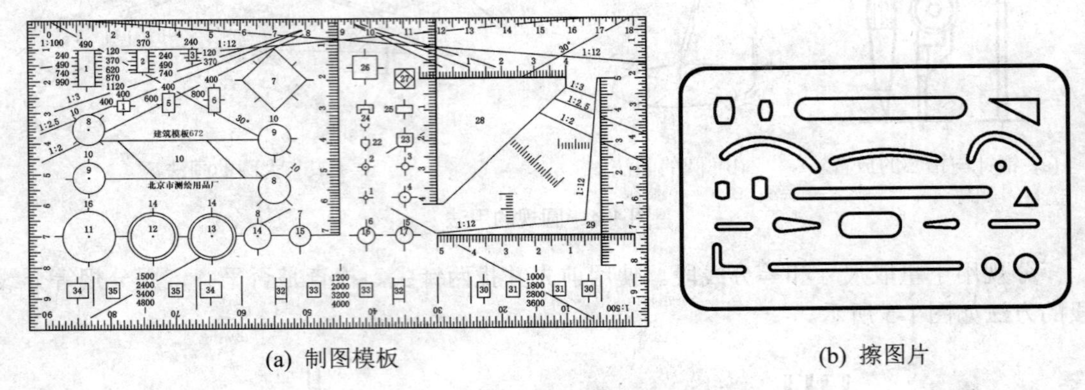

(a) 制图模板　　　　(b) 擦图片

图 1-7　制图模板与擦图片

1.1.4　绘图铅笔

绘图铅笔用于画底稿和描深图线。铅芯的软硬程度用 B 和 H 表示，H 代表硬性铅芯，色浅淡，H 前面的数字越大，表示铅芯越硬(淡)；B 代表软性铅芯，色浓黑，B 前面的数字越大，表示铅芯越软(黑)；HB 是中性铅，表示铅芯软硬适中。一般情况下，建议用 2H 或 3H 铅笔画底稿，用 HB、B 或 2B 铅笔描深图线，而用 HB 铅笔写字。

绘图铅笔应从有软硬度符号的另一端开始使用，以便能辨识铅芯的软硬度。绘图铅笔的削法如图 1-8 所示。画底稿线、注写文字用铅芯可磨成锥形[见图 1-8(a)]；描深粗线用铅芯宜磨成扁方形(凿形)[见图 1-8(b)]。

除了上述工具和用品外，绘图时还需备有削铅笔的小刀、磨铅笔的砂纸[见图 1-8(c)]、固定图纸用的胶带纸和橡皮等。

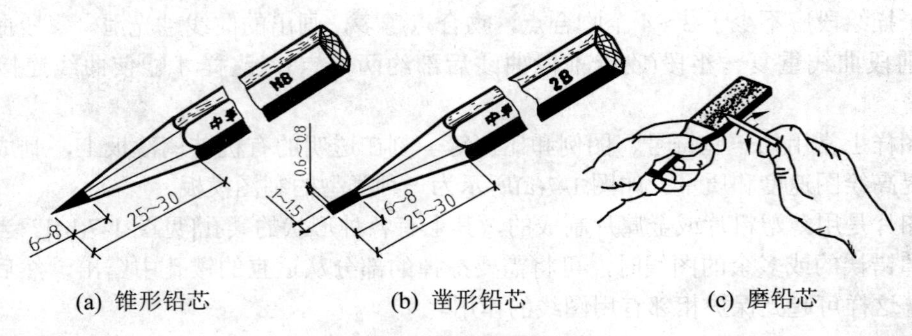

(a) 锥形铅芯　　　　(b) 凿形铅芯　　　　(c) 磨铅芯

图 1-8　绘图铅笔的削法

1.2　制图标准的基本规定

工程图样是工程界的技术语言，是施工建造的重要依据。为了便于技术交流以及符合设计、施工、存档等要求，必须对图样的格式和表达方法等做出统一规定，这个规定就是制图标准。

国家标准《技术制图》和《房屋建筑制图统一标准》是工程界重要的技术基础标准，是绘制和阅读工程图样的依据。需要指出的是，《房屋建筑制图统一标准》适用于建筑工程及相关专业图样，而《技术制图》标准则普遍适用于工程界各种专业技术图样。

我国国家标准(简称国标)的代号是 GB，例如《GB/T 17451—1998 技术制图　图样画法　视图》，表示制图标准中图样画法的视图部分，GB/T 表示推荐性国标，17451 为编号，1998 是发布年号。

本节主要介绍国家标准《技术制图》《房屋建筑制图统一标准》(GB/T 50001—2010)中有关图幅、比例、字体、图线、尺寸等的相关规定。

1.2.1　图纸幅面与格式

1. 图纸幅面

图纸的幅面是指图纸的大小规格。为了合理利用图纸并便于管理，国家标准《技术制图》中规定了五种基本图纸幅面，绘制图样时，应优先选用表 1-1 中所列出的图纸基本幅面。

表 1-1　图纸基本幅面尺寸　　单位：mm

幅面代号		A_0	A_1	A_2	A_3	A_4
B×*L*		841×1189	594×841	420×594	297×420	210×297
周边尺寸	*e*	20		10		
	c	10			5	
	a	25				

图纸幅面边长尺寸之比为 $\sqrt{2}$ 系列，即 $L=\sqrt{2}\,B$(宽长比接近黄金分割率)。A_0 号幅面的面积为 $1m^2$，沿其长边对裁便可得到两张 A_1，以此类推，得出各号图纸幅面的尺寸关系是：沿上一号幅面的长边对裁，即为次一号幅面的大小，如图 1-9 所示。

2. 图框格式

图框是图纸上限定绘图区域的线框，必须用粗实线(线宽约为 1.4mm 或 1.0mm)绘制。图框格式分为留装订边和不留装订边两种，但同一产品的图样只能采用一种图框格式。两种格式的图框周边尺寸 *a*、*c*、*e* 见表 1-1。图 1-10(a)、图 1-10 (b)所示为需要装订的图纸图框格式，不需要装订的图纸可以不留装订边，其图框周边尺寸只需把 *a*、*c* 尺寸均换成表 1-1 中的 *e* 尺寸即可，如图 1-10(c)所示。

图纸以短边作为竖直边的称为横式幅面[见图 1-10(a)]；以短边作为水平边的称为立式幅

面[见图 1-10(b)、图 1-10(c)]。装订时通常多采用 A_0～A_3 横装，A_4 竖装。

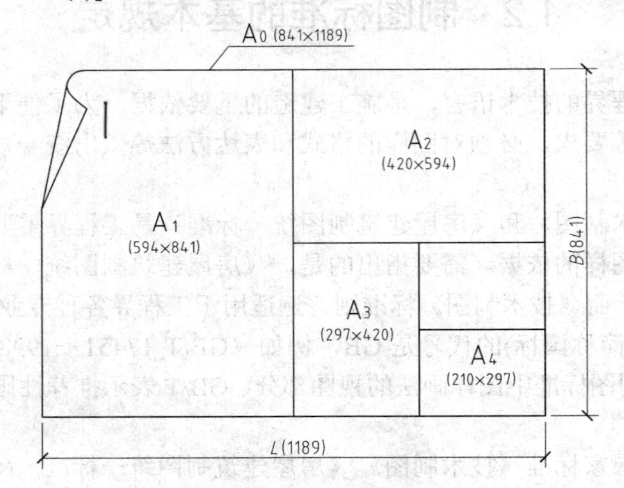

图 1-9　图纸基本幅面的尺寸关系

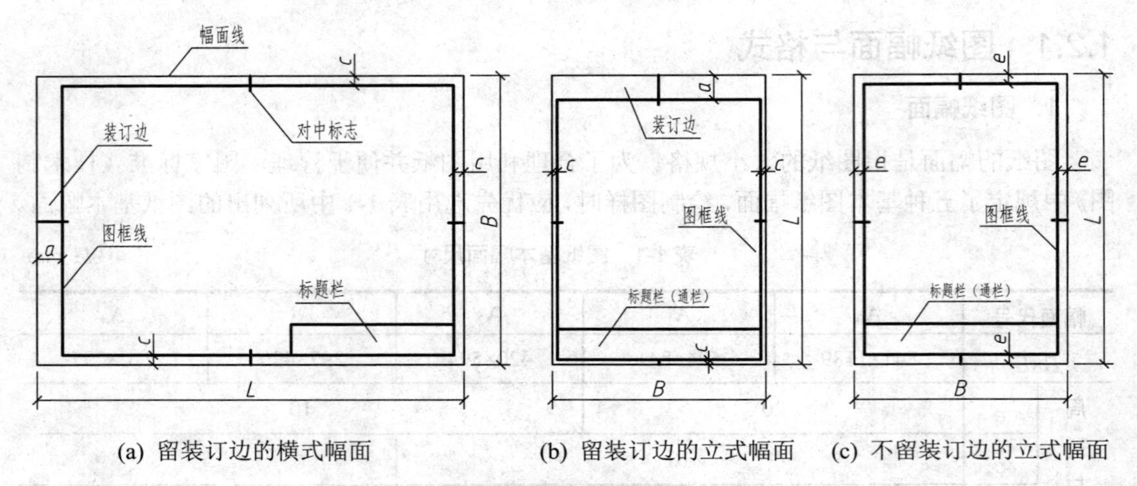

(a) 留装订边的横式幅面　　(b) 留装订边的立式幅面　　(c) 不留装订边的立式幅面

图 1-10　图框格式和对中符号

为复制或缩微摄影时便于定位，应在图纸各边长的中点处分别用粗实线画出对中标志，其长度是从纸边开始直至伸入图框内约 5mm(当对中标志处于标题栏范围内时，深入标题栏的部分应省略)，如图 1-10(b)所示。

必要时，允许加长图纸幅面，其尺寸必须是由基本幅面的短边成整数倍增加后得出。

3．标题栏

图框右下角的表格称为标题栏(简称图标)。每张技术图样中均应有标题栏，用来填写工程名称、图名、图号以及设计单位、制图人和审批人的签名、日期、比例等内容。标题栏中的文字方向为看图方向。外框线宜用中粗实线(线宽为 0.5～0.7mm)绘制，其右边和底边与图框线重合；内部分格线用细实线(线宽为 0.18～0.35mm)绘制。

标题栏的内容、格式、尺寸及分区在国家标准《技术制图》中已做了规定。学生制图作业所用的标题栏，建议采用图 1-11 所示格式。

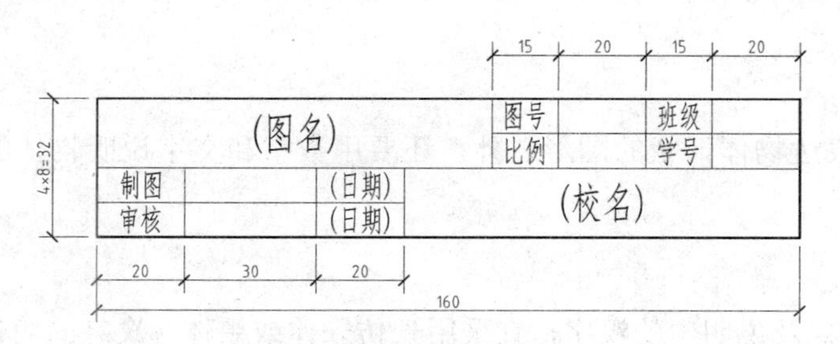

图 1-11　制图作业标题栏格式

1.2.2　比例

图样的比例是图中图形与其实物相应要素的线性尺寸之比(线性尺寸是指能用直线表达的尺寸，如直线的长度、圆的直径等)。

图样的比例分为原值比例、放大比例和缩小比例三种，用符号“：”表示。绘制技术图样时，应根据图样的用途与所绘形体的复杂程度，优先从表 1-2 所规定的系列中选取合适的比例(表中的 n 为正整数)。

表 1-2　绘图常用比例

种　类		比　例				
原值比例	优先选用	1：1				
放大比例	优先选用	2：1	5：1^n	(1×10^n)：1	(2×10^n)：1	(5×10^n)：1
	可选用	2.5：1	4：1	(2.5×10^n)：1	(4×10^n)：1	
缩小比例	优先选用	1：2	1：5	1：(1×10^n)	1：(2×10^n)	1：(5×10^n)
	可选用	1：1.5	1：2.5	1：3	1：4	1：6
		1：(1.5×10^n)	1：(2.5×10^n)	1：(3×10^n)	1：(4×10^n)	1：(6×10^n)

不论采用何种比例绘图，图中所注的尺寸数值均代表形体的实际大小，因而应按原值标注，其与绘图的准确度和所用比例无关，如图 1-12 所示。

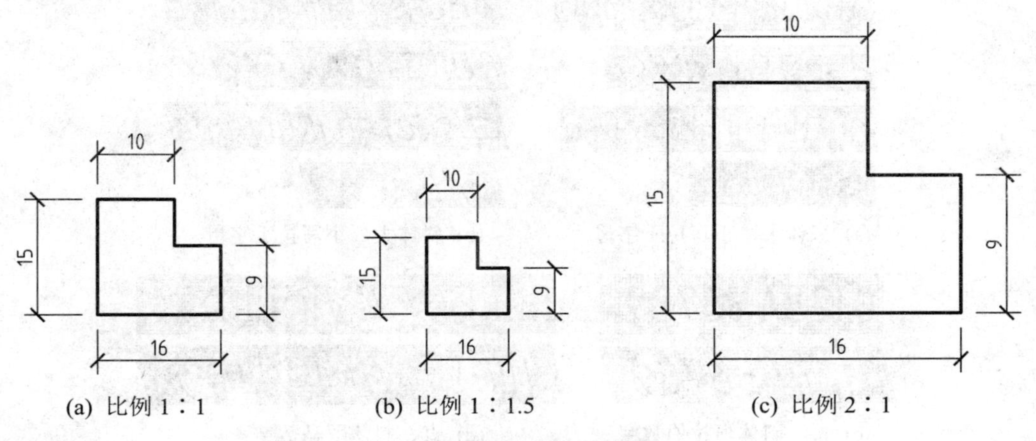

(a) 比例 1：1　　(b) 比例 1：1.5　　(c) 比例 2：1

图 1-12　不同比例绘制的图形

1.2.3　字体

图样上除了表达物体形状的图形之外，还要用数字和文字说明物体的大小、技术要求和其他内容。

1．字体的种类

(1) 汉字。图样及说明中的汉字，宜采用长仿宋体或黑体。汉字的简化字书写应符合国家有关汉字简化方案的规定，其高度(h)一般不应小于 3.5mm。长仿宋体的字宽一般为 $h/\sqrt{2}$ (约等于字高的 2/3)，而黑体字的宽度与高度则应相同。

长仿宋体字的字形方正、结构严谨，笔画刚劲挺拔、清秀舒展。其书写要领是：横平竖直、起落分明、结构匀称、填满方格。长仿宋体字的示例如图 1-13 所示。

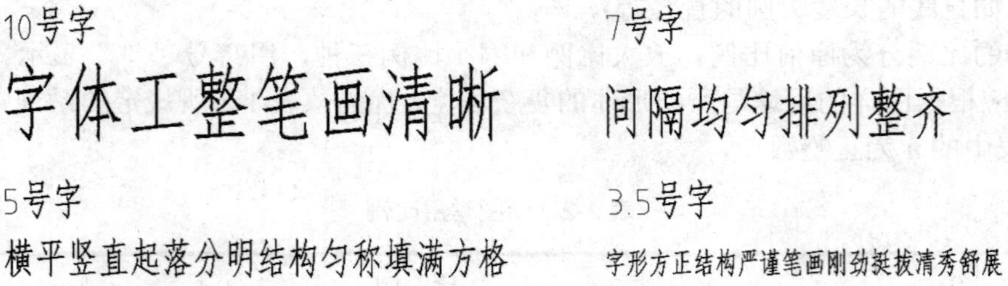

10号字
字体工整笔画清晰

7号字
间隔均匀排列整齐

5号字
横平竖直起落分明结构匀称填满方格

3.5号字
字形方正结构严谨笔画刚劲挺拔清秀舒展

图 1-13　长仿宋体字示例

(2) 字母和数字。图样及说明中的字母有拉丁字母和希腊字母，数字有阿拉伯数字与罗马数字，其均宜采用单线简体或 ROMAN 字体。在书写时，字母和数字分为 A 型和 B 型两种。A 型字体的笔画宽度(d)为字高(h)的 1/14，B 型字体的笔画宽度(d)为字高(h)的 1/10。在同一张图样上，只允许选用同一种形式的字体。

字母和数字可写成斜体或直体(正体)，其字高一般不应小于 2.5mm。斜体字的斜度为从字的底线逆时针向上倾斜 75°。数量的数值与单位符号的注写应采用正体。拉丁字母和数字的示例如图 1-14 所示。

ABCDEFGHIJKLMNO
PQRSTUVWXYZ
abcdefghijklmnopq
rstuvwxyz

(a) 直体大、小写拉丁字母

ABCDEFGHIJKLMNO
PQRSTUVWXYZ
abcdefghijklmnopq
rstuvwxyz

(b) 斜体大、小写拉丁字母

0123456789
0123456789

(c) 直、斜体阿拉伯数字

I II III IV V VI VII VIII IX X
I II III IV V VI VII VIII IX X

(d) 直、斜体罗马数字

图 1-14　拉丁字母和数字示例

2．书写要求

在图样中书写的文字、数字或符号等，均应做到：字体工整、笔画清晰、间隔均匀、排列整齐。

3．字体的高度(号数)

字体的号数即字体的高度(用 h 表示)，应从以下系列中选用：1.8、2.5、3.5、5、7、10、14、20mm。如需书写更大的字，其字体高度应按 $\sqrt{2}$ 的倍数递增。

注意：当字母、数字与汉字并排书写时，易写成直体字，且其字高应比汉字小一号或二号(为了视觉上感觉匀称和协调)。

1.2.4　图线

1．图线的线型及应用

在绘制工程图样时，为了表达不同的内容，且使图样层次清晰、主次分明，必须选用不同线型和线宽的图线。《房屋建筑制图统一标准》(GB/T 50001—2010) 中规定了工程图样中常用的图线名称、线型、宽度及其应用，如表 1-3 所示。

表 1-3　图线

名称		线型	线宽	一般用途
实线	粗	————	b	主要可见轮廓线
	中粗	————	$0.7b$	可见轮廓线
	中	————	$0.5b$	可见轮廓线、尺寸线、变更云线
	细	————	$0.25b$	图例填充线、家具线
虚线	粗	– – – –	b	见各有关专业制图标准
	中粗	– – – –	$0.7b$	不可见轮廓线
	中	– – – –	$0.5b$	不可见轮廓线、图例线
	细	– – – –	$0.25b$	图例填充线、家具线
(单)点画线	粗	—·—·—	b	见各有关专业制图标准
	中	—·—·—	$0.5b$	见各有关专业制图标准
	细	—·—·—	$0.25b$	中心线、对称线、轴线等
双点画线	粗	—··—··—	b	见各有关专业制图标准
	中	—··—··—	$0.5b$	见各有关专业制图标准
	细	—··—··—	$0.25b$	假想轮廓线、成型前原始轮廓线
折断线(双折线)		—\/—\/—	$0.25b$	断开界线
波浪线		～～～	$0.25b$	断开界线

图样中的线型和线宽应用示例如图 1-15 所示。

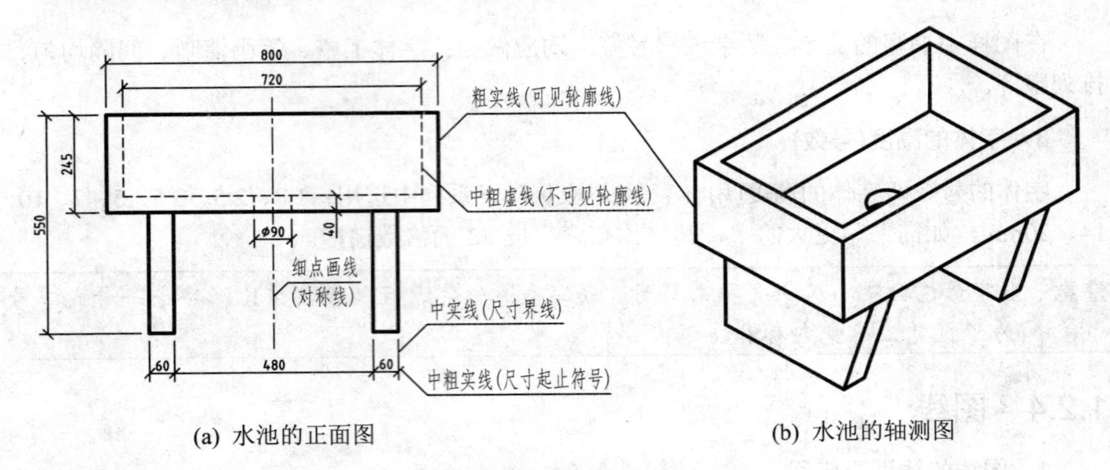

(a) 水池的正面图 (b) 水池的轴测图

图 1-15 图线应用示例

图线的宽度 b 宜从 1.4、1.0、0.7、0.5、0.35、0.25、0.18、0.13mm 线宽系列中选取。每张图样应根据其复杂程度和比例大小，先选定基本线宽 b，然后再按 4∶3∶2∶1 的线型比例关系确定其他线宽。

在绘制虚线和(单)点或双点画线时，其线素(点、划、长划和短间隔)的长度建议按图 1-16 所示的尺寸选取。

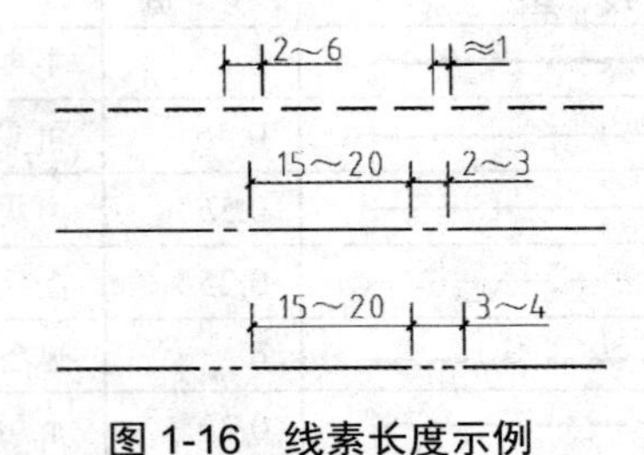

图 1-16 线素长度示例

2．图线的画法

绘制图线时，应注意做到以下几点。

(1) 同一图样中，同类图线的宽度应基本一致。虚线、点画线及双点画线的线段长度和间隔应各自大致相等。

(2) 相互平行的图例线，其净间隙或线中间隙不宜小于 0.2mm。

(3) 绘制图形的对称线、轴线时，其点画线应超出图形轮廓线外 3～5mm，且点画线的首末两端是长划，而不是短划；用点画线绘制圆的中心线时，圆心应为线段的交点。

(4) 在较小的图形上绘制点画线、双点画线有困难时，可用细实线代替。

(5) 虚线、点画线、双点画线自身相交或与其他任何图线相交时，都应在线段处相交，而不应在空隙或短划处相交；但如果虚线是实线的延长线时，则不得与实线相接，即在连接虚线端处应留有空隙。

(6) 图线不得与文字、数字或符号重叠、混淆，当不可避免时，应首先保证文字的清晰。

图线画法的正误对比如图 1-17 所示。

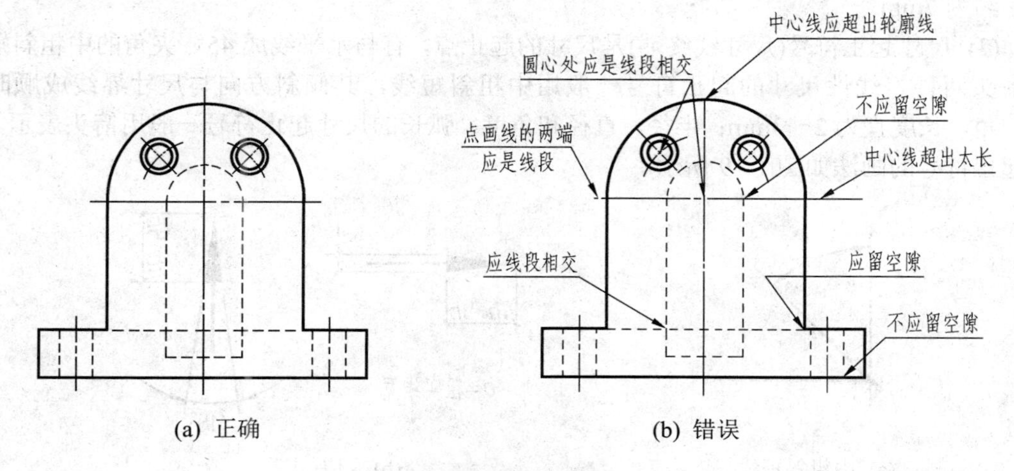

(a) 正确　　(b) 错误

图 1-17　图线画法的正误对比

1.2.5　尺寸标注

图形只能表达物体的形状，而其大小则要由标注的尺寸确定。标注尺寸时，应严格遵守国家标准有关尺寸注法的规定，做到正确、完整、清晰、合理。

1．尺寸的组成

图样上的尺寸由尺寸界线、尺寸线、尺寸起止符号和尺寸数字四部分组成，如图 1-18(a)所示。

(1) 尺寸界线用来表示尺寸的度量范围，用细实线或中实线绘制。其应与被注长度垂直，一端离开图样轮廓线不小于 2mm，另一端宜超出尺寸线 2～3mm。必要时尺寸界线可用图形的轮廓线、轴线或对称中心线代替，如图 1-18(b)中所示的 240 和 3360。

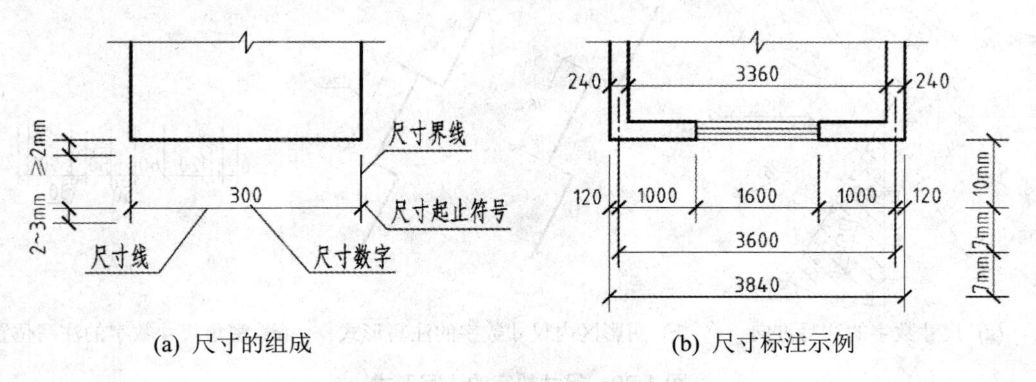

(a) 尺寸的组成　　(b) 尺寸标注示例

图 1-18　尺寸的组成与尺寸标注示例

(2) 尺寸线表示所注尺寸的度量方向和长度，用细实线或中实线绘制。其应与被注长度平行，且不宜超出尺寸界线之外。尺寸线不能用其他图线代替或与其他图线重合。

如图 1-18(b)所示，互相平行的尺寸线，应从轮廓线向外排列，大尺寸要标注在小尺寸的外面。尺寸线与图样轮廓线的距离一般不小于 10mm，平行排列的尺寸线之间的距离应一

致，约为 7mm。

(3) 尺寸起止符号(尺寸线终端)是尺寸的起止点，有与水平线成 45° 夹角的中粗斜短线和箭头两种。线性尺寸的起止符号一般用中粗斜短线，其倾斜方向与尺寸界线成顺时针 45° 角，长度宜为 2～3mm；半径、直径和角度、弧长的尺寸起止符号一般用箭头表示。尺寸起止符号的画法如图 1-19 所示。

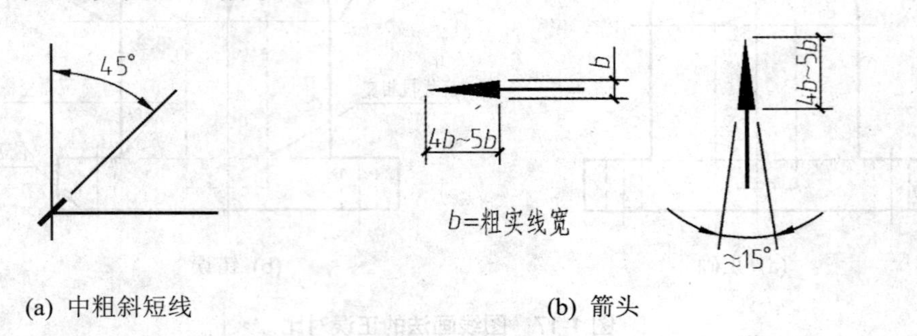

(a) 中粗斜短线　　(b) 箭头

图 1-19　尺寸起止符号的画法

(4) 尺寸数字表示尺寸的实际大小，一般写在尺寸线的上方、左侧或尺寸线的中断处。尺寸数字必须是物体的实际大小，与绘图所用的比例或绘图的精确度无关。工程图样上标注的尺寸，除标高和建筑总平面图以米(m)为单位外，其他一律以毫米(mm)为单位，图上的尺寸数字不再注写单位。

尺寸数字的注写方向，应按如图 1-20(a)所示的规定注写；若尺寸数字在 30° 阴影区内，宜按如图 1-20(b)所示的形式注写。尺寸数字一般应按其方向注写在靠近尺寸线的上方中部，如果没有足够的注写位置，可按如图 1-20(c)所示的形式注写。

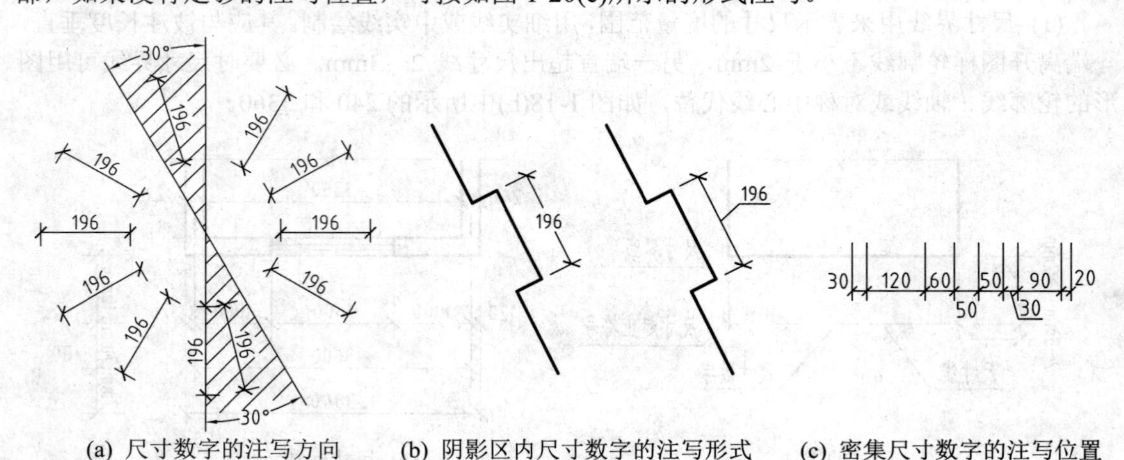

(a) 尺寸数字的注写方向　　(b) 阴影区内尺寸数字的注写形式　　(c) 密集尺寸数字的注写位置

图 1-20　尺寸数字的注写形式

2．半径、直径和角度尺寸的标注

标注半径、直径和角度尺寸时，尺寸起止符号一般多用箭头表示。小于或等于半圆的圆弧应标注半径，且应在其尺寸数字前加注符号“*R*”，较大圆弧的尺寸线可画成折线等形式，其延长线应对准圆心，如图 1-21(a)所示；大于半圆的圆和圆弧应标注直径，且应在其

尺寸数字前加注符号“ϕ”；圆球的半径和直径数字前还应再加注符号“S”，如图 1-21(b)所示；角度的尺寸界线应沿径向引出，尺寸线画成圆弧，圆心是角的顶点，其尺寸数字应一律水平书写，当相邻两尺寸界线的间隔较小、没有足够位置画箭头时，可用小圆点代替，如图 1-21(c)所示。

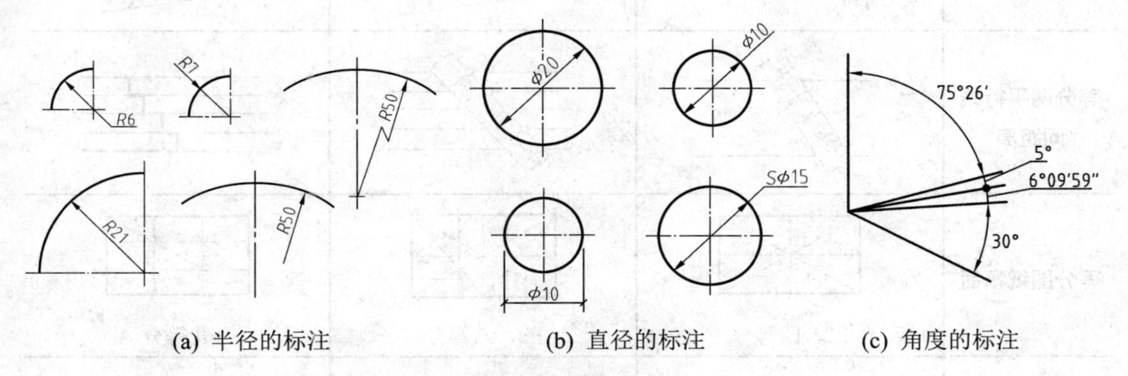

图 1-21　半径、直径和角度的尺寸注法

3. 坡度的标注

坡度表示一直线相对于水平线、一平面相对于水平面的倾斜程度，可采用百分数、比数等形式标注。标注坡度时，应加注坡度符号，该符号为单面箭头，箭头应指向下坡方向。2%表示每 100 单位下降两个单位，如图 1-22(a)所示；1∶2 表示每下降一个单位，水平距离为两个单位，如图 1-22(b)所示。坡度也可以用直角三角形的形式表示，如图 1-22(c)所示。

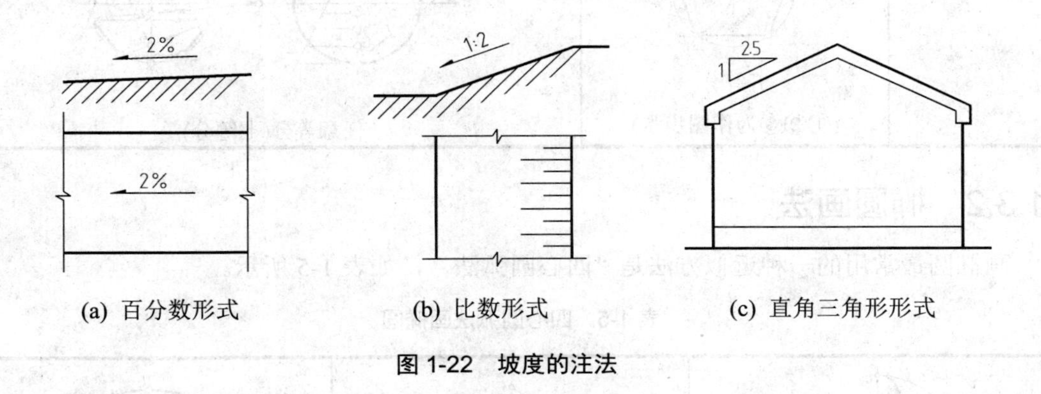

图 1-22　坡度的注法

1.3 几 何 作 图

工程实体的轮廓及细部形状，一般是由直线、圆弧和非圆曲线组成的几何图形，因此在绘制图样时，经常要运用一些基本的几何作图方法。

1.3.1 等分及作正多边形

等分线段、图幅和圆周以及作正多边形的方法如表 1-4 所示。

表 1-4　等分线段、图幅和圆周

等分任意线段			
等分两平行线间距离			
等分图纸幅面	二、四等分	三、六等分	九等分
等分圆周作正多边形	三等分	六等分	十二等分
	五等分 (①②③为作图步骤)	任意等分(七等分)	

1.3.2　椭圆画法

画椭圆最常用的一种近似方法是“四心圆弧法”，如表 1-5 所示。

表 1-5　四心圆弧法画椭圆

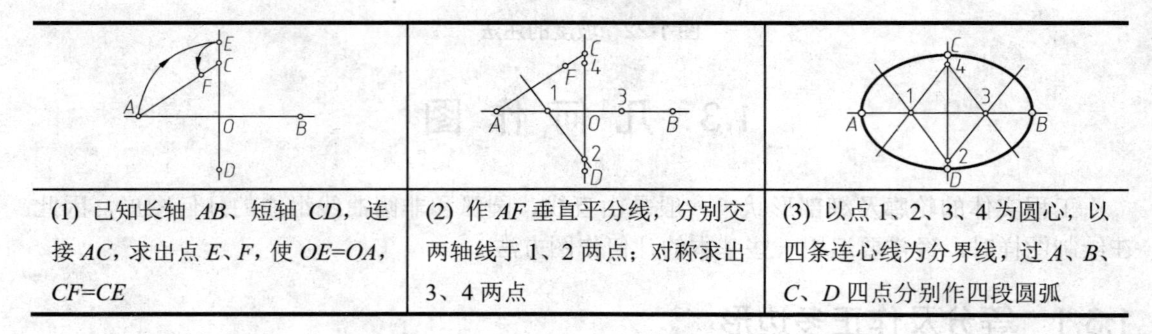

(1) 已知长轴 *AB*、短轴 *CD*，连接 *AC*，求出点 *E*、*F*，使 *OE*=*OA*，*CF*=*CE*	(2) 作 *AF* 垂直平分线，分别交两轴线于 1、2 两点；对称求出 3、4 两点	(3) 以点 1、2、3、4 为圆心，以四条连心线为分界线，过 *A*、*B*、*C*、*D* 四点分别作四段圆弧

1.3.3　圆弧连接

画图时常遇到从一条线光滑地过渡到另一条线，即相切的连接方式。用已知半径的圆弧光滑连接(相切)相邻两已知线段(直线或圆弧)的作图方法称为圆弧连接。起连接作用的圆弧称为连接弧，切点称为连接点。由于连接弧的半径和被连接的两线段为已知，因此圆弧连接的关键是确定连接弧的圆心和连接点。

1．圆弧连接的作图原理

由平面几何可知，用圆弧连接作图存在如下关系。

(1) 半径为 R 的圆弧与已知直线相切，其圆心轨迹是距离直线为 R 的平行线，从圆心 O 向直线作垂线，垂足 k 即为切点，如图 1-23(a)所示。

(2) 半径为 R 的圆弧与已知圆弧(圆心为 O_1，半径为 R_1)相切，其圆心轨迹是已知圆弧的同心圆，此同心圆半径 R_2 视相切情况(外切或内切)而定。当两圆弧外切时，$R_2=R_1+R$，如图 1-23(b)所示；当两圆弧内切时，$R_2=R_1-R$，如图 1-23(c)所示。连接两圆心的直线 O_1O(或反向延长)与已知圆弧的交点 k 即为切点。

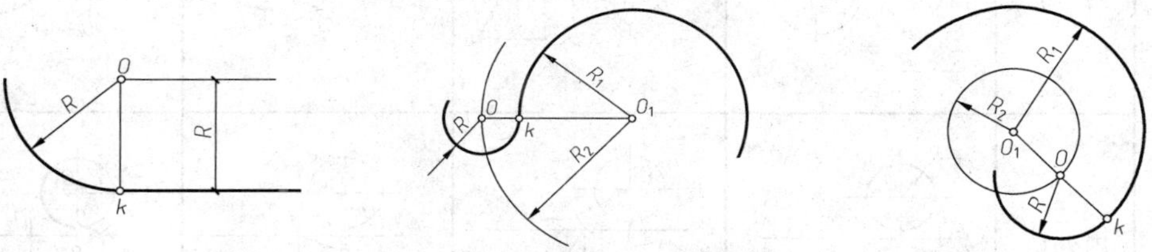

(a) 圆弧与直线相切　　(b) 圆弧与圆弧外切　　(c) 圆弧与圆弧内切

图 1-23　圆弧连接的作图原理

2．圆弧连接的三种形式

圆弧连接有以下三种形式。

(1) 圆弧连接两已知直线。其具体作图方法与步骤如表 1-6 所示。

(2) 圆弧连接两已知圆弧。此种连接又分为外连接(外切)、内连接(内切)与混合连接(内外切)三种，其具体作图方法与步骤如表 1-6 所示。

(3) 圆弧连接已知直线和圆弧(综合连接)。其具体作图方法与步骤如表 1-6 所示。

表 1-6　圆弧连接画法

种　类		已知条件	作图步骤		
			求连接弧圆心 O	求切点 k	画连接弧
圆弧连接两已知直线	两直线倾斜	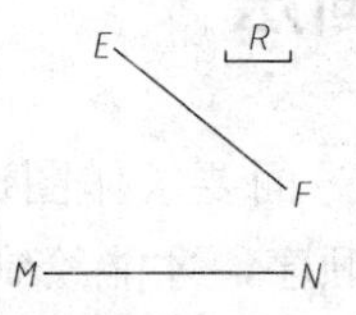	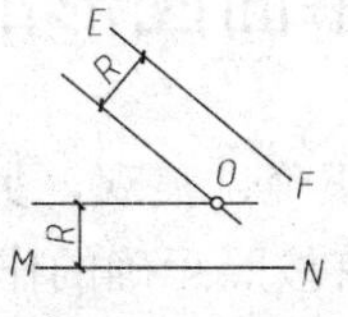	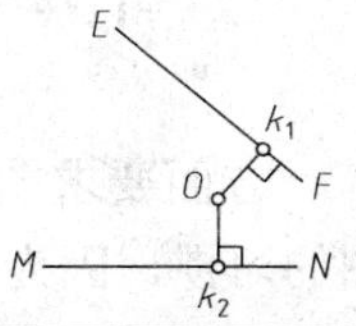	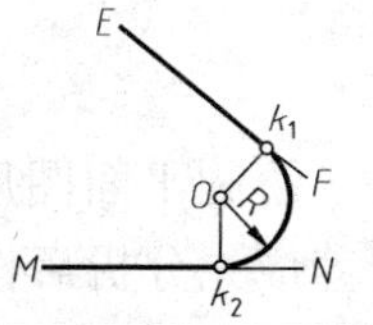

续表

种类		已知条件	作图步骤		
			求连接弧圆心 O	求切点 k	画连接弧
圆弧连接两已知直线	两直线垂直	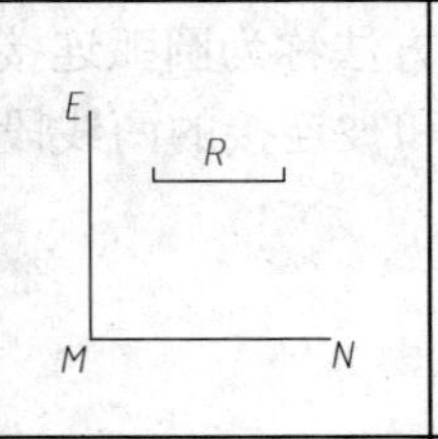	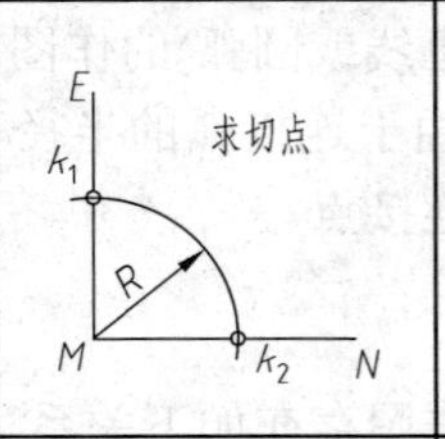	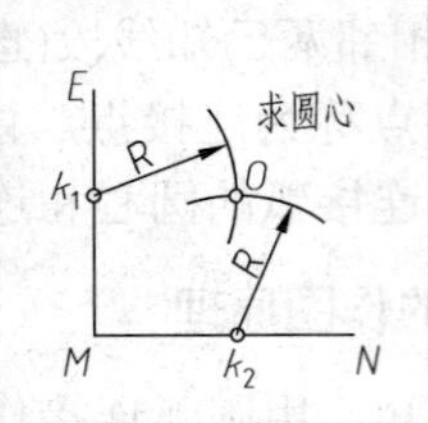	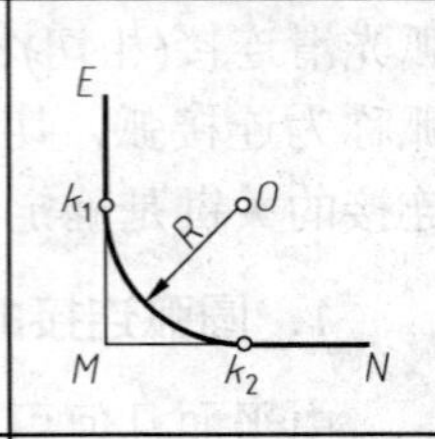
圆弧连接两已知圆弧	外切	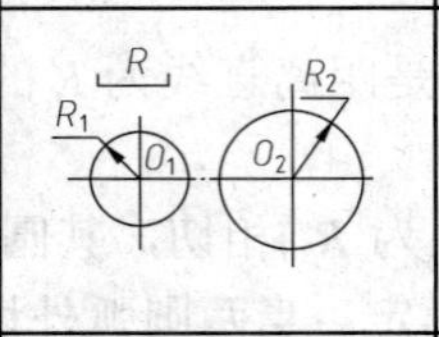	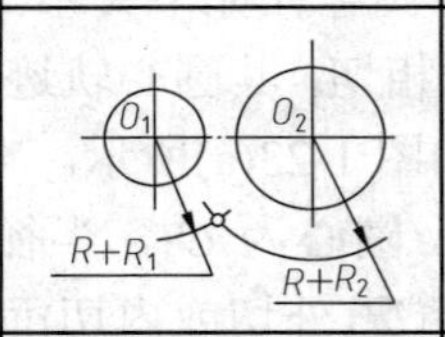	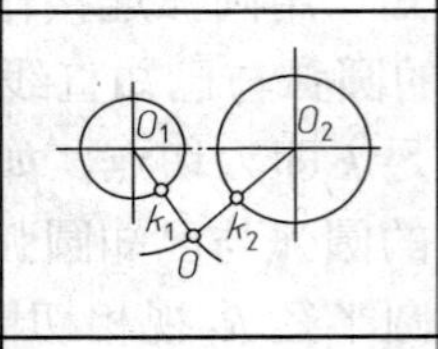	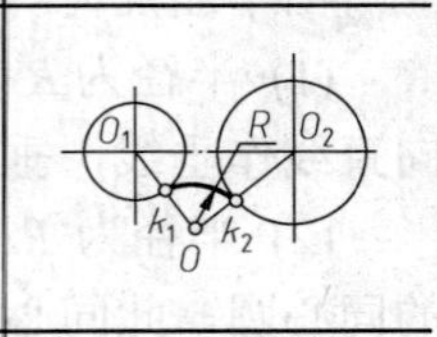
	内切	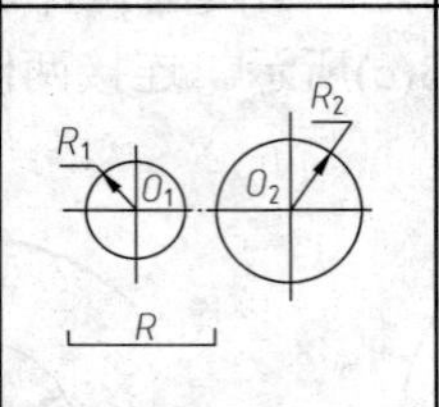	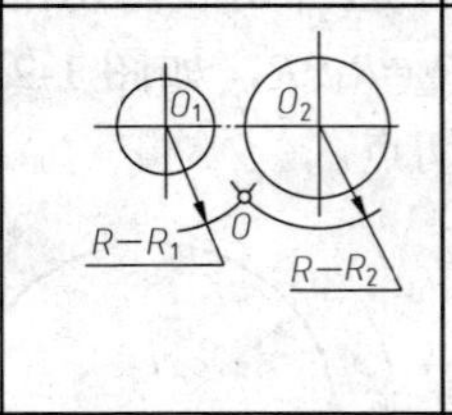	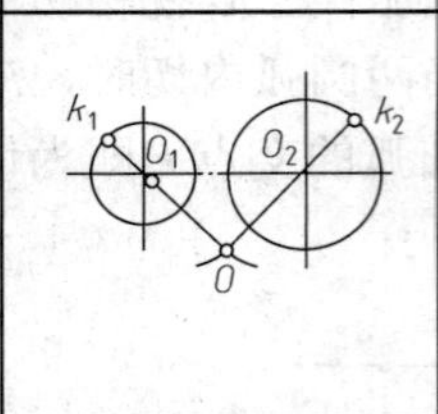	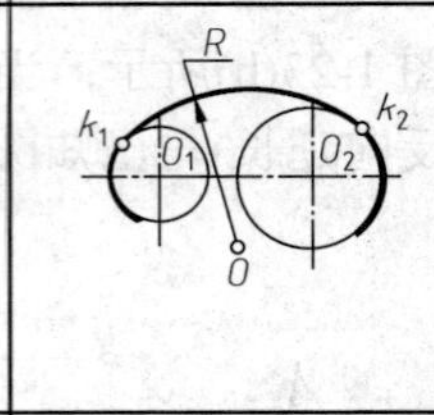
	内外切	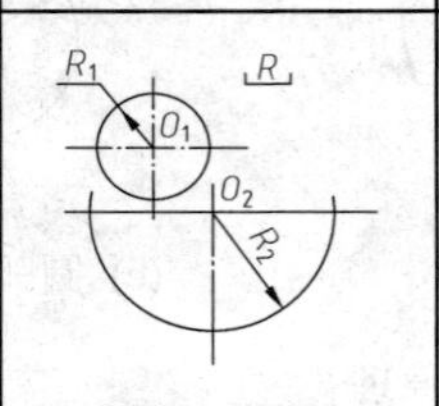	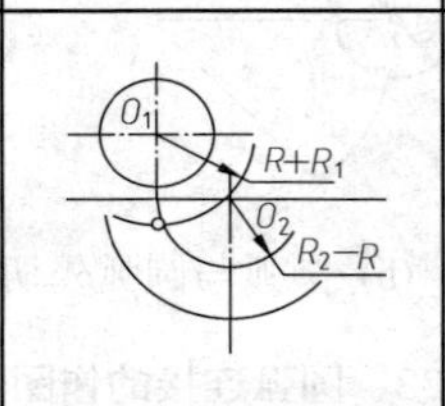	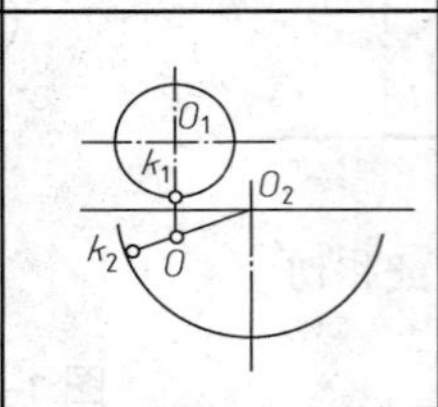	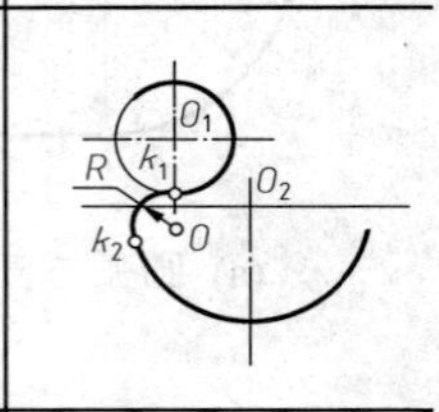
圆弧连接已知直线和圆弧	综合连接	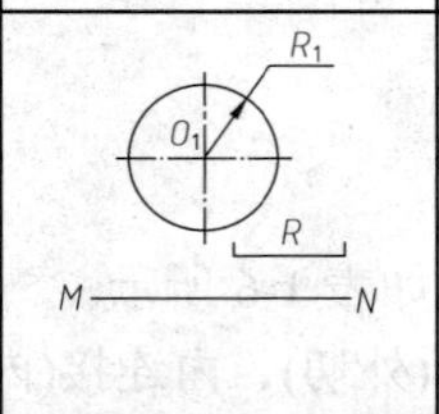	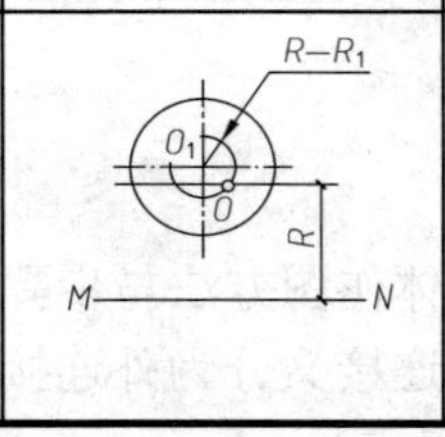	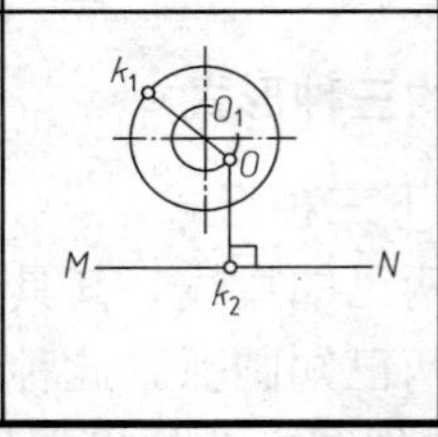	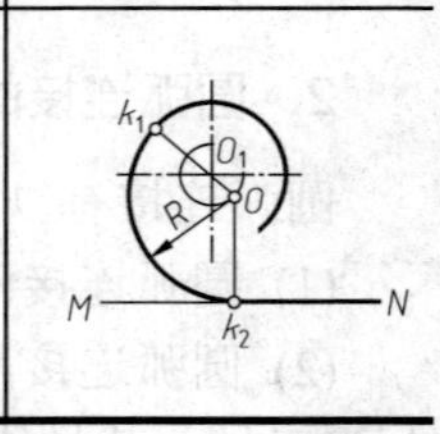

为了使图线连接光滑，必须保证两线段在切点处相连，即切点是两线段的分界点。为此，作图时应尽可能做到准确和精确。

注意： 当因作图误差而导致两图线不能在切点处相连时，可微量调整连接弧的圆心位置或半径，以使图线能在切点处相连。

1.4　平面图形的画法

绘制平面图形，一方面要求图形正确、美观，另一方面要求作图迅速、熟练。为此，要养成先分析后作图的习惯，因为只有按照正确的作图顺序，才能绘制出高质量的图样。

1.4.1　平面图形的分析

图形分析包括尺寸分析与线段分析两方面内容。

1. 尺寸分析

平面图形的尺寸按其作用可分为以下两类。

(1) 定形尺寸：确定平面图形各组成部分的形状和大小的尺寸。圆的直径、半径、线段的长度及角度等都属于定形尺寸。如图 1-24 所示的 ϕ30、*R*98、*R*16、*R*14 及 52、6 等尺寸。

(2) 定位尺寸：确定平面图形各组成部分之间相对位置的尺寸。如图 1-24 所示的 36，用于确定中部圆的圆心位置。而 100、76、80 等尺寸既是定形尺寸又是定位尺寸，如尺寸 80 既用于确定图形下部总长度，又间接用于确定 *R*14 的圆心位置。

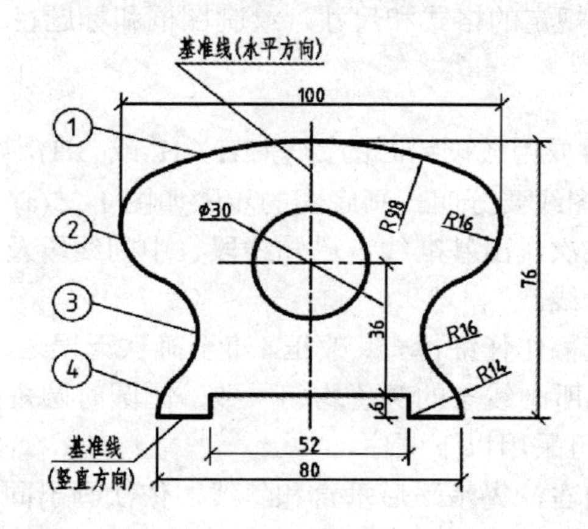

图 1-24　平面图形的分析

在平面图形中，应先确定水平和竖直两个方向的基准线，它们既是定位尺寸的起点，又是最先绘制的线段。通常选取图形的重要端线、对称线、圆的中心线等作为尺寸基准。如图 1-24 所示的平面图形，分别选取对称线与重要端线作为水平和竖直方向的尺寸基准。

尺寸分析是线段分析的基础，在正确分析完尺寸之后，方能顺利地进行线段分析。

2. 线段分析

平面图形的线段，按所给定的(定位)尺寸是否完整可分为以下三种。

(1) 已知线段：尺寸完整(有定形、定位尺寸)，能直接画出的线段。如图 1-24 所示的直线段、ϕ30 的圆以及 *R*98、*R*14 的圆弧(线段①、④)等。

(2) 中间线段：有定形尺寸，但定位尺寸不全，必须依赖与一侧相邻线段的相切条件才能画出的线段。如图 1-24 所示的 *R*16 的圆弧(线段②)。

(3) 连接线段：只有定形尺寸，而没有定位尺寸的线段，必须依赖与两侧相邻线段的相切条件才能画出的线段。如图 1-24 所示的 *R*16 的圆弧(线段③)。

作图时，应先画已知线段，再画中间线段，最后画连接线段。

1.4.2 平面图形的绘图步骤

下面以图 1-25(f)所示的平面图形为例，介绍绘制平面图形的方法与步骤。

1．绘图准备工作

(1) 准备好绘图工具和用品。将所用的图板、丁字尺、三角板、圆规、橡皮等绘图工具和用品都擦拭干净，不要有污迹，并保持两手清洁。

(2) 分析图形的各种尺寸及线段，确定作图顺序。一般情况下，都是应先作出基准线，然后再画定位尺寸和定形尺寸；根据图形分析先画已知线段，找出连接弧的圆心和切点，再画中间线段和连接线段。

(3) 选比例、定图幅，画图框及标题栏。根据平面图形的尺寸大小和复杂程度，选择比例并定出图幅的大小；将图纸用胶带纸固定在图板的适当位置(图纸下方需留出放置丁字尺的位置)，然后按国家标准规定的格式和尺寸，绘制图框和标题栏。

2．绘图步骤

(1) 绘底稿。画底稿时要用较硬铅芯的铅笔(2H、H 或 3H)，铅芯要削得尖一些，画出的图线要细而淡，但各种图线要分明。画底图的步骤如图 1-25(a)～图 1-25(e)所示。

① 合理布置图形。依次作出基准线，已知线段、中间线段及连接线段。

② 画尺寸界线和尺寸线。

(2) 检查描深。在对底稿作仔细检查、改正，直至确认无误之后，用较软铅芯的铅笔(B、2B 或 HB)描深图线。为使所画线条的颜色均匀一致，画圆时圆规的铅芯应比画相应直线的铅芯软一号。描深图线时可采用以下顺序。

① 自上而下、自左向右，先水平后垂直和斜线，依次画出同一线宽的图线。

② 先粗线后细线，先曲线后直线，先实线后虚线，最后画点画线。

(3) 标注尺寸。按照制图标准的要求画尺寸起止符号、注写尺寸数字。标全所有的定形尺寸和定位尺寸，完成全图[见图 1-25(f)]。

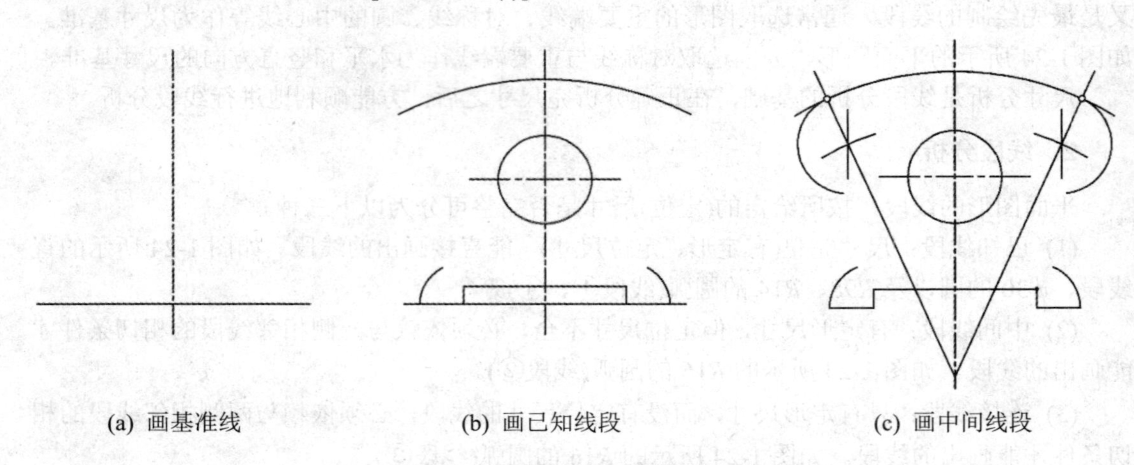

图 1-25 绘制平面图形的方法与步骤

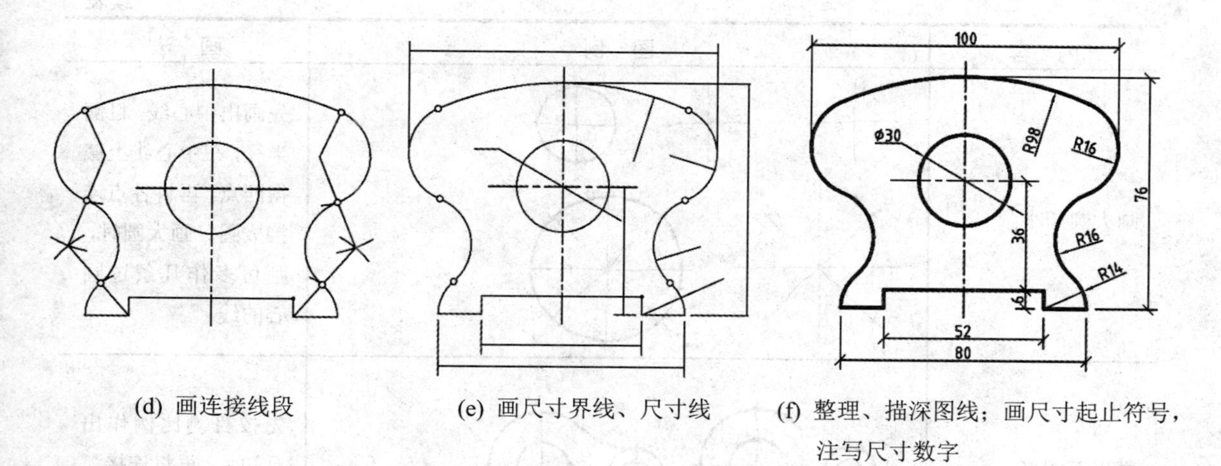

(d) 画连接线段　(e) 画尺寸界线、尺寸线　(f) 整理、描深图线；画尺寸起止符号，注写尺寸数字

图 1-25　绘制平面图形的方法与步骤(续)

(4) 填写标题栏。填写标题栏中的各项内容，完成全部绘图工作。

1.5　徒手绘图简介

徒手绘图是不用绘图工具，凭目测按大致比例徒手画出草图。草图并非“潦草的图”，其同样要求图形正确、线型分明、比例匀称、字体工整、图面整洁。徒手绘图是工程技术人员的基本技能之一，要通过实践训练不断提高。常见的徒手作图方法如表 1-7 所示。

表 1-7　徒手作图方法

内　容	图　例	画　法
画水平线、垂直线		手腕不动，用手臂带动握笔的手水平移动或垂直移动
画特殊角度斜线	≈30° 3 5；45° 1 1；5 3 ≈60°；30° 10°	根据两直角边的比例关系，定出端点，然后连接

续表

内 容	图 例	画 法
画大圆和小圆		先画出中心线，目测半径，在中心线上截得四点，再将各点连接成圆。画大圆时，则可多作几条过圆心的线
画平面图形		先按目测比例作出已知弧，再将连接弧和已知弧光滑连接

第 2 章　AutoCAD 绘图基础

本章要点

- AutoCAD 的基本操作。
- 二维图形的绘制与编辑方法。
- 文本注释与尺寸标注。

本章难点

- AutoCAD 精确绘图方法与技巧。

2.1　AutoCAD 2014 的基本操作

AutoCAD 是美国 Autodesk 公司研发的一种计算机绘图和辅助设计软件包。1982 年 11 月首次推出 AutoCAD 1.0 版本，经过多年的不断更新和完善，现已成为国际上广为流行的通用绘图工具。

AutoCAD 具有良好的用户界面，通过其交互式菜单可以进行各种操作。使用 AutoCAD 可以绘制任意的二维和基本的三维图形，且具有高效、快捷、精确、简单易用等特点，是工程设计人员首选的绘图软件之一。

2.1.1　AutoCAD 的启动

启动 AutoCAD 2014 应用程序的方式主要有以下三种。

(1) 双击桌面上的 AutoCAD 2014 快捷图标。

(2) 选择【开始】|【所有程序】| Autodesk | AutoCAD 2014 命令。

(3) 双击已有的 AutoCAD 图形文件(*.dwg)。

2.1.2　AutoCAD 的工作界面

启动 AutoCAD 2014 应用程序后，屏幕上会出现该程序默认的【草图与注释】工作界面(见图 2-1)，而习惯于 AutoCAD 传统界面的老用户，通常会选择方便实用的【经典】工作界面，如图 2-2 所示。

AutoCAD 2014【经典】工作界面主要由标题栏、应用程序按钮、菜单栏、工作空间、

工具栏、绘图区、命令行窗口和状态栏等组成。

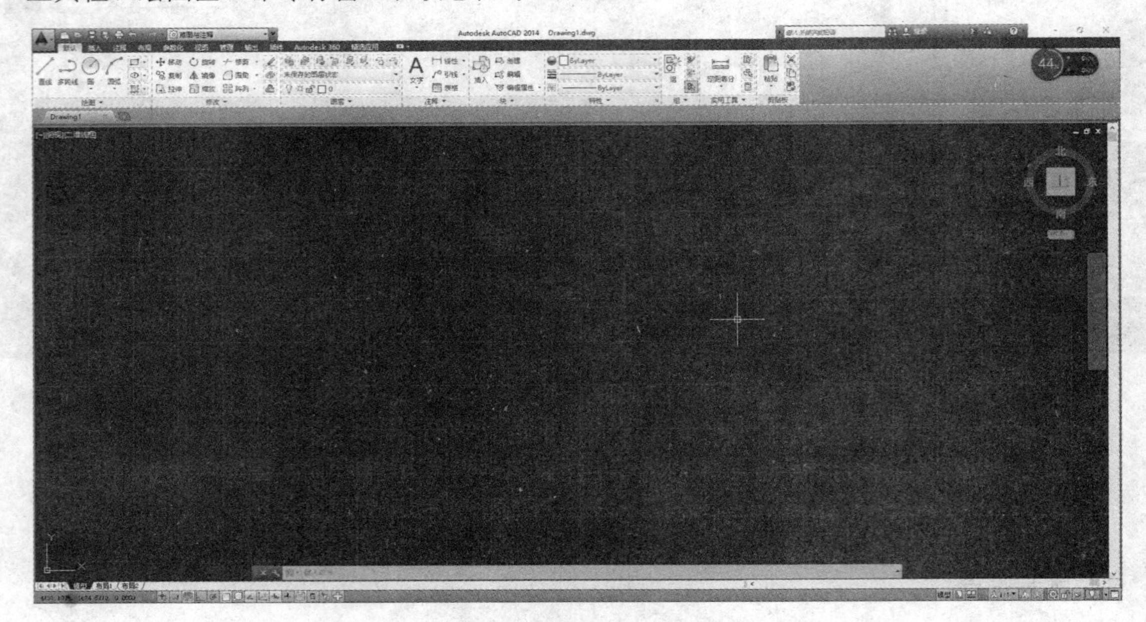

图 2-1　AutoCAD 2014【草图与注释】工作界面

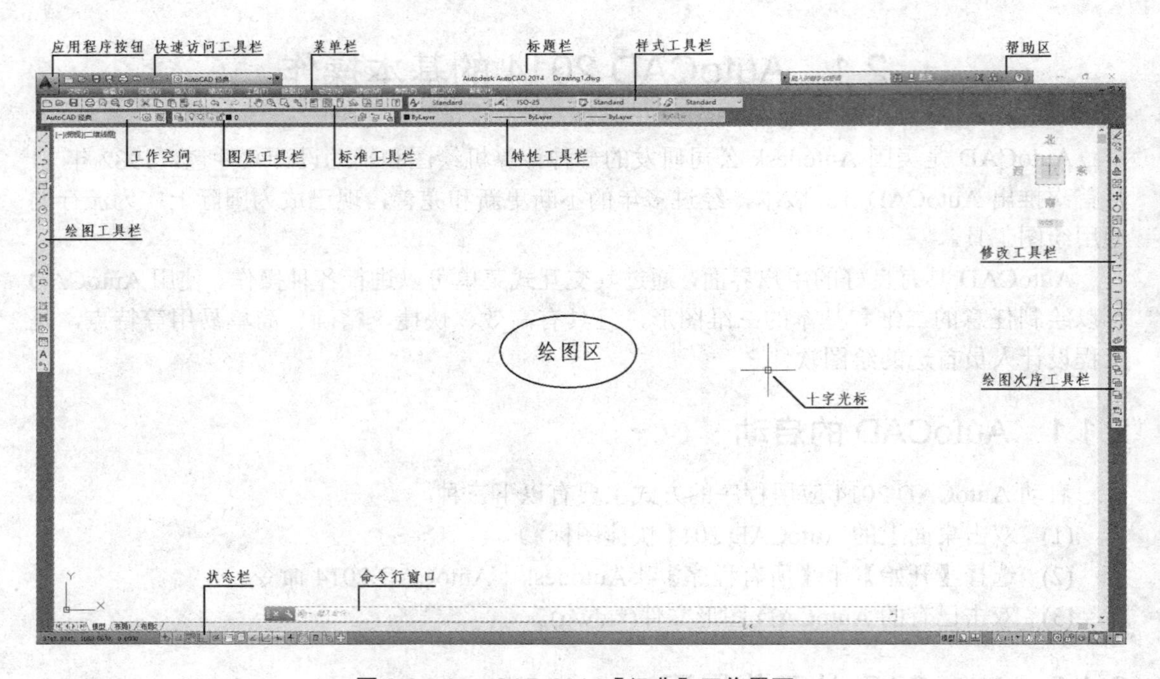

图 2-2　AutoCAD 2014【经典】工作界面

1．标题栏

标题栏位于工作界面最上方，显示正在运行的程序名 AutoCAD 2014 以及当前打开的文档名称。系统默认的图形文件名为 Drawing1，其扩展名(后缀)为.dwg。

2．应用程序按钮和快速访问工具栏

工作界面左上角为应用程序按钮，用鼠标左键单击该按钮，通过弹出菜单可以进行文件的新建、打开、保存、输出、发布、打印等操作。此外，通过该菜单中的“最近使用的文档”功能，还可以对之前打开的图形文件进行快速预览。

快速访问工具栏位于应用程序按钮的右侧，其包含最常用的新建、打开、保存、打印、放弃、重做等工具按钮以及工作空间列表。

3．菜单栏

菜单栏位于快速访问工具栏和标题栏下方。单击某一菜单项，可以选择该下拉菜单中的各个菜单命令。

快捷菜单(上下文关联菜单)可通过鼠标右击弹出，利用快捷菜单可以在不启动菜单栏的情况下快捷、高效地完成某些操作。

4．工作空间

工作空间是经过分组和组织的菜单、工具栏、选项板和面板的集合，它能使用户在自定义的、面向任务的绘图环境中工作。图 2-3 所示为 AutoCAD【工作空间】选项板，其下拉列表中设有【草图与注释】、【三维基础】、【三维建模】和【AutoCAD 经典】4 种选项。

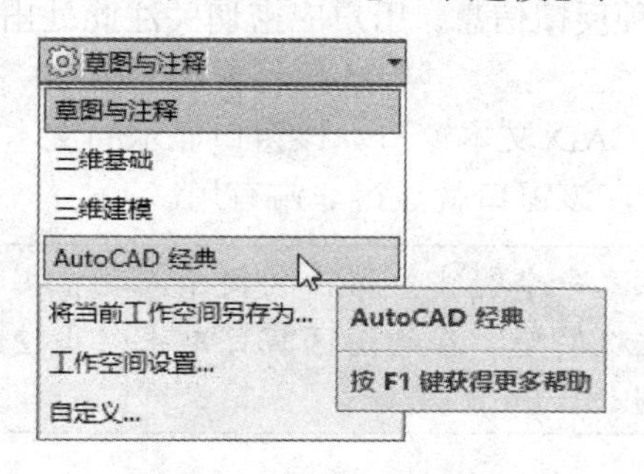

图 2-3　【工作空间】选项板

提示：可以通过展开快速访问工具栏中的工作空间列表、单击状态栏切换工作空间按钮或【工具】|【工作空间】菜单项等三种方式切换所需的工作空间。

5．工具栏

工具栏是执行 AutoCAD 命令的一种快捷方式。其上的每一个图标都形象地代表一个命令按钮，单击相应的按钮就可以执行该命令。大多工具栏都采用浮动的方式放置，即用户可根据需要将其放置在窗口的任意位置或关闭隐藏。

(1) 标准工具栏。位于菜单栏下方，其上排列着常用工具按钮，利用它们可以方便、快捷地完成一些常用功能的操作，如新建、打开、存盘、复制、粘贴等。

(2) 图层、样式和特性工具栏。位于标准工具栏的下方和右侧，在此可以设置图层、颜色、线型、线宽以及文本注释、尺寸标注、表格和多重引线等样式。

(3) 绘图工具栏。位于工作界面最左侧，它提供的是一些最常用的绘图命令。

(4) 修改工具栏。位于工作界面最右侧，它提供的是一些最常用的编辑修改命令。

(5) 绘图次序工具栏。位于修改工具栏的下方，它可以控制将重叠对象中的哪一个对象显示在前端。

提示： 将鼠标放在任一工具栏上右击，在弹出的快捷菜单中可调出所需的工具栏或将显示的工具栏隐藏。

6. 绘图区

工作界面中部的绘图区(作图窗口)是进行绘制与编辑图形以及输入文字、标注尺寸等工作的区域。其背景可以通过选择【工具】|【选项】|【颜色】菜单命令来设置。在绘图区左下角还会显示当前使用的坐标系类型以及坐标轴的方向。

7. 十字光标

当光标移至绘图区域时，光标的显示状态为两条十字相交的直线，称为十字光标。十字光标的交点表示当前点的位置。十字光标及中间靶框的大小可以通过选择【工具】|【选项】|【显示】菜单命令来自定义。

8. 命令行窗口

命令行窗口又称命令提示区，位于绘图区底部，用于接收用户通过键盘输入的命令，并显示 AutoCAD 提示的各种反馈信息。用户应密切关注此处出现的信息，并按信息提示进行相应的操作。

按 F2 键可以打开 AutoCAD 文本窗口。该窗口显示的文本信息与命令行显示的相同，当用户需要查询大量信息时，该窗口就显得非常有用。

提示： 初学者尤其应随时注意命令行窗口给出的提示，要根据提示逐步进行后面的操作，而不应按自己的“主观愿望”在绘图区盲目单击；当使用一个不熟悉的命令时，尤其要注意这一点。

9. 状态栏

状态栏位于工作界面最下方，用于显示当前 AutoCAD 的工作状态，如图 2-4 所示。其包含的主要功能如下。

图 2-4　状态栏

(1) 状态栏最左侧为坐标显示区，列出了光标当前位置的 X、Y、Z 三个轴向的坐标值，以方便位置的参考和定位。

(2) 坐标显示区右侧是指示并控制工作状态的多个功能按钮，如【推断约束】、【捕捉模式】、【栅格显示】、【正交模式】、【极轴追踪】、【对象捕捉】、【三维对象捕捉】、【动态输入】、【显示/隐藏线宽】等。单击其中任意一个按钮均可切换当前的工作状态；当按钮被按下时颜色会发生变化，这表明对应的设置处于激活状态。灵活使用这些功能，可以有效提高绘图准确度与效率。以“正交”为例，如果只绘水平线或竖直线，只要打开【正交模式】，就可以精确地画出水平或竖直方向的线条。

【动态输入】功能是在光标附近提供的一个显示相关命令操作信息的界面，可以直接在此界面上确定各种命令的选择。如果不启用此功能，则相关命令的操作信息会在命令行窗口中显示。

(3) 在状态栏最右侧，提供了【模型】、【快速查看布局】、【快速查看图形】、【注释比例】等按钮，用于快速实现绘图空间切换、预览以及工作空间调整等功能。

提示：单击状态栏上的【正交模式】按钮或使用 F8 键便可以打开或关闭正交模式。

2.1.3　AutoCAD 的命令操作

AutoCAD 系统的所有功能都是通过命令的执行来完成的，选择合理的命令调用方式可以提高绘图效率。

1．命令的输入与终止

使用 AutoCAD，可通过以下设备及操作进行命令的输入、结束和终止。

- 输入设备：键盘、鼠标(十字线或箭头)及数字化仪。
- 输入命令：下拉菜单、工具栏、命令行或快捷菜单。
- 结束命令：按 Enter 键、空格键或在快捷菜单中选择【确认】命令。
- 终止命令：按 Esc 键或在快捷菜单中选择【退出】命令(退出正在执行的命令)。

2．命令的重复调用

若需重复调用刚执行过的命令，可使用以下几种方式。

- 按 Enter 键或空格键。
- 按 Ctrl+M 组合键。
- 在绘图区或命令行窗口的快捷菜单中选择近期使用过的命令。

3．取消已执行的命令

在绘图过程中，当出现错误需要修正时，可通过以下方式取消已有的操作。

- 单击【标准】工具栏中的按钮。
- 选择【编辑】|【放弃】菜单命令。
- 按 Ctrl+Z 组合键。
- 在快捷菜单中选择【放弃】命令。
- 在命令行中输入“UNDO”或“U”。

4．恢复已取消的命令

若要恢复已经取消的操作，可通过以下几种方式。

- 单击【标准】工具栏中的按钮。
- 选择【编辑】|【重做】菜单命令。
- 按 Ctrl+Y 组合键。
- 在快捷菜单中选择【重做】命令。
- 在命令行中输入“REDO”。

注意：在命令行输入命令后，需要按 Enter 键或空格键等确认，才可以激活该命令。

2.1.4　图形文件管理

AutoCAD 常用的文件管理命令有新建、打开、保存和关闭图形文件等，具体操作如下。

1. 新建图形文件

- 单击【标准】工具栏中的按钮。
- 选择【文件】|【新建】菜单命令。
- 按 Ctrl+N 组合键。
- 在命令行中输入“New”。

2. 打开图形文件

- 单击【标准】工具栏中的按钮。
- 选择【文件】|【打开】菜单命令。
- 按 Ctrl+O 组合键。
- 在命令行中输入“Open”。

3. 保存图形文件

- 单击【标准】工具栏中的按钮。
- 选择【文件】|【保存】菜单命令。
- 按 Ctrl+S 组合键。
- 在命令行中输入“Save”。

4. 关闭图形文件

- 单击标题栏中的按钮。
- 选择【文件】|【关闭】菜单命令。
- 按 Ctrl+Q 组合键。
- 在命令行中输入“Quit”。

2.1.5　图形显示控制

为了观察和操作方便，绘图时常常需要改变图形在屏幕上的显示大小。控制图形显示并不会改变图形的实际尺寸和相对位置，常用的执行方式有以下几种。

1. 图形缩放

缩放是显示控制中最常用的手段，可以缩小整个图纸，也可以放大显示屏幕上某一图形的局部，【视图】|【缩放】菜单中列出了缩放的所有类型(见图 2-5)。

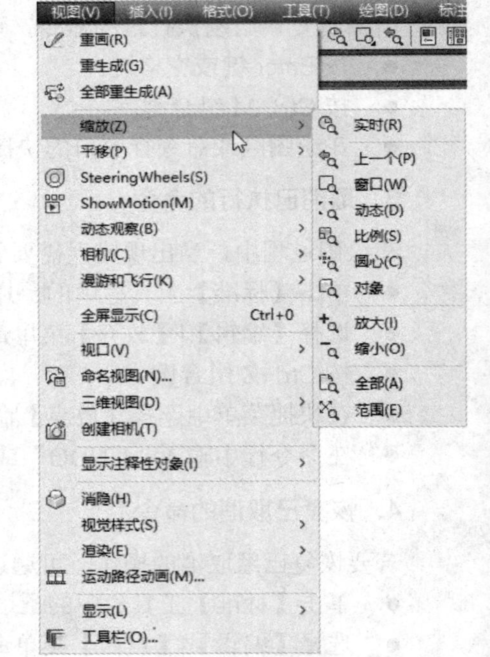

图 2-5　【视图】|【缩放】菜单

- 单击【标准】工具栏中的【显示控制工具】按钮。
- 选择【视图】|【缩放】菜单中的相关命令。

- 在命令行中输入“ZOOM”或“Z”。
- 滚动鼠标中键。

2. 实时平移

在不改变缩放系数的情况下，观察当前窗口中图形的不同部位(相当于移动图纸)时可进行实时平移。

- 单击【标准】工具栏中的按钮。
- 选择【视图】|【平移】|【实时】菜单命令。
- 在命令行中输入“Pan”或“P”。
- 按住鼠标中键拖动。

3. 显示精度

曲线图形在屏幕上是用一定数量的直线逼近的，逼近的直线数量越多，曲线会显得越光滑，则称该曲线具有较好的分辨率或精度。可通过执行下面的命令进行调整。

- 选择【工具】|【选项】|【显示】|【显示精度】菜单命令。
- 在命令行中输入“Viewres”。

4. 视图重显与重生

在绘图过程中，有时会在屏幕上留下一些“痕迹”。为了消除这些“痕迹”或使曲线显得更光滑，需要用到以下几种操作。

(1) 重画——重新显示当前窗口中的图形。

- 选择【视图】|【重画】菜单命令。
- 在命令行中输入“Redraw”或“R”。

(2) 重生成——重新生成图形(计算图形数据)并刷新显示当前窗口中的图形。

- 选择【视图】|【重生成】菜单命令。
- 在命令行中输入“Regen”或“RE”。

(3) 全部重生成——重新生成图形并刷新显示所有窗口中的图形。

- 选择【视图】|【全部重生成】菜单命令。
- 在命令行中输入“Regenall”或“REA”。

2.1.6 坐标输入方法

在用 AutoCAD 绘图过程中，有时需要用坐标来确定某点的精确位置，这样会使作图更快捷、准确。AutoCAD 默认的坐标系统是世界坐标系(WCS)。

1. 点坐标的表示法

(1) 绝对坐标。绝对坐标是以原点(0,0)为基点定位所有的点。其表示法为：直角坐标(x,y)、极坐标(l<α)，如图 2-6(a)所示的点 A(10,20)、图 2-6(b)所示的点 C(73<16)。由于从图样所给尺寸中很难知道图中某个点与原点的距离，因此在实际应用中绝对坐标并不常用。

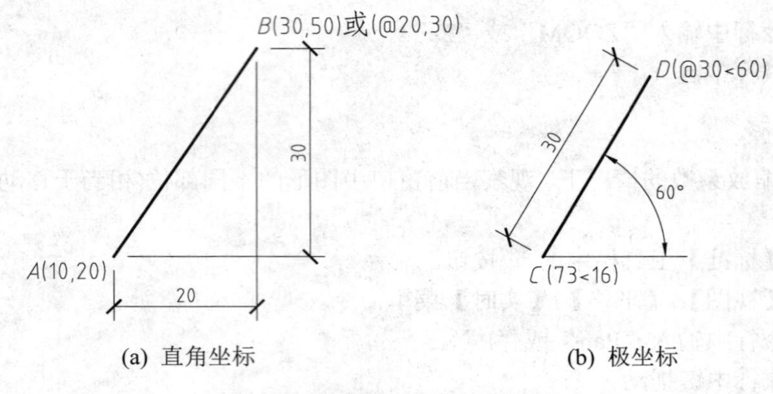

(a) 直角坐标　　(b) 极坐标

图 2-6　利用输入坐标绘制直线

(2) 相对坐标。相对坐标是相对于前一点的偏移值，在实际应用中要比使用绝对坐标方便，因而是常用的一种坐标输入法。输入时应在该点坐标前加“@”符号，如图 2-6 所示的直线 *AB* 和 *CD* 中，*B* 点相对于 *A* 点的直角坐标为(@20,30)；*D* 点相对于 *C* 点的极坐标为(@30<60)。

注意： 输入极坐标就是输入距离和角度，用尖括号(<)隔开。在默认情况下，角度按逆时针方向增大而按顺时针方向减小(若要向顺时针方向转动，应输入负的角度值)。

2. 点坐标的输入法

(1) 在绘图区的合适位置单击鼠标左键直接定点。

(2) 捕捉屏幕上已有图形的特征点，如端点、中点、圆心、交点等。

(3) 用键盘直接输入点的坐标(绝对坐标或相对坐标)。如图 2-6(a)所示，若要画一条起点为(10,20)，终点为(30,50)的直线 *AB*，可用以下两种方法操作，注意两者在坐标输入上的区别。

① 第一种。

```
命令: _line
指定第一点: 10,20 ↵
指定下一点或 [放弃(U)]: 30,50 (用“绝对坐标”输入)
指定下一点或 [放弃(U)]:  //按 Enter 键结束命令
```

② 第二种。

```
命令: _line
指定第一点: 10,20 ↵ (或在绘图区单击指定位置)
指定下一点或 [放弃(U)]: @20,30 (用“相对坐标”输入)
指定下一点或 [放弃(U)]:  //按 Enter 键结束命令
```

同样，在画如图 2-6(b)所示直线 *CD* 时，可用相对极坐标确定 *D* 点的位置，即@30<60。

(4) 在指定方向上通过给定距离定点。在绘图区确定一点之后，将光标沿着移到的方向移动，然后直接输入两点相对距离的数值即可画出下一点(这是一种快捷的方法)。

2.1.7　绘图前的设置工作

在绘制图形前，通常需要进行一些设置，如图形界限、绘图单位、捕捉间隔、对象捕捉模式、图层以及文字样式、尺寸样式等。有些可用默认设置，有些则应根据需要另行设置。现只介绍一般作图所进行的几项必要设置。

1．设置对象捕捉模式

对象捕捉是将指定点限制在现有对象的确切位置(即特征点)上，如圆心、交点、垂足等。只要 AutoCAD 提示输入点，光标就变为对象捕捉靶框，且将迅速精确地捕捉到离靶框中心最近的符合条件的捕捉点上。

对象捕捉模式的设置方法如下。

- 选择【工具】|【草图设置】|【对象捕捉】菜单命令。
- 鼠标指针放在状态栏【对象捕捉】按钮上右击，在弹出的快捷菜单中选择【设置】命令。

在弹出的【草图设置】对话框中的【对象捕捉】选项卡上，可以选中常用的捕捉点，如端点、中点、圆心、交点、垂足等(见图 2-7)。

提示：单击状态栏上的【对象捕捉】按钮□或按 F3 键可以打开或关闭对象捕捉模式。

当需要临时捕捉某个不常用的图形特征点时，可以在捕捉前按住 Shift 键或 Ctrl 键再单击鼠标右键，此时系统会弹出如图 2-8 所示的快捷菜单。从中选择需要的对象捕捉类型，系统就会临时一次性捕捉到这个特征点。

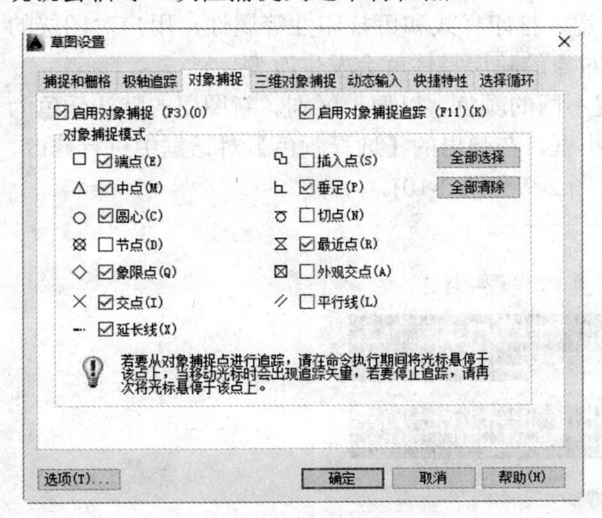

图 2-7　【草图设置】对话框

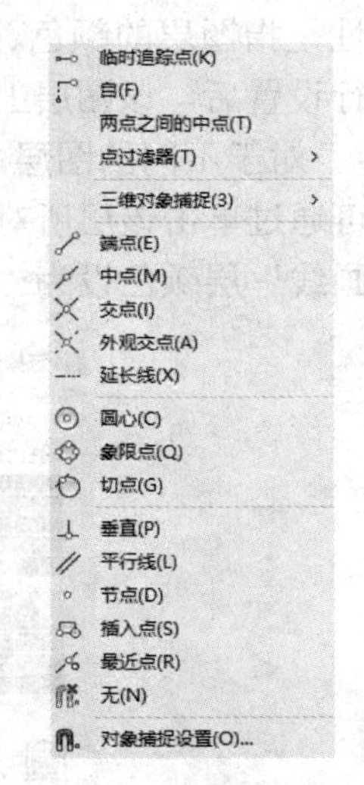

图 2-8　临时捕捉菜单

2．设置图层

图层相当于多层“透明纸”重叠而成。使用图层分层进行绘图，可以使图形更便于管理，修改更加方便，组合更加自如。

1) 图层的创建

创建图层的调用命令有以下几种。

- 单击【图层】工具栏中的按钮。
- 选择【格式】|【图层】菜单命令。
- 在命令行中输入“Layer”或“LA”。

在弹出的【图层特性管理器】对话框中，可以新建图层、重新命名图层、删除图层、设置所选层的控制状态与层特性等，如图 2-9 所示。

当前图层: 点画线　　搜索图层

状态	名称	开	冻结	锁定	颜色	线型	线宽	透明度	打印样式	打印	新视口冻结	说明
	0				白	Continuous	默认	0	Color_7			
	标注				绿	Continuous	0.18 毫米	0	Color_3			
	粗实线				白	Continuous	0.70 毫米	0	Color_7			
✔	点画线				红	CENTER2	0.18 毫米	0	Color_1			
	双点画线				153	PHANTOM2	0.18 毫米	0	Color_...			
	填充				223	Continuous	0.18 毫米	0	Color_...			
	细实线				青	Continuous	0.18 毫米	0	Color_4			
	虚线				黄	HIDDEN2	0.50 毫米	0	Color_2			
	中实线				蓝	Continuous	0.35 毫米	0	Color_5			

全部: 显示了 9 个图层，共 9 个图层

图层特性管理器

图 2-9　【图层特性管理器】对话框

(1) 新建图层。

单击【图层特性管理器】对话框中的【新建】按钮，列表框中即刻会增加一个默认名为“图层 1”的新图层，用户可以修改默认图名，并根据需要设置该层的图层特性。

(2) 设置图层特性。

图层特性是指图层的颜色、线型、线宽、打印样式和可打印性等属性，用户对图层的这些特性进行设置后，该图层上所有图形对象的随层特性就会发生改变。

① 颜色。对于不同的图层，建议设置不同的颜色，以便于区别。新图层的默认颜色为白色，用户可通过单击该层所对应的颜色小框，在弹出的【选择颜色】对话框中进行修改，例如将“点画线”层颜色设为“红色”(见图 2-9 和图 2-10)。

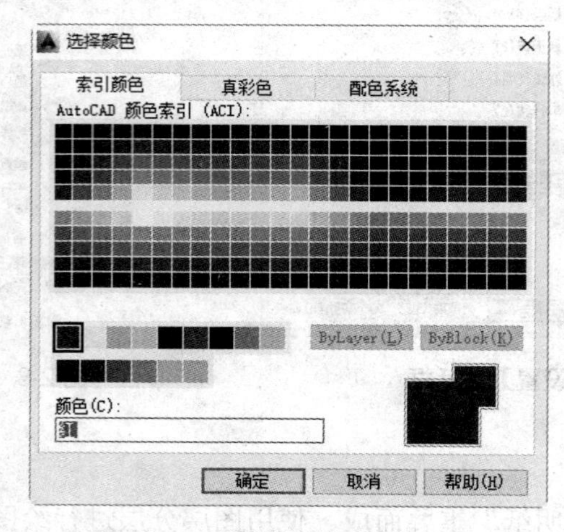

图 2-10　【选择颜色】对话框

② 线型。新图层的默认线型是连续线(Continuous)，用户可通过单击该层所对应的线型小框，在弹出的【选择线型】对话框中单击【加载】按钮之后，从【加载或重载线型】对话框中进行选择，例如将“点画线”层线型设为“CENTER2”（见图 2-9 和图 2-11)。

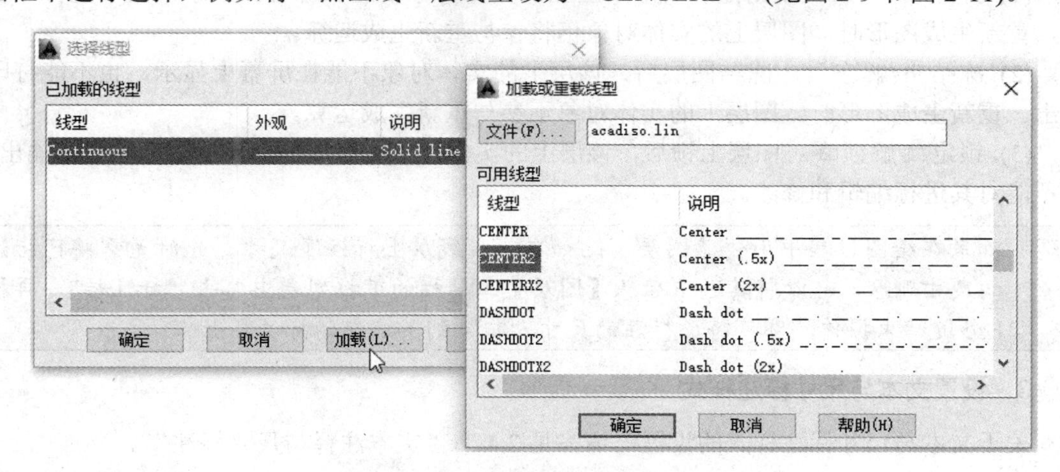

图 2-11　【加载或重载线型】对话框

说明： 点画线、虚线等非连续线型是由短线段及间隔等组成，如果在后期的使用中没有显示出线型，可通过【格式】|【线型】菜单命令进行调整。“全局比例因子”对全图中的所有非连续线型有效；如果要改变个别对象的线型比例，可在选择该对象后，单击【标准】工具栏中的【特性】按钮，在打开的【特性】对话框中对线型比例进行修改。此处的线型比例与全局线型比例的乘积即为该对象的实际线型比例。

③ 线宽。单击该层所对应的线宽小框，在弹出的【线宽】对话框中可为该层选择适合的线宽，例如将“点画线”层线宽设为“0.18mm”（见图 2-9 和图 2-12)。

如果对系统显示的线宽比例不满意，可右击状态栏上的【显示/隐藏线宽】按钮，选择【设置】来调整线宽的显示比例。

2) 设置当前层

在创建了多个图层之后，作图时使用哪个图层需将该层置为当前层。系统默认的当前图层为 0 层，可以通过以下几种方式将所需图层“置为当前”。

(1) 在【图层特性管理器】对话框中选中所需图层，单击按钮。

(2) 在【图层特性管理器】对话框中选中所需图层，在右键快捷菜单中选择【置为当前】命令。

(3) 在【图层特性管理器】对话框中直接双击需置为当前层的图层。

(4) 在【标准】工具栏的图层下拉列表框中选中所需图层。

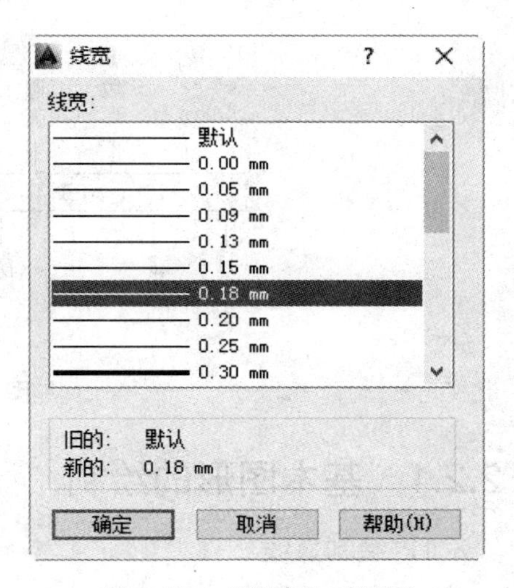

图 2-12　【线宽】对话框

3) 控制图层状态

控制图层状态是为了更好地管理图层上的对象。图层状态包括以下几种。

(1) 打开/关闭。关闭图层后，该层上的实体对象不能在屏幕上显示，也不能打印输出。重新生成图形时，图层上的实体对象仍将参与重新生成运算。

(2) 冻结/解冻。冻结图层后，该层上的实体对象不能在屏幕上显示，也不能打印输出。重新生成图形时，图层上的实体对象不参与重新生成运算。

(3) 锁定/解锁。图层上锁后，该层上的实体对象能在屏幕上显示，可以打印输出，但不能对其进行编辑和修改。

技巧： 如果在绘图过程中用错了图层，比如在粗实线层上标注了尺寸，此时无需将已标注的尺寸删除，可以将其选中后从【图层】工具栏的下拉列表中单击“标注层”，再按 Esc 键结束操作，即可将已标注的尺寸“归”到其应在的标注层上。

3. 设置文本与尺寸标注样式

关于文本与尺寸标注样式的设置，请参见 2.4 节“文本注释与尺寸标注”。

2.2 二维图形的绘制

任何图形，无论如何复杂，都是由一些点、直线和曲线组成的。AutoCAD 2014 为此提供了丰富的绘图命令和强大的图形编辑功能。

绘图命令的调用大多可以通过以下 3 种方式。

- 单击【绘图】工具栏中相应的图标按钮(见图 2-13)。
- 选择【绘图】下拉菜单中相应的菜单项。
- 在命令行中输入相应的命令(英文)。

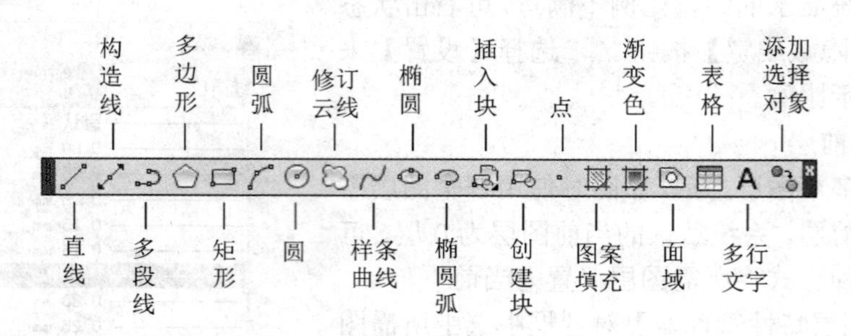

图 2-13 【绘图】工具栏

2.2.1 基本图形的绘制

1. 绘制直线

(1) 命令调用方式。

- 单击【绘图】工具栏中的按钮。
- 选择【绘图】|【直线】菜单命令。

- 在命令行中输入“Line”或“L”。

命令被激活后，可按照命令行中的提示指定起点和端点，从而绘制出任意直线。

(2) 绘制直线的操作方法和步骤。

① 执行【直线】命令。

② 指定起点(可使用鼠标单击或在命令行中输入坐标确定)。

③ 指定端点以完成第一条线段。

④ 要在使用 Line 命令时放弃前面绘制的线段，可输入“U”或者从工具栏中选择【放弃】命令。

⑤ 指定其他线段的端点。

⑥ 按 Enter 键结束或按 C 键将前面所画线段闭合成多边形。

提示：如果要以最近绘制的直线的端点为起点绘制新的直线，可以在再次启动 Line 命令后，在“指定起点”提示下直接按 Enter 键。

2．绘制构造线

(1) 命令调用方式。

- 单击【绘图】工具栏中的按钮。
- 选择【绘图】|【构造线】菜单命令。
- 在命令行中输入“XLine”或“XL”。

构造线命令用以绘制两个方向无限延伸的直线，也称为参照线。这类线通常作为绘制图形过程中的辅助线用。

(2) 指定两点创建构造线的操作方法和步骤。

① 执行【构造线】命令。

② 指定一个点以定义构造线的根。

③ 指定第二个点，即构造线要经过的点。

④ 根据需要继续指定构造线，所有后续参照线都经过第一个指定点。

⑤ 按 Enter 键结束命令。

(3) 执行构造线命令过程中各选项的含义如下。

① 水平(H)：可绘制水平的构造线。

② 垂直(V)：可绘制垂直的构造线。

③ 角度(A)：可按指定角度绘制一条构造线。

④ 二等分(B)：可绘制已知角的角平分线。绘制此线时，系统要求依次指定已知角的顶点、起点和端点。

⑤ 偏移(O)：可绘制平行于指定线的构造线，此时必须指定偏移距离和构造线位于指定线的哪一侧。

提示：绘制指定角度的斜线和需满足对应关系的三视图时，使用【构造线】命令会很方便。

3．绘制正多边形

(1) 命令调用方式。

- 单击【绘图】工具栏中的按钮。

- 选择【绘图】|【多边形】菜单命令。
- 在命令行中输入“Polygon”或“POL”。

命令被激活后，可按照命令行中的提示输入多边形的边数，选择“内接于圆”还是“外切于圆”、多边形的中心点或选择“边”选项(用已知边长画正多边形)。图 2-14 所示为正多边形的绘制示例。

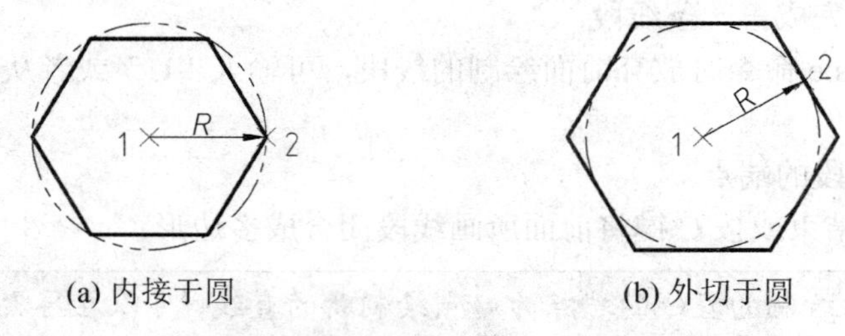

(a) 内接于圆　　(b) 外切于圆

图 2-14　正多边形绘制示例

(2) 绘制正多边形的操作方法和步骤。

① 执行【正多边形】命令。

② 在命令行中输入边数，如“6”。

③ 指定正多边形的中心点(点“1”)。

④ 选择“内接于圆(I)”或“外切于圆(C)”。

⑤ 输入半径长度(或指定点“2”以确定半径长度 R)。

4．绘制矩形

(1) 命令调用方式。

- 单击【绘图】工具栏中的□按钮。
- 选择【绘图】|【矩形】菜单命令。
- 在命令行中输入“Rectang”或“REC”。

命令被激活后，可按照命令行中的提示选项[倒角(C)/标高(E)/圆角(F)/厚度(T)/宽度(W)]选择需要的矩形类型，之后可以通过指定对角点相对坐标的方式确定矩形的大小(长和宽)。如图 2-15 所示为各种形式的矩形。

(2) 绘制矩形的操作方法和步骤。

① 执行【矩形】命令。

② 指定矩形第一个角点的位置(可单击鼠标左键确定)。

③ 指定矩形另一个角点的位置(可通过输入两角点相对坐标确定)。

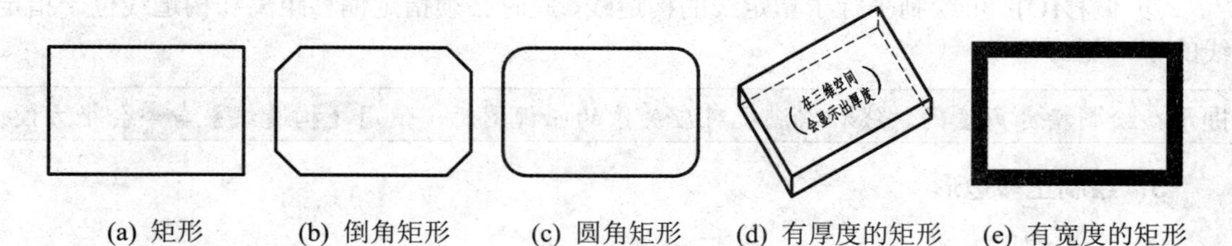

(a) 矩形　　(b) 倒角矩形　　(c) 圆角矩形　　(d) 有厚度的矩形　　(e) 有宽度的矩形

图 2-15　矩形绘制示例

5. 绘制圆弧

(1) 命令调用方式。

- 单击【绘图】工具栏中的按钮。
- 选择【绘图】|【圆弧】菜单命令。
- 在命令行中输入“Arc”或“A”。

圆弧命令提供了 11 种画圆弧的方法，默认是“三点法”(即利用圆弧上的三个点画圆弧)，如图 2-16 所示。

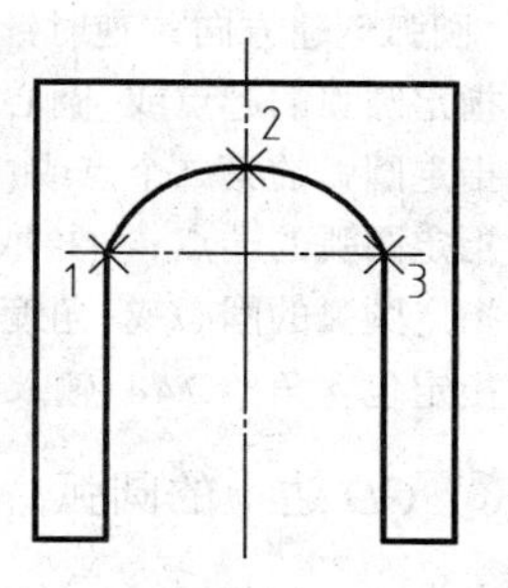

图 2-16　圆弧绘制示例

(2) 通过指定三点绘制圆弧的操作方法和步骤。

① 执行【圆弧】命令。

② 指定起点(点“1”)。

③ 指定第二个点(点“2”)。

④ 指定端点(点“3”)。

【例 2.1】 用圆弧和多边形命令绘制图 2-17 所示图形。

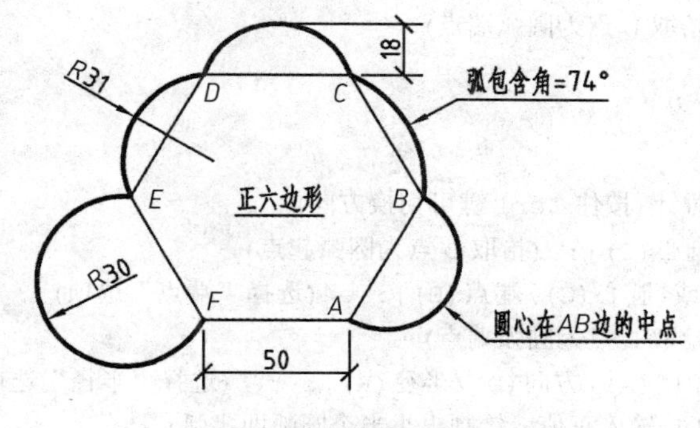

图 2-17　构件轮廓图

解　绘制方法及命令行操作步骤如下。

(1) 绘制正六边形。

```
命令: _polygon
输入侧面数<4>: 6↵(指定多边形的边数)
指定正多边形的中心点或[边(E)]: e↵(选择“边长”选项)
指定边的第一个端点: (在绘图区单击拾取一点)
指定边的第二个端点: <正交 开> 50↵(打开“正交模式”后输入边长值)
```

(2) 绘制各段圆弧。

① *AB* 边上的圆弧。

```
命令: _arc
[圆弧创建方向: 逆时针(按住 Ctrl 键可切换方向)]
指定圆弧的起点或[圆心(C)]: (拾取 A 点作为圆弧起点)
指定圆弧的第二个点或[圆心(C)/端点(E)]: c↵(选择“圆心”选项)
指定圆弧的圆心: (拾取 AB 边的中点)
指定圆弧的端点或 [角度(A)/弦长(L)]: (拾取 B 点作为圆弧端点)
```

② *BC* 边上的圆弧。

```
命令： _arc
[圆弧创建方向：逆时针(按住 Ctrl 键可切换方向) ]
指定圆弧的起点或[圆心(C)]： (拾取 B 点为圆弧起点)
指定圆弧的第二个点或[圆心(C)/端点(E)]： e↵(选择“端点”选项)
指定圆弧的端点： (拾取 C 点为圆弧端点)
指定圆弧的圆心或[角度(A)/方向(D)/半径(R)]： a↵(选择“角度”选项)
指定包含角： 74↵(输入角度值)
```

③ *CD* 边上的圆弧。

```
命令： _arc
[圆弧创建方向：逆时针(按住 Ctrl 键可切换方向)]
指定圆弧的起点或[圆心(C)]： (拾取 C 点为圆弧起点)
指定圆弧的第二个点或[圆心(C)/端点(E)]：18↵(将鼠标放在线段中点处，待中点符号显示后，将鼠标竖直移到 CD 线上方，待追踪线出现后，输入数值)
指定圆弧的端点： (拾取 D 点为圆弧端点)
```

④ *DE* 边上的圆弧。

```
命令： _arc
[圆弧创建方向：逆时针(按住 Ctrl 键可切换方向)]
指定圆弧的起点或[圆心(C)]： (拾取 D 点为圆弧起点)
指定圆弧的第二个点或[圆心(C)/端点(E)]： e↵(选择“端点”选项)
指定圆弧的端点： (拾取 E 点为圆弧端点)
指定圆弧的圆心或[角度(A)/方向(D)/半径(R)]： r↵ (选择“半径”选项)
指定圆弧的半径： 31↵(输入正值，绘制出小半个圆弧即劣弧)
```

⑤ *EF* 边上的圆弧。

```
命令： _arc
[圆弧创建方向：逆时针(按住 Ctrl 键可切换方向)]
指定圆弧的起点或[圆心(C)]： (拾取 E 点为圆弧起点)
指定圆弧的第二个点或[圆心(C)/端点(E)]： e↵(选择“端点”选项)
指定圆弧的端点： (拾取 F 点为圆弧端点)
指定圆弧的圆心或[角度(A)/方向(D)/半径(R)]： r↵(选择“半径”选项)
指定圆弧的半径： -30↵(输入负值，绘制出大半个圆弧即优弧)
```

6. 绘制圆

(1) 命令调用方式。

- 单击【绘图】工具栏中的按钮。
- 选择【绘图】|【圆】菜单命令。
- 在命令行中输入“Circle”或“C”。

圆命令提供了 6 种画圆的方法，图 2-18 所示为其中 4 种常用绘制方法示例。

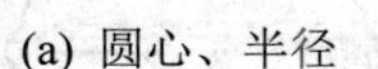

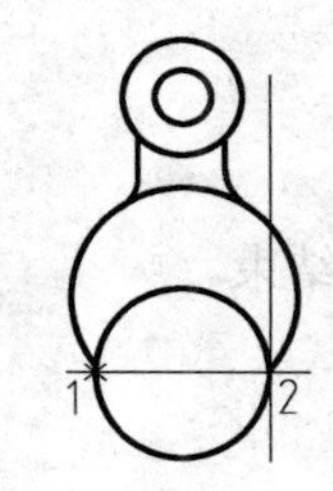

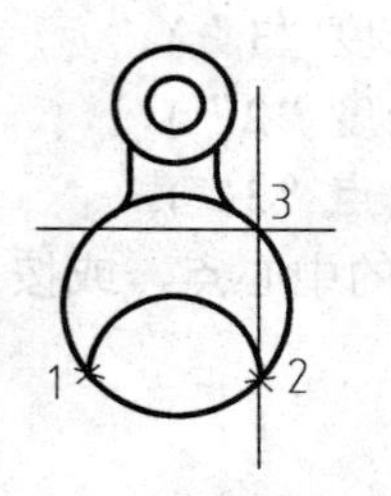

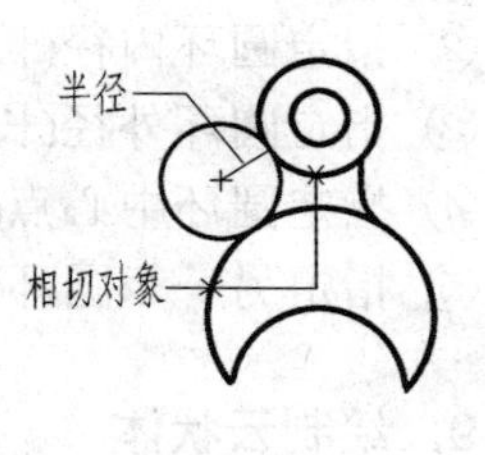

(a) 圆心、半径　　(b) 两点确定直径　　(c) 三点确定圆周　　(d) 相切、相切、半径

图 2-18　圆的常用绘制方法示例

(2) 画圆的六种方法。

① “圆心、半径”法。利用圆心和半径画圆(这是默认方法)。

② “圆心、直径”法。利用圆心和直径画圆。

③ “三点”法。利用三个点画圆，要求输入圆周上任意 3 个点的位置。

④ “两点”法。利用两个点画圆，要求输入圆直径方向的两个点，即画出的圆以两点连线为直径。

⑤ “相切、相切、半径”法。利用与两个已知对象的相切关系和圆的半径画圆。

⑥ “相切、相切、相切”法。利用与三个已知对象的相切关系画圆。

7. 绘制椭圆或椭圆弧

(1) 命令调用方式。

- 单击【绘图】工具栏中的 或 按钮。
- 选择【绘图】|【椭圆】或【椭圆弧】菜单命令。
- 在命令行中输入“Ellipse”或“EL”。

命令被激活后，可按照命令行中的提示定出所需点及长度，即可画出任意大小的椭圆或椭圆弧。图 2-19 所示为椭圆的绘制示例。

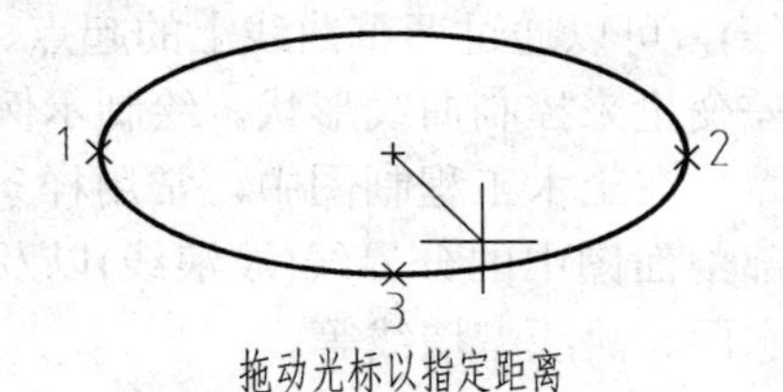

图 2-19　椭圆绘制示例

(2) 绘制椭圆的操作方法和步骤。

① 执行【椭圆】命令。

② 指定第一条轴的第一个端点(点“1”)。

③ 指定第一条轴的第二个端点(点“2”)。

④ 从中点拖动光标至点“3”，以确定第二条轴的半轴长度。

8. 绘制圆环

(1) 命令调用方式。

- 选择【绘图】|【圆环】菜单命令。
- 在命令行中输入“Donut”或“DO”。

命令被激活后，可通过指定圆环的内径和外径绘制填充的圆环或圆。图 2-20 所示为圆环的绘制示例。

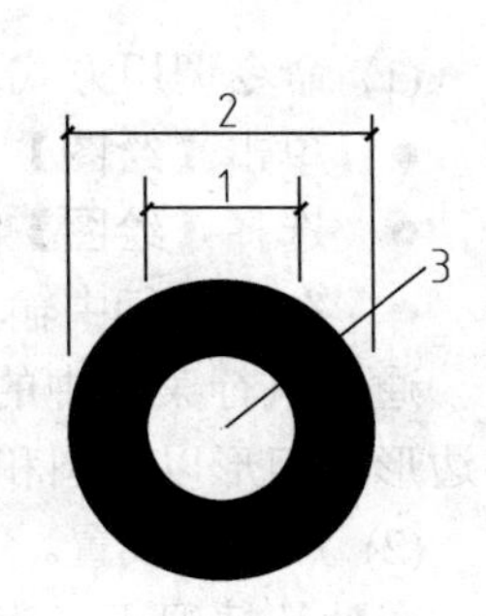

图 2-20　圆环绘制示例

(2) 绘制圆环的操作方法和步骤。

① 执行【圆环】命令。

② 指定圆环内径(长度“1”)。

③ 指定圆环外径(长度“2”)。

④ 指定圆环中心点(点“3”)。

⑤ 指定另一个圆环的中心点，或按 Enter 键结束。

9．绘制云状体

命令调用方式如下。

- 单击【绘图】工具栏中的按钮。
- 选择【绘图】|【修订云线】菜单命令。
- 在命令行中输入“Revcloud”。

修订云线是由连续圆弧组成的多段线，用于在检查阶段提醒用户注意图形的某个部分，其应用示例如图 2-21 所示。

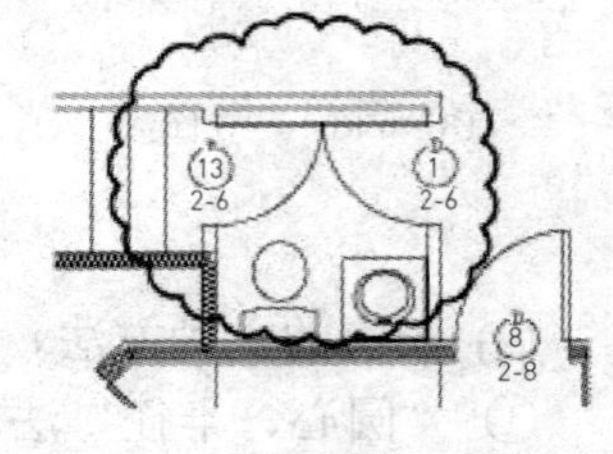

图 2-21 修订云线应用示例

10．绘制样条曲线

(1) 命令调用方式。

- 单击【绘图】工具栏中的按钮。
- 选择【绘图】|【样条曲线】菜单命令。
- 在命令行中输入“Spline”。

样条曲线是一种能够自由编辑的曲线(非圆曲线)，可以通过调整曲线上的起点、控制点、终点及偏差变量来控制曲线形状。绘制示例如图 2-22 所示。

在土木工程制图中，常用样条曲线命令来绘制局部剖面图中的分界线(波浪线)以及纹理线，如木纹、水面、流线型墙线等。

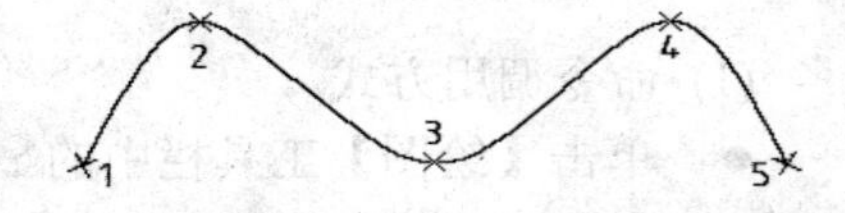

图 2-22 样条曲线绘制示例

(2) 通过指定点绘制样条曲线的操作方法和步骤。

① 执行【样条曲线】命令。

② 指定样条曲线起点(点“1”)。

③ 输入下一个点(点“2”～“5”)，按 Enter 键结束。

11．绘制点

(1) 命令调用方式。

- 单击【绘图】工具栏中的按钮。
- 选择【绘图】|【点】菜单命令(见图 2-23)。
- 在命令行中输入“Point”或“PO”。

通过执行菜单中的【定数等分】和【定距等分】命令，可以按份数和距离等分直线、多边形、矩形以及圆和圆弧等各种图形对象。

(2) 点样式设置。

在默认情况下，点对象以一个小圆点的形式出现，不便于识别。通过设置点的样式，便能清楚地在屏幕上看到点的直观形状，设置方法如下。

- 选择【格式】|【点样式】菜单命令。

● 在命令行中输入“Ddptype”或“DDP”。

在弹出的【点样式】对话框中，可以设置点的样式及显示大小，如图 2-24 所示。在此之前绘制的点，均会按新样式显示。

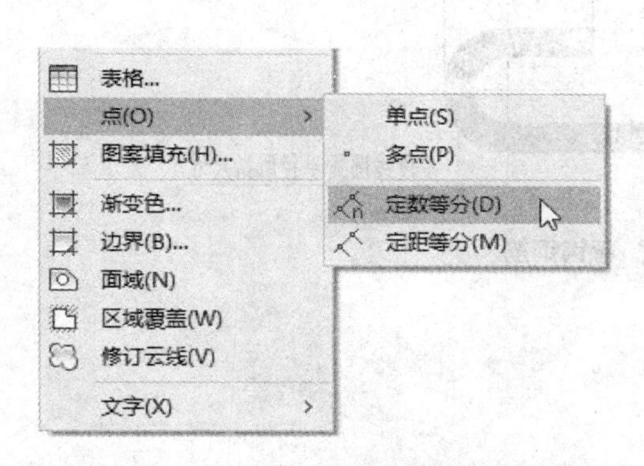

图 2-23　【绘图】菜单中的【点】命令

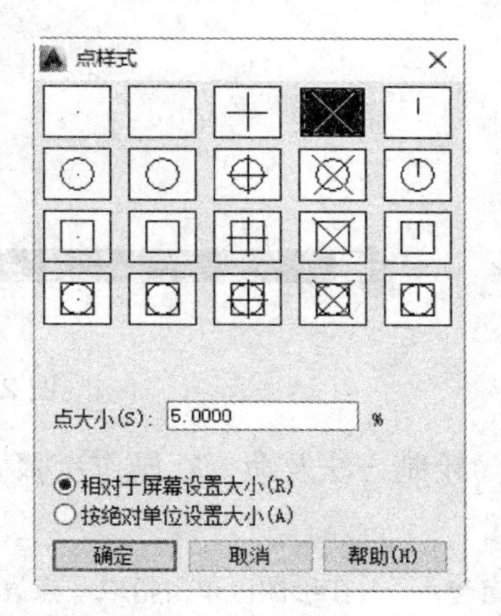

图 2-24　【点样式】对话框

12．绘制多段线

多段线也称多义线或复合线，是由等宽或不等宽的多段直线或圆弧组成的一个整体图形对象。因其体型变化多端，伸展毫无限制，操作轻松自如，而在实际绘图中得到了广泛应用，如图 2-25 所示。

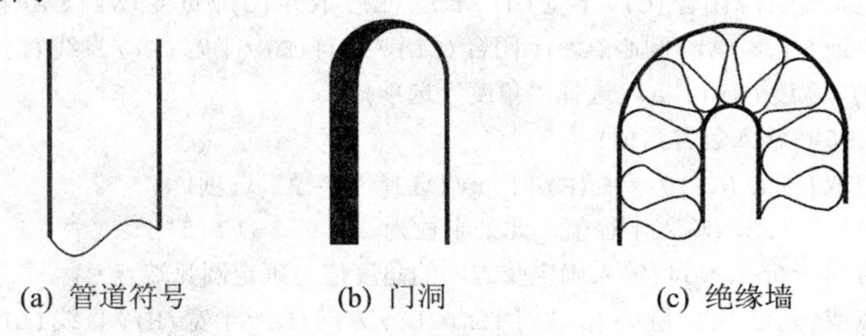

(a) 管道符号　(b) 门洞　(c) 绝缘墙

图 2-25　多段线应用示例

(1) 命令调用方式。

● 单击【绘图】工具栏中的按钮。
● 选择【绘图】|【多段线】菜单命令。
● 在命令行中输入“Pline”或“PL”。

(2) 绘制直线和圆弧组合多段线的操作方法和步骤。

① 执行【多段线】命令。

② 指定多段线直线段的起点，之后可以设定线段的长度和宽度等。

③ 指定多段线直线段的端点。

a. 在命令行输入“A”(圆弧)，切换到圆弧模式，在此可以指定圆弧半径、角度、圆心等以完成圆弧的绘制。

b. 之后如果输入“L”(直线)，又会返回到直线模式。

④ 根据需要指定其他多段线。

⑤ 按 Enter 键结束或按 C 键闭合多段线。

【例 2.2】 用多段线命令绘制图 2-26 所示的 180° 弯钩钢筋(钢筋直径 10mm，水平段长度自定)。

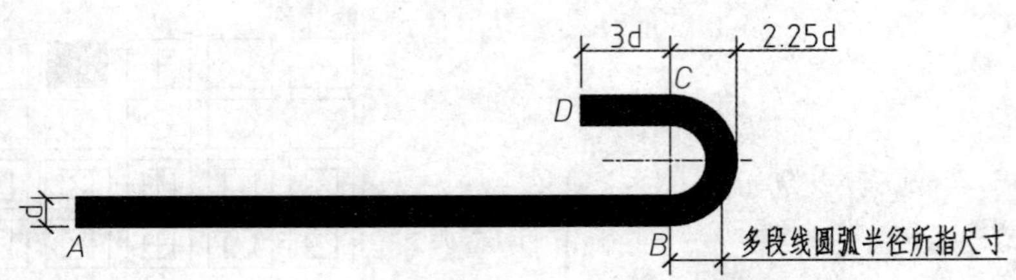

图 2-26 180° 弯钩钢筋

解 绘制方法及命令行操作步骤如下。

命令：_pline
指定起点：(在绘图区单击拾取一点 A)
当前线宽为 0.0000
指定下一个点或[圆弧(A)/半宽(H)/长度(L)/放弃(U)/宽度(W)]：w↵(选择“宽度”选项)
指定起点宽度 <0.0000>：10↵(输入起点宽度值)
指定端点宽度 <10.0000>：10↵(输入端点宽度值)
指定下一个点或 [圆弧(A)/半宽(H)/长度(L)/放弃(U)/宽度(W)]：<正交 开> (打开“正交模式”，将鼠标向右拖至某一位置后单击确定第二点 B)
指定下一点或[圆弧(A)/闭合(C)/半宽(H)/长度(L)/放弃(U)/宽度(W)]：a↵(选择“圆弧”选项)
指定圆弧的端点或[角度(A)/圆心(CE)/闭合(CL)/方向(D)/半宽(H)/直线(L)/半径(R)/第二个点(S)/放弃(U)/宽度(W)]：a↵(选择“角度”选项)
指定包含角：180↵(输入包含角值)
指定圆弧的端点或[圆心(CE)/半径(R)]：r↵(选择“半径”选项)
指定圆弧的半径：17.5↵(输入半径值，此处半径为 22.5-5=17.5)
指定圆弧的弦方向 <0>：90↵(输入确定弦方向的角度值，确定圆弧端点 C)
指定圆弧的端点或[角度(A)/圆心(CE)/闭合(CL)/方向(D)/半宽(H)/直线(L)/半径(R)/第二个点(S)/放弃(U)/宽度(W)]：l↵(选择“直线”选项)
指定下一点或[圆弧(A)/闭合(C)/半宽(H)/长度(L)/放弃(U)/宽度(W)]:30(输入长度值，确定直线端点 D)
指定下一点或 [圆弧(A)/闭合(C)/半宽(H)/长度(L)/放弃(U)/宽度(W)]： //按 Enter 键结束命令

注意： 在绘制具有线宽的多段线圆弧段时，半径值是指圆心到多段线中心线的长度，但设置钢筋弯钩时，2.25d 指的是圆心到钢筋外皮的距离。

13. 绘制多线

多线是由 1～16 条平行线组成的复合对象，这些平行线称为元素。每条线可以有各自的颜色或线型。在土木工程绘图中，常用来绘制墙体、道路、管道等，如图 2-27 所示。

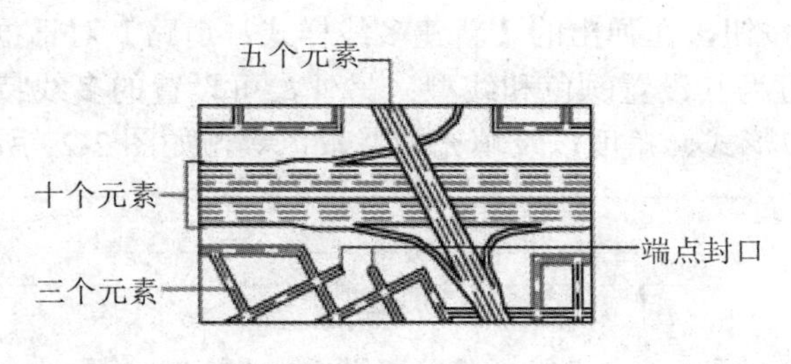

图 2-27　多线应用示例

1) 多线的绘制

绘制多线时，可以使用包含两个元素的 STANDARD 默认样式，也可以指定一个以前创建的样式。开始绘制之前，可以更改多线的对正方式和比例，对正方式将确定在光标的一侧还是对称于光标的中心点绘制多线。其命令调用方式如下。

- 选择【绘图】|【多线】菜单命令。
- 在命令行中输入“MLine”或“ML”。

多线的绘制方法与直线相似，不同的是每一条多线都是一个独立的整体，如果要对其进行编辑，一是将其分解成多条线段后，用通用的编辑命令进行编辑；二是采用专门的“多线编辑工具”完成编辑。有关多线编辑的内容，将在 2.3 节详细介绍。

2) 多线样式的设置

在绘制多线前，如果不用默认样式，则需要先设置多线样式，然后将其“置为当前”方可用此样式绘制。

(1) 命令调用方式。

- 选择【格式】|【多线样式】菜单命令。
- 在命令行中输入“MLStyle”。

(2) 创建多线样式的操作方法和步骤。

① 执行【多线样式】命令。

② 在【多线样式】对话框中，单击【新建】按钮，然后在弹出的【创建新的多线样式】对话框中为新样式输入名称(如“道路”)，如图 2-28 所示。

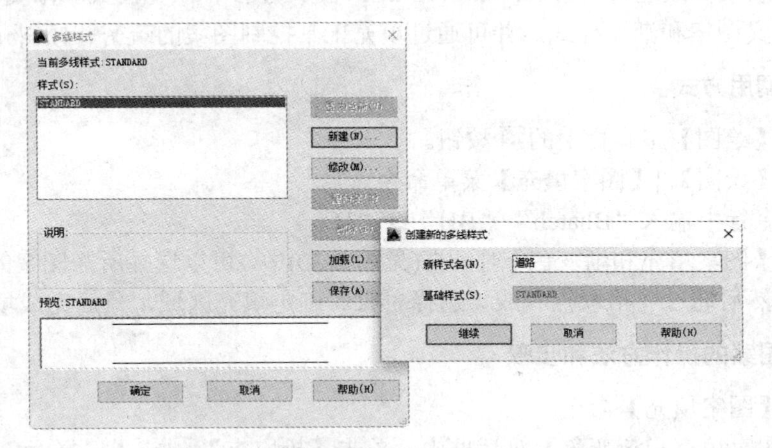

图 2-28　【创建新的多线样式】对话框

③ 单击【继续】按钮，在弹出的【新建多线样式：道路】对话框中，指定偏移距离后可添加新的元素，并可为其设置颜色和线型；另外，可设置的多线特性有：多线的连接显示、起点和端点的封口形式、角度以及填充的背景色等，如图 2-29 所示。

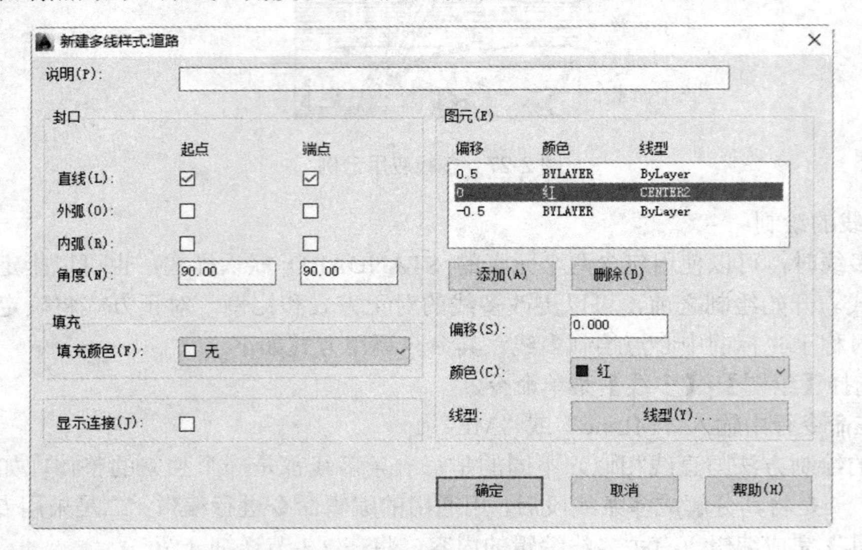

图 2-29 【新建多线样式：道路】对话框

④ 单击【确定】按钮，回到【多线样式】对话框。

⑤ 单击【保存】按钮，将多线样式保存到 AutoCAD 2014 的 Support 子目录下扩展名为.mln 的库文件(默认文件名为 acad.mln)。可以将多个多线样式保存到同一个文件中。

如果要创建多个多线样式，需在创建新样式之前保存当前样式，否则将丢失对当前样式所做的修改。

2.2.2 图案填充

图案填充是指用某种图案充满图形中指定的区域。在土木工程制图中，经常要绘制剖面所用材料的材质、纹理等内容。AutoCAD 2014 提供了多种填充图案和渐变样式，也可以根据需要自定义图案和渐变样式，并可通过填充工具控制图案的疏密和倾斜角度等。

1. 命令调用方式

- 单击【绘图】工具栏中的按钮。
- 选择【绘图】|【图案填充】菜单命令。
- 在命令行中输入“Bhatch”“BH”或“H”。

在弹出的【图案填充和渐变色】对话框(见图 2-30)中，可以选择所需图案的类型、比例、倾斜角度等，然后通过“拾取点”或“选择对象”确定填充区域，最后完成填充。

2. 填充图案的操作方法和步骤

(1) 执行【图案填充】命令。

(2) 在【图案填充和渐变色】对话框中，单击【拾取点】或【选择对象】按钮。

(3) 在要填充的每个区域内指定一点(拾取内部点)或选择区域的边界并按 Enter 键。

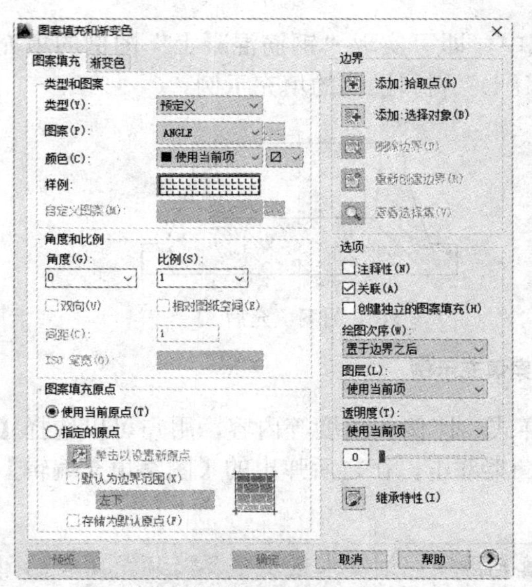

(a) 【图案填充】选项卡

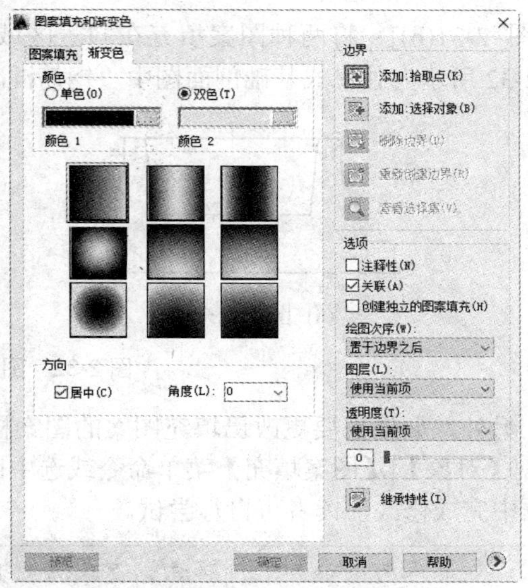

(b) 【渐变色】选项卡

图 2-30　【图案填充和渐变色】对话框

(4) 切换到【图案填充和渐变色】对话框的【图案填充】选项卡，在【样例】框内验证该样例图案是否是要使用的图案。若要更改图案，可从【图案】拉列表框中选择另一种图案或单击【图案】下拉列表框旁边的…按钮，在弹出的【填充图案选项板】对话框(见图 2-31)中完成预览后选择需要的图案，单击【确定】按钮返回【图案填充和渐变色】对话框，继续单击【确定】按钮，则可完成图案的填充。

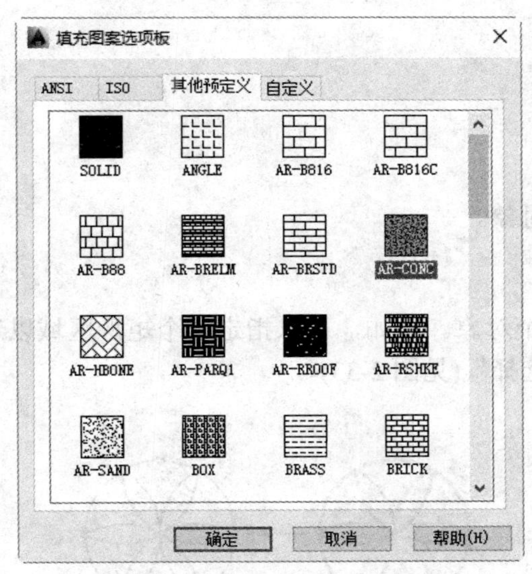

(a) 【其他预定义】选项卡

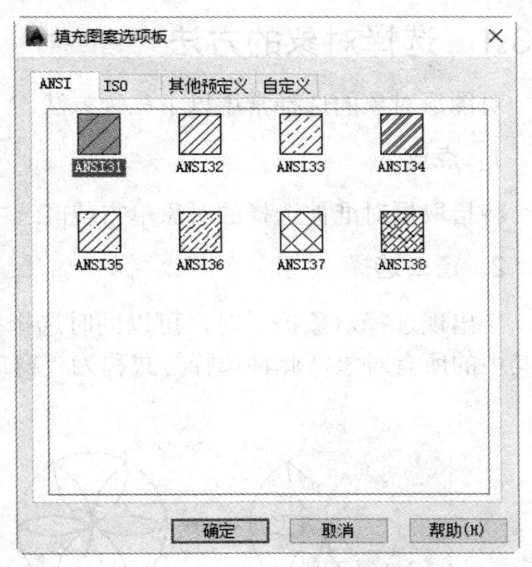

(b) ANSI 选项卡

图 2-31　【填充图案选项板】对话框

例如，若要填充“钢筋混凝土”材料图例，可先选择【其他预定义】选项卡中第 2 排、第 4 列的“混凝土”图案[见图 2-31(a)]，然后选择 ANSI 选项卡左上角的图案作为“钢筋”

[见图 2-31(b)]，将两种图案填充在同一区域中，即可实现“钢筋混凝土”图例的填充。图 2-32 所示为独立式基础剖面图中“钢筋混凝土”材料图例的填充示例。

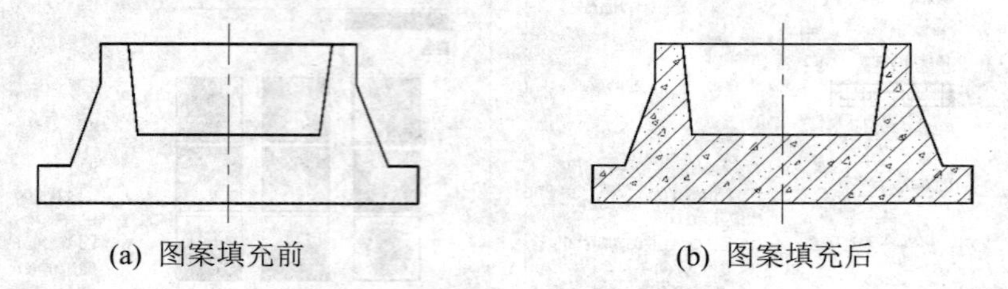

(a) 图案填充前　　(b) 图案填充后

图 2-32　图案填充示例

另外，如果需要更改已填充图案的图案样式、比例和角度等内容，用户可以选择【修改】|【对象】|【图案填充】菜单命令或选中图案双击，在之后弹出的【图案填充编辑】对话框中完成修改，读者可自行尝试。

注意：如果采用“添加：拾取点”方式确定填充区域，则要求区域边界必须是闭合的，否则会出现“无法确定闭合边界”的提示，而使操作无法继续进行。

2.3　二维图形的编辑

AutoCAD 提供了两种编辑对象的顺序：一种是先输入编辑命令，后选择被编辑对象；另一种是先选择被编辑对象，再进行编辑。无论用哪一种方法，都需要对图形进行选择。AutoCAD 提示选择对象时，绘图区中的十字光标“十”就会变成拾取框“□”。

2.3.1　选择对象的方法

对图形对象的选择常用以下三种方法。

1. 点选

将拾取框对准被选择的对象单击就能选中对象。

2. 窗口选择

当出现选择对象提示时，可以同时选择多个对象。例如，可以指定一个矩形区域以选择其中的所有对象，此种选择方式称为“窗口选择”(见图 2-33)。

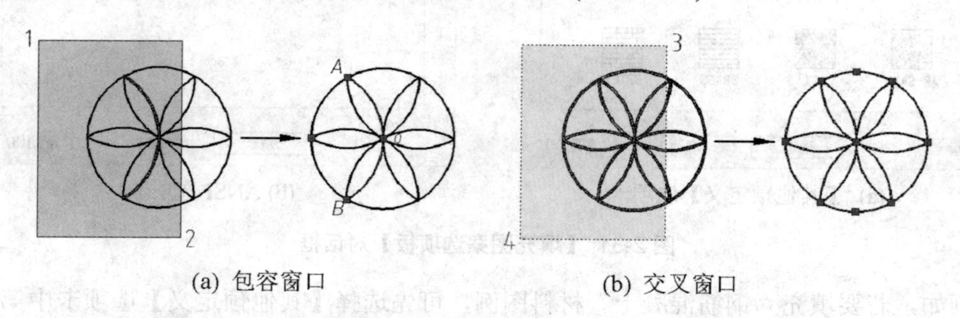

(a) 包容窗口　　(b) 交叉窗口

图 2-33　“窗口选择”示例

(1) 包容窗口：从左向右选择，边界为实线，整个图形都在窗口内的对象才能被选中。如图 2-33(a)所示，如果鼠标从“1”点拖到“2”点，此时只能选中一条过圆心圆弧 $\overset{\frown}{AOB}$ 。

(2) 交叉窗口：从右向左选择，边界为虚线，整个图形和部分图形落在窗口内的对象均可被选中。如图 2-33(b)所示，如果鼠标从“3”点拖到“4”点，此时能选中所有图线。

3．全部选择

使用 Ctrl+A 组合键，可选择除冻结以外的所有图形对象。

提示：通过按 Shift 键并再次选择对象，可以从当前选择集中删除已选中对象。

2.3.2　常用编辑命令的操作

二维图形编辑命令也可以通过以下三种方式来调用。

- 单击【修改】工具栏中相应的图标按钮(见图 2-34)。
- 选择【修改】下拉菜单中相应的菜单项。
- 在命令行中输入相应的命令(英文)。

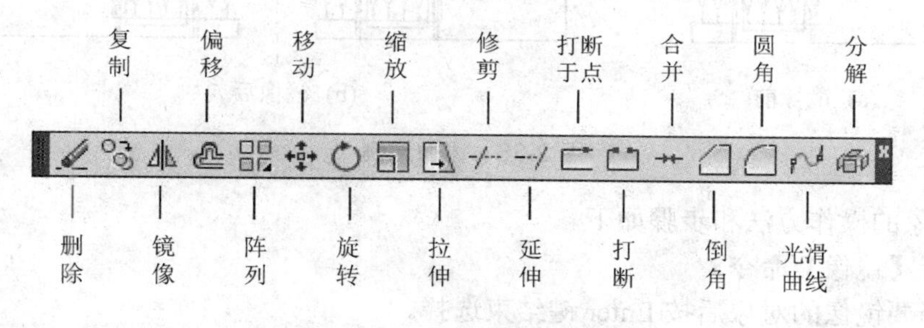

图 2-34　【修改】工具栏

1．删除

用【删除】命令或 Delete 键可从图形中删除选中的对象。

2．图形复制

(1) 复制。用【复制】命令可将所选对象作一次或多次复制并保留原图形。复制示例如图 2-35 所示。

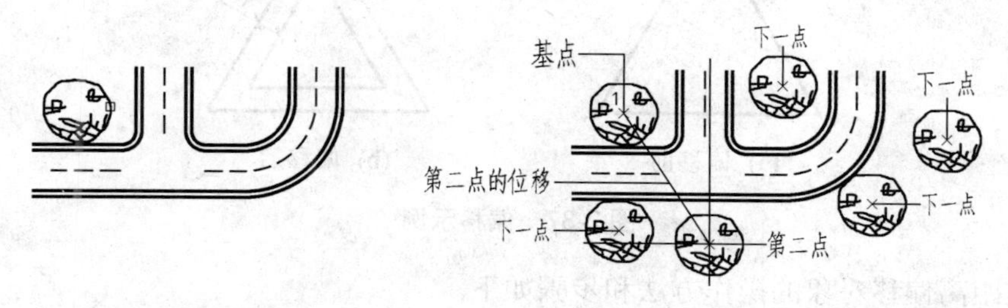

(a) 选定对象　　(b) 指定基点和位移之后复制对象

图 2-35　复制示例

复制对象的操作方法和步骤如下。

① 执行【复制】命令。

② 选择要复制的对象后按 Enter 键结束选择。

③ 指定基点或位移：指定基点，如“1”。

④ 指定第二个点(位移)即可复制出对象。

⑤ 继续指定第二个点可以进行多重复制，或按 Enter 键结束。

说明： 在 AutoCAD 中，“镜像”“偏移”“阵列”均属于复制的不同类型。

(2) 镜像。用【镜像】命令可作出所选对象沿一条指定轴线的对称图形。对称轴线可以是任意方向的，原图形可以删去也可以保留。镜像示例如图 2-36 所示。

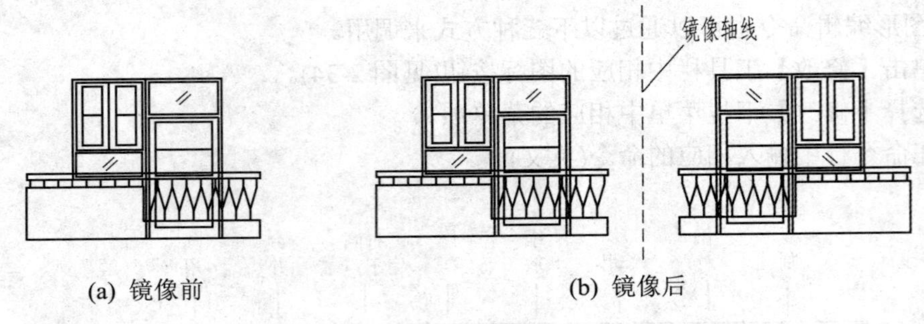

(a) 镜像前　　(b) 镜像后

图 2-36　镜像示例

镜像对象的操作方法和步骤如下。

① 执行【镜像】命令。

② 选择要镜像的对象后按 Enter 键结束选择。

③ 指定镜像线的第一点。

④ 指定镜像线的第二点。

⑤ 按 Enter 键保留原始对象，或者按 Y 键将其删除。

(3) 偏移。用【偏移】命令可将所选对象朝某一方向偏移指定距离，并在新位置生成形状相似的图形。偏移示例如图 2-37 所示。

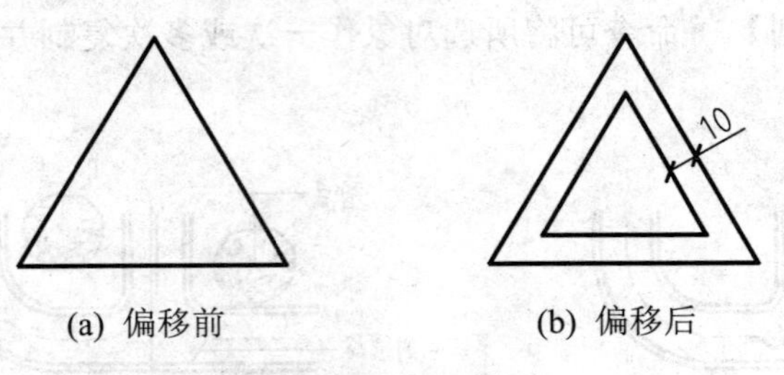

(a) 偏移前　　(b) 偏移后

图 2-37　偏移示例

以指定距离偏移对象的操作方法和步骤如下。

① 执行【偏移】命令。

② 指定偏移距离，可以输入数值(如“10”)或使用鼠标捕捉确定距离。

③ 选择要偏移的对象[如图 2-37(a)中用“多边形”命令绘制的正三角形]。

④ 指定要放置新对象一侧的点，即可完成一个偏移对象的操作。

⑤ 如果继续选择另一个要偏移的对象，则该命令可以继续进行。

(4) 阵列。用【阵列】命令可将所选对象按一定规律做均匀的复制，其类型有矩形、环形和路径阵列三种。

① 矩形阵列。

矩形阵列是将所选对象呈矩形规则进行排列复制。阵列示例如图 2-38(a)、2-38(b)所示。矩形阵列的操作步骤如下。

a. 执行【矩形阵列】命令。

b. 选择要矩形阵列的对象后按 Enter 键结束选择，此时系统会显示默认的 3 行、4 列矩形阵列。

c. 在阵列预览中，拖动夹点可以调整间距以及行数和列数，或通过命令行窗口中的【间距】、【列数】、【行数】等选项指定所需的参数值，最后按 Enter 键完成操作。

② 环形阵列。

环形阵列(又称极轴阵列)是将所选对象围绕中心点或旋转轴复制并均匀分布。阵列示例如图 2-38(c)、2-38 (d)所示。

环形阵列的操作方法和步骤如下。

a. 执行【环形阵列】命令。

b. 选择要环形阵列的对象后按 Enter 键结束选择。

c. 指定中心点后，系统会显示阵列预览。

d. 选择 I(项目)，然后输入项目总数量；选择 F(填充角度)，输入要填充的角度(也可以通过拖动箭头夹点来调整此角度)；最后按 Enter 键完成操作。

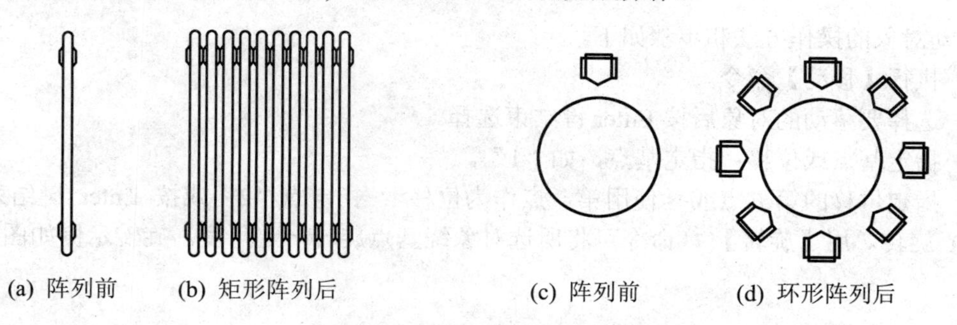

(a) 阵列前　(b) 矩形阵列后　(c) 阵列前　(d) 环形阵列后

图 2-38　矩形与环形阵列示例

③ 路径阵列。

路径阵列是将所选对象沿某一路径或其部分路径复制并均匀分布，该路径可以是直线、多段线、三维多段线、样条曲线、螺旋线、圆弧、圆或椭圆等。

路径阵列的操作方法和步骤如下。

a. 执行【路径阵列】命令。

b. 选择要路径阵列的对象后按 Enter 键结束选择。

c. 选择某个对象作为阵列路径。

d. 根据需要确定阵列基点(B)、切向(T)、行数及行间距(R)等选项，最后按 Enter 键完成操作。

在路径阵列过程中，选择不同的基点和方向矢量，将得到不同的路径阵列结果，如图 2-39 所示。

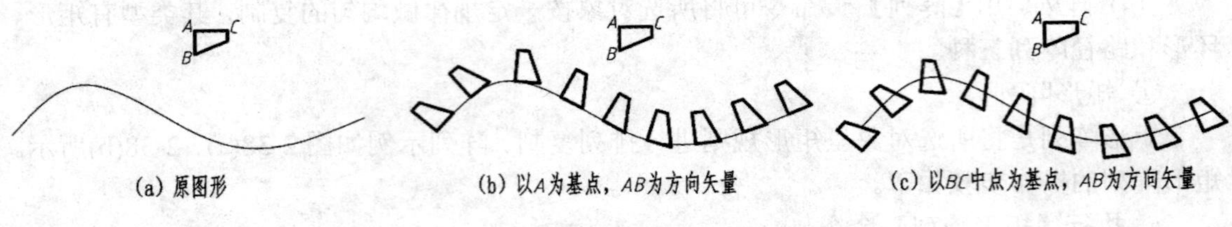

图 2-39　路径阵列示例

3. 图形变换

(1) 移动。用【移动】命令可以移动所选对象而不改变其方向和大小。通过使用坐标或【对象捕捉】，可以精确地移动对象。移动示例如图 2-40 所示。

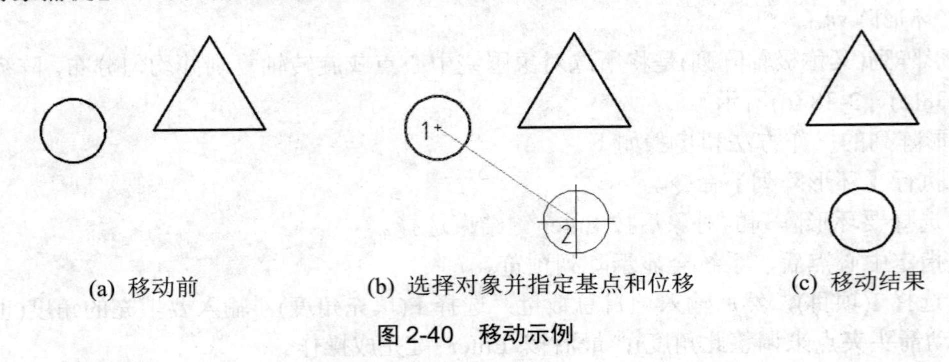

图 2-40　移动示例

移动对象的操作方法和步骤如下。

① 执行【移动】命令。

② 选择要移动的对象后按 Enter 键结束选择。

③ 指定基点或位移：指定基点，如“1”。

④ 指定位移的第二点或 <使用第一点作为位移>：指定点“2”或按 Enter 键结束。

(2) 旋转。用【旋转】命令可将所选对象绕基点旋转一定角度。旋转示例如图 2-41 所示。

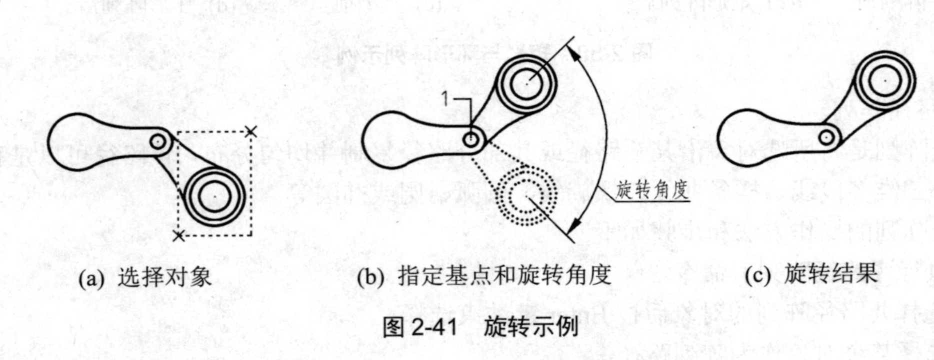

图 2-41　旋转示例

旋转对象的操作方法和步骤如下。

① 执行【旋转】命令。

② 选择要旋转的对象后按 Enter 键结束选择。

③ 指定基点：指定旋转基点，如“1”。

④ 指定旋转角度或[复制(C)/参照(R)]：指定点或输入角度值。

(3) 缩放。用【缩放】命令可将所选对象按一定比例放大或缩小。缩放示例如图 2-42 所示。

按比例缩放对象的操作步方法和步骤如下。

① 执行【缩放】命令。

② 选择要缩放的对象后按 Enter 键结束选择。

③ 指定基点(基点是指缩放时的基准点，即缩放中心点)。

④ 指定比例因子或[复制(C)/参照(R)]：用鼠标指定或输入比例值。

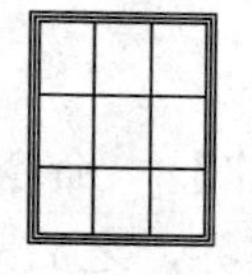

(a) 缩放前

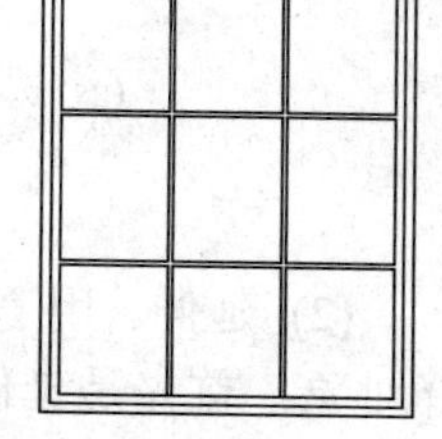

(b) 缩放后

图 2-42　缩放示例

(4) 拉伸。用【拉伸】命令可将所选图形进行局部拉长或缩短，而不影响其他部分的形状和大小。拉伸示例如图 2-43 所示。

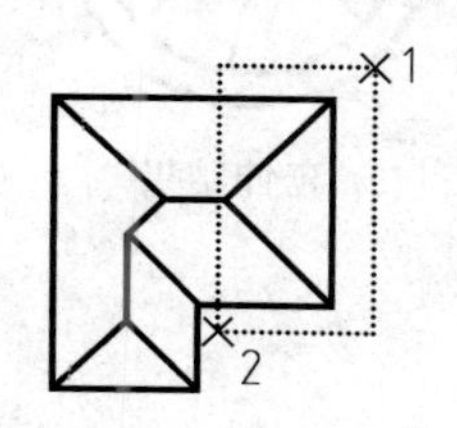

(a) 用交叉窗口选择对象

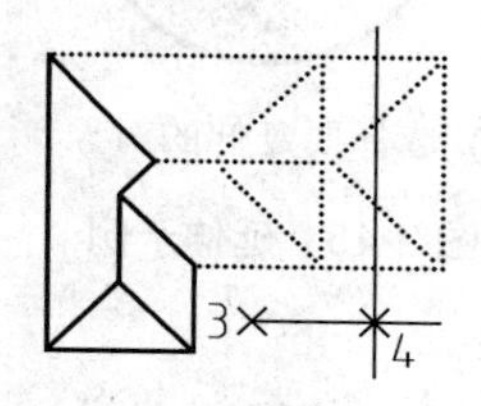

(b) 指定拉伸点

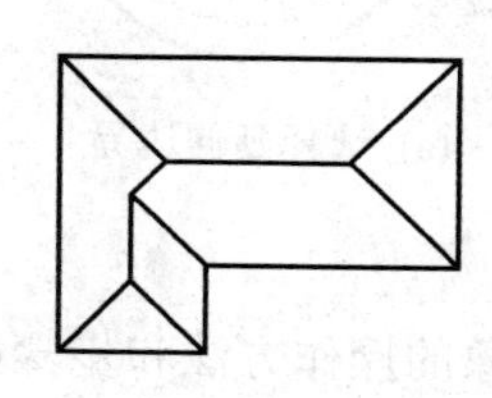

(c) 拉伸结果

图 2-43　拉伸示例

使用【拉伸】命令时，必须用交叉窗口或交叉多边形选取对象。与选取窗口相交的对象将会被拉伸，完全在选取窗口外的对象不会有任何变化。

拉伸对象的操作方法和步骤如下。

① 执行【拉伸】命令。

② 用交叉窗口或交叉多边形选择要拉伸的对象(如从点“1”到点“2”)后按 Enter 键结束选择。

③ 指定基点或[位移(D)]：指定点“3”。

④ 指定第二个点或 <使用第一个点作为位移>：指定点“4”，拉伸结束。

4．图形修改

(1) 修剪。【修剪】命令用于去掉某个图形对象的一部分。其操作涉及两次选择对象：首先是剪切边界，之后是被修剪对象。修剪示例如图 2-44 所示。

修剪对象的操作方法和步骤如下。

① 执行【修剪】命令。

② 选择作为剪切边的一个或多个对象后按 Enter 键结束选择。

③ 选择要修剪的对象，或按住 Shift 键选择要延伸的对象，或输入相关提示选项，最后按 Enter 键完成操作。

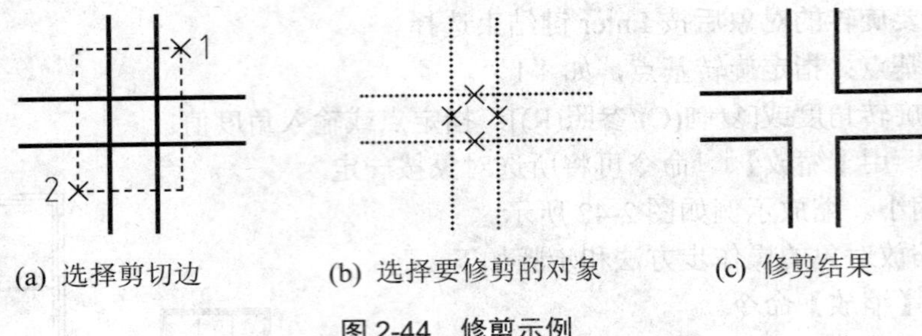

(a) 选择剪切边　(b) 选择要修剪的对象　(c) 修剪结果

图 2-44　修剪示例

(2) 延伸。用【延伸】命令可将所选图形对象延长到指定边界。其操作也涉及两次选择对象：首先是延伸边界，之后是被延伸对象。延伸示例如图 2-45 所示。

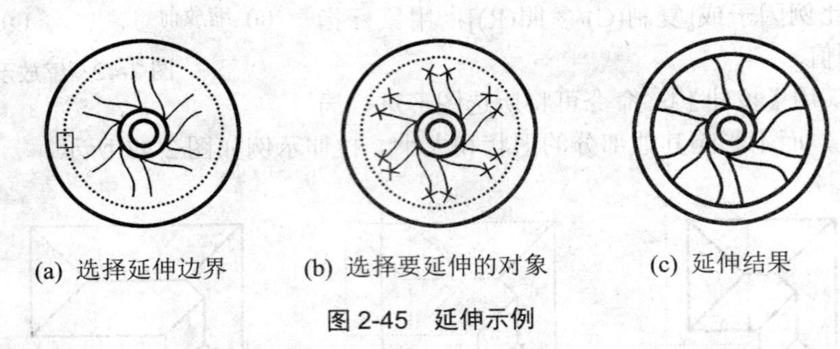

(a) 选择延伸边界　(b) 选择要延伸的对象　(c) 延伸结果

图 2-45　延伸示例

延伸对象的操作方法和步骤如下。

① 执行【延伸】命令。

② 选择作为延伸边界的一个或多个对象后按 Enter 键结束选择。

③ 选择要延伸的对象，或按住 Shift 键选择要修剪的对象，或输入相关提示选项，最后按 Enter 键完成操作。

技巧： 在使用【修剪】或【延伸】命令的操作过程中，如果在选择完剪切边界或延伸边界之后按住 Shift 键，则修剪和延伸这两种功能可以交叉进行，即修剪时可以进行延伸操作，反之亦然。

(3) 打断或打断于点。【打断】或【打断于点】命令用于删除图形对象上指定两点间的部分，或将一个对象分成具有同一端点的两个对象。打断示例如图 2-46 所示。

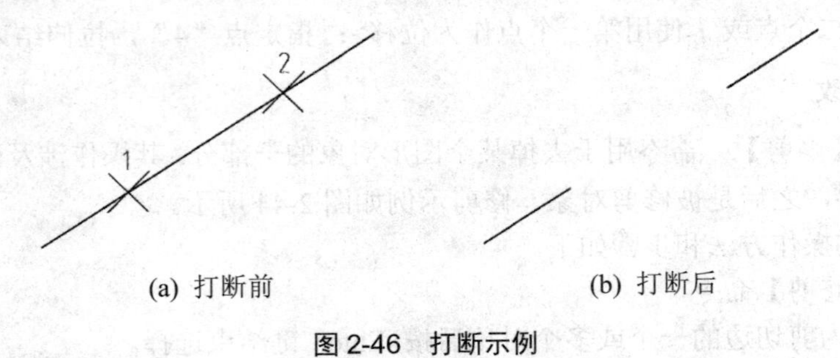

(a) 打断前　(b) 打断后

图 2-46　打断示例

打断对象的操作方法和步骤如下。

① 执行【打断】命令。

② 选择要打断的对象；指定对象上的第一个打断点“1”。

③ 指定第二个打断点“2”。

(4) 倒角。【倒角】命令用于在两条相交直线间加一倒角，即裁剪掉两条线段相交所形成的角，而在两条线间按指定角度连一条直线。倒角示例如图 2-47 所示。

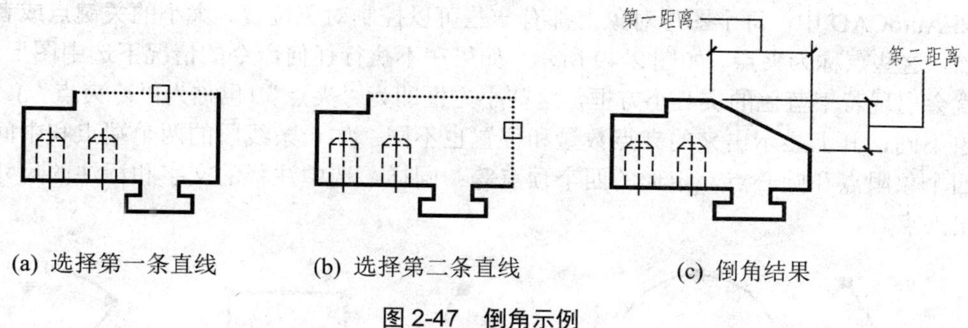

(a) 选择第一条直线　(b) 选择第二条直线　(c) 倒角结果

图 2-47　倒角示例

倒角对象的操作方法和步骤如下。

① 执行【倒角】命令。

② 选择距离(“D”)选项。

③ 输入第一个倒角距离。

④ 输入第二个倒角距离。

⑤ 选定第一条直线，再选定第二条直线，即可完成倒角的创建。

(5) 圆角(圆弧过渡)。【圆角】命令可用指定半径的圆弧将两条线进行光滑连接。如果两条线段不相交，该命令也可将其连接起来；如果将过渡圆弧的半径设为 0，则该命令将不产生圆弧，而是将两条线段拉伸至相交。圆角示例如图 2-48 所示。

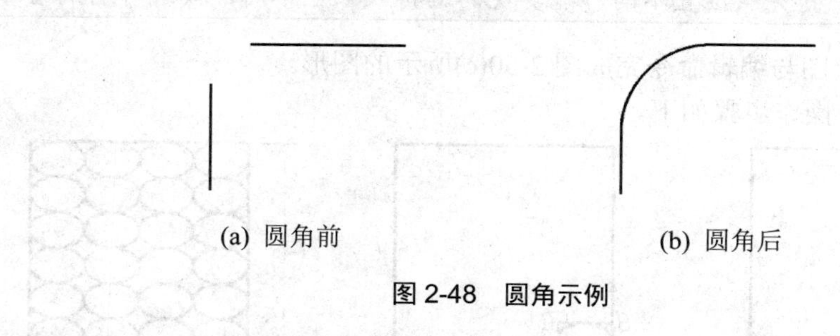

(a) 圆角前　(b) 圆角后

图 2-48　圆角示例

两条直线段间倒圆角的操作方法和步骤如下。

① 执行【圆角】命令。

② 选择半径(“R”)选项，输入圆角半径。

③ 选定第一条直线，再选定第二条直线，即可完成圆角的创建。

5．分解

【分解】命令可以将一些组合对象如多段线、图块、多线、尺寸、填充图案等分解为单个元素，以便于单独编辑。

分解对象的操作方法和步骤如下。

(1) 执行【分解】命令。

(2) 选择要分解的对象后按 Enter 键结束操作。

对于大多数对象，分解的效果是看不见的。

6．夹点编辑

在 AutoCAD 中，每个图形对象上都有一些可以控制对象位置、大小的关键点或者说是控制点，这些点称为夹点。如图 2-49 所示，如果在不执行任何命令的情况下选中图形对象，其上就会出现若干蓝色的实心小方框，这些小方框即为“夹点”(也称为“冷夹点”)。选择的对象不同，其上显示出来的夹点数量和位置也不同，如一条线段的两个端点和中间点，圆的四个象限点和圆心点，矩形的四个顶点等；同样，选中注释的文字和标注的尺寸也会显示出夹点。

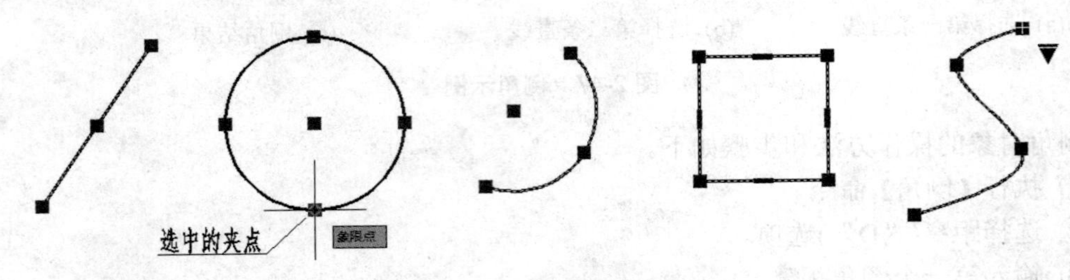

图 2-49　图形对象的夹点

单击其中一个夹点，让其变成红色实心方框(也称为“暖夹点”)后，就可以实现快速拉伸、移动、旋转、缩放和镜像等操作，这种灵活的编辑方式称为夹点编辑。

提示：当选定一个夹点后，若反复按 Enter 键或空格键，则能得到不同的编辑命令(默认是拉伸)；所选中的夹点位置不同，能实现的编辑效果也不同，读者可自行尝试。

【例 2.3】 用绘图与编辑命令完成图 2-50(c)所示的图形。

解　解题方法与操作步骤如下。

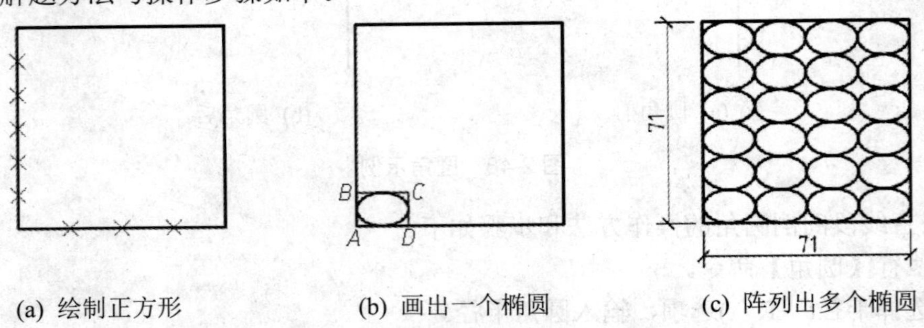

(a) 绘制正方形　　(b) 画出一个椭圆　　(c) 阵列出多个椭圆

图 2-50　绘图与编辑命令练习图

(1) 先用多边形或矩形命令画出正方形并用“分解”命令将其分解，然后分别等分一条水平和竖直线成 4 份和 6 份，如图 2-50(a)所示。

(2) 通过捕捉左下角的两个等分点(即节点)画出一个辅助用小矩形 *ABCD*，用小矩形的长和宽作为长短轴画出一个椭圆，如图 2-50(b)所示。

(3) 执行【矩形阵列】命令，通过设置行列数、指定间距值等操作，可将一个椭圆阵列成如图 2-50(c)所示图形。命令行操作步骤如下。

```
命令: _arrayrect
选择对象: 单击椭圆↲(选中 1 个椭圆)
选择夹点以编辑阵列或[关联(AS)/基点(B)/计数(COU)/间距(S)/列数(COL)/行数(R)/层数(L)/退出(X)] <退出>: col↲(选择"列数"选项)
输入列数或[表达式(E)] <4>: 4↲(输入列数或直接按 Enter 键，即选择尖括号里的默认选项 4)
指定列数之间的距离或[总计(T)/表达式(E)] <26.625>: (先捕捉小矩形长度边的左端点 A)
指定第二点: (再捕捉小矩形长度边的右端点 D)
选择夹点以编辑阵列或[关联(AS)/基点(B)/计数(COU)/间距(S)/列数(COL)/行数(R)/层数(L)/退出(X)] <退出>: r↲(选择"行数"选项)
输入行数或 [表达式(E)] <3>: 6↲(输入行数)
指定行数之间的距离或[总计(T)/表达式(E)] <17.75>: (先捕捉小矩形宽度边的下端点 D)
指定第二点: (再捕捉小矩形宽度边的上端点 C)
指定行数之间的标高增量或 [表达式(E)] <0>: ↲
选择夹点以编辑阵列或 [关联(AS)/基点(B)/计数(COU)/间距(S)/列数(COL)/行数(R)/层数(L)/退出(X)] <退出>: //按 Enter 键结束命令
```

注意：对于某一个图形，往往可以通过多种绘制和编辑方法来完成。上题解题过程中的巧妙之处在于利用了“辅助小矩形”来画第一个椭圆并将其长和宽作为列间距和行间距使用。读者可通过实践加以体会，并不断积累经验，以逐步提高绘图效率。

2.3.3 多段线与多线的编辑

1. 多段线的编辑

多段线是一个整体图形对象，可以用专用的编辑命令对其进行形状和特性编辑，其中包括修改宽度、进行曲线拟合、多段线合并、顶点编辑等。

(1) 命令调用方式。

- 单击【修改Ⅱ】工具栏中的按钮(见图 2-51)。
- 选择【修改】|【对象】|【多段线】菜单命令。
- 在命令行中输入“PEdit”或“PE”。

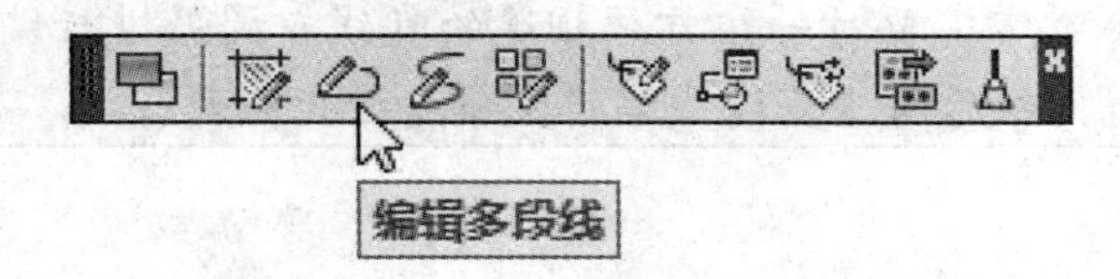

图 2-51 【修改Ⅱ】工具栏

(2) 编辑多段线的操作方法和步骤。

① 执行【多段线编辑】命令。

② 选择要修改的多段线后按 Enter 键结束选择。

如果选定的对象是直线、圆弧或样条曲线，则 AutoCAD 提示：选定的对象不是多段线，是否将其转换为多段线？<Y>：输入 Y 或 N 或按 Enter 键。

如果输入 Y，则对象被转换为可编辑的二维多段线。使用此操作可以将直线、圆弧或样条曲线合并为多段线(如果系统变量 Peditaccept 设置为 1，将不显示该提示，选定对象将自动转换为多段线)。

③ 通过输入一个或多个以下选项编辑多段线(编辑示例如图 2-52 所示)。

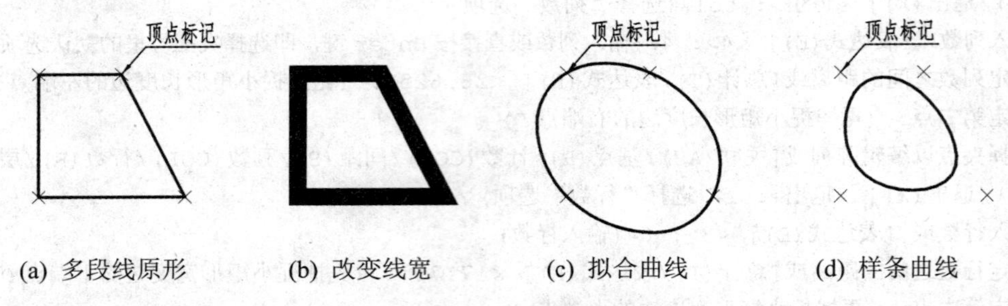

图 2-52 多段线编辑示例

- 闭合(C)：将不封闭的多段线首尾闭合。如果所选的多段线已是封闭多段线，则此项会变成“打开(O)”，用于取消封闭多段线的封闭段(即最后一条线段)，使封闭的多段线打开。
- 合并(J)：可将首尾相连的直线、样条曲线、圆弧或多段线合并为一条多段线。
- 宽度(W)：修改多段线的整体宽度。
- 编辑顶点(E)：编辑多段线的各顶点，以改变各线段的宽度和形状。
- 拟合(F)：用圆弧将多段线拟合成通过所有顶点且彼此相切的各圆弧组成的光滑曲线。
- 样条曲线(S)：用样条曲线将多段线拟合成通过起止点但不通过中间各顶点的光滑曲线(样条曲线的近似线)；但如果原多段线是闭合的，则所有顶点都不会通过 [见图 2-52(d)]。
- 非曲线化(D)：取消拟合或样条曲线，回到直线状态。
- 线型生成(L)：控制多段线为非实线(如虚线或点画线)时交点处的连续性。
- 反转(R)：反转多段线顶点的顺序。
- 放弃(U)：取消前次操作，可以一直返回到 PEdit 的起始处。

④ 输入 X(退出)或按 Enter 键结束命令。

技巧：在绘图过程中，常常需要对一组首尾相连的直线或圆弧进行编辑，此时可先将其合并成一条多段线，然后用【多段线编辑】命令进行编辑。

2. 多线的编辑

多线是由多条平行线组成的复合对象，要对其进行修改编辑，可以使用效率高的多线专用编辑工具，也可以将其分解后使用通用的编辑命令。

(1) 命令调用方式。

- 选择【修改】|【对象】|【多线】菜单命令。

- 在命令行中输入“MLEdit”。
- 双击要编辑的多线(这是最快捷的方式)。

在弹出的【多线编辑工具】对话框中，直观地列出了 4 列 3 行编辑工具样例，如图 2-53 所示。第 1 列控制交叉的多线；第 2 列控制 T 形相交的多线；第 3 列控制角点结合和顶点；第 4 列控制多线中的打断。

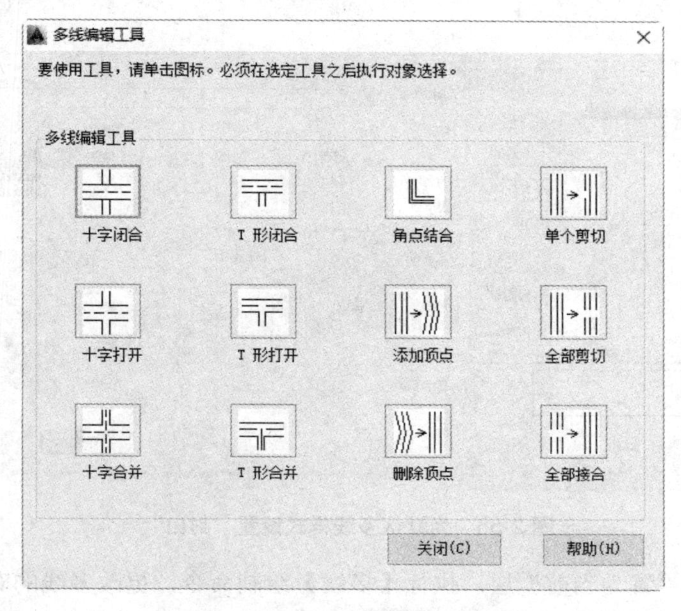

图 2-53　【多线编辑工具】对话框

(2) 编辑多线的操作方法和步骤。

① 执行【多线编辑】命令。

② 从【多线编辑工具】对话框中，点取相应的图标按钮(即选择所需的编辑工具)。

③ 根据需要分别选择第一条和第二条多线(选择的前后顺序会影响编辑的结果)。

【例 2.4】 使用多线绘制和多线编辑等命令，完成图 2-54(c)所示图形的绘制。

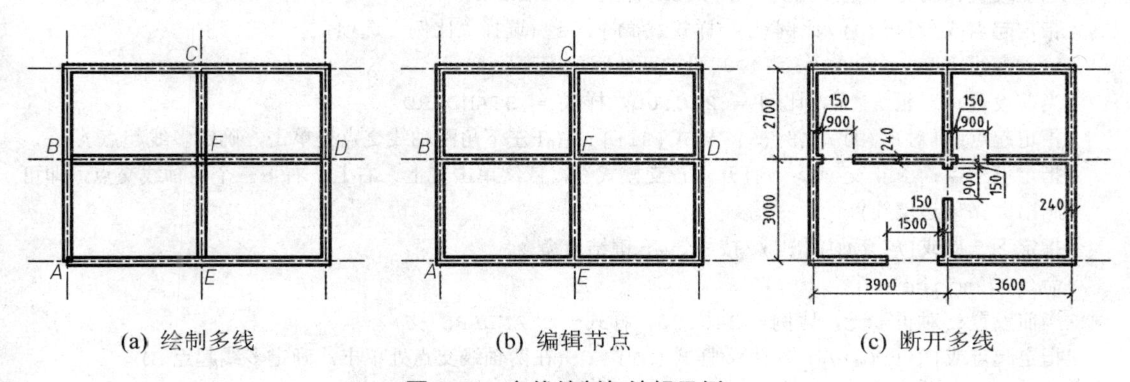

(a) 绘制多线　　(b) 编辑节点　　(c) 断开多线

图 2-54　多线绘制与编辑示例

解　解题方法与操作步骤如下。

(1) 创建图层(如墙线层、轴线层等)。

(2) 将轴线层“置为当前”层，利用直线、偏移等命令在横纵向各绘制 3 条轴线。

(3) 用多线命令绘制墙线。

① 从【格式】菜单打开【多线样式】对话框，单击【修改】按钮，在之后弹出的【修改多线样式：STANDARD】对话框中，为包含两个元素的 STANDARD 默认样式设置封口形式，其他可按默认设置，如图 2-55 所示。

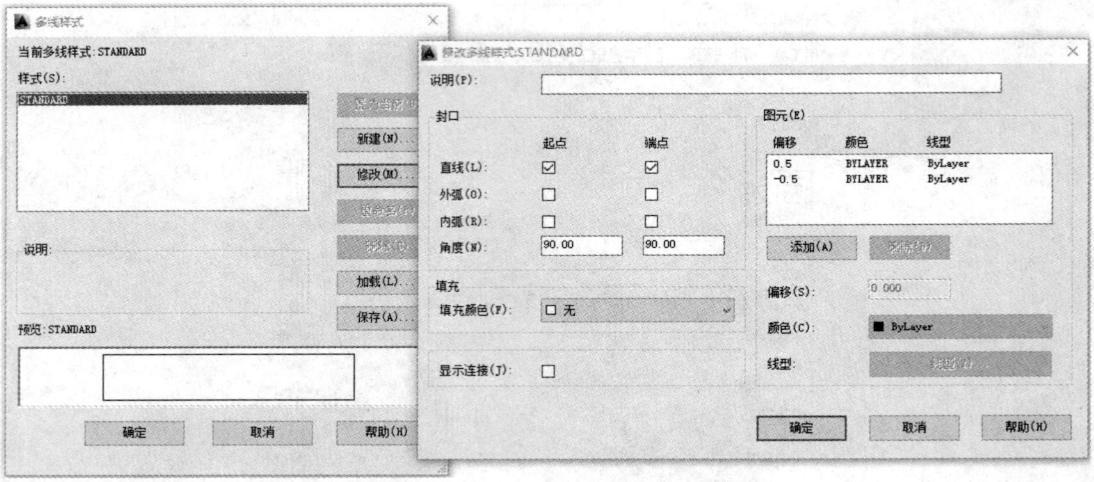

图 2-55　为默认多线样式设置“封口”

② 将墙线层“置为当前”层，执行【多线】绘制命令，更改多线的对正方式和比例，之后顺着轴线通过不断“指定下一点”等操作绘制周边及内部墙线，如图 2-54(a)所示。命令行操作步骤如下。

```
命令: _mline
当前设置: 对正= 上, 比例= 20.00, 样式= STANDARD
指定起点或 [对正(J)/比例(S)/样式(ST)]: j↲(选择“对正”选项)
输入对正类型[上(T)/无(Z)/下(B)] <上>: z↲(设定对正方式为中间对正)
当前设置: 对正= 无, 比例= 20.00, 样式= STANDARD
指定起点或[对正(J)/比例(S)/样式(ST)]: s↲(选择“比例”选项)
输入多线比例 <20.00>: 240↲(设定两线间的距离)
当前设置: 对正 = 无, 比例 = 240.00, 样式 = STANDARD
指定起点或[对正(J)/比例(S)/样式(ST)]: (在左下角两轴线交点处单击, 确定多线起点 A)
指定下一点: <正交 开> (打开“正交模式”, 依次单击左上、右上、右下三个两轴线交点, 即可
画出 4 条周边墙线)
指定下一点或[放弃(U)]: //按 Enter 键结束命令
命令: _mline
当前设置: 对正= 无, 比例= 240.00, 样式= STANDARD
指定起点或[对正(J)/比例(S)/样式(ST)]: (在两轴线交点处单击, 确定多线起点 B)
指定下一点: (在两轴线交点处单击, 确定多线端点 D 即可画出内墙线 BD)
指定下一点或[放弃(U)]: //按 Enter 键结束命令
```

用同样方法可画出内墙线 EC。

(4) 用【多线编辑工具】编辑墙线。

① 执行【多线】编辑命令，打开图 2-53 所示的【多线编辑工具】对话框。

② 编辑各节点。用【角点结合】命令编辑节点 A；用【T 形打开】命令编辑节点 B、C、D、E；用【十字打开】命令编辑节点 F，如图 2-54(b)所示。

(5) 按图中所给尺寸画出修剪边界线，之后用“修剪”命令断开墙线(开三处门洞)，如图 2-54(c)所示。需要说明的是，如果此时选用【多线编辑工具】中的【单个剪切】或【全部剪切】命令断开多线，即便事先在多线样式中设置了“封口”，此时在断开处依然会出现“不封口”情况，而且断开的距离难以精确确定，故建议采用前面介绍的操作方式完成此操作。

2.4　文本注释与尺寸标注

2.4.1　文本注释

文本是描述图形的重要内容，如技术要求、标题栏的内容和尺寸数值等。

1．创建文字样式

在 AutoCAD 中，一般是先根据需要设置图形中所需要的文字样式，进行文本注释时，将所需样式“置为当前”直接调用即可，而不必每次都从下拉列表的字体中选择。

命令调用方式如下。

- 单击【样式】工具栏中的按钮。
- 选择【格式】|【文字样式】菜单命令。
- 在命令行中输入“Style” 或“ST”。

在弹出的【文字样式】对话框中，可以新建或修改已有的文字样式，如图 2-56 所示。

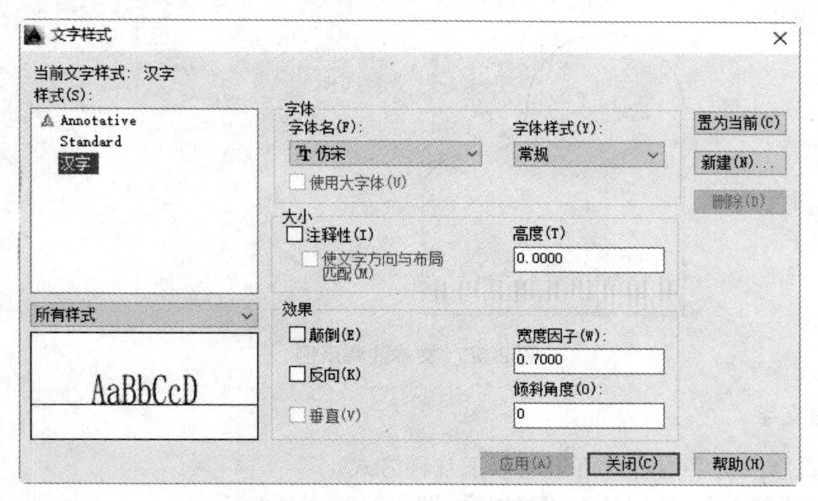

图 2-56　【文字样式】对话框

2. 注写文字

设置好文字样式后，就可以使用单行或多行文字命令注写各种样式的文本了。由于多行文字操作直观，易于控制，所以常被采用。

命令调用方式如下。

- 单击【绘图】工具栏中的 A 按钮。
- 选择【绘图】|【多行文字】菜单命令。
- 在命令行中输入“MText”或“MT”。

在执行【多行文字】命令，并指定边框的对角以确定多行文字对象的宽度之后，将显示【文字格式】编辑器(见图 2-57)，在此可以输入所需文字。文本注释示例如图 2-58 所示。

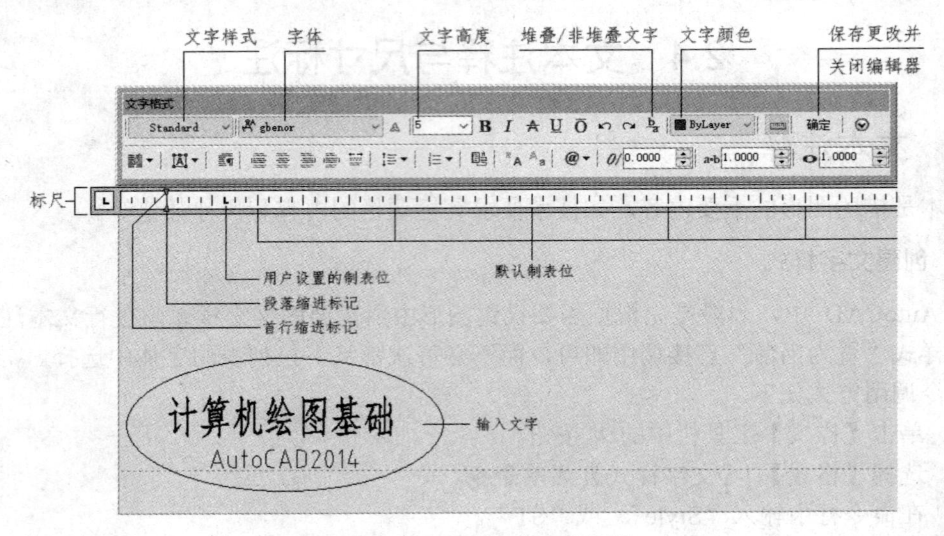

图 2-57 【文字格式】编辑器

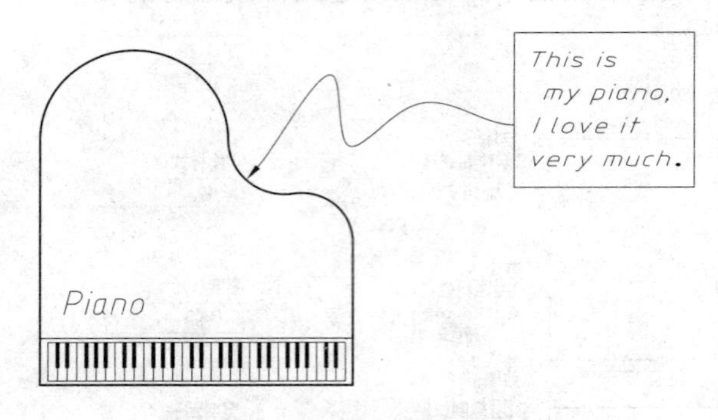

图 2-58 文本注释示例

3. 编辑文字

如果想要修改文字内容，可采用以下几种方式。

- 选择【修改】|【对象】|【文字】菜单命令。
- 在命令行中输入“DDedit”或“ED”。
- 双击要修改的文字(这是最快捷的方式)。

此时会出现【文字格式】编辑器，在此可以修改文字内容。

4. 特殊符号的输入

在绘图过程中，经常会用到一些特殊符号，如直径、正负公差、度符号等。对于这些特殊符号，AutoCAD 提供了相应的控制符(码)来实现其输出功能，如表 2-1 所示。

表 2-1　常用控制符

序　号	控制符(码)	功　能
1	%% O	打开或关闭文字上画线
2	%% U	打开或关闭文字下画线
3	%% D	度符号(°)
4	%% P	正负号(±)
5	%% C	直径符号(ϕ)

2.4.2　尺寸标注

AutoCAD 提供了非常丰富的尺寸标注命令，使得在绘制尺寸线、尺寸界线、尺寸起止符号和填写尺寸数字方面非常智能。它还可以自动测量直线段的长度、圆和圆弧的半径或直径、两交线之间的夹角等，尺寸数字能自动填写到要求位置。

1. 创建标注样式

尺寸的外观形式称为尺寸样式。在进行尺寸标注前，一般应先根据需要设置尺寸标注样式。与设置文字样式一样，AutoCAD 提供了专门的命令用来设置尺寸样式。

- 单击【样式】工具栏中的按钮。
- 选择【格式】|【标注样式】菜单命令。
- 在命令行中输入“Dimstyle”。

在弹出的【标注样式管理器】对话框中，可以新建或修改已有的标注样式，以满足不同的要求，如图 2-59 所示。

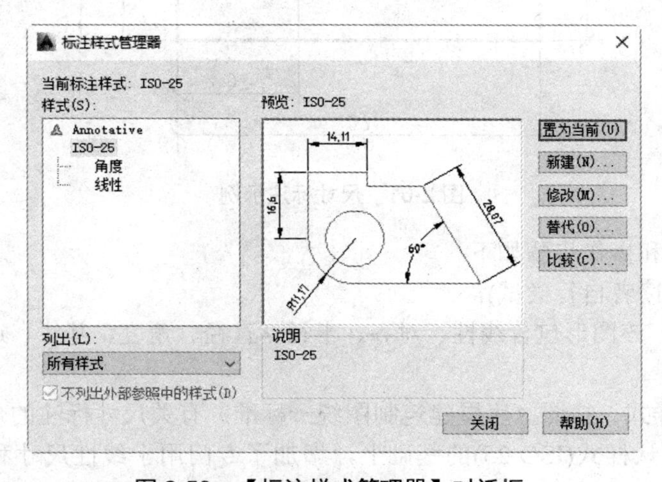

图 2-59　【标注样式管理器】对话框

提示：修改标注样式后，所有按该样式标注的尺寸(包括已标注和将要标注的尺寸)均按新设置的样式自动更新。

当个别尺寸与已有的标注样式相近但又不完全相同时，为免去为个别尺寸专门创建新样式的烦琐，可以用 AutoCAD 提供的尺寸标注样式的“替代”功能，即在已有标注样式的基础上，设置一个临时的替代标注样式来标注这些相近的个别尺寸。

2．标注尺寸

与前面介绍的文字样式相同，有了多个尺寸样式以后，用户可以根据需要选择其中的任一样式作为当前样式，之后在【标注】菜单或【标注】工具栏(见图 2-60)中选择各种标注命令，用来标注线性、对齐、半径、直径、角度等尺寸。

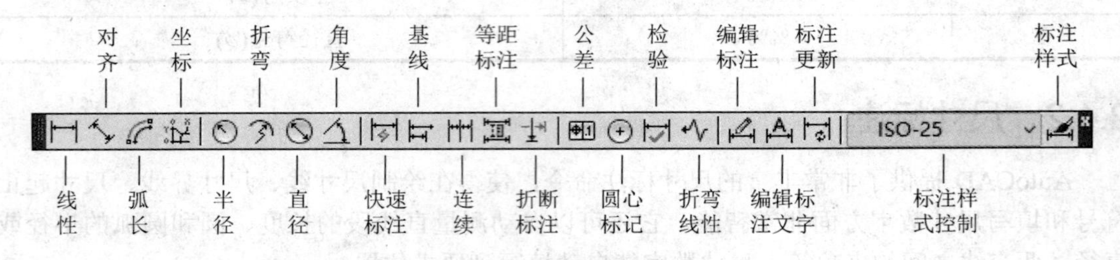

图 2-60 【标注】工具栏

现通过一例题来介绍常用尺寸标注的类型及标注方法。

【例 2.5】 绘制图 2-61 所示图形并标注尺寸。

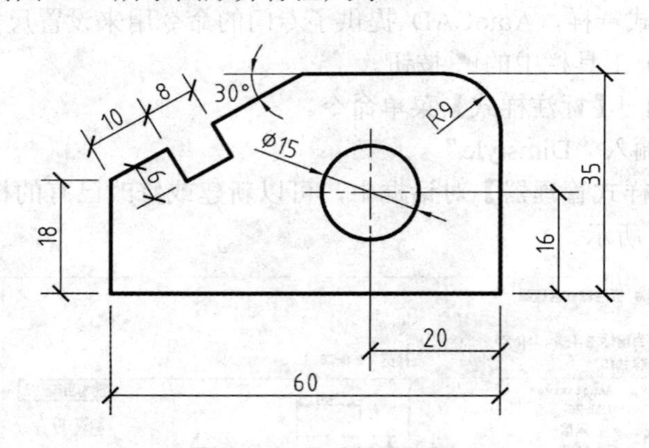

图 2-61 尺寸标注示例

解 解题方法和操作步骤如下。

(1) 绘制图形(读者自行尝试)。

(2) 标注尺寸。该图形包含线性、对齐、半径、直径、角度、基线、连续等几种常见的尺寸标注类型。

① 创建标注样式。按照《房屋建筑制图统一标准》有关尺寸标注的规定，为本图创建的标注样式是在默认样式(ISO-25)的基础上，增加了专门用于线性尺寸和角度尺寸的样式(见图 2-59)。其中将总样式(ISO-25)选项中的基线间距设为“7”，文字高度设为“3.5”；

线性样式选项中的“超出尺寸线”设为“3”，“起点偏移量”设为“2”，“箭头”设为“建筑标记”；角度样式选项中的“文字对齐”方式设为“水平”。

② 将新建标注样式置为当前样式，执行相关标注命令，按照命令行窗口的操作提示标注每一个尺寸。

a. 线性标注。用于标注水平尺寸、竖直尺寸和指定角度的倾斜尺寸，如图 2-61 中的水平尺寸 60、20，竖直尺寸 18、16、35 等。

b. 对齐标注。用于标注尺寸线与被注线段平行的线性尺寸，如图 2-61 中的 10、8、6 等。

c. 半径标注。用于标注圆弧的半径，如图 2-61 中的 *R*9。

d. 直径标注。用于标注圆或圆弧的直径尺寸，如图 2-61 中的 ϕ15。

e. 角度标注。用于标注两直线之间的夹角、圆弧的中心角以及圆上某段圆弧的中心角，如图 2-61 中的 30°。

f. 基线标注。用于快速标注具有同一起点的若干相互平行的线性尺寸，如图 2-61 中的 20 与 60，16 与 35 等。重合的尺寸界线即为基线。

g. 连续标注。用于快速标注首尾相连的若干连续尺寸，如图 2-61 中的 10 与 8。

说明： 如果所标注图形的绘图比例非 1∶1，比如是 1∶2，此时可以将【标注样式管理器】|【修改标注样式】对话框【主单位】选项卡下的【测量单位比例因子】从默认的“1”改为“2”，此时标注出现的尺寸数字即为满足要求的原值尺寸。

3. 编辑尺寸标注

编辑尺寸标注即是对尺寸标注进行修改。AutoCAD 提供的编辑尺寸标注功能，可以对所标注的尺寸进行全方位的修改，如尺寸文字的位置、内容等。常用的编辑命令如下。

(1) 编辑标注。如图 2-62 所示的【编辑标注】命令，可用来修改、旋转或恢复标注文字，更改尺寸界线的倾斜角度。

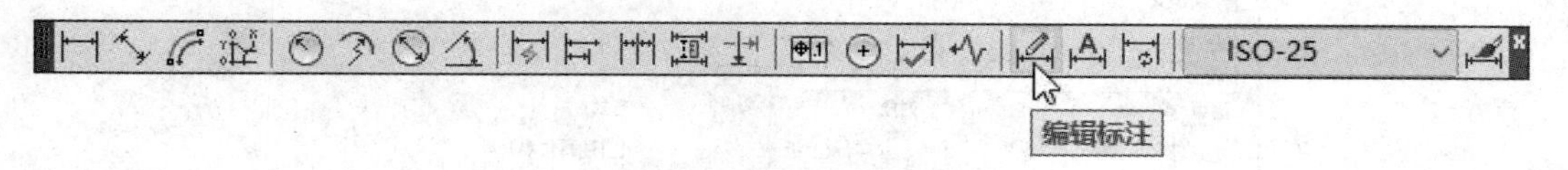

图 2-62　【编辑标注】命令

(2) 编辑标注文字。如图 2-63 所示的【编辑标注文字】命令，可用来更改或恢复标注文字的位置、对正方式和角度以及更改尺寸线的位置。这一功能，在尺寸较多、需要改变尺寸布局时非常有用。

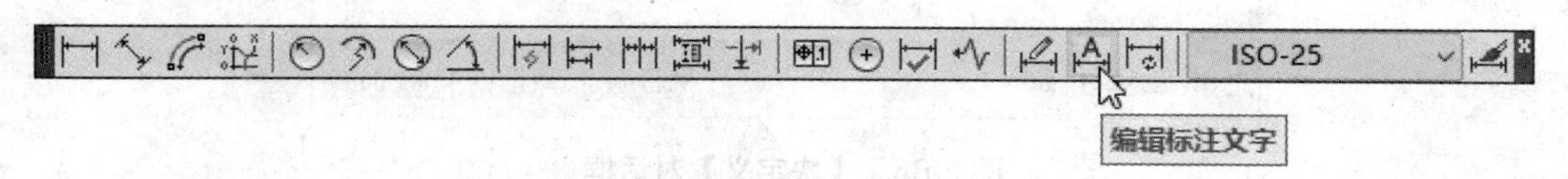

图 2-63　【编辑标注文字】命令

(3) 标注更新。如图 2-64 所示的【标注更新】命令，可将已有的尺寸标注样式修改

更新为当前标注样式。

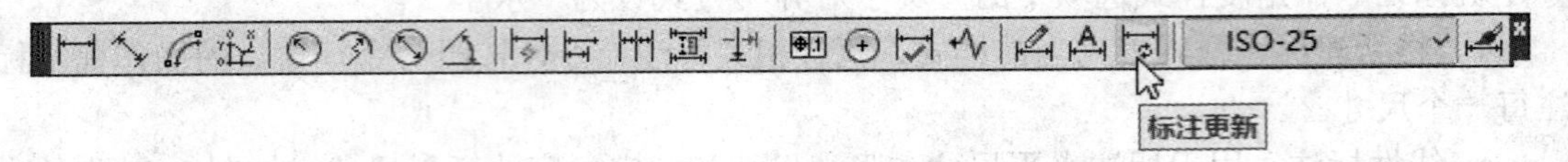

图 2-64 【标注更新】命令

2.5 图块及属性

图块简称块，是各种图形元素构成的一个整体图形单元。用户可以将使用率高的图形对象定义成块，需要时可随时将其以不同的比例和转角插入图中所需的位置。这样可以避免许多重复性工作，提高绘图速度和质量，且便于修改和节省空间。

2.5.1 创建图块

要想使用块，首先必须创建块。创建的过程是先绘制组成块的图形对象，然后将其定义成块。按照创建方法和使用范围的不同，图块分为内部块和外部块两种。

1. 创建内部块

内部块存储在当前图形文件的内部，只能在该文件中调用，而不能在其他图形中使用。创建内部块的命令调用方式如下。

- 单击【绘图】工具栏中的按钮。
- 选择【绘图】|【块】|【创建】菜单命令。
- 在命令行中输入“Block”“Bmake”或“B”。

在弹出的【块定义】对话框(见图 2-65)中，需进行的主要操作如下。

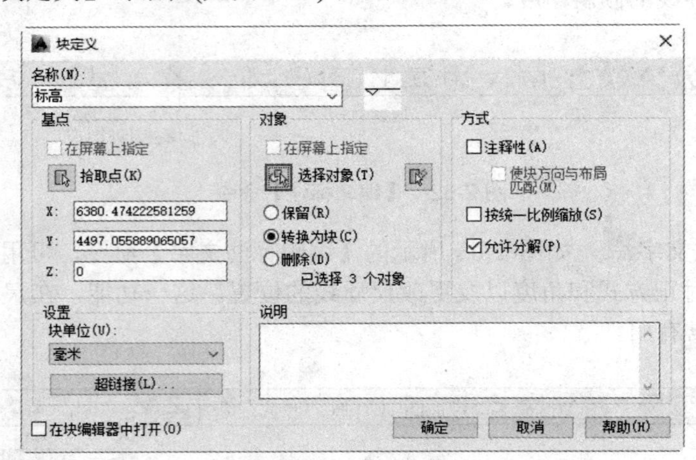

图 2-65 【块定义】对话框

(1) 在【名称】框中输入图块名称，如“标高”。

(2) 单击【拾取点】按钮，在绘图区用左键单击指定块的插入基点(也可以在对话框

中直接输入基点的坐标值)。标高图形的插入基点应选在三角形中两条垂直线的交点处。

(3) 单击【选择对象】按钮，在绘图区选择要定义成块的图形(确认之后在“名称”文本框右侧即可浏览到该图形)。

(4) 单击【确定】按钮，完成内部块的创建。

2. 创建外部块

用 Block 命令创建的图块只能保存在当前图形文件中，为当前文件所用。为使所创建的块能为其他图形所共享，必须将其以文件的形式存储。为此 AutoCAD 系统提供了块存盘(写块)命令 WBlock，用该命令创建的块是把选择的图形对象单独存储为一个图形文件(.dwg)，因此任何图形文件(*.dwg)都可以作为外部块插入到其他图形文件中。

创建外部块的命令调用方式为：在命令行中输入“WBlock”或“W”。

在弹出的【写块】对话框(见图 2-66)中，需进行的主要操作如下。

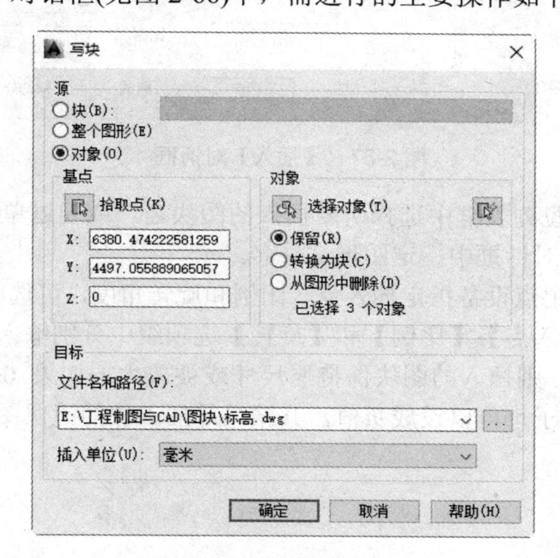

图 2-66　【写块】对话框

(1) 在【源】选项组指定要保存为图形文件的块或对象。如果保留默认选择的【对象】单选按钮，则下面的【拾取点】和【选择对象】的操作与创建内部块时相同。

(2) 在【目标】选项组的【文件名和路径】文本框中，输入块存盘的文件名和保存位置，也可以单击 ... 按钮，在弹出的【浏览文件夹】对话框中指定块存盘文件的保存位置，如“E:\工程制图与 CAD\图块\标高.dwg”。

(3) 单击【确定】按钮，完成外部块的创建。

2.5.2　插入图块

创建图块后，即可将其以不同的比例或转角插入到当前图形或其他图形文件中。无论块或所插入的图形多么复杂，AutoCAD 都将其作为一个单独的整体对象，如果用户需要修改其中的单个图形元素，就必须将其分解。

插入内部块和外部块的方法一样，其命令调用方式如下。

- 单击【绘图】工具栏中的按钮。
- 选择【插入】|【块】菜单命令。
- 在命令行中输入“Insert” 或“I”。

在弹出的【插入】对话框(见图 2-67)中，需进行的主要操作如下。

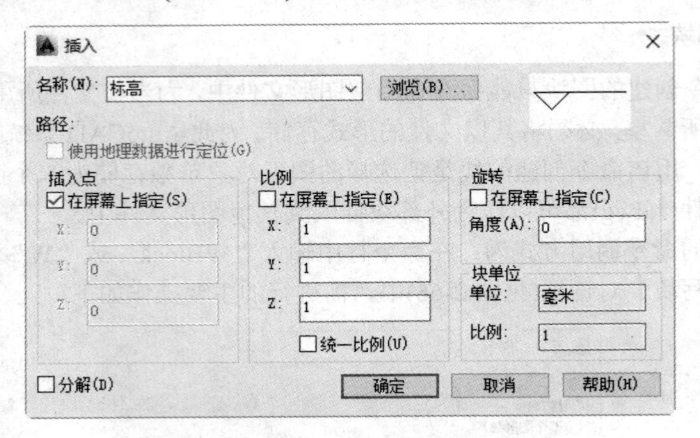

图 2-67 【插入】对话框

(1) 在【名称】下拉列表框中选择所要插入的图块名，或通过单击浏览(B)...按钮，在弹出的【选择图形文件】对话框中指定图形文件名。

(2) 如果需要使用定点设备指定插入点、比例和旋转角度，可选中【在屏幕上指定】复选框。否则，要在【插入点】【比例】和【旋转】选项组中分别输入参数值。

如果比例因子≥1，则插入的图块保持原尺寸或被放大；如果 0<比例因子<1，则插入的图块会缩小。比例因子也可以设成负值，其结果是插入块的镜像图，如图 2-68 所示。

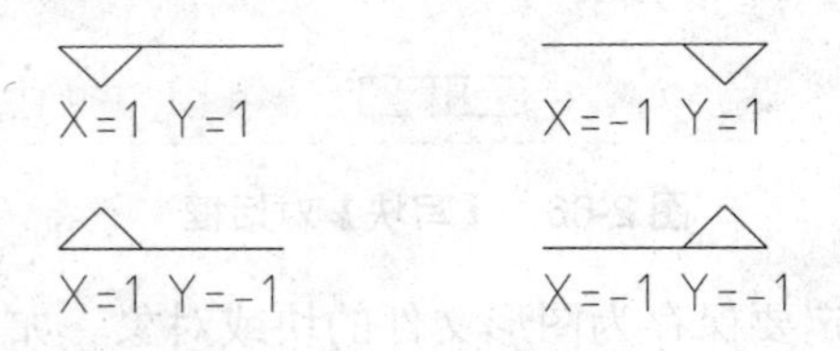

图 2-68 用正、负值比例因子插入块的效果

(3) 如果选中【分解】复选框，则会将插入的块分解为若干单独的图形元素，这样有利于图形的编辑，但同时也失去了图块的所有特性。

(4) 单击【确定】按钮，在绘图区指定插入点，即可完成块的插入。

说明： (1) 如果图块是在 0 层上绘制并创建的，则插入时会被赋予当前层的颜色、线型等特性；而非 0 层上的则仍保持其原先所在层的特性。

(2) 如果要修改已插入到图形中的多个块，可以将之后随意插入的一个同名块分解，修改完毕后按原名重新定义，则图中原有的同名块都会被同时修改(这是效率很高的一种做法)。

2.5.3 图块的属性

在 AutoCAD 中，用户可以为块加入与图形相关的文本信息，称为块的属性。

1. 定义块的属性

块的属性需要先定义后使用，定义块属性的命令调用方式如下。

- 选择【绘图】|【块】|【定义属性】菜单命令。
- 在命令行中输入“Attdef”或“ATT”。

在弹出的【属性定义】对话框(见图 2-69)中，各选项的含义及操作方法如下。

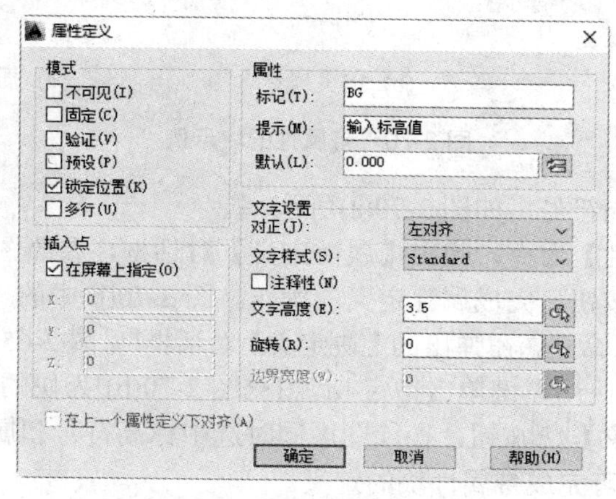

图 2-69 【属性定义】对话框

(1) 【模式】选项组用于设置属性模式，共有【不可见】、【固定】、【验证】、【预设】、【锁定位置】和【多行】6 个选项。其中前 5 项一般不选，不选则依次表示属性值可见、属性值为变量、插入时不验证属性值、插入时输入属性值、不锁定属性位置。如果选中【多行】复选框，则属性值可以包含多行文字。

(2) 【属性】选项组用于定义属性标记、提示及默认值，其中：

① 在【标记】文本框中输入属性标记，如“BG”。

② 在【提示】文本框中输入属性提示，如“输入标高值”。

③ 在【默认】文本框中输入属性默认值，如“0.000”。

(3) 【插入点】选项组用于确定属性标记及属性值的起始点位置。默认选项是“在屏幕上指定”。

(4) 【文字设置】选项组用于设置与属性文字有关的选项，如对正方式、文字样式、文字高度和旋转角度等。

(5) 【在上一个属性定义下对齐】复选框用于确定是否在前面所定义的属性下面直接放置新的属性标记。

上述各选项设置完毕后，单击【确定】按钮，即完成一个属性定义的操作，此时属性标记就出现在图形中。若要定义多个属性可重复上述有关操作。

2. 创建带属性的块

创建带属性块的方法是：先给要创建成块的图形(符号)定义属性，然后再用前面介绍的

方法将该图形(符号)和属性标记一起创建成同一个块。下面通过一个例题做介绍。

【例 2.6】 如图 2-70 所示，将标高符号创建成带属性的内部块，以便在本图中插入不同的标高值。

解 综合前面有关图块的学习内容，解题思路和顺序是：先画出标高符号的图形，然后为其定义属性，之后将图形和属性标记一起创建成块。解题步骤如下。

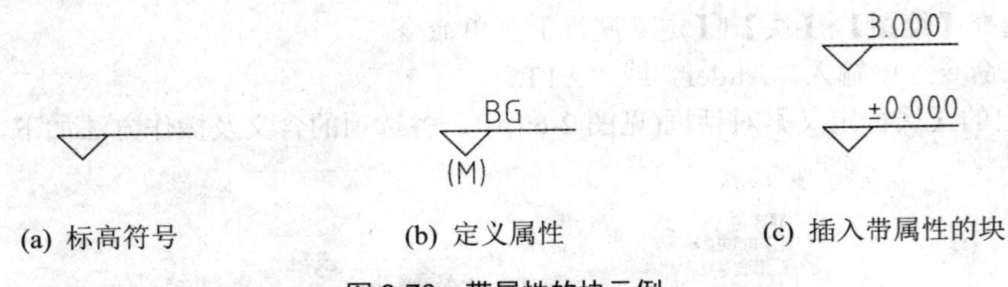

(a) 标高符号　　(b) 定义属性　　(c) 插入带属性的块

图 2-70　带属性的块示例

(1) 先画出一个标高符号，如图 2-70(a)所示。

(2) 执行【定义属性】命令，弹出【属性定义】对话框，参照图 2-69 设置各个选项。

(3) 单击【确定】按钮，完成属性定义的操作。图 2-70(b)中的“BG”即为属性标记。

(4) 执行【创建块】命令，在弹出的【块定义】对话框(见图 2-65)中输入块名，单击【拾取点】按钮，在绘图区用左键单击指定 M 点[见图 2-70(b)]为块的插入基点。

(5) 单击【选择对象】按钮，在绘图区同时选中标高符号和属性标记 BG，确认之后单击“确定”按钮，即可完成带属性块的定义。

3. 插入带属性的块

当用户插入属性块时，前面的操作方法跟插入一般块完全相同，只是在操作中增加了输入属性值的提示，在此提示下用户可根据需要输入不同的属性值，如图 2-70(c)所示。

4. 编辑属性

1) 编辑属性定义

定义完属性后，在属性定义与块关联之前(即只定义了属性还没创建成块)可对其进行修改编辑，方法如下。

- 选择【修改】|【对象】|【文字】|【编辑】菜单命令。
- 在命令行中输入“DDedit”。
- 选中属性标记双击。

在弹出的【编辑属性定义】对话框(见图 2-71)中，可修改属性定义的标记、提示及默认值。

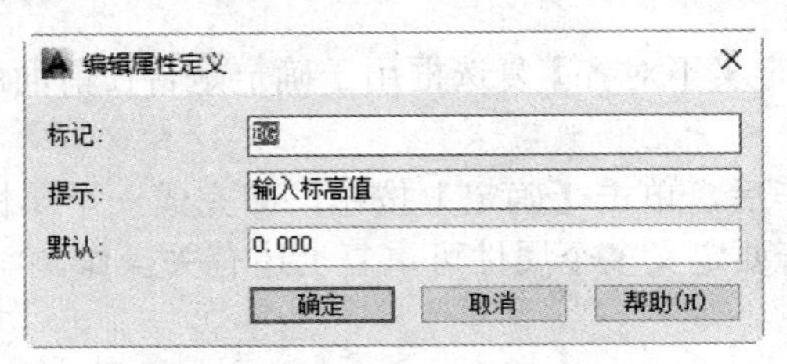

图 2-71　【编辑属性定义】对话框

2) 编辑块的属性

与插入块中的其他对象不同，属性可以独立于块单独进行编辑，即属性块插入后，若发现属性值及其位置、字体、字高等不妥，可通过属性编辑命令进行单个或全局修改。

(1) 编辑单个块属性。

如果需要对插入当前图形中某一个块的属性进行修改，通常采用如下方法。

- 选择【修改】|【对象】|【属性】|【单个】菜单命令。
- 单击【修改 II】工具栏中的【编辑属性】按钮。
- 选中属性块双击。

在弹出的【增强属性编辑器】对话框(见图 2-72)中，可对单个块的属性值、文字选项内容及特性等进行修改。

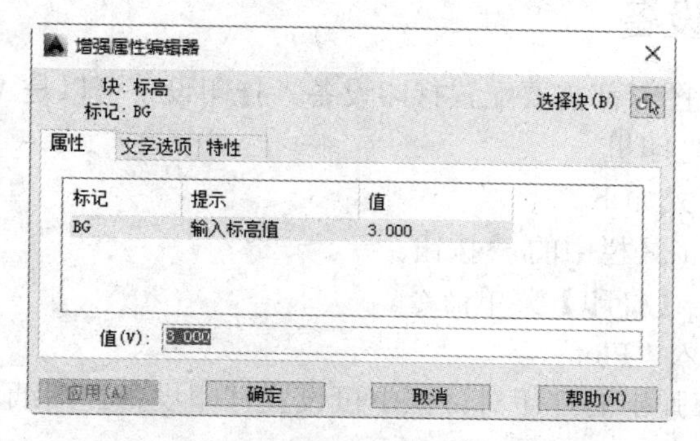

图 2-72 【增强属性编辑器】对话框

(2) 编辑整体块属性。

如果需要对插入当前图形中某一种块的所有块属性进行修改，包括属性定义和块的属性，通常采用如下方法。

- 选择【修改】|【对象】|【属性】|【块属性管理器】菜单命令。
- 单击【修改 II】工具栏中的【块属性管理器】按钮。
- 在命令行中输入“Battman”。

在弹出的【块属性管理器】对话框中，单击【编辑】按钮，会弹出【编辑属性】对话框，在此可对此种块的属性定义、文字选项内容及特性等进行修改，如图 2-73 所示。所作的修改将会使该种块属性立即得到更新。

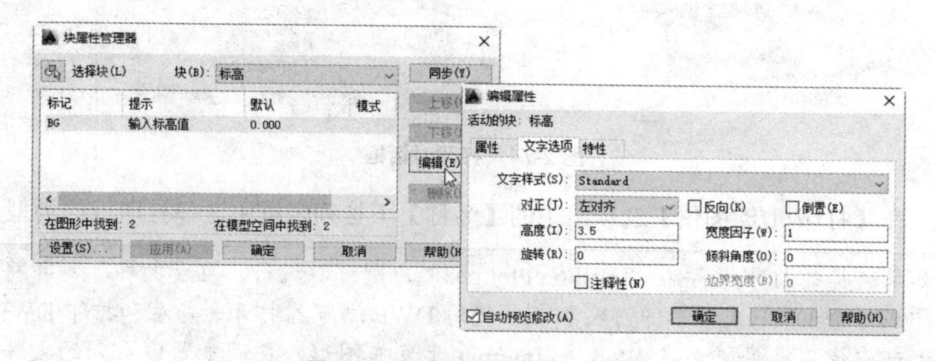

图 2-73 【编辑属性】对话框

2.6 图形打印与输出

图形绘制完成后，可以使用多种方式输出。AutoCAD 可以将图形打印在图纸上，也可以采用电子打印的方式供用户在 Web 或 Internet 上访问，还可以将图形输出为不同格式的文件以供其他应用程序使用。

在模型空间和图纸空间都可以打印出图，所不同的是在图纸空间环境中，用户可以根据自己的需要将原来的视口划分为多个任意布置的视口，因而可以实现在同一张纸上获得多视点、多部位的图形显示(或打印)效果。

2.6.1 配置打印设备

不论用哪种方式出图，都需要配置打印设备。打印设备可以是 Windows 系统打印机或是 AutoCAD 中安装的打印机。

打印命令的调用方式如下。

- 单击【绘图】工具栏中的按钮。
- 选择【文件】|【打印】菜单命令。
- 在命令行中输入“Plot”。

执行该命令后，在弹出的打印对话框中可设置打印设备、图纸尺寸、打印范围、打印比例、图形方向等多项内容，如图 2-74 所示。

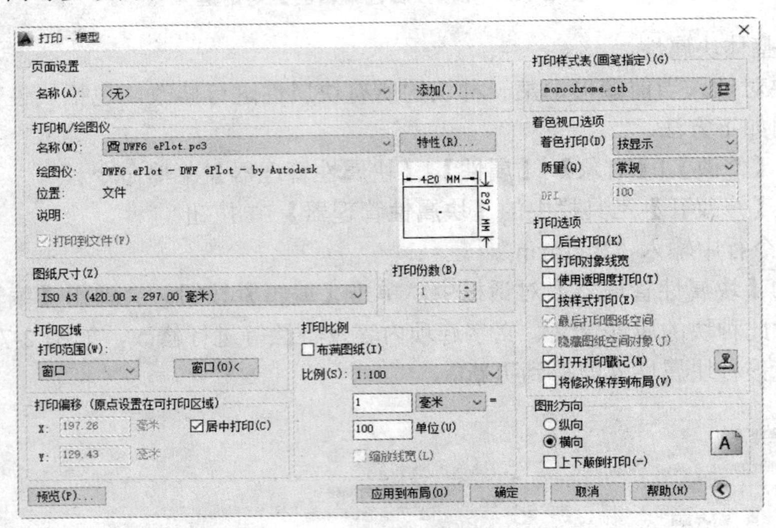

图 2-74　打印对话框

(1) 在【打印机/绘图仪】选项组中的【名称】下拉列表框中选择打印机的类型。

提示： 如果选择的打印设备为“DWF6 ePlot.pc3”，则可以进行“电子打印”，即将图形打印成一个 DWF 文件。任何人都可以使用 DWF 浏览器打开、查看和打印 DWF 文件，也可以使用这种格式在 Web 或 Internet 上发布图形。在浏览器中看到的文件和真实打印的效果是一样的。

(2) 可在【打印样式表(画笔指定)】选项组中的下拉列表框中选择打印样式。

提示：如果使用 monochrome.ctb 或 monochrome.stb 打印样式表，则可以实现纯粹黑白工程图的打印。

(3) 如果在【打印选项】选项组选中【打开打印戳记】复选框，则“打印戳记”会在打印时出现，但并不与图形一起保存。

2.6.2 打印图形

在配置好打印设备、选择完打印样式之后，可再设置图纸尺寸、打印区域和打印比例等内容，如图 2-74 所示。

(1) 在【图纸尺寸】下拉列表框中选择图纸尺寸大小，如 ISO A3(420.00×297.00 毫米)。

(2) 在【图形方向】选项组中选择一种方向，如横向。

(3) 在【打印区域】选项组中选择打印范围，如窗口。

(4) 在【打印比例】选项组中选择缩放比例，如 1∶100。

(5) 在【打印偏移(原点设置在可打印区域)】选项组中设置偏移值或【居中打印】。

设置结束后，单击【确定】按钮，即可打印图形。

2.6.3 输出图形

在 AutoCAD 中，可以使用【输出】命令将绘制的图形输出为 DWF、WMF、BMP 等格式的文件，可供其他应用程序调用。

启用【输出】命令的方式如下。

- 选择【文件】|【输出】菜单命令。
- 在命令行中输入“Export”或“Exp”。

执行该命令后，在弹出的【输出数据】对话框的【文件类型】下拉列表中，选择需要输出的文件类型[如位图(*.bpm)]，然后单击【保存】按钮即可，如图 2-75 所示。

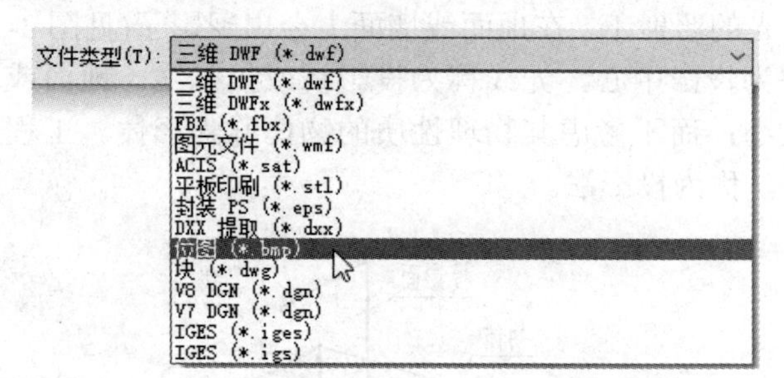

图 2-75　【文件类型】下拉列表

第3章　正投影基础

本章要点

- 投影的概念、分类及正投影的基本性质。
- 三面投影图的形成以及投影规律。
- 各种位置点、直线、平面的投影特性及作图方法。

本章难点

- 求一般位置直线的实长及其与投影面的夹角。

工程图样是应用投影的原理和方法绘制的。本章将介绍投影的分类与基本性质，三面投影图的形成与投影规律，各种位置点、直线、平面的投影特性与画法等，为学习和绘制立体的投影图奠定基础。

3.1　投影的基本知识

3.1.1　投影的概念

物体在灯光或日光的照射下，在地面或墙面上会出现影子(见图3-1)，这就是投影现象。这里的灯光或日光称为投影中心，光线称为投影线或投射线，地面或墙面称为投影面；我们把只表示形状和大小，而不考虑其物理性质的物体称为形体。工程上利用投影现象而得到形体投影图的方法，称为投影法。

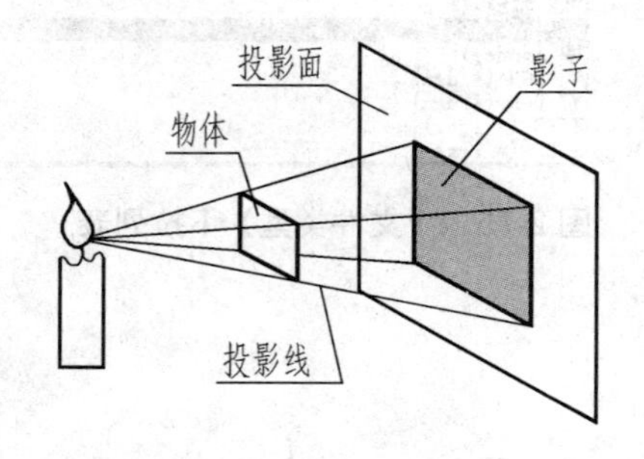

图3-1　烛光照射的影子

要在平面(图纸)上绘出形体的投影图，就需设有投影面(一个或几个)和投影线，投影线通过形体上各顶点后与投影面相交，在该面上就能得到形体的投影图，又称为视图(即好像观察者站在远处观看形体，用人的视线作为投影线投影所获得的图形)。图 3-2 所示为形体的一面投影图。

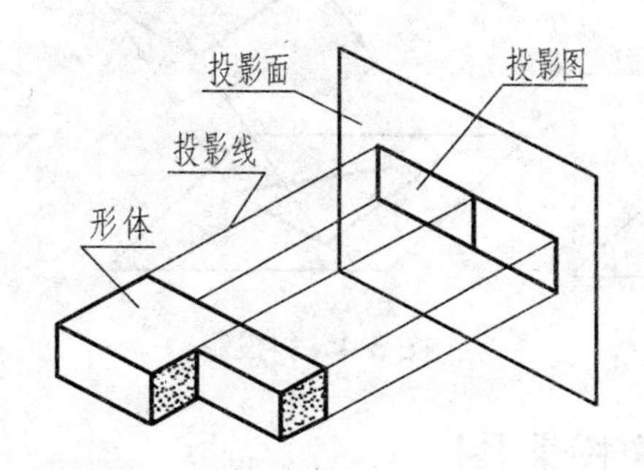

图 3-2　形体的一面投影图

3.1.2　投影法的分类

从照射光线(投影线)的形式可以看出，光线的发出有两种：一种是不平行光线，如图 3-1 所示的烛光或白炽灯泡的光；另一种是平行光线，例如遥远的太阳光。前者称为中心投影，后者称为平行投影。

1．中心投影法

投影中心距离投影面有限远处，投影线由中心发出的投影法称为中心投影法。

如图 3-3 所示，设 S 点为一光源(投影中心)，自 S 发出的投影线有无数条，经三角板三个顶点 A、B、C 的三条投影线，延长与投影面(H)相交得到三个点 a、b、c，$\triangle abc$ 即为空间$\triangle ABC$ 在投影面 H 上的中心投影。图 3-1 所示的投影法就属于中心投影法。

中心投影法的特点是具有高度的立体感和真实感，符合人的视觉，但其投影图的大小会随着投影中心、形体、投影面三者相对位置的改变而改变，作图复杂，且度量性较差，故在工程施工图样中很少采用。

2．平行投影法

投影中心移至无限远处，投影线都互相平行的投影法称为平行投影法。

如图 3-4 所示，经过空间$\triangle ABC$ 三个顶点的三条投影线相互平行，并与投影面(H)相交得到三个点 a、b、c，$\triangle abc$ 就是$\triangle ABC$ 在投影面 H 上的平行投影。

在平行投影中，按投影线与投影面的位置关系又可分为斜投影和正投影。

(1) 斜投影。投影线彼此相互平行且与投影面倾斜的投影法称为斜投影(也称斜角投影)，如图 3-4 所示。

(2) 正投影。投影线彼此互相平行且与投影面垂直的投影法称为正投影(也称直角投影)，如图 3-5 所示。

正投影的特点是投影图与形体距离投影面的远近无关，能准确地表达形体的形状和大小，且作图简单，易度量，因此在工程上被广泛应用。本书所述的投影，如无特殊说明，

均为正投影。

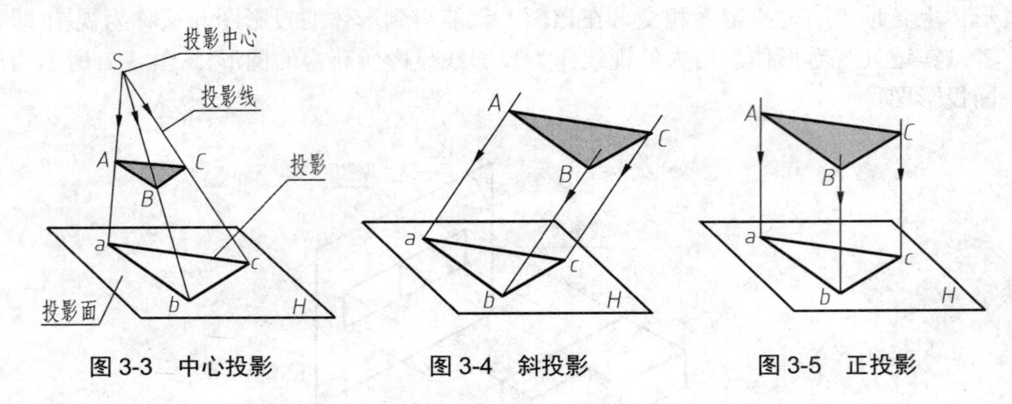

图 3-3　中心投影　　图 3-4　斜投影　　图 3-5　正投影

3.1.3　工程中常用的投影图

工程中常用的投影图主要有以下四种。

1．多面正投影图

用正投影法将形体向两个或两个以上相互垂直的投影面投影所得到的投影图，称为多面正投影图，最常用的是三面投影图，即三视图(见图 3-6)。正投影图能准确反映形体的形状和大小，即显实性好，易度量，作图方便，因而是工程图中最主要的图示法；其缺点是立体感差，不易读懂。

2．轴测投影图

轴测投影图简称轴测图，是用平行投影法将形体向一个投影面投影得到的，如图 3-7 所示。这种单面投影图能同时反映形体的长、宽、高，因而具有较强的立体感；其缺点是作图较为复杂，不便于标注尺寸，因而主要作为工程图的辅助图样使用。

3．透视投影图

透视投影图简称透视图，其符合“近大远小、近长远短”的变化规律，是用中心投影法绘制的，如图 3-8 所示。该种图样比较符合人的视觉，立体感强，且逼真自然，常用作建筑物外形效果图和工业产品展示图；其缺点是度量性差，作图方法复杂。

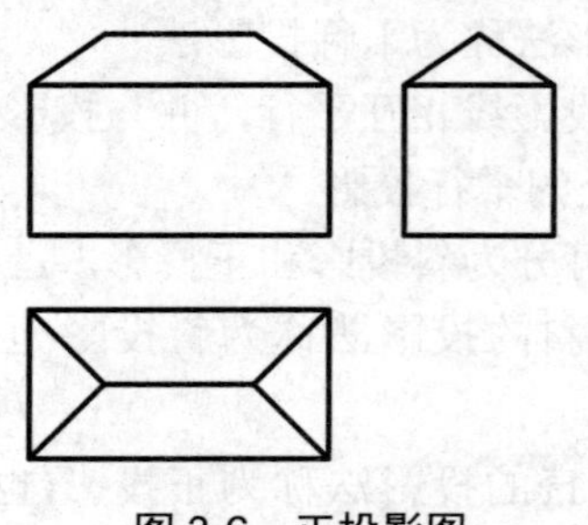

图 3-6　正投影图

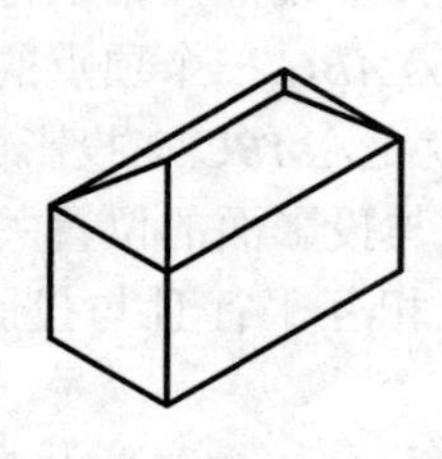

图 3-7　轴测投影图

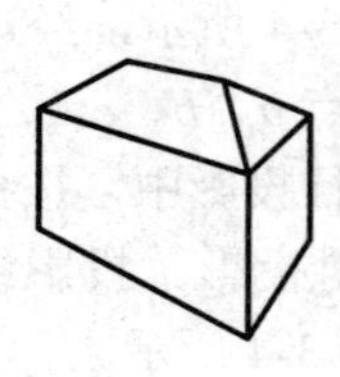

图 3-8　透视投影图

4．标高投影图

标高投影图是一种带有高度数字标记的单面正投影图，如图 3-9 所示。作图时是将间隔相等而高程不同的等高线投影到水平投影面上，并标注出等高线的高程。在土木工程建设中，标高投影图常用来绘制地形图、建筑总平面图和道路等方面的平面布置图样。

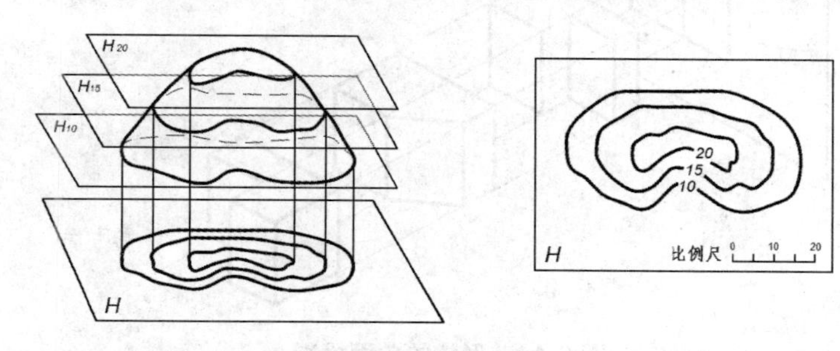

图 3-9　标高投影图

3.1.4　正投影法的基本性质

正投影法具有如下三项基本性质。

(1) 显实性(全等性)。平行于投影面的线段或平面图形，其投影能反映实长或实形，如图 3-10(a)所示。

(2) 积聚性。垂直于投影面的线段或平面图形，其投影积聚为一点或直线，如图 3-10(b)所示。

(3) 类似性。倾斜于投影面的线段或平面图形，其投影短于实长或小于实形，但与空间图形类似，如图 3-10(c)所示。

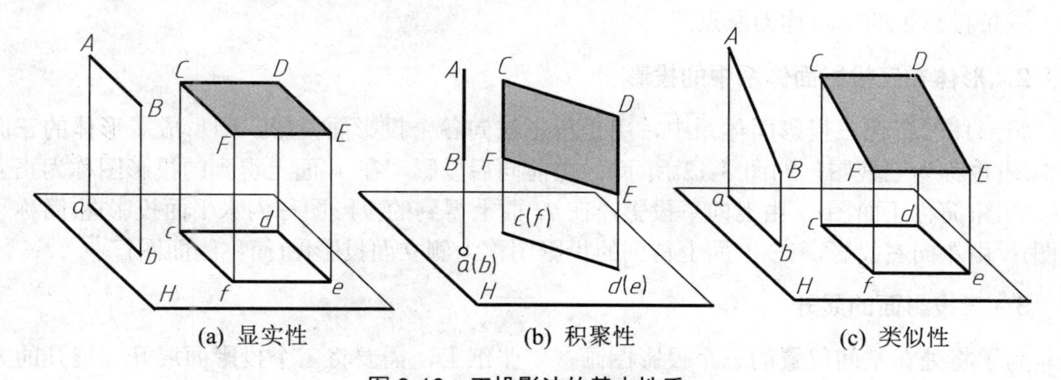

(a) 显实性　　(b) 积聚性　　(c) 类似性

图 3-10　正投影法的基本性质

3.2　形体的三面投影图

一般情况下，单面投影不能全面地表达出形体的形状和位置(见图 3-11)，因而需要从几个方向对形体进行投影，这样才能确定其唯一的空间形状和大小。通常多采用三面投影，如图 3-12 所示。

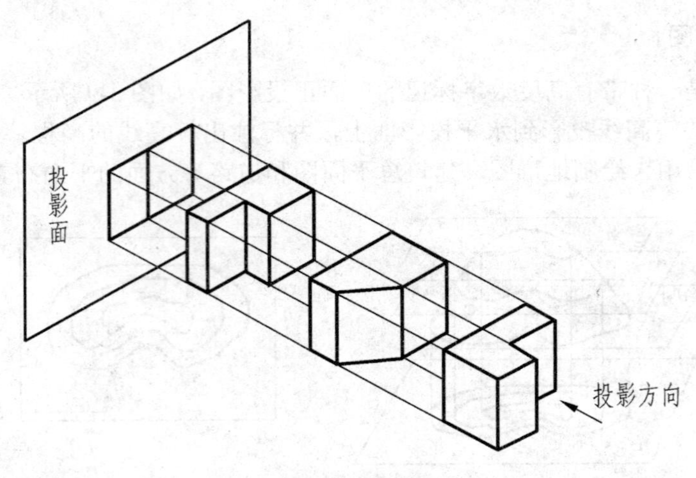

图 3-11　形体的单面投影

3.2.1　三面投影图的形成

1．三投影面体系

形体的三投影面体系由三个相互垂直的投影面组成，如图 3-12 所示。

在三投影面体系中有三个投影面。呈正立位置的称为正立投影面(简称正面)，用 V 表示；呈水平位置的称为水平投影面(简称水平面)，用 H 表示；呈侧立位置的称为侧立投影面(简称侧面)，用 W 表示。

三个投影面的交线称为投影轴。OX 轴是 V 面与 H 面的交线，代表长度方向；OY 轴是 H 面与 W 面的交线，代表宽度方向；OZ 轴是 V 面与 W 面的交线，代表高度方向。

三条投影轴的交点称为原点。

2．形体在三投影面体系中的投影

将形体放置在三投影面体系中，用正投影法向各个投影面投影，则形成了形体的三面投影图(也称为三视图，如图 3-12 所示)。由前向后投影，在 V 面上得到的投影图称为正立面投影图(简称正面图)；由上向下投影，在 H 面上得到的投影图称为水平面投影图(简称平面图)；由左向右投影，在 W 面上得到的投影图称为侧立面投影图(简称侧面图)。

3．三投影面的展开

为了将处在空间位置的三个投影图画在一张纸上，需要将三个投影面展开。展开的方法是：正面 V 不动，将水平面 H 绕 OX 轴向下旋转 90°，将侧面 W 绕 OZ 轴向右旋转 90°，这样就把三个投影图摊平在了一个平面(图纸)上；展开后 OY 轴被分为两处，在 H 面上的标以 Y_H，在 W 面上的标以 Y_W，如图 3-13 所示。

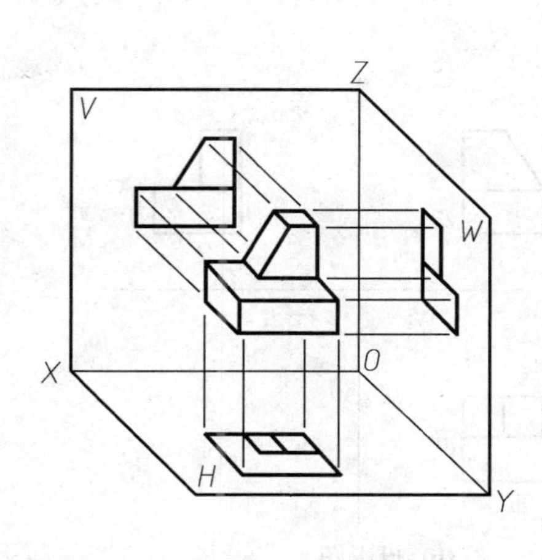

图 3-12　形体的三面投影

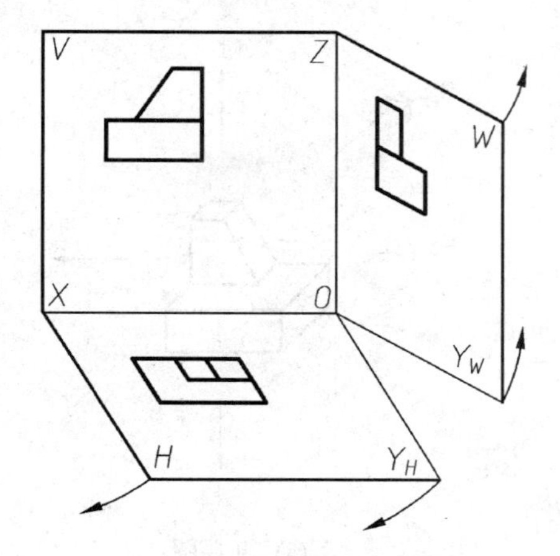

图 3-13　三投影面的展开

3.2.2　三面投影图的投影规律

1. 三面投影图的基本规律(“三等”关系)

分析三面投影图的形成过程，可以总结出三面投影图的基本规律，即正面图与平面图长对正；正面图与侧面图高平齐；平面图与侧面图宽相等，如图 3-14 所示。

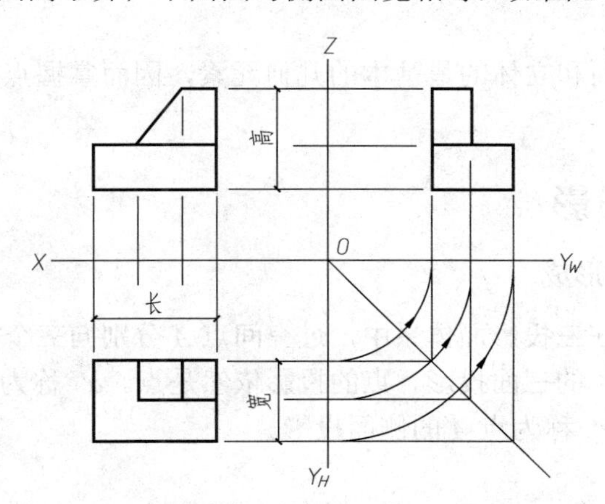

图 3-14　三面投影图的基本规律

以上三条规律，普遍适用于任何形体的三视图，而且不仅适用于形体的整体，也适用于形体的各组成部分(局部)。

2. 视图与形体的方位关系

空间形体有“上下、左右、前后”6 个方位，这 6 个方位在三视图中可以按照如图 3-15(a)所示的方向确定。由图 3-15 可知，正面图反映形体的上下和左右，平面图反映形体的左右和前后，侧面图反映形体的上下和前后。

形体的“上下、左右”方位明显易懂，而“前后”方位则不够直观。通过分析水平投影和侧面投影可以看出，“远离正面投影的一侧是形体的前面”，因此用“远离正面的是前面”这一口诀，可以帮助大家分辨和记忆视图与形体的方位关系。

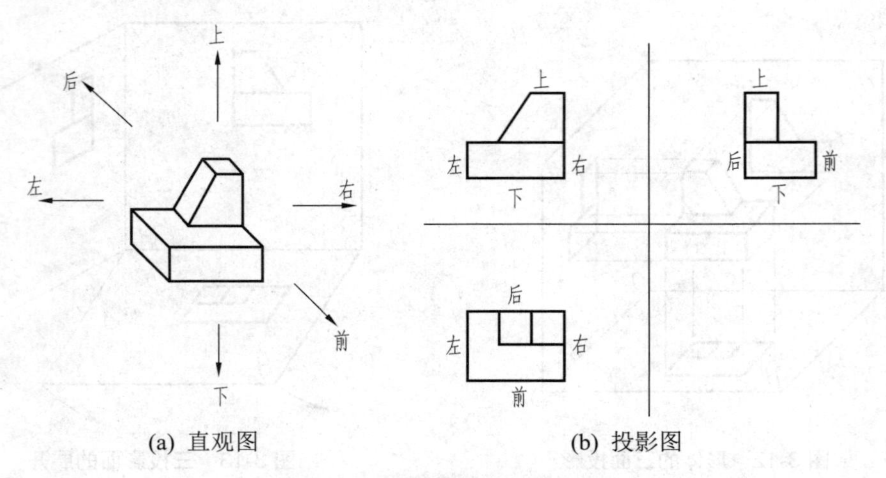

(a) 直观图　　(b) 投影图

图 3-15　视图与形体的方位关系

掌握三面投影图中空间形体的“三等关系”和“方位关系”，对绘制和识读投影图是极为重要的。

3.3　点的投影

点是构成直线、平面和立体的最基本的几何元素，因而掌握点的投影是学习直线、平面和立体投影图的基础。

3.3.1　点的三面投影

1. 点的三面投影的形成

如图 3-16(a)所示，在三投影面体系中，过空间点 A 分别向三个投影面作垂线(正投影)，垂足 a'、a、a'' 即为点 A 的三面投影。点的投影依然是点。a' 称为点 A 的正面投影；a 称为点 A 的水平面投影；a'' 称为点 A 的侧面投影。

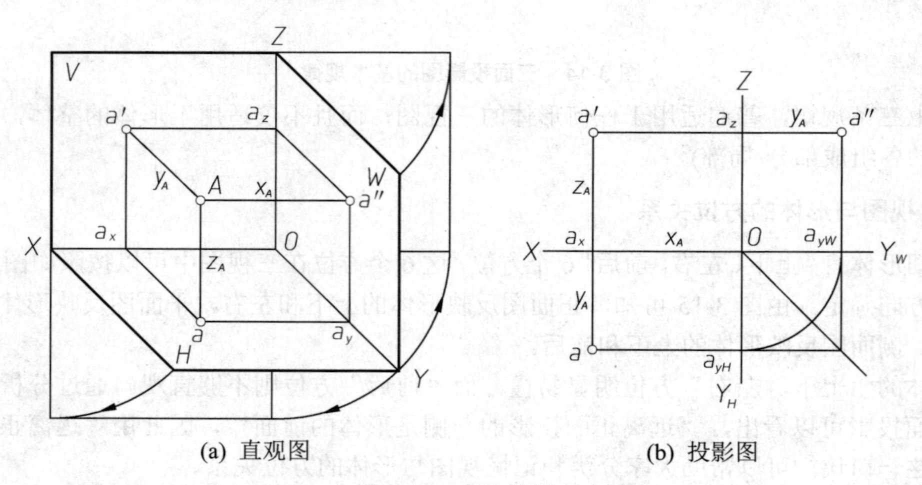

(a) 直观图　　(b) 投影图

图 3-16　点的投影

移去空间点 A，将三个投影面摊平在一个平面上，便可得到点 A 的三面投影图，如图 3-16(b)所示。

用投影图来表示空间点，其实质是在同一平面上用点在三个不同投影面上的投影来表示点的空间位置。

2. 点的投影规律(特性)

从图 3-16(a)中可以看出，过空间点 A 的两条投射线 Aa 和 Aa'所决定的平面与 V 面和 H 面同时垂直相交，交线分别是 aa_x 和 $a'a_x$，因此 OX 轴必然垂直于平面 Aaa_xa'，也就是垂直于 aa_x 和 $a'a_x$。而 aa_x 和 $a'a_x$ 是相互垂直的两条直线，当 H 面绕 x 轴旋转至与 V 面成为同一平面时，aa_x 和 $a'a_x$ 就成为一条垂直于 OX 轴的直线，即 $aa' \perp OX$[见图 3-16(b)]。同理，$a'a'' \perp OZ$。a_y 在投影面展平之后，被分为 a_{yH} 和 a_{yW} 两个点，因此 $aa_{yH} \perp OY_H$，$a''a_{yW} \perp OY_W$，即 $aa_x = a''a_z$。

从以上分析可以总结出点的投影规律如下。

(1) 正面投影和水平投影的连线必定垂直于 X 轴，即 $a'a \perp OX$。

(2) 正面投影和侧面投影的连线必定垂直于 Z 轴，即 $a'a'' \perp OZ$。

(3) 水平投影到 X 轴的距离等于侧面投影到 Z 轴的距离，即 $aa_x = a''a_z$。

由点的投影规律可以得出如下结论。

(1) 点的三面投影到各个投影轴的距离，分别代表空间点到相应投影面的距离。

(2) 只要知道点的任意两面投影，便可求出其第三面投影。

【例 3.1】 如图 3-17(a)所示，已知点 B 的正面投影 b' 及侧面投影 b''，试求其水平投影 b。

解　分析：根据点的三面投影特性，可以利用点 B 的正面投影和侧面投影求出其水平投影 b。

作图：由于 b 与 b' 的连线垂直于 OX 轴，因此 b 一定在过 b'而垂直于 OX 轴的直线上。又由于 b 至 OX 轴的距离必等于 b'' 至 OZ 轴的距离，使 bb_x 等于 $b''b_z$，便定出了 b 的位置，如图 3-17(b)所示。

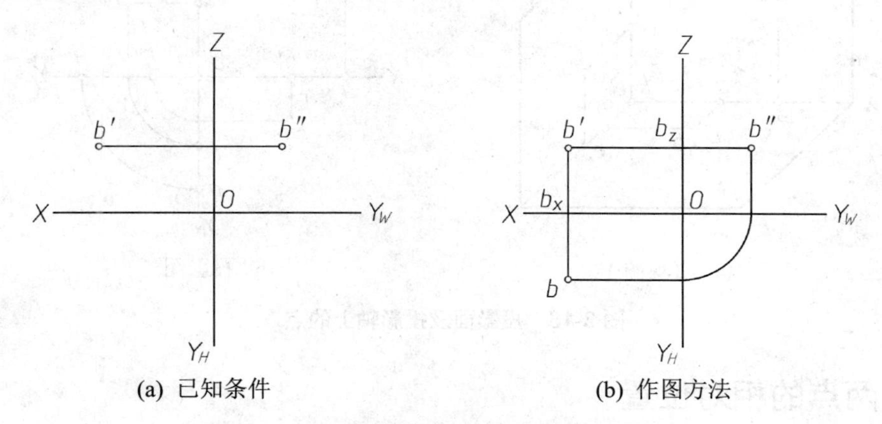

(a) 已知条件　　(b) 作图方法

图 3-17　已知点的两面投影求其第三面投影

3.3.2 点的空间坐标

若把三个投影面当作空间直角坐标面，投影轴当作直角坐标轴，则点的空间位置便可用三个坐标(X、Y、Z)来确定，而点的投影反映出了点的坐标值，如图 3-16 所示。其投影与坐标值之间存在如下的对应关系。

(1) A 点到 W 面的距离 Aa''，称为 A 点的横坐标，用 X 表示，即 $X=Aa''$。

(2) A 点到 V 面的距离 Aa'，称为 A 点的纵坐标，用 Y 表示，即 $Y=Aa'$。

(3) A 点到 H 面的距离 Aa，称为 A 点的高坐标，用 Z 表示，即 $Z=Aa$。

点的一面投影反映了点的两个坐标，如果已知点的两面投影，则点的 X、Y、Z 三个坐标就可确定，因而空间点是能唯一确定的。

3.3.3 特殊位置的点

位于投影面、投影轴以及原点上的点，统称为特殊位置的点。

各种位置点的投影特点如下。

(1) 空间点。点的 X、Y、Z 三个坐标均不为零，其三面投影都不在投影轴或投影面上。

(2) 投影面上的点。点的某一个坐标为零，其一面投影与投影面重合，另外两面投影分别在投影轴上。如图 3-18(a)所示，点 A、B、C 分别处于 V、H、W 面上，其投影如图 3-18(b)所示。

(3) 投影轴上的点。点的两个坐标为零，其两面投影与所在投影轴重合，另一面投影在原点上。如图 3-18 所示，当点 D 在 OY 轴上时，点 D 和其水平投影、侧面投影重合于 OY 轴上，点 D 的正面投影位于原点处。

(4) 与原点重合的点。点的三个坐标均为零，三面投影都与原点重合。

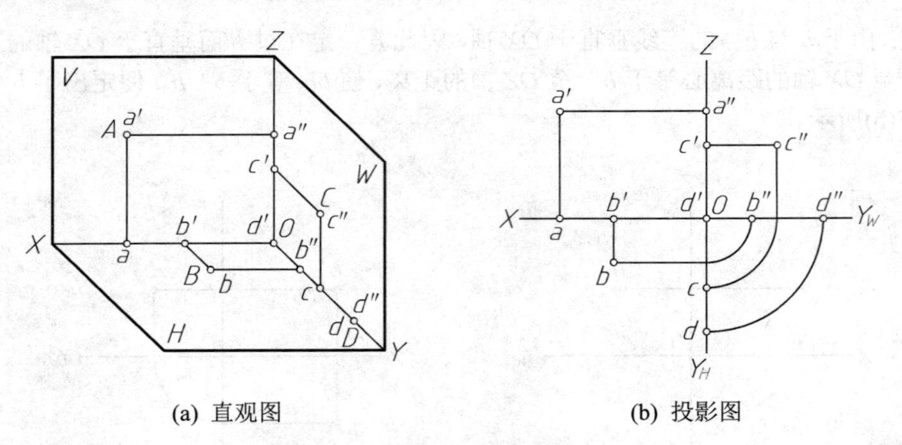

(a) 直观图 (b) 投影图

图 3-18 投影面及投影轴上的点

3.3.4 两点的相对位置

1. 两点相对位置的比较

两点的相对位置是指空间两点的上下、左右、前后的方位关系，可根据两点相对于投

影面的距离远近(或坐标大小)来确定。

(1) 按 X 坐标判别两点的左、右关系，X 坐标值大的点在左。

(2) 按 Y 坐标判别两点的前、后关系，Y 坐标值大的点在前。

(3) 按 Z 坐标判别两点的上、下关系，Z 坐标值大的点在上。

根据一个点相对于另一个点上下、左右、前后的坐标差，可以确定该点的空间位置并作出其三面投影。如图 3-19 所示，A、C 两点的相对位置：$Z_A>Z_C$，则点 A 在点 C 之上；$Y_A>Y_C$，则点 A 在点 C 之前；$X_A<X_C$，则点 A 在点 C 之右，结果是点 A 在点 C 的右前上方。

2. 重影点及可见性判别

当空间两点的某两个坐标相同，即位于同一条垂直于某投影面的投射线上时，则这两点在该投影面上的投影重合，此空间两点称为对该投影面的重影点。

从投影方向观看，重影点必有一个点的投影被另一个点的投影遮住而不可见。判断重影点的可见性时，需要看重影点在另一投影面上的投影，坐标值大的点其投影可见；反之不可见，不可见点的投影加括号表示。如图 3-19 所示，A、B 两点位于垂直于 V 面的同一条投射线上($X_A=X_B$, $Z_A=Z_B$)，正面投影 a' 和 b' 重合于一点。由水平投影(或侧面投影)可知 $Y_A>Y_B$，即点 A 在点 B 的前方，因此点 B 的正面投影 b' 被点 A 的正面投影 a' 遮挡，是不可见的(需要在 b'上加圆括号以示区别)。

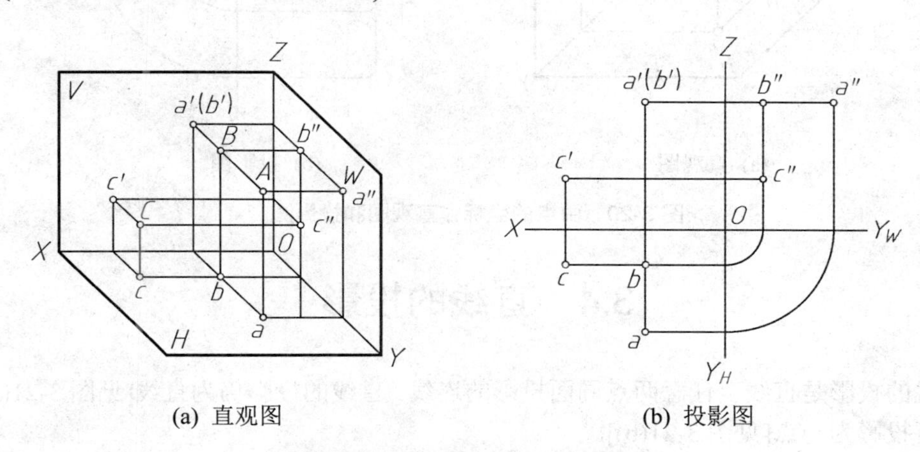

(a) 直观图　　　　(b) 投影图

图 3-19　两点的相对位置及重影点

3.3.5　点直观图的画法

为了便于建立空间概念，加深对投影原理的理解，常常需要画出具有立体感的直观图。根据点的投影，画其直观图的方法步骤见例 3.2。

【例 3.2】 已知 $A(28,0,20)$、$B(24,12,12)$、$C(24,24,12)$、$D(0,0,28)$四点，试画出其直观图与投影图。

解　分析：由于我们已经把三投影面体系与空间直角坐标系联系起来了，因此已知点的三个坐标就可以确定空间点在三投影面体系中的位置，此时点的三个坐标就是该点分别到三个投影面的距离。

作图：作直观图，如图 3-20(a)所示，以 B 点为例，在 OX 轴上量取 24，OY 轴上量取

12，OZ 轴上量取 12，在三个轴上分别得到相应的截取点 b_x、b_y 和 b_z，过各截取点作对应轴的平行线，则在 V、H、W 面上分别得到 b'、b 和 b''。自此三投影分别作 OX、OY、OZ 轴的平行线，交于 B 点，即为其直观图。

同样的方法，可作出点 A、C、D 的直观图。其中 A 点在 V 面上(因为 Y_A=0)，其正面投影 a'与 A 重合，水平投影 a 在 OX 轴上，侧面投影 a'' 在 OZ 轴上。D 点在 OZ 轴上(X_D=Y_D=0)，其正面投影 d'、侧面投影 d''与 D 点重合于 OZ 轴上，水平投影 d 在原点 O 处。

点 B 和点 C 有两个坐标相同(X_B=X_C，Z_B=Z_C)，因而它们是对 V 面的重影点。其第三个坐标 Y_B<Y_C，正面投影 c' 可见，b' 不可见(应加上圆括号以示区别)。

根据各点的坐标分别作出其投影图，如图 3-20(b)所示。

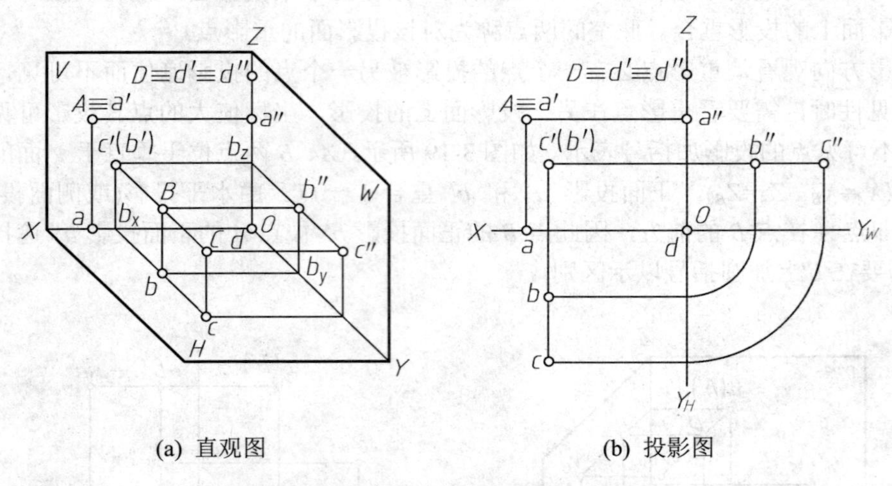

(a) 直观图　　(b) 投影图

图 3-20　由点的坐标作直观图和投影图

3.4　直线的投影

直线的投影是直线上任意两点同面投影的连线。直线的投影仍为直线[见图 3-21(a)]，特殊情况下投影为一点[见图 3-21(b)]。

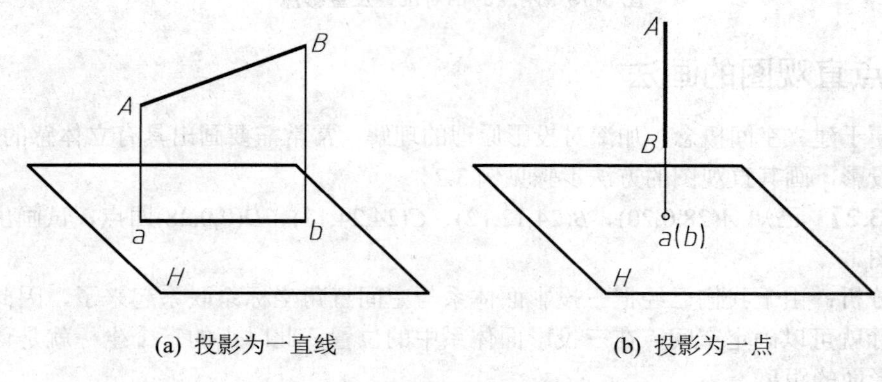

(a) 投影为一直线　　(b) 投影为一点

图 3-21　直线的投影

3.4.1　各种位置直线的三面投影

在三投影面体系中，根据直线对投影面相对位置的不同，可分为三种情况：投影面平行线(见图 3-22 中的 *AB*)、投影面垂直线(见图 3-22 中的 *CD*、*CF*、*CK* 等)和一般位置直线(见图 3-22 中的 *BC*、*JK* 等)。前两种情况又称为特殊位置直线。

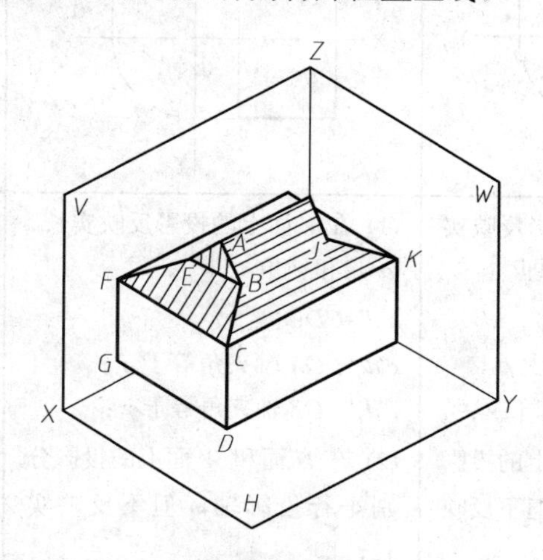

图 3-22　直线的空间位置

1．投影面平行线

与一个投影面平行，而与另两个投影面倾斜的直线称为投影面平行线。投影面平行线可分为以下三种(见表 3-1)。

(1) 水平线——与 *H* 面平行，与 *V*、*W* 面倾斜。

(2) 正平线——与 *V* 面平行，与 *H*、*W* 面倾斜。

(3) 侧平线——与 *W* 面平行，与 *V*、*H* 面倾斜。

投影面平行线的投影特性如下。

(1) 在所平行的投影面上的投影反映实长及对另两投影面的真实倾角。

(2) 另两面投影均小于实长，且分别平行于确定它所平行的投影面的两轴。

表 3-1　投影面平行线

名 称	水 平 线	正 平 线	侧 平 线
直观图	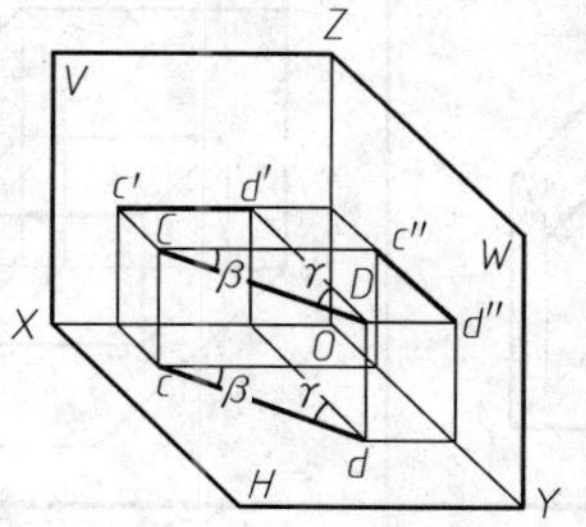	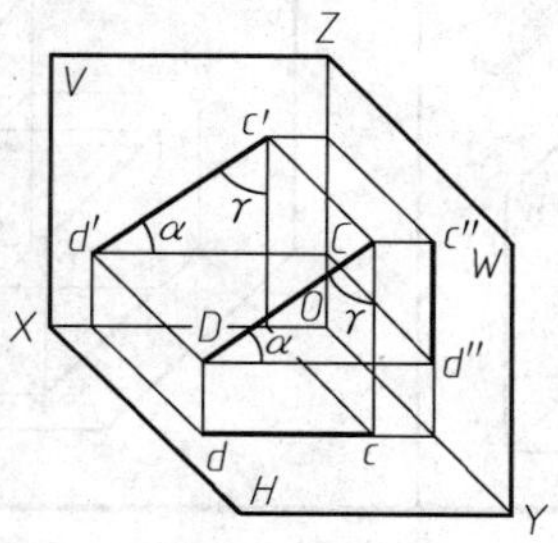	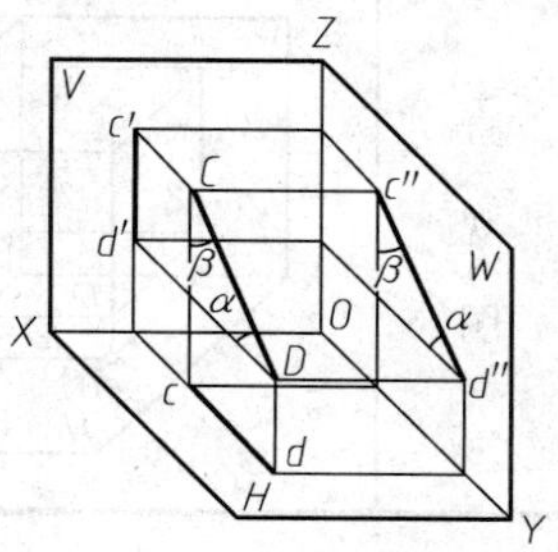

续表

名　称	水 平 线	正 平 线	侧 平 线
投影图	Z c′ d′ c″ d″ X O Y_W c β γ d Y_H	Z c′ c″ d′ α γ d″ X O Y_W d c Y_H	Z c′ c″ β α d′ d″ X O Y_W c d Y_H
投影特性	(1) 在 H 面上的投影反映实长、β 角和 γ 角，即 $cd=CD$； cd 与 OX 轴夹角等于 β； cd 与 OY_H 轴夹角等于 γ； (2) 在 V 面和 W 面上的投影分别平行投影轴，但不反映实长，即 $c'd'$ // OX 轴； $c''d''$ // OY_W 轴； $c'd'<CD$，$c''d''<CD$	(1) 在 V 面上的投影反映实长、α 角和 γ 角，即 $c'd'=CD$； $c'd'$ 与 OX 轴夹角等于 α； $c'd'$ 与 OZ 轴夹角等于 γ； (2) 在 H 面和 W 面上的投影分别平行投影轴，但不反映实长，即 cd // OX 轴； $c''d''$ // OZ 轴； $cd<CD$，$c''d''<CD$	(1) 在 W 面上的投影反映实长、α 角和 β 角，即 $c''d''=CD$； $c''d''$ 与 OY_W 轴夹角等于 α； $c''d''$ 与 OZ 轴夹角等于 β； (2) 在 H 面和 V 面上的投影分别平行投影轴，但不反映实长，即 cd // OY_H 轴； $c'd'$ // OZ 轴； $cd<CD$，$c'd'<CD$

2. 投影面垂直线

与一个投影面垂直(必与另两个投影面平行)的直线称为投影面垂直线。投影面垂直线可分为以下三种(见表 3-2)。

(1) 铅垂线——与 H 面垂直，与 V、W 面平行。

(2) 正垂线——与 V 面垂直，与 H、W 面平行。

(3) 侧垂线——与 W 面垂直，与 V、H 面平行。

表 3-2　投影面垂直线

名 称	铅 垂 线	正 垂 线	侧 垂 线
直观图	Z V e′ E e″ W f′ X O F f″ e(f) H Y	Z V e′(f′) F f″ W e″ X E O f H e Y	Z V e′ f′ E F W e″(f″) X O e f H Y

续表

名 称	铅 垂 线	正 垂 线	侧 垂 线
投影图	Z e' e'' f' f'' X O Y_W $e(f)$ Y_H	Z $e'(f')$ f'' e'' X O Y_W f e Y_H	Z e' f' $e''(f'')$ X O Y_W e f Y_H
投影特性	(1) 在 H 面上的投影 e、f 重影为一点，即该投影具有积聚性； (2) 在 V 面和 W 面上的投影反映实长，即 $e'f'=e''f''=EF$， 且 $e'f'\perp OX$ 轴； $e''f''\perp OY_W$ 轴	(1) 在 V 面上的投影 e'、f' 重影为一点，即该投影具有积聚性； (2) 在 H 面和 W 面上的投影反映实长，即 $ef=e''f''=EF$， 且 $ef\perp OX$ 轴； $e''f''\perp OZ$ 轴	(1) 在 W 面上的投影 e''、f'' 重影为一点，即该投影具有积聚性； (2) 在 H 面和 V 面上的投影反映实长，即 $ef=e'f'=EF$， 且 $ef\perp OY_H$ 轴； $e'f'\perp OZ$ 轴

投影面垂直线的投影特性如下。

(1) 在所垂直的投影面上的投影积聚为一点。

(2) 另两面投影均反映实长，且分别垂直于确定它所垂直的投影面的两轴。

3. 一般位置直线

与三个投影面都倾斜的直线称为一般位置直线(见图 3-23)。一般位置直线的投影特性如下。

(1) 各面投影均小于实长，且与投影轴倾斜。

(2) 各面投影均不反映对各投影面的真实倾角。

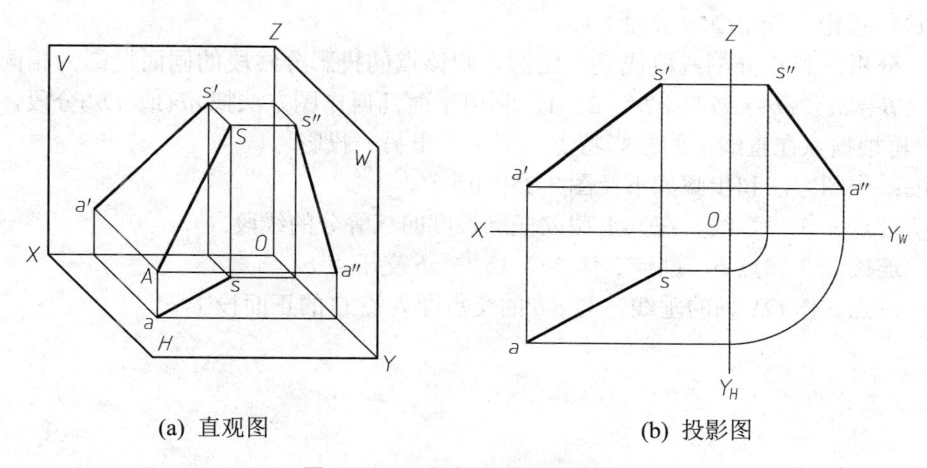

(a) 直观图　　(b) 投影图

图 3-23　一般位置直线的投影

3.4.2　直线上点的投影

直线上的点具有以下两个特性。

(1) 从属性。若点在直线上，则点的各面投影必在直线的各同面投影上。利用这一特性可以在直线上找点，或判断已知点是否在直线上。

如图 3-24 所示，空间点 D 的投影 d、d'、d''都在直线 AB 的同面投影上，说明该点是直线 AB 上的一个点。再看空间点 E 的三个投影，其中 e 和 e' 在直线 AB 的同面投影上，但 e''却不在直线 AB 的侧面投影 $a''b''$上，故点 E 不是直线 AB 上的点。

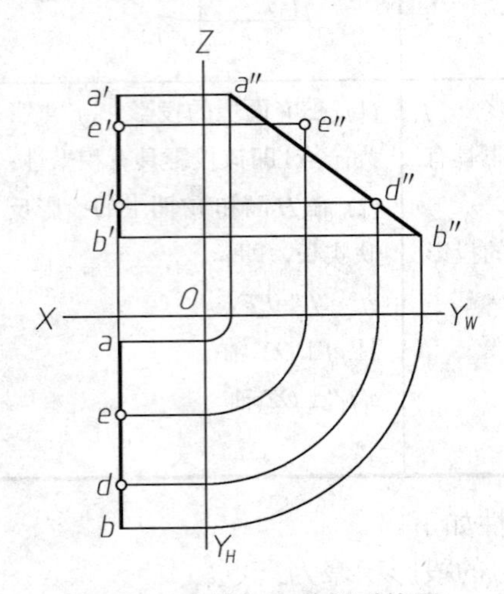

图 3-24　直线与点的相对位置

(2) 定比性。属于线段上的点分割线段之比等于其投影之比，即

$$AC:CB = ac:cb = a'c':c'b' = a''c'':c''b''$$

利用这一特性，在不作侧面投影的情况下，可以在侧平线上找点或判断已知点是否在侧平线上。

【例 3.3】 已知线段 AB 的正面投影 $a'b'$ 和水平投影 ab[见图 3-25(a)]，求作线段 AB 上一点 C 的投影，使 $AC:CB=2:1$。

解　分析：若点分割线段成某一比例，则该点的投影分线段的同面投影为相同比例，即 $AC:CB = ac:cb = a'c':c'b' = 2:1$。利用平面几何作图方法把 ab(或 $a'b'$)分段，从而求出点 c，再根据点在直线上的投影特点，即可求出另一投影。

作图：作图方法和步骤如下及图 3-25(b)所示。

(1)　过点 a 作一直线，在其上截取任意长度的三等分的线段。

(2)　连接点 3 和点 b，过点 2 作 $2c /\!/ 3b$ 与 ab 交于点 c。

(3)　过点 c 作 OX 轴的垂线，与 $a'b'$的交点即为点 C 的正面投影 c'。

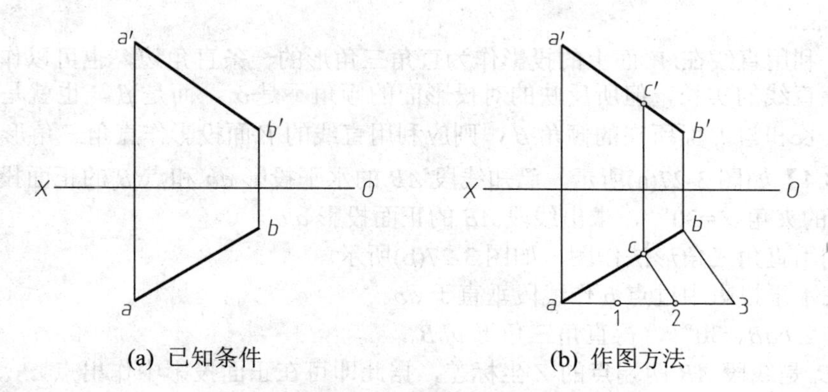

(a) 已知条件　　(b) 作图方法

图 3-25　求作线段 AB 上一点 C 的投影

3.4.3　一般位置直线的实长及其与投影面的夹角

由于一般位置直线的各面投影都不反映直线的实长以及与投影面所夹的真实倾角，如果需要求解实长和真实夹角，用直角三角形法最为方便、简捷。

(1) 直角三角形法的作图要领：用一般位置直线段在某一投影面上的投影长作为一条直角边，再以该线段的两端点相对于该投影面的坐标差作为另一条直角边，所作直角三角形的斜边即为线段的实长，斜边与投影长之间的夹角即为一般位置直线段与该投影面的夹角。

(2) 直角三角形的四个要素：实长、投影长、坐标差及一般位置直线对投影面的倾角。若已知四个要素中的任意两个，便可确定另外两个。

(3) 解题时，直角三角形画在任何位置，都不会影响解题结果；但用哪个长度来作直角边不能搞错。

上述直角三角形可以直接在已知的投影图上求作。如图 3-26(b)所示，从该图中直线 AB 正面投影 $a'b'$的任一端点如 a'作 OX 轴的平行线，与 $b'b$ 连线相交于 b_1'，再在 H 面上自点 b 作 ab 的垂线，并在其上截取 $bB_0=b'b_1'$，即$|Z_B-Z_A|$，连接 aB_0 即为所求直线的实长，图中的 α 为直线 AB 与 H 面所夹的倾角。

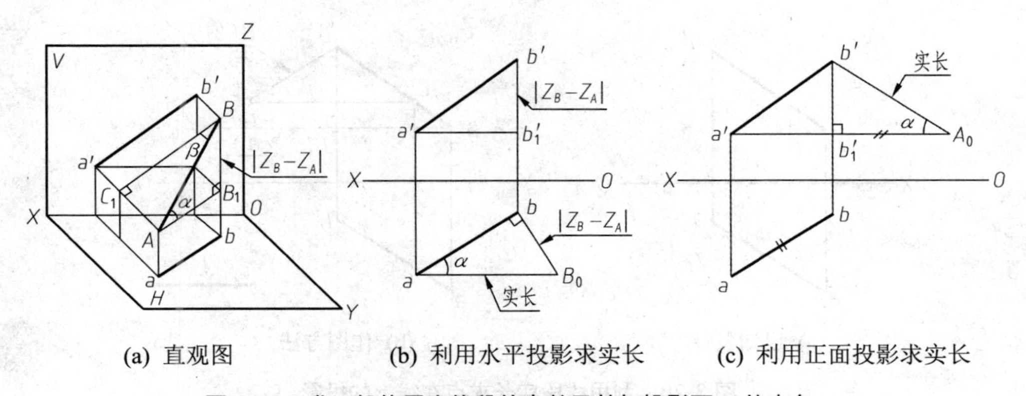

(a) 直观图　　(b) 利用水平投影求实长　　(c) 利用正面投影求实长

图 3-26　求一般位置直线段的实长及其与投影面 H 的夹角

图 3-26(c)所示为另一种作图方法：在正面投影中以 $b'b_1'$为一直角边，在 $a'b_1'$的延长线上截取水平投影 ab 的长度，即使 $b_1'A_0=ab$，得直角三角形 $b'b_1'A_0$。斜边 $b'A_0$ 的长度即为线

段 AB 的实长。

同理，利用直线在 V 面上的投影作为直角三角形的一条直角边，也可以作出直角三角形而求得该直线的实长，但所反映的对投影面的倾角不是 α，而是 β。也就是说，若要求作直线的实长和与 V 面所夹的倾角 β，则应利用直线的 V 面投影作直角三角形。

【例 3.4】如图 3-27(a)所示，已知线段 AB 的水平投影 ab 和点 B 的正面投影 b'，线段 AB 与 H 面的夹角 α =30°，求出线段 AB 的正面投影 $a'b'$。

解　利用直角三角形法作图，如图 3-27(b)所示。

(1) 在水平投影中过点 b 作线段垂直于 ab。

(2) 作 $\angle baB_0$=30°，得直角三角形 abB_0。

(3) bB_0 是线段 AB 两端点的 Z 坐标差，据此即可在正面投影中作出点 a'，进而求得线段 AB 的正面投影 $a'b'$(本题有两解，另一解读者可自行分析)。

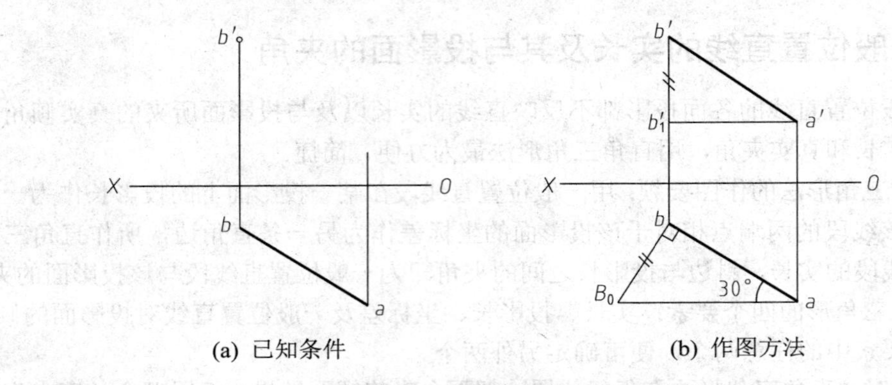

(a) 已知条件　　(b) 作图方法

图 3-27　用直角三角形法求直线的正面投影 $a'b'$

【例 3.5】如图 3-28(a)所示，已知线段 AB 的投影，试定出属于线段 AB 的点 C 的投影，使 BC 的实长等于已知长度 L。

解　分析：求出 AB 直线的实长，在其上量取 BC=L 得 C 点，然后将 C 点投回到线段 AB 的投影上，即得 C 点的两面投影 c'和 c。

作图：作图方法和步骤如下及图 3-28(b)所示。

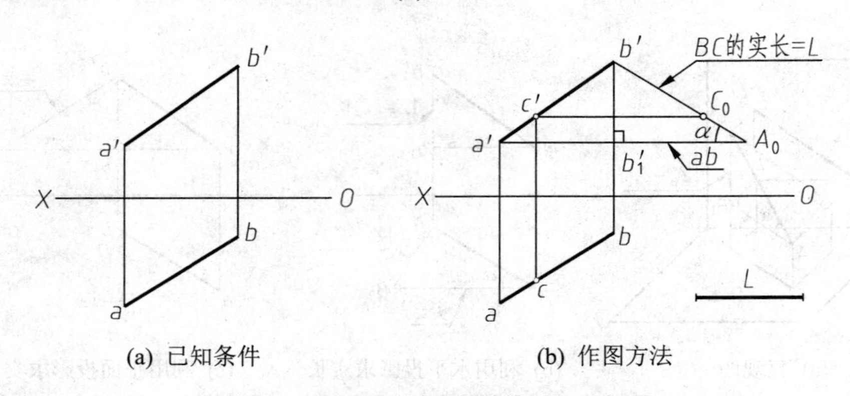

(a) 已知条件　　(b) 作图方法

图 3-28　利用线段实长求点在线上的投影

(1) 在正面投影中以 $b'b_1'$为一直角边，在 $a'b_1'$ 的延长线上截取水平投影 ab 的长度，即使 $b_1'A_0$=ab，得直角三角形 $b'b_1'A_0$。斜边 $b'A_0$ 的长度即为线段 AB 的实长。

(2) 在 $b'A_0$ 上截取 $b'C_0$，使其等于已知长度 L(即 $b'C_0=L$)得 C_0 点。

(3) 过点 C_0 作 $C_0c' /\!/ OX$ 轴与 $a'b'$交于 c'，c'点即为点 C 的正面投影。再由 c'求出点 C 的水平投影 c。

3.5　平面的投影

3.5.1　平面表示法

1. 用几何元素表示平面

用几何元素表示平面有五种形式。

(1) 不在同一直线上的三点[见图 3-29(a)]。

(2) 直线和直线外一点[见图 3-29(b)]。

(3) 平行两直线[见图 3-29(c)]。

(4) 相交两直线[见图 3-29(d)]。

(5) 任意平面图形，如三角形、多边形、圆形等[见图 3-29(e)]。

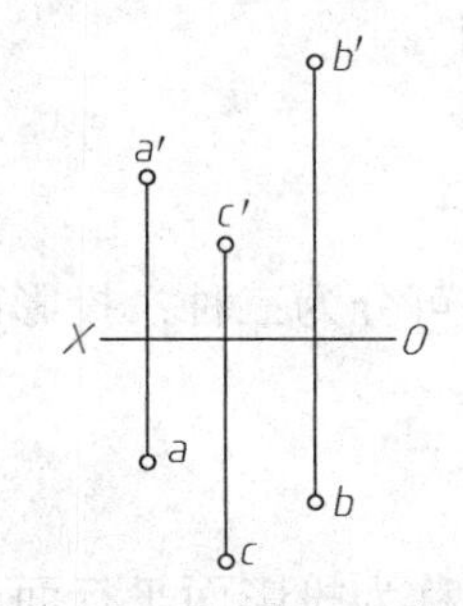

(a) 不在同一直线上的三点

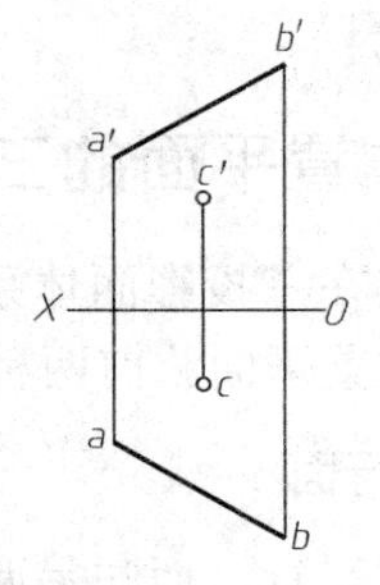

(b) 直线与直线外一点

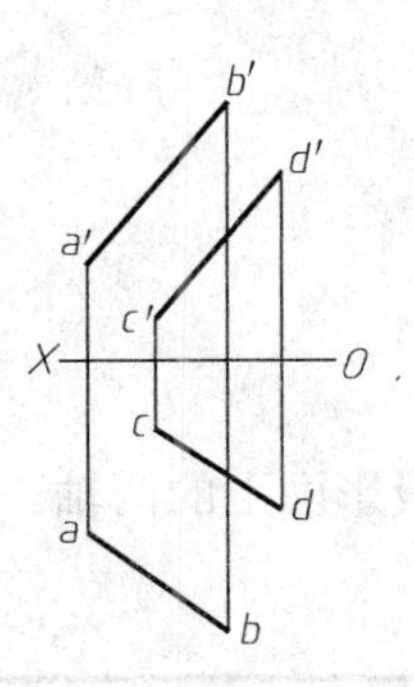

(c) 平行两直线

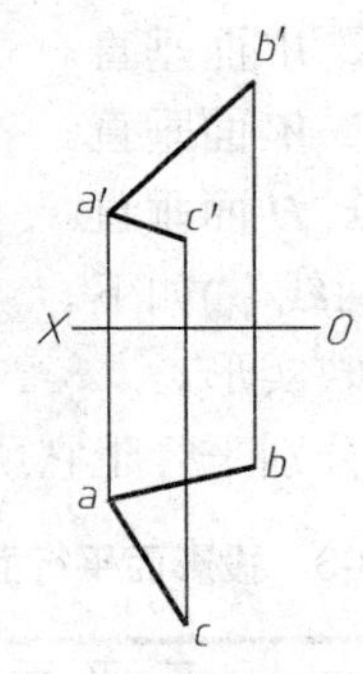

(d) 相交两直线

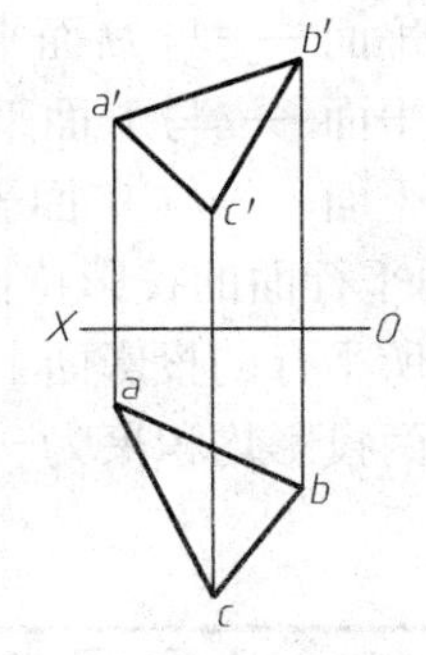

(e) 平面图形

图 3-29　用几何元素表示平面

在上述五种形式中，采用较多的是用平面图形来表示一个平面。而平面图形的投影就是组成该平面图形的各线段投影的集合。

2．用迹线表示平面

平面可以理解为是无限广阔的，这样的平面必然会与投影面产生交线。平面与投影面的交线称为迹线。

设空间一平面 P，它与 H 面的交线称为水平迹线，用 P_H 表示；与 V 面的交线称为正面迹线，用 P_V 表示；与 W 面的交线称为侧面迹线，用 P_W 表示，如图 3-30 所示。

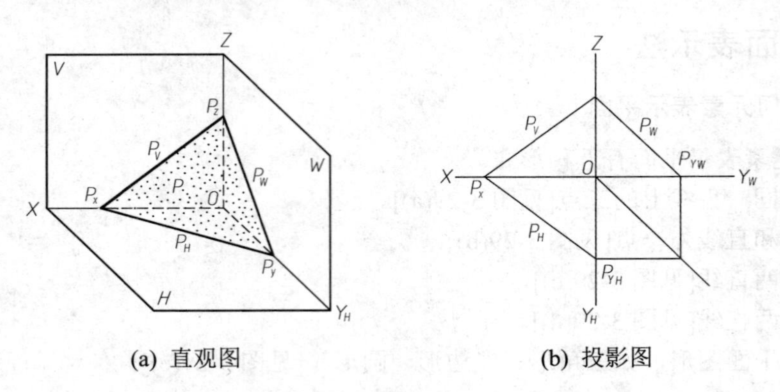

(a) 直观图　　(b) 投影图

图 3-30　用迹线表示平面

3.5.2　各种位置平面的三面投影

空间平面按其在三投影面体系中所处位置的不同，可分为三种：投影面平行面、投影面垂直面和一般位置平面。前两种又称为特殊位置平面。

1．投影面平行面

与一个投影面平行，而与另两个投影面垂直的平面称为投影面平行面。投影面平行面可分为以下三种(见表 3-3)。

(1) 水平面——与 H 面平行，与 V、W 面垂直。

(2) 正平面——与 V 面平行，与 H、W 面垂直。

(3) 侧平面——与 W 面平行，与 V、H 面垂直。

投影面平行面的投影特性(“一框两线”)如下。

(1) 在所平行的投影面上的投影反映实形。

(2) 另两投影均积聚为一直线，且分别平行于它所平行的投影面上的两轴。

表 3-3　投影面平行面

名 称	水 平 面	正 平 面	侧 平 面
直观图	V, Z, c'(d'), b'(a'), D, A, d"(a"), W, X, C, B, c"(b"), d, a, c, b, H, Y	V, Z, d', a', c', b', D, A, d"(a"), W, X, C, B, c"(b"), d(c), a(b), H, Y	V, Z, a', b'(e'), c'(d'), A, a", E, e", W, D, B, d", b", X, e(d), C, a, c", b(c), H, Y

续表

名称	水平面	正平面	侧平面
投影图	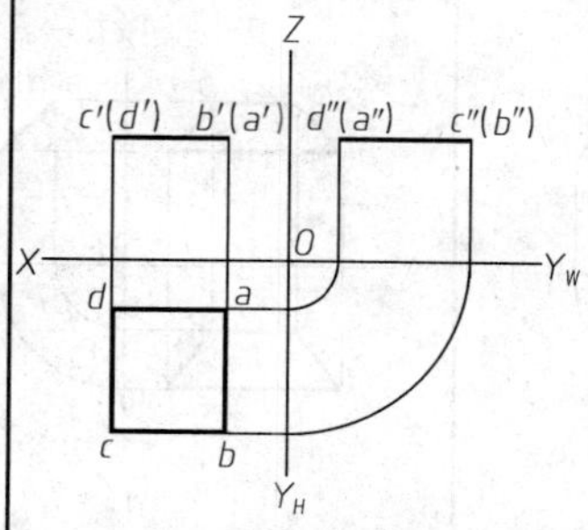	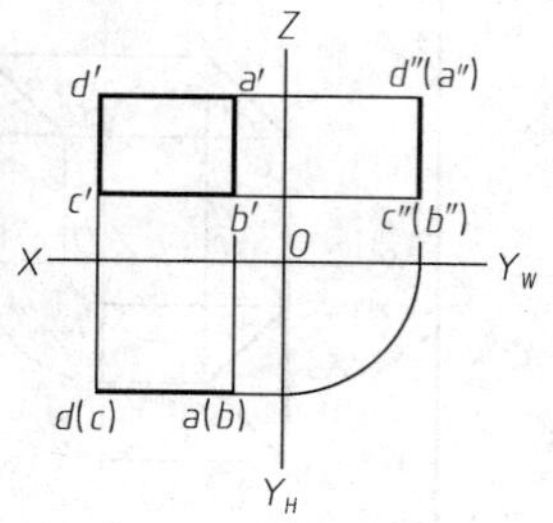	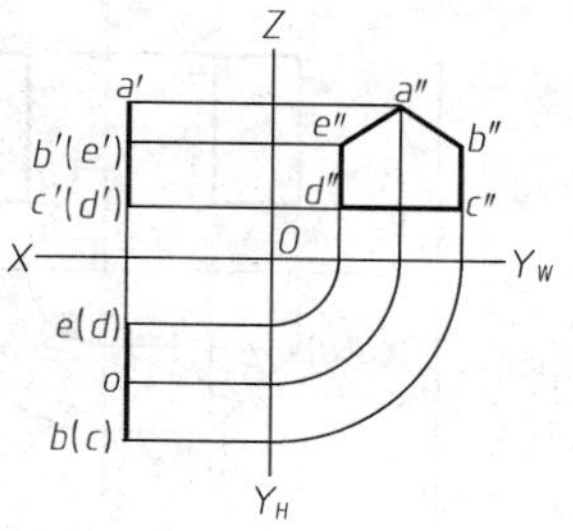
投影特性	(1) 在 H 面上的投影反映实形； (2) 在 V、W 面上的投影积聚为一直线，且分别平行于 OX 轴和 OY_W 轴	(1) 在 V 面上的投影反映实形； (2) 在 H、W 面上的投影积聚为一直线，且分别平行于 OX 轴和 OZ 轴	(1) 在 W 面上的投影反映实形； (2) 在 V、H 面上的投影积聚为一直线，且分别平行于 OZ 轴和 OY_H 轴

2. 投影面垂直面

与一个投影面垂直，而与另两个投影面倾斜的平面称为投影面垂直面。投影面垂直面可分为以下三种(见表 3-4)。

(1) 铅垂面——与 H 面垂直，与 V、W 面倾斜。

(2) 正垂面——与 V 面垂直，与 H、W 面倾斜。

(3) 侧垂面——与 W 面垂直，与 V、H 面倾斜。

投影面垂直面的投影特性(“一线两框”)如下。

(1) 在所垂直的投影面上的投影积聚为一直线。

(2) 另两投影均为小于实形的类似图形。

表 3-4　投影面垂直面

名称	铅垂面	正垂面	侧垂面
直观图	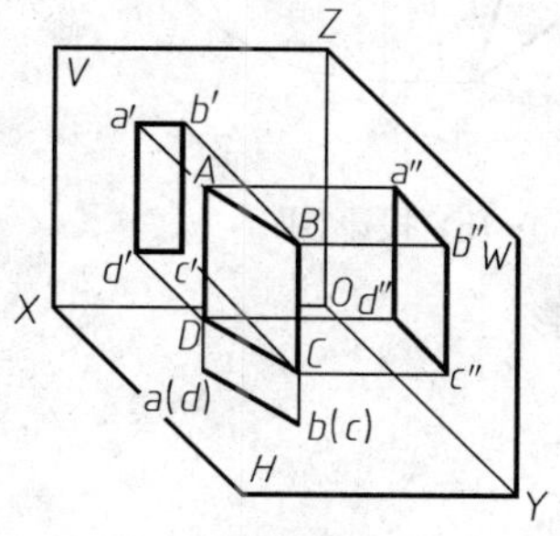	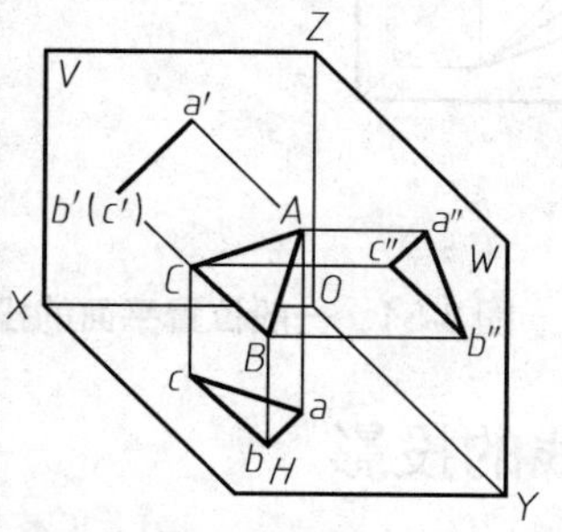	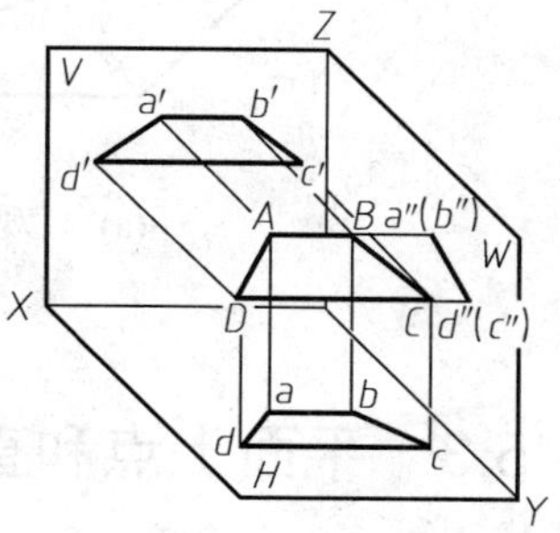

续表

名称	铅垂面	正垂面	侧垂面
投影图	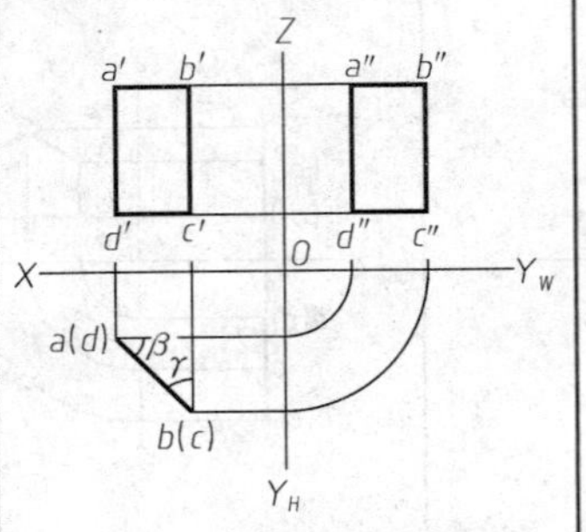	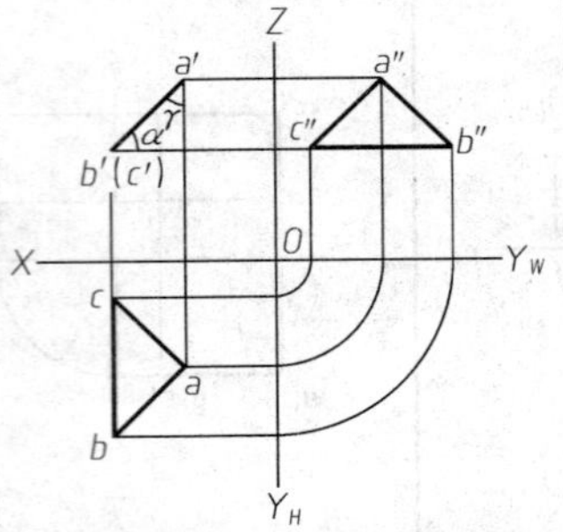	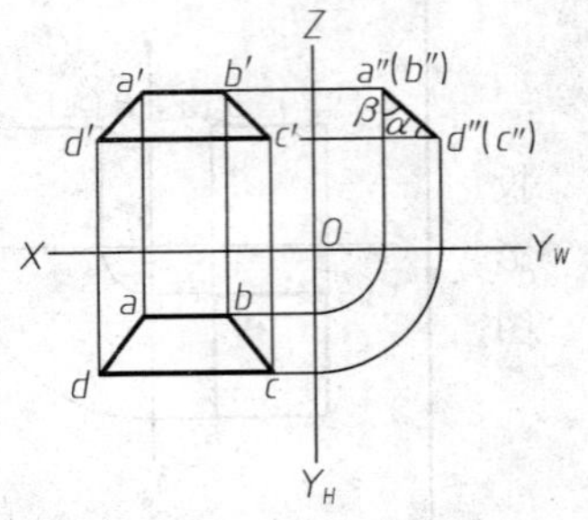
投影特性	(1) 在 H 面上的投影积聚为一条与投影轴倾斜的直线； (2) β、γ 反映平面与 V、W 面的倾角； (3) 在 V、W 面上的投影均为小于实形的类似图形	(1) 在 V 面上的投影积聚为一条与投影轴倾斜的直线； (2) α、γ 反映平面与 H、W 面的倾角； (3) 在 H、W 面上的投影均为小于实形的类似图形	(1) 在 W 面上的投影积聚为一条与投影轴倾斜的直线； (2) α、β 反映平面与 H、V 面的倾角； (3) 在 V、H 面上的投影均为小于实形的类似图形

3. 一般位置平面

与三个投影面都倾斜的平面称为一般位置平面(见图 3-31)。

一般位置平面的投影特性(“三框”)：三面投影均为小于实形的类似图形。

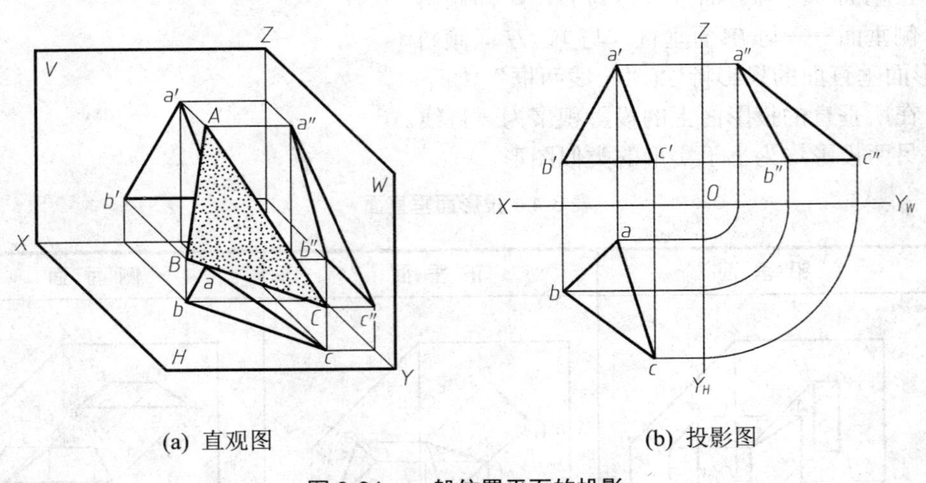

(a) 直观图　(b) 投影图

图 3-31　一般位置平面的投影

3.5.3　平面上点和直线的投影

1. 平面上的直线

直线在平面上的几何条件如下。

(1) 通过平面上的两点。

(2) 通过平面上的一点且平行于平面上的一条直线。

2．平面上的点

点在平面上的几何条件是：点在平面内的某一直线上。

在平面上取点、直线的作图，实质上就是在平面内作辅助线的问题。利用在平面上取点、直线的作图，可以解决三类问题：判别已知点、线是否属于已知平面；完成已知平面上的点和直线的投影；完成多边形的投影。

3．平面上的投影面平行线

平面上的投影面平行线的投影，既有投影面平行线具有的特性，又要满足直线在平面上的几何条件。

如图3-32(a)中所示的直线*AB*和*CD*，*AB*通过平面上的Ⅰ、Ⅱ两个点，而*CD*通过平面上的*H*点又与平面上的直线*JK*平行，所以直线*AB*和*CD*都在*P*平面上。若一个点在某一平面内的直线上，则该点必定在该平面上，如图3-32(b)中所示的点*B*和点*D*，其中点*B*是在直线*AC*上，而*AC*在平面*Q*上；而点*D*是在平面上直线*JK*的延长线上，所以点*B*和点*D*都在*Q*平面上。

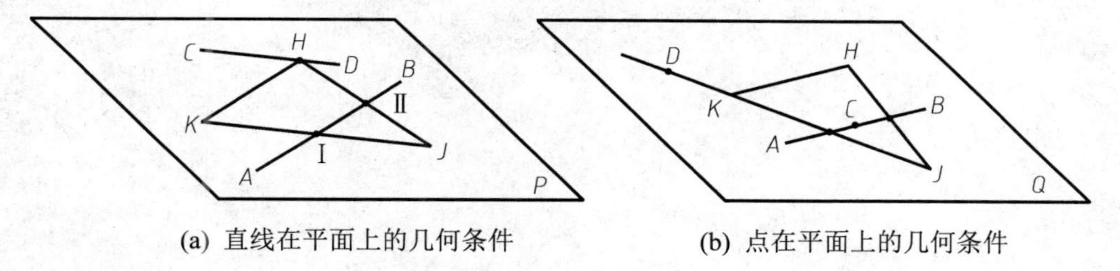

(a) 直线在平面上的几何条件　　(b) 点在平面上的几何条件

图3-32　平面上的点和直线

在平面上取点，首先要在平面上取线。下面举例说明其作图方法。

【例3.6】 如图3-33(a)所示，已知△*ABC*的两面投影，在△*ABC*平面上取一点*K*，使*K*点在*A*点之下15mm，在*A*点之前13mm，试求*K*点的两面投影。

解　分析：由已知条件可知*K*点在*A*点之下15mm，在*A*点之前13mm，我们可以利用平面上的投影面平行线作辅助线求得。*K*点在*A*点之下15mm，可利用平面上的水平线，*K*点在*A*点之前13mm，可利用平面上的正平线，*K*点必在两直线的交点上。

作图：作图方法与步骤如下[见图3-33(b)]。

(1) 从a'向下量取15mm，作一平行于*OX*轴的直线，与$a'b'$交于m'，与$a'c'$交于n'。

(2) 求作水平线*MN*的水平投影*mn*。

(3) 从*a*向前量取13mm，作一平行于*OX*轴的直线，与*ab*交于*g*，与*ac*交于*h*，则*mn*与*gh*的交点即为*k*。

(4) 由*g*、*h*求g'、h'，则$g'h'$与$m'n'$交于k'，k'即为所求。

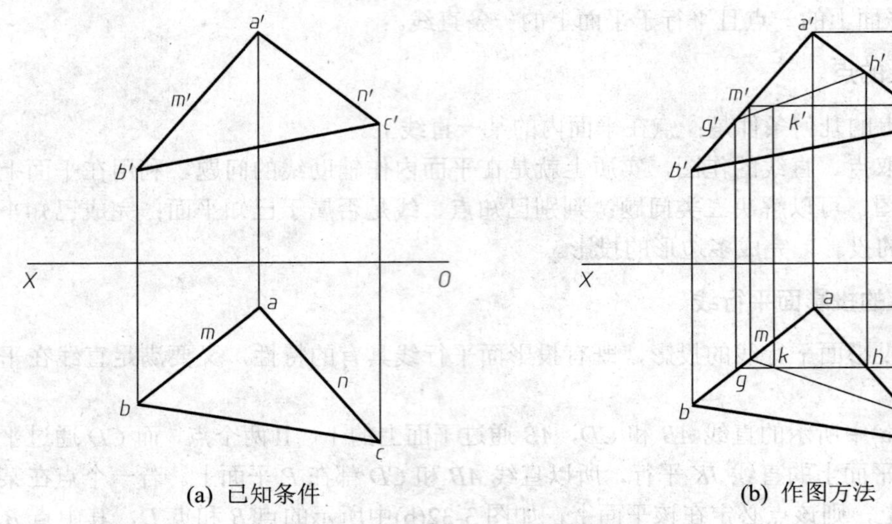

(a) 已知条件　　(b) 作图方法

图 3-33　作平面上点的投影

第4章　立体的投影

本章要点

- 基本体投影图的特征及画法。
- 截交线、相贯线的概念及画法。
- 组合体投影图的画法、尺寸标注与识读方法。

本章难点

- 截交线与相贯线的画法；组合体投影图的识读。

前面我们介绍了基本几何元素(点、直线和平面)的投影特性，本章将在此基础上学习立体投影图的绘制、识读和尺寸标注方法，为进一步学习工程图样打下重要基础。

4.1　基本体的投影

任何工程建筑物及构件，无论形状复杂程度如何，都可以看作由一些简单的几何形体组成。这些最简单的、具有一定规则的几何体称为基本体。常见的基本体如图4-1所示。

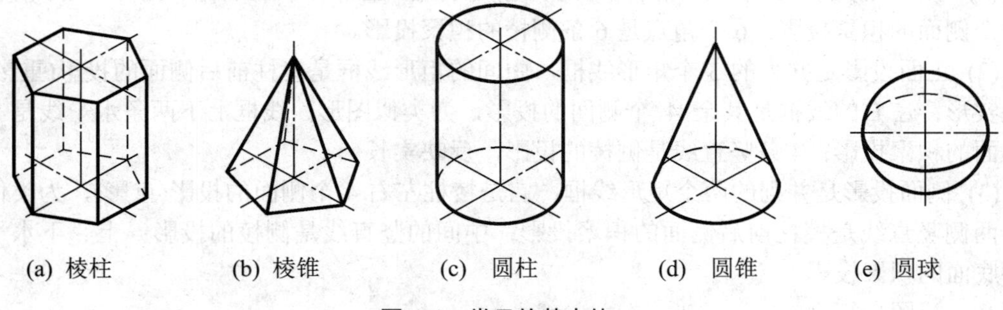
(a) 棱柱　(b) 棱锥　(c) 圆柱　(d) 圆锥　(e) 圆球

图4-1　常见的基本体

按照其表面性质，基本体可以分为平面体和曲面体两大类。平面体的各个表面均为平面，如棱柱、棱锥等；曲面体的表面为曲面或平面和曲面，如圆柱、圆锥、圆球等。正确地分析基本体表面的性质、形状特征，准确地画出其投影图，是研究复杂形体的基础。

4.1.1　平面体的投影

1．棱柱

棱柱分为直棱柱(侧棱与底面垂直)和斜棱柱(侧棱与底面倾斜)。底面为正多边形的直棱柱，称为正棱柱。现以正六棱柱为例讨论作其三面投影图的方法。

1)　形体特征分析

由图 4-2 可知，正六棱柱包括 8 个外表面。其中上、下两表面分别称为上、下底面，它们为全等的正六边形且互相平行；6 个矩形外表面称为侧面或棱面，它们全等且与底面垂直；6 条棱线相互平行、长度相等且与上、下底面垂直。

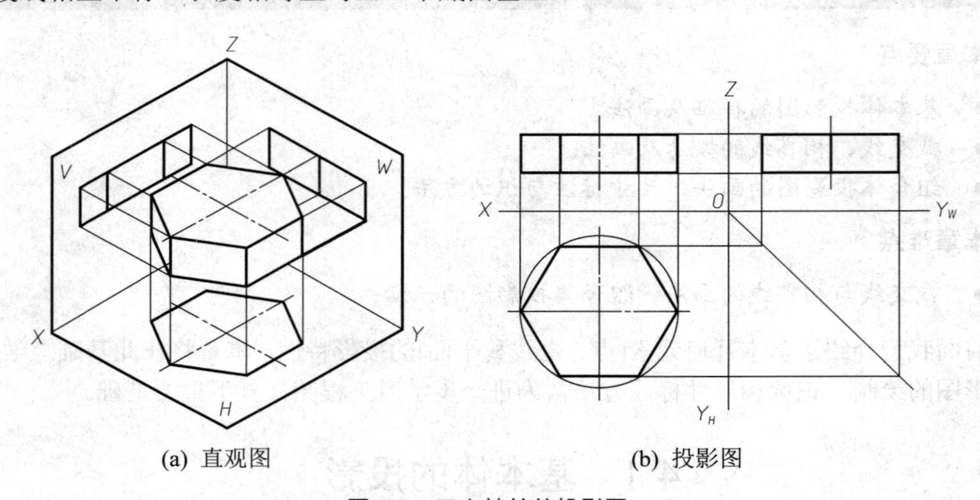

(a) 直观图　　(b) 投影图

图 4-2　正六棱柱的投影图

2)　投影分析

由图 4-2 可以看出，其三面投影分别如下。

(1) 水平投影为一正六边形，是上、下底面的投影(重影)，且反映实形；六边形的各边为 6 个侧面的积聚投影；6 个角点是 6 条侧棱的积聚投影。

(2) 正面投影是并列的 3 个矩形线框，中间的矩形线框是棱柱前后侧面的投影(重影)，反映实形；左右的线框是其余 4 个侧面的投影，为类似图形；线框上下两条水平线是上、下底面的积聚投影；4 条竖直线是侧棱的投影，反映实长。

(3) 侧面投影是并列的两个矩形线框，它是棱柱左右 4 个侧面的投影(重影)，为类似图形；两侧竖直线是棱柱前后侧面的积聚投影；中间的竖直线是侧棱的投影；上、下水平线则为底面的积聚投影。

3)　视图特征

通过上述分析，可以总结出棱柱体的视图特征如下。

(1) 反映底面实形的视图为多边形。

(2) 另两视图均为矩形(或矩形的组合图形)。

由此可得出以下结论：基本体中柱体的投影特征可归纳为“矩矩为柱”四个字。这句话的含义是：只要是柱体，则必有两面投影的外线框是矩形；反之，若某一形体两个投影的外线框都是矩形，则该形体一定是柱体。而第三面投影可用来判别是何种柱体。

工程形体的形状为棱柱者居多，如图 4-3 所示的四种工程形体(棱柱)的投影图，读者可自行分析。

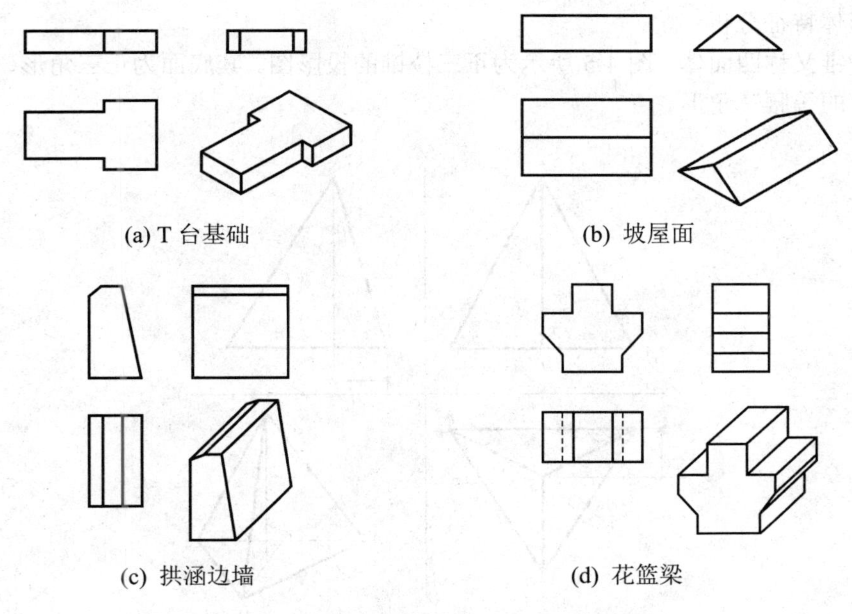

图 4-3　四种工程形体的投影图

4)　作图步骤

正六棱柱投影图的作图步骤如下。

(1) 研究平面体的几何特征，决定安放位置，即确定正面投影方向，通常将形体的表面尽量平行于投影面。

(2) 分析该形体三面投影的特点。

(3) 布图(定位)，画出基准线。

(4) 先画出反映形体底面实形的投影，再根据投影关系画出其他投影。

(5) 检查、整理描深，标注尺寸。

图 4-4 所示为正六棱柱投影图的作图步骤(已知正六边形外接圆直径 ϕ 及柱高 h)。

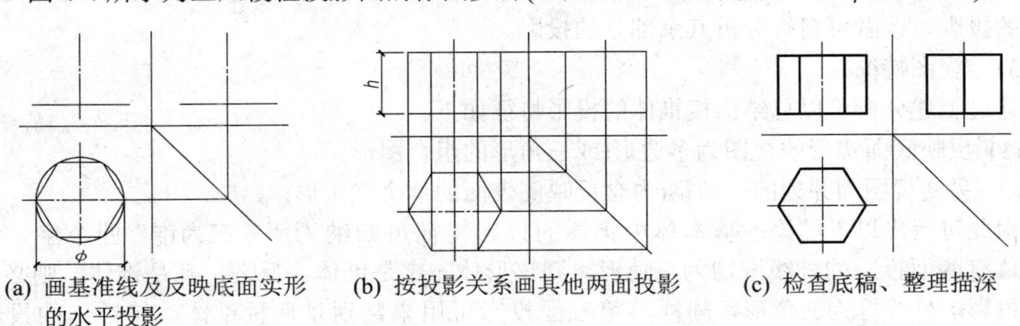

图 4-4　正六棱柱投影图的作图步骤

2．棱锥

底面为正多边形，各侧面为具有公共顶点的全等等腰三角形的棱锥称为正棱锥，其锥顶在过底面中心的垂线上。现以正三棱锥为例讨论作其三面投影图的方法。

1) 形体特征分析

正三棱锥又称四面体，图 4-5 所示为正三棱锥的投影图。其底面为正三角形，三个棱面为三个全等的等腰三角形。

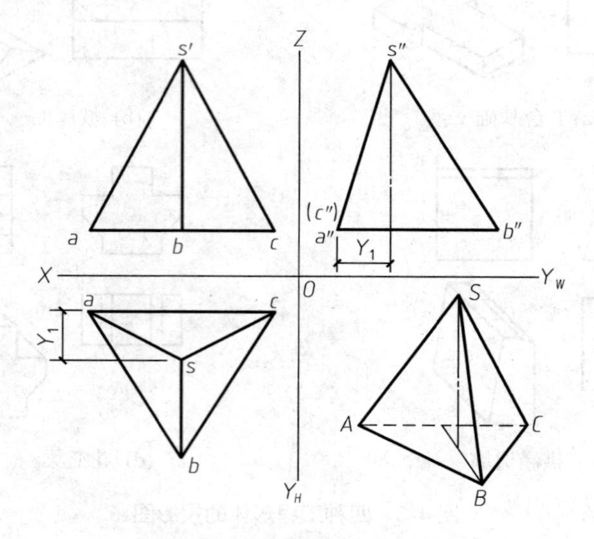

图 4-5 正三棱锥的投影图

2) 投影分析

由图 4-5 可以看出，其三面投影分别如下。

(1) 水平投影中的外形正三角形是底面的投影，反映实形；*s* 是锥顶的投影，位于△*abc* 的中心，它与三个角点的连线 *sa*、*sb*、*sc* 是三条侧棱的投影；中间三个小三角形是三个侧面的投影。

(2) 正面投影是两个并列的全等三角形，是三棱锥三个侧面的投影。读者可自行分析底面及侧棱的正面投影。

(3) 侧面投影是一个非等腰三角形，*s″a″*(*c″*)为三棱锥后侧面的积聚投影，*s″b″*为三棱锥侧棱的投影，读者可自行分析其余部分的投影。

3) 视图特征

通过上述分析可以总结出棱锥体的投影特征如下。

(1) 反映底面实形的视图为多边形(或三角形的组合图形)。

(2) 另两视图为并列的三角形(内含反映侧表面的几个三角形) 。

由此可得出以下结论：基本体中锥体的投影特征可归纳为“三三为锥”四个字，即若形体有两面投影的外线框均为三角形，则该形体一定是锥体；反之，凡是锥体，则必有两面投影的外线框为三角形。同样，第三面投影可用来判别是何种锥体，棱锥体的投影特征如图 4-6 所示。

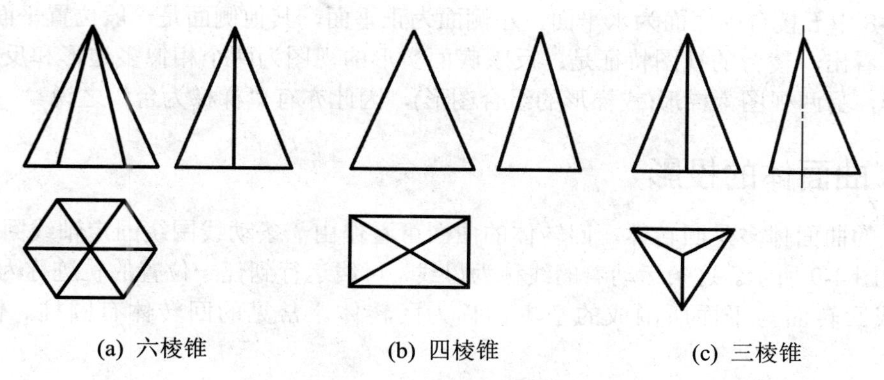

(a) 六棱锥　　(b) 四棱锥　　(c) 三棱锥

图 4-6　棱锥体的投影特征

4)　作图步骤

作图方法和步骤与棱柱体的作图方法及步骤基本相同。图 4-7 所示为正五棱锥投影图的作图步骤(已知底面多边形外接圆直径 ϕ 及锥高 h)。

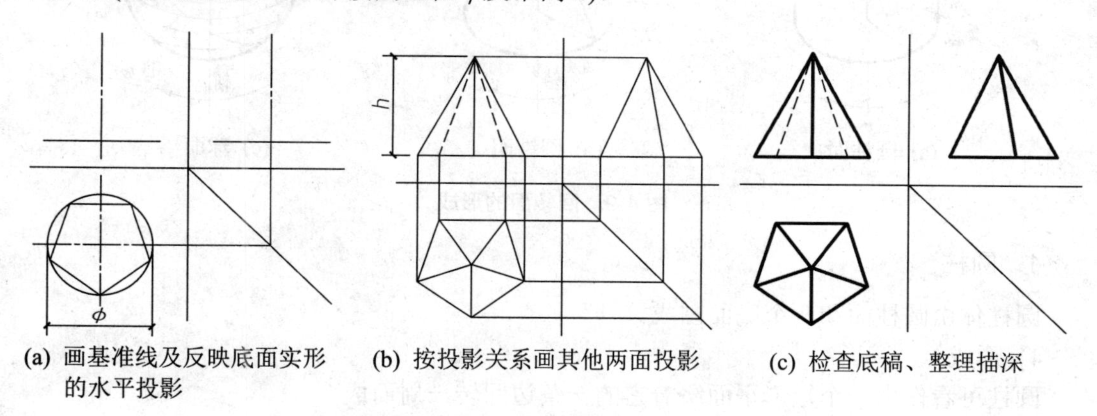

(a) 画基准线及反映底面实形的水平投影　　(b) 按投影关系画其他两面投影　　(c) 检查底稿、整理描深

图 4-7　正五棱锥投影图的作图步骤

3. 棱台

棱台可看作由棱锥用平行于锥底面的平面截去锥顶而形成的形体，上、下底面为各对应边相互平行的相似多边形，侧面为梯形。

图 4-8 所示为五棱台的直观图和投影图。

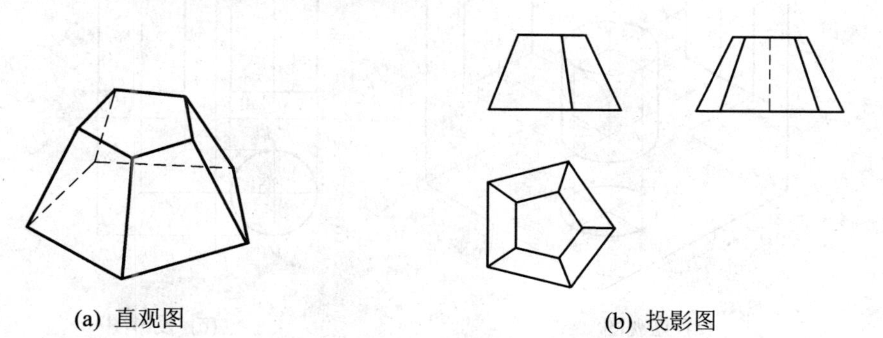

(a) 直观图　　(b) 投影图

图 4-8　五棱台的投影图

图 4-8 中五棱台的底面为水平面，左侧面为正垂面，其他侧面是一般位置平面。

可以看出，棱台的视图特征是：反映底面实形的视图为两个相似多边形和反映侧面的几个梯形，另两视图为梯形(或梯形的组合图形)，因此亦有“梯梯为台”之说。

4.1.2 曲面体的投影

常见的曲面体多是回转体。回转体的曲面可看作由一条动线围绕固定轴线回转而成的形体，如图 4-9 所示。这条运动着的线称为母线，母线运行到任一位置的轨迹称为素线。由回转面或回转面与平面所围成的基本体称为回转体。常见的回转体有圆柱、圆锥、圆球等。

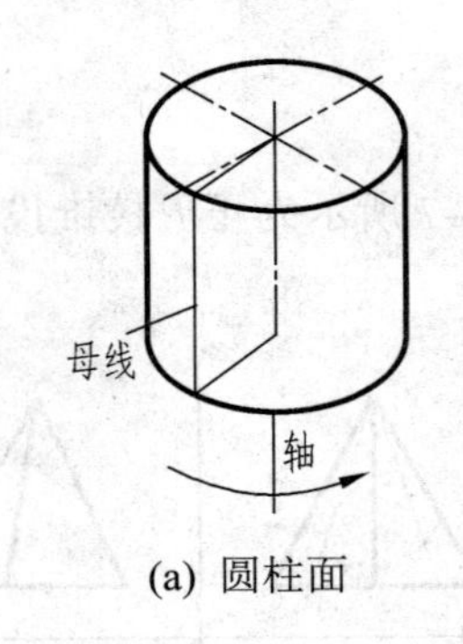

(a) 圆柱面

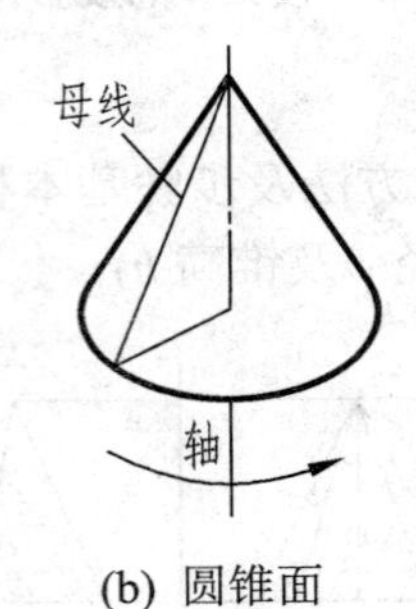

(b) 圆锥面

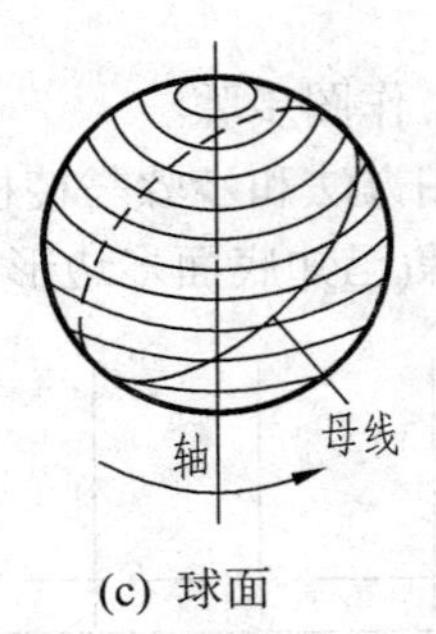

(c) 球面

图 4-9 回转面的形成

1. 圆柱

圆柱体由圆柱面和两个底面围成。

1) 形成

圆柱可看作由一个矩形平面绕着它的一条边回转一周而成。

2) 投影分析

若其轴线垂直于 *H* 面，则圆柱体的投影如图 4-10 所示。

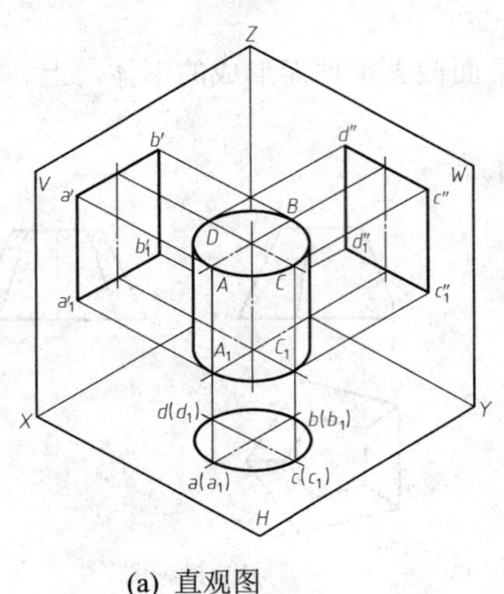

(a) 直观图

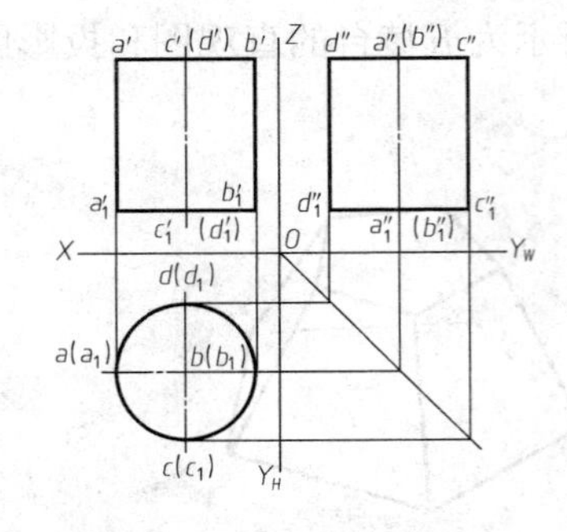

(b) 投影图

图 4-10 圆柱体的投影图

(1) 水平投影为一圆，反映上下底面的实形(重影)，圆周则为圆柱侧面的积聚投影。

(2) 正面投影为一矩形，上下两条水平线为上下底面的积聚投影，左右两条竖直线为圆柱最左、最右两条素线(轮廓素线)的投影，也是圆柱面对 V 面投影时可见部分与不可见部分的分界线。

(3) 侧面投影为一矩形，上下两条水平线为上下底面的积聚投影，竖直的两条线为圆柱最前、最后两条素线(轮廓素线)的投影，也是圆柱面对 W 面投影时可见部分与不可见部分的分界线。

3) 视图特征

通过上述分析，可以总结出图柱体的视图特征如下。

(1) 反映底面实形的视图为圆。

(2) 另两视图均为矩形。

由圆柱的投影图可以看出，圆柱投影也符合柱体的投影特征——“矩矩为柱”。

4) 作图步骤

圆柱体投影图的作图步骤如下。

(1) 作圆柱体三面投影图的轴线和中心线——点画线。

(2) 作反映底面实形的水平投影图——圆。

(3) 按投影关系画出其他两面投影图——矩形。

圆柱体投影图的作图步骤如图 4-11 所示。

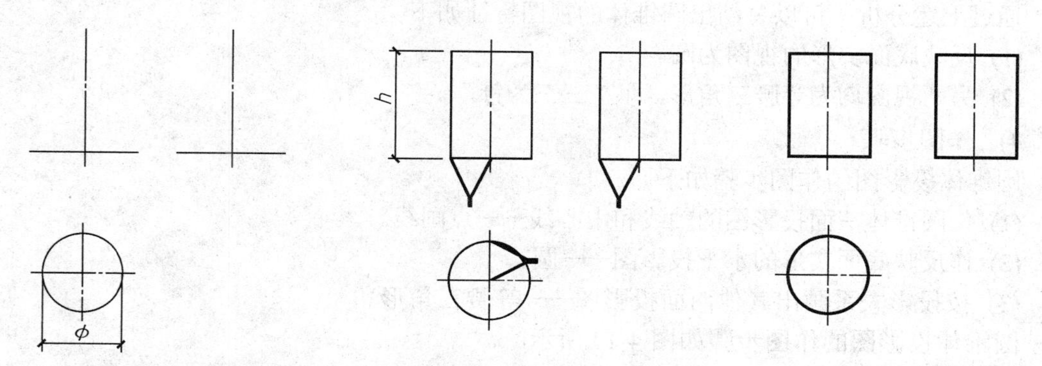

(a) 画基准线及反映底面实形的水平投影　(b) 按投影关系画其他两面投影　(c) 检查底稿、整理描深

图 4-11　圆柱体投影图的作图步骤

2. 圆锥

圆锥体由圆锥面和底面围成。

1) 形成

圆锥可看作由一个直角三角形平面绕着它的一条直角边回转一周而成。

2) 投影分析

若圆锥体的轴线垂直于 H 面，则其投影图如图 4-12 所示。

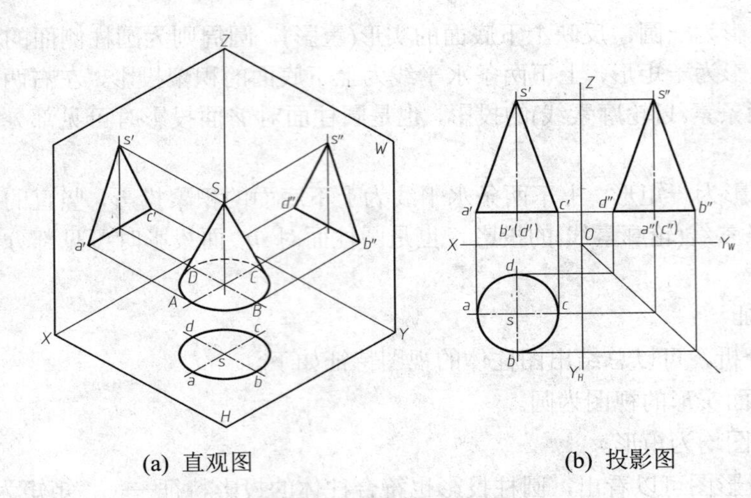

(a) 直观图　　(b) 投影图

图 4-12　圆锥体的投影图

(1) 水平投影为一圆，反映底面的实形及圆锥面的水平投影。

(2) 正面、侧面投影均为一等腰三角形，底下一条水平线为底面的积聚投影，另两条边分别为圆锥最左、最右及最前、最后两条素线(轮廓素线)的投影，也是圆锥面对 V 面与 W 面投影时可见部分与不可见部分的分界线。

3) 视图特征

通过上述分析，可以总结出圆锥体的视图特征如下。

(1) 反映底面实形的视图为圆。

(2) 另两视图均为等腰三角形，即“三三为锥”。

4) 作图步骤

圆锥体投影图的作图步骤如下。

(1) 作圆锥体三面投影图的轴线和中心线——点画线。

(2) 作反映底面实形的水平投影图——圆。

(3) 按投影关系画出其他两面投影图——等腰三角形。

圆锥体投影图的作图步骤如图 4-13 所示。

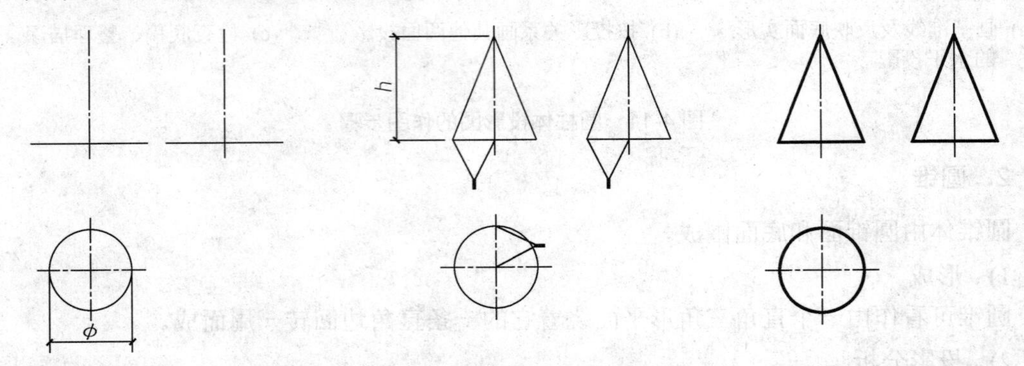

(a) 画基准线及反映底面实形的水平投影　　(b) 按投影关系画其他两面投影　　(c) 检查底稿、整理描深

图 4-13　圆锥体投影图的作图步骤

3. 圆台

圆锥被垂直于轴线的平面截去锥顶部分，剩余部分称为圆台，其上下底面为半径不同的圆面，直观图与投影图如图 4-14 所示。圆台的投影与圆锥的投影相仿，其上下底面、轮廓素线的投影，读者可自行分析。

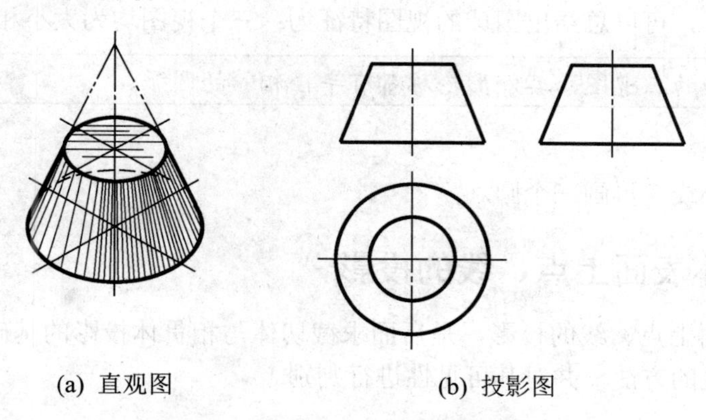

(a) 直观图　　(b) 投影图

图 4-14　圆台的投影图

圆台的投影特征是：与轴线垂直的投影面上的投影为两个同心圆，另两面投影均为等腰梯形。

4. 圆球

圆球由球面围成，其直观图和投影图如图 4-15 所示。

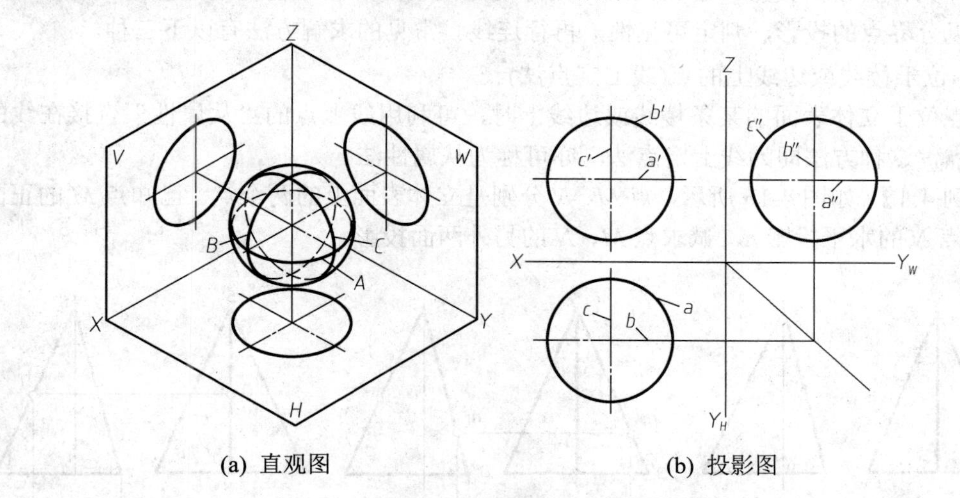

(a) 直观图　　(b) 投影图

图 4-15　圆球的投影图

1) 形成

圆球可看作由一个圆面绕其任一直径回转而成。

2) 投影分析

球体的三面投影图均为与球的直径大小相等的圆，故又称为“圆圆为球”。*V*、*H* 和 *W* 面投影的三个圆分别是球体的前、上、左三个半球面的投影，后、下、右三个半球面的投影

分别与之重合；三个圆周代表了球体上分别平行于正面、水平面和侧面的三条素线圆的投影。由图 4-15 还可以看出：圆球面上直径最大的平行于水平面和侧面的圆 A 与圆 C 其正面投影分别积聚在过球心的水平与铅垂中心线上。

3) 视图特征

通过上述分析，可以总结出圆球的视图特征为：三个视图均为大小相等的圆。

注意：不完整球体的三视图，其外形轮廓都有半径相等的圆弧。

4) 作图步骤

先画圆的中心线，再画三个圆。

4.1.3 求立体表面上点、线的投影

确定立体表面上点、线的投影，是后面求截切体与相贯体投影的基础。本节叙述立体表面上求点、求线的方法，并对其可见性进行判别。

1. 平面体上点和直线的投影

点和直线位于立体表面的位置不同，求其投影的方法也不同。因此，在求点、直线的投影之前应先通过认真看图，明确其具体位置，并分析点所在平面或直线的空间位置，然后确定合适的求解方法，最后再对求出的点的投影进行标记。

若是求直线，只需确定两端点的投影，然后将所求点的同面投影连接成线，并判定可见性，即为该直线的投影；若为曲线，则除确定两端点外，还需确定适量的中间点及可见与不可见分界点的投影，判定可见性，再行连线。常见的求解方法有以下三种。

1) 位于棱线或边线上的点(线上定点法)

当点位于立体表面的某条棱线或边线上时，可利用线上点的“从属性”直接在线的投影上定点，这种方法即为线上定点法，亦可称为从属性法。

【例 4.1】 如图 4-16 所示，点 M、N 分别是立体表面上的两个点。已知点 M 的正面投影 m'，点 N 的水平投影 n，试求点 M、N 的另外两面投影。

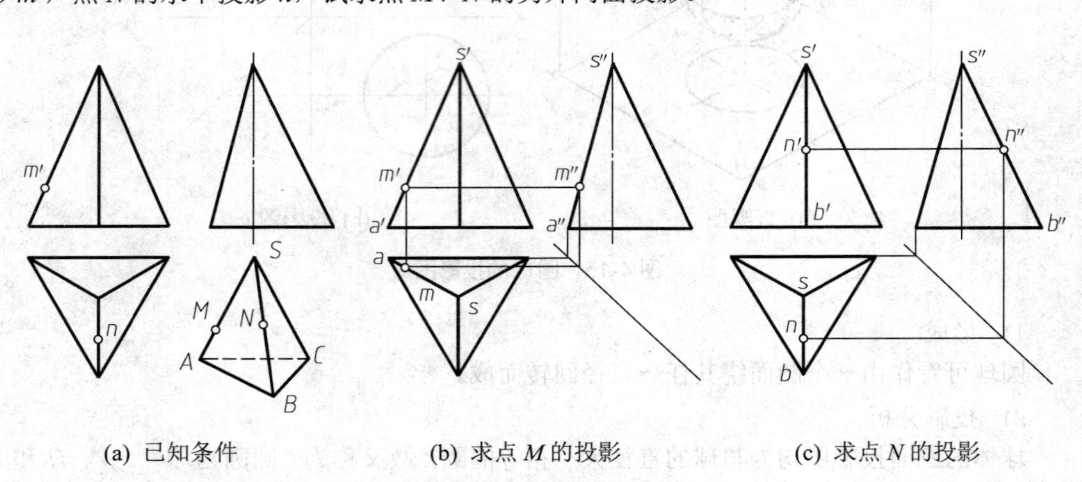

(a) 已知条件　　(b) 求点 M 的投影　　(c) 求点 N 的投影

图 4-16 利用“从属性法”求平面立体表面上的点

解　读图及分析：由基本体的投影特征“三三为锥”可知，图 4-16 所示的是一正三棱锥，点 *M* 和点 *N* 分别是其棱线 *SA* 和 *SB* 上的点。本例中正三棱锥的棱线 *SA* 是一条一般位置直线，其上点 *M* 的水平和侧面投影可直接利用从属性求出。而棱线 *SB* 是侧平线，必须先求出点 *N* 的侧面投影，然后再求出正面投影；或者利用比例法直接求出其正面投影。

求解：如图 4-16(b)、图 4-16 (c)所示。

(1) 过 *m'*作铅垂线与直线 *SA* 的水平投影 *sa* 相交于点 *m*，过 *m'*作水平线与直线 *SA* 的侧面投影 *s''a''*相交于 *m''*，*m*、*m''*即为棱线 *SA* 上点 *M* 的水平与侧面投影。

(2) 过 *n* 作水平线与 45° 斜线相交，过此交点作铅垂线与直线 *SB* 的侧面投影 *s''b''*相交于 *n''*，过 *n''*作水平线与直线 *SB* 的正面投影 *s'b'*相交于 *n'*，*n'*、*n''*即为棱线 *SB* 上点 *N* 的正面与侧面投影。

2) 位于特殊位置平面上的点(积聚性法)

当点位于立体表面的特殊位置平面上时，可利用该平面的积聚性，直接求得点的另外两面投影，这种方法称为积聚性法。

【例 4.2】 如图 4-17 所示，已知立体表面上直线 *MK* 的正面投影 *m'k'*，试作直线 *MK* 的水平投影 ***mk*** 和侧面投影 ***m''k''***。

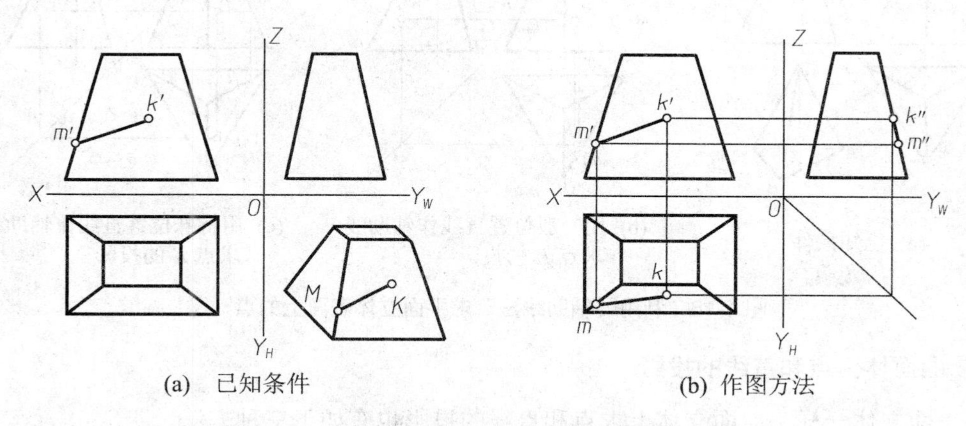

(a) 已知条件　　　　(b) 作图方法

图 4-17　利用“积聚性法”求立体表面上线的投影

解　读图及分析：由基本体的投影特征“梯梯为台”可知，图 4-17 所示的是一四棱台。图中直线 *MK* 的投影 *m'k'*是可见的，因此可判定该直线在台体前面的棱面上。因 *M* 点在棱线上，故可利用从属性求解；而 *K* 点所在的表面是一侧垂面，其侧面投影具有积聚性，因此求解时应先利用所在表面的积聚性求出 *K* 点的侧面投影 *k''*，然后再求其他投影。

求解：如图 4-17(b)所示。

(1) 利用“线上定点法”(“从属性法”)过 *m'*作水平直线和铅垂直线分别与四棱台的另两面投影交于 *m*、*m''*。

(2) 利用“积聚性法”过 *k'*作水平直线与四棱台的侧面投影相交于 *k''*，再由点的投影规律，求出 *K* 点的水平投影 *k*。

(3) 连接 *mk*、*m''k''*即为直线 *MK* 的投影。

3) 位于一般位置平面上的点(辅助线法)

当点位于立体表面的一般位置平面上时，因所在平面无积聚性，不能直接求得点的投

影，而必须先在一般位置平面上作辅助线(辅助线可以是一般位置直线或特殊位置直线)，求出辅助线的投影，然后再在其上定点，这种方法称为辅助线法。

【例 4.3】 如图 4-18 所示，已知立体表面上点 *K* 的正面投影 *k*′，试求其水平与侧面投影 *k*、*k*″。

解 读图及分析：读图 4-18 可知，该立体是一正三棱锥，点 *K* 的正面投影可见，*K* 点在棱锥的左棱面上。因为左棱面是一般位置平面，其投影无积聚性，所以求点时需用辅助线法。

求解：如图 4-18(a)所示，常用的辅助线有两种。

(1) 连接锥顶 *S* 和待求点 *K*，交底边 *AB* 于 *M* 点，*SM*(一般位置直线)即为所作的辅助线。

(2) 过待求点 *K* 作底边 *AB* 的平行线 *KN* 交棱线 *SA* 于 *N* 点，此时 *KN*(特殊位置直线)为辅助线。

利用“辅助线法”求平面立体表面上的点的作图步骤如图 4-18(b)、图 4-18 (c)所示。

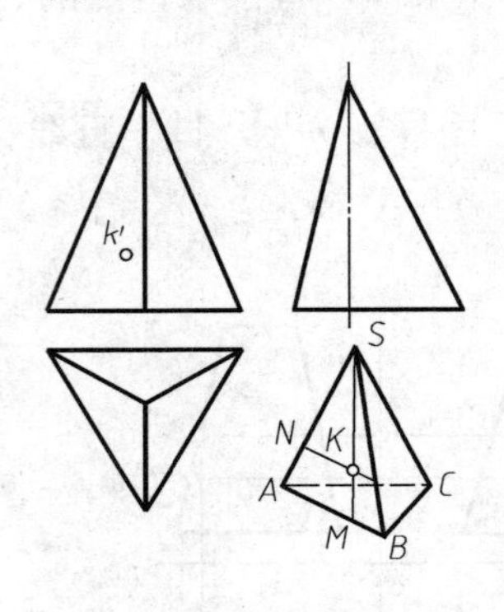

(a) 已知条件

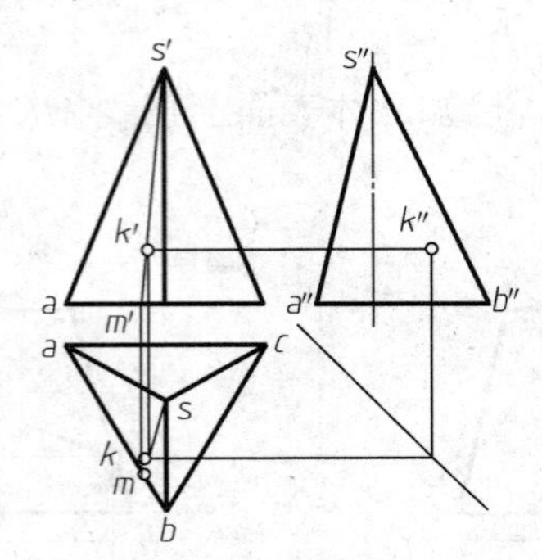

(b) 用一般位置直线作辅助线求点 *K* 的投影

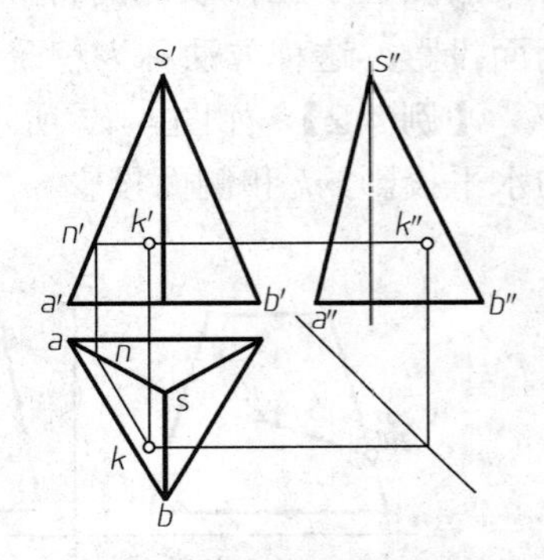

(c) 用特殊位置直线作辅助线求点 *K* 的投影

图 4-18 利用“辅助线法”求平面立体表面上的点

2．曲面体上点和直线的投影

与平面立体一样，曲面立体上求点和直线的投影也有如下三种方法。

1) 线上定点法(从属性法)

当点或线位于曲面立体的轮廓素线上时，可利用“线上定点(从属性)法”求解。

【例 4.4】 如图 4-19(a)所示，已知立体表面上的点 *K* 的正面投影 *k*′，求其另外两面投影 *k*、*k*″。

解 读图及分析：由“圆圆为球”可知，该立体为一球体，*K* 点在其侧视方向的轮廓素线上。根据线上定点法，其投影一定在相应的轮廓素线的投影上。

求解：如图 4-19(b)所示，过 *k*′点根据“高平齐、宽相等”即可求得 *K* 点的另两面投影 *k*、*k*″。

2) 积聚性法

当点或线所在的立体表面有积聚性时，可利用“积聚性法”求解。

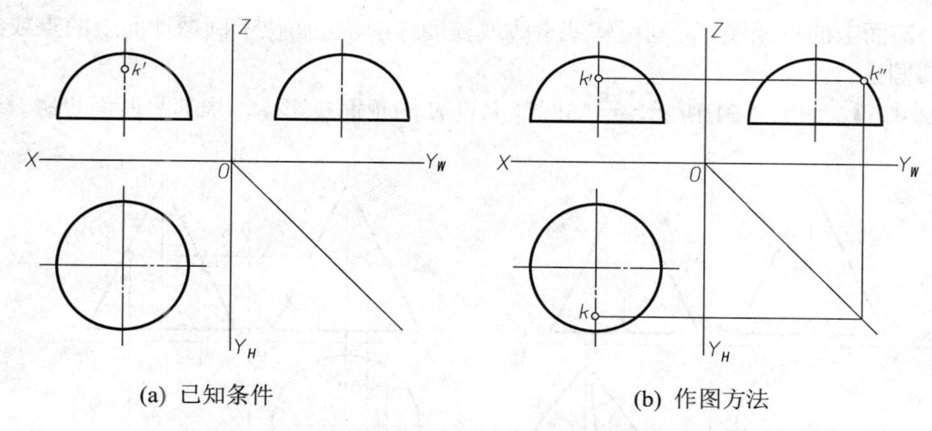

(a) 已知条件 (b) 作图方法

图 4-19 利用“线上定点法”求圆球表面上的点

【例 4.5】 如图 4-20(a)所示，已知圆柱表面上线段 *AB* 的正面投影 *a'b'*，求其另外两面投影。

解 读图及分析：由题意及图 4-20(a)可知，线段 *AB* 是一段位于前半个圆柱面上的椭圆弧。而求曲线的投影需要求出一系列的特殊点(本题中的 *A*、*B*、*C* 点)和中间点(*D*、*E* 点)。因为该圆柱面的侧面投影积聚为圆，故线段 *AB* 的侧面投影就是在此圆上的一段圆弧。

求解：如图 4-20(b)所示。

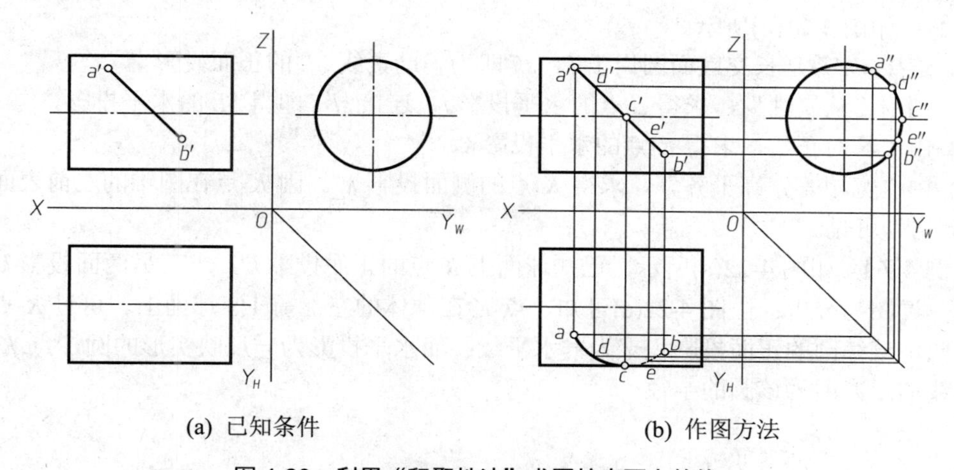

(a) 已知条件 (b) 作图方法

图 4-20 利用“积聚性法”求圆柱表面上的线

(1) 先在圆柱的正面投影图上标出特殊点 *a'*、*b'*、*c'*和中间点 *d'*、*e'*。

(2) 利用所在圆柱面的积聚性，分别过 *a'*、*b'*、*c'*、*d'*、*e'*作水平线与圆柱的侧面投影交于 *a''*、*b''*、*c''*、*d''*、*e''*。

(3) 由“长对正、宽相等”作出对应的水平投影 *a*、*b*、*c*、*d*、*e*。

(4) 光滑地连接 *a*、*d*、*c*、*e*、*b* 并判别其可见性(以 *C* 点为界，*ADC* 段为可见，画成实线，而 *CEB* 段为不可见，画成虚线)，即得曲线弧 *AB* 的水平投影。

3) 辅助素线或辅助纬圆法

当点或线所在的曲面立体表面无积聚性时，则必须利用“辅助线法”求解，如位于圆

锥(圆台)锥面上的点或线，可利用辅助素线或辅助纬圆法；而位于圆球球面上的点或线可利用辅助纬圆法。

【例 4.6】 如图 4-21 所示，已知圆锥上点 K 的正面投影 k'，求其另两面投影。

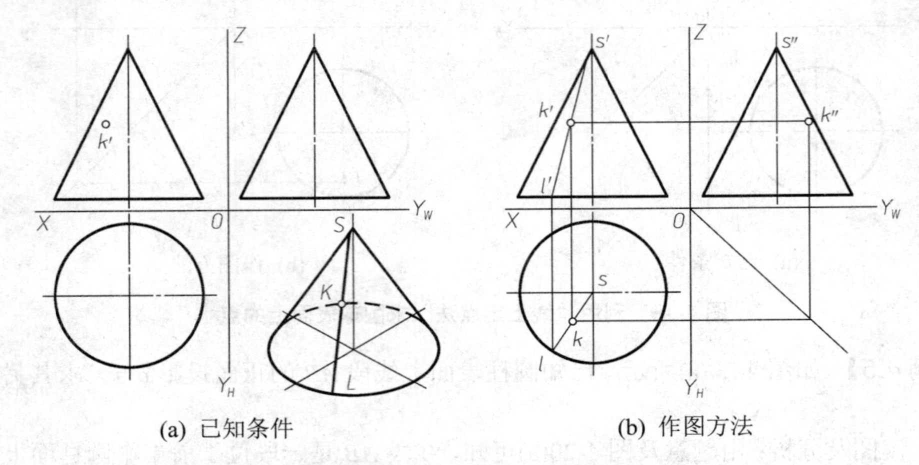

(a) 已知条件　　(b) 作图方法

图 4-21　利用“辅助素线法”求圆锥体表面上的点

解　读图与分析：由图 4-21(a)可知，点 K 在圆锥体的左前 1/4 圆锥面上。因圆锥面无积聚性，故应用辅助素线或辅助纬圆法。

求解：如图 4-21(b)所示。

(1) 连接 $s'k'$并延长交底面圆周于 l'，$s'l'$即为辅助素线 SL 的正面投影。

(2) 利用“从属性”，求得 L 点的水平投影 l，连接 sl，即得 SL 的水平投影。

(3) 由“长对正”，求得 K 点的水平投影 k。

(4) 由“宽相等、高平齐”，求得 K 点的侧面投影 k''。因 K 点在圆锥的左前表面上，故 k、k''均为可见。

【例 4.7】 如图 4-22(a)所示，已知球面上 K 点的正面投影 k'，求其另两面投影 k、k''。

解　读图与分析：由图 4-22(a)可知，点 K 在球体的左上前 1/8 球面上。可过 K 点作一水平纬圆，该纬圆的正面投影积聚为一水平线；而水平投影为一反映实形的圆，点 K 到球竖直轴线的距离即为该圆的半径。

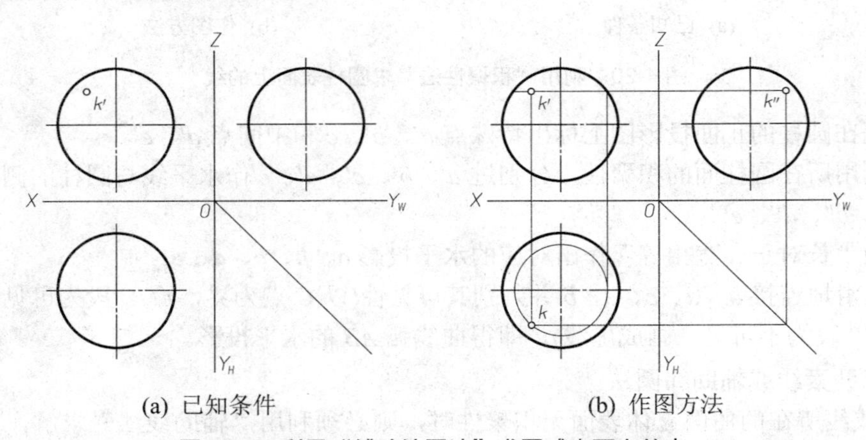

(a) 已知条件　　(b) 作图方法

图 4-22　利用“辅助纬圆法”求圆球表面上的点

求解：利用辅助纬圆法的求解步骤如图 4-22(b)所示。

(1) 过 k'作水平直线与圆球的轮廓线相交，求得纬圆的半径。

(2) 在水平投影图上作圆球轮廓线的同心圆(纬圆)。

(3) 根据“长对正”，在纬圆上求出 K 点的水平投影 k。

(4) 由点的投影规律求得 k''。

该题也可以用平行于侧面的辅助圆作图，读者可以自行分析。

4.2　截切体与相贯体的投影

对于很多工程形体，从其形体构成的角度来分析，可以看作是由基本体被平面截切或由基本体相互贯穿而形成，如此其表面会出现很多交线，如图 4-23 和图 4-24 所示。做这些形体的投影，除了需作出基本体的投影之外，还要作出其表面交线的投影。

1. 截交线

平面与形体相交产生的表面交线称为截交线。如图 4-23 所示，截切形体的平面称为截平面(见图中的 P、Q 面)，截平面与形体表面产生的交线即为截交线；截交线所围成的平面图形称为截断面；形体被平面截断后的部分称为截切体。

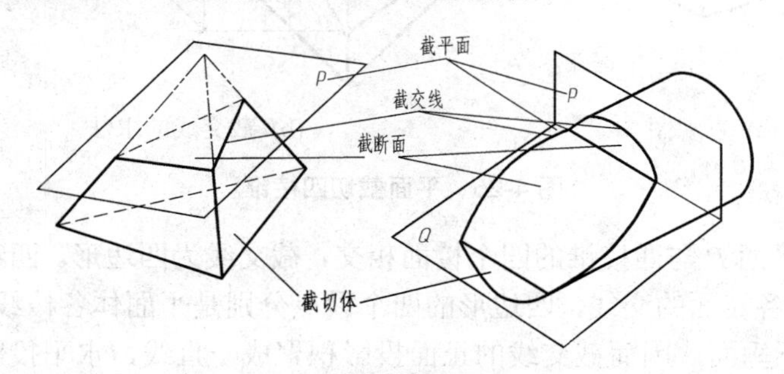

图 4-23　截交线的形成

截交线是截平面与形体表面的共有线，并且是封闭的平面折线或平面曲线。

2. 相贯线

形体与形体相交所产生的表面交线称为相贯线，相交的形体称为相贯体。按相贯体表面性质的不同，可分为三种形式：两平面体相贯，如图 4-24(a)所示；平面体与曲面体相贯，如图 4-24(b)所示；两曲面体相贯，如图 4-24(c)所示。

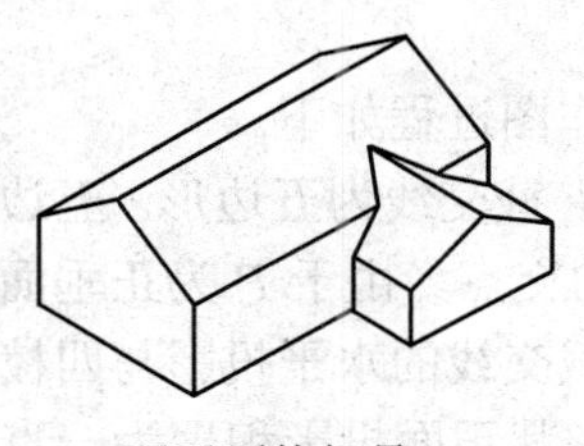

(a) 两平面体相贯

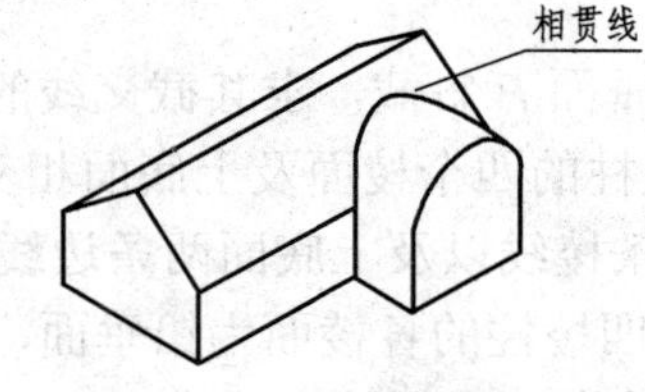

(b) 平面体与曲面体相贯

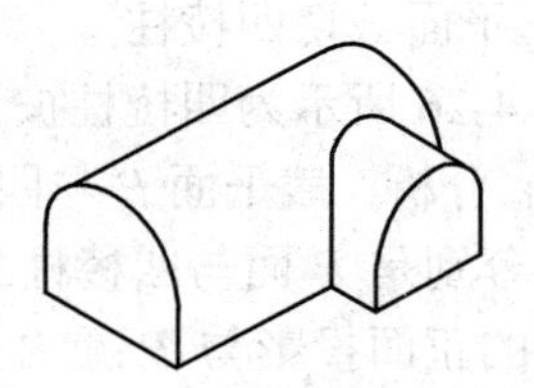

(c) 两曲面体相贯

图 4-24　相贯的三种形式

相贯线是相交两形体表面的共有线，一般情况下，相贯线是封闭的空间折线或空间曲线(特殊情况下是平面)。

4.2.1　截切体的投影

1．平面截切体

由于平面体是由平面围成的，因而其截交线是封闭的平面折线，即平面多边形。

1) 平面截切四棱锥

图 4-25 所示为四棱锥被正垂面 *P* 斜截，求其截交线的作图过程如下。

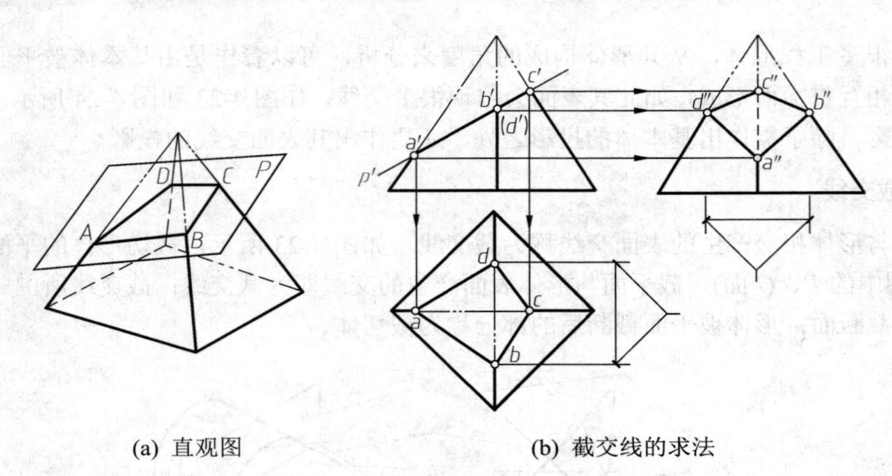

(a) 直观图　　(b) 截交线的求法

图 4-25　平面截切四棱锥

(1) 分析。截平面 *P* 与四棱锥的四个棱面相交，截交线为四边形。四边形的四条边分别是截平面与四棱锥各棱面的交线，四边形的四个顶点分别是平面体各棱线与截平面的交点。由于截平面 *P* 是正垂面，因而截交线的正面投影积聚成一直线，水平投影和侧面投影都是四边形(类似图形)，只要求得四棱锥的四条棱线与截平面的交点，依次连接即可完成作图，如图 4-25(b)所示。

(2) 作图。作图步骤如下。

① 根据 a'、c'可直接求得 a、c 和 a''、c''。

② 由 b'、d'，先求得 b''、d''，再按“宽相等”求得 b、d。

③ 分别连接 a、b、c、d 和 a''、b''、c''、d''，完成作图。注意侧面投影中四棱锥右边棱线的一段虚线不要漏画。

2) 平面截切四棱柱

图 4-26 所示为四棱柱被正垂面 *P* 斜截，求其截交线的作图过程如下。

(1) 分析。截平面 *P* 与四棱柱的四个棱面及上底面相交，截交线为五边形。五边形的五个顶点分别是 *P* 面与四棱柱三条棱线以及上底面两条边线的交点。由于 *P* 为正垂面，因而截交线的正面投影与 *P* 重合；四棱柱的各棱面为铅垂面，截交线的水平投影与四棱柱各棱面的水平投影重合；截平面与棱柱上底面的交线为正垂线，其正面投影积聚为一点，水平投影反映实长，如图 4-26(b)所示。

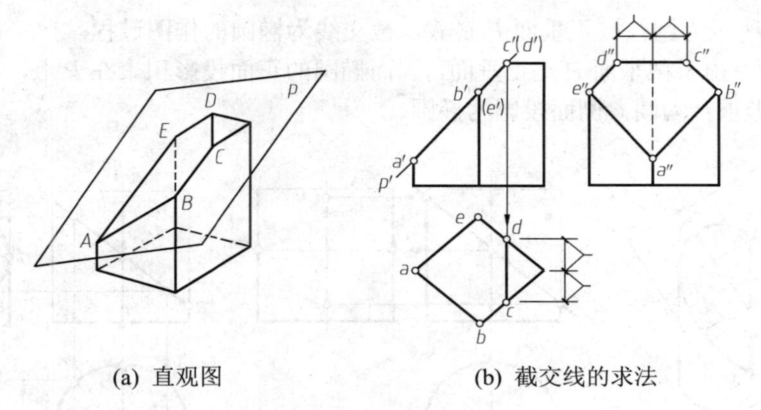

(a) 直观图　　(b) 截交线的求法

图 4-26　平面截切四棱柱

(2) 作图。作图步骤如下。

① 由 *a*′、*b*′、*e*′，可直接求得 *a*″、*b*″、*e*″。

② 由 *P* 平面与四棱柱上底面交线的正面投影 *c*′(*d*′)，求得水平投影 *c*、*d*，再按“宽相等”求得侧面投影 *c*″、*d*″。

③ 依次连接 *a*″、*b*″、*c*″、*d*″、*e*″，即为所求截交线的侧面投影。

2．曲面截切体

曲面体被平面截切时，截交线一般为平面曲线，特殊情况下是直线，其具体形状取决于立体表面的形状和截平面与立体的相对位置。

作图的基本方法是“定点法”，即先求截交线上的特殊点，再按需要作出一些中间点(一般点)，最后依次光滑连接，并判别其投影的可见性。特殊点指的是截交线上一些能确定其形状和范围的点，如最高点、最低点，最左点、最右点，最前点、最后点，以及可见与不可见的分界点等。

1) 平面截切圆柱

平面截切圆柱时，由于截平面与圆柱轴线的相对位置不同，将产生三种不同的截交线，如表 4-1 所示。

表 4-1　平面截切圆柱的三种情况

截平面位置	与轴线平行	与轴线垂直	与轴线倾斜
截交线形状	矩形(直线)	圆	椭圆
直观图	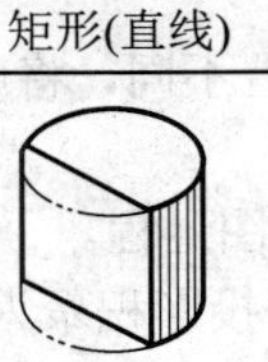	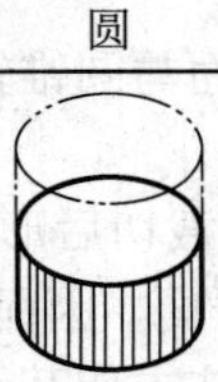	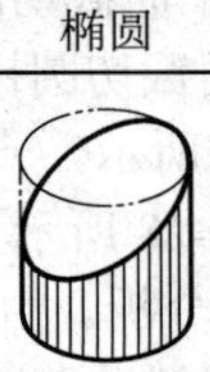
投影图	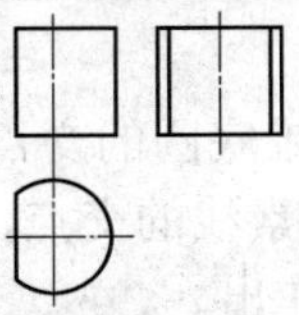	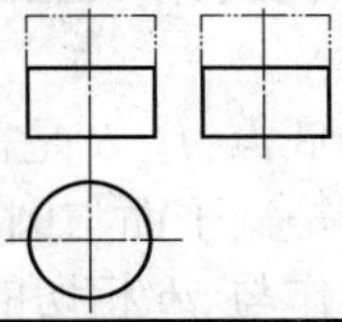	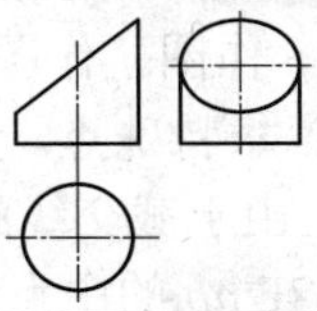

图 4-27 所示为圆柱被正垂面 P 斜截，截交线为椭圆的作图过程。

(1) 分析。由于截平面 P 是正垂面，因而椭圆的正面投影积聚在 P'上，水平投影与圆柱面的水平投影重合为圆，侧面投影为椭圆。

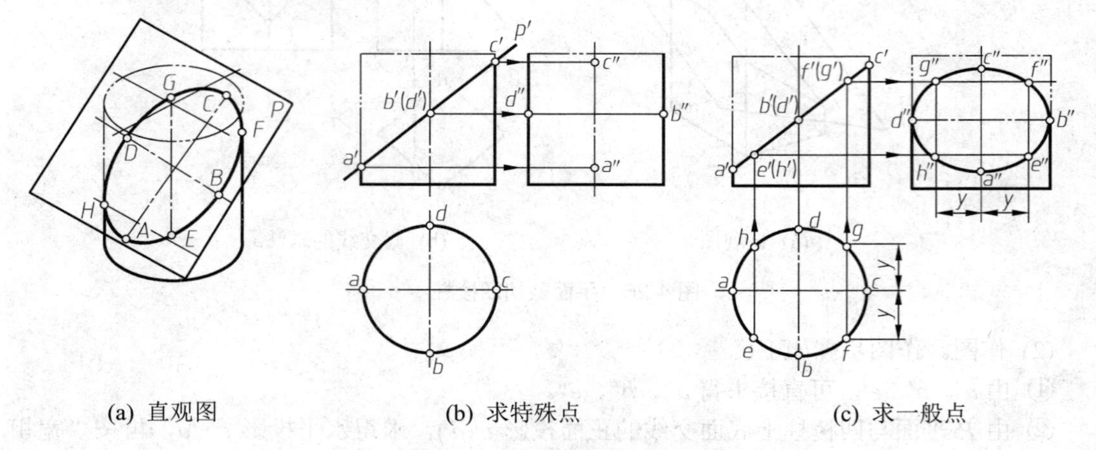

(a) 直观图　　(b) 求特殊点　　(c) 求一般点

图 4-27　平面斜截圆柱

(2) 作图。作平面斜截圆柱的截交线，一般用定点法，步骤如下。

① 求特殊点。由图 4-27(a)可知，最低点 A、最高点 C 是椭圆长轴的两端点，也是位于圆柱最左、最右素线上的点。最前点 B、最后点 D 是椭圆短轴的两端点，也是位于圆柱最前、最后素线上的点。如图 4-27(b)所示，A、B、C、D 的正面投影和水平投影可利用积聚性直接求得。然后根据正面投影 a'、b'、c'、d'和水平投影 a、b、c、d 求得侧面投影 a''、b''、c''、d''。

② 求一般点。为了作图准确，还必须在特殊点之间作出适当数量的中间点(一般点)，如图 4-27(a)中的 E、F、G、H 各点，可先作出它们的水平投影，再作出正面投影，然后根据水平投影 e、f、g、h 和正面投影 e'、f'、g'、h'作出侧面投影 e''、f''、g''、h''。

③ 依次光滑连接 a''、e''、b''、f''、c''、g''、d''、h''，即为所求截交线椭圆的侧面投影，如图 4-27(c)所示。

注意： 随着截平面 P 与圆柱轴线倾角的变化，所得截交线椭圆的长、短轴的投影也相应变化。当 P 面与轴线成 45° 角时，椭圆长、短轴的侧面投影相等，即投影为圆。

2) 平面截切圆锥

平面截切圆锥时，由于截平面与圆锥轴线的相对位置不同，将产生五种不同的截交线，如表 4-2 所示。

图 4-28 所示为圆锥被正平面截切后形成截交线的作图过程。

(1) 分析。由于截平面为正平面，因而截交线的水平投影积聚为直线，可由截交线的水平投影用辅助纬圆法或辅助素线法求作其正面投影。

(2) 作图。作图步骤如下。

① 求特殊点。截交线的最低点 A、B 是截平面与圆锥底圆的交点，可直接作出 a、b 和 a'、b'。由于截交线的最高点 C 是截平面与圆锥面上最前素线的交点，因此最高点 C 的水平投影 c 在 ab 的中点处，过 c 点作与 ab 相切的水平纬圆作出 c'。

表 4-2　平面截切圆锥的五种情况

截平面位置	过锥顶	与轴线垂直	与轴线倾斜	与一条素线平行	与轴线(与两条素线)平行
截交线形状	三角形(直线)	圆	椭圆	抛物线	双曲线
直观图	P	P	P	P	P
投影图	P_V	P_V	P_V	P_V	P_H

② 求中间点。在截交线的适当位置作水平纬圆，该圆的水平投影与截交线的水平投影交于 *d*、*e*，即为截交线上两点的水平投影，由 *d*、*e* 作出 *d'*、*e'*。依次光滑连接 *a'*、*d'*、*c'*、*e'*、*b'*，即为截交线的正面投影。

3) 平面截切圆球

平面截切圆球时，其截交线总是圆。如果截平面平行于投影面，则截交线在该投影面上的投影为反映其真实大小的圆，另外两投影分别积聚成直线，如图 4-29 所示。需特别注意图中确定截交线圆半径 R_1、R_2 的方法。

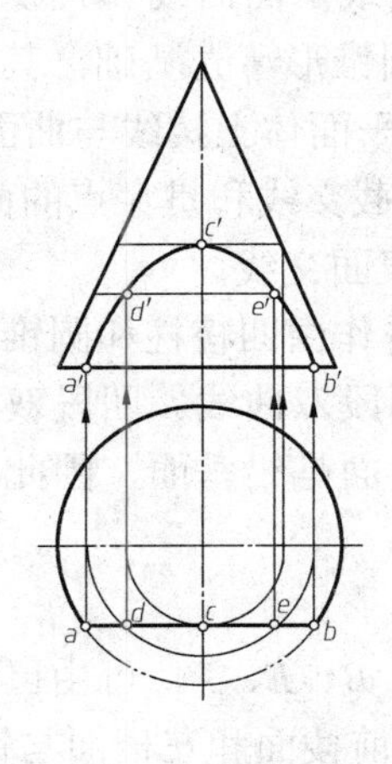

图 4-28　平面截切圆锥

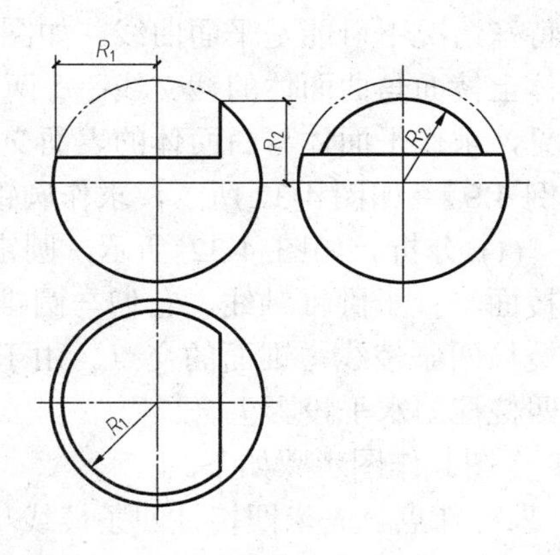

图 4-29　平面截切圆球

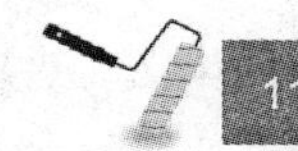

4.2.2 相贯体的投影

1．两平面体相贯

两平面体的相贯线，一般是一组或两组封闭的空间(或平面)折线。图 4-30 所示烟囱与坡屋面相交，其形体构成可看作由四棱柱与五棱柱相贯，相贯线是封闭的空间折线。折线的每一段分别属于两立体侧面的交线，折线上每个顶点都是一形体上的棱线与另一形体侧面的交点。因此，求两平面体的相贯线实际上是求两平面的交线或直线与平面的交点。

【例 4.8】 如图 4-30 所示，求作高低房屋相交的表面交线。

解 (1) 分析。高低房屋相交，可看作两个五棱柱相贯，由于两个五棱柱各有一棱面(相当于地面)在同一平面上，因而相贯线是不封闭的空间折线。另外，一个五棱柱的棱面都垂直于侧面，而另一个的棱面都垂直于正面，所以其交线的正面和侧面投影为已知，根据其正面和侧面投影可作出交线的水平投影。

(2) 作图。作图结果如图 4-31 所示。

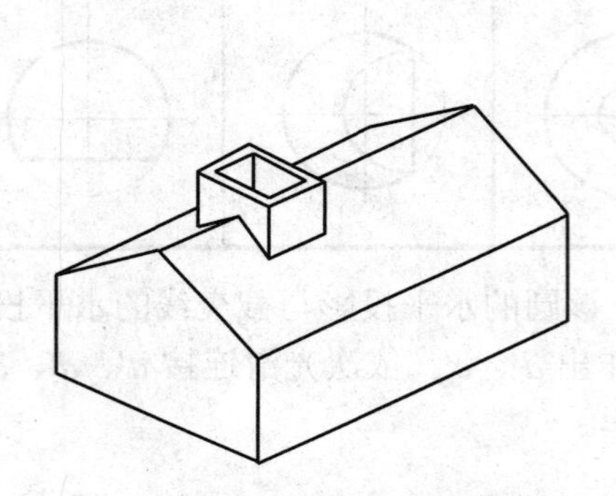

图 4-30 烟囱与坡屋面相交

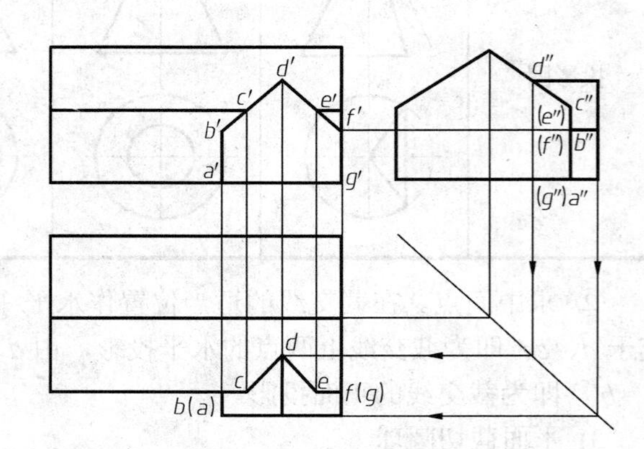

图 4-31 高低房屋的表面交线

2．平面体与曲面体相贯

平面体与曲面体的相贯线，一般是由若干段平面曲线或平面曲线和直线组成的空间曲折线，特殊情况下可能是平面曲线。如图 4-32(a)所示的圆锥形薄壳基础，其上每段曲线都是平面体上棱面与曲面体的截交线；每两段曲线的交点为平面体上棱线与曲面体的贯穿点。由此可见，求作平面体与曲面体的表面交线，可归结为求截交线和贯穿点的问题。

【例 4.9】 如图 4-32 所示，求作圆锥形薄壳基础的表面交线。

解 (1) 分析。如图 4-32 所示，圆锥形薄壳基础可看作由四棱柱和圆锥相交。四棱柱的四个棱面平行于圆锥轴线，它们与圆锥表面的交线为四段双曲线。四段双曲线的连接点就是四棱柱四条棱线与锥面的交点。由于四棱柱的四个棱面是铅垂面，因此截交线的水平投影与四棱柱的水平投影重合。

(2) 作图。作图步骤如下。

① 求特殊点。先求四棱柱四条棱线与锥面的交点 A、B、E、F，可由已知的水平投影如 a、b，用辅助素线法求得 a'、b'和 a''、b''。再求四棱柱前棱面和左棱面与锥面交线(双曲线)的最高点 C、D，可由 C 点的侧面投影 c''求得 c 和 c'，再由 D 点的正面投影 d'求得 d 和

d″，如图 4-32(a)所示。

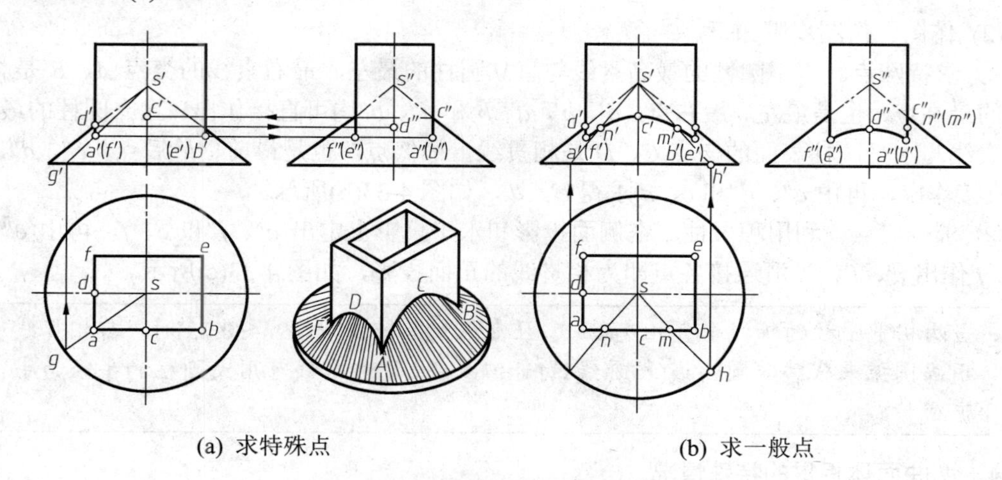

(a) 求特殊点　　(b) 求一般点

图 4-32　圆锥形薄壳基础的表面交线

② 求一般点。同样用辅助素线法求得对称的一般点 *M*、*N* 的正面投影 *m′*、*n′*，如图 4-31(b)所示。

③ 连线。分别在正面和侧面投影中，将求得的各点 *a′*、*n′*、*c′*、*m′*、*b′*和 *f″*、*d″*、*a″*依次连接，即可完成作图，如图 4-32(b)所示。

3．两曲面体相贯

两曲面体表面的相贯线，一般是空间曲线，特殊情况下可能是平面曲线或直线。相贯线上的每个点都是两形体表面的共有点，因此求作两曲面体的相贯线时，通常是先求出一系列共有点，然后依次光滑连接相邻各点。

【例 4.10】 如图 4-33 所示，求作圆柱形屋面与圆柱形烟囱的表面交线。

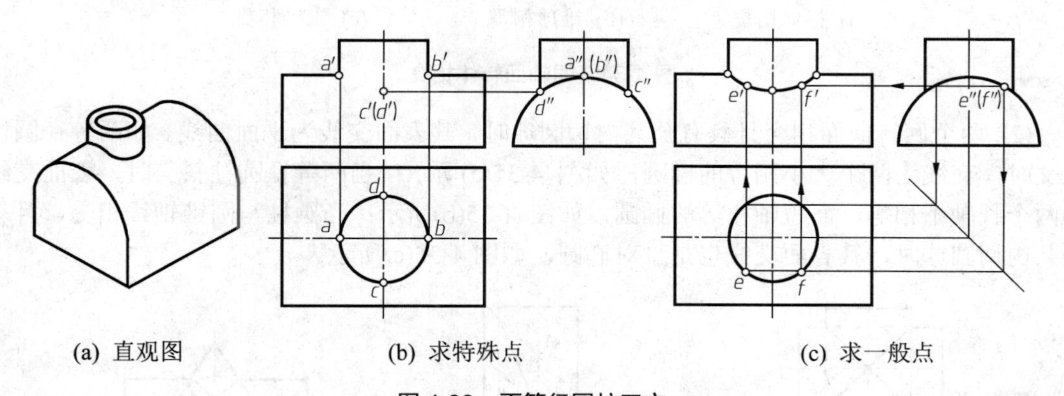

(a) 直观图　　(b) 求特殊点　　(c) 求一般点

图 4-33　不等径圆柱正交

解　(1) 分析。如图 4-33(a)所示，圆柱形屋面上有一圆柱形烟囱(不等径圆柱正交)，可将它们看作两个大小不等的轴线垂直相交的圆柱体相贯，相贯线为封闭的空间曲线。由于直立小圆柱的水平投影有积聚性，水平大圆柱(半圆柱)的侧面投影有积聚性，因而其相贯线的水平投影与小圆周重合，侧面投影与大圆周(部分)重合，所以需要求作的仅是相贯线的正面投影。

(2) 作图。作图步骤如下。

① 求特殊点。水平圆柱的最高素线与直立圆柱的最左、最右素线的交点 *A*、*B* 是相贯线上的最高点，也是最左、最右点，*a*′、*b*′，*a*、*b* 和 *a*″、*b*″均可直接作出。直立圆柱的最前、最后素线与水平圆柱表面的交点 *C*、*D* 是相贯线上最低点，也是最前、最后点，*c*″、*d*″，*c*、*d* 可直接作出，再由 *c*″、*d*″和 c、*d* 求得 *c*′、*d*′，如图 4-33(b)所示。

② 求一般点。利用积聚性，在侧面投影和水平投影上定出 *e*″、*f*″和 *e*、*f*，再由 *e*″、*f*″和 *e*、*f* 作出 *e*′、*f*′。光滑连接各点即为相贯线的正面投影，如图 4-33(c)所示。

注意： 当两相贯圆柱的轴线垂直相交(正交)且直径相差较大($R_{小}/R_{大}\leqslant 0.75$)时，其相贯线可采用画圆弧来代替非圆曲线(相贯线)的近似画法，即相贯线可用大圆柱的半径为半径画弧代替。

4．两曲面体相贯的特殊情况

前面所述，两曲面体的表面交线一般情况下是空间曲线，但如果是下列特殊情况，其相贯线则为平面曲线或直线。

(1) 两个回转体具有公共轴线时，其表面交线为垂直于该轴线的圆，如图 4-34 所示。其中图 4-34(c)所示为一水塔造型。

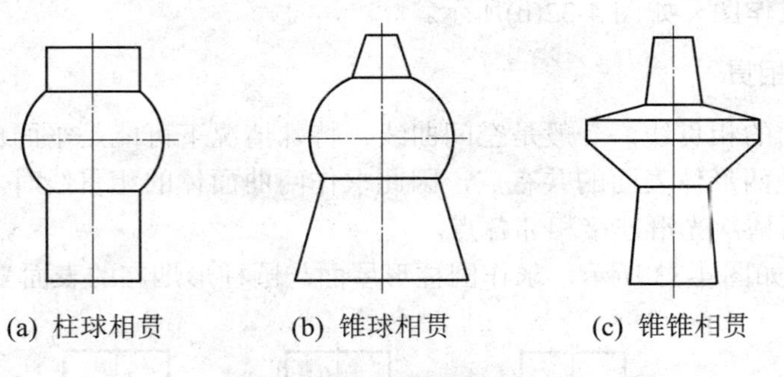

(a) 柱球相贯　(b) 锥球相贯　(c) 锥锥相贯

图 4-34　同轴回转体相交

(2) 两个回转曲面相交且具有公共内切圆球时，其表面交线为平面曲线。如两等径圆柱正交时，交线为两个大小相等的椭圆，如图 4-35(a)所示；当两等径圆柱斜交时，表面交线为两个长轴不相等，而短轴相等的椭圆，如图 4-35(b)所示；当圆柱与圆锥轴线相交，且有公共内切圆球时，其表面交线也是一对椭圆，如图 4-35(c)所示。

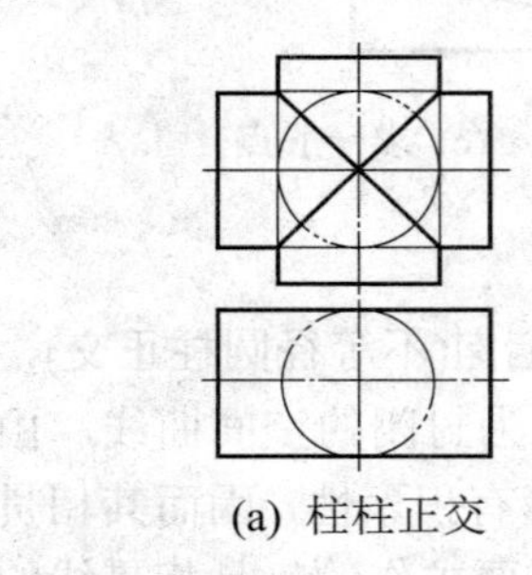

(a) 柱柱正交

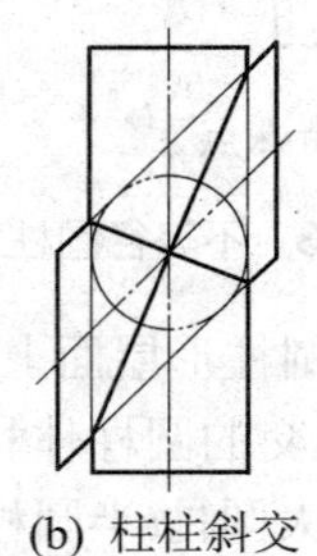

(b) 柱柱斜交

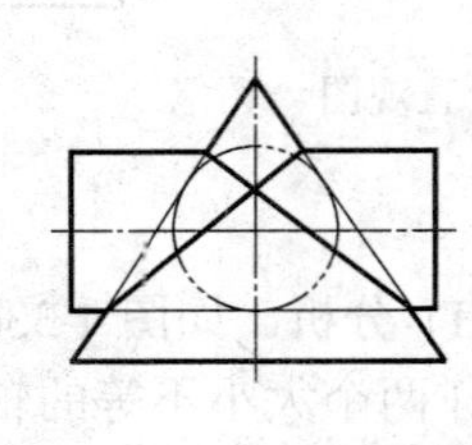

(c) 柱锥正交

图 4-35　具有公切圆球的曲面体相交

(3) 当两圆柱轴线平行或两圆锥共锥顶时，其表面交线为直线，如图 4-36 所示。

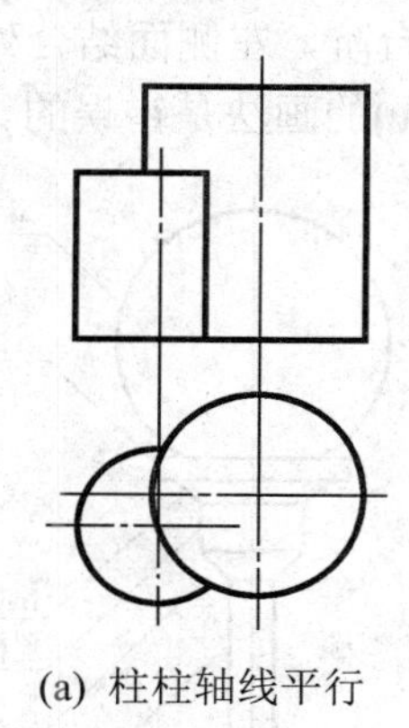

(a) 柱柱轴线平行

(b) 锥锥共锥顶

图 4-36　两曲面体轴线平行、共锥顶

建筑工程上常用的十字拱屋面，就是由两个等径圆柱面正交所构成的，如图 4-37 所示。此外，两回转曲面相交还用于管道连接等，如图 4-38 所示。

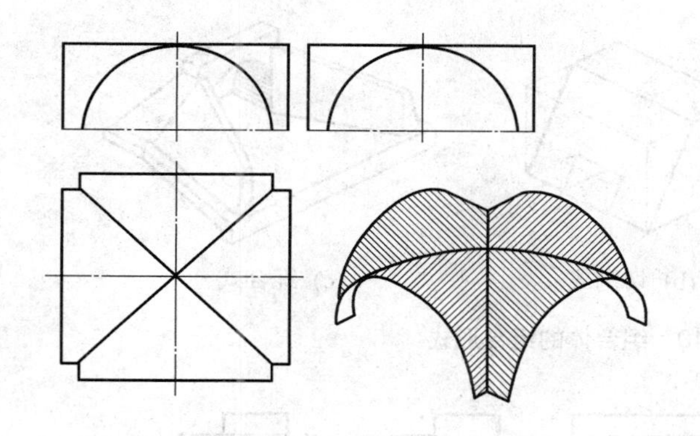

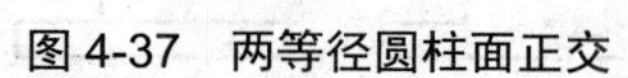

图 4-37　两等径圆柱面正交

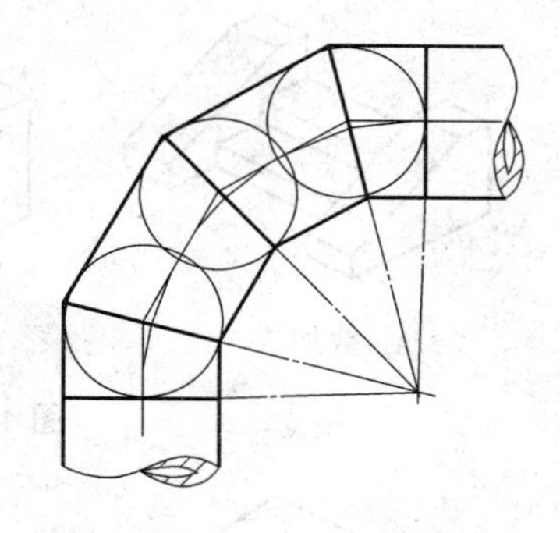

图 4-38　等径 90° 弯管连接

4.3　组合体的投影

任何复杂的工程构件，从形体角度来分析，都可以看作是由一些基本几何体组合而成的，这种由两个或两个以上基本体按照一定的方式组合而成的立体，称为组合体。如图 4-39(a)所示的涵洞口，是由棱柱、棱台、圆柱组成；如图 4-39(b)所示的灯柱头，则是由圆柱、圆台和圆球的一部分组合而成。

1．组合体的组合形式

组合体按其组合形式不同可分为叠加式、切割(挖切)式和综合式三种，如图 4-40 所示。

2．表面交线的分析

组合体上相邻表面交接处的连接关系，可分为平齐、不平齐、相切、相交四种。

(1) 平齐：当两基本形体相邻表面平齐(即共面)时，相应投影图中间应无分界线。如图 4-41(a)、图 4-41(b)所示，由三个四棱柱叠加而成的台阶，左侧面结合处的表面平齐没有交线，故在侧面投影中不应画出分界线，因而图 4-41 (c)的画法是错误的。

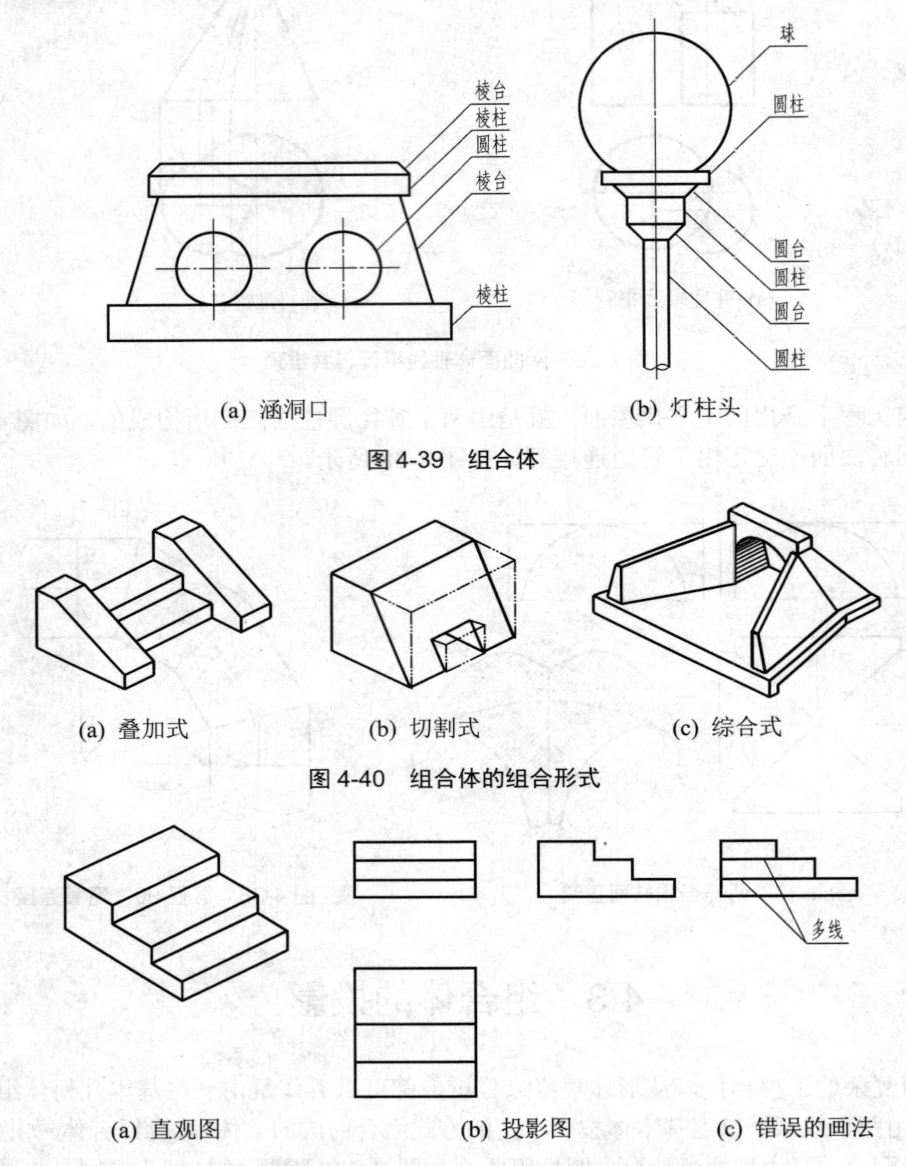

(a) 涵洞口 (b) 灯柱头

图 4-39 组合体

(a) 叠加式 (b) 切割式 (c) 综合式

图 4-40 组合体的组合形式

(a) 直观图 (b) 投影图 (c) 错误的画法

图 4-41 “平齐”与“不平齐”表面交线的分析

(2) 不平齐：当两基本形体相邻表面不平齐(即不共面)时，相应的投影图中间应有线隔开，如图 4-41 (b)所示的台阶正面投影。

(3) 相切：当相邻两基本形体的表面相切时，由于在相切处两表面是光滑过渡的，不存在明显的分界线，故规定在相切处不画分界线的投影，如图 4-42 (a)所示。

(4) 相交：当相邻两基本形体的表面相交时，在相交处会产生各种形状的交线，应在投影图相应位置画出此交线的投影，如图 4-42 (b)所示。

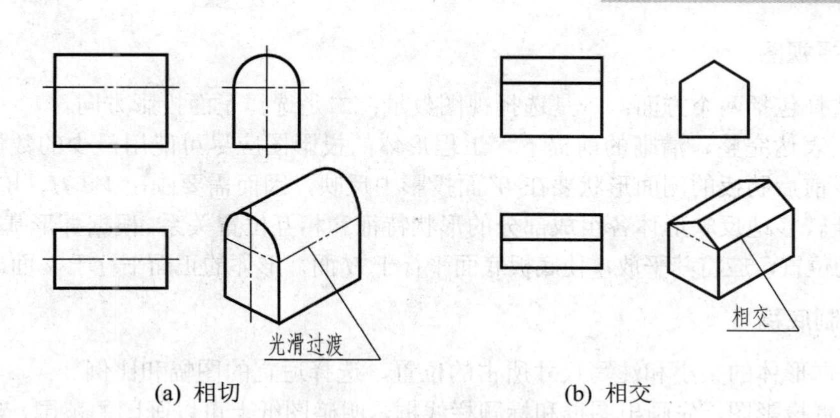

(a) 相切　　(b) 相交

图 4-42　“相切”与“相交”表面交线的分析

3．形体分析法

为了正确、迅速地绘图、标尺寸和读图，假想把组合体分解成若干基本体，分析各基本体的形状、相对位置、组合形式和表面连接关系，这种思考和分析问题的方法称为形体分析法。

4.3.1　组合体投影图的画法

绘制组合体投影图的基本方法是形体分析法，即将其“化整为零”，把组成组合体的各基本体的投影图按其相互位置进行组合，便可得到组合体的投影图。现以肋式杯形基础为例，将形体投影图的绘图步骤说明如下。

1．形体分析

如图 4-43 所示的肋式杯形基础的形体，可以看作由四棱柱底板、中间四棱柱(其中挖去一楔形块)和六块梯形肋板叠加组成。四棱柱在底板中央，前后各肋板的左、右外侧面与中间四棱柱左、右侧面共面，左、右两块肋板在四棱柱左、右侧面的中央，如图 4-43(b)所示。

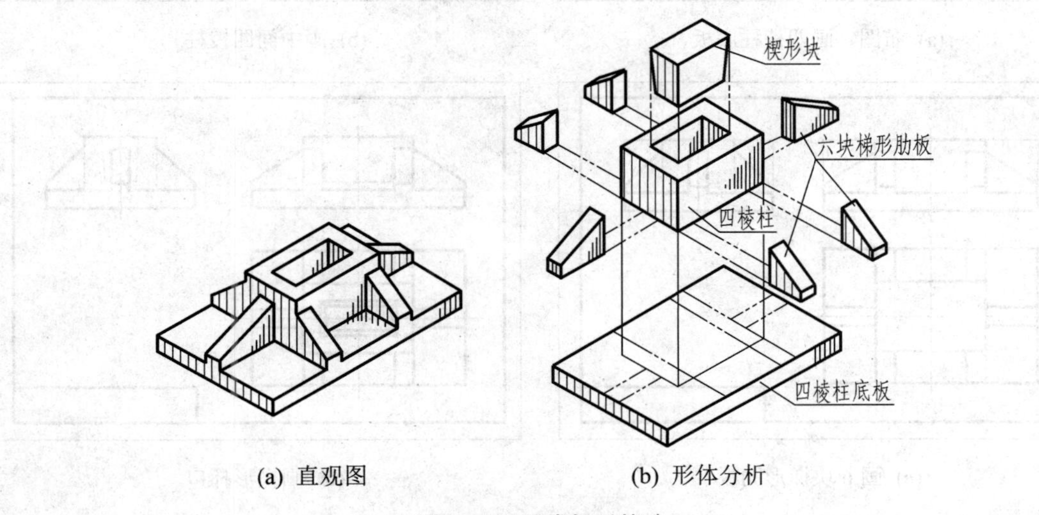

(a) 直观图　　(b) 形体分析

图 4-43　肋式杯形基础

2．选择视图

视图选择包括两个方面：一是选择视图数量；二是选择正面投影方向。

在保证表达完整、清晰的前提下，工程形体的投影图应尽可能用最少的数量。肋式杯形基础由于前后肋板的侧面形状要在 *W* 面投影中反映，因而需要画出 *V*、*H*、*W* 三面投影。正面图应能较多地反映形体各组成部分的形状特征和相互位置关系。根据杯形基础在整座房屋建筑中的位置，应将其平放，使底板底面平行于 *H* 面，形体的正面平行于 *V* 面。

3．绘制底稿

(1) 根据形体的大小和注写尺寸所占的位置，选择适宜的图幅和比例。

(2) 布置投影图。先画出图框和标题栏线框，明确图纸上可以画图的范围，然后大致安排三个投影的位置，使每个投影在注完尺寸后，与图框的距离大致相等。

(3) 按形体分析法，逐个画出各基本体的三视图。画图的顺序一般是先画主要部分，后画次要部分。画各基本体的投影时，应从形状特征明显的视图入手，三个视图配合着画。按此原则依次画出四棱柱底板[见图 4-44 (a)]、中间四棱柱[见图 4-44 (b)]、6 块梯形肋板[见图 4-44 (c)]和楔形杯口[见图 4-44 (d)]的三面投影。在 *V*、*W* 面投影中杯口是看不见的，应画成虚线。

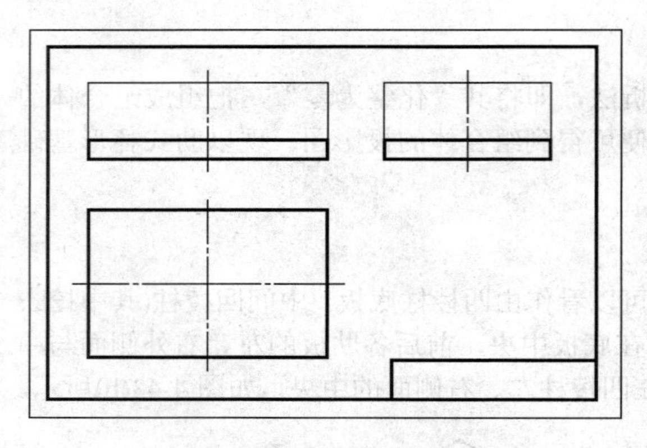

(a) 布图、画四棱柱底板

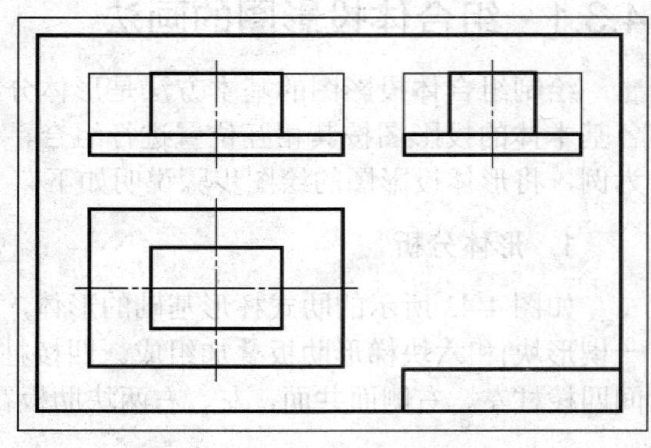

(b) 画中间四棱柱

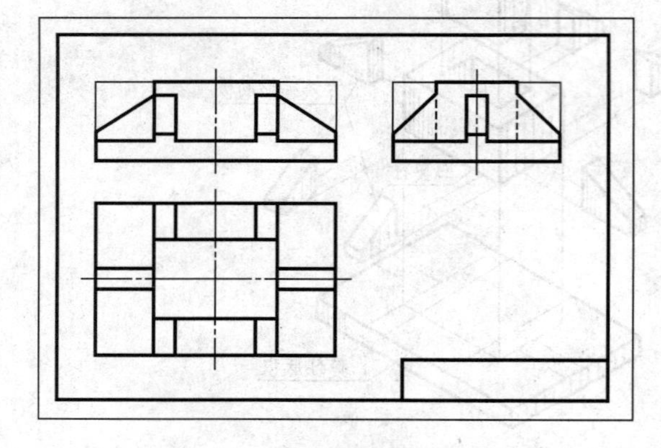

(c) 画 6 块梯形肋板

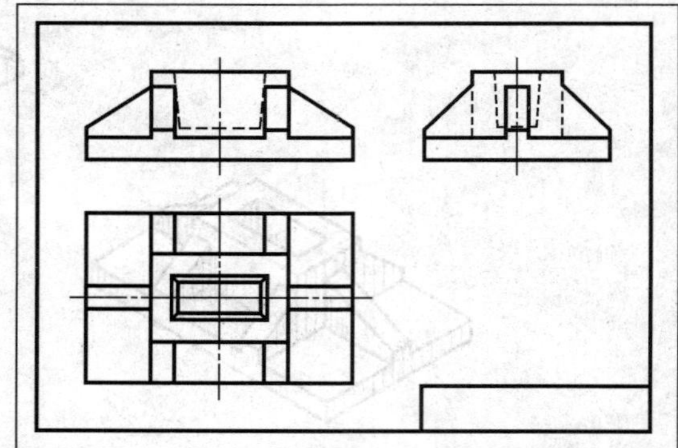

(d) 画楔形杯口

图 4-44 肋式杯形基础的作图步骤

必须注意，工程形体实际上是一个不可分割的整体，形体分析仅仅是一种假想的分析方法。如果形体中两基本形体的侧面处于同一平面上，就不应该在其之间画一条分界线。例如左边肋板的左侧面与底板的左侧面，前左肋板的左侧面与中间四棱柱的左侧面，都处在同一个平面上，它们之间都不应画出交线。

4. 检查、描深图线

经检查无误后，按各类线宽要求，用较软铅芯的 B 或 2B 等铅笔进行描深。

5. 标注尺寸

标注方法和步骤详见 4.3.2 节所述。

6. 填写标题栏

最后填写标题栏内各项内容，完成全图。

对所绘组合体投影图的整体要求是：投影关系正确，尺寸标注齐全，布置均匀合理，图面清洁整齐，线型粗细分明，字体端正无误，符合国标规定。

提示： 对于切割型组合体，绘图时也应先从整体出发，然后逐步进行挖切。对切去的部分同样应先画反映其形状特征的视图，之后再画其他视图。

4.3.2　组合体投影图的尺寸标注

标注组合体尺寸的方法仍是形体分析法，即把工程形体分解成若干基本体，先标注每一基本体的尺寸，然后标注其总体尺寸。尺寸标注应达到如下要求。

(1) 正确——要符合“国标”的规定。

(2) 完整——尺寸应齐全，不得遗漏。

(3) 清晰——注在图形的明显处，且布局整齐。

(4) 合理——既要保证设计要求，又要适合施工、维修等生产要求。

1. 基本体的尺寸标注

组合体是由基本体组成的，熟悉基本体的尺寸注法是标注组合体尺寸的基础。

基本体一般要标注出长、宽、高三个方向的尺寸，即底面大小和高度。图 4-45 所示为几种常见基本体(定形)尺寸的注法。

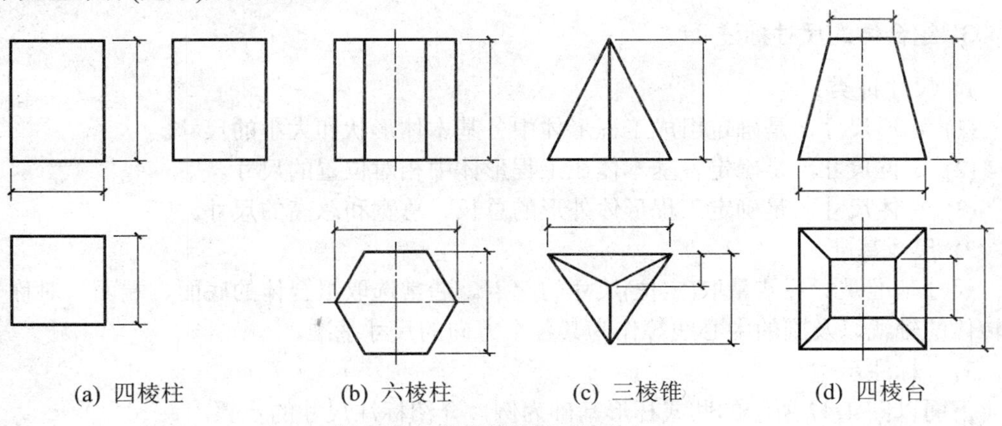

(a) 四棱柱　(b) 六棱柱　(c) 三棱锥　(d) 四棱台

图 4-45　基本体的尺寸注法

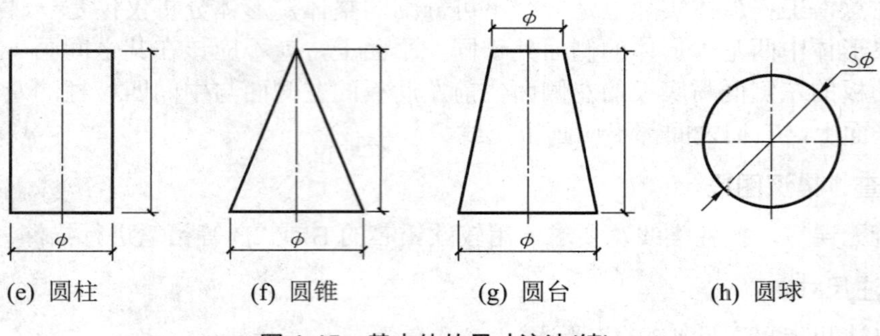

(e) 圆柱　(f) 圆锥　(g) 圆台　(h) 圆球

图 4-45　基本体的尺寸注法(续)

2. 截切体与相贯体的尺寸标注

截切体与相贯体除了应注出组成该形体的基本体的尺寸外，截切体只需再注出其切口尺寸，即形成切口截平面的定位尺寸，如图 4-46 (a)、图 4-46 (b)中的 h_1、h_2、h_3、b 等；相贯体再注出组成该相贯体的各基本体之间的相对位置尺寸即可，如图 4-46 (c)中的 h_4；图中带"×"号的尺寸不需标注。

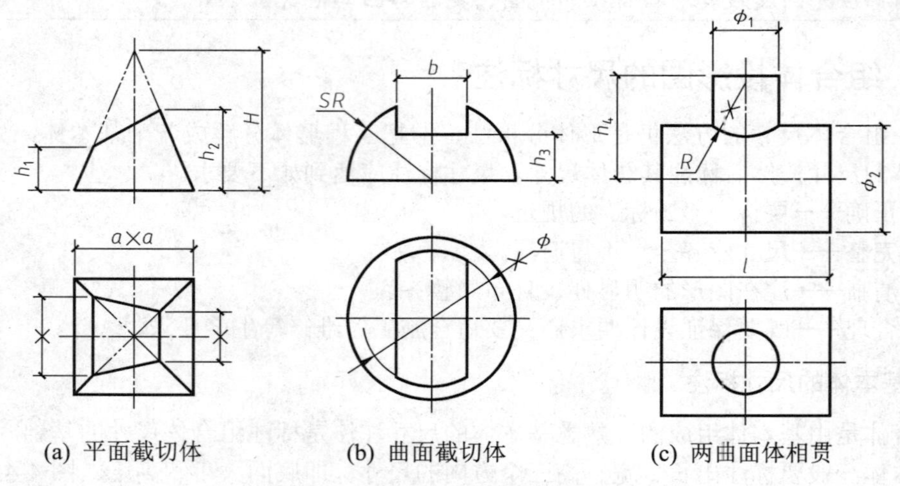

(a) 平面截切体　(b) 曲面截切体　(c) 两曲面体相贯

图 4-46　截切体与相贯体的尺寸标注

3. 组合体的尺寸标注

1) 尺寸种类

(1) 定形尺寸，是确定组成工程形体中各基本体形状和大小的尺寸。

(2) 定位尺寸，是确定各基本体在工程形体中相对位置的尺寸。

(3) 总体尺寸，是确定工程形体外形的总长、总宽和总高的尺寸。

2) 尺寸基准

尺寸基准是标注或量取(定位)尺寸的起点。通常选取组合体的底面、端面、对称平面、回转体的轴线以及圆的中心线等作为其各个方向的尺寸基准。

3)　标注示例

下面以图 4-47 所示的肋式杯形基础为例，介绍标注尺寸的步骤。

(1) 标注定形尺寸。肋式杯形基础各基本形体的定形尺寸是：四棱柱底板长 3000、宽 2000 和高 250；中间四棱柱长 1500、宽 1000 和高 750；前后肋板长 250、宽 500、高 600 和厚 100；左右肋板长 750、宽 250、高 600 和厚 100；楔形杯口上底 1000×500、下底 950×450、高 650 和杯口厚度 250 等。

(2) 标注定位尺寸。先选择长、宽、高三个方向的尺寸基准作为标注尺寸的起点。由于该形体前后、左右对称，故长度、宽度方向应选择对称面作为尺寸基准；而底面则可以作为标注高度方向尺寸的起点。

如图 4-47 所示的肋式杯形基础，其中间四棱柱的长、宽、高三个方向的定位尺寸分别是 750、500、250；杯口距离四棱柱的左右与前后侧面均为 250；杯口底面距离四棱柱顶面为 650。左右肋板的定位尺寸是宽度方向的 875，高度方向的 250，长度方向因肋板的左右端面与底板的左右端面对齐，因而不需标注。同样，前后肋板的定位尺寸则分别是 750、250。

为便于施工，此基础还应注出杯口中线的定位尺寸，如图 4-47 所示平面图中所标注的 1500、1500 和 1000、1000。

(3) 标注总体尺寸。基础的总长和总宽就是底板的长度 3000 与宽度 2000，不需另加标注；总高尺寸则为 1000。

标注尺寸是一道比较烦琐但却极其重要的工序，必须做到耐心细致、一丝不苟。而要达到“正确、完整、清晰和合理”的要求，除了要明确应该标注哪些尺寸外，还应考虑尺寸该如何配置和布置，如一般应尽量把尺寸布置在图形轮廓线之外，但又要靠近被标注的基本体(见图 4-47)；对于某些细部尺寸，则允许标注在图形内部。同一基本体的定形、定位尺寸，应尽量标注在反映该形体特征的视图中。数字的书写必须端正且准确无误，同一张图幅内的数字大小应一致等。

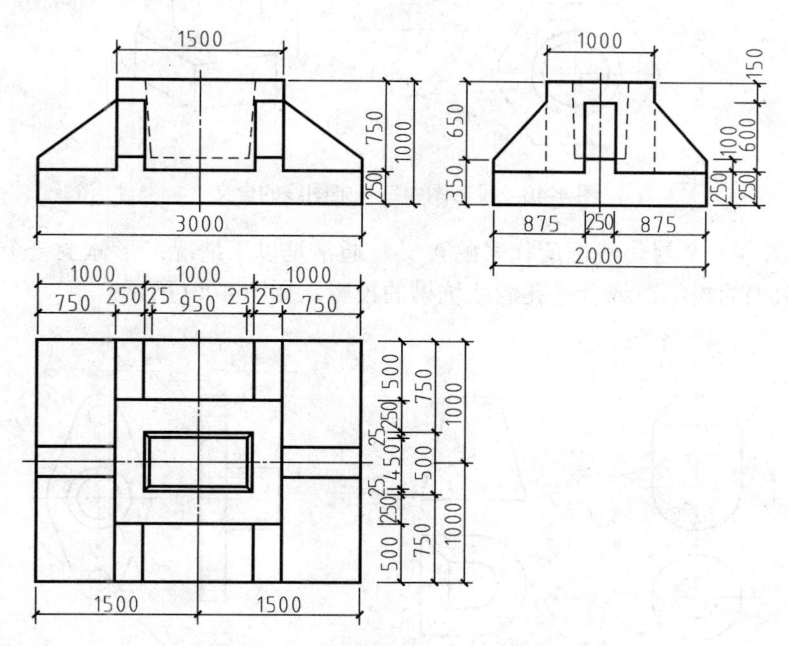

图 4-47　肋式杯形基础的尺寸标注

4.3.3 组合体投影图的读法

阅读工程形体的投影图，就是根据图纸上的投影图和所注尺寸，想象出形体的空间形状、大小、组合形式和构造特点。

1. 读图时应注意的问题

为了能准确、迅速地读懂形体的投影图，除了应熟练掌握三面投影规律，各种位置直线、平面与基本体的投影特性、读图方法，熟悉一些常见组合体的投影等之外，读图时还要注意以下两个问题。

1) 弄清投影图中各图线和线框的含义

投影图是由图线及图线围成的封闭线框所组成的。读图就是分析这些图线及线框表示的是哪些空间几何元素的投影，进而想象出所表达形体的空间形状。

(1) 投影图中一条图线所代表的含义，通常是以下三种情况之一：面和面交线的投影，曲面体轮廓素线的投影，投影面垂直面的积聚投影，如图 4-48 所示。

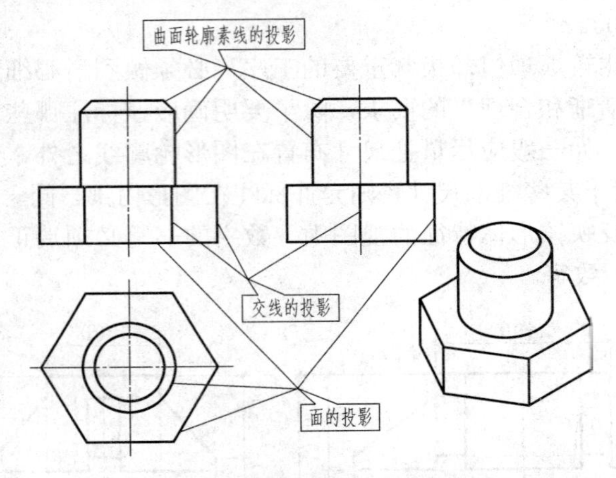

图 4-48 投影图中每一条图线的含义

(2) 投影图中一个封闭线框所代表的含义，通常是以下情况：形体上一个面(平面、曲面或两个相切面)的投影，或者是孔洞或坑槽的投影，如图 4-49 所示。

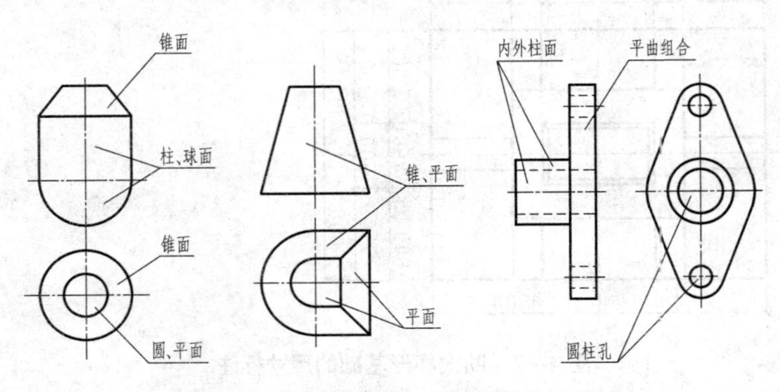

图 4-49 投影图中每一封闭线框的含义

2) 将几个投影图联系起来读

形体的单面投影不能唯一确定其形状和大小，因此看图时必须把所有投影图联系起来进行分析。

如图 4-50 所示的三组投影图，虽然具有相同的正面投影，但水平投影不同，因而分别表达的是不同形状的形体。

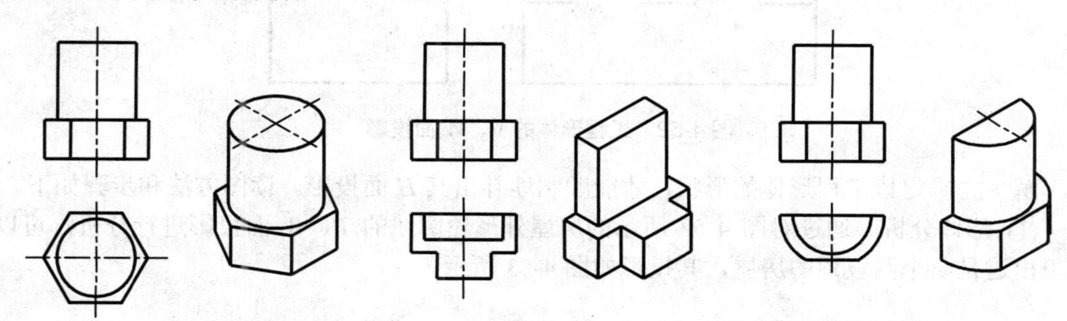

图 4-50　两视图确定立体的形状

如图 4-51 所示的三组投影图，虽然具有相同的正面投影和水平投影，但侧面投影不同，因而所表达形体的形状也不同。

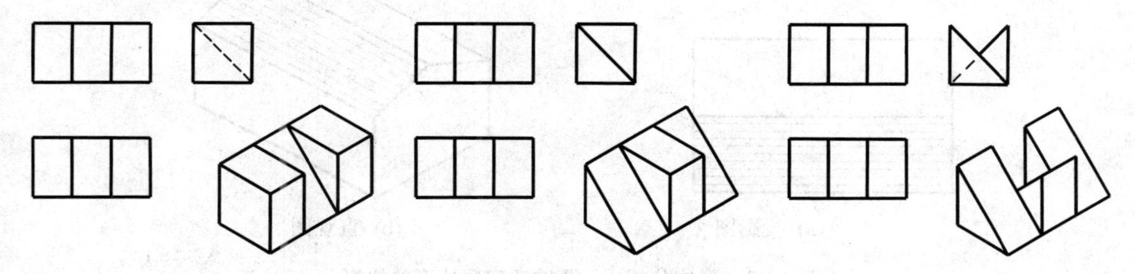

图 4-51　三视图确定立体的形状

2. 读图的基本方法和步骤

读图的基本方法是以形体分析法为主、线面分析法为辅，且经常应该是两种方法并用。对于叠加型组合体可主要用形体分析法，切割型组合体则需在形体分析的基础上结合线面分析法进行识读。

1)　形体分析法

从形体的概念出发，先大致了解组合体的形状，再将投影图按线框假想分解成几个部分，运用三视图的投影规律，逐个读出各部分的形状及相对位置，最后综合起来想象出整体形状。

2)　线面分析法

根据线面的投影特征，分析线、面的形状和相对位置关系，从而想象出形体形状(在采用形体分析法的基础上，对局部比较难看懂的部分，可采用此法帮助看图)。

读图步骤总的来说一般是先概略后细致，先形体分析后线面分析，先外部后内部，先整体后局部，再由局部回到整体，最后加以综合，以获得该形体的完整形象。下面举例加以说明。

【例 4.11】如图 4-52 所示，试根据工程形体的 V、W 面投影，补画其 H 面投影。

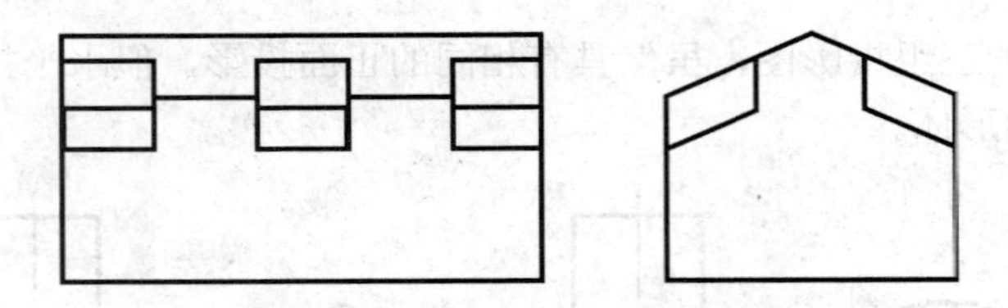

图 4-52　工程形体的 V、W 面投影

解　先确定该工程形体的形状，才能顺利地补出其 H 面投影。读图方法和步骤如下。

(1) 形体分析。通过对图 4-52 所示的房屋外形轮廓线的 V、W 面投影进行分析，可以想象出这是一个两坡顶的房屋，其投影如图 4-53 所示。

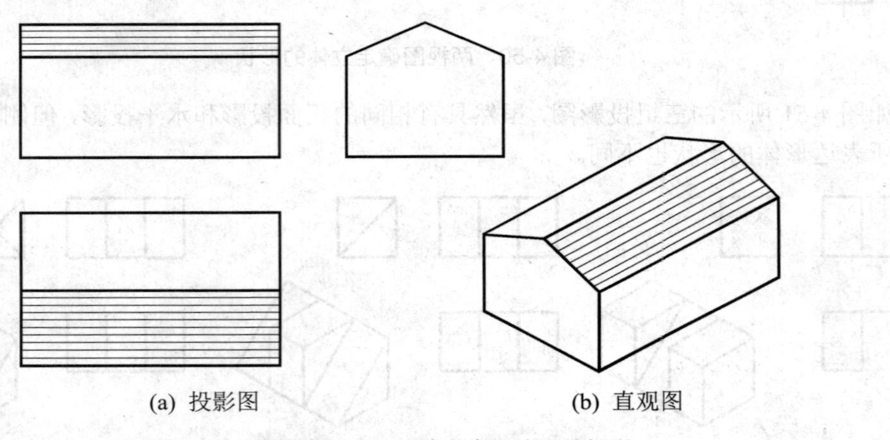

(a) 投影图　　(b) 直观图

图 4-53　形体分析——两坡顶房屋外形的投影

比较图 4-52 和图 4-53 的两坡顶屋面可看出，前者的 V 面投影比后者多了三个小方块线框，前者的 W 面投影比后者多了左右对称的两个平行四边形线框，因而需做进一步分析。

(2) 线面分析。如图 4-54 所示，先分析图 4-52 中 V 面投影左边的一个小方块。这个小方块内又分成两个线框，上面一个线框 r'，根据“高平齐”的投影关系，对应于 W 面投影上一条竖直线的 r''可知这是一个正平面 R；小方块内下面一个线框 q'，对应 W 面投影上一条斜线，可知这是一个侧垂面 Q；小方块线框右边的竖直线 p'，与 W 面投影上的平行四边形 p''对应，可知这是一个侧平面 P。

由上述分析可知，V 面投影上的小方块线框和 W 面投影上相对应的平行四边形线框，是在两坡屋面上用一个正平面 R、一个侧垂面 Q 和一个侧平面 P 切去了一个小四棱柱[如图 4-54(b)所示的立体图]所产生的截交线的投影。经过 6 处同样的切割之后，两坡顶屋面就形成了具有 6 个纵横天窗的屋面，如图 4-54 所示。

(3) 补画第三投影。根据“长对正、宽相等”的投影关系，在两坡顶房屋的 H 面投影上画出截交线的 H 面投影，如图 4-54(a)所示。

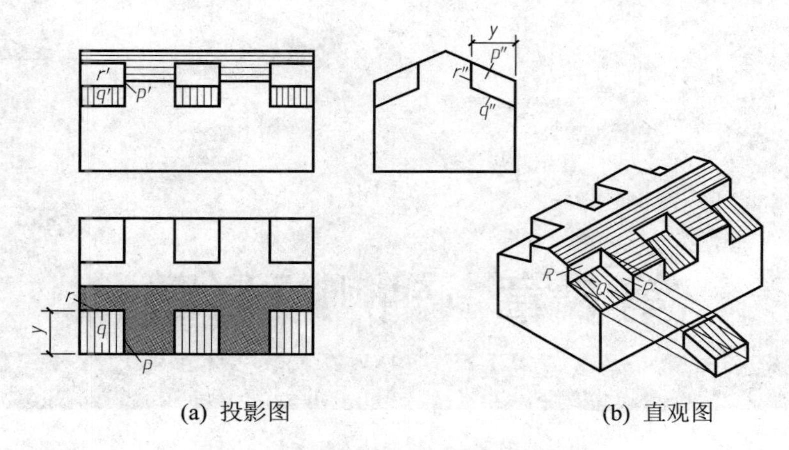

(a) 投影图　　(b) 直观图

图 4-54　线面分析——补绘 H 面投影

【例 4.12】识读图 4-55 所示 U 形桥台的三面投影图，想象出其空间形状。

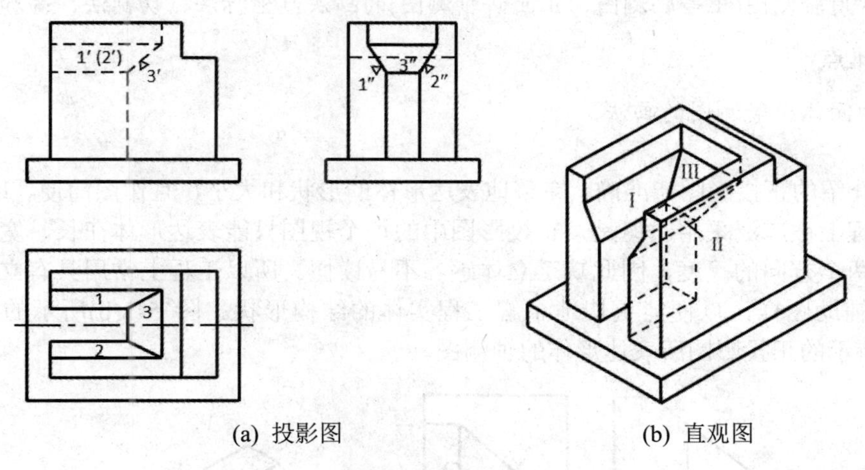

(a) 投影图　　(b) 直观图

图 4-55　识读 U 形桥台

解　(1) 形体分析。从 *V* 面投影入手，看出该桥台分为基础、台身两部分，对照平面图可知，下部基础是一个长方体，上部台身是一个 L 形棱柱挖切出 U 形缺口。该缺口在 *H* 面投影为两个 U 形，可知该 U 形缺口是在原 L 形棱柱的基础上挖切去两个长方体，这两个长方体在 *V*、*W* 面的投影都为两矩形框，而两矩形框的中间都夹有一梯形框，为弄清此处的形状及位置，需对该处的线框进行分析。

(2) 线面分析。如图 4-55(a)所示，由 *H* 面投影入手可以看到线框 1、线框 2、线框 3 都为梯形，Ⅰ面和Ⅱ面在 *V* 面投影 1′和 2′也为梯形，而在 *W* 面投影 1″和 2″为倾斜直线，由此可知Ⅰ面和Ⅱ面为侧垂面；Ⅲ面在 *W* 面投影 3″为梯形，而在 *V* 面投影 3′为倾斜直线，可知Ⅲ面为正垂面；Ⅰ面、Ⅱ面、Ⅲ面空间形状都为梯形，如图 4-55(b)所示。

(3) 综合想象 U 形桥台的空间形状，如图 4-55(b)所示。

第 5 章　轴测投影图

本章要点

- 轴测投影的形成、种类和基本性质。
- 常用轴测图(正等轴测图、正面斜轴测图)的画法：坐标法、切割法、叠加法。

本章难点

- 曲面体正等测图的画法。

前面介绍的正投影图能准确、完整地表达形体的形状和大小，且作图简便、度量性好，所以在工程上被广泛采用。但是，正投影图中的每个视图只能表达形体在长、宽、高三个方向中的两个方向的尺度，因此缺乏立体感，不易读懂。所以工程上常用具有立体感的轴测图作为辅助图样，以便能更快地了解工程实体的结构形状。图 5-1(b)所示的图形就是图 5-1(a)所示的正投影图所表达形体的轴测图。

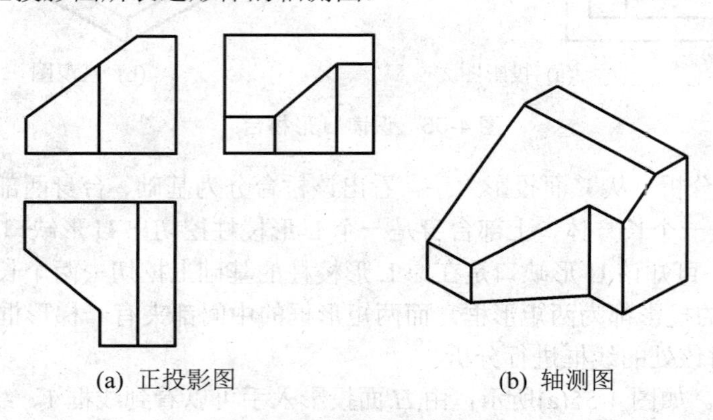

(a) 正投影图　　(b) 轴测图

图 5-1　正投影图和轴测图

5.1　轴测投影的基本知识

5.1.1　轴测投影的形成

轴测投影的形成如图 5-2 所示，将形体连同确定形体长、宽、高方向的空间直角坐标轴一起，沿不平行于任一坐标面的方向，用平行投影法将其向单一投影面 P 进行投影所得的图形，称为轴测投影或轴测图。

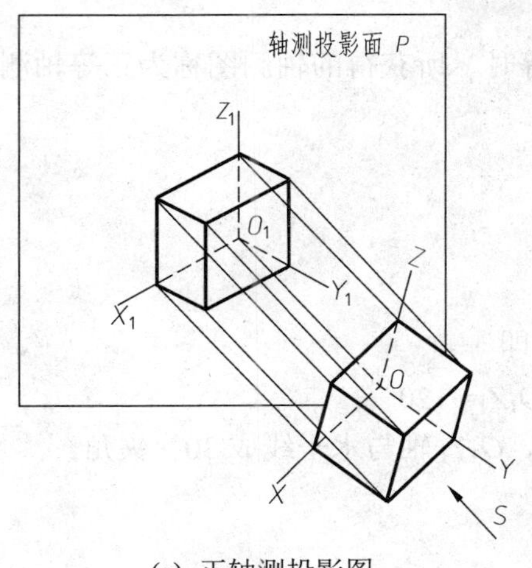

(a) 正轴测投影图

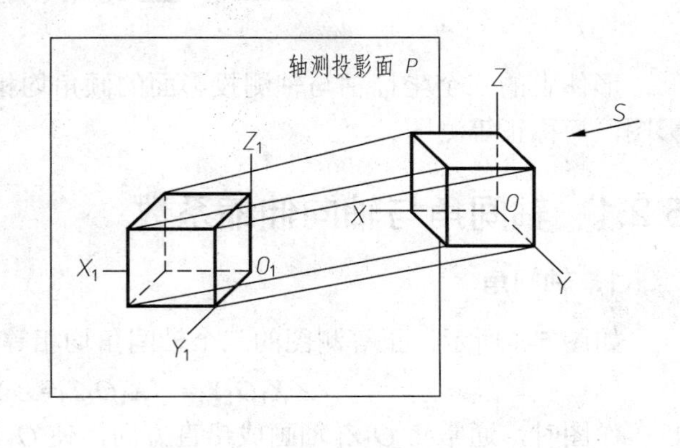

(b) 斜轴测投影图

图 5-2　轴测投影的形成

(1) 轴测投影面：P 面。

(2) 轴测轴：空间直角坐标轴 OX、OY、OZ 在 P 面上的投影 O_1X_1、O_1Y_1、O_1Z_1。

(3) 轴间角：轴测投影轴之间的夹角 $\angle X_1O_1Y_1$、$\angle Y_1O_1Z_1$、$\angle X_1O_1Z_1$。

(4) 轴向伸缩系数：轴测轴上的单位长度与相应空间直角坐标轴上单位长度的比值。OX、OY、OZ 轴的轴向伸缩系数分别用 p、q、r 表示，即

$$p=\frac{O_1X_1}{OX},\quad q=\frac{O_1Y_1}{OY},\quad r=\frac{O_1Z_1}{OZ}$$

5.1.2　轴测投影的种类

根据投影方向不同，轴测投影可分为以下两类。

(1) 正轴测投影：将形体放斜(立体上的坐标面均与 P 面倾斜)，用正投影法投影。

(2) 斜轴测投影：将形体摆正(选取立体上的坐标面与 P 面平行)，用斜投影法投影。

5.1.3　轴测投影的基本性质

由于轴测投影是用平行投影法投影的，所以具有平行投影的性质，具体如下。

(1) 平行性——形体上相互平行的线段在轴测投影图上仍然平行。

(2) 定比性——形体上两平行线段长度之比在投影图上保持不变。

(3) 真实性——形体上平行于轴测投影面的平面，在轴测图中反映实形。

由上述性质可知，凡与空间坐标轴平行的线段，其轴测投影不但与相应的轴测轴平行，且可以直接用该轴的伸缩系数度量尺寸；而不与坐标轴平行的线段则不能直接量取尺寸，“轴测”一词由此而来，轴测图也就是沿轴测量所画出的图。

5.2　正等轴测投影图

形体上的三个坐标轴与轴测投影面的倾角均相等时，所获得的轴测图称为正等轴测投影图，简称正等测图。

5.2.1　轴间角与轴向伸缩系数

1．轴间角

如图 5-3 所示，正等测图的三个轴间角均相等，即

$$\angle X_1O_1Y_1=\angle X_1O_1Z_1=\angle Y_1O_1Z_1=120°$$

作图时，通常将 O_1Z_1 轴画成铅直方向，使 O_1X_1、O_1Y_1 轴与水平线成 30° 夹角。

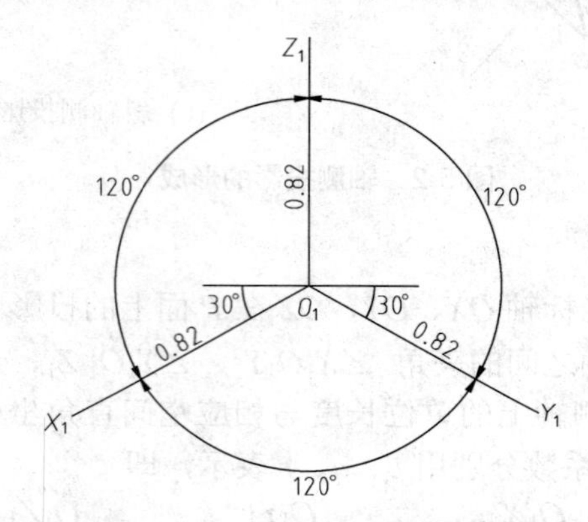

图 5-3　正等测图的轴间角

2．轴向伸缩系数

由于三个坐标轴与轴测投影面的倾角均相等，所以它们的轴向伸缩系数也相同，经计算可知：$p=q=r=0.82$。为了作图方便，采用简化的轴向伸缩系数 $p=q=r=1$，即凡平行于各坐标轴的尺寸都按原尺寸作图。这样画出的轴测图，其轴向尺寸都相应放大了 1/0.82=1.22 倍，但这对所表达形体的立体效果并无影响而且作图简便。

5.2.2　正等轴测图的画法

1．平面体正等测图的画法

画轴测投影图的基本方法是坐标法，实际作图时可根据形体的特征灵活运用其他方法。

坐标法是根据形体表面各点的空间坐标或尺寸，画出各点的轴测图，然后依次连接各点，即得该形体的轴测图。

通常可按下述步骤作图。

(1) 根据形体的结构特点，选定坐标原点的位置。坐标原点的位置一般选在形体的对称轴线上，且放在顶面或底面处，这样有利于作图。

(2) 画出轴测轴。

(3) 根据形体表面上各点的坐标及轴测投影的基本性质，沿轴测轴，按简化的轴向伸缩系数逐点画出，然后依次连接。为了使轴测图更直观，图中的虚线一般不画。

【例 5.1】 根据图 5-4(a)所示的正投影图，画出正六棱柱的正等测图。

解　由正投影图分析可知，正六棱柱的顶面、底面均为水平的正六边形。在轴测图中，顶面可见，底面不可见，宜从顶面画起，且使坐标原点与正六边形的中心重合。其作图方法与步骤如下。

(1) 在视图上确定坐标原点及坐标轴，如图 5-4(a)所示。

(2) 在适当位置作轴测轴 O_1X_1、O_1Y_1，如图 5-4(b)所示。

(3) 作点 A、D、Ⅰ、Ⅱ的轴测图：沿 O_1X_1 量取 M，沿 O_1Y_1 量取 S，得到点 A_1、D_1、$Ⅰ_1$、$Ⅱ_1$，如图 5-4(c)所示。

(4) 作点 B、C、E、F 的轴测图：分别过 $Ⅰ_1$、$Ⅱ_1$ 两点作 O_1X_1 轴的平行线，并量取 L 得到点 B_1、C_1、E_1、F_1，顺次连线，即完成了顶面的轴测图，如图 5-4(d)所示。

完成全图：过 A_1、B_1、C_1、F_1 各点向下作平行于 O_1Z_1 轴的直线，分别截取棱线的高度为 H，定出底面上的点，并顺次连线，擦去作图线，加深轮廓线，完成作图，如图 5-4(e)所示。

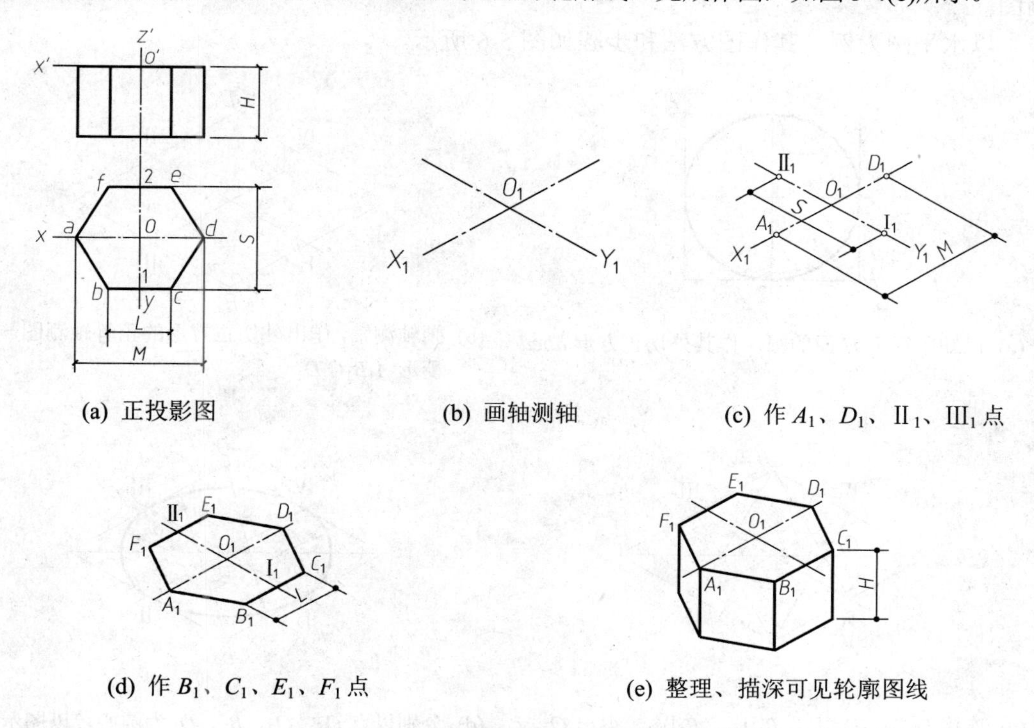

(a) 正投影图　　(b) 画轴测轴　　(c) 作 A_1、D_1、$Ⅱ_1$、$Ⅲ_1$ 点

(d) 作 B_1、C_1、E_1、F_1 点　　(e) 整理、描深可见轮廓图线

图 5-4　作正六棱柱的正等测图

2．曲面体正等测图的画法

曲面体与平面体正等测图的画法基本相同，只是由于其上多有圆(圆弧)或圆角，所以只要掌握圆或圆角正等测图的画法，就能画出曲面体的正等测图。

(1) 圆的正等测图。与坐标面平行的圆或圆弧，在正等测图中投影成椭圆或椭圆弧。由于各坐标面对轴测投影面的倾斜角度相等，因此，平行于各坐标面且直径相等的圆，其轴测投影均为长短轴之比相同的椭圆，如图 5-5 所示。

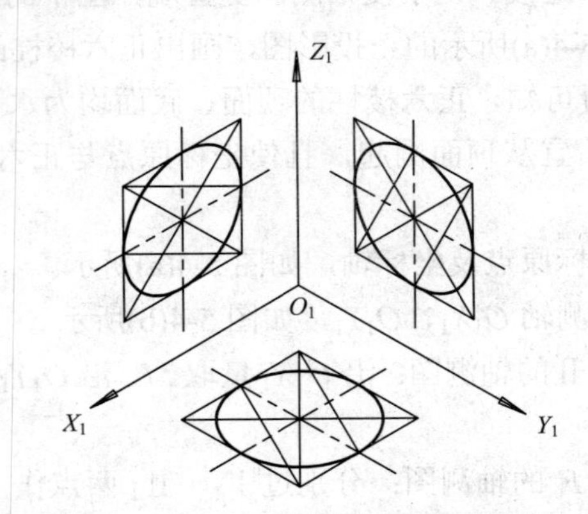

图 5-5　平行于各坐标面圆的正等测图

三个坐标面上的椭圆作法相同，工程上常用辅助菱形法(四圆心近似画法)作圆的正等轴测图。

以水平圆为例，其作图方法和步骤如图 5-6 所示。

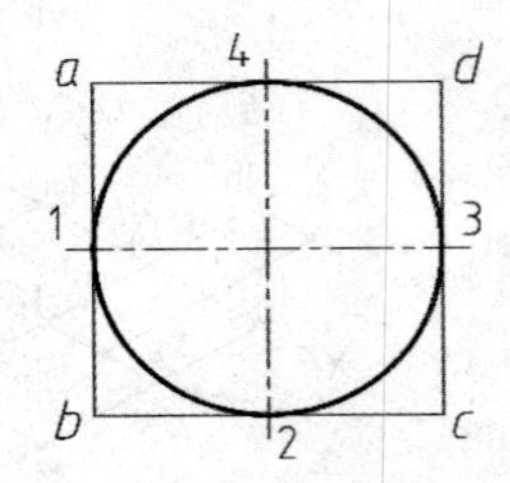

(a) 已知平行于 H 面的圆，作其外切正方形 $abcd$

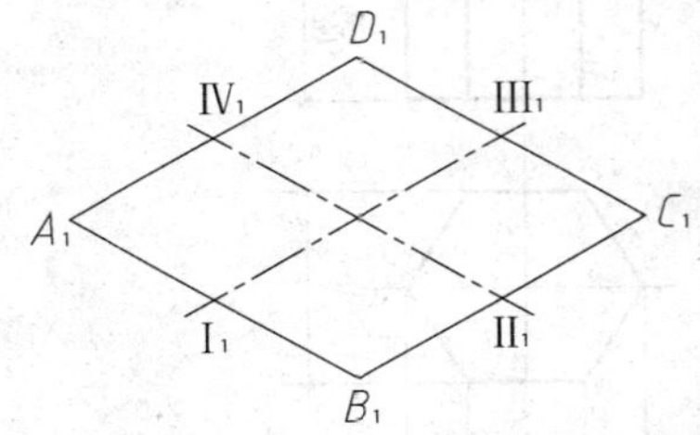

(b) 画轴测轴，作出外切正方形的正等轴测图——菱形 $A_1B_1C_1D_1$

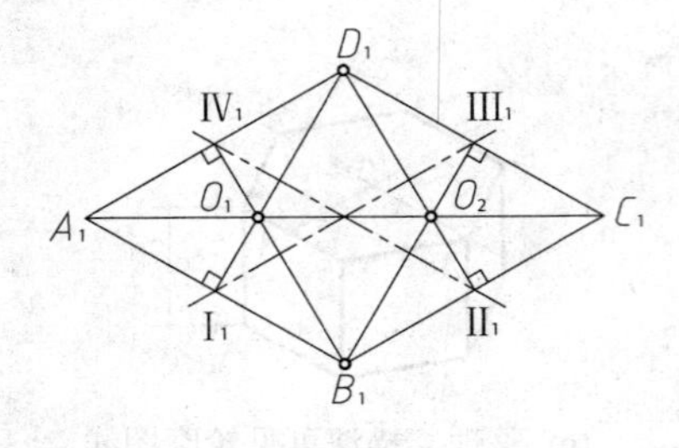

(c) 连接 $D_1Ⅰ_1$、$D_1Ⅱ_1$、$B_1Ⅲ_1$、$B_1Ⅳ_1$，得出 O_1、O_2 点，O_1、O_2、B_1、D_1 四点即为四段圆弧的圆心

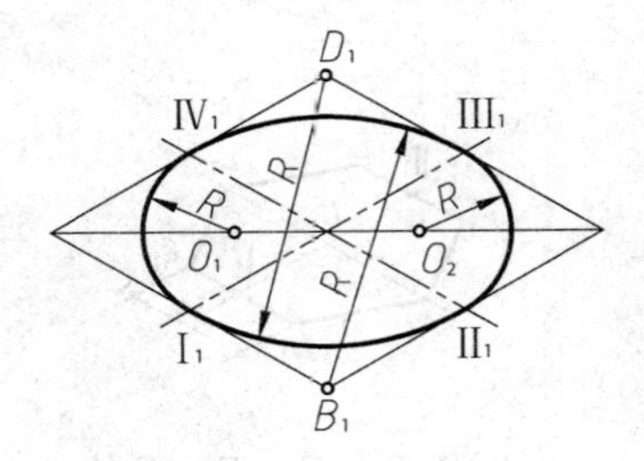

(d) 分别以点 O_1、O_2、B_1、D_1 为圆心，以图示 R 为半径画出四段圆弧 $Ⅰ_1Ⅱ_1$、$Ⅱ_1Ⅲ_1$、$Ⅲ_1Ⅳ_1$、$Ⅳ_1Ⅰ_1$

图 5-6　辅助菱形法作椭圆的方法和步骤

(2) 圆角的正等测图。圆角是圆的 1/4，其正等测图的画法与圆相同，但只需作出对应的 1/4 菱形，找出所需的切点和圆心，画出相应的圆弧即可。圆角正等测图的作图步骤如图 5-7 所示。

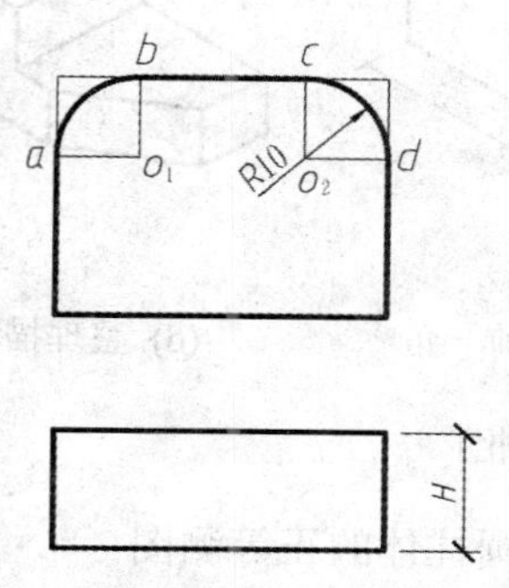

(a) 在视图中作切线，标出切点 a、b、c、d

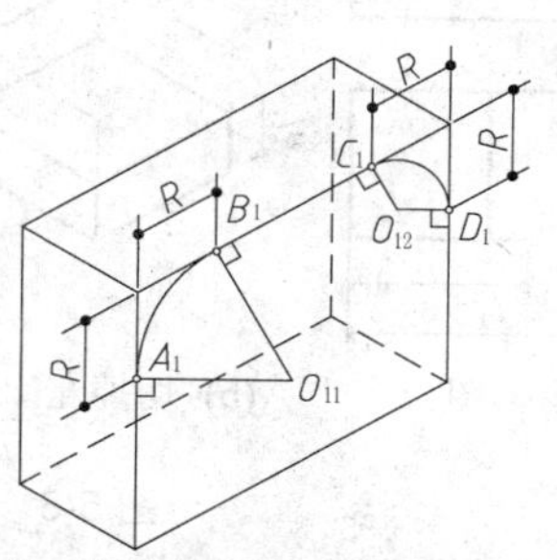

(b) 画出底板的正等测图，在底板前面定出切点 A_1、B_1、C_1、D_1，过切点分别作各对应边的垂线，两垂线的交点即为圆心 O_{11}、O_{12}，画出圆弧 A_1B_1、C_1D_1

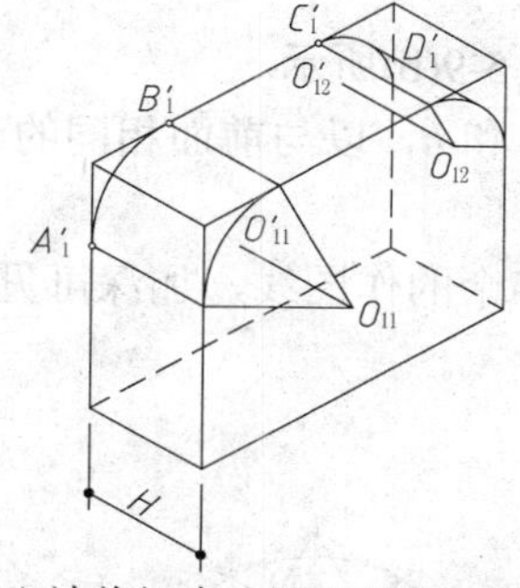

(c) 用移心法将切点、圆心后移一段板厚距离 H，以与前面相同的半径画弧并作出小圆弧的切线，即完成圆角的作图

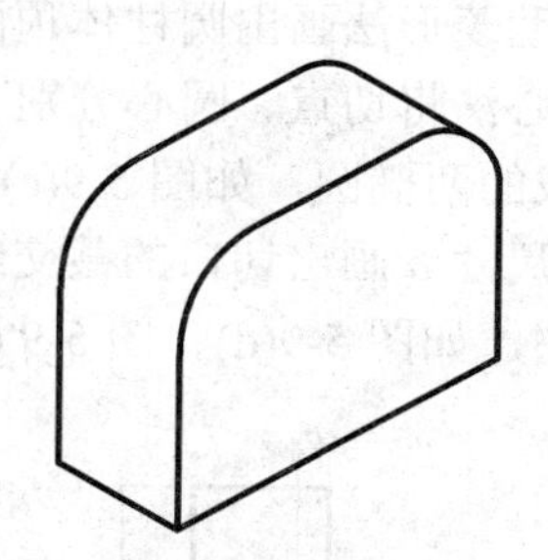

(d) 擦去多余的作图线，描深可见轮廓线，即完成全图

图 5-7　圆角正等测图的画法

3．组合体正等测图的画法

一般组合体均可看作由基本体叠加、挖切而成，因此画组合体的轴测图时可根据其组合形式选用切割、叠加及特征面等方法。

(1) 切割法。对于能由基本形体切割而成的形体，可以先画出基本形体的轴测投影，然后在轴测图中切去应该去掉的部分，从而可得到所需的图形。

【例 5.2】 如图 5-8(a)所示，根据正投影图画出木榫头的正等测图。

解　由正投影图分析可知，木榫头可视为由一长方体切割而成，因此作图时可用切割法。其作图方法与步骤如下。

① 画出长方体的正等测图，并在左上角切去一块，如图 5-8(b)所示。

② 切去左前方的一个角(一定要沿轴量取 B_2 和 L_2 来确定切平面的位置)，如图 5-8(c)所示。

③ 擦去多余的作图线，加深可见轮廓线，即可完成全图，如图 5-8(d)所示。

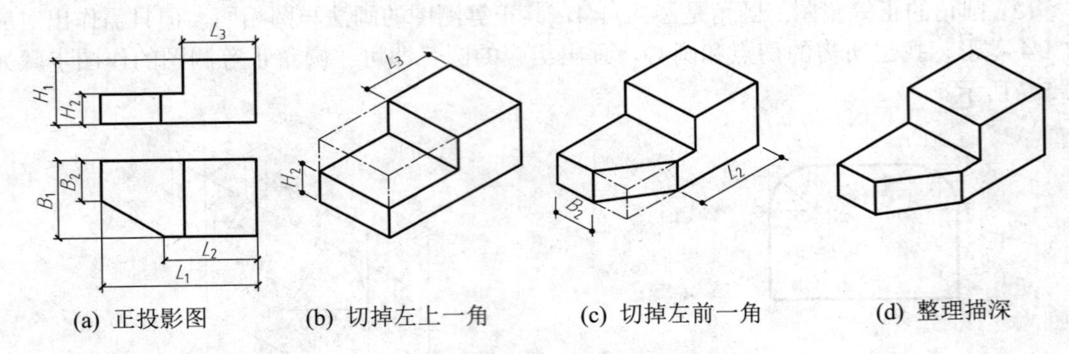

(a) 正投影图　(b) 切掉左上一角　(c) 切掉左前一角　(d) 整理描深

图 5-8　用切割法画平面体的轴测图

【例 5.3】 根据图 5-9(a)所示的正投影图，画出切口圆柱体的正等测图。

解　由正投影图分析可知，切口圆柱体由一圆柱体切割而成，因此作图时可用切割法。其作图方法与步骤如下。

① 用辅助菱形法画出圆柱体顶面圆的正等测图，如图 5-9(b)所示。

② 用移心法将切点、圆心分别下移一段高度距离 $h-h_1$ 和 h，以与前面相同的半径画出四段圆弧围成的两椭圆，如图 5-9(c)所示。

③ 根据尺寸 b 画出切口的截交线即矩形 1234，擦去多余的作图线，加深可见轮廓线，即可完成全图，如图 5-9(d)、图 5-9 (e)所示。

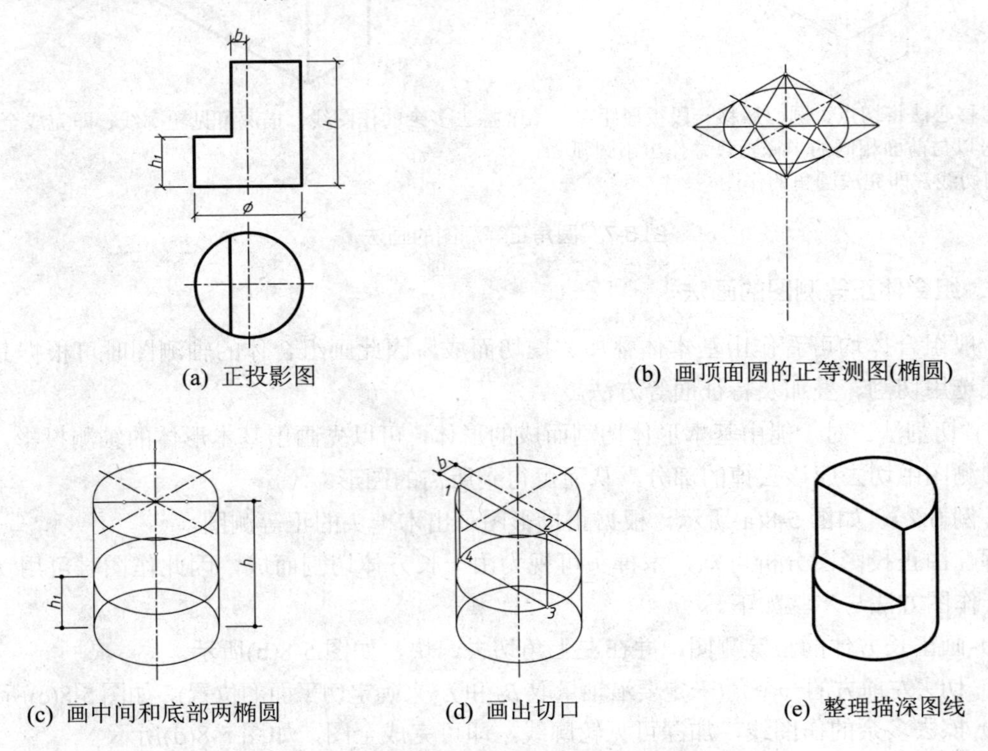

(a) 正投影图　(b) 画顶面圆的正等测图(椭圆)

(c) 画中间和底部两椭圆　(d) 画出切口　(e) 整理描深图线

图 5-9　用切割法画曲面体的轴测图

(2) 叠加法。对于叠加型组合体，在作其轴测图时，可将其分为几个部分，然后按各基本体的相对位置逐一画出其轴测投影。

【例 5.4】 根据如图 5-10(a)所示的正投影图，画出支架的正等测图。

解　由正投影图可知，支架是由两部分叠加而成的，因此作图时可用叠加法。其作图方法与步骤如图 5-10 所示。

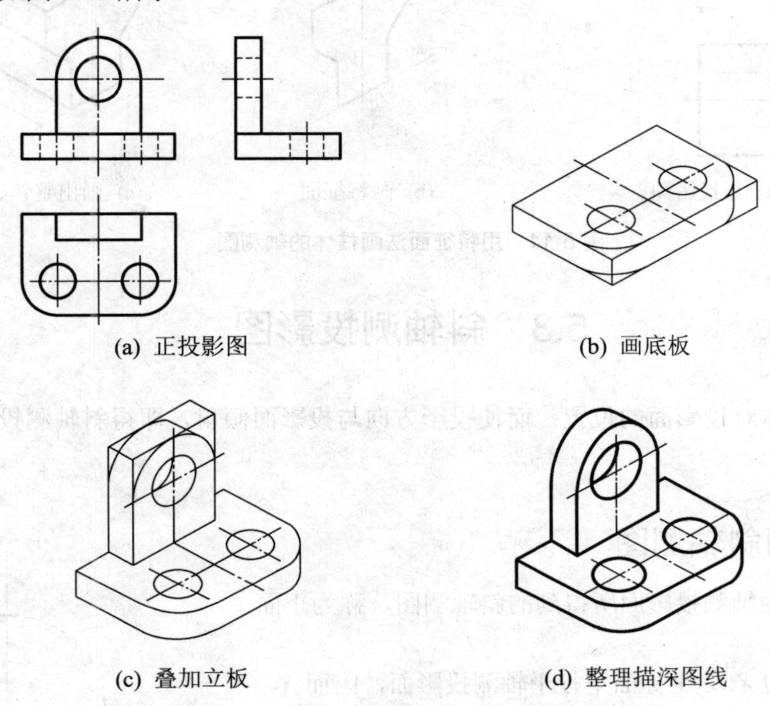

(a) 正投影图　　(b) 画底板

(c) 叠加立板　　(d) 整理描深图线

图 5-10　用叠加法画轴测图

(3) 特征面法。当柱类形体的某一端面比较复杂且能反映柱体的特征形状时，可用坐标法先求出特征端面的正等测图，然后沿坐标轴方向延伸成立体，这种画轴测图的方法称为特征面法。

【例 5.5】 根据图 5-11(a)所示的正投影图，画出 T 形梁的正等测图。

解　由正投影图分析可知，T 形梁为一八棱柱，有两个大小相等且均平行于 YOZ 坐标面的八边形底面，作图时可将此面作为特征面。其作图方法与步骤如下。

① 选择八棱柱的八边形底面为特征面，在正投影图上定出原点和坐标轴的位置，如图 5-11(a)所示。

② 画出轴测轴，利用坐标法及轴测投影的基本性质画出特征面的正等测图，如图 5-11(b)所示。

③ 过特征面的各角点作 X_1 轴的平行线，并截取形体的长度 L，然后顺序连接各点并整理描深图线，即可完成 T 形梁正等测图的绘制，如图 5-11(c)所示。

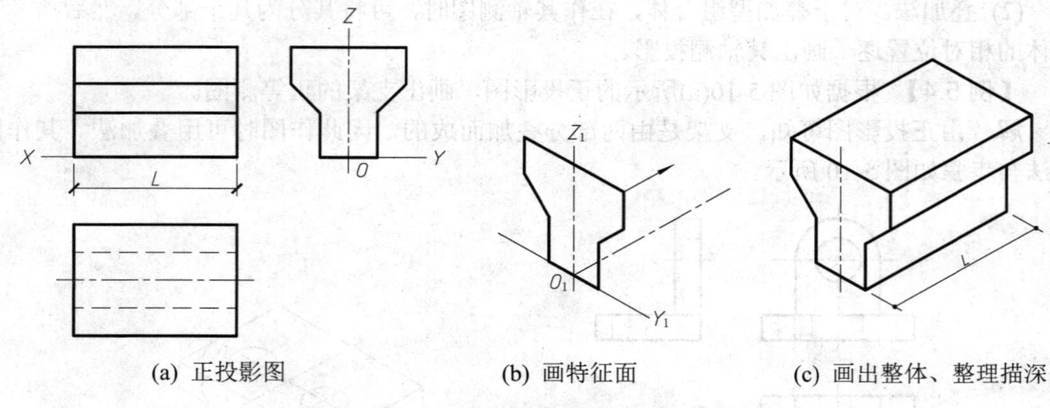

(a) 正投影图　　(b) 画特征面　　(c) 画出整体、整理描深

图 5-11　用特征面法画柱体的轴测图

5.3　斜轴测投影图

不改变形体对投影面的位置，而使投影方向与投影面倾斜，即得斜轴测投影图，简称斜轴测图。

5.3.1　正面斜轴测图

以 V 面作为轴测投影面所得到的斜轴测图，称为正面斜轴测图。

由于形体的 XOZ 坐标面平行于轴测投影面，因而 X、Z 轴的投影 X_1、Z_1 轴互相垂直，且投影长度不变，即轴向伸缩系数 $p=r=1$。因投影方向可有多种，故 Y 轴的投影方向和伸缩系数也有多种。为了作图简便，常取 Y_1 轴与水平线成 45° 角。正面斜轴测图的轴间角如图 5-12 所示。

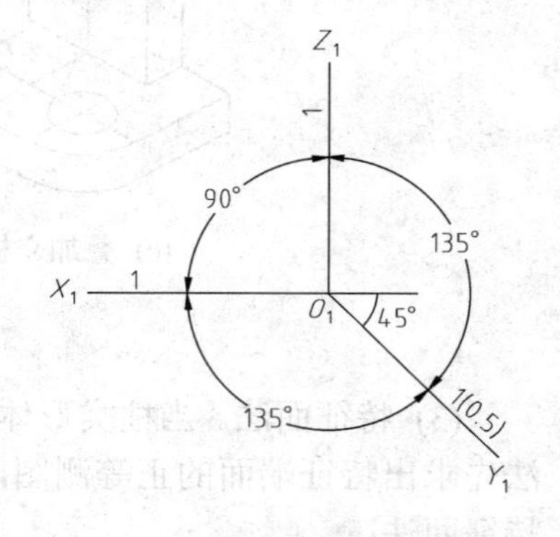

图 5-12　正面斜轴测图的轴间角

当 $q=1$ 时，作出的图称为正面斜等轴测图，简称斜等测图(三轴的伸缩系数全相等)；若取 $q=0.5$ 时，作出的图称为正面斜二轴测图，简称斜二测图(二轴的伸缩系数相等)。

斜轴测图能反映正面实形，作图简便，直观性较强，因此用得较多；当形体上的某一个面形状复杂或曲线又较多时，用该法作图更佳。

斜轴测图的作图方法和步骤与正等测图的画法基本相同，只是轴间角和轴向伸缩系数不同而已。

【例 5.6】 根据图 5-13(a)所示的正投影图，画出台阶的正面斜二测图。

解　由正投影图分析可知，台阶的端面与 XOZ 坐标面平行，因此其斜轴测投影显示实形。其作图方法与步骤如图 5-13 所示。

【例 5.7】 根据图 5-14(a)所示的正投影图，画出门洞的正面斜等测图。

解　由正投影图分析可知，门洞可看作由上下两部分叠加而成，下部挖了半圆拱门洞。其作图方法与步骤如图 5-14 所示。

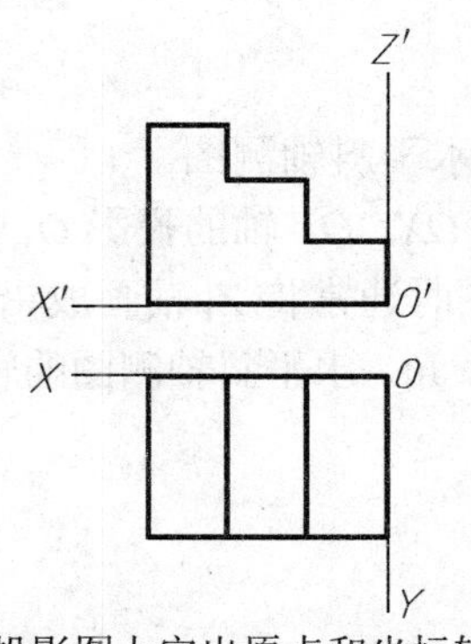

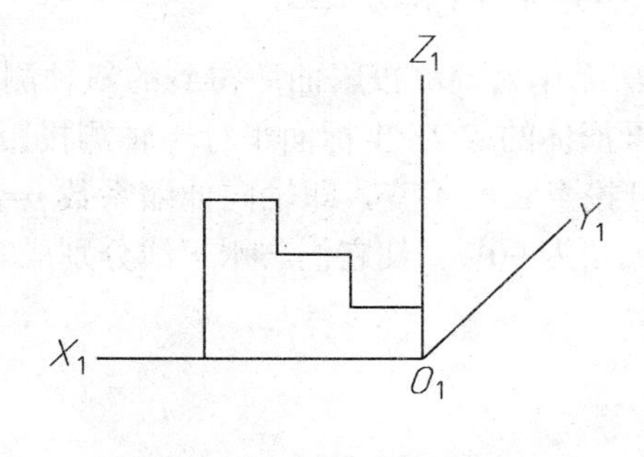

(a) 在正投影图上定出原点和坐标轴的位置　(b) 画出斜二测图的轴测轴，并在 $X_1O_1Z_1$ 坐标面上做出正面图

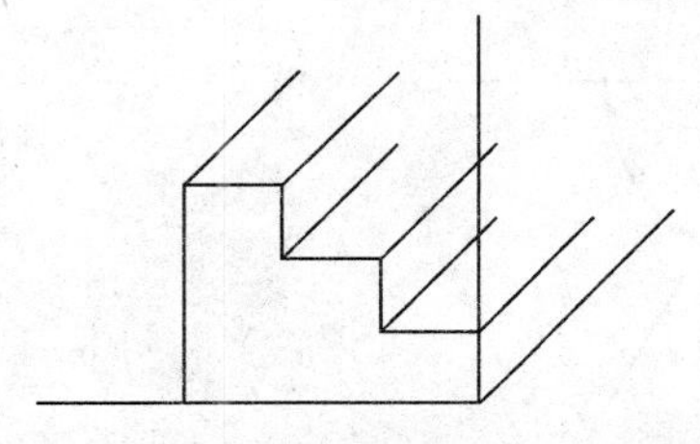

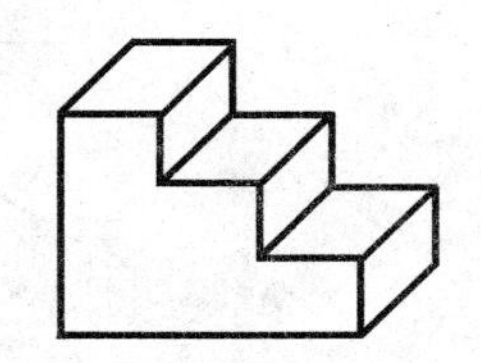

(c) 过各角点作 Y_1 轴的平行线，长度等于原宽度的一半　(d) 将平行线各角点连接起来，描深图线即得其斜二测图

图 5-13　作台阶的斜二测图

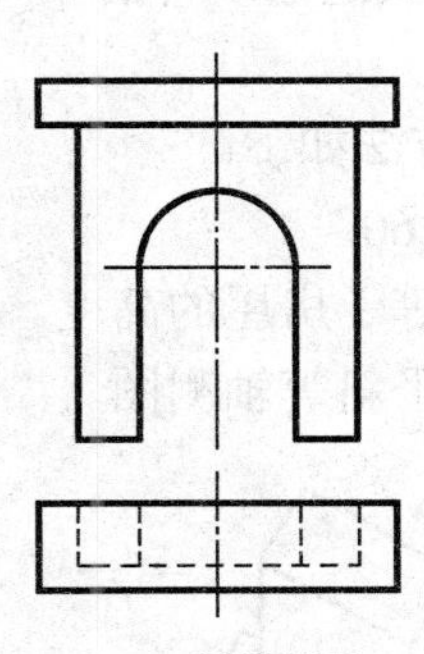

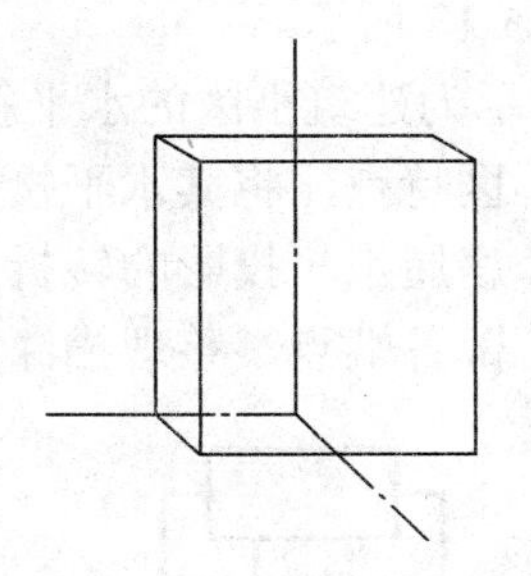

(a) 正投影图　(b) 画轴测轴及底部长方体(宽度量取原尺寸)

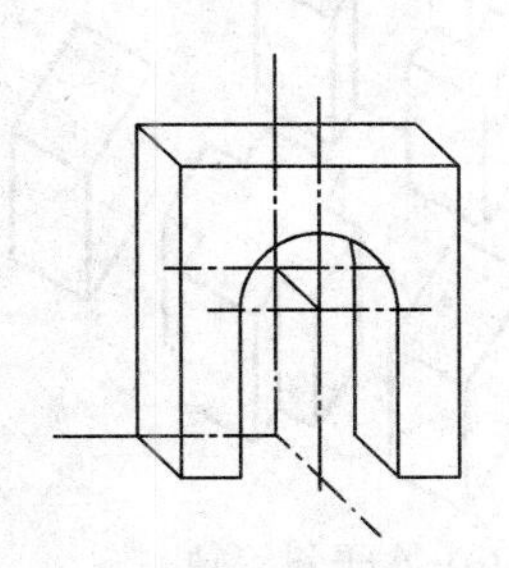

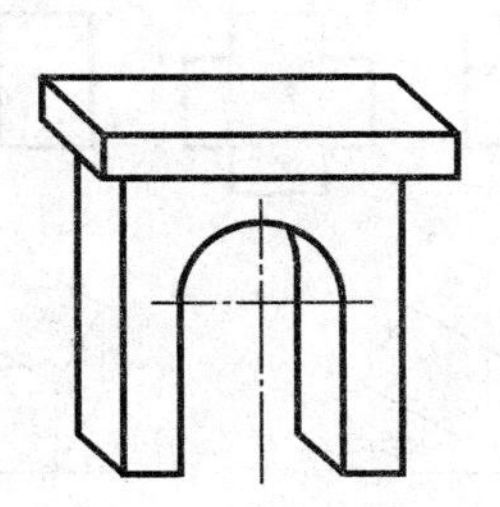

(c) 挖出底部门洞　(d) 叠加上顶部，描深完成全图

图 5-14　作门洞的斜等测图

5.3.2 水平斜轴测图

以 H 面作为轴测投影面所得到的斜轴测图，称为水平斜轴测图。

由于形体的 XOY 坐标面平行于轴测投影面，因而 OX、OY 轴的投影 O_1X_1、O_1Y_1 轴互相垂直，且投影长度不变，即轴向伸缩系数 $p=q=1$。作图时通常将 Z_1 轴画成铅直方向，O_1X_1、O_1Y_1 轴夹角为 90°，使它们与水平线分别成 30°、60° 角。水平斜轴测图的轴间角如图 5-15 所示。

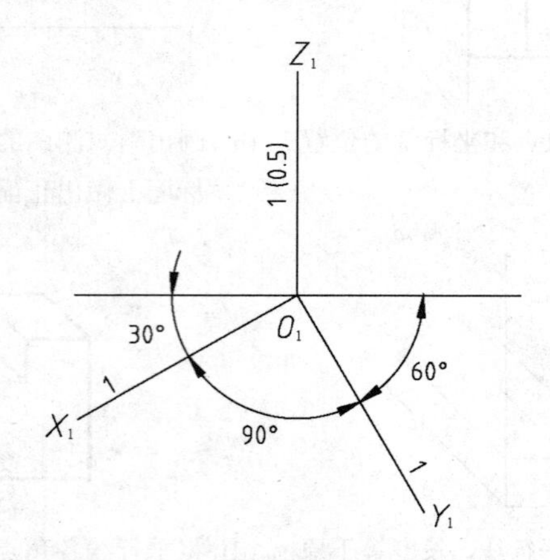

图 5-15　水平斜轴测图的轴间角

当取 $r=1$ 时作出的图称为水平斜等测图；若取 $r=0.5$ 作出的图称为水平斜二测图。

水平斜轴图又称鸟瞰轴测图，在建筑工程中，常用来表达建筑群的布局、交通等情况，如图 5-16、图 5-17 所示。

图 5-16 所示为建筑小区的水平斜等轴测图，其作图方法如下。

(1) 根据小区特点，将其水平投影逆时针旋转 30° 或 60°。

(2) 过各个房屋水平投影的转折点向上作垂线，使之等于房屋的高度。

(3) 连接上部各端点，整理描深图线，即得小区的水平斜等轴测图。

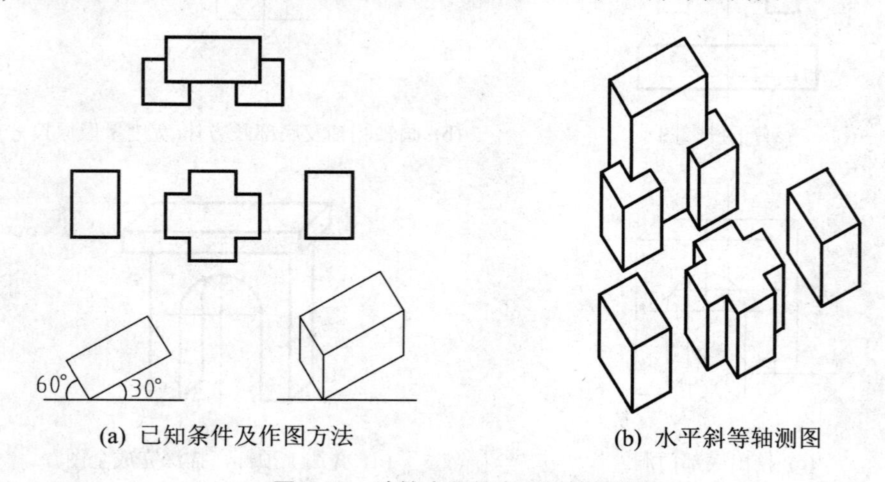

(a) 已知条件及作图方法　　(b) 水平斜等轴测图

图 5-16　建筑小区的水平斜等轴测图

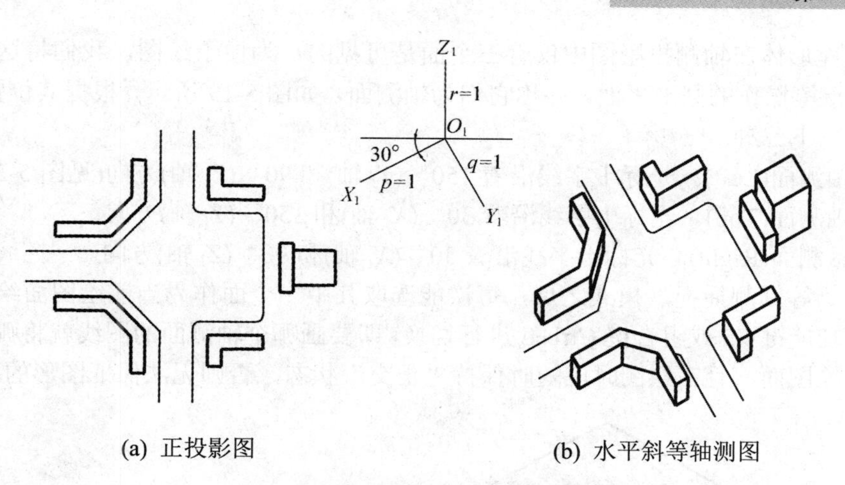

(a) 正投影图　　(b) 水平斜等轴测图

图 5-17　建筑群的水平斜等轴测图

【例 5.8】 根据 5-18(a)所示的正投影图，画出建筑形体的水平斜等测图。

解　由正投影图分析可知，该建筑形体由三部分组成。其作图方法与步骤如下。

(1) 坐标原点选在房屋的右后下角，如图 5-18(a)所示。

(2) 画出轴测轴，将建筑形体的水平投影绕 X_1 逆时针旋转 30°，即可得到建筑基底的水平斜轴测图，如图 5-18(b)所示。

(3) 从建筑基底的各个顶角点向上引垂线，使之等于建筑高度，连接上部各端点，可画出建筑的顶面轮廓。

(4) 擦去多余作图线，描深可见轮廓线，即可完成建筑形体的水平斜等测图，如图 5-18(c)所示。

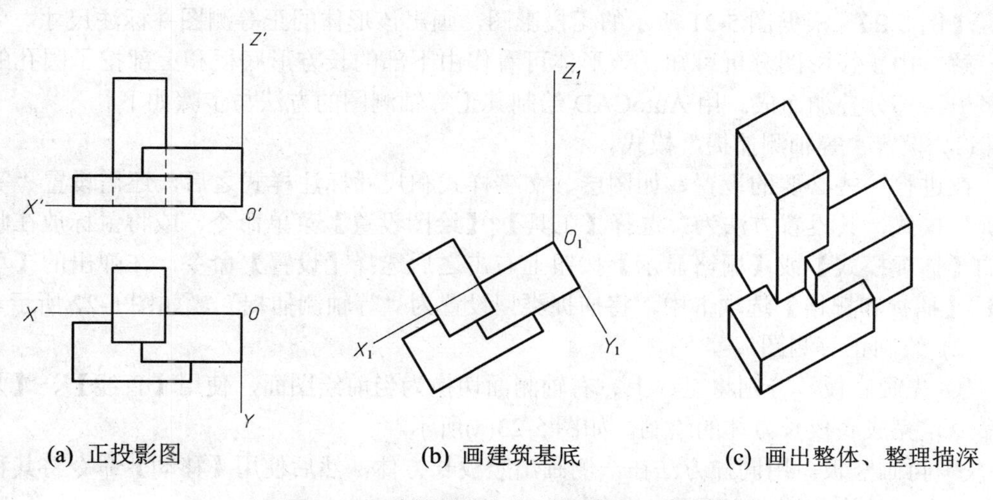

(a) 正投影图　　(b) 画建筑基底　　(c) 画出整体、整理描深

图 5-18　建筑形体的水平斜等测图

5.4　AutoCAD 绘制轴测投影图

在 AutoCAD 中，可以通过设置“等轴测捕捉”类型，在二维空间中方便地绘制具有立体感的正等轴测投影图。

一个工程形体在轴测投影图中仅有三个面是可见的，为便于绘图，我们将这三个面作为画线、找点等操作的基准平面，并称它们为轴测面，如图 5-19 所示。根据其位置的不同，轴测面分为以下三种。

(1) 左轴测面(Left)。光标十字线沿着 150°（Y_1 轴)和 90°（Z_1 轴)方向(见图 5-20)；

(2) 上轴测面(Top)。光标十字线沿着 30°（X_1 轴)和 150°（Y_1 轴)方向；

(3) 右轴测面(Right)。光标十字线沿着 30°（X_1 轴)和 90°（Z_1 轴)方向。

当激活“等轴测捕捉”模式之后，每次能选取其中一个面作为当前绘图面绘图。三个面之间可用功能键 F5 或组合键 Ctrl+E 进行切换，即要画哪个轴测面的图线就将哪个轴测面切换至当前绘图面，且在绘图时应随时保持“正交”状态，否则无法保证图形的准确性。

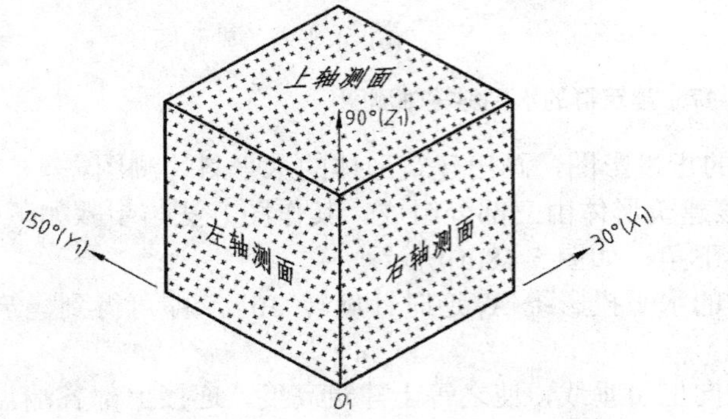

图 5-19　正方体的三个轴测面

图 5-20　十字光标位于“左轴测面”

下面通过一个例题来介绍用 AutoCAD 绘制正等轴测图的方法和步骤。

【例 5.9】 根据图 5-21 所示的正投影图，画出该形体的正等测图并标注尺寸。

解　由正投影图分析可知，该形体可看作由下部的长方形底板和上部挖了圆孔的圆端型竖板两部分叠加而成。用 AutoCAD 绘制其正等轴测图的方法与步骤如下。

(1) 设置“等轴测捕捉”模式。

在进行一些必要的设置，如图层、文字样式和尺寸标注样式之后，还需设置“等轴测捕捉”模式，其设置方法为：选择【工具】|【绘图设置】菜单命令，或将鼠标放在状态栏中的【捕捉模式】或【栅格显示】按钮上右击之后选择【设置】命令，在弹出的【草图设置】|【捕捉和栅格】选项卡中，将捕捉类型设置为“等轴测捕捉”，如图 5-22 所示。

(2) 绘制正等测图。

① 先画底板。分别将左、上、右轴测面切换为当前绘图面，使用【直线】、【复制】等命令，完成底板长方体的绘制，如图 5-23(a)所示。

② 再画竖板。用同样方法在一侧画出竖板长方体，然后使用【移动】命令将其移到底板上方中部并修剪掉多余图线，如图 5-23(b)所示。

③ 作竖板圆角。竖板顶部圆角在正等测图中投影成位于右轴测面的椭圆弧，可使用【椭圆】命令中的【等轴测圆(I)】选项，指定等轴测圆圆心和半径“15”之后，先画出位于前面的一个椭圆，然后复制一个到后面，如图 5-23(c)所示；修剪掉多余图线，画上前后椭圆弧的外侧公切线，即可完成圆端型竖板外形的绘制，如图 5-23(d)所示。

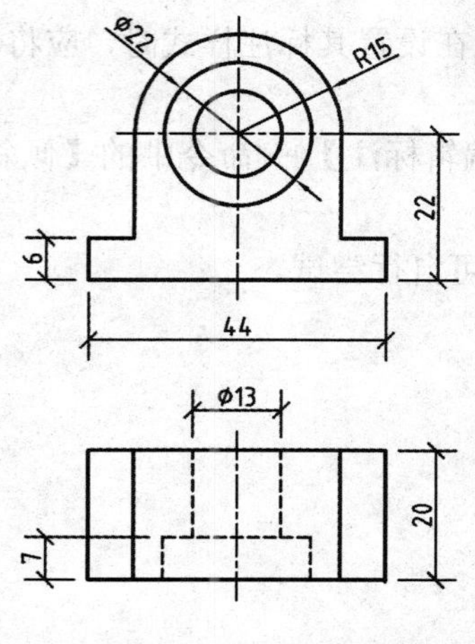

图 5-21　形体的正投影

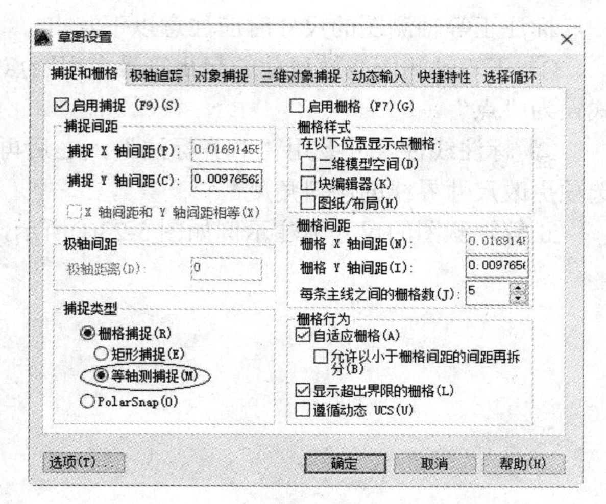

图 5-22　【捕捉和栅格】选项卡

④ 挖竖板圆孔。竖板圆孔为一阶梯孔，前大(ϕ22)后小(ϕ13)。可同样使用【椭圆】命令中的【等轴测圆(I)】选项，画出能看见的三个椭圆[见图 5-23(e)]；修剪掉多余图线，完成整个图形的绘制，如图 5-23(f)所示。

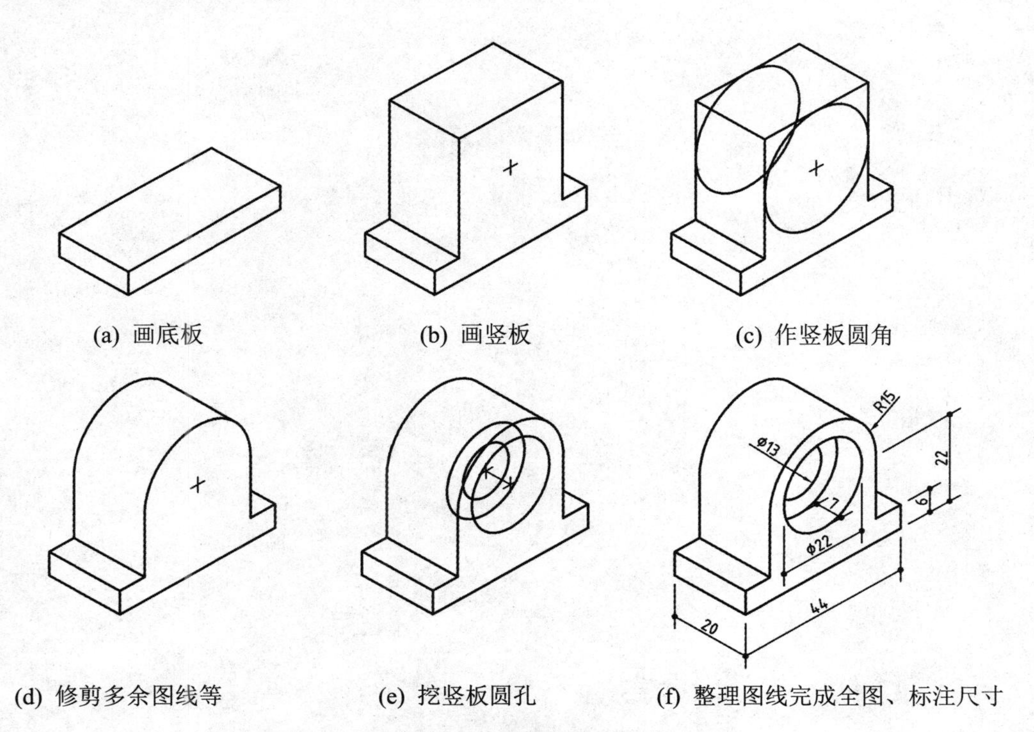

(a) 画底板　(b) 画竖板　(c) 作竖板圆角

(d) 修剪多余图线等　(e) 挖竖板圆孔　(f) 整理图线完成全图、标注尺寸

图 5-23　正等轴测图绘图与尺寸标注示例

(3) 标注尺寸。

标注正等轴测图的尺寸时应注意以下几点。

① 正等轴测图线性尺寸的起止符号多用圆点，因此在设置其标注样式时，应将箭头样式设为“点”。

② 标注线性尺寸要用“对齐标注”，之后再用【编辑标注】命令中的【倾斜(O)】选项更改尺寸界线的倾斜角度。

正等轴测图的尺寸标注示例如图 5-23(f)所示，读者可自行尝试。

第 6 章　工程形体的表达方法

本章要点

- 投影图、剖面图、断面图的画法。

本章难点

- 投影图、剖面图的画法。

工程形体的结构和形状是多种多样的，要想将其表达得既完整、清晰，又便于画图和读图，只用前面介绍的三面投影图难以满足要求。为此，国家标准《技术制图》和《房屋建筑制图统一标准》(GB/T 50001—2010)规定了一系列图样表达方法，以供制图时根据形体的具体情况选用。本章将介绍国家标准规定的投影图、剖面图、断面图的画法和一些简化画法，以及如何应用这些方法表达各种形体的结构形状。

6.1 投　影　图

对于形状简单的工程形体，一般用三面投影图即三视图就可以表达清楚，但对于结构复杂的形体则需要在原有三面投影的基础上，增加其他方向的投影。如图 6-1(b)所示的房屋形体，如果从六个不同方向投射，可以得到如图 6-1(a)所示的六面投影图。

六面投影图的名称分别如下。

(1) 正立面图——自前向后(*A* 向)投射所得的视图。

(2) 平面图——自上向下(*B* 向)投射所得的视图。

(3) 左侧立面图——自左向右(*C* 向)投射所得的视图。

(4) 右侧立面图——自右向左(*D* 向)投射所得的视图。

(5) 背立面图——自后向前(*E* 向)投射所得的视图。

(6) 底面图——自下向上(*F* 向)投射所得的视图。

一般情况下，如果六面投影图画在一张图纸上，并按如图 6-1(a)所示的位置排列时，可不标注各投影图的名称；而如果一张图纸内画不下所有投影图时，可以把各投影图分别画在几张图纸上，但应在投影图下方标注图名。图名宜标注在图样的下方或一侧，并在图名下绘一条粗实线，其长度应以图名所占长度为准。

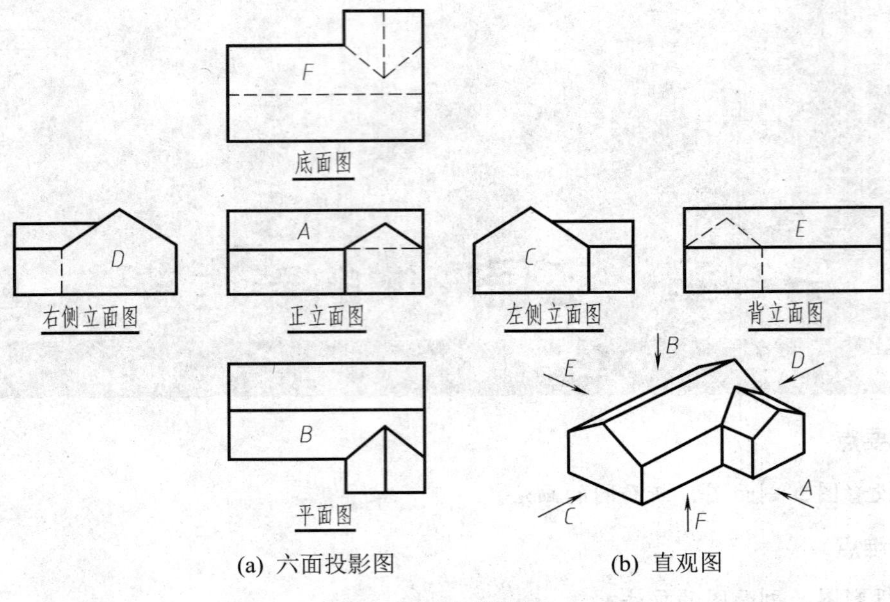

(a) 六面投影图　　　(b) 直观图

图 6-1　六面投影图

6.2 剖　面　图

6.2.1 剖面图的形成

在形体的投影图中，将可见的轮廓线绘制成实线，不可见的轮廓线绘制成虚线。因此，对于内部结构比较复杂的形体，势必在投影图上会出现较多的虚线，而使得实线与虚线相互交错而混淆不清，不利于看图和标注尺寸。为解决这一问题，工程上常采用剖切的方法，即假想用剖切面在形体的适当部位将形体剖开，移去剖切面与观察者之间的部分，而将剩余的部分向投影面投射，使原来不可见的内部结构成为可见，这样得到的投影图称为剖面图，简称剖面。

图 6-2(a)所示为水槽的三面投影图，其三面投影均出现了许多虚线，因而使图样不够清晰。假想用一个通过水槽排水孔轴线，且平行于 *V* 面的剖切面 *P* 将水槽剖开，移走前半部分，将剩余的部分向 *V* 面投影，然后在水槽的断面内画上材料图例，即得到水槽正面方向的剖面图[见图 6-2(c)]。这时水槽的槽壁厚度、槽深、排水孔大小等均被表达得很清楚，又便于标注尺寸。同理，可用一个通过水槽排水孔轴线，且平行于 *W* 面的剖切面 *Q* 剖开水槽，移去 *Q* 面的左边部分，然后将形体剩余的部分向 *W* 面投射，得到另一个方向的剖面图[见图 6-3(d)]。由于水槽下的支座在两个剖面图中已表达清楚，故在平面图中省去了表达支座的虚线。如图 6-3(b)所示为水槽的剖面图。

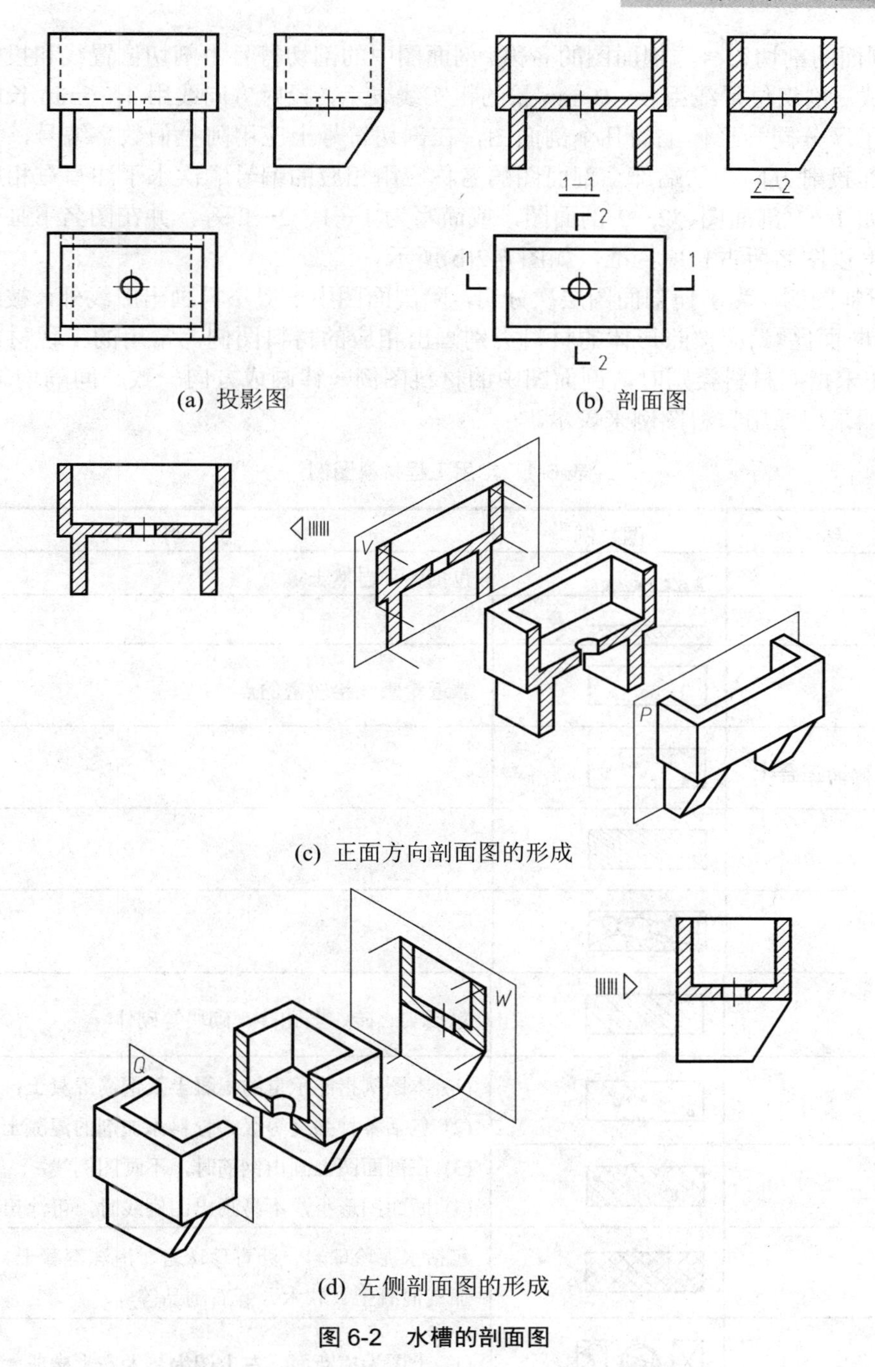

(a) 投影图　(b) 剖面图

(c) 正面方向剖面图的形成

(d) 左侧剖面图的形成

图 6-2　水槽的剖面图

6.2.2　剖面图的画法

在画剖面图时应注意以下相关规定。

(1) 形体的剖切平面位置应根据表达的需要来确定。为了完整、清晰地表达内部形状，一般来说剖切平面应通过孔、槽等不可见部分的中心线，且应平行于剖面图所在的投影面。如果形体具有对称平面，则剖切平面应通过形体的对称平面。

(2) 剖面的剖切符号与剖面图的名称。剖面图中的剖切符号由剖切位置线和投射方向线两部分组成。剖切位置线用 6～10mm 长的粗实线表示，投射方向线用 4～6mm 长的粗实线表示。为了区分同一形体上的几个剖面图，在剖切符号上应用阿拉伯数字编号，数字应水平地注写在投射方向线的端部。剖面图的名称应用相应的编号顺次水平注写在相应剖面图的下方，如 1—1 剖面图、2—2 剖面图，或简写为 1—1、2—2 等，并在图名下画一条粗实线，其长度以图名所占长度为准，如图 6-2(b)所示。

(3) 材料图例。为了使剖面图层次分明，除剖面图中一般不再画出虚线外，被剖到的实体部分(即断面区域)应按照形体的材料类别画出相应的材料图例。常用的工程材料图例见表 6-1。在未指明材料类别时，剖面图中的材料图例一律画成方向一致、间隔均匀的 45°细实线，即采用通用材料图例来表示。

表 6-1　常用工程材料图例

名　称	图　例	说　明
自然土壤		包括各种自然土壤
夯实土壤		
砂、灰土	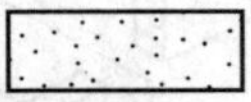	靠近轮廓线绘较密的点
砂砾石、碎砖三合土	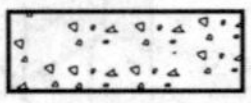	
石材	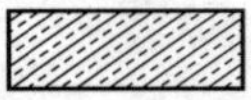	
毛石	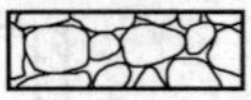	
普通砖		包括实心砖、多孔砖、砌块等砌体
混凝土		(1) 本图例指能承重的混凝土及钢筋混凝土； (2) 包括各种强度等级、骨料添加剂的混凝土； (3) 在剖面图上画出钢筋时，不画图例线； (4) 断面图形小，不易画出图例线时，可涂黑
钢筋混凝土		
多孔材料		包括水泥珍珠岩、沥青珍珠岩、泡沫混凝土、非承重加气混凝土、软木、蛭石制品等
木材	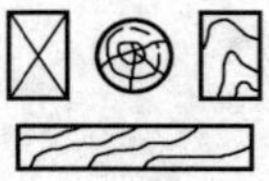	(1) 上图为横断面，左上图为垫木、木砖或木龙骨； (2) 下图为纵断面
玻璃	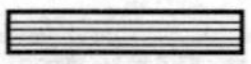	包括平板玻璃、磨砂玻璃、夹丝玻璃、钢化玻璃、中空玻璃、加层玻璃、镀膜玻璃等
金属		(1) 包括各种金属； (2) 图形小时可涂黑

(4) 同一形体各图形的画法。剖面图只是一种表达形体内部结构的方法，其剖切和移去一部分是假想的，因此除剖面图外的其他视图应按原状完整地画出。

当同一个形体具有多个断面区域时，其材料图例的画法应一致；当同一个形体多次剖切时，其剖切方法和先后次序互不影响。

6.2.3 剖面图的种类

1. 全剖面图

用一个平行于基本投影面的剖切平面，将形体全部剖开后画出的图形称为全剖面图。显然，全剖面图适用于外形简单、内部结构复杂的形体。

如图 6-3 所示为一座房屋的表达方案图。为了表达其内部布置情况，假想用一个稍高于窗台位置的水平剖切面将房屋全部剖切开，移去剖切面及以上部分，将以下部分投射到水平面上，可得到房屋的水平全剖面图，这种剖面图在建筑施工图中称为平面图。由于房屋的剖面图都是用小于 1∶50 的比例绘制的，因此按国家标准规定一律不画材料图例。

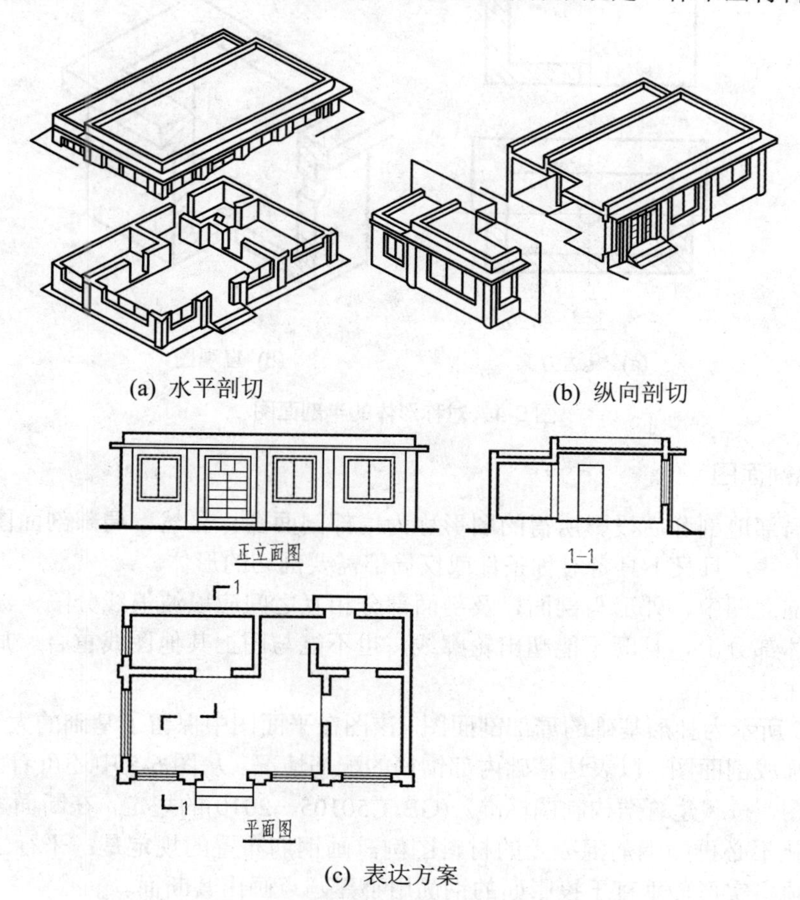

图 6-3 房屋表达方案图

全剖面图一般应标注出剖切位置线、投射方向线和剖面编号，如图 6-3 所示；但当剖切位置经过对称面时，也可以省略标注。

2．半剖面图

当形体具有对称平面时，在垂直于该对称平面的投影面上投射所得到的图形，可以以对称线为界，一半画成剖面图，另一半画成外形视图，这样组合而成的图形称为半剖面图。显然，半剖面图适用于内外结构都需要表达的对称形体。

如图 6-4 所示的形体左右、前后均对称，如果采用全剖面图，则不能充分地表达外形，故用半剖面图的表达方法，保留一半外形，再配上半个剖面图表达内部构造。半剖面图一般不再画虚线，但如有孔、洞，仍须将孔、洞的轴线画出。在半剖面图中，规定以形体的对称线作为剖面图与外形视图的分界线。当对称线为铅垂线时，习惯上将剖面图画在对称线右侧；当对称线为水平线时，剖面图画在对称线下方。半剖面图的标注方法与全剖面图的标注方法相同。

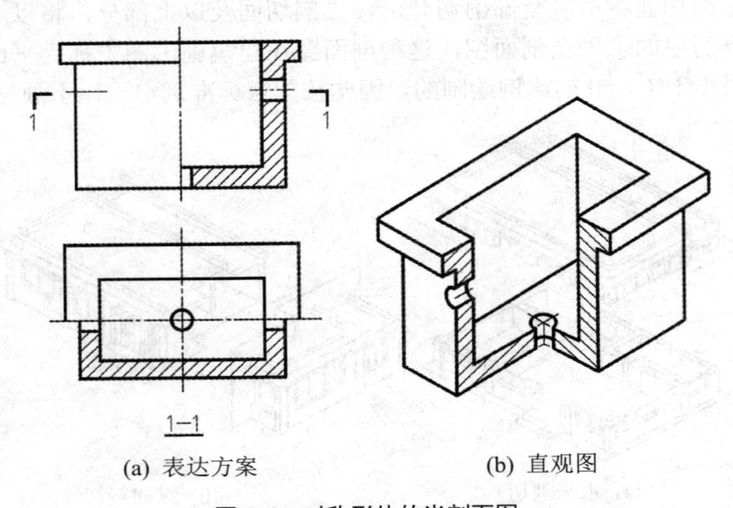

(a) 表达方案　　(b) 直观图

图 6-4　对称形体的半剖面图

3．局部剖面图

将形体局部地剖开后投影所得的图形称为局部剖面图。显然，局部剖面图适用于内外结构均需要表达，且又不具备对称条件或仅局部需要剖切的形体。

在局部剖面图中，外形与剖面以及剖面部分相互之间应以波浪线分隔。波浪线只能画在形体的实体部分上，且既不能超出轮廓线，也不能与图上其他图线重合。局部剖面图一般不需要标注。

如图 6-5 所示为杯形基础的局部剖面图。该图在平面图中保留了基础的大部分外形，仅将其一个角画成剖面图，以表达基础内部钢筋的配筋情况。从图 6-5 中还可看出，正立剖面图为全剖面图，按《建筑结构制图标准》(GB/T 50105—2010)的规定，在断面上已画出钢筋的布置时，就不必再画钢筋混凝土的材料图例。画钢筋布置的规定是：平行于投影面的钢筋用粗实线画出实形，垂直于投影面的钢筋用小黑圆点画出其断面。

4．阶梯剖

用两个或两个以上平行的剖切面将形体剖切后投影得到的剖面图称为阶梯剖面图，

如图 6-3(c)中所示的剖面 1—1 即为阶梯剖。当形体内部需要剖切的部位不处在与投影面平行的同一个平行面上，即用一个剖切面无法全部剖到时，可采用阶梯剖。阶梯剖必须标注剖切位置线、投射方向线和剖切编号。

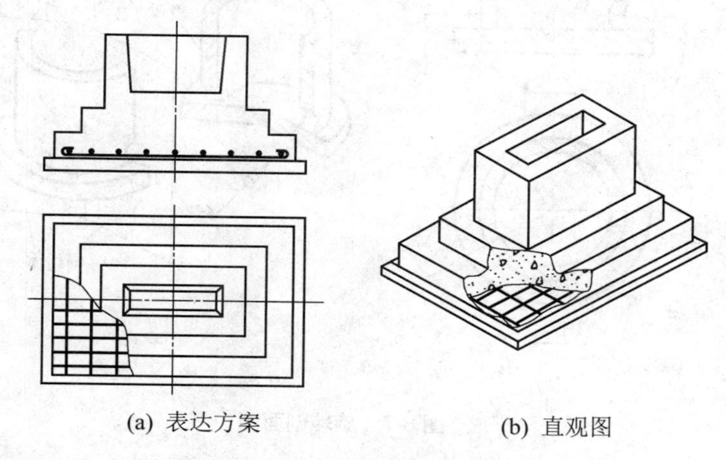

(a) 表达方案　　(b) 直观图

图 6-5　杯形基础的局部剖面图

由于剖切是假想的，在作阶梯剖面图时不应画出两剖切面转折处的交线，并且在标注剖切位置时，不应使剖切平面的转折处与图中的轮廓线重合。

建筑物结构层的多层构造可用一组平行的剖切面按构造层次逐层局部剖开。这种方法常用来表达房屋的地面、墙面、屋面等处的构造。分层局部剖面图应按层次以波浪线将各层隔开，波浪线不应与任何图线重合。图 6-6 所示为用分层局部剖面图表达的多层构造。

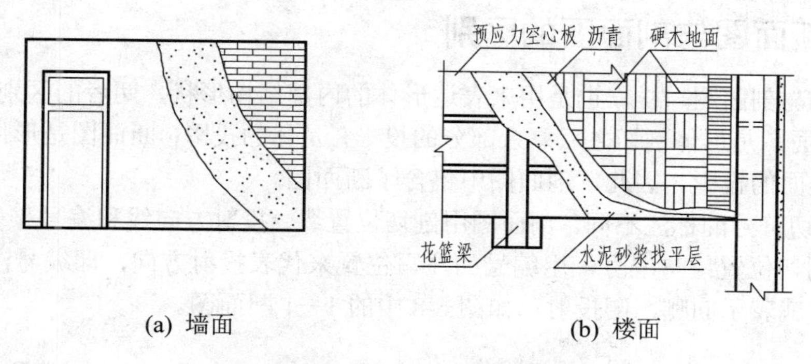

(a) 墙面　　(b) 楼面

图 6-6　多层构造的分层局部剖面图

5. 旋转剖

采用两个或两个以上相交的剖切面将形体剖开，并将倾斜于投影面的断面及其所关联部分的形体绕剖切面的交线(投影面垂直线)旋转至与投影面平行后再进行投射，这样得到的剖面图称为旋转剖面图，如图 6-7 中的剖面 2—2 所示。旋转剖适用于内外主要结构具有理想回转轴线的形体，而轴线恰好又是两剖切面的交线，且两剖切面中的一个应是剖面图所在投影面的平行面，另一个则是投影面的垂直面。

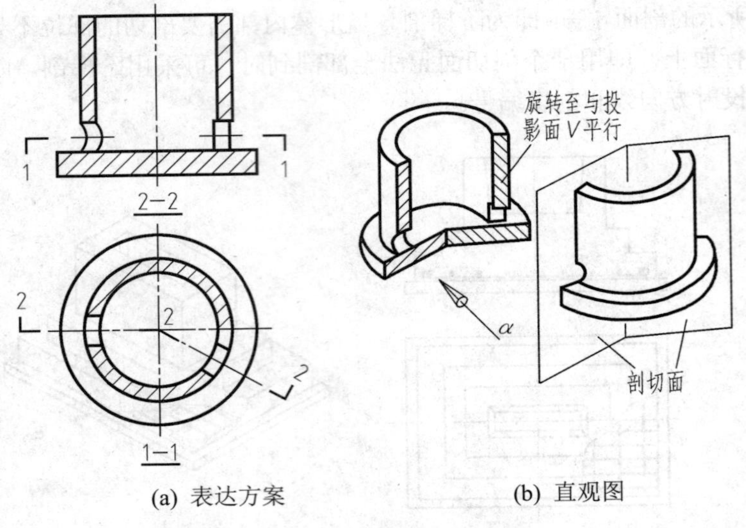

(a) 表达方案　　(b) 直观图

图 6-7　旋转剖面图

6.3　断　面　图

假想用一个剖切平面将形体的某部分切断，仅画出剖切到的断面图形，称为断面图。

当形体某些部分的形状用投影图不易表达清楚而又没必要画出剖面图时，可采用断面图来表达。

6.3.1　断面图与剖面图的区别

断面图与剖面图一样，也是用来表达形体的内部结构形状，两者的区别如下。

(1) 剖面图是形体剖切之后剩余部分的投影，是体的投影；断面图是形体剖切之后断面的投影，是面的投影。因此，剖面图中包含了断面图。

(2) 剖切符号的标注不同。剖面图用剖切位置线、投射方向线和编号来表示；断面图则只需标注剖切位置线与编号，用编号的注写位置来代表投射方向，即编号注写在剖切位置线哪一侧，就表示向哪一侧投射，如图 6-8 中的 1—1 断面图。

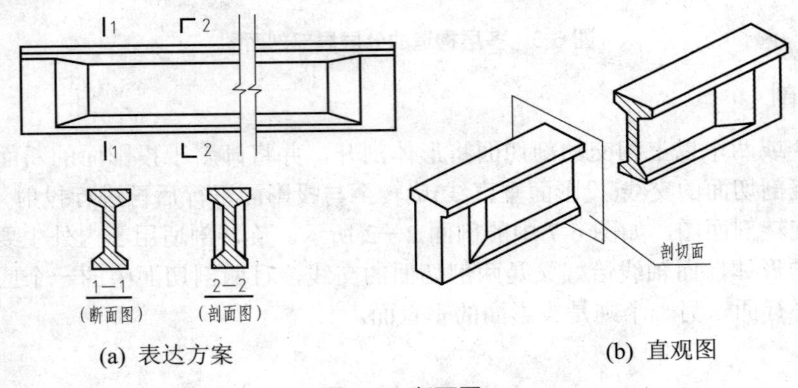

(a) 表达方案　　(b) 直观图

图 6-8　断面图

(3) 剖面图可用两个或两个以上的剖切平面进行剖切；断面图的剖切平面通常只能是单一的。

6.3.2　断面图的种类与画法

根据断面图放置位置的不同，可分为移出断面图和重合断面图两种。

1．移出断面图

画在形体视图轮廓线以外的断面图，称为移出断面图。移出断面图的轮廓线用粗实线绘制，配置在剖切平面的延长线上或其他适当的位置，如图 6-8 中的 1—1 断面图。

当一个形体有多个移出断面图时，最好整齐地排列在相应剖切位置线的附近，这种表达方式，适用于断面变化较多的构件。

如图 6-9 所示是梁、柱节点构件图，其花篮梁的断面形状由 1—1 断面表示，上方柱和下方柱分别用断面 2—2 和 3—3 表示。

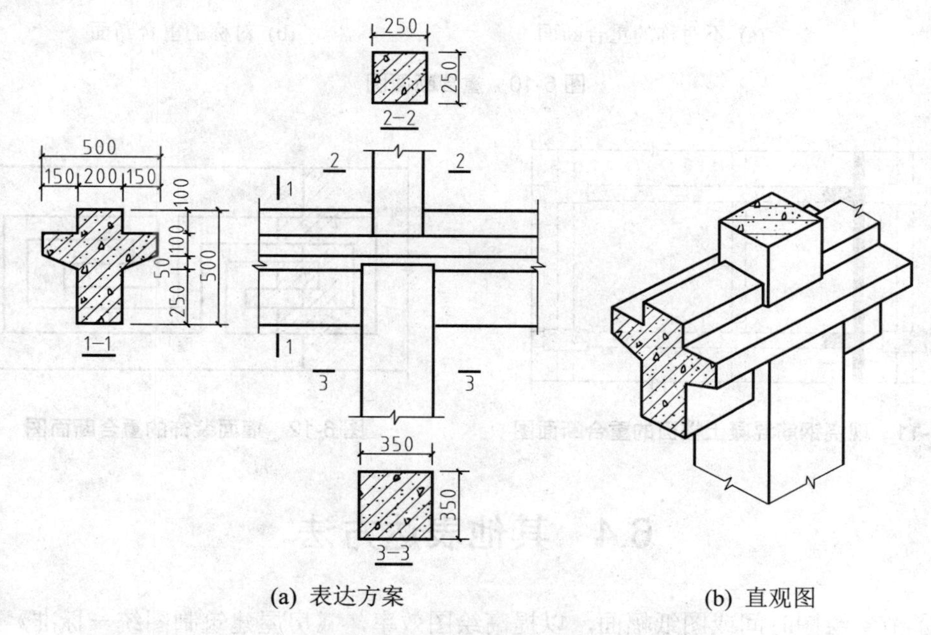

(a) 表达方案　　(b) 直观图

图 6-9　梁、柱节点构件图

2．重合断面图

直接画在视图轮廓线以内的断面图称为重合断面图。重合断面图的轮廓线应用细实线绘制。当视图中的轮廓线与重合断面的图形重叠时，视图中的轮廓线仍应连续画出，不可间断，如图 6-10 所示。

对称的重合断面可不必标注，如图 6-10(b)所示；当图形不对称时，可标注剖切位置线，并将数字注写在投射方向一侧，如图 6-10(a)所示。

图 6-11 所示为现浇钢筋混凝土楼面的重合断面图。它是用侧平的剖切面剖开楼板层得到断面图，经旋转后重合在平面图上。因梁板断面图形较窄，不易画出材料图例，故予以

涂黑表示。

图 6-12 所示为墙面装饰的重合断面图。它用于表达墙面的凸起花纹，故该断面图不画成封闭线框，而只在断面图的范围内沿墙面轮廓线边缘加画 45° 细斜线。

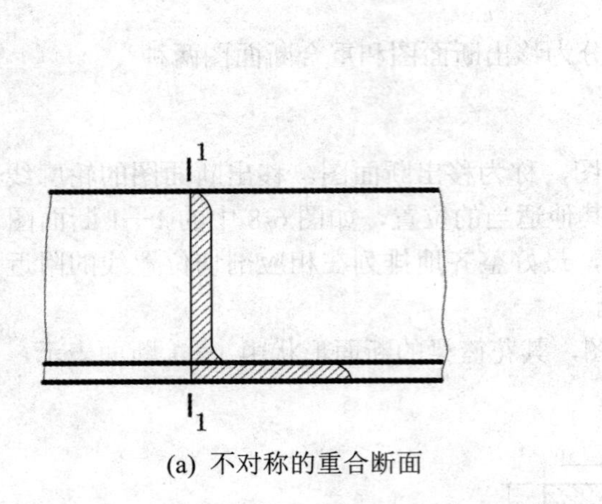

(a) 不对称的重合断面　　(b) 对称的重合断面

图 6-10　重合断面图

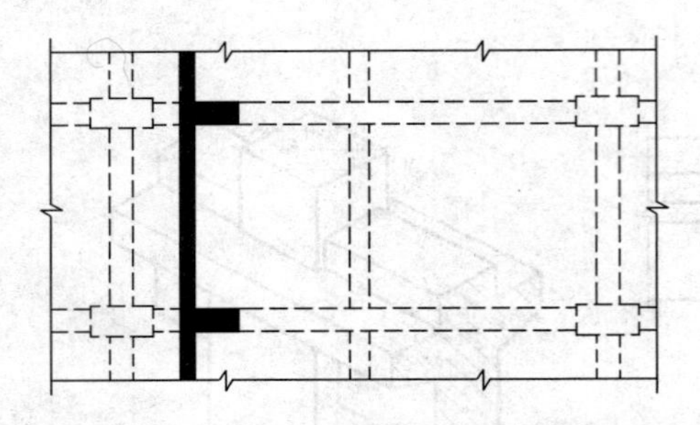

图 6-11　现浇钢筋混凝土楼面的重合断面图

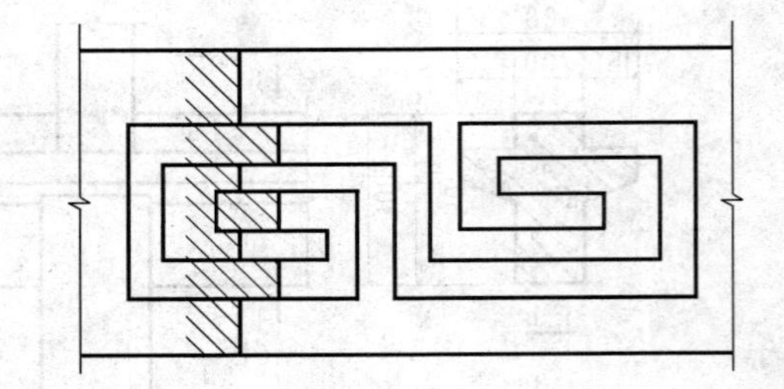

图 6-12　墙面装饰的重合断面图

6.4　其他表达方法

为了节省绘图时间或图纸幅面，以提高绘图效率，《房屋建筑制图统一标准》规定了一些简化处理图形的方法，现将常用的简化画法介绍如下。

6.4.1　对称省略画法

构件的视图若有一条对称线，可只画该视图的一半；若有两条对称线，则可只画该视图的 1/4，并均应画出对称符号，如图 6-13(a)所示。图形也可稍超出其对称线，此时可不画对称符号，如图 6-13(b)所示。

对称符号是两条平行等长的细实线，线段长为 6～10mm，间距为 2～3mm，在对称线两端各画一对，如图 6-13(a)所示。

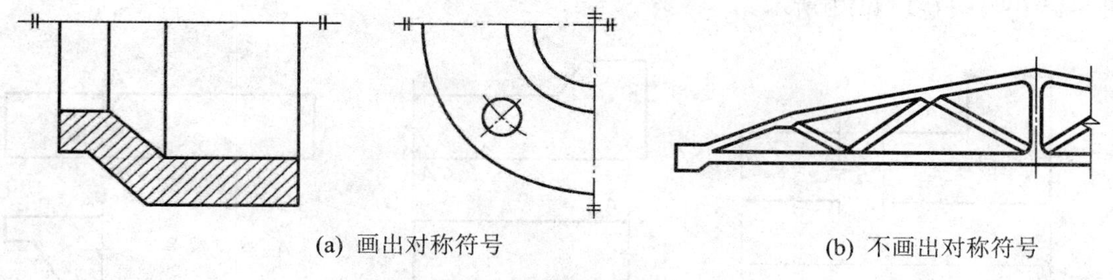

(a) 画出对称符号　　(b) 不画出对称符号

图 6-13　对称省略画法

6.4.2　相同构造要素省略画法

若构件内有多个完全相同且连续排列的构造要素时，可仅在两端或适当位置画出其完整形状，其余部分以中心线或中心线交点表示，如图 6-14(a)～图 6-14(c)所示。如果相同构造要素少于中心线交点，则其余部分应在相同构造要素位置的中心线交点处用小圆点表示，如图 6-14(d)所示。

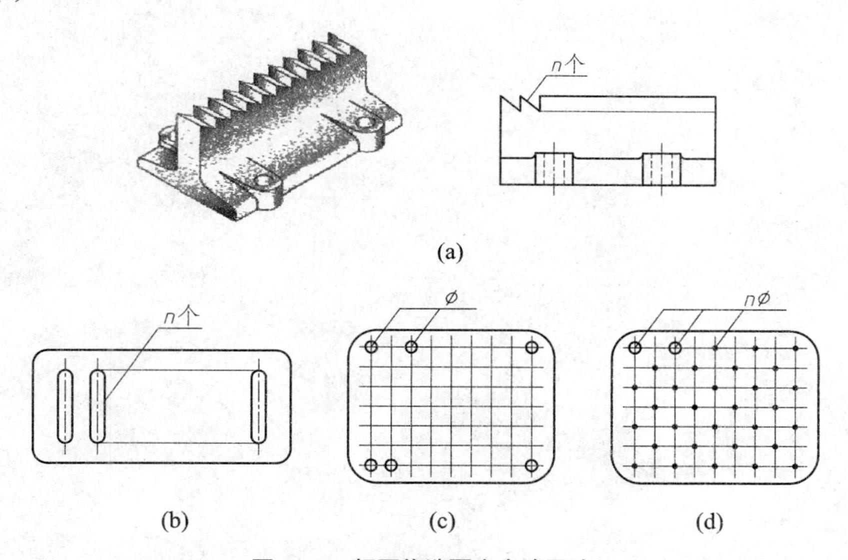

(a)

(b)　(c)　(d)

图 6-14　相同构造要素省略画法

6.4.3　折断省略画法

对于较长的构件，当沿长度方向的形状相同或按一定规律变化时，可采用断开省略画法，断开处应以折断线表示，如图 6-15(a)所示。折断线两端应超出轮廓线 2～3mm，其尺寸仍应按构件原长度标注。

6.4.4　连接及连接省略画法

同一构件如绘制位置不够，可分段绘制，再用连接符号相连，如图 6-15(b)所示。当一构件与另一构件仅有部分不相同时，则该构件可只画出不同部分，但应在相同与不相同部位的分界线处分别绘制连接符号，如图 6-15(c)所示。连接符号用折断线和字母表示，如

图 6-15(b)与图 6-15 (c)中所示。

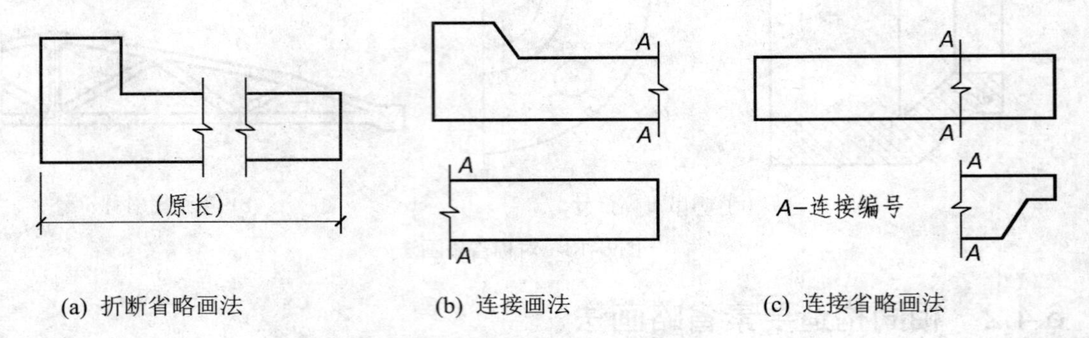

图 6-15　折断省略画法与连接画法

第 7 章　钢筋混凝土结构图

本章要点

- 钢筋混凝土构件的图示方法。

本章难点

- 钢筋混凝土结构图的识读。

混凝土是由水泥、石子、砂子和水按一定比例拌和，经浇筑、振捣和养护硬化后形成的一种人造材料，其抗压能力强而抗拉能力差，因而用混凝土制成的构件极易因受拉、受弯而断裂。为了提高构件的承载能力，在构件的受拉区域内配置抗拉性能好的钢筋，使之与混凝土黏结成一个整体共同承受外力，这种配有钢筋的混凝土称为钢筋混凝土。由钢筋混凝土制成的构件(如梁、板、柱等)称为钢筋混凝土构件。图 7-1 为钢筋混凝土构件在房屋建筑中的应用。

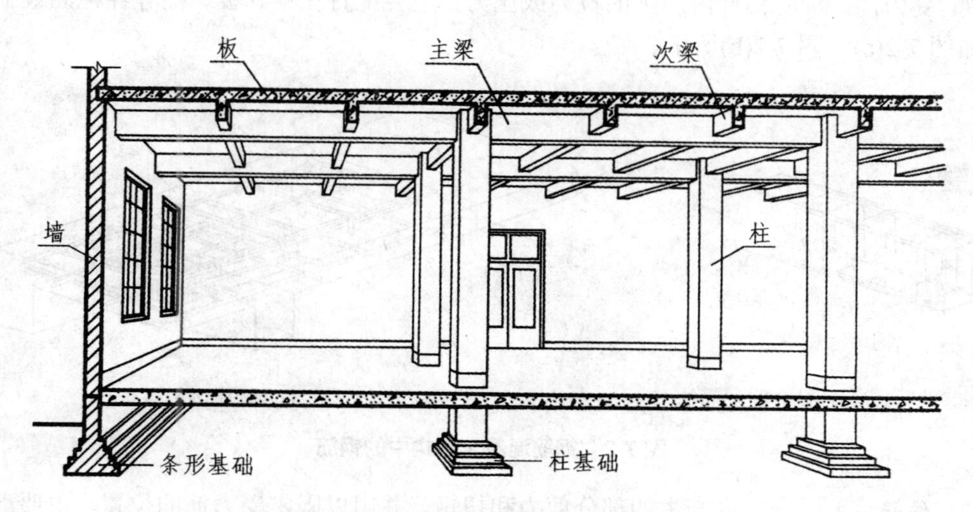

图 7-1　钢筋混凝土结构示意图

7.1 钢筋混凝土的基本知识

7.1.1 混凝土的强度等级与钢筋符号

混凝土按其立方体抗压强度标准值的高低分为 C15、C20、C25、C30、C35、C40、C45、C50、C55、C60、C65、C70、C75 和 C80 共 14 级，等级越高，表明其抗压强度越高。

根据钢筋品种等级的不同，结构施工图中用不同的直径符号来表示钢筋，如表 7-1 所示。

表 7-1 钢筋牌号与直径符号

序 号	牌 号	符 号	公称直径 d/mm	材料性能
1	HPB300 级	ϕ	6～22	热轧光圆钢筋
2	HPB335 级 HPBF335 级	Φ Φ^F	6～50	普通热轧带肋钢筋 细晶粒热轧带肋钢筋
3	HPB400 级 HPBF400 级 RRB400 级	Φ Φ^F Φ^R	6～50	普通热轧带肋钢筋 细晶粒热轧带肋钢筋 余热处理带肋钢筋
4	HPB500 级 HPBF500 级	Φ Φ^F	6～50	普通热轧带肋钢筋 细晶粒热轧带肋钢筋

7.1.2 钢筋的种类及作用

根据钢筋在构件中所起的作用不同，钢筋可分为以下几种。

(1) 受力筋。承受构件内产生的拉力或压力，主要配置在梁、板、柱等各种混凝土构件中，如图 7-2(a)、图 7-2(b)所示。

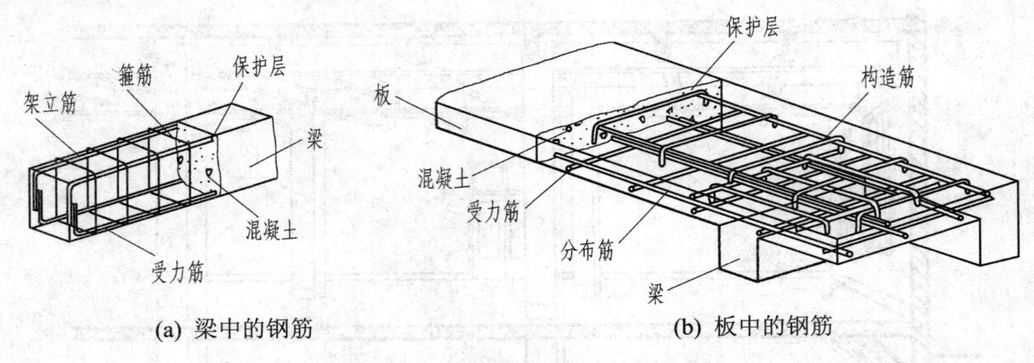

(a) 梁中的钢筋　　(b) 板中的钢筋

图 7-2 钢筋混凝土结构中的钢筋

(2) 箍筋。承受构件内产生的部分剪力和扭矩，并用以固定受力筋的位置，主要配置在梁、柱等构件中，如图 7-2(a)所示。

(3) 架立筋。用于和受力筋、箍筋一起构成钢筋的整体骨架，一般配置在梁的受压区外缘两侧，如图 7-2(a)所示。

(4) 分布筋。用于固定受力筋的正确位置，并有效地将荷载传递到受力钢筋上，同时可

防止由于温度或混凝土收缩等原因引起的混凝土的开裂，一般配置于板中，如图 7-2(b)所示。

(5) 构造筋。因构件在构造上的要求或施工安装需要而配置的钢筋，如图 7-2(b)所示。

7.1.3　钢筋保护层与弯钩形式

为防止钢筋锈蚀，保证其与混凝土紧密黏结，构件都应具有足够的混凝土保护层。混凝土保护层是指钢筋外缘至构件表面的厚度。设计使用为 50 年的混凝土结构，最外层钢筋的保护层最小厚度应符合表 7-2 的规定。

表 7-2　混凝土构件保护层最小厚度

序　号	构件名称	保护层厚度/ mm
1	板、墙、壳	15
2	梁、柱、杆	20
3	基 础	40

注：① 混凝土强度等级大于 C25 时，表中保护层厚度数值应增加 5mm；

② 钢筋混凝土基础宜设置混凝土垫层，基础中钢筋的混凝土保护层厚度应从垫层顶面算起，且不宜小于 40mm。

为了使钢筋和混凝土之间具有良好的黏结力，提高钢筋的锚固效果，应将光圆钢筋的端部做成弯钩，几种常见弯钩形式及简化画法如图 7-3 所示。带肋钢筋与混凝土之间黏结力较强，其端部可不做弯钩。

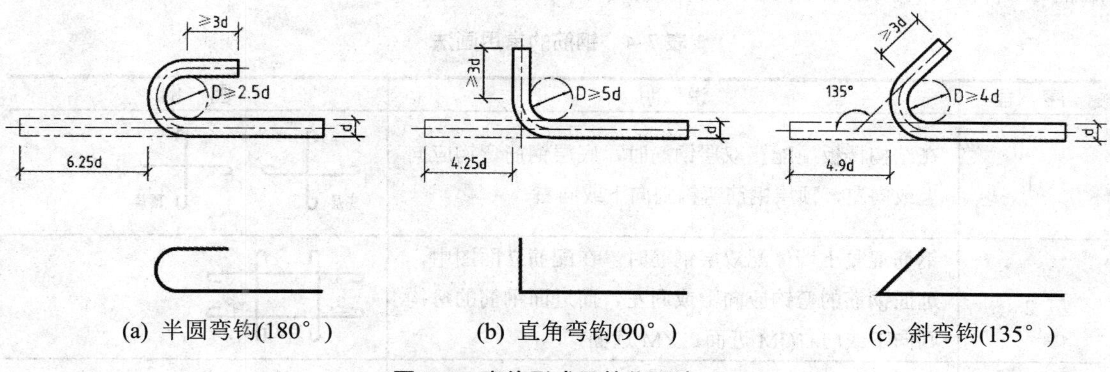

(a) 半圆弯钩(180°)　　(b) 直角弯钩(90°)　　(c) 斜弯钩(135°)

图 7-3　弯钩形式及简化画法

7.2　钢筋混凝土构件的图示方法

7.2.1　图示内容及特点

钢筋混凝土结构图又可简称为配筋图或布筋图，主要用以表达构件内部钢筋的配置情况，包括钢筋的种类、数量、等级、直径、形状、尺寸和间距等。其图示特点是：假设混凝土为透明体，而构件的外形轮廓用细实线绘制，钢筋用粗实线(箍筋为中实线)绘制，钢筋的横截面用小黑圆点表示。钢筋的常用图例如表 7-3 所示。

表 7-3　钢筋常用图例

序　号	名　称	图　例	说　明
1	钢筋横断面		—
2	无弯钩的钢筋端部		下图表示长短钢筋投影重叠时，可在短钢筋的端部用 45° 短画线表示
3	带半圆形弯钩的钢筋端部		—
4	带直钩的钢筋端部		—
5	带丝扣的钢筋端部		—
6	无弯钩的钢筋搭接		—
7	带半圆弯钩的钢筋搭接		—
8	带直钩的钢筋搭接		—
9	花篮螺钉钢筋接头		—

钢筋混凝土结构图是现场支模、绑扎钢筋、浇筑混凝土制作构件的主要依据，一般包括平面图、立面图和断面图，有时还需要画出单根钢筋的详图并列出钢筋表。断面图的剖切位置应选择在构件的截面尺寸钢筋数量和位置有变化处。当构件形状复杂且有预埋件时，还需绘出构件外形图，即模板图。钢筋的常用画法如表 7-4 所示。

表 7-4　钢筋的常用画法

序　号	说　明	图　例
1	在结构楼板中配置双层钢筋时，底层钢筋弯钩应向上或向左，顶层钢筋弯钩则向下或向右	底层　顶层
2	钢筋混凝土墙体配双层钢筋时，在配筋立面图中，远面钢筋的弯钩应向上或向左，而近面钢筋的弯钩则向下或向右(JM 近面，YM 远面)	JM　YM　YM　JM
3	若在断面图中不能表达清楚钢筋的布置，应在断面图外面增加钢筋大样图	
4	图中所表示的箍筋、环筋等若布置复杂，应加画钢筋大样及说明	
5	每组相同的钢筋、箍筋或环筋，可用一根粗实线表示，同时用一端带斜短画线的横穿细实线表示其钢筋及起止范围	

7.2.2　钢筋编号及标注方法

在钢筋混凝土结构图中，为了区分各种类型和不同直径的钢筋，要求对每种钢筋加以编号并在引出线上注明其规格和间距。

1. 钢筋的编号

在钢筋混凝土构件中，由于钢筋数量较多，为了区别其规格、品种、形状、尺寸，不同的钢筋均应编号。

(1) 编号次序按钢筋的直径大小和钢筋的主次来分：直径大的编在前面，直径小的编在后面；受力钢筋编在前面，箍筋、架立筋、分布筋等编在后面。

(2) 钢筋的编号用 1、2、3……顺序表示，数字写在直径为 5～6 mm 的细实线圆圈内，并用引出线引到相应的钢筋上，如图 7-4(a)所示；另外也可以在钢筋的引出线上加注字母 N，如图 7-4(c)所示。

(3) 若有几种类型的钢筋投影重合时，可以将几种钢筋的号码并列写出，如图 7-4(b)所示。

(4) 如果钢筋数量很多，又相当密集，可采用表格法。即在用细实线画的表格内注写钢筋的编号，以表明图中与之对应的钢筋，如图 7-4(d)所示。

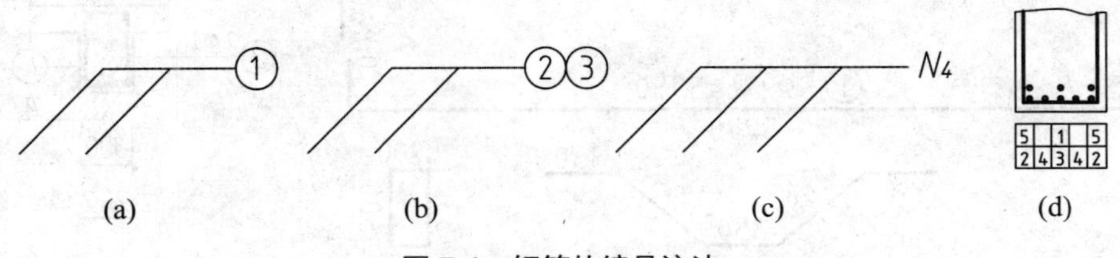

图 7-4　钢筋的编号注法

2. 钢筋的标注

钢筋的标注方法有两种形式：一是标注内容有钢筋的数量、级别和直径，如图 7-5(a)所示；二是标注内容有级别、直径、等距符号和相邻钢筋的中心间距，如图 7-5(b)所示。

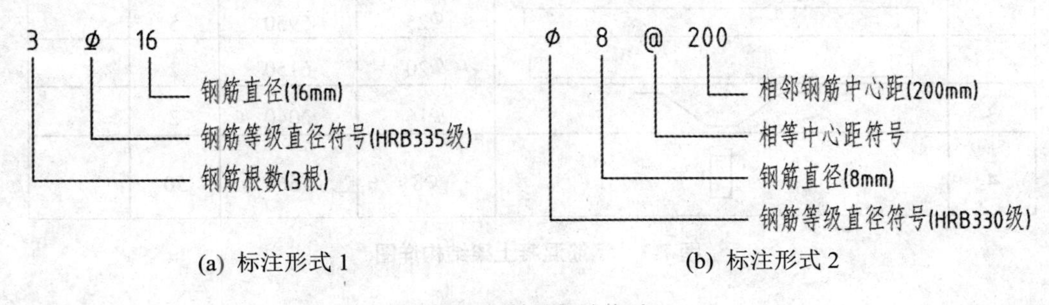

图 7-5　钢筋的标注方法

钢筋编号及标注示例如图 7-6 所示。

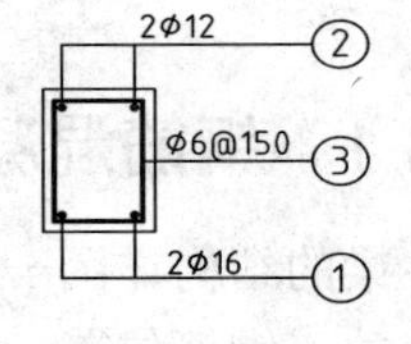

图 7-6　钢筋编号及标注示例

7.2.3　钢筋成型图

在钢筋结构图中，为了能充分表明钢筋的形状以便于配料和施工，还必须画出每种钢筋的成型图(钢筋详图)，图中应注

明钢筋的符号、直径、根数、弯曲尺寸和下料长度等，如图 7-7 所示。有时为了节省图幅，可把钢筋成型图画成简略图放在钢筋数量表内。

7.2.4 钢筋表

在钢筋结构图中，一般还附有钢筋表，内容包括钢筋的编号、直径、每根的长度、根数、总长及重量等，必要时可加画钢筋的简略图，如图 7-7 所示。

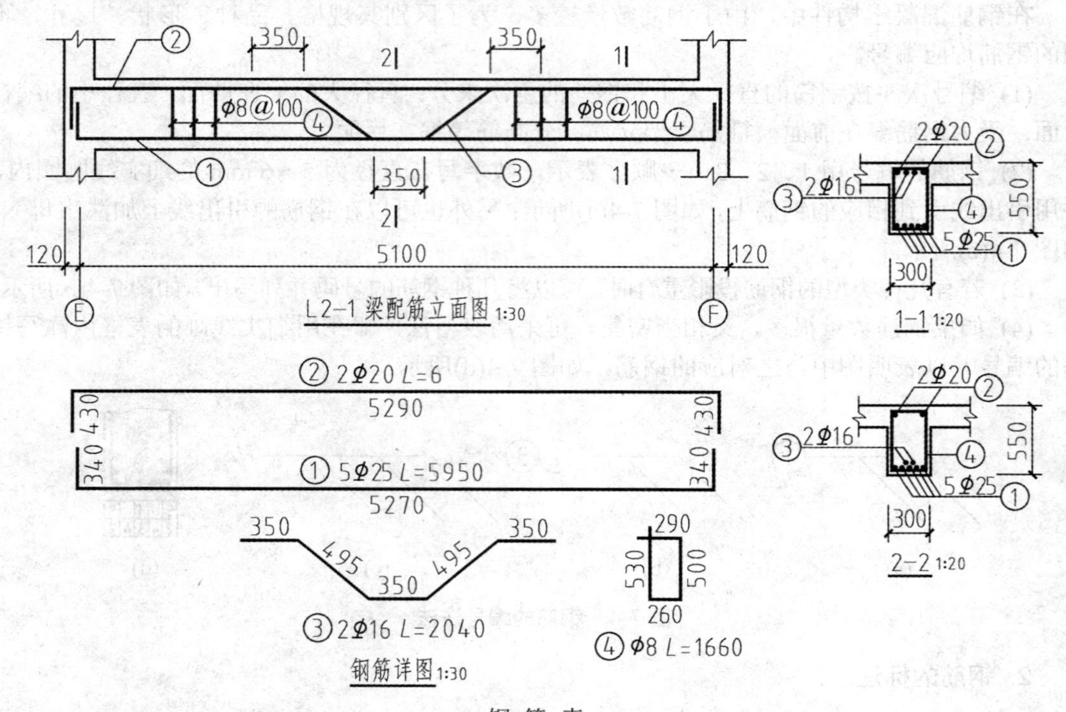

钢 筋 表

编号	简 图	直径/mm	长度/mm	根数	备注
1		φ25	5950	5	
2		φ20	6150	2	
3		φ16	2040	2	
4		φ8	1660	50	

图 7-7 钢筋混凝土梁结构详图

7.3 识 图 举 例

7.3.1 钢筋混凝土梁

梁的结构详图一般包括立面图和断面图，钢筋详图和钢筋表。立面图主要表达梁的轮廓尺寸、钢筋位置、编号及配筋情况；断面图则主要表达梁截面形状和尺寸、箍筋形式以

及钢筋的位置和数量，其断面图的剖切位置应选择在梁截面尺寸及配筋有变化处。

图 7-7 所示为一钢筋混凝土梁结构详图，内容包括梁配筋立面图、断面图，钢筋详图和钢筋表。其立面图主要表达了梁的外形轮廓和尺寸、钢筋编号以及摆放位置等；1—1 和 2—2 断面图主要表达了各自断面中钢筋的摆放位置以及梁的横截面尺寸，如受力筋①号(5Φ25)配置在梁的下部，架立筋②号(2Φ20)配置在梁的上部，受力筋③号(2Φ16)是弯起钢筋，因而在 1—1 和 2—2 断面图中分别位于上部和下部；梁高为 550mm，梁宽为 300mm。钢筋详图主要表达了梁中钢筋的形状和长度尺寸等，如①号钢筋端部是直角弯钩，总长为 5950mm。钢筋表中列出了各号钢筋的规格、根数等信息，如④号箍筋的直径为 8mm，共 50 根。

7.3.2　钢筋混凝土现浇板

钢筋混凝土现浇板结构详图一般可绘在建筑平面图上，主要表达板中钢筋的直径、间距、等级、摆放位置及板的截面高度等情况。如图 7-8 所示为一现浇钢筋混凝土板配筋详图，图中板的截面高度为 90mm，板中受力筋及分布筋的直径、等级、间距、长度尺寸及摆放位置如图所示。

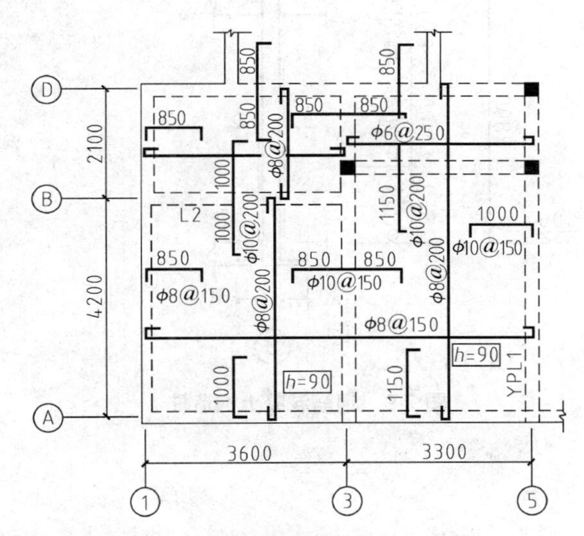

图 7-8　现浇钢筋混凝土板配筋详图

7.3.3　钢筋混凝土柱

钢筋混凝土柱是土木工程结构中主要的承重构件，其结构详图一般包括立面图和断面图。立面图主要表达柱的高度尺寸、柱内钢筋配置及搭接情况；断面图则主要表达柱子截面尺寸、箍筋形式和受力筋的摆放位置及数量。

图 7-9 所示为某住宅楼钢筋混凝土构造柱(GZ)的详图。由立面图和断面图可知，柱顶的标高为 16.8m，截面尺寸为 240mm×240mm，柱中配有 4 根Ⅱ级直径 12mm 的竖向钢筋，同时配有直径 6mm 的箍筋，箍筋间距在楼层以上 850mm 以内为 100mm，中部 1100mm 以内为 200mm。

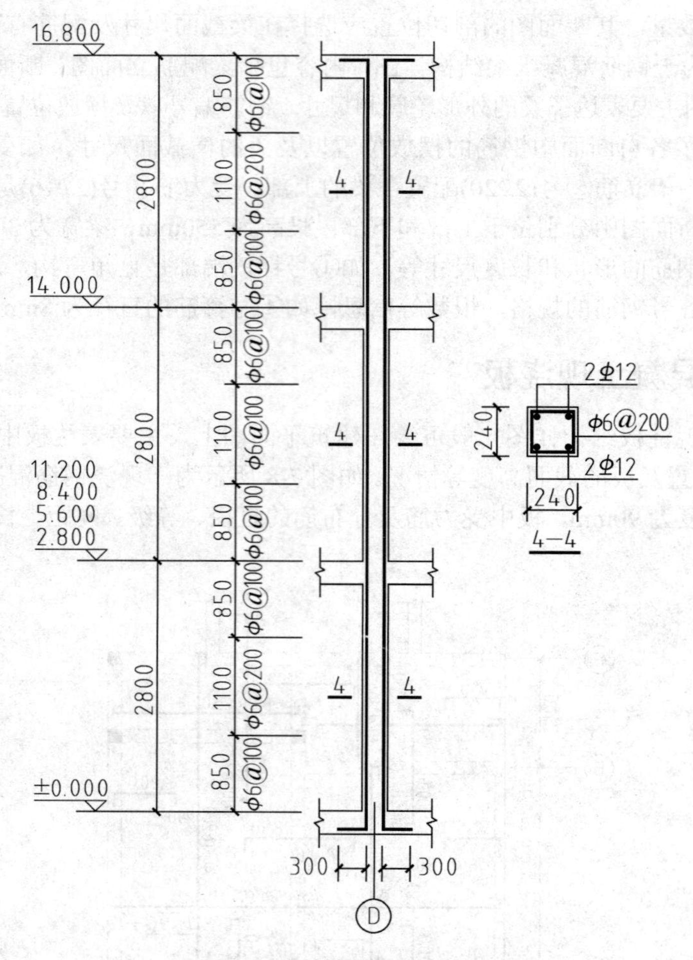

图 7-9　钢筋混凝土构造柱

第 8 章　道路、桥涵与隧道工程图

本章要点

- 道路、桥梁、涵洞与隧道工程图的图示内容及特点。
- 识读道路、桥梁、涵洞与隧道工程图的方法。

本章难点

- 道路、桥梁、涵洞与隧道工程图的识读。

路线工程是供各种车辆行驶和行人步行等通行的工程设施。一条路线中包括路基、路面、桥梁、涵洞、隧道和防护设施以及排水设备等构筑物，因此路线工程图是由表达线路整体状况的路线工程图和表达各工程实体构造的桥梁、涵洞、隧道等工程图组合而成的。本章主要介绍各类工程结构图的表达方式和读图特点。

8.1　道路工程图

道路根据其功能特点和所处位置的不同，可分为公路和城市道路两种。位于城市郊区和城市以外的道路称为公路，位于城市范围以内的道路称为城市道路。

道路路线是指道路沿长度方向的行车道中心线，其线形由于受地形、地物和地质条件的限制，在平面上的直线或曲线、纵向的平坡和上下坡的变化都与地形起伏相关，从整体上看，道路路线是一条空间曲线。因此道路路线工程图的图示方法与一般工程图不同，它是以地形图作为平面图，以纵向展开断面图作为立面图，以横断面图作为侧面图，分别画在各自的图纸上，利用三种工程图来表达道路的空间位置、线形和尺寸等内容。绘制道路工程图时，应遵守《道路工程制图标准》(GB 50162－1992)中的有关规定。

8.1.1　公路路线工程图

公路是一种主要承受车辆荷载反复作用的带状结构物。公路工程图由表达线路整体状况的路线工程图和表达各工程构筑物的工程图组合而成，其主要包括路线平面图、路线纵断面图和路基横断面图。

1. 路线平面图

路线平面图是在地形图上画出同样比例的路线水平投影图，用来表达道路的走向、线形(直线或曲线)、公路构筑物的平面位置以及沿线两侧一定范围内的地形、地物情况。路线中心线用加粗粗实线(1.4*b*～2.0*b*)画在地形图上，来表示设计路线的水平状况及长度里程，地形用等高线来表示，地物用图例来表示，如图 8-1 所示。

1) 图示内容

(1) 地形部分。

① 比例。

为清楚地表达路线及地形、地物状况，通常根据地形起伏变化程度的不同，采用不同的比例。一般山岭地区采用 1∶2000，丘陵和平原区采用 1∶5000。

② 指北针或坐标网。

为表示地区的方位和路线的走向，也为拼接图纸时提供核对依据，地形图上需画出指北针或坐标网(图 8-1 是用指北针来确定的)。

指北针宜用直径为 24mm 的细实线圆绘制，针尾部宽度为 3mm，针头部应注写“北”或“N”字。坐标网要用沿东西及南北方向的间距相等的两组平行细实线画成互相垂直的方格网，也可只画方格网节点处的十字线，并在靠近节点处平行网线标注纵横坐标数值，数值单位是 m，在坐标数值前还应分别标注南北方向和东西方向的坐标轴线代号“X”和“Y”。

③ 地形和地物。

地形的起伏变化及其变化程度是用等高线来表示的。相邻两条等高线之间的高差为2m，每隔 4 条较细的等高线就应有一条较粗的等高线，称为计曲线，标高数值就标注在计曲线上，其字头朝向上坡。在路线平面图中，地物用统一的图例来表示。常用图例如表 8-1 所示。

表 8-1　路线平面图中的常用图例

名　称	符　号	名　称	符　号	名　称	符　号
房屋		涵洞		水稻田	
大车路		桥梁		草地	
小路		菜地		经济林	
堤坝		旱田		高压电力线 低压电力线	
河流		沙滩		人工开挖	

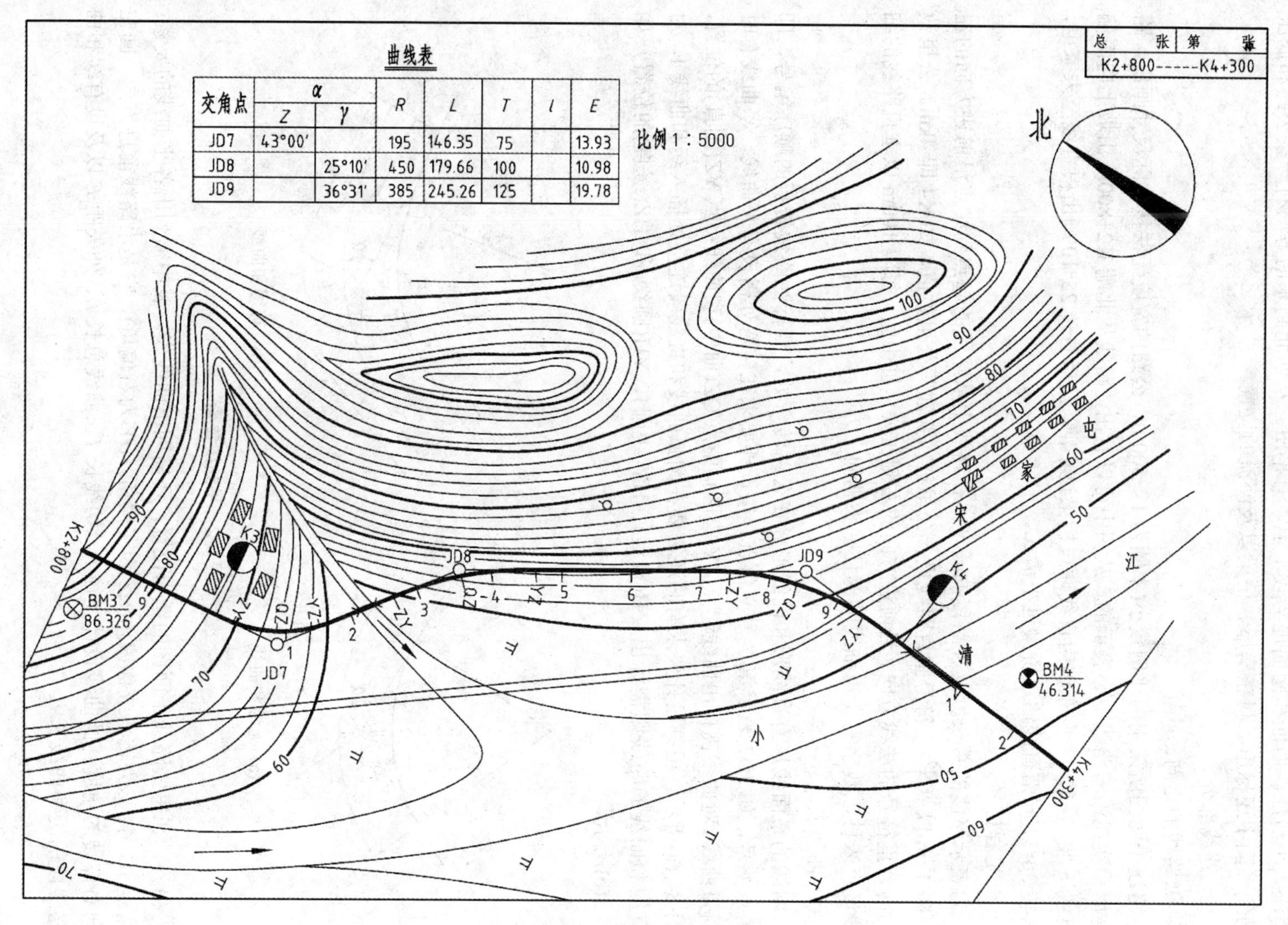

交角点	α Z	α Y	R	L	T	l	E
JD7	43°00'		195	146.35	75		13.93
JD8		25°10'	450	179.66	100		10.98
JD9		36°31'	385	245.26	125		19.78

图 8-1　路线平面图

由图 8-1 所示路线平面图可看出，图的上方和右上方有两座山峰，山峰之间有一条小溪向南流入小清江。西面和南面地势较平坦，有旱田。从西北到东南方向有一条公路和低压电力线。图中还标出了村庄房屋、桥梁以及河流的位置。

(2) 路线部分。

① 路线的走向。

路线平面图所采用的比例较小(本图为 1∶5000)，公路的宽度无法按实际尺寸画出，路线是用粗实线沿着路线中心表示的。从图中可以看出，路线从北端 K2+800m 山坡上向南偏东直线下坡，左转 43°向东偏南直线通过桥梁过小河，然后右转 25°10′顺山根直线至宋家屯，再右转 36°31′向南直线通过桥梁过小清江。

② 里程桩号。

为表示路线的总长度及各路段的长度，在路线上从路线的起点到终点沿前进方向的左侧每隔 1km 以“⚲”符号垂直路线设一公里桩，并注写公里数值，如 K4 即 4km。公里数值朝向公里符号的法线方向。沿前进方向的右侧在公里桩中间，每隔 100m 以垂直路线的细短线设百米桩，数字写在短细线端部且字头朝向上方。

③ 曲线表。

路线的平面线形有直线形和曲线形。在公路转弯处，要标注路线转折的顺序编号，即交角点编号，如 JD7 表示第 7 号交角点。按设计要求在转弯处需设有平曲线，平曲线有时是圆弧曲线。对曲线需标出曲线起点 ZY(直圆)、中点 QZ(曲中)和曲线终点 YZ(圆直)的位置，如图 8-2(a)所示。根据设计要求有时还需要在圆弧曲线和直线段连接处插入缓和曲线 l，对带有缓和曲线的路线则需标出 ZH(直缓)、HY(缓圆)、YH(圆缓)和 HZ(缓直)的位置，如图 8-2(b)所示。

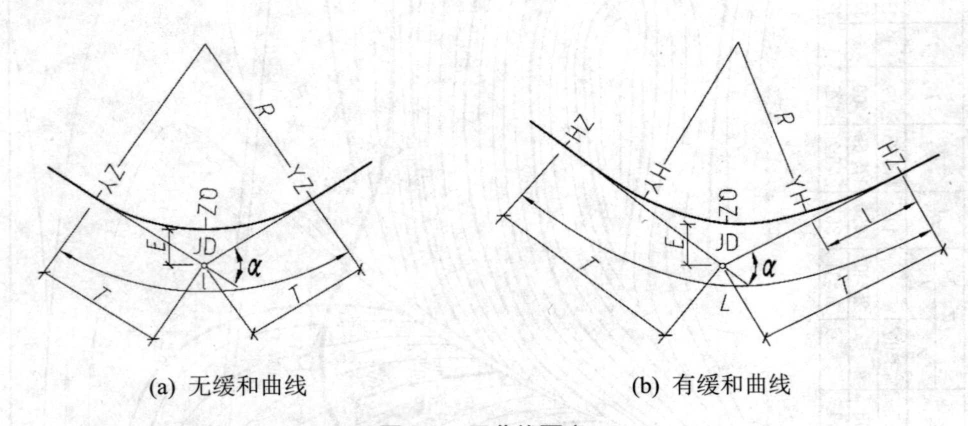

(a) 无缓和曲线　　(b) 有缓和曲线

图 8-2　平曲线要素

另外，在每张路线平面图的适当位置，还需列出曲线表。表中需列出各平曲线的要素：交角点 JD 号；α为转角或称偏角(αZ 为左偏角，αY 为右偏角)，它是沿路线前进方向、向左或向右偏转的角度；圆曲线设计半径 R、切线长 T、曲线总长 L、外矢距 E 以及设有缓和曲线路线段的缓和曲线长 l。

④ 水准点。

沿路线每隔一段距离设有水准点。如图 8-1 中“$\otimes\frac{BM4}{46.314}$”表示第 4 号国家水准点，其标高为 46.314m。

2) 画路线平面图注意事项

(1) 先画地形图。等高线按先粗后细的步骤画出，要求线条顺畅。

(2) 然后画路线中心线。路线中心线用绘图仪器按先曲线后直线的顺序自左向右绘制。为使中心线与等高线有显著的区别，一般以两倍于粗等高线的粗度画出。

(3) 平面图的植被图例，应朝上或向北绘制。

(4) 应在直线段上整数百米桩处分段。每张图纸上只允许画一段路段的平面图，并在该路段两端用细实线画出垂直于该路线的接图线。

(5) 每张图纸的右上角应有角标(亦可用表格形式)，注明图纸序号及总张数。

2．路线纵断面图

路线纵断面图是通过公路中心线用假想的铅垂面进行剖切展平后获得的，用来表达路线中心纵向设计坡度、竖曲线、地面起伏状况、地质情况和沿线设置构筑物概况。

由于公路中心线是由直线和曲线所组成，因此剖切的铅垂面既有平面又有柱面。为清楚表达路线纵断面情况，特采用展开的方法将断面展平成一平面，然后进行投影。

1) 图示内容

(1) 图样部分。

① 比例。

由于路线纵断面图是用展开剖切方法获得的断面图，因而其水平横向长度就表示了路线的里程，铅垂纵向高度表示地面线及设计线的标高。由于路线和地面的高差比路线的长度小很多，为清晰显示垂直方向的高差，规定垂直方向的比例按水平方向的比例放大十倍。这样画出的地面线和设计线虽然不符合实际，但它能清楚地显示地面线的起伏和设计线纵向坡度的变化。如图 8-3 所示的路线纵断面图中，水平方向采用 1∶5000，而垂直方向则用 1∶500。

② 地面线。

图样中不规则的细折线表示设计中心线处的纵向地面线，它是根据一系列中心桩的地面高程连接而成的。

③ 设计线。

图样中的粗实线为公路纵向设计线，它表示路基边缘的设计高程。比较设计线与地面线的相对位置，可决定填挖地段和填挖高度。

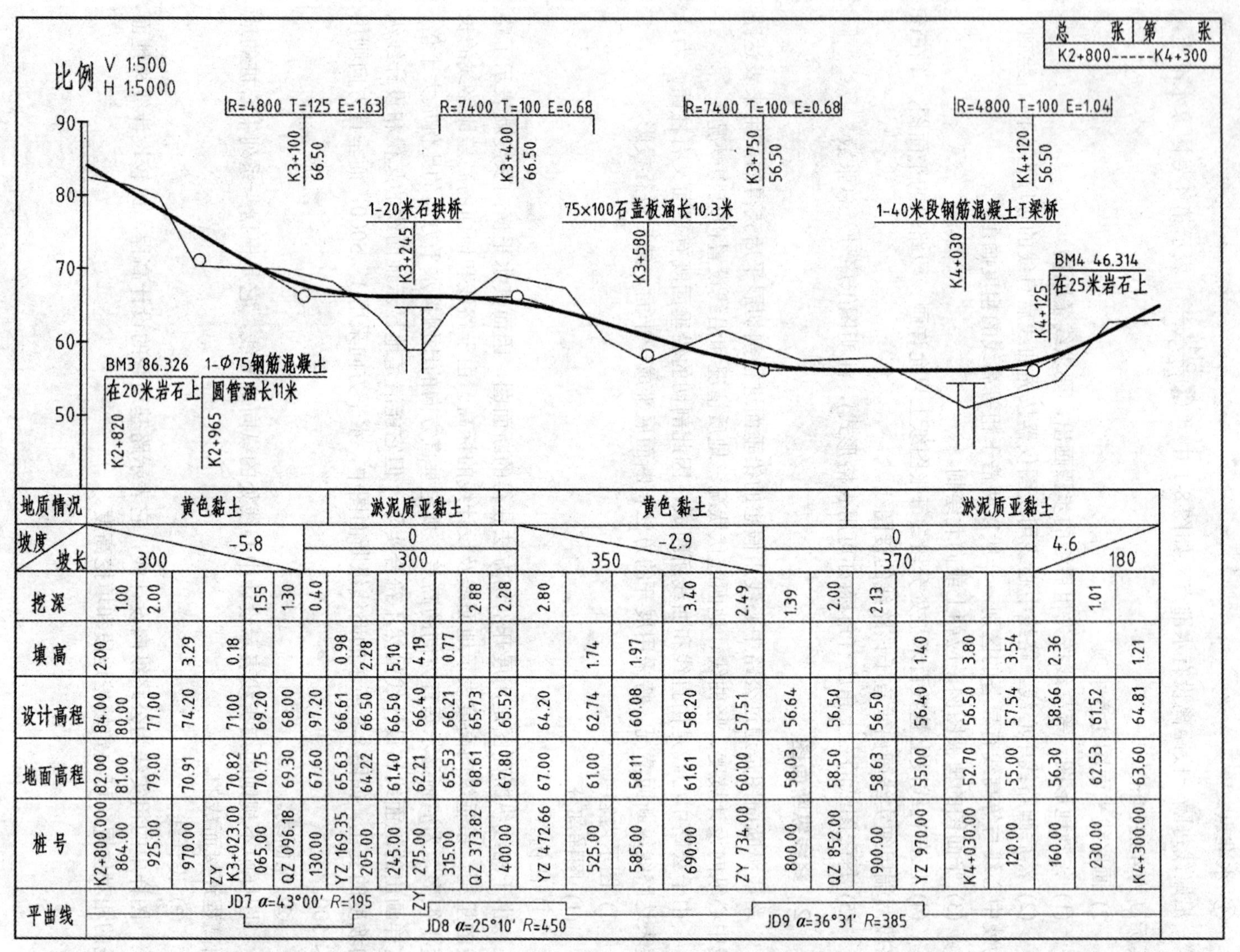

桩号	挖深	填高	设计高程	地面高程
K2+800.000		2.00	84.00	82.00
864.00	1.00		80.00	81.00
925.00	2.00		77.00	79.00
970.00		3.29	74.20	70.91
ZY K3+023.00		0.18	71.00	70.82
065.00	1.55		69.20	70.75
QZ 096.18	1.30		68.00	69.30
130.00	0.40		97.20	67.60
YZ 169.35		0.98	66.61	65.63
205.00		2.28	66.50	64.22
245.00		5.10	66.50	61.40
275.00		4.19	66.40	62.21
315.00		0.77	66.21	65.53
QZ 373.82	2.88		65.73	68.61
400.00	2.28		65.52	67.80
YZ 472.66	2.80		64.20	67.00
525.00		1.74	62.74	61.00
585.00		1.97	60.08	58.11
690.00	3.40		58.20	61.61
ZY 734.00	2.49		57.51	60.00
800.00	1.39		56.64	58.03
QZ 852.00	2.00		56.50	58.50
900.00	2.13		56.50	58.63
YZ 970.00		1.40	56.40	55.00
K4+030.00		3.80	56.50	52.70
120.00		3.54	57.54	55.00
160.00		2.36	58.66	56.30
230.00	1.01		61.52	62.53
K4+300.00		1.21	64.81	63.60

图 8-3　路线纵面图

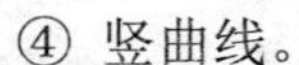

④ 竖曲线。

设计线纵坡变更处称变坡点，用直径为 2 mm 的中粗线圆圈表示。根据《公路工程技术标准》的规定，当相邻两纵坡之差的绝对值超过规定数值时，在变坡点处应设置圆弧竖曲线，以利于汽车行驶。与竖曲线相切的切线用细虚线画出。竖曲线分为凸形和凹形两种，分别用“┌┬┐”和“└┬┘”符号表示，该符号用细实线绘制在设计线上方，并在其上标注竖曲线的半径 R、切线长 T 和外矢距 E 的数值；两端竖细线长 3 mm，并对准竖曲线的起点和终点桩号；中间竖细线长 20mm，且对准变坡点的桩号，在线的左侧标注变坡点的桩号，右侧标注变坡点的高程。如图 8-3 所示的路线纵断面图中，在 K3+100 处设有一个凹形曲线，在 K3+400 处设有一个凸形曲线。

⑤ 桥涵构筑物。

图样中还应标出桥梁、涵洞、立体交叉和通道等人工构筑物。当路线上有桥涵时，应在地面线上边和设计线下边，并对正桥涵的中心桩号，用符号“┬┬”和“○”分别表示桥梁和涵洞，同时，应在设计线上方或下方的空白处对准桥涵的中心位置，用细实线画竖直引出线和水平标注线，并注写桥涵的名称、规格和中心里程桩号。

⑥ 水准点。

沿线设置的水准点，都应在设计线上方或下方的适当位置画细竖直引出线，并标注水准点的桩号、编号、里程以及水准点与路线的相对位置。

(2) 资料表部分。

路线纵断面图的资料表是与图样上下对应布置的。资料表的内容可根据不同设计阶段和不同道路等级的要求而增减，通常包括下述八栏内容。

① 概况。

在该栏中标出沿线的地质情况，为设计施工提供简要的地质资料。

② 坡度/坡长。

是指设计线的纵向坡度及其长度。该栏中每一分格表示一种坡度，对角线表示坡向，其上部的数值为坡度数值，正值为上坡，负值为下坡；下边的数值为该坡路段的长度，单位是 m。如图 8-3 所示，由“坡度/坡长”可看出 K3+400 处为平坡(0.0%)与下坡(2.9%)的变坡点，因此设凸曲线一个。若为平坡时，应在分格中间画一条水平线，线上标注的坡度数值为 0，线下标注该平坡路段的长度。该栏中各分格竖线应与各变坡点的桩号对齐。

③ 挖深。

在该栏中对正各挖方路段的桩号，将其地面高程与设计高程的差值标出，单位是 m。

④ 填高。

在该栏中对正各填方路段的桩号，将其设计高程与地面高程的差值标出，单位是 m。

⑤ 设计高程。

在该栏中对正各桩号将其设计高程标出，单位是 m。

⑥ 地面高程。

在该栏中对正各地面中心桩号将其高程标出，单位是 m。

⑦ 桩号。

是指各桩点在路线上的里程数值，按测量所得的数据，将各点的桩号数值一一填入该栏中。对于平、竖曲线的各特征点、水准点、桥涵中心点以及地形突变点等，还需增设

桩号。

⑧ 平曲线。

该栏是路线平面图的示意图。栏中中间的水平细实线表示路线直线段，向左或向右转弯的曲线段分别用下凹“ ”或上凸“ ”的细实线折线表示，并在其上标注交角点编号、圆曲线半径和偏角度数。由此，结合纵断面情况，可想象出该路段的空间情况。

路线平面图与纵断面图一般安排在两张图纸上，有时也可放在同一图纸上。对于高等级公路，由于平曲线半径较大，平面图与纵断面图长度相差不大，故放在同一张图纸中相互对照，更为方便。

2) 画路线纵断面图的注意事项

(1) 路线纵断面图宜画在透明方格纸的反面，以防止擦线时把方格线擦掉。方格纸上的格子一般纵横方向按 1 mm 为单位分格，每 5mm 处印成粗线。用方格纸画，既可省用比例尺，提高绘图速度，又便于进行检查。

(2) 与画路线平面图一样，从左向右按里程顺序分段画出。

(3) 纵断面图的标题栏绘在最后一张图或每张图的右下角，注明路线名称、纵和横比例等。每张图的右上角应有角标，注明图纸序号、总张数及起止桩号。

3．路基横断面图

路基横断面图是在路线中心桩处作一垂直于路线中心线的断面图，用来表达各中心桩处横向地面起伏以及设计路基横断面情况。工程上要求在每一中心桩处，根据测量资料和设计要求顺次画出每一个路基横断面图，用来计算公路路基土石方量和作为路基施工时的依据。

1) 图示内容

根据设计线与地面线的相对位置的不同，路基横断面有以下三种基本形式。

(1) 填方路基。

即路堤，设计线全部在地面线以上，如图 8-4(a)所示。在图下注有该断面的里程桩号、中心线处的填方高度 H_T(m)以及该断面的填方面积 A_T(m^2)，另外还标注路基中心标高和路基边坡坡度。

(2) 挖方路基。

即路堑，设计线全部在地面线以下，如图 8-4(b)所示。在图下注有该断面的里程桩号、中心线处的挖方高度 H_w(m)、挖方面积 A_w(m^2)、路基中心标高和路基边坡坡度。

(3) 半填半挖路基。

这种路基是前两种路基的综合，设计线一部分在地面线以下，另一部分在地面线以上，如图 8-4(c)所示。在图下注有该断面的里程桩号、中心线处的填高 H_T(m)或挖高 H_w(m)、填方面积 A_T(m^2)、挖方面积 A_w(m^2)以及路基中心标高和路基边坡坡度。

2) 画路基横断面图的注意事项

(1) 画路基横断面图使用透明方格纸，以便于计算断面的填挖方面积，便于施工放样。

(2) 路基横断面图的纵横方向采用同一比例，一般用 1∶200，也可用 1∶100 或 1∶50。按横断面的桩号顺序自下而上，从左至右依次画出，地面线画细实线，设计线画粗实线，

如图 8-5 所示。

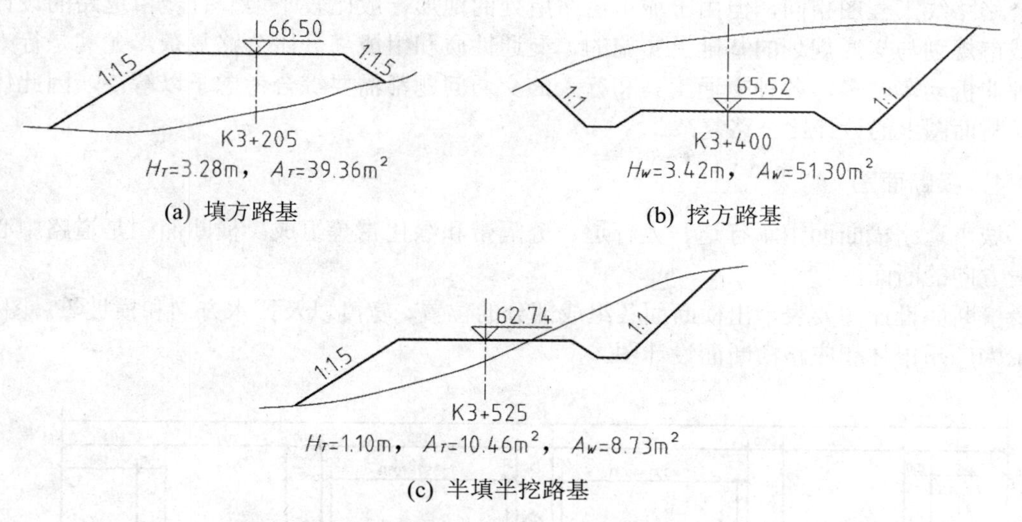

(a) 填方路基　(b) 挖方路基

(c) 半填半挖路基

图 8-4　路基横断面的基本形式

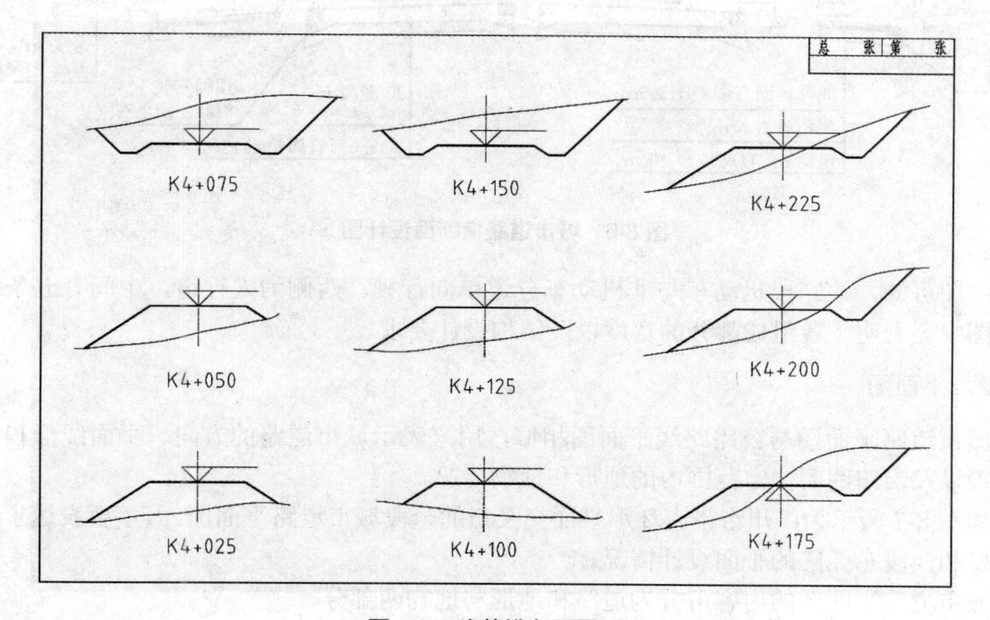

图 8-5　路基横断面图

(3) 每张路基横断面图的右上角应写明图纸序号及总张数。在最后一张图的右下角绘制图标。

8.1.2　城市道路路线工程图

在城市，沿街两侧建筑红线之间的空间范围为城市道路用地。城市道路一般由机动车道、非机动车道、人行道、分隔带、绿化带、交叉口和交通广场以及各种设施组成。在交通高度发达的现代化城市，还建有架空高速道路、地下道路等。

城市道路的线形设计结果也是通过平面图、纵断面图和横断面图表达的，其图示方法与公路路线工程图相同，但由于城市道路所处的地形一般比较平坦，且城市道路的设计是在城市规划与交通规划的基础上实施的，交通性质和组成部分比公路复杂，尤其是行人和各种非机动车较多，各种交通工具和行人的交通问题都需要综合考虑予以解决，因此体现在横断面图上的设计比公路复杂。

1．横断面图

城市道路横断面由车行道、人行道、分隔带和绿化带等组成。横断面图是道路中心线法线方向的断面图。

横断面设计图要表示出横断面各组成部分的位置、宽度以及排水方向和横坡等。图 8-6 所示为广州市林和庄路横断面设计图。

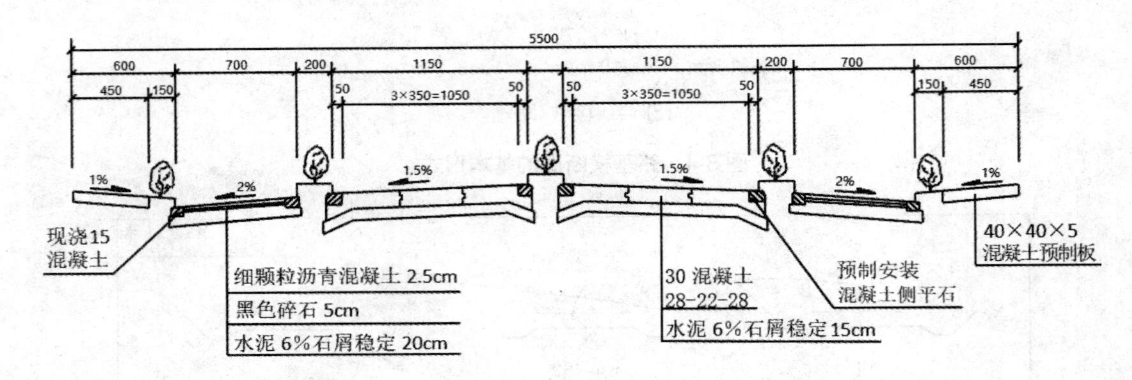

图 8-6 城市道路横断面设计图

由图可知，该路段机动车与非机动车分道单向行驶。两侧为人行道，中间有五条绿化带。图中还表明了各组成部分的宽度以及结构设计要求。

2．平面图

城市道路平面图与公路路线平面图相似，用来表示城市道路的方向、平面线形和车行道布置以及沿路两侧一定范围内的地形和地物情况。

如图 8-7 所示为广州市带有环形平面交叉口的一段城市道路平面图，其主要表达了环形交叉口和西段东莞庄的平面设计情况。

城市道路平面图的内容可分为道路和地形与地物两部分。

(1) 道路情况。

① 道路中心线用点划线表示。为了表示道路的长度，在道路中心线上标有里程桩号。从图中可以看出：西段道路是将西段道路中心线与东段道路中心线的交点作为西段道路里程的起点。

② 道路的走向，可用坐标网或指北针来确定(图 8-7 是用坐标网来确定的)。西段道路的走向随着里程增加为偏西南方向。

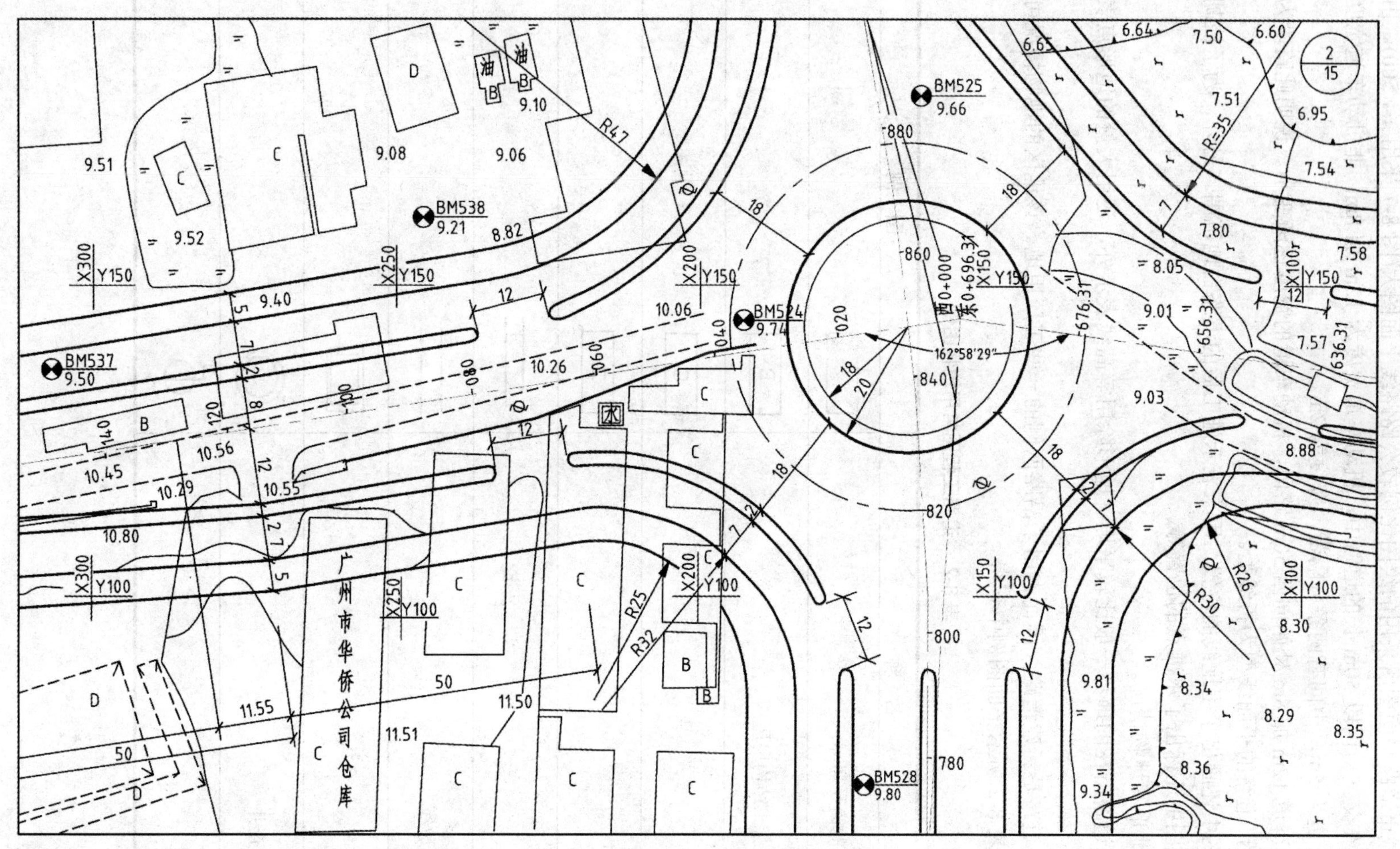
广州市华侨公司仓库
BM525
9.66
BM524
9.74
BM528
9.80
BM538
9.21
BM537
9.50
R47
R25
R32
R26
R30
R=35
162°58′29″
西0+000
东0+696.31

图 8-7　城市道路平面图

③ 城市道路平面图所采用的绘图比例较公路路线平面图大(图 8-7 采用 1∶500)。由图可看出，在交叉口西段 50m 长的道路中，机动车道宽度为 12m 加 8m，非机动车道宽度为 7m，人行道为 5m，中间有两条分隔带，宽度为 2m。

机动车道 12m 加 8m 处始向西 50m 路段，机动车道的宽度逐渐变小。说明此路段为宽度渐变段，道路的平面线型为折线型。

④ 图中还画出了用地线的位置，用来表示施工后的道路占地范围。另外，为了控制道路标高，图中还标出了水准点的位置等。

(2) 地形和地物情况。

城市道路所在的地势一般比较平坦。地形除用等高线表示外，还用大量的地形点表示高程。

北段道路是新建道路，因而占用了沿路两侧的一些工厂用地。该地区的地物情况可在表 8-1 和表 8-2 所示平面图例中查得。

表 8-2　道路工程图常用地物图例

名　称	图　例
只有屋盖的简易房	
砖石或混凝土结构房屋	B
砖瓦房	C
石棉瓦房	D
围墙	
非明确路边线	
贮水池	
下水道检查井	
通信杆	

3．纵断面图

城市道路纵断面图也是沿道路中心线的展开断面图。其作用与公路路线纵断面图相同，内容也是由图样和资料表两部分组成，图 8-8 所示为广州市东莞庄路某交叉口纵断面图。

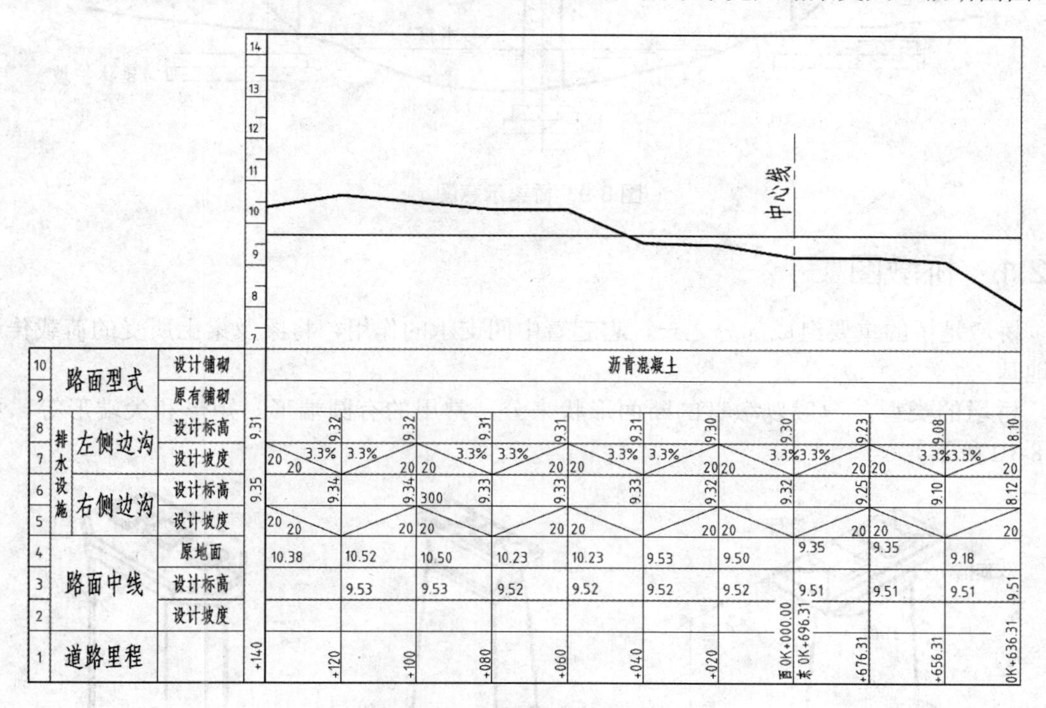

图 8-8　城市道路纵断面图

1) 图样部分

城市道路纵断面图的图样部分与公路路线纵断面图的图示方法完全相同。如绘图比例竖直方向较横向方向放大 10 倍来表示等，本图水平方向采用 1∶500，则竖直方向采用 1∶50。

2) 资料表部分

城市道路纵断面图的资料部分基本上与公路路线纵断面图相同，不仅与图样部分上下对应，而且还标注有关的设计内容。

城市道路除作出道路中心线的纵断面图之外，当纵向排水有困难时，还需作出街沟纵断面图。对于排水系统的设计，可在纵断面图中表示，也可单独设计绘图。

8.2　桥梁工程图

桥梁一般由桥墩、桥台、梁和附属设备组成，如图 8-9 所示。桥梁工程图是桥梁施工的重要技术依据，其主要包括桥位图、全桥布置图、桥墩图、桥台图、桥跨结构图以及钢筋布置图，有时还有桥上附属设备图和桥下附属工程图等。本章节主要介绍铁路桥梁中的桥墩图和桥台图。

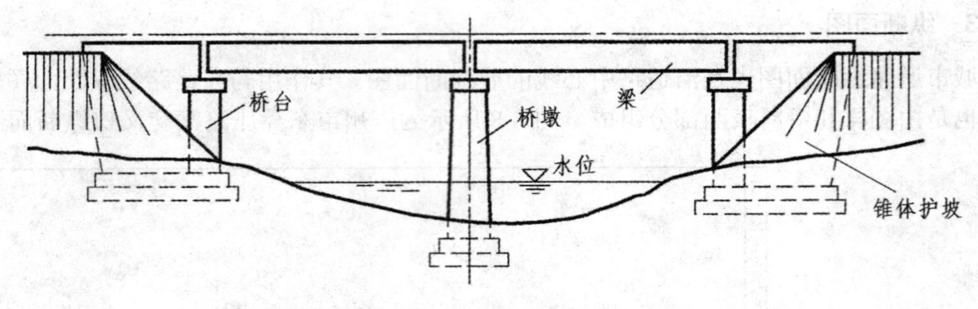

图 8-9 桥梁示意图

8.2.1 桥墩图

桥墩是桥的重要组成部分之一，它起着中间支承的作用，将梁及梁上所受的荷载传递给地基。

桥墩的类型，一般以墩身的断面形状来分，常用的有圆端形、矩形和尖端形等，如图 8-10 所示。

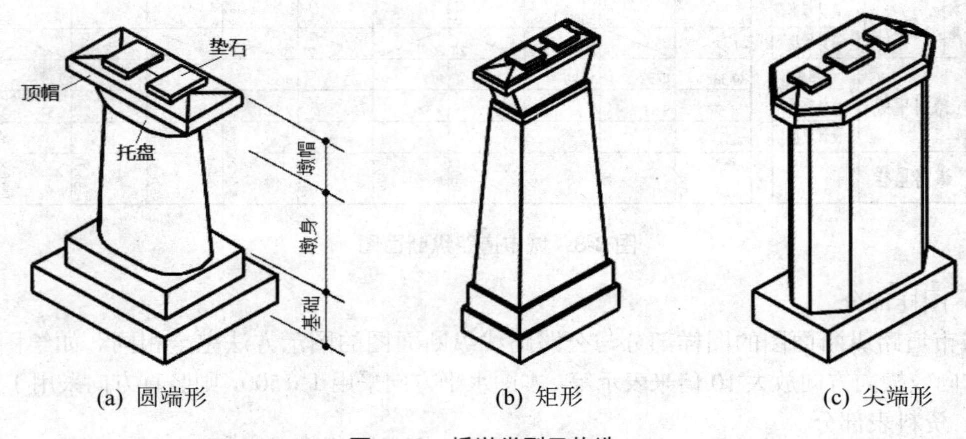

图 8-10 桥墩类型及构造

1. 桥墩的构造

桥墩由基础、墩身和墩帽三部分组成[见图 8-10(a)]。基础在底部，一般埋在地面以下。墩身是桥墩的主体，位于桥墩中部。墩帽在上部，由顶帽和托盘两部分组成，顶帽顶面作成斜面为排水用，为了安放桥梁支座，其上有两块支承垫石。

2. 桥墩的图示方法

表达桥墩的图样有桥墩总图、墩帽图和墩帽钢筋布置图等。

1) 桥墩总图

图 8-11 所示为圆端形桥墩总图，其由正面图、平面图和侧面图组成。三个图均采用了半剖面图的表达方式。

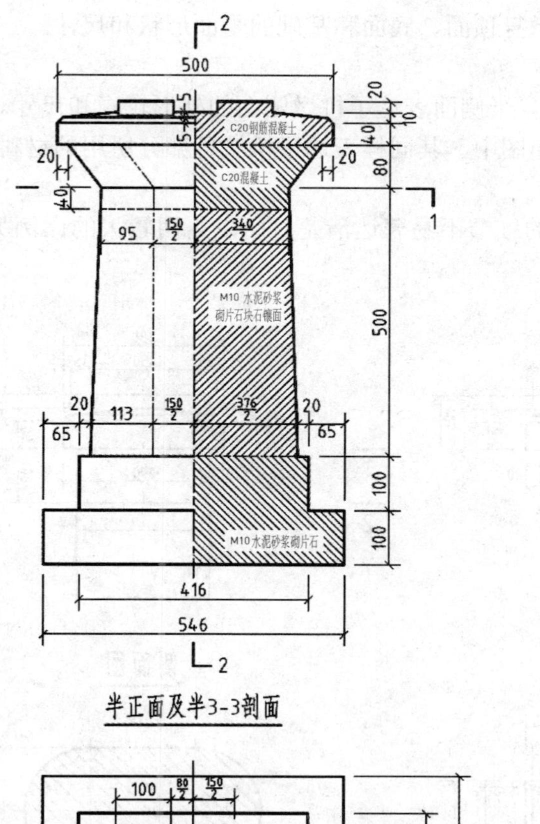

半正面及半3-3剖面

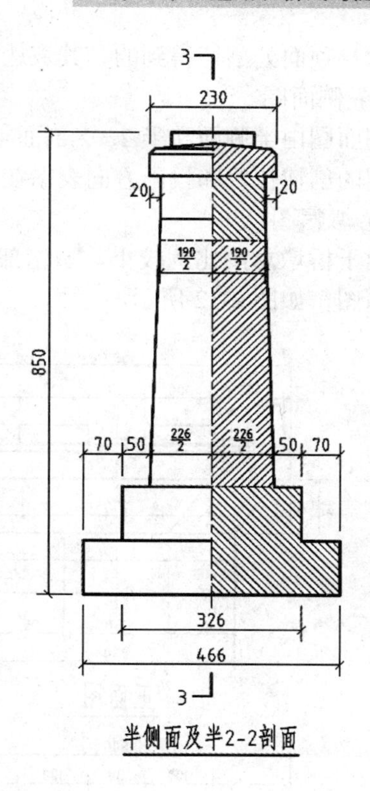

半侧面及半2-2剖面

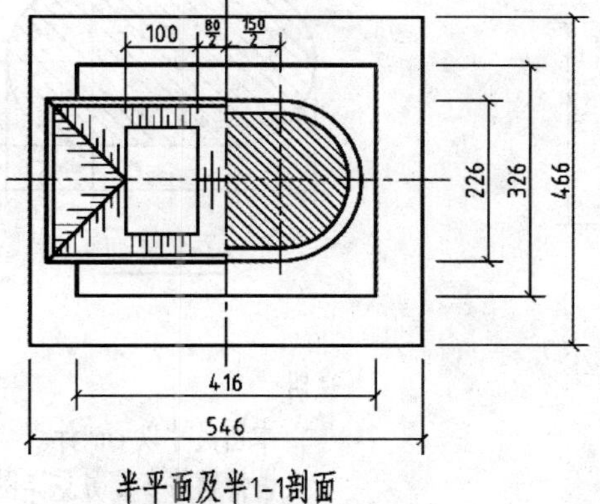

半平面及半1-1剖面

说明：

1. 本图尺寸以cm计。
2. 墩顶详细尺寸见墩顶详图。

图 8-11　圆端形桥墩总图

(1) 正面图。

桥墩正面图是顺着路线方向投影而得到的，由半正面和半 3—3 剖面组成。半正面图表达了桥墩正面的外形轮廓(其中的双点画线是平面与曲面的分界线)和尺寸。3—3 剖面图的剖切位置和投影方向表示在侧面图中，其表达了基础、墩身和墩帽等各部分所用的材料(其中的虚线是不同材料的分界线) 和尺寸。

(2) 平面图。

平面图由半平面和半 1—1 剖面组成。半平面图表达了桥墩的平面轮廓和尺寸，顶帽的排水坡倾斜于水平面，用示坡线表示；示坡线是长短相间的细实线，图线密的一边高，示坡线方向是倾斜面的最大坡度线方向。1—1 剖面图的剖切位置和投影方向表示在正面图中，

是从墩身顶面处剖切得到的，其表达了墩身顶面、底面和基础的平面形状和尺寸。

(3) 侧面图。

侧面图由半侧面和半 2—2 剖面组成。半侧面表达了桥墩侧面的外形轮廓和尺寸。2—2 剖面图的剖切位置和投影方向表示在正面图中，其同样表达了桥墩各部分所用的材料。

2) 墩帽图

由于桥墩总图比例较小，墩帽部分的细节不易表达清楚，所以需用较大的比例另外画出墩帽图，如图 8-12 所示。

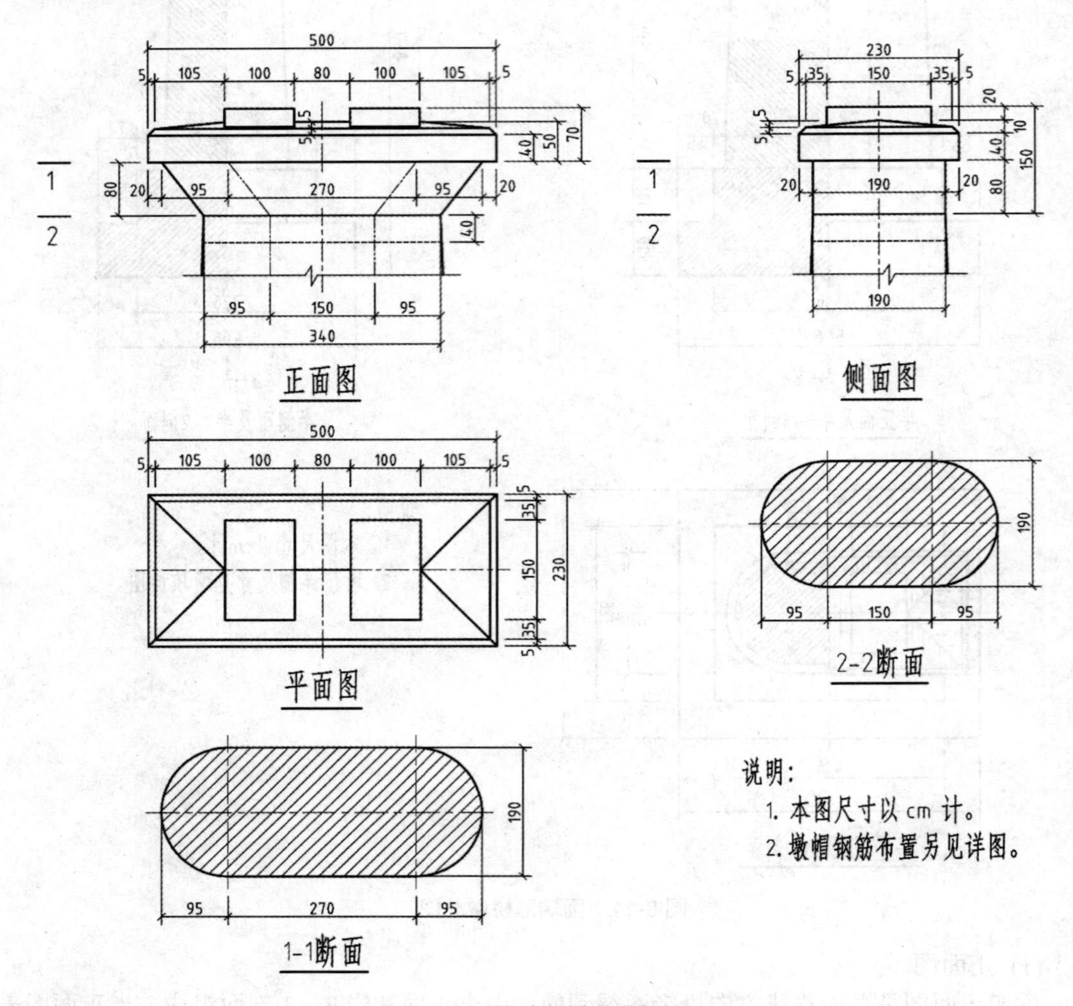

图 8-12　圆端形桥墩墩帽图

墩帽图中正面图、平面图和侧面图都是外形图，墩身采用了折断画法，主要表达了顶帽的外形轮廓和尺寸大小，托盘的长度和宽度。另外两个断面图主要表达托盘顶面、底面的形状和尺寸大小。

3. 桥墩图的识读

从图 8-11、图 8-12 所示的桥墩总图和墩帽图中，能了解整个桥墩的形状和各部分尺寸

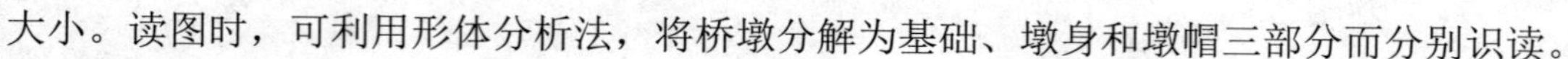

大小。读图时，可利用形体分析法，将桥墩分解为基础、墩身和墩帽三部分而分别识读。

1) 基础

对照图 8-11 中的三面投影可知，桥墩基础分上下两层，为两块大小不等的长方体。底层尺寸是 546cm×466cm×100cm；上层尺寸是 416cm×326cm×100cm。两层在前后左右方向对称放置。

2) 墩身

由半 1—1 剖面图可知，墩身的底面和顶面都是圆端形，两圆端形的中心距均为 150cm。由正面及侧面图得知：顶面圆端半径为 95cm，底面圆端半径为 113cm，墩身高为 500cm。

由上述各部分尺寸并结合视图可知，墩身由两端的半圆锥台和中间的梯形柱组合而成，如图 8-13 所示。

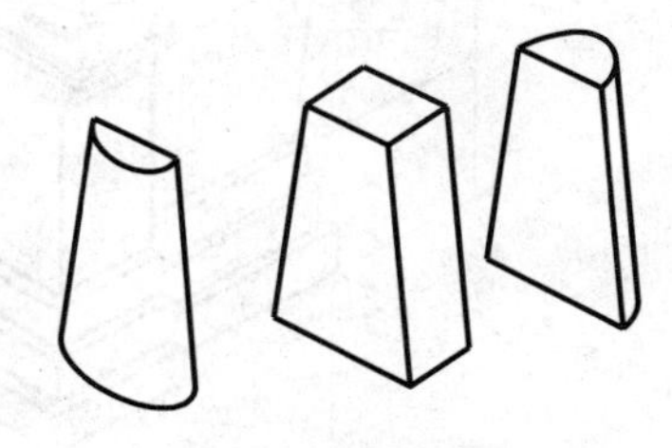

图 8-13　墩身的形状

墩身所用的材料，顶部 40cm 部分为 C20 级混凝土，内放少量钢筋以便加强与墩帽连接，其余部分均为 M10 水泥砂浆砌片石，整个墩身以块石镶面。

3) 墩帽

由图 8-12 中的正面图和侧面图可知，墩帽由托盘和顶帽两部分组成。垫石顶面高于顶帽的排水坡。

(1) 托盘。

由 1—1 及 2—2 断面可知，托盘的上下表面均为圆端形，上表面两个半圆的中心距为 270cm，下表面两个半圆的中心距为 150cm，上下半圆半径均为 95cm，托盘高度为 80cm。

由上述各部分尺寸并结合视图可知，托盘是由两端的半斜圆柱和中间的梯形柱组合而成，如图 8-14(a)所示。托盘材料为混凝土。

(2) 顶帽。

由图 8-12 的正面图、平面图及侧面图可知，顶帽是矩形板，长 500cm、宽 230cm，上表面是四面排水的倾斜平面，中间最高处 50cm 厚；在顶帽上部有两块垫石，垫石顶面高出顶帽 20cm，尺寸分别为 100cm×150cm。整个顶帽形状如图 8-14(b)所示。顶帽材料为钢筋混凝土。

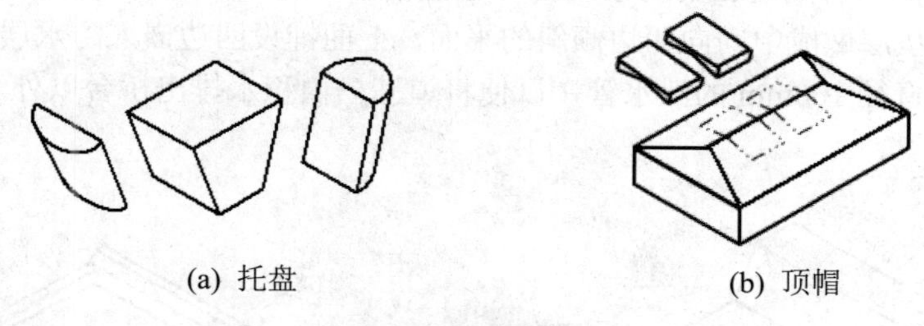

(a) 托盘　　　　(b) 顶帽

图 8-14　墩帽的形状

综合以上对桥墩各组成部分的分析，可以想象出如图 8-10(a)所示的整个桥墩的形状。

8.2.2　桥台图

桥台是桥梁两端的支柱，除支承桥跨外，还起着阻挡路基端部填土的作用。桥台的形式很多，常见的有 T 形、U 形和耳墙式等，如图 8-15 所示。

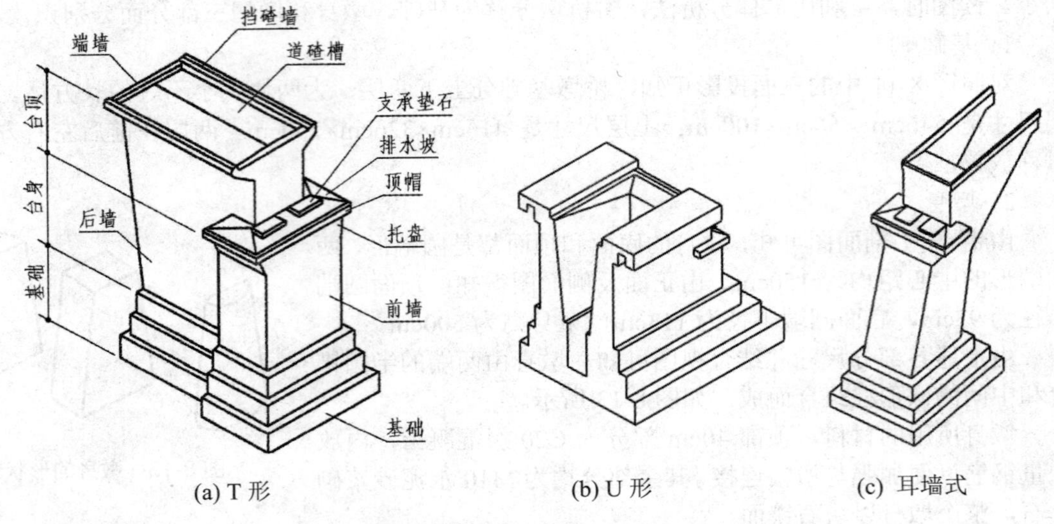

图 8-15　桥台类型及构造

1．桥台的构造

虽然桥台的形式有多种，但都是由基础、台身和台顶(包括顶帽、墙身和道碴槽)所组成。现以图 8-15(a)所示的 T 形桥台为例，介绍其组成和构造。

(1) 基础。

基础在桥台最下面，共三层，由三块大小不等的 T 形板叠加而成。

(2) 台身。

台身在基础上面，由前墙、后墙及托盘组成。托盘是用来承托台帽的。

(3) 台顶。

台顶是在桥台的上部，由顶帽、墙身和道碴槽三部分组成。顶帽在前墙托盘上面，在其顶面有两块支承垫石；墙身是后墙的延续部分；道碴槽在整个桥台的最上面。

如图 8-16 所示，道碴槽两边最高的是挡碴墙，内侧有凹进去的斜防水层槽。两端是较低的端墙，其内侧也有凹进去的防水层槽。道碴槽中部是一个凹槽，在槽底的水平面上填有混凝土垫层，垫层做成中间向两边倾斜的平面，上面铺设四边嵌入防水层槽内的防水层。在挡碴墙内放置直径 100mm 的泄水管，以便将道碴槽内积水排出桥台以外。

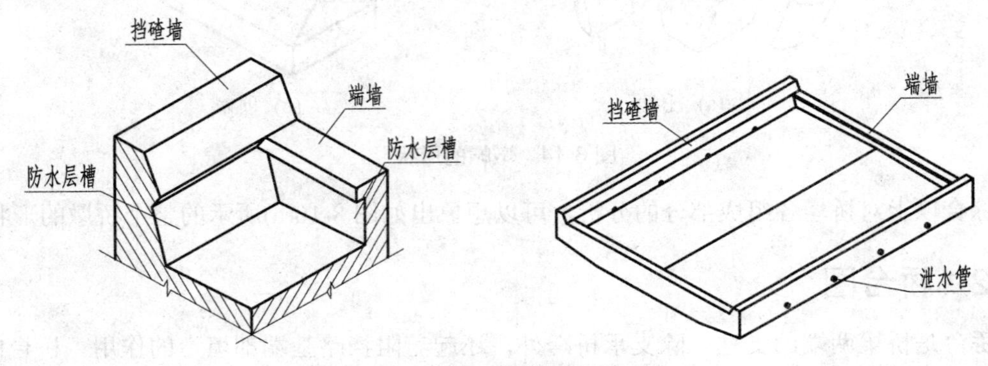

图 8-16　道碴槽的构造

桥台的附属工程主要是指保护桥头填土不致受河水冲刷的锥体护坡，以保证桥台的稳定性。锥体护坡与桥台紧密相连，其实际形状相当于两个 1/4 个椭圆锥体，分设于桥台两侧。台身的大部分都被其所覆盖和包容。

2．桥台的图示方法

表达桥台的图样一般有桥台总图、台顶构造图和台顶钢筋布置图等。习惯上，把与线路垂直的面称为桥台的侧面，从桥孔顺着线路方向的称为桥台的正面，从路基顺线路方向的面称为桥台的背面。图 8-17 所示的 T 形桥台总图是由侧面图、半平面和半基顶剖面图、半正面和半背面图组成。

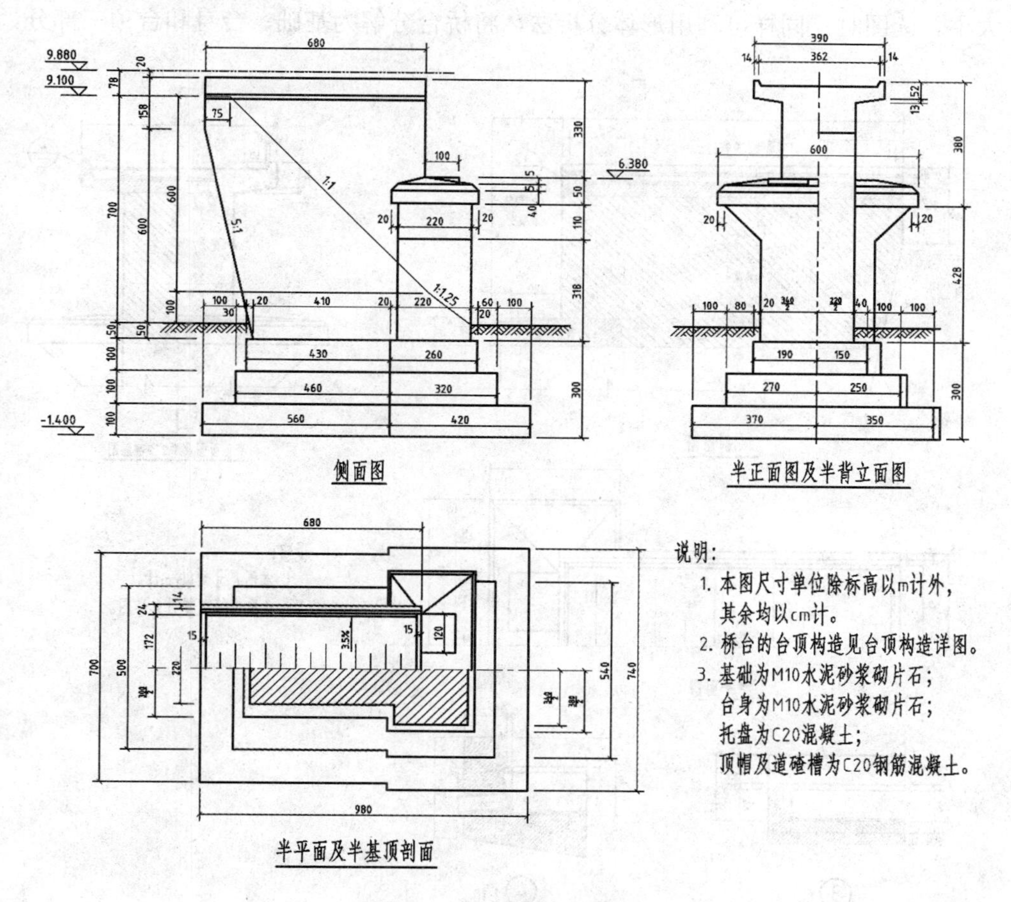

图 8-17　T 形桥台总图

1) 侧面图

侧面图是从桥台侧面与线路垂直的方向投影得到的，由于其能较好地表达桥台的外形特征，并反映出钢轨底面与路肩的标高，因而将其安排在正立面图的位置。图中应注明轨底、路肩、地面线的标高，还应标注线路的中心里程(图中未示)，从而确定桥台的位置。坡度为 1∶1 和 1∶1.25 的细实线表示桥台两侧锥体护坡与台身的交线。

2) 半平面及半基顶剖面图

半平面主要表达道碴槽和顶帽的平面形状及尺寸。半基顶剖面图是沿基础顶面剖切而

得到的剖面图，剖切位置在图中用文字写明，不再在图中标注。它主要表达台身底面和基础的平面形状及尺寸。

3) 半正面及半背面图

半正面及半背面图是分别从桥台的正面和背面进行投影的，主要表达桥台正面和背面的形状和尺寸。两个方向所看到的桥台高度和宽度相同，所以各画一半，组合在一起，中间用点画线分开。

3．桥台图的识读

从图 8-17、图 8-18 所示的桥台总图和台顶构造图中，能了解整个桥台的形状和各部分尺寸大小。读图时，同样可利用形体分析法，将桥台分解为基础、台身和台顶三部分。

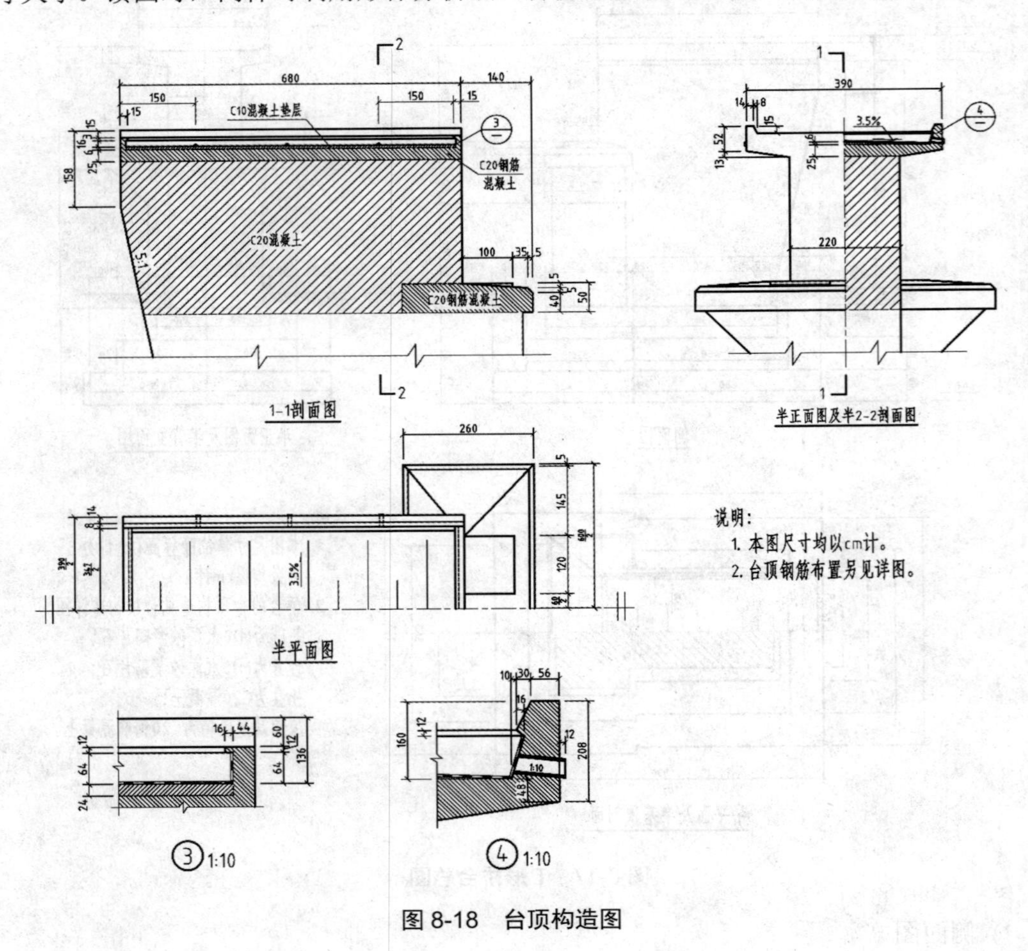

图 8-18　台顶构造图

1) 基础

对照图 8-17 中的三面投影可知，桥台基础共有三层，每层 100cm 厚。基础的平面形状是 T 型，底层总长 980cm，最宽处为 740cm。从图中可读出其他层的详细尺寸。

2) 台身

台身分为前墙、后墙和托盘三部分，前墙和后墙下表面形状可由半基顶剖面图看出，高度可由正面图和侧面图看出。如前墙的左右尺寸为 220cm，前后尺寸为 340cm，高度为

428cm，110cm 为托盘高度；后墙的前后尺寸为 220cm，底部左右方向为尺寸 430cm；后墙在台尾端有坡度为 5∶1 的斜面至高度 700 cm 处，后墙顶部长 680cm。

3) 台顶

台顶由顶帽、墙身和道碴槽三部分组成。由于台顶部分构造较为复杂，常用较大比例单独画出。图 8-18 所示的台顶构造图包括 1—1 剖面图、半正面及半 2—2 剖面图、半平面图和两个详图。

(1) 顶帽。

1—1 剖面图和平面图中很清楚地显示了顶帽是一个 260cm×600cm×45cm 的长方体，顶部高 5cm，做有排水坡、抹角，上有矩形支承垫石。

(2) 墙身。

墙身是后墙的延伸部分，从 1—1、2—2 剖面图中可看出它是一个棱柱体，后表面有一斜面与后墙斜表面相接，前下角有一切口与顶帽连接。

(3) 道碴槽。

道碴槽在桥台的最上面，该部分的结构形状比较复杂。其左右两边最高部分是道碴槽的挡碴墙外形，在挡碴墙下部设有排水管，排水管距离两边外表面各为 150cm，中间排水管等距离布置；挡碴墙底部中间高，两边低，形成两面坡，坡度为 3.5%，以便排水；挡碴墙内侧表面由三个倾斜平面组成，排水管设在最下边一个倾斜平面内，详情见④号详图。

从③号详图看到，端墙顶部是一个水平面，它与挡碴墙上部内侧斜面形成开口槽。该槽为安放与梁连接处的盖板而设，并起防水挡碴作用。由图 8-18 可知，道碴槽总长 680cm，宽为 390cm，高为 52+13=65(cm)，槽底上面有中间高 6cm 向前后倾斜的混凝土垫层。其他详细尺寸可从③号、④号详图中查出。

综合以上对桥台各组成部分的分析，即可以想象出如图 8-15(a)所示的整个桥台的形状。关于各组成部分的材料，可从图 8-17 中的说明及图 8-18 中得知。

8.3　涵洞工程图

涵洞是一种埋设在路堤下面，用来排泄小量水流或通过小型车辆和行人的建筑，其具有比小桥施工容易、养护方便等优点。

8.3.1　涵洞的类型及构造

1．涵洞的类型

按照洞身断面形状的不同，涵洞可分为拱涵、圆涵和盖板箱涵等类型，如图 8-19 所示。

2．涵洞的构造

涵洞虽然有多种类型，但其主要组成部分基本相同，主要由洞身和洞口两部分组成。下面以图 8-19(a)所示的拱涵为例介绍涵洞的构造及图示内容。

1) 洞身

涵洞的洞身埋在路基内，由若干管节组成。入口处第一管节为抬高节(也有不设抬高节

的)，它由基础、边墙、拱圈和端墙组成。中间为洞身节(普通管节)，因其高度与抬高节不同，因而在与抬高节相邻的洞身节上设有接头墙(也称挡墙)。各管节彼此之间用沉降缝断开，沉降缝中填塞防水材料。洞身上部覆盖有防水层或黏土保护层。

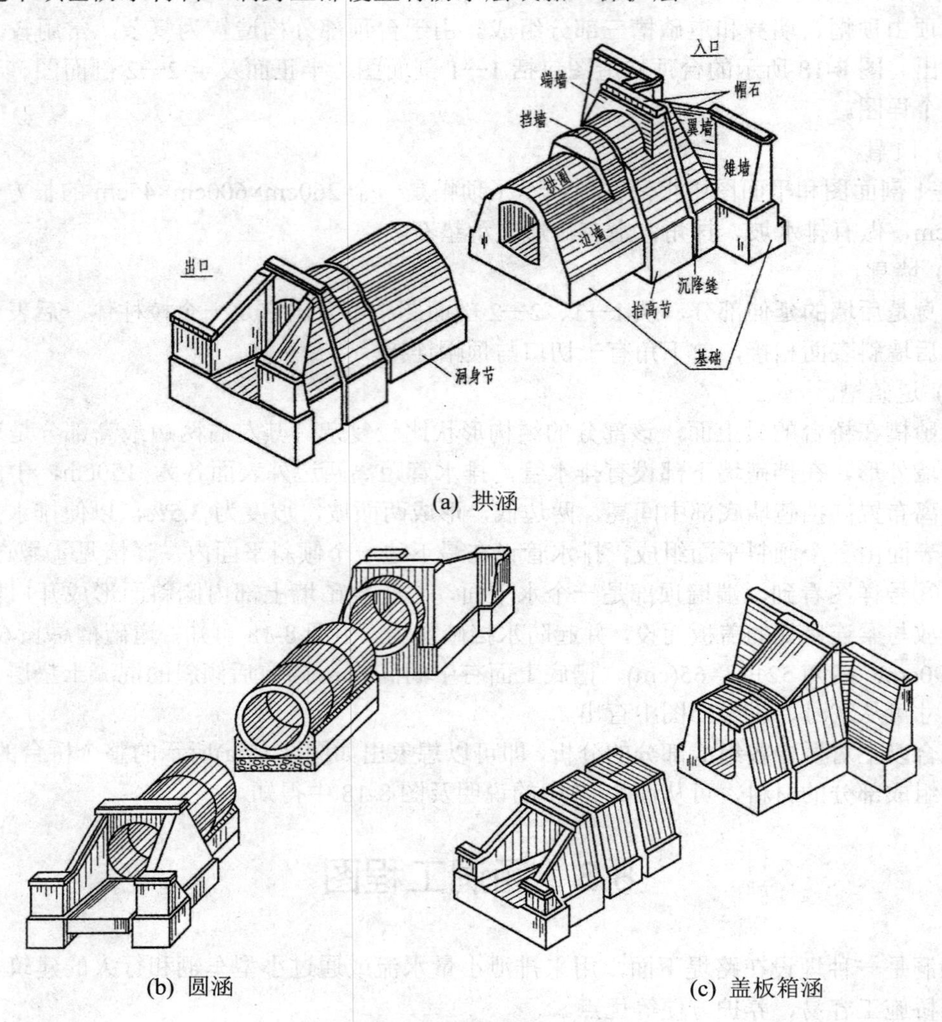

(a) 拱涵

(b) 圆涵

(c) 盖板箱涵

图 8-19　涵洞的类型及构造

2) 出口和入口

涵洞出口和入口的形状相似，都是由基础，雉墙、翼墙和帽石组成，只是各部分的尺寸会有所不同。

3) 附属工程

在洞口的出口和入口前，要进行沟床铺砌，在雉墙前要设置锥体护坡。

8.3.2　涵洞的图示方法

涵洞一般用总图来表达，需要时可单独画出某一部分的构造详图。拱涵总图一般由中心纵剖面图、半平面及半基顶剖面图、出入口正面图以及剖面图等组成，如图 8-20 所示。

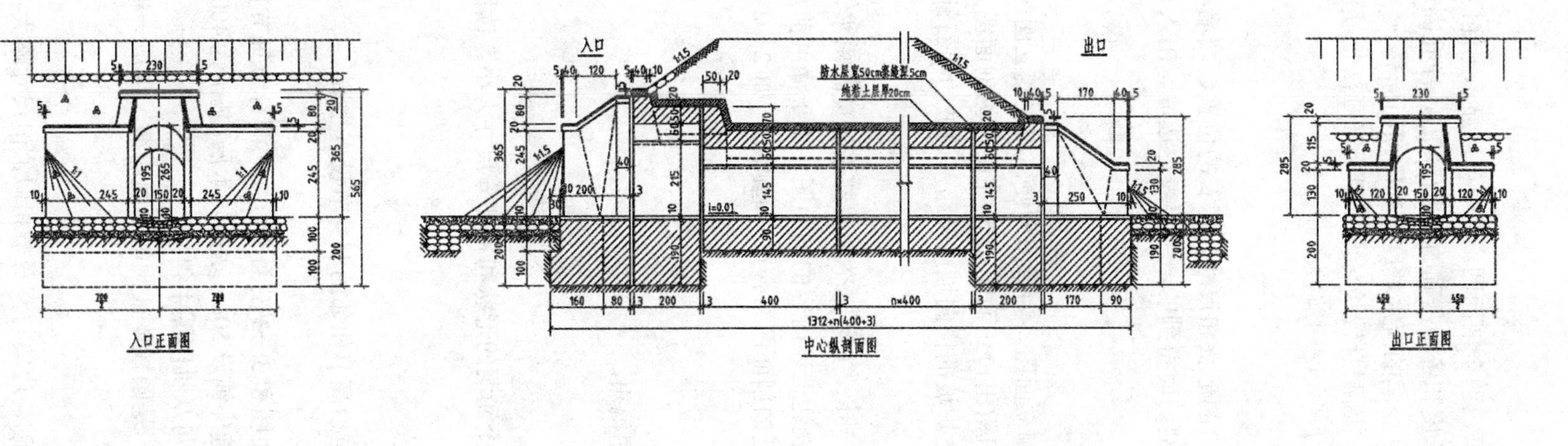

入口
出口
入口正面图
中心纵剖面图
出口正面图

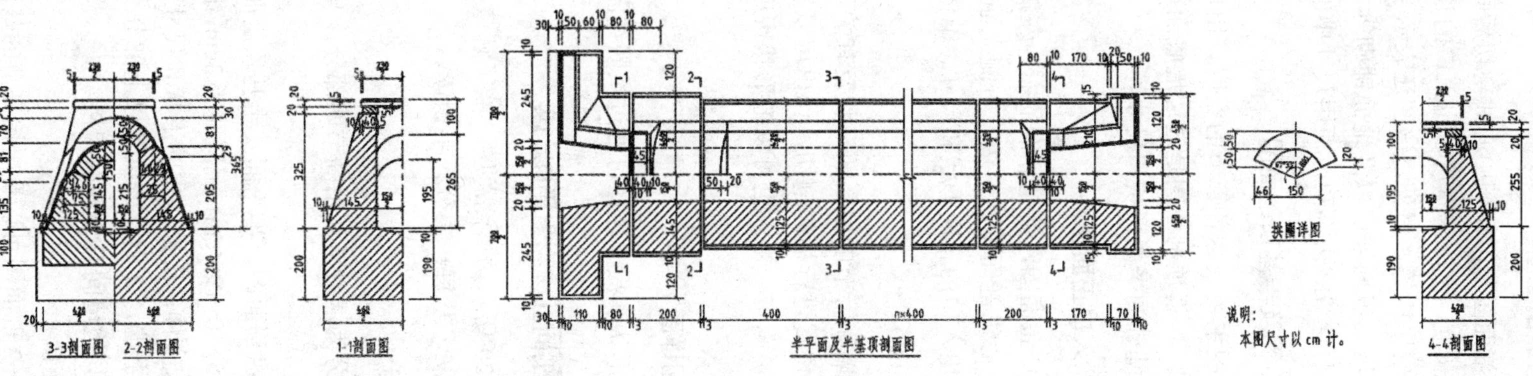

3-3剖面图
2-2剖面图
1-1剖面图
半平面及半基顶剖面图
拱圈详图
说明：
本图尺寸以cm计。
4-4剖面图

图 8-20　拱涵总图

1. 中心纵剖面图

中心纵剖面图是沿涵洞中心线剖切后画出的全剖面图。图中可以显示出涵洞的总节数、每节长、总长度、沉降缝宽度、出入口的长度和各种基础的厚度(深度)、净孔高度、拱圈厚度以及覆盖层厚度等。另外，该图还表示了涵洞的流水坡度、基础顶面标高、路基的坡度、洞口锥体护坡的纵向坡度以及地面铺砌等。因洞身较长，所以用断开画法把涵洞中部形状相同的一些洞身节略去不画，而用尺寸中的 n 来说明节数。

2. 半平面及半基顶剖面图

半平面图主要表达各管节的宽度、出口的形状和尺寸、帽石的位置、端墙与拱圈上表面的交线等。半基顶剖面图是过边墙底面剖切而得到的，主要表达边墙、出入口的底面形状和尺寸、基础的平面形状和尺寸等。

3. 出、入口正面图

出、入口正面图，就是涵洞的右、左侧立面图。为看图方便，将左侧立面图(入口正面图)绘制在中心纵剖面图的左边，右侧立面图(出口正面图)绘制在中心纵剖面图的右边。它们分别表示出入口的正面形状和尺寸、锥体护坡的横向坡度及路基边坡的片石铺砌高度等。

4. 剖面图

涵洞翼墙和管节的横断面形状及有关尺寸，上述三个视图都未能反映出来，因此，在涵洞的适当位置进行横向剖切，作出可以表达上述内容的剖面图。由于涵洞前后对称，所以各剖面只需画出一半，也可以把形状接近的剖面图结合在一起画出，如 2—2 与 3—3 剖面图。

5. 拱圈详图

拱圈的形状和尺寸详图可通过拱圈详图得出。

8.3.3 涵洞工程图的识读

从图 8-20 所示的拱涵总图，能了解整个涵洞的形状和各部分尺寸大小。读图时，可利用形体分析法，从每一部分入手识读。

1. 洞身

洞身可分为洞身节和抬高节两部分，与抬高节相邻的洞身节设有挡墙。

1) 洞身节

由中心纵剖面图、半平面及半基顶剖面图和 3—3 剖面图可知：洞身节每节长 400cm，净孔高为 145+50=195(cm)，沉降缝为 3cm，缝外铺设 50cm 宽的防水层；基础为 400cm×420cm×100cm 的长方体；上面拱顶的形状和尺寸可从拱圈图中得知。

挡墙的上墙，在洞身节拱顶以上部分，是圆柱体被倾斜平面所截，形成一椭圆曲线，挡墙的拱圈与边墙间有一斜面相接。

2) 抬高节

结合 2—2 剖面图可以看出抬高节的基础、边墙与洞身节相似，但尺寸略大；拱圈与洞

身节相同；抬高节的净孔高为 215+50=265(cm)；端墙的三角都做成斜面，右侧面与拱圈相交，截交线为一椭圆曲线；端墙顶部有一个 45cm×240cm×20cm 的长方形帽石，它的三面有 5cm 的抹角。在紧靠出口的一节，也设有端墙，其形状、大小与抬高节的端墙相同，仅尺寸有所差异。

在识读洞身过程中，必须注意的是：在洞身外侧，边墙顶部有一侧垂面，其投影在中心纵剖面图中为两水平虚线，在平面图中为两条与中心轴线平行的粗实线；半平面图中的曲线，是端墙和挡墙上截交线(椭圆曲线)的投影；边墙内起拱线的投影在中心纵剖面图中是一条粗实线，在半平面图中则是一条与中心轴线平行的虚线。

2．入口和出口

1) 入口

结合入口正面图及 1—1 剖面图、半平面及半基顶剖面图可以看出：入口的基础是 T 型柱体，左端呈两级台阶形，每级高 100cm，顶面有深 10cm 的弧形槽。翼墙呈“八”字式，内侧面由两平面组成，其中右边为长 40cm 的正平面；两个外侧面分别是梯形侧垂面和三角形一般位置平面；雉墙与翼墙相连，外端面是梯形正平面，内端面与翼墙内侧面重合，外侧面为一梯形正垂面。翼墙和雉墙顶部都设有宽 45cm、厚 20cm 的长条形帽石，帽石内侧有 5cm 抹角。

2) 出口

出口形状与入口一样，仅仅是尺寸不同，读者可自行分析。

3．锥体护坡和沟床铺砌

从中心纵剖面图、入口正面图和出口正面图中可以看到锥体护坡和沟床铺砌的构造。锥体护坡是 1/4 椭圆锥体，顺路基边坡的坡度为 1∶1.5，顺雉墙面的坡度为 1∶1。出入口外的锥顶高度由路基边坡与雉墙端面的交点确定。沟床铺砌由出入口起延伸到锥体护坡之外，其端部砌筑垂裙，具体尺寸另有详图表示。

通过上述分析，即可想象出该涵洞的整体形状和各部分尺寸大小。

8.4　隧道工程图

隧道是修建在地下或水下或者山体中，铺设铁路或修筑公路供机动车辆通行的建筑物。根据其所在位置可分为山岭隧道、水下隧道和城市隧道三大类。为缩短距离和避免大坡道而从山岭或丘陵下穿越的隧道称为山岭隧道；为穿越河流或海峡而从河下或海底通过的隧道称为水下隧道；为满足大城市交通需要而在城市地下修建铁路时穿越的隧道称为城市隧道。这三类隧道中修建最多的是山岭隧道。现以铁路山岭隧道为例介绍隧道的构造及图示与识读方法。

8.4.1　隧道的构造

山岭隧道包括主体结构和附属结构两大部分。主体结构包括洞门和洞身衬砌；附属结构包括大、小避车洞，防排水设施和电气设备，大而长的隧道还有专门的通风设备等。

洞门位于隧道的进出口，是隧道的唯一暴露部分。其作用是稳定仰坡、防止落石、引离流水和装饰洞口等。根据洞口地形和地质条件，可采用的洞门结构类型有端墙式、柱式和翼墙式，如图 8-21 所示。

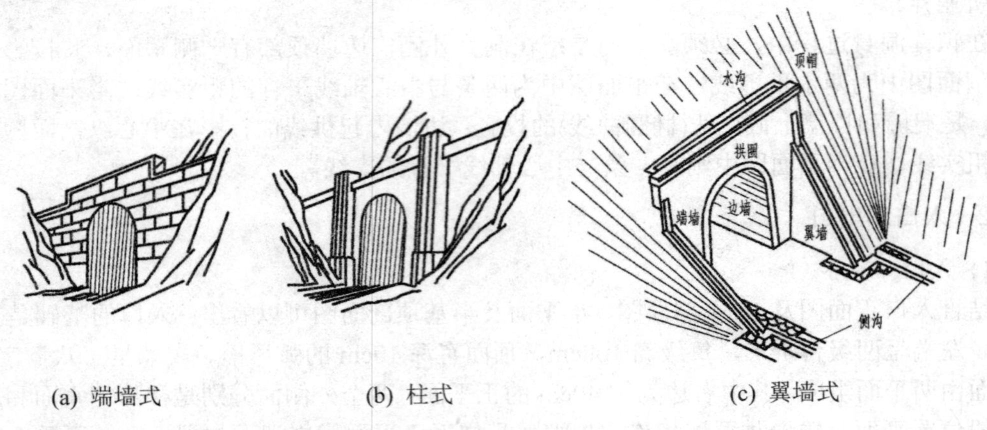

(a) 端墙式　　(b) 柱式　　(c) 翼墙式

图 8-21　隧道洞门的种类

下面以翼墙式洞门为例说明隧道洞门的构造。

翼墙式洞门主要由端墙、翼墙和排水系统组成。端墙用来保持仰坡稳定，阻挡仰坡落石和雨水侵入洞口线路，它以 10∶1 的坡度向线路两侧倾斜；在端墙顶的后面，有端墙顶水沟，其两端有挡水短墙；在端墙上设有顶帽，中下部是洞口衬砌，包括拱圈和边墙。在翼墙上设有排除墙后地下水的泄水孔，墙顶有排水沟。

洞门处的排水系统构造比较复杂。洞顶地表水通过端墙顶水沟、翼墙顶排水沟流入路堑侧沟内；洞内地下水通过洞内排水沟流入路堑侧沟内。

8.4.2　隧道的图示方法

隧道工程图主要包括洞门图、衬砌断面图及避车洞图等。下面主要介绍较为复杂的前两种图样。

1. 洞门图

隧道洞门各部分的结构形状和大小，是通过隧道洞门图来表达的。图 8-22 所示为翼墙式隧道洞门图。

1) 正面图

正面图是沿着线路方向对着隧道洞门进行投影得到的。用来表达洞门衬砌的形状和主要尺寸，端墙的高度和长度，端墙与衬砌的相对位置，端墙顶水沟的坡度，翼墙倾斜度，端墙顶水沟与翼墙顶排水沟的连接情况以及洞内排水沟的位置和形状等。

2) 平面图

平面图主要表达洞门处各排水沟走向及连接情况。

3) 剖面图

1—1 剖面图是沿着隧道中心线剖切得到的，用来表达端墙的厚度和倾斜度，端墙顶水沟的断面形状和尺寸以及翼墙顶的坡度等。

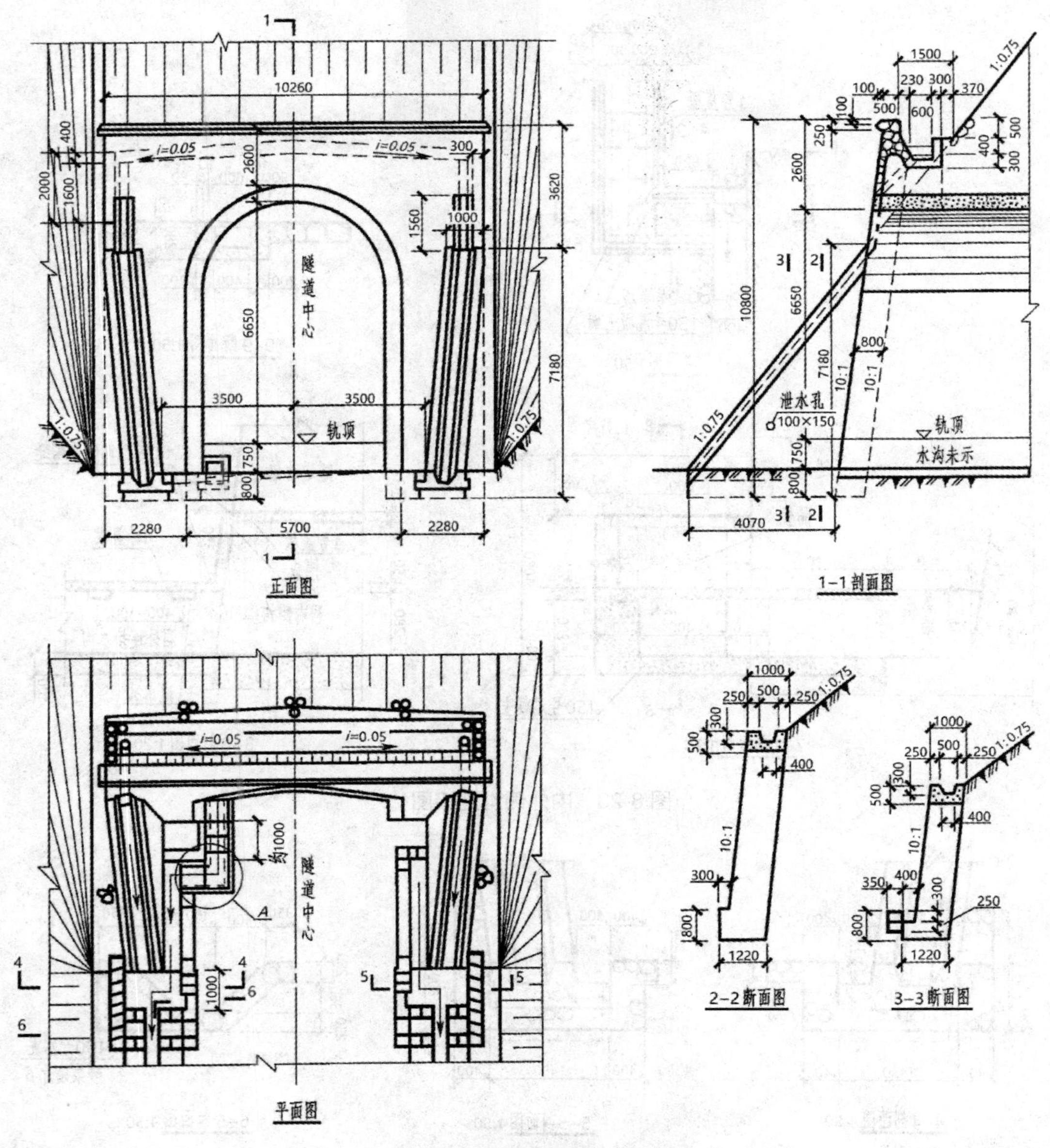

图 8-22　翼墙式隧道洞门图

4) 断面图

2—2、3—3 断面图用来表达翼墙的厚度和倾斜度，翼墙顶排水沟的断面形状和尺寸，翼墙基础或底部水沟的形状和尺寸等。

5) 排水系统详图

排水系统详图主要表达各排水沟的详细构造及做法，隧道内外水沟的连接情况等，如图 8-23、图 8-24 所示。

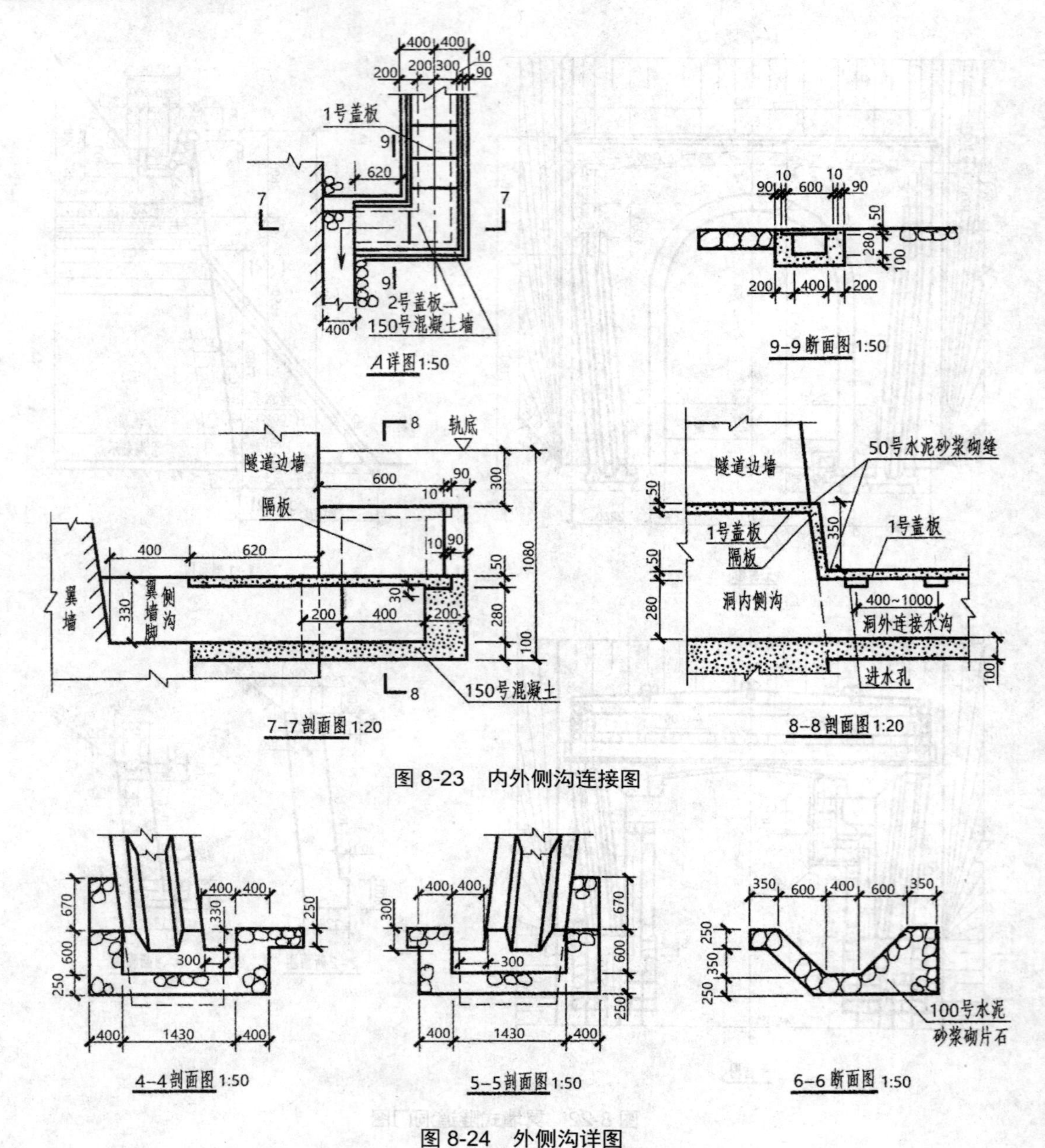

图 8-23　内外侧沟连接图

图 8-24　外侧沟详图

2．衬砌断面图

隧道洞身衬砌主要承受围岩的压力，因此其结构类型根据围岩类别的不同而不同。用来表达洞身衬砌的形式和尺寸的图样称为隧道衬砌断面图。如图 8-25 所示为直边隧道衬砌断面图(此外还有曲边墙式)，底部左侧有排水沟，右侧为电缆沟。

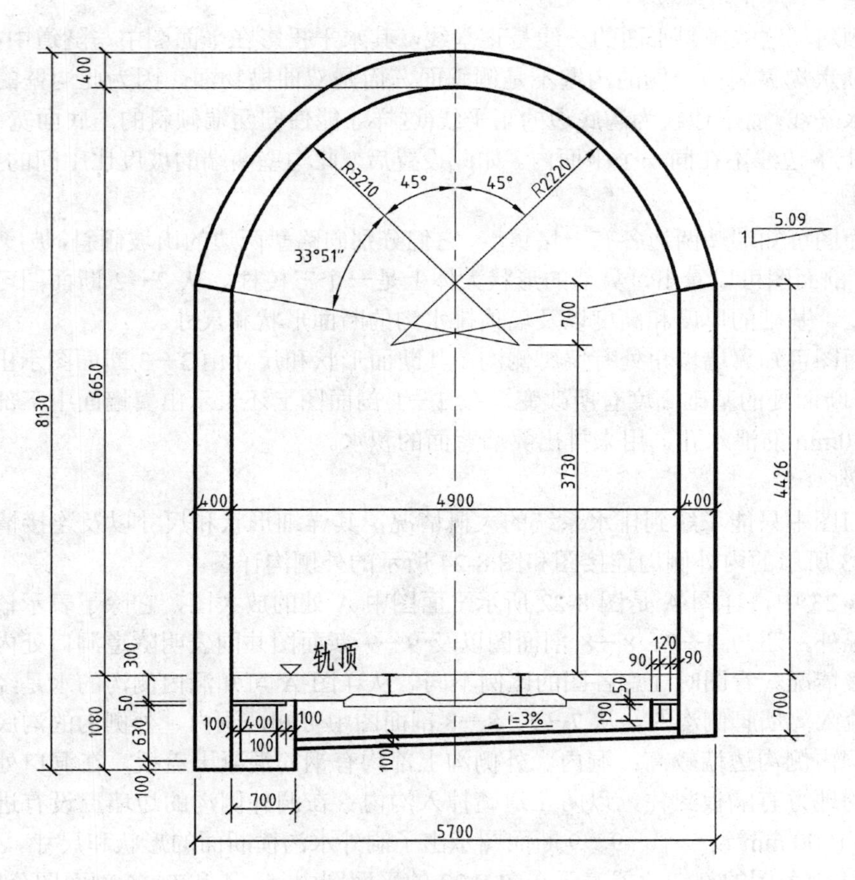

图 8-25　隧道衬砌断面图

8.4.3　隧道工程图的识读

1. 洞门图

如图 8-22 所示，该翼墙式洞门图共有两个基本视图(正面图和平面图)、一个 1—1 剖面图、两个断面图(2—2 和 3—3)以及排水沟详图等，其中 1—1 剖面图的剖切位置和投影方向在正面图中注出，2—2 和 3—3 断面图的剖切位置表示在 1—1 剖面图中。

1) 端墙

由正面图和 1—1 剖面图可知，洞门端墙是一堵靠山倾斜的墙，其坡度为 10∶1，长度为 10280mm，墙厚在 1—1 剖面图中示出，其水平方向为 800mm。墙顶上设有顶帽，顶帽上部除后边外其余三边均做成高为 100mm 的抹角。

端墙顶的背后设有水沟，由正面图可知水沟自墙的中间向两端倾斜，其坡度 i=0.05。沟深为 400mm，断面形状如 1—1 剖面图所示。结合平面图可知，端墙顶水沟的两端设有厚 300mm、高 2000mm 的短墙，其形状用虚线表示在正面图及 1—1 剖面图中。沟中的水通过埋设在端墙体内的水管流到墙面上的凹槽里，然后流入翼墙顶排水沟内排走。

由于端墙顶水沟靠山坡一侧的沟岸是向两边倾斜的梯形正平面，所以它与洞顶仰坡产生两条一般位置直线，在平面图中最后面两条斜线就是此两交线的水平投影。沟岸和沟底

均向两边倾斜，这些倾斜平面的交线是正垂线，其水平投影在平面图中与隧道中心线重合。

端墙顶水沟靠洞门一侧的沟壁不是侧垂面，而是双曲抛物面。因为此沟壁的上边线为端墙顶的水平线，而下边线为沟底边的正平线(这样才能使向两端倾斜的沟底面宽 600mm 保持不变)，上下边线不在同一个平面内。如此设置后，此沟壁两端的坡度比中间的要陡一些。

2) 翼墙

由正面图可知端墙两边各有一堵翼墙，它们分别向路堑两边的山坡倾斜，坡度为 10∶1。结合 1—1 剖面图可以看出，翼墙的形状大体上是一个三棱柱。从 2—2 断面图可以了解到翼墙的厚度、基础的厚度和高度以及墙顶排水沟的断面形状和尺寸。

由平面图可知翼墙墙角处有墙脚侧沟，其断面形状和尺寸由 3—3 断面图示出。同时可看出 3—3 断面处的基础高度有所改变。在 1—1 剖面图上还表示出翼墙面中下部设有一个 100mm×150mm 的泄水孔，用来排出翼墙背面的积水。

3) 侧沟

从洞门图中只能了解到排水系统的大概情况，其详细形状和尺寸以及连接情况等需要查看图 8-23 所示的内外侧沟连接图和图 8-24 所示的外侧沟详图。

在图 8-23 中，详图 A 是图 8-22 所示平面图中 A 处的放大图，它除了表示该水沟盖板的设置情况外，还与 7—7、8—8 剖面图以及 9—9 断面图共同表明隧道洞口处内外侧沟的形状与连接情况。看图时注意各图的比例不同。从详图 A 可知洞内侧沟的水是经过两次直角转弯后流入翼墙脚侧沟的。从 7—7、8—8 剖面图中可知，洞内、外侧沟的沟底在同一平面上，但洞内侧沟边墙较高；洞内、外侧沟上部均有钢筋混凝土盖板，在洞口处侧沟边墙高度变化的地方有隔板封住，以防止道碴掉入沟内；在洞外侧沟的边墙上设有进水孔，每间隔 400～1000 mm 设一个。9—9 断面图示出了洞外水沟横断面的形状和尺寸。

图 8-24 中各图的剖切位置表示在图 8-22 的平面图中。4—4 和 5—5 剖面图分别表明左、右两翼墙前端部各水沟与汇水坑的连接情况和尺寸；从图 8-22 中的平面图和这两个剖面图中可知，翼墙顶排水沟和翼墙脚处侧沟的水先流入汇水坑，然后再从路堑侧沟排走。6—6 断面图表明了路堑侧沟的断面形状和尺寸；由 6—6 断面图的剖切位置可知，6—6 断面图的右边一半表明靠近汇水坑处的铺砌情况，而左边一半则表明离汇水坑较远处的铺砌情况。

2. 衬砌断面图

由图 8-25 所示的直边隧道衬砌断面图可知，两侧边墙基本上是长方体，只是墙顶面有 1∶5.09 的坡度，此坡度也称拱圈的起拱线坡度，起拱线应通过相应圆弧的圆心。拱圈由三段圆弧组成，相互间光滑连接，顶部一段在 90° 范围内，其半径为 2220mm，其他两段在圆心角为 30° 51′ 范围内，半径为 3210mm。钢轨以下部分为线路道床，最下部是混凝土铺底，有 i=3%的坡度斜向侧沟一边，以便于排水。

第 9 章　房屋建筑工程图

本章要点

- *建筑施工图的内容、图示特点与识读方法。*
- *结构施工图的内容、图示特点与识读方法。*
- *给水排水施工图的内容、图示特点与识读方法。*

本章难点

- *房屋建筑工程图的识读。*

9.1　概　述

将一幢房屋的内外形状、大小以及各部分的结构、构造、装修、设备等内容，按照国家标准的规定，用正投影法详细准确地表达出来的图样，称为房屋建筑图，因其是用于指导工程施工的图纸，所以又称房屋施工图。

9.1.1　房屋的组成

虽然各种房屋的使用要求、空间组合、外形处理、结构形式和规模大小等各有不同，但基本上都是由基础、墙与柱、楼面与地面、楼梯、屋顶和门窗等六大部分组成。除此之外，根据使用功能不同，还设有阳台、雨篷、雨水管、散水、排水沟勒脚和踢脚板等。图 9-1 所示为某校培训中心楼的组成示意图。

1．基础

基础是房屋最下部埋在土中的扩大构件，其作用是承受房屋的全部荷载，并将这些荷载传给地基(基础下面的土层)。

2．墙与柱

墙与柱是房屋的垂直承重构件，其承受楼地面和屋顶传来的荷载，并把这些荷载传给基础。同时，墙体还是围护、分隔构件，外墙阻隔雨水、风雪及寒暑对室内的影响；内墙起着分隔房间的作用。

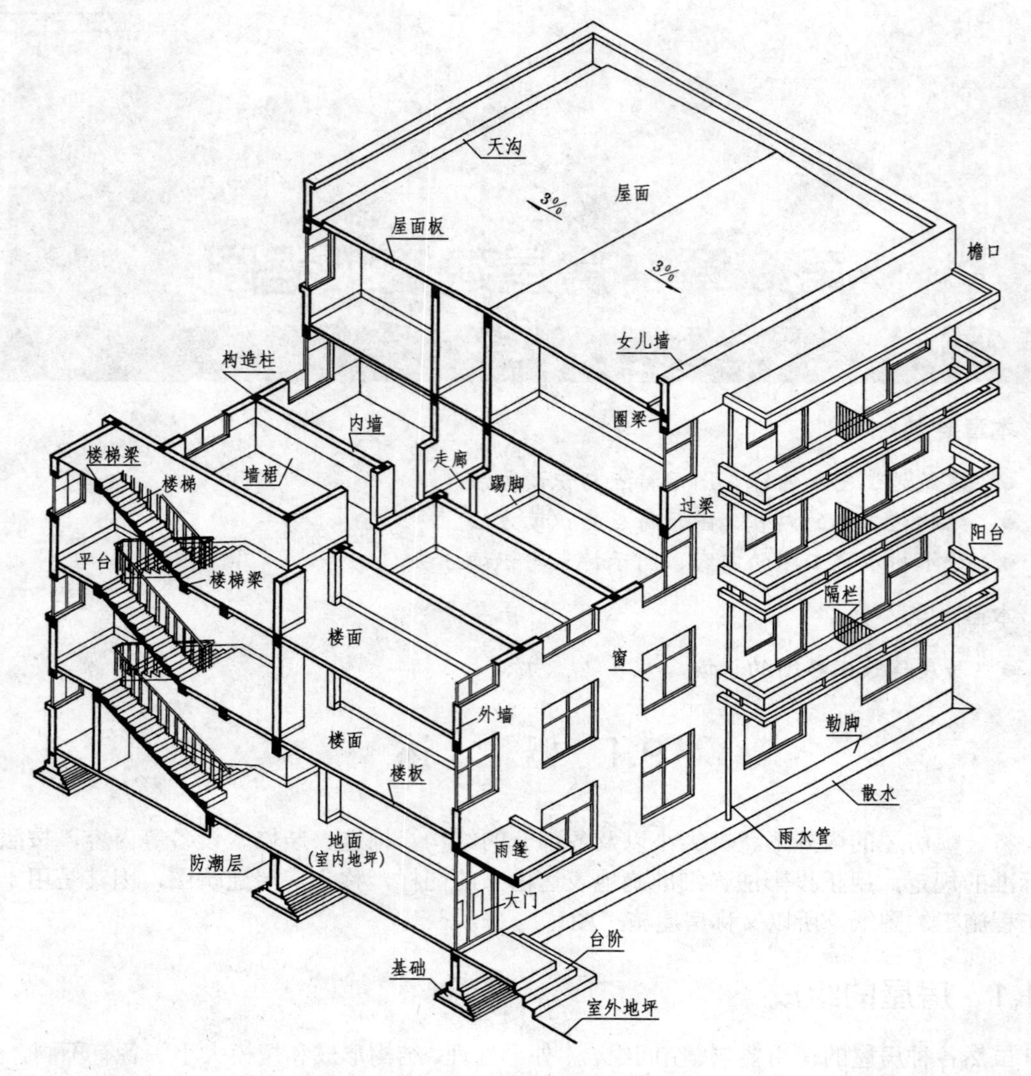

图 9-1　房屋组成示意图

3．楼面与地面

楼面与地面是房屋的水平承重和竖向分隔构件。楼面是指二层或二层以上的楼板；地面又称底层地坪，是指第一层使用的水平部分。它们共同承受着房间的家具、设备、人体以及自身的荷载。

4．楼梯

楼梯是楼房建筑中的垂直交通设施，供人们上下楼和紧急疏散之用。

5．屋顶

屋顶也称屋盖，是房屋顶部的围护和承重构件。其一般由屋面板、保温(隔热)层和防水层三部分组成，主要作用是防水、排水、保温、隔热、防风和承重。

6．门窗

门与窗是房屋的围护及分隔构件。门主要供人们出入通行；窗则主要起室内采光、通风之用。门与窗均属非承重构件。

9.1.2　房屋施工图的分类

房屋施工图按专业分工不同，可分为建筑施工图、结构施工图和设备施工图三部分。

1．建筑施工图

建筑施工图(简称建施)主要表达房屋的建筑设计内容，如房屋的总体布局、外部造型、内部布置、细部构造做法等，主要包括建筑总平面图、平面图、立面图、剖面图和详图等。

2．结构施工图

结构施工图(简称结施)主要表达房屋的结构设计内容，如房屋承重结构构件的布置、构件的形状和大小、所用材料及构造等，主要包括结构平面图、构件详图等。

3．设备施工图

设备施工图(简称设施)主要表达建筑物内各专用管线和设备布置及构造情况，主要包括给水排水、采暖通风、电气照明等设备的平面布置图、系统图和施工详图等。

9.2　建筑施工图

9.2.1　建筑施工图有关规定

为了保证制图质量，提高制图和识图效率，并做到表达简明和统一，我国制定了《房屋建筑制图统一标准》(GB/T 50001—2010)、《总图制图标准》(GB/T 50103—2010)和《建筑制图标准》(GB/T 50104—2010)。绘制建筑施工图时，应严格遵守以上标准的相关规定。

1．图线

在建筑施工图中，为了表达不同的内容，且使图样层次清晰、主次分明，必须选用不同线型和线宽的图线，其具体用法如表 9-1 所示。

表 9-1　建筑施工图的图线用法

名　称		线　型	线 宽	用　途
实线	粗	——————	b	(1) 平、剖面图中被剖切的主要建筑构造(包括构配件)的轮廓线； (2) 建筑立面图或室内立面图的外轮廓线； (3) 建筑构造详图中被剖切的主要部分的轮廓线； (4) 建筑构配件详图中的外轮廓线； (5) 平、立、剖面图的剖切符号

续表

名称		线型	线宽	用途
实线	中粗		0.7*b*	(1) 平、剖面图中被剖切的次要建筑构造(包括构配件)的轮廓线； (2) 建筑平、立、剖面图中建筑构配件的轮廓线； (3) 建筑构造详图及建筑构配件详图中的一般轮廓线
	中		0.5*b*	小于 0.7*b* 的图形线、尺寸线、尺寸界线、索引符号、标高符号、详图材料做法引出线、粉刷线、保温层线、地面、墙面的高差分界线等
	细		0.25*b*	图例填充线、家具线、纹样线等
虚线	中粗		0.7*b*	(1) 建筑构造详图及建筑构配件不可见的轮廓线； (2) 平面图中的起重机(吊车)轮廓线； (3) 拟建、扩建建筑物轮廓线
	中		0.5*b*	投影线、小于 0.5*b* 的不可见轮廓线
	细		0.2 *b*	图例填充线、家具线等
(单)点画线	粗		*b*	起重机(吊车)轨道线
	细		0.25*b*	中心线、对称线、定位轴线
折断线			0.25*b*	部分省略表示时的断开界线
波浪线			0.25*b*	部分省略表示时的断开界线，曲线形构件断开界限；构造层次的断开界限

注：地坪线宽可用 1.4*b*。

2. 比例

由于建筑物的形体较大而且复杂，因此应根据其尺寸选用不同的比例绘图。建筑施工图常用比例见表 9-2。

表 9-2　建筑施工图常用比例

图　名	比　例
建筑物或构筑物的平面图、立面图、剖面图	1∶50、1∶100、1∶150、1∶120、1∶300
建筑物或构筑物的局部放大图	1∶10、1∶20、1∶25、1∶30、1∶50
配件及构造详图	1∶1、1∶2、1∶5、1∶10、1∶15、1∶20、1∶25、1∶30、1∶50

3. 定位轴线及其编号

建筑施工图中的定位轴线是建筑物承重构件系统定位、放线的重要依据。凡是承重墙、柱等主要承重构件均应标注轴线并构成纵、横轴线来确定其位置；对于非承重的隔墙及次要局部承重构件，可用附加定位轴线确定其位置。

定位轴线用细点画线绘制并加以编号。编号应注写在轴线端部的细实线圆内，直径为 8～10mm，其圆心应在定位轴线的延长线上或延长线的折线上。

建筑平面图中上定位轴线的编号宜注在图样的下方和左侧(见图 9-2)。水平方向为横向轴线，应按从左至右的顺序用阿拉伯数字编号；垂直方向为纵向轴线，应按从下至上的顺序用大写拉丁字母编号，其中 I、O、Z 不得用作轴线编号，以免与数字 1、0、2 混淆。

附加轴线的编号规则为：分母表示前一轴线的编号，分子表示附加轴线的编号。例如，1/1 表示 1 号轴线之后附加的第一根附加轴线，1/A 表示 A 号轴线之后附加的第一根轴线，如图 9-2 所示。1 号或 A 号轴线之前的附加轴线的分母应以 01 或 0A 表示。

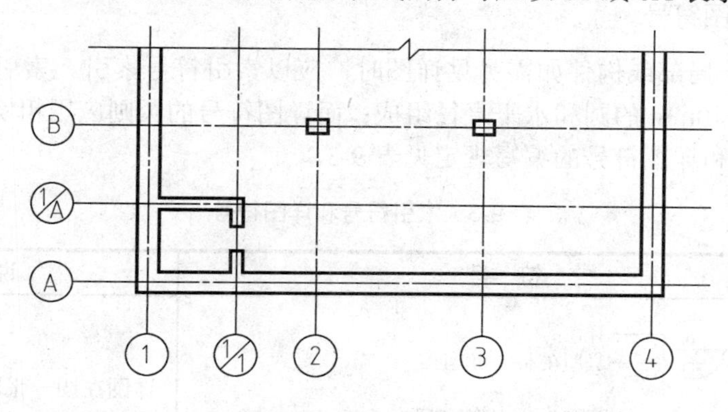

图 9-2　轴线的编号顺序

对于详图上的轴线编号，若该详图同时适用多根定位轴线时，则应同时注明各有关轴线的编号，如图 9-3 所示。

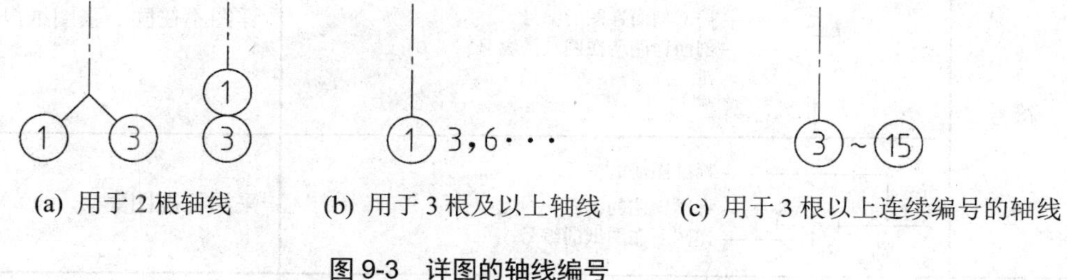

(a) 用于 2 根轴线　　(b) 用于 3 根及以上轴线　　(c) 用于 3 根以上连续编号的轴线

图 9-3　详图的轴线编号

4．标高

标高是标注建筑物高度的一种尺寸形式，其符号用以细实线绘制的直角等腰三角形表示，具体画法及应用如图 9-4 所示。

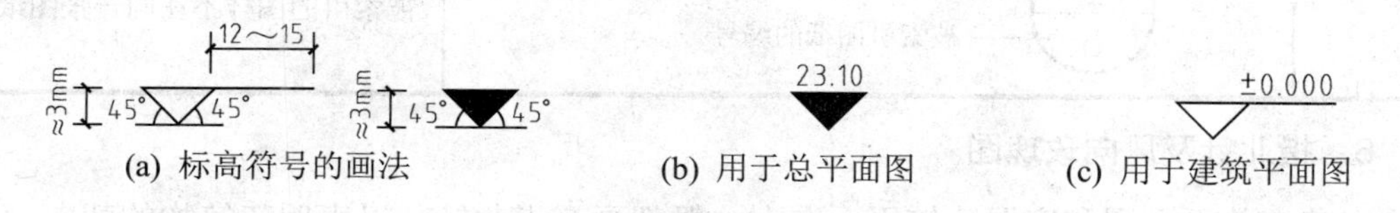

(a) 标高符号的画法　　(b) 用于总平面图　　(c) 用于建筑平面图

图 9-4　标高符号

(d) 用于建筑立面或剖面图　　　　(e) 用于多层平面共用同一图样时

图 9-4　标高符号(续)

标高数字以米(m)为单位，注写到小数点后第三位；在总平面图中，可注写到小数点后第二位。零点标高应注写成±0.000，正数标高不注“+”，负数标高应注“-”；标高数字不到 1m 时小数点前应加写 0。

5. 索引和详图符号

图样中的某一局部或构件如需另见详图时，应以索引符号索引。索引符号由用细实线绘制的直径为 8～10mm 的圆和水平直径组成；而详图符号的圆则应用粗实线绘制，直径为 14mm。索引符号和详图符号的编写规定见表 9-3。

表 9-3　索引符号和详图符号

名 称	符 号	说 明
索引符号	1/— 详图的编号；详图在本张图纸上 2/— 局部剖面详图的编号；详图在本张图纸上 表示从上向下(或从后向前)投影	详图在同一张图纸内
索引符号	3/9 详图的编号；详图所在图纸的编号 4/9 局部剖面详图的编号；剖面详图所在图纸的编号 表示从左向右(或从后向前)投影	详图不在同一张图纸内
	J103 5/10 标准图册的编号；标准详图的编号；详图所在图纸的编号	采用标准图集
详图符号	1 详图的编号	被索引的图样在同一张图纸内
	3/6 详图的编号；被索引图纸的编号	被索引的图样不在同一张图纸内

6. 指北针及风向玫瑰图

在建筑总平面图和底层建筑平面图上一般都画有指北针，以表明建筑物的朝向。指北针的形状如图 9-5(a)所示，圆的直径宜为 24mm，用细实线绘制，指北针尾部的宽度宜为

3mm，指北针头部应注写“北”或“N”字。需用较大直径绘制指北针时，指北针尾部宽度宜为直径的 1/8。

在总平面图中，为了建筑物的合理规划，一般还需画出表示风向和风向频率的风向频率玫瑰图，简称“风玫瑰图”。风玫瑰图是根据这一地区多年统计资料平均的各个方向吹风次数的百分数值按一定比例绘制的。如图 9-5(b)所示，风玫瑰图同样指示正北方向，风的吹向是由外向内；图中的实线和虚线分别表示常年和夏季(6、7、8 三个月)的风向频率。

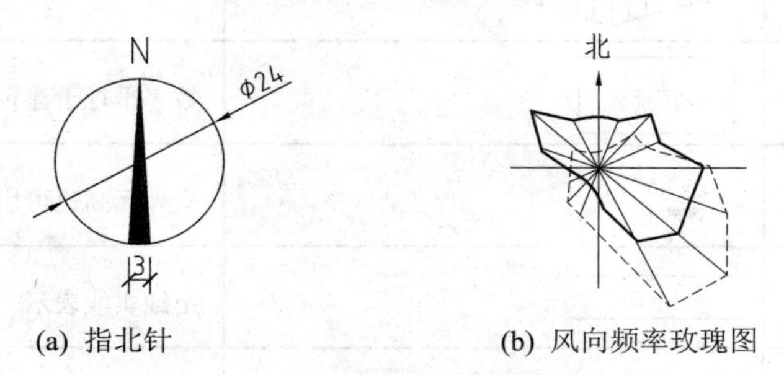

(a) 指北针　　(b) 风向频率玫瑰图

图 9-5　指北针和风向频率玫瑰图

9.2.2　建筑施工图常用图例

由于房屋建筑图需要将建筑物或构筑物按比例缩小绘制在图纸上，许多物体不能按原形状画出，因此，为了便于制图和识图，制图标准中规定了各种各样的图样图例。表 9-4 和表 9-5 分别列出了总平面图和建筑施工图的常用图例。

表 9-4　总平面图图例

名　称	图　例	说　明
新建建筑物	12F/2D H=59.00m	(1) 粗实线表示±0.00 处外墙轮廓线； (2) 需要时可标注地上/地下层数、建筑高度、出入口等(“▲”表示出入口)
原有建筑物		用细实线表示
计划扩建的预留地或建筑物		用中粗虚线表示
拆除的建筑物		用细实线表示
建筑物下面的通道		—
围墙及大门		—

续表

名称	图例	说明
坐标	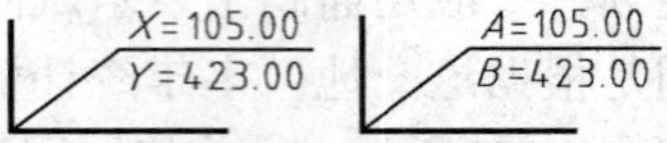 X=105.00 Y=423.00　A=105.00 B=423.00	左图表示地形测量坐标； 右图表示自设坐标； 坐标数字平行于建筑坐标
填挖边坡	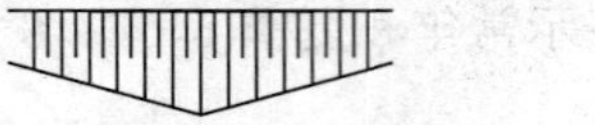	—
室内地坪标高	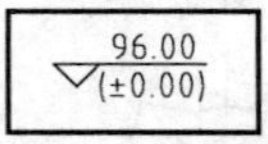 96.00 (±0.00)	数字平行于建筑物书写
室外地坪标高	 143.00	室外标高也可用等高线来表示
原有道路		用细实线表示
计划扩建道路		用细虚线表示

表 9-5　建筑施工图图例

名称	图例	说明
楼梯	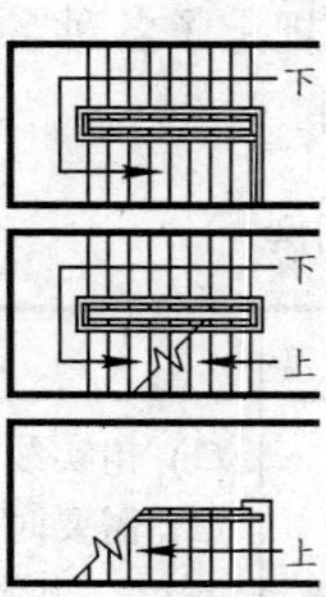 下　下 上　上	(1) 上图为顶层楼梯平面，中图为中间层楼梯平面，下图为底层楼梯平面； (2) 需设置靠墙扶手或中间扶手时，应在图中表示
坡道	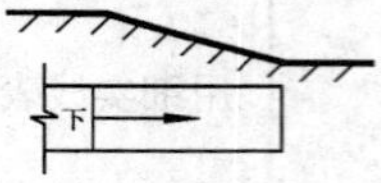 下	长坡道
台阶	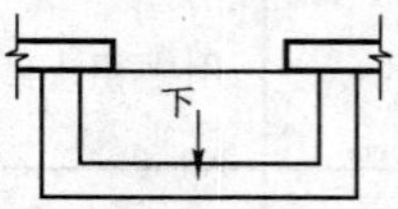 下	—
墙预留洞、槽	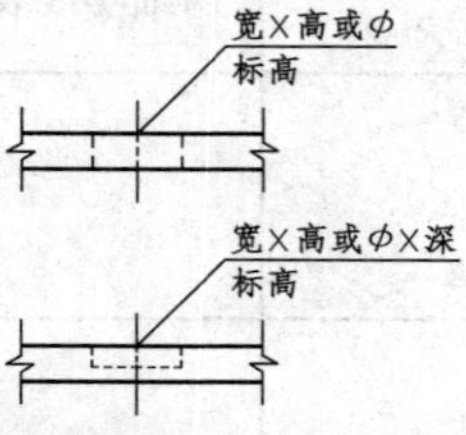 宽×高或φ 标高　宽×高或φ×深 标高	(1) 上图为预留洞，下图为预留槽； (2) 平面以洞(槽)中心定位； (3) 标高以洞(槽)底或中心定位； (4) 宜以涂色区别墙体和预留洞(槽)

续表

名　称	图　例	说　明
墙预留洞、槽	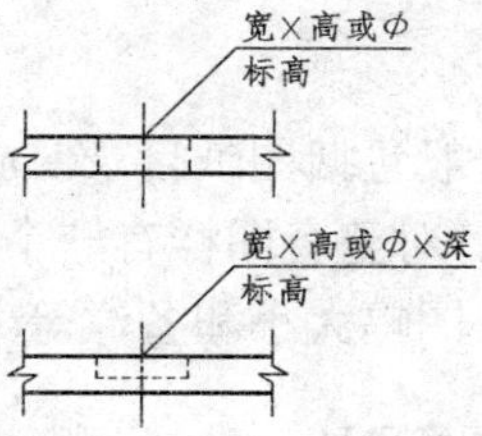 宽×高或φ 标高 宽×高或φ×深 标高	(1) 上图为预留洞，下图为预留槽； (2) 平面以洞(槽)中心定位； (3) 标高以洞(槽)底或中心定位； (4) 宜以涂色区别墙体和预留洞(槽)
检查口		左图为可见检查口； 右图为不可见检查口
空门洞	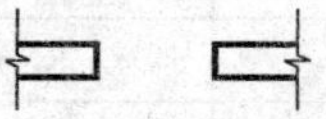	用于平面图中
单扇门 (包括平开或单面弹簧)	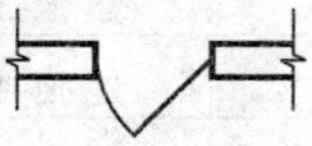	(1) 门的名称和代号用 M 表示； (2) 平面图中，下为外、上为内； (3) 门开启线为 90°、60° 或 45°，开启的弧线宜画出
单扇门 (包括双面平开或双面弹簧)	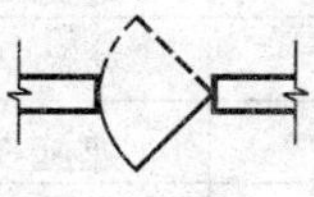	
双扇门 (包括平开或单面弹簧)	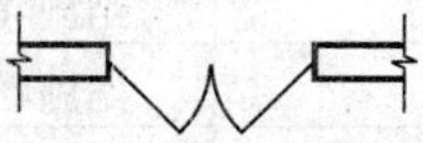	
双扇门 (包括双面平开或双面弹簧)	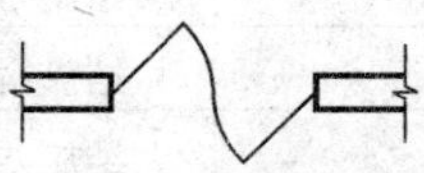	
折叠门		
固定窗	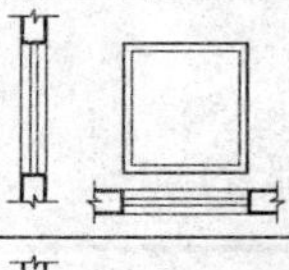	(1) 窗的名称和代号用 C 表示； (2) 平面图中，下为外、上为内； (3) 立面图中，开启线实线为外开，虚线为内开
上悬窗	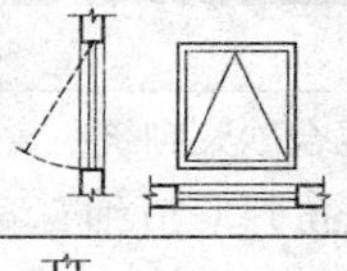	
中悬窗	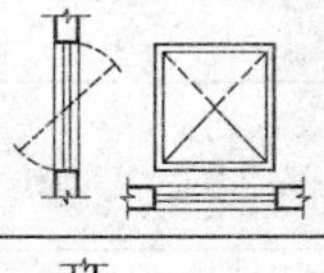	
单层外开平开窗	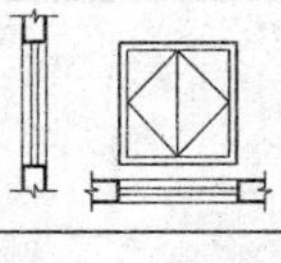	
高窗		用于平面图中

9.2.3 施工图首页及建筑总平面图

1. 施工图首页

首页图是建筑施工图的第一页，其内容一般包括图纸目录、施工总说明、门窗表等。

(1) 图纸目录。图纸目录是为了便于阅图者对整套图样有一个概略了解和方便查找图样而列的表格，内容包括图样名称、图样编号、图幅大小和备注等(见表 9-6)。

表 9-6 图纸目录

序 号	图纸名称	图纸编号	图 幅	备 注
1	首页图	建施-1	A3	
2	总平面图	建施-2	A3	
3	建筑平面图(底层、标准层、顶层、屋顶平面图)	建施-3	A3	
4	建筑立面图(1-7、7-1、A-E、E-A 立面图)	建施-4	A3	
5	建筑剖面图(1-2、2-2 剖面图)	建施-5	A3	
6	外墙节点详图、门窗详图等	建施-6	A3	
7	楼梯平面图、楼梯剖面图	建施-7	A3	
8	基础平面图、基础详图	结施-1	A3	
9	二层结构平面布置图	结施-2	A3	
10	钢筋混凝土结构详图	结施-3	A3	
11	楼梯结构平面图	结施-4	A3	
12	楼梯结构剖面图	结施-5	A3	

(2) 施工总说明。施工总说明主要说明施工图的设计依据、工程概况、施工注意事项以及对图样上未能详细注写的用料和做法等要求做具体的文字说明。表 9-7 中所列为部分工程做法。

表 9-7 工程做法(部分)

名 称	工程做法	备 注
墙体	(1) 墙身 240mm 厚 MU10 烧结普通砖，M7.5 混合砂浆砌筑； (2) 墙身防潮层：在室内地下约 60mm 处做 60mm 厚 C20 细石混凝土，配 3ϕ8 和 ϕ4@300 钢筋，掺 5%防水剂钢筋混凝土带	
基础	(1) 70mm 厚 C15 混凝土垫层； (2) 条形基础 C20 混凝土；柱基础 C25 混凝土	
地面	(1) 素土夯实； (2) 70mm 厚碎砖或道碴； (3) 50mm 厚 C20 混凝土； (4) 30mm 厚 C20 细石混凝土面层，随捣随光(卫生间和盥洗室做 10mm 厚水磨石面层)	

续表

名　称	工程做法	备　注
楼面	(1) 120mm 厚预应力多孔板； (2) 15mm 厚 1∶3 水泥砂浆找平； (3) 25mm 厚 C20 细石混凝土面层，随捣随光	
屋面	(1) 120mm 厚预应力多孔板铺成 3%的坡度； (2) 40mm 厚 C20 混凝土，ϕ4 双向筋@200； (3) 60mm 厚 1∶6 水泥炉渣隔热层； (4) 20mm 厚水泥砂浆刷冷底子油； (5) 高分子防水卷材上刷铝银粉	
踢脚线	室内各房间均做 150mm 高、25mm 厚 1∶3 水泥砂浆打底，1∶2 水泥砂浆粘贴瓷砖踢脚线	
内粉刷	(1) 平顶：20mm 厚 1∶1∶6 混合砂浆打底，2mm 厚腻子刮平，刷乳胶漆三遍； (2) 内墙：20mm 厚 1∶1∶6 混合砂浆打底，2mm 厚腻子刮平，刷乳胶漆三遍；墙面阳角处做 1∶2 水泥砂浆护角线，高 1500mm，每侧宽 8mm	
外粉刷	20mm 厚 1∶1∶6 混合砂浆打底后，做成浅绿色水刷石面层	

(3) 门窗表。门窗表主要用来表达建筑物门窗的编号、尺寸、数量及选用图集等内容(见表 9-8)，为工程施工及编制工程造价文件提供依据。

表 9-8　门窗表

门窗代号	门窗名称	洞口尺寸/mm (宽×高)	数量/个	图集代号	备　注
M1	防盗门	2000×3100	1	—	厂家定制
M2	防盗门	1500×3100	1	—	厂家定制
M3	夹板门	1000×2700	35	LJ21	
M4	夹板门	1000×2100	8	LJ21	
M5	夹板门	900×2100	1	L99L605-49	
M6	塑钢门连窗	2100×2700	6	L99L605-49	
C1	塑钢窗	2100×2100	4	L99L605-49	
C2	塑钢窗	1800×2100	3	L99L605-49	
C3	塑钢窗	1500×2100	6	L99L605-49	
C4	塑钢窗	2100×1800	6	L99L605-49	
C5	塑钢窗	1800×1800	10	L99L605-49	
C6	塑钢窗	1500×1800	15	L99L605-49	
C7	塑钢窗	1200×1200	4	L99L605-49	
C8	塑钢窗	1500×800	8	L99L605-49	高窗

2．建筑总平面图

建筑总平面图是新建建筑在建设场地上总体布置的平面图。其主要是将新建、拟建、原有和拆除的建筑物或构筑物等连同周围的地形、地物状况，用水平投影的方法和相应图例所画出的图样。总平面图是新建建筑施工定位、土方施工以及室内外水、电、暖等管线布置和施工总平面设计的依据。

1) 图示内容

总平面图主要表达以下内容。

(1) 表明新建区的总体布局。如用地范围，各建筑物及构筑物的位置、道路、管网的布置等。

(2) 确定新建、改建或扩建工程的具体位置。一般根据原有房屋或道路定位。修建成片住宅，较大的公共建筑物、工厂或地形复杂时，用坐标确定房屋及道路转折点的位置。

(3) 注明新建建筑的层数以及室内首层地面和室外地坪、道路的绝对标高。

(4) 用指北针或风向频率玫瑰图表示建筑物朝向和该地区的常年风向频率。

(5) 根据工程的需要，有时还有水、电、暖等管线总平面图，各种管线综合布置图，道路纵横剖面图及绿化布置等。

2) 图示方法

(1) 比例。总平面图常用 1∶500、1∶1000、1∶2000 等比例绘制，布置方向一般按上北下南方向。

(2) 图例。用图例来表明新建区、扩建区或改建区的总体布置。对于标准中缺乏规定而需要自定的图例，必须在总平面图中绘制清楚，并注明其名称。

(3) 标高。应以含有±0.000 标高的平面作为总图平面，图中标注的标高应为绝对标高。总平面图中坐标、标高、距离宜以米(m)为单位，并应至少取至小数点后两位，不足时以 0 补齐。

3) 识读要点

识读总平面图时应注意如下要点。

(1) 了解工程性质、图纸比例，阅读文字说明，熟悉图例。

(2) 了解建设地段的地形、范围、建筑物的布置、周围环境道路布置。

(3) 了解新建建筑的室内外高差、道路标高、坡度及排水填挖情况。

(4) 熟悉新建建筑的定位方式。

4) 识图举例

现以图 9-6 所示某学校部分区域总平面图为例，介绍识读总平面图的方法。

(1) 先看图样的比例、图例以及文字说明。该图所用比例为 1∶500；图中用粗实线画出了新建建筑的外轮廓，从右上角的小黑圆点可以看出该建筑共 4 层；原有建筑用细实线画出，如教学楼、学生宿舍、浴室、锅炉房等；拟建建筑用中虚线画出，如实验楼、校办工厂等。

(2) 明确新建建筑的位置和朝向等。新建建筑的位置可根据原有建筑定位，从图中可知，该建筑与北面的食堂相距 7m，与西侧道路相距 5m，东端与食堂平齐，西边与教学楼相邻。室内地坪标高±0.000，相当于绝对标高 46.20m，室外地坪标高为 45.75m；建筑总长为 21.44m，总宽为 14.41m。从风向频率玫瑰图可知，该建筑坐北朝南，该地区的常年风向主要为西北风和东南风。

(3) 了解新建建筑的地形地貌及周围环境。从图中得知，新建建筑周围的地形为北高南低，校园四周有绿化带；运动场位于学生宿舍的东侧，内有篮球、羽毛球和网球场等。

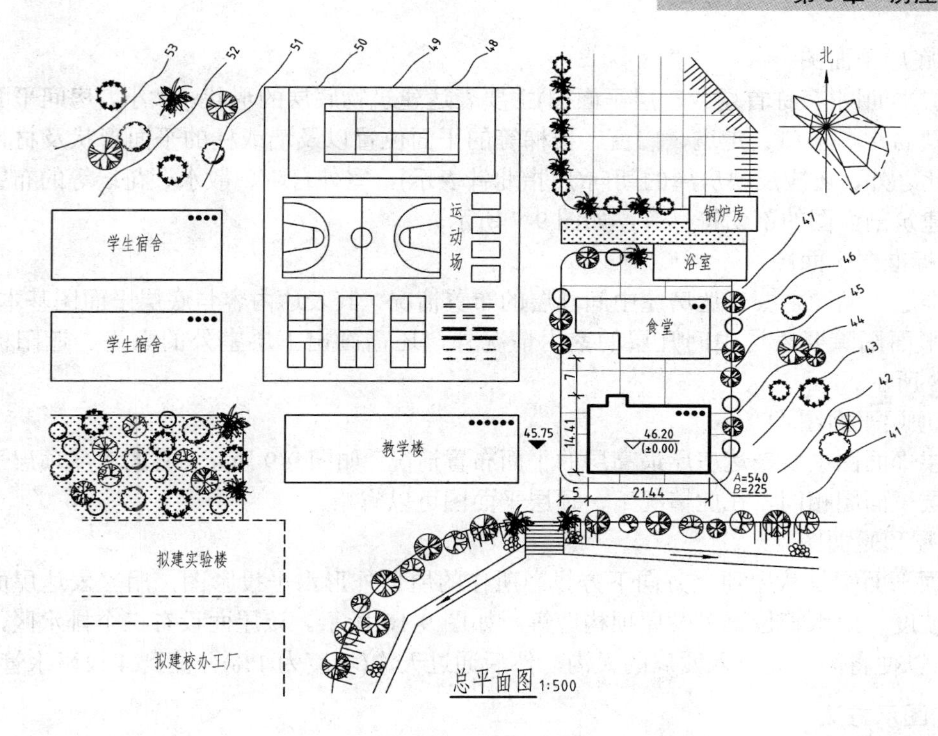

图 9-6　总平面图

9.2.4　建筑平面图

假想用一个水平的剖切平面沿略高于窗台的部位剖开，移去上部后向下投影所得的水平投影图，称为建筑平面图，简称平面图。

平面图主要反映房屋的平面形状、大小和房间布置，墙或柱的位置、厚度和材料，门窗的位置、开启方向等，是施工放线，砌筑墙体、柱，安装门窗，作室内装修及编制预算及备料等的重要依据。

1. 图示内容

建筑平面图主要表达以下内容。

(1) 建筑物平面的形状及总长、总宽等尺寸，这样可计算建筑物的规模和占地面积。

(2) 建筑物内部各房间的名称、尺寸、大小、承重墙和柱的定位轴线、墙的厚度、门窗的宽度等，以及走廊、楼梯(电梯)、出入口的位置。

(3) 各层地面的标高。一层地面标高作为相对标高的零点±0.000，其余各层均标注相对标高。

(4) 门、窗的编号、位置及尺寸。一般图纸上还有门窗数量表用以配合说明。

(5) 室内装修做法。较简单的装修，可在平面图内直接用文字注明，复杂的工程则应另列明细表及材料做法表。

对于多层建筑，一般情况下，每一楼层对应一个平面图(图名注明楼层层数)，另外还有屋面(屋顶)平面图。如果其中几个楼层结构完全相同，则可共用同一个平面图，称为标准层平面图。

1) 底层平面图

底层平面图(又称首层或一层平面图)主要表达建筑物底层的形状、大小，房间平面的布置情况及名称，入口、走道、门窗、楼梯等的平面位置以及墙或柱的平面形状及材料等情况。除此之外，还应反映房屋的朝向(用指北针表示)，室外台阶、散水、花坛等的布置，并应注明建筑剖面图的剖切符号等，如图 9-7 所示。

2) 标准层平面图

标准层平面图主要表达房屋中间几层的布置情况，其表达内容与底层平面图基本相同。标准层平面图除要表达中间几层的室内情况外，还需画出下层室外的雨篷、遮阳板等，如图 9-8 所示。

3) 顶层平面图

顶层平面图主要表达房屋最高层的平面布置情况，如图 9-9 所示。有的房屋顶层平面图与标准层平面图相同，在此情况下，顶层平面图可以省略。

4) 屋顶平面图

屋顶平面图是从屋顶上方向下方投影所作的屋顶外形水平投影图，用来表达屋面排水方向与坡度、雨水管位置以及屋顶构造等，如图 9-10 所示。该屋面设有三个排水区，坡度为 3%，以便将雨水先排入四周的天沟，然后通过天沟(坡度为 1%)分流到 4 根雨水管中。

2．图示方法

1) 比例

平面图常用 1∶50、1∶100、1∶200 的比例进行绘制。

2) 图例

由于比例较小，平面图中许多构造配件(如门、窗、孔道、花格等)均不按真实投影绘制，而按规定的图例表示(见表 9-5)。

3) 定位轴线与图线

承重墙、柱，必须标注定位轴线并按顺序编号。被剖切到的墙、柱断面轮廓线用粗实线画出；没有剖到的可见轮廓线(如台阶、梯段、窗台等)用中粗实线画出；轴线用细点画线画出；尺寸线、尺寸界线和引出线等用中实线画出。

4) 尺寸标注

(1) 外部尺寸。外部尺寸一般标注在平面图的下方和左侧，分三道标注：最外面一道是总尺寸，表示房屋的总长和总宽；中间一道是定位尺寸，表示房屋的开间和进深；最里面一道是细部尺寸，表示门窗洞口、窗间墙、墙厚等细部尺寸。同时还应标注室外附属设施，如台阶、阳台、散水、雨篷等尺寸。

(2) 内部尺寸。一般应标注室内门窗洞、墙厚、柱、砖垛和固定设备(如厕所、盥洗室等)的大小位置，以及需要详细标注出的尺寸等。

5) 符号及指北针

底层平面图中应标注建筑剖面图的剖切位置和投影方向，并注出编号。套用标准图集或另有详图表示的构配件和节点等，均需标注出详图索引符号。

在底层平面图中，一般需画出指北针符号，以表明房屋的朝向。

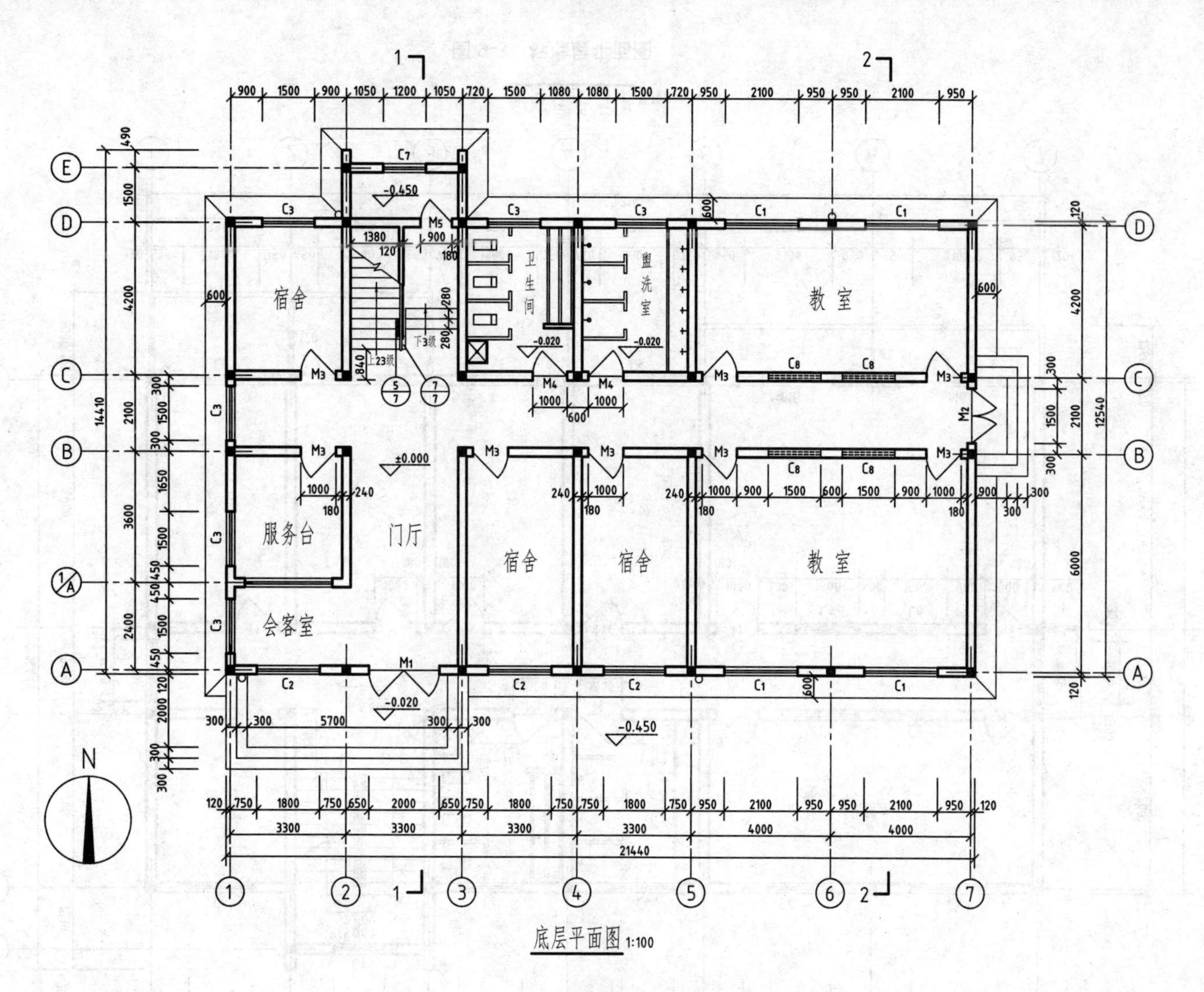

图 9-7　底层平面图

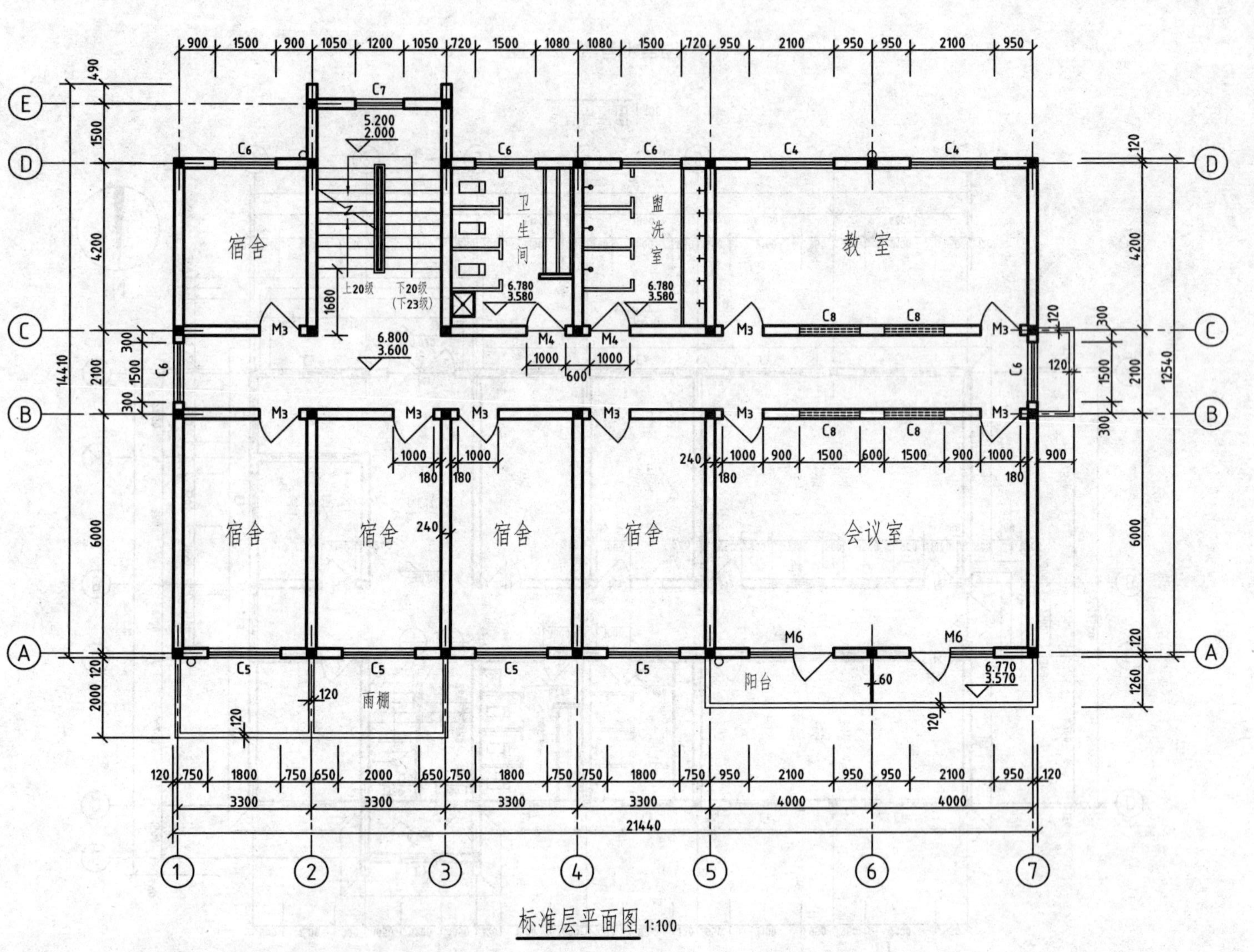
标准层平面图 1:100
宿舍
宿舍
宿舍
宿舍
宿舍
卫生间
盥洗室
教室
会议室
雨棚
阳台
上20级
下20级
(下23级)
12540
14410
21440

图 9-8 标准层平面图

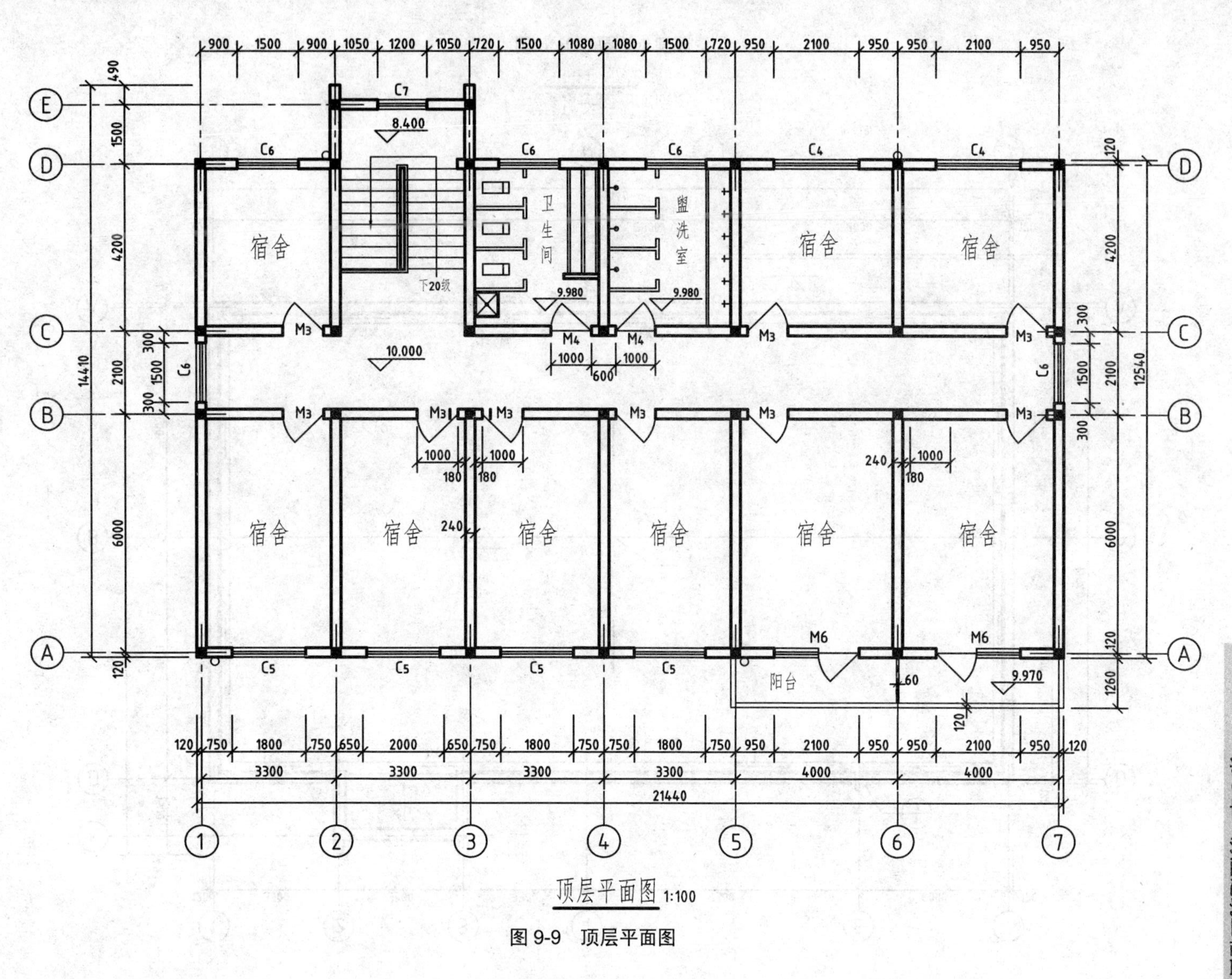
宿舍
卫生间
盥洗室
阳台
下20级
8.400
10.000
9.980
9.970
14410
12540
21440
顶层平面图 1:100

图 9-9　顶层平面图

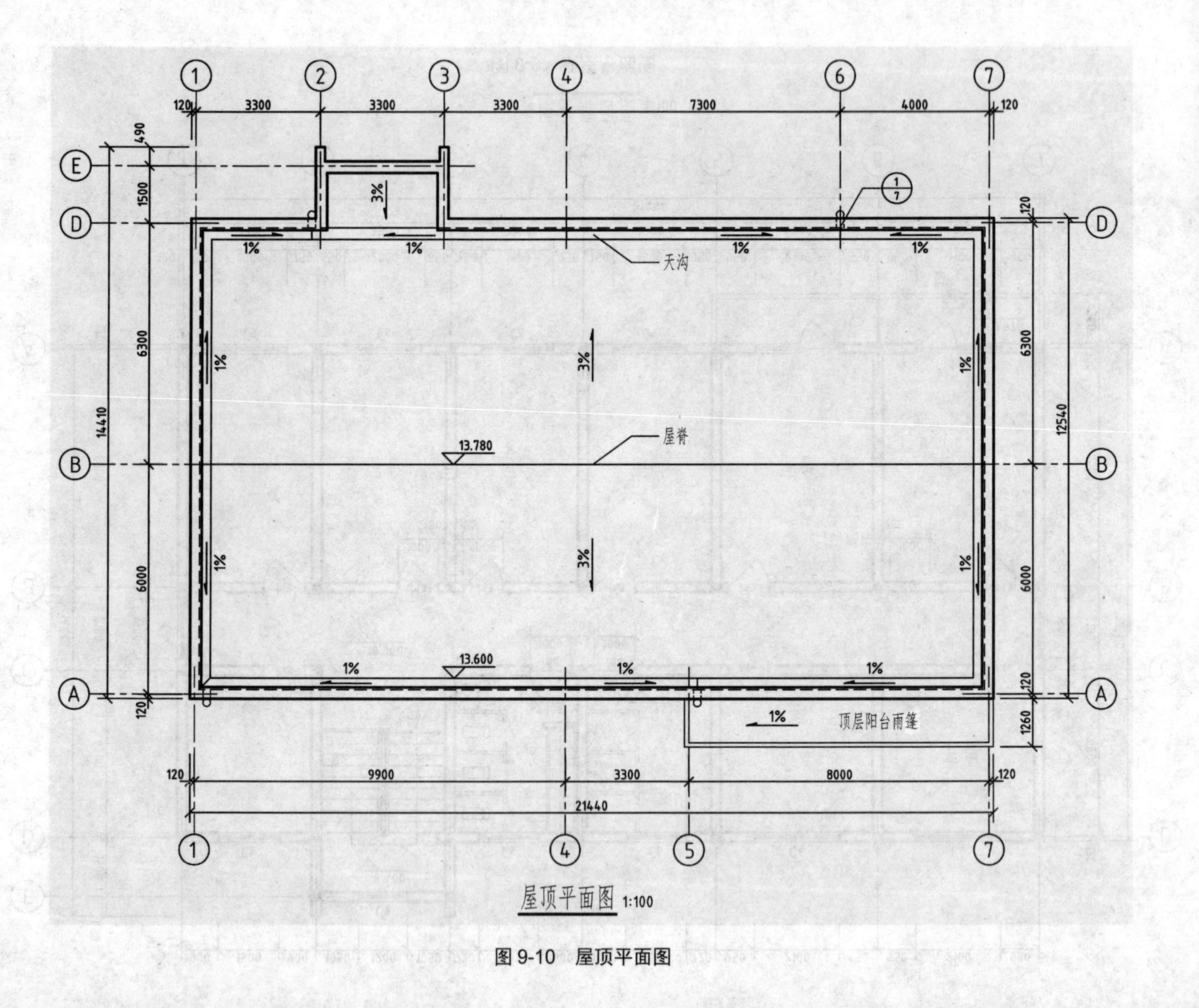

图 9-10 屋顶平面图

3．识读要点

识读平面图时应注意以下要点。

(1) 熟悉图例，了解图名、比例。

(2) 注意定位轴线与墙、柱的关系。

(3) 核实各道尺寸及标高。

(4) 核实图中门窗与门窗表中的门窗尺寸和数量，并注意所选的标准图集。

(5) 注意楼梯的形状、走向和级数。

(6) 熟悉其他构件(如台阶、雨篷、阳台等)的位置、尺寸及厨房、卫生间等设施的布置。

(7) 弄清楚各部分的高低情况。

4．识图举例

下面以图 9-7 所示的某校培训中心楼的底层平面图为例，介绍阅读平面图的方法。

(1) 先看图名可知该图为底层平面图，比例为 1∶100。

(2) 根据图中的指北针可知该建筑坐北朝南。

(3) 该建筑共有 7 条横向轴线，6 条纵向轴线(其中 1/A 为附加轴线)；建筑总长为 21.44m，总宽为 14.41m，占地面积约为 309m^2。

(4) 建筑的出入口设置在建筑西南侧和东侧。进入门厅左侧有服务台和会客室，对面是楼梯间(双跑楼梯)，由此上二楼需经过 22 级台阶；在楼梯间东侧下 3 级台阶通向储藏室。由中间走廊可进入宿舍、教室、卫生间和盥洗室。

(5) 底层内各房间以及门厅、走廊等地面的标高为±0.000，卫生间和盥洗室地面的标高为-0.020；室外地坪标高比室内低 0.450m，正好可做三步室外台阶，将室内外联系起来。

(6) 图中门的代号用 M 表示，窗的代号用 C 表示，其编号均用阿拉伯数字表示，如 M_1、M_2…，C_1、C_2…。门窗的编号不同，说明其类型和尺寸不同，如南、北两教室与走廊之间的窗编号为 C_8，从其图例中的虚线可知该窗为高窗。阅读这部分内容时，应注意与门窗明细表相对照，核实两者是否一致。

(7) 从图中可知建筑物内部分平面尺寸，如南侧宿舍的开间和进深尺寸分别为 3.3m 和 6m，楼梯间的开间和进深尺寸分别为 3.3m 和 4.2m。

(8) 在底层平面图中，分别有两处标注了剖切符号和详图索引符号，表示将用两个剖面图来反映该建筑物的竖向内部构造和分层情况，两个详图来表达楼梯部分的详细构造。

9.2.5　建筑立面图

对建筑物各个立面所作的正投影图，称为建筑立面图，简称立面图。立面图主要用来表达建筑物的体型和外貌、门窗位置与形式、各部位的高度、墙面所用材料和装修做法等，是建筑物外部装修施工的主要依据。

立面图的命名宜根据房屋两端定位轴线编号标注，如图 9-11～图 9-14 所示的①—⑦立面图等；无定位轴线的建筑物，可按房屋的朝向来命名，如南立面图、北立面图、东立面图、西立面图等。

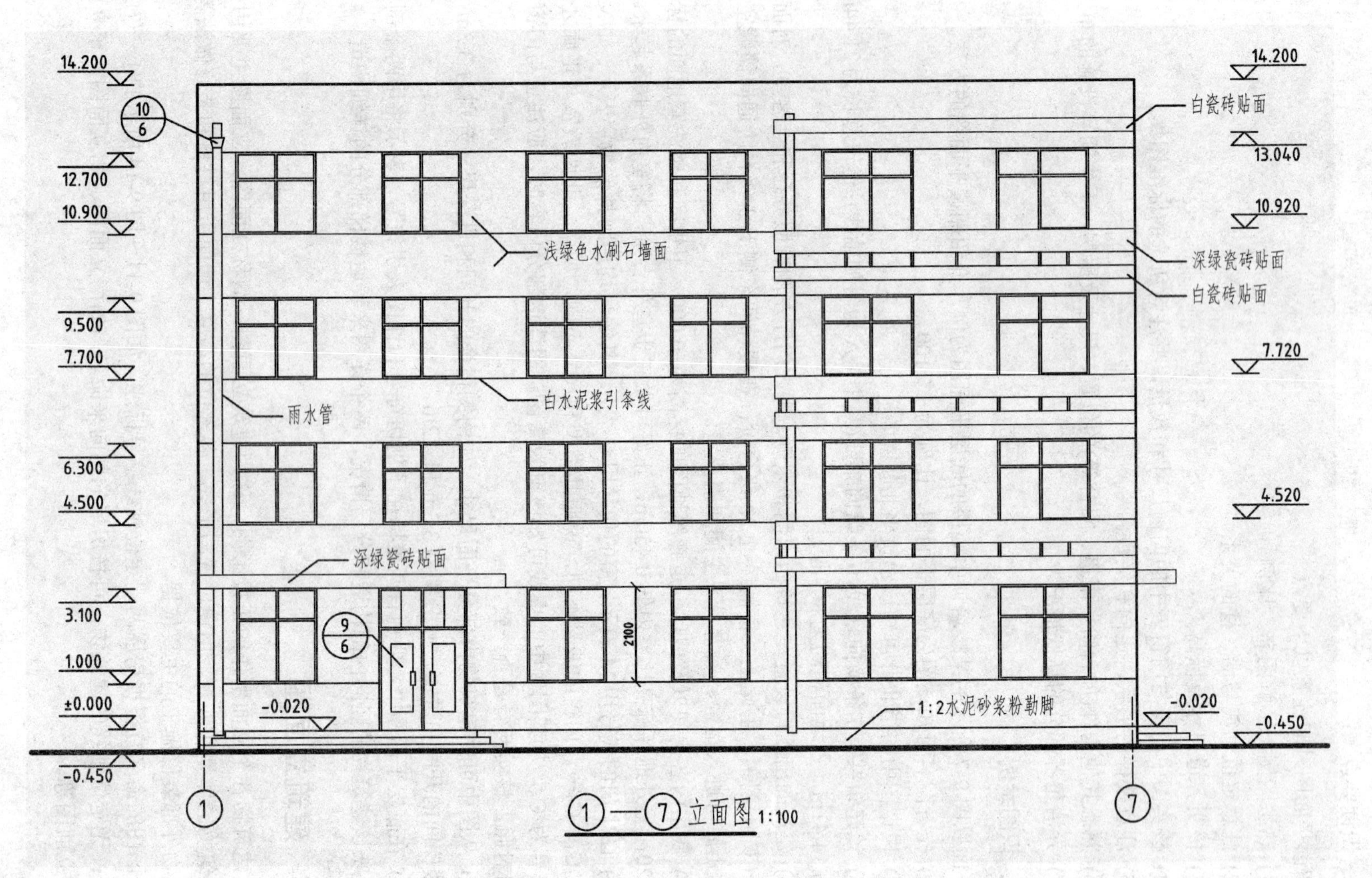
14.200
10
6
12.700
10.900
9.500
7.700
6.300
4.500
3.100
1.000
±0.000
-0.450
-0.020
浅绿色水刷石墙面
白水泥浆引条线
雨水管
深绿瓷砖贴面
9
6
2100
1:2水泥砂浆粉勒脚
白瓷砖贴面
13.040
10.920
深绿瓷砖贴面
白瓷砖贴面
7.720
4.520
-0.020
-0.450
1
7
①—⑦立面图 1:100

图 9-11 南立面图

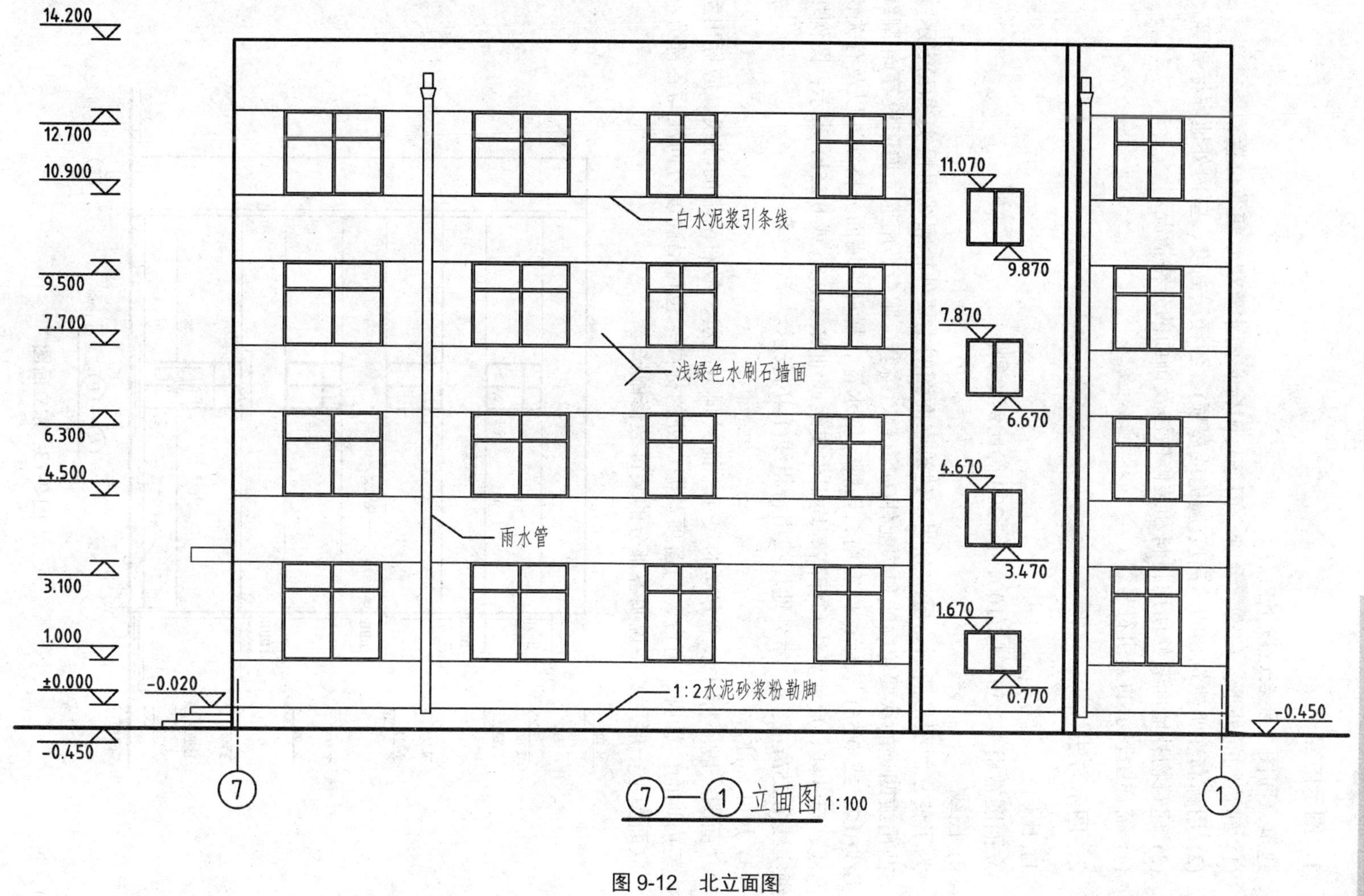
14.200
12.700
10.900
9.500
7.700
6.300
4.500
3.100
1.000
±0.000
-0.020
-0.450
11.070
9.870
7.870
6.670
4.670
3.470
1.670
0.770
-0.450
白水泥浆引条线
浅绿色水刷石墙面
雨水管
1:2水泥砂浆粉勒脚
7
1
⑦—①立面图 1:100

图 9-12　北立面图

1. 图示内容

建筑立面图主要表达以下内容。

(1) 建筑物的外形，门窗、台阶、雨篷、阳台、雨水管、水箱等位置。

(2) 用标高注明建筑物的总高度(屋檐或屋顶)、各楼层高度、室内外地坪标高等。

(3) 建筑物外墙面装修所用材料和装修做法及饰面的分格情况。

(4) 需详图表示的索引符号等。

2. 图示方法

1) 比例

立面图常用 1∶50、1∶100、1∶200 等比例绘制。

2) 图线

为了使立面图形清晰、层次分明，建筑立面图的主要外轮廓线用粗实线(b)表示；在立面上凸出或凹进的次要轮廓线和构配件(如窗台、窗套、阳台、雨篷、遮阳板等)轮廓线用中粗实线($0.7b$ 或 $0.5b$) 表示；门窗扇、勒脚、雨水管、栏杆、墙面分格线，以及有关说明的引出线、尺寸线、尺寸界线和标高等均用中实线或细实线($0.5b$ 或 $0.25b$) 表示；图例填充线用细实线($0.25b$) 表示；室外地坪线用特粗线($1.4b$)表示。

3) 尺寸标注

立面图一般不标注水平方向的尺寸，而只画出最左、最右两端的轴线。应标出室外地坪、室内地面、勒脚、窗台、门窗顶及檐口处的标高，也可沿高度方向注写各部分高度尺寸。立面图上一般用文字说明各部分的装饰装修做法。

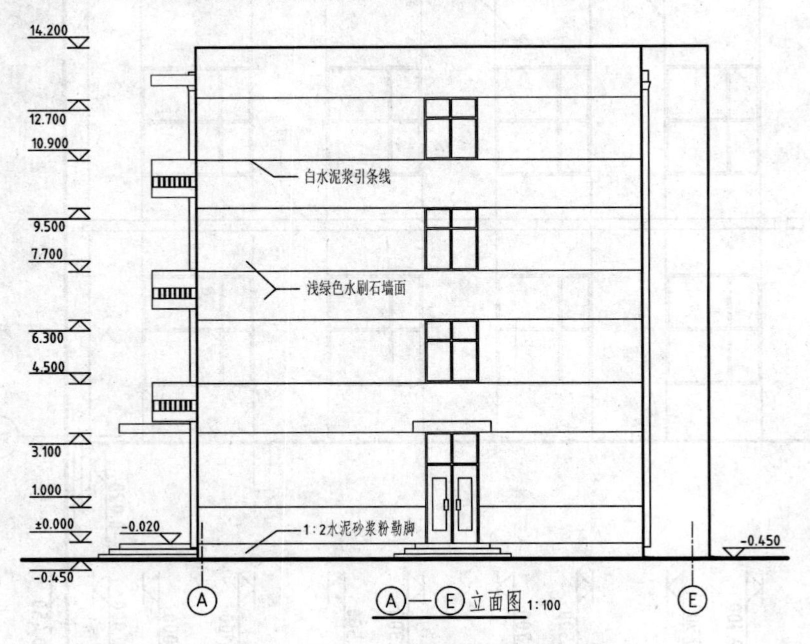

图 9-13　东立面图

3. 识读要点

识读立面图时应注意如下要点。

(1) 了解图名和比例。

(2) 对照平面图核对立面图上的有关内容。

(3) 了解建筑物的外貌特征。

(4) 核实建筑物的竖向标高及尺寸。

(5) 了解建筑物外墙面的装修做法。

4．识图举例

图 9-11～图 9-14 所示为某校培训中心楼的南、北立面图及东、西立面图。下面以南立面图(①—⑦立面图)为例，说明阅读建筑立面图的方法。

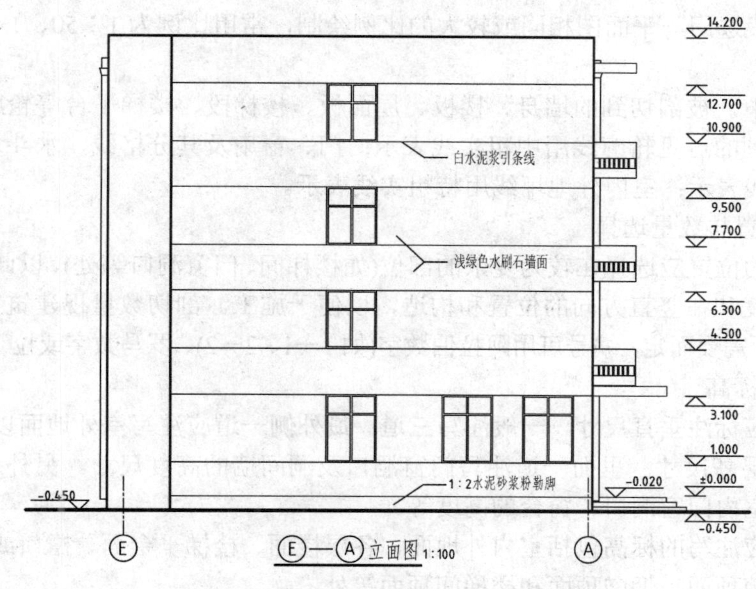

图 9-14　西立面图

从南立面图中可以看出以下几点。

(1) 建筑物的大概外貌。出入口位于该立面的西端和东侧，其上有雨篷，下有三级台阶；右边二～四层楼设有阳台；南墙面有两根雨水管。

(2) 在立面图上只画出了两端的轴线及其编号，即南立面图上两端的轴线为①与⑦，其编号应与建筑平面图上的编号相一致，以便与平面图对照起来阅读。

(3) 立面图的外形轮廓线用粗实线表示；室外地坪线用特粗实线表示；门窗、阳台、雨篷等主要部分的轮廓线用中粗实线画出；其他如门窗扇、墙面分格线等都用中实线或细实线表示。

9.2.6　建筑剖面图

假想用一个或多个铅垂剖切面将房屋剖开，移去观察者与剖切面之间的部分，对留下部分作正投影所得到的投影图称为建筑剖面图，简称剖面图。

剖面图是建筑施工图中不可缺少的重要图样之一，主要用来表达建筑物内部垂直方向高度、楼层分层情况以及简要的结构形式和构造方式等。

1．图示内容

建筑剖面图主要表达以下内容。

(1) 主要承重构件的定位轴线及编号。

(2) 建筑物各部位的高度。

(3) 主要承重构件(梁、板、柱、墙)之间的相互关系。

(4) 剖面图中不能详细表达的地方，应引出索引号另画详图。

2．图示方法

1) 比例

剖面图一般选用与平面图相同或较大的比例绘制，常用比例为 1∶50、1∶100 等。

2) 图线

在剖面图中，被剖切到的墙身、楼板、屋面板、楼梯段、楼梯平台等轮廓线用粗实线表示；未剖切到的可见轮廓线用中粗实线表示；门、窗扇及其分格线，水斗及雨水管等用中实线或细实线表示；室内外地坪线用特粗实线表示。

3) 剖切位置与数量选择

剖切平面的位置应选择在较为复杂的部位(如楼梯间、门窗洞口等处)，以此来表达楼梯、门窗洞口的高度和在竖直方向的位置和构造，以便于施工。剖切数量视建筑物的复杂程度和施工中的实际需要而定，编号可用阿拉伯数字(如 1—1、2—2)、罗马数字或拉丁字母等命名。

4) 尺寸和标高

剖面图上应标注垂直尺寸，一般注写三道：最外侧一道应注写室外地面以上的总尺寸；中间一道注写层高尺寸；里面一道注写门窗洞口及洞间墙的高度尺寸。另外还应标注某些局部尺寸，如室内门窗洞口、窗台的高度等。

剖面图上应注写的标高包括室内外地面、各层楼面、楼梯平台面、檐口或女儿墙顶面、高出屋面的水箱顶面、烟囱顶面和楼梯间顶面等处。

5) 楼地面构造

剖面图中有时会用引出线指向所说明的部分，按其构造层次顺序，逐层加以文字说明，以表示各层的构造做法。

6) 详图索引符号

剖面图中应表示出画详图处的索引符号。

3．识读要点

识读剖面图时应注意以下要点。

(1) 了解图名、比例。

(2) 熟悉承重构件的定位轴线及其间距尺寸。

(3) 核对剖面图所表达的内容与平面图的剖切位置是否一致，注意被剖到和未剖切到的各构配件的位置、尺寸、形状及图例。

(4) 根据图中尺寸和标高，了解建筑物的层数、层高、总高及室内外高差。

(5) 了解详图索引符号、某些装修做法及用料注释等。

(6) 阅读剖面图时，要注意与平面图、详图相对照。

4．识图举例

要清楚地识读建筑物内部构造及配件情况，必须将平面图、立面图、剖面图相配合。图 9-15、图 9-16 所示为某校培训中心楼的 1—1、2—2 剖面图。现以 1—1 剖面图为例，说明剖面图的识读方法。

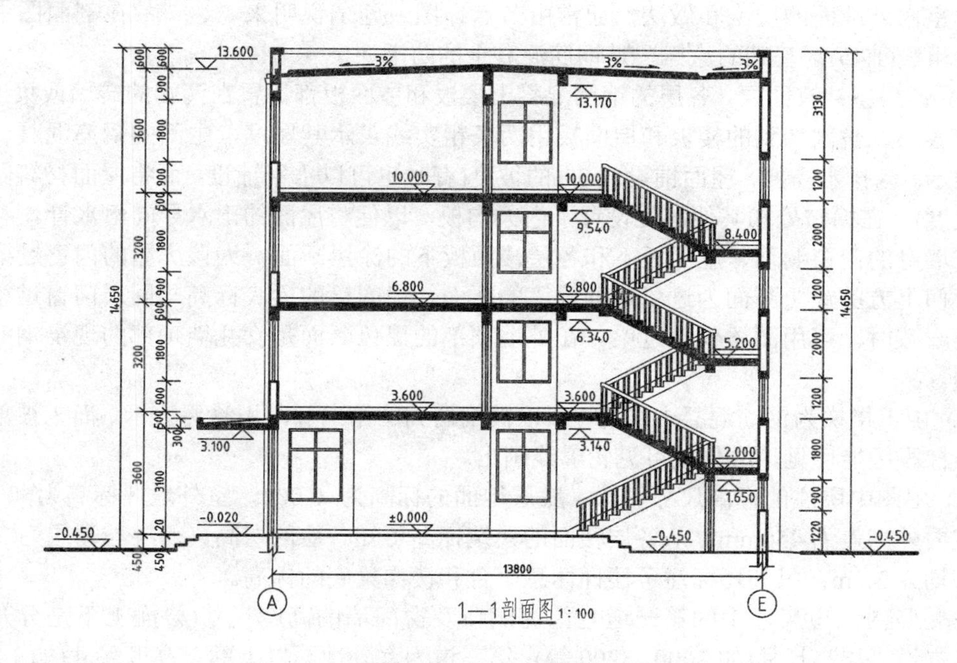

图 9-15　1—1 剖面图

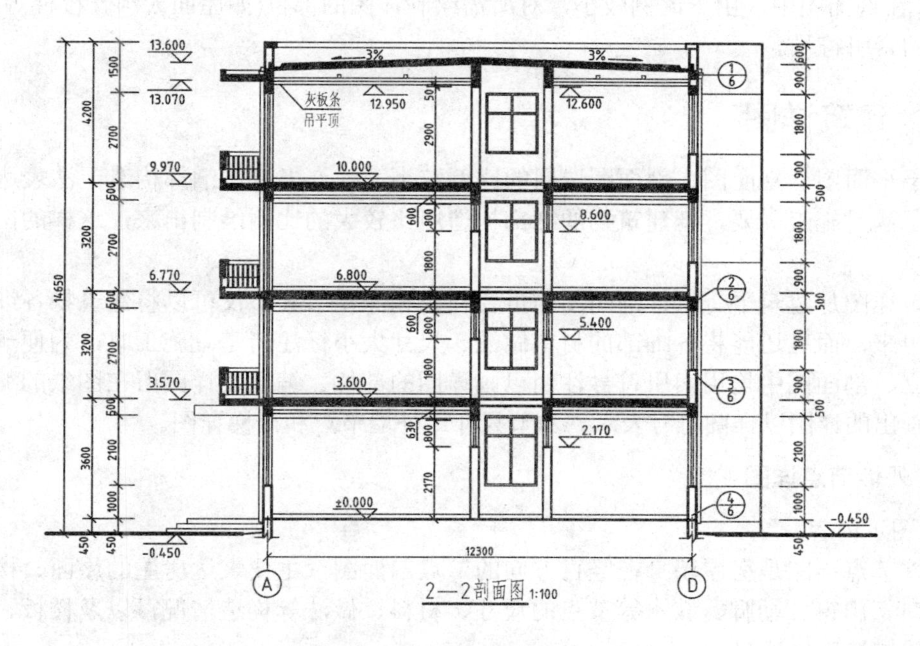

图 9-16　2—2 剖面图

(1) 根据剖面图上剖切平面位置代号 1—1，在底层平面图中找到相应的剖切位置。1—1 剖切平面位于②、③轴线之间，通过南北外墙、楼梯间等处剖切后，由右向左即由东向西投影。

(2) 房屋的剖切是从屋顶到基础，一般情况下，基础的构造由结构施工图中的基础图来表达。室内外地面的层次和做法，通常由节点详图或施工说明来表达，故在剖面图中只画一条特粗线(1.4*b*)，基础的涂黑层是钢筋混凝土的防潮层。

(3) 该房屋共有四层，各层的钢筋混凝土楼板和屋面板都搁置在两端的砖墙或梁上。由于比例较小，被剖切到的楼板和屋面板用两条粗实线表示其厚度，中间的钢筋混凝土图例涂黑表示。为排水需要，屋面铺设成 3%的坡度(有时也可以水平铺设，而将屋面材料做出一定的坡度)。在檐口处和其他部位设置了内天沟板，以便将屋面的雨水导向雨水管。

在墙身的门窗洞顶、屋面板下和各层楼面板下的涂黑断面，为该房屋的门窗过梁和圈梁。大门上方的涂黑断面为过梁连同雨篷的断面。当圈梁的梁底标高与同层门窗过梁的梁底标高一致时，可用圈梁代替过梁。在外墙顶部的黑色断面是女儿墙顶部的现浇钢筋混凝土压顶。

(4) 由于楼梯为钢筋混凝土结构，所以被剖切到的第二梯段用涂黑表示，而未被剖切到的第一梯段因能可见，故仍按可见轮廓线画出。

(5) 由图中所注的标高尺寸可知，底层地面的标高为±0.000，室外地坪标高为-0.450，说明室内外高差为 450mm；从各层楼面的建筑标高可知各层的层高，一层与顶层为 3.6m，中间层均为 3.2m；另外还标注了楼梯休息平台和楼梯梁底的标高。

左侧竖向三道尺寸中的第一道为门窗洞口及窗间墙的高度尺寸(楼面上下是分开标注的)；第二道为层高尺寸(如 3600、3200 等)；第三道为室外地面以上的总高度尺寸(如 14650)。

(6) 在剖面图中，由于比例较小，对所需绘制详图的部位(如屋面天沟、楼梯等)均画出了详图的索引符号。

9.2.7 建筑详图

由于平面图、立面图、剖面图选用的比例较小，使许多建筑细部构造无法表达清楚，因此为了满足施工需要，把建筑物的细部构造用比较大的比例绘制出来，这样的图样称为详图。

建筑详图是建筑平、立、剖面图的重要补充和深化，其不仅可以将建筑物各细部的形状绘制出来，而且还能将各细部的材料做法、尺寸大小标注清楚。施工时，为便于查阅，在平、立、剖面图中均用索引符号注明已画详图的部位、编号及详图所在图纸的编号，同时对所画出的详图以详图符号表示。本节只介绍外墙节点和楼梯详图。

1. 外墙节点详图

1) 图示内容

外墙节点详图是房屋墙身在竖直方向的节点剖面图，主要表达房屋的屋面、楼面、地面、檐口、门窗、勒脚、散水等节点的尺寸、材料、做法等构造情况，以及楼板、屋面板与墙身的构造连接情况。

外墙节点详图一般包括檐口、门窗、勒脚等详图，为识读方便，有时将外墙各节点详

图按其实际位置自上而下顺次排列，所得图样又称墙身大样图或墙身剖面图。

2) 图示方法

外墙节点详图一般用较大的比例绘出，常用比例为 1∶10、1∶20。绘图线型选择与剖面图相同，被剖到的结构、构件断面轮廓线用粗实线表示；粉刷线用细实线表示。断面轮廓线内应画上材料图例。

3) 识读要点

识读外墙节点详图时应注意以下要点。

(1) 了解详图的图名、比例。

(2) 熟悉详图与被索引图样的对应关系。

(3) 掌握地面、楼面、屋面的构造层次和做法。

(4) 注意檐口构造及排水方式。

(5) 明确各层梁(过梁或圈梁)、板、窗台的位置及其与墙身的关系。

(6) 弄清外墙的勒脚、散水及防潮层与内、外墙面装修的做法。

(7) 核实各部位的标高、高度方向尺寸和墙身细部尺寸。

4) 识图举例

现以图 9-17 所示某校培训中心楼的外墙节点详图为例，说明阅读外墙详图的方法。

(1) 首先了解该详图所表达的部位。图 9-17 的外墙轴线为 D，对照平面图和立面图可知，外墙 D 为该建筑物的北外墙，其所表达的部位为 1—1、2—2 剖面图中所表示的 1～4 号详图，即檐口、窗顶、窗台及勒脚和散水节点；绘图比例为 1∶20。

(2) 看图时应按照由上到下或从下到上的顺序，逐个节点进行识读，了解各部位的详细构造、尺寸和做法，并与材料做法表相对照，检查是否一致。

① 第一个是檐口节点详图，其表达了女儿墙外排水檐口的构造和屋面层的做法等。图中不但给出了有关尺寸，还对某些部位的多层构造用引出线做了文字说明。该楼房的屋面首先铺设的是 120mm 厚预应力钢筋混凝土多孔板和预制天沟板，为排水需要屋面按 3%的坡度铺设。屋面板上做有 40mm 厚细石混凝土(内放钢筋网)和 60mm 厚隔热层，在其上先用 20mm 厚水泥砂浆找平，然后上刷冷底子油结合层，最上面铺贴高分子防水卷材，上刷铝银粉作为保护层。

② 第二个是窗顶剖面详图，其主要表达窗顶过梁处的做法和楼面层的做法。在过梁外侧底面用水泥砂浆做出滴水槽，以防雨水流入窗内。楼面层的做法及其所用材料在引出线上用文字做了详细说明。

③ 第三个是窗台剖面详图，其表明了砌砖窗台的做法。由图可知，窗台面的外侧做一斜坡，以利排水。

④ 第四个位于外墙的最底部，为勒脚、散水节点详图。该详图对室内地面及室外散水的材料、做法和要求等都用文字做了详细说明，并标注了尺寸。其中勒脚高度为 450mm(由−0.450 至±0.000)，选用了防水和耐久性较好的粉刷材料粉刷；在室内地面下 30mm 的墙身处，设有 60mm 厚的钢筋混凝土防潮层，以隔离土壤中的水分和潮气沿基础墙上升而侵蚀上面的墙身；散水宽 600mm，做有 4%的斜坡；室内地面和各层楼面墙角处均做了踢脚板保护墙壁，并用文字注明了详细做法和尺寸。

(3) 外墙节点详图中一般应注出室内外地面的标高以及一些细部的大小尺寸，如女儿墙、天沟、窗台和散水等。

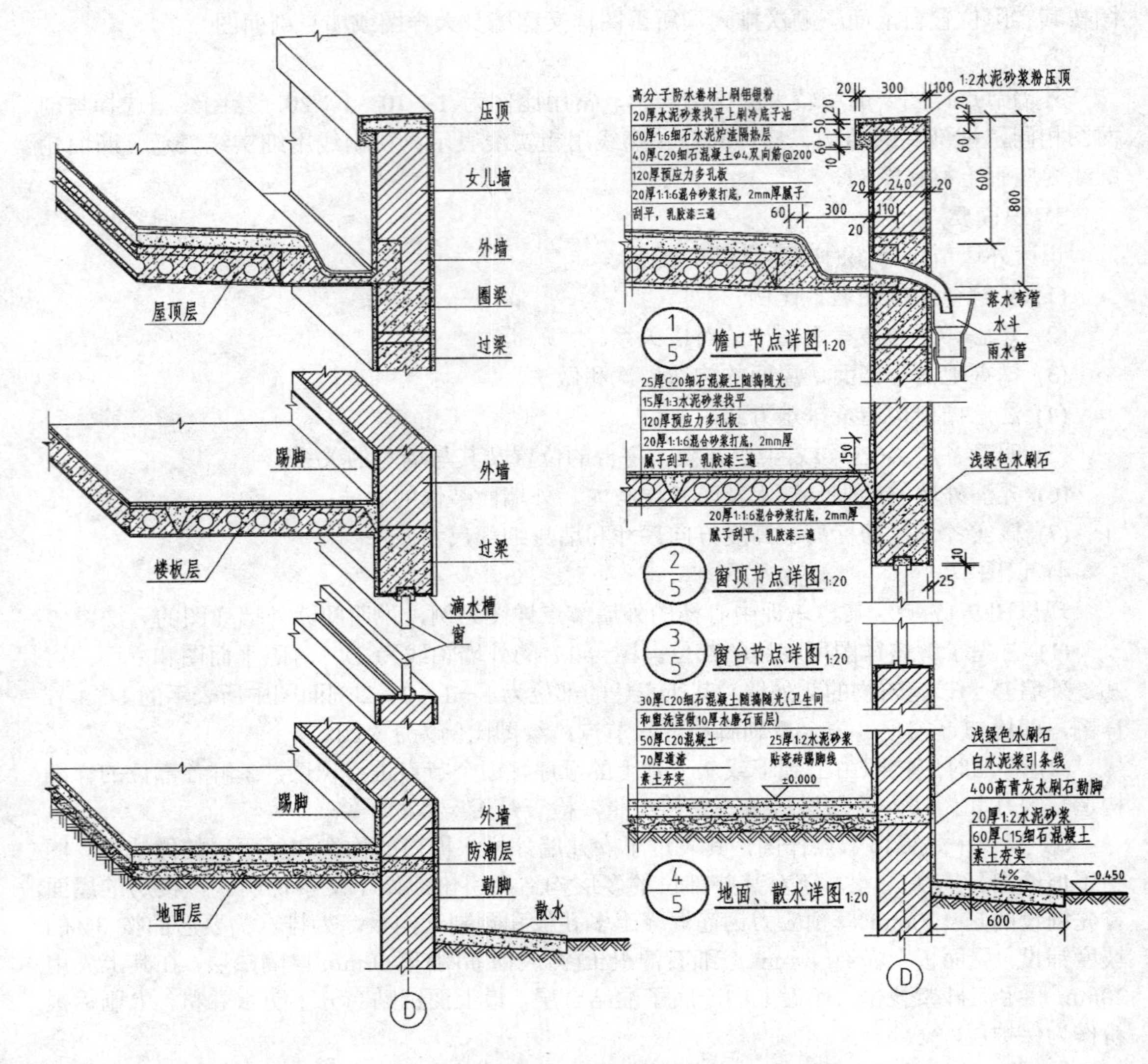

图 9-17　外墙节点详图

2. 楼梯详图

楼梯是多层房屋垂直方向的主要交通设施，由楼梯段(简称梯段，包括踏步和斜梁)、平台(包括平台板和梁)、栏杆(或栏板)等组成。在一般建筑中，通常使用现浇或预制的钢筋混凝土楼梯。楼梯是建筑物中构造比较复杂的部分，通常单独画出其详图。

楼梯详图一般分为建筑详图和结构详图，并分别编入“建施”和“结施”中。建筑详图主要用来表达楼梯的类型、结构形式、各部位的尺寸及装修做法，一般包括平面图、剖面图和节点(如踏步、栏杆、扶手、防滑条等)详图。

1) 楼梯平面图

楼梯平面图是在距楼(地)面约 1m 以上的位置，用一个假想的剖切平面，沿着水平方向剖开(尽量剖到楼梯间的门窗)，然后向下所作的正投影图。主要用来表达楼梯平面的详细布

置情况，如楼梯间的尺寸大小、墙厚、楼梯段的长度和宽度、上行或下行的方向、踏面(步)数和踏面宽度、平台和楼梯位置等。

在多层建筑中，楼梯平面图一般应分层绘制。如果中间各层的楼梯位置、构造形式、尺寸等均相同，可只画出底层、中间层和顶层三个楼梯平面图，如图 9-18～图 9-20 所示。

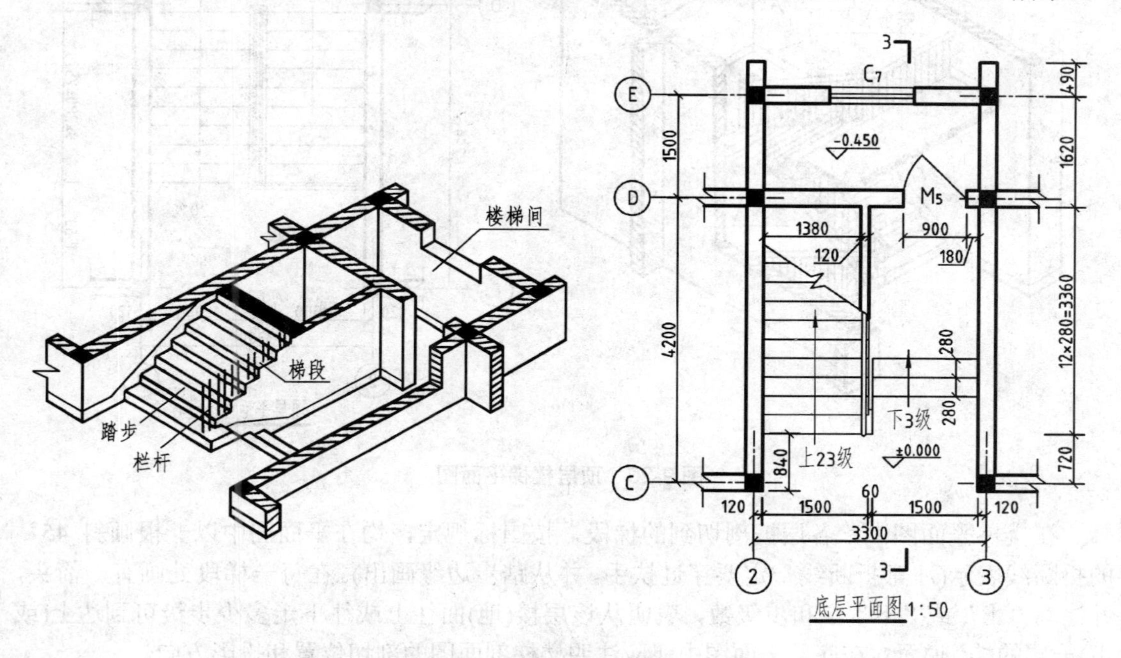

图 9-18　底层楼梯平面图

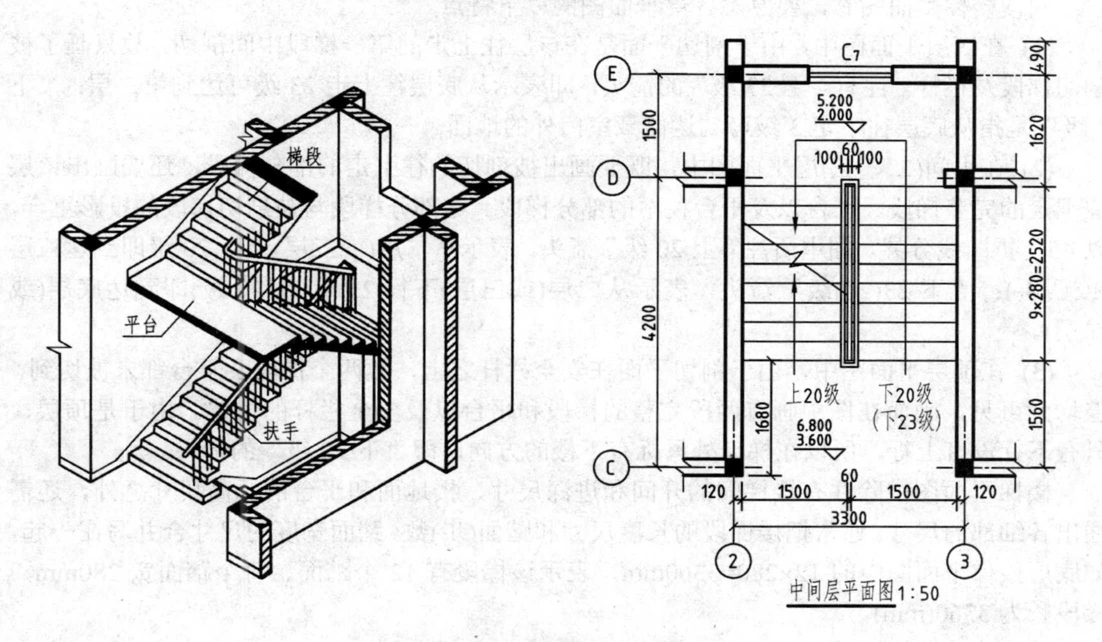

图 9-19　中间层楼梯平面图

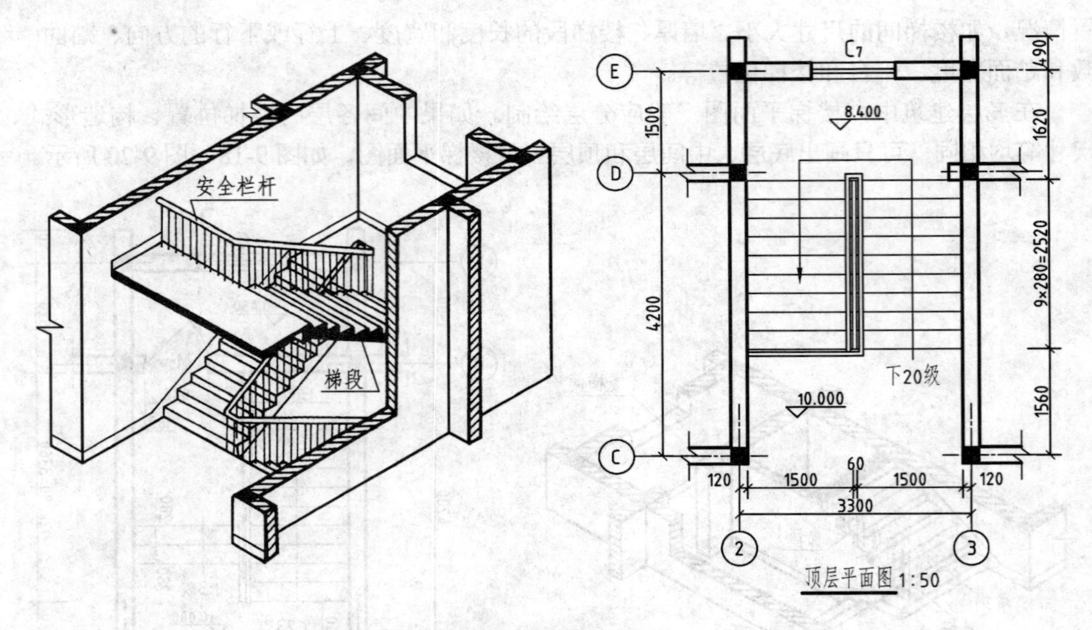

图 9-20　顶层楼梯平面图

在楼梯平面图中，各层被剖切到的梯段，按国标规定，均在平面图中以一根倾斜 45°的折断线表示(注意折断线一定要穿过扶手，并从踏步边缘画出)。在每一梯段处画有一箭头，并注写“上”或“下”字和步级数，表明从该层楼(地)面往上或往下走多少步级可到达上(或下)一层的楼(地)面。在底层平面图中还应注明楼梯剖面图的剖切位置和投影方向。

阅读楼梯平面图时，要熟悉各层平面图的以下特点。

(1) 在底层平面图中，由于剖切平面是在该层往上走的第一梯段中间剖切，故只画了被剖切梯段及栏杆。注有“上 23 级”的箭头，即表示从底层往上走 23 级可达到第二层；“下 3 级”是指从底层往下走 3 级可到达储藏室门外的地面。

(2) 在中间(二、三)层平面图中，既要画出被剖切的往上走的部分梯段，还要画出该层往下走的完整梯段、平台以及平台往下的部分梯段。这部分梯段与被剖切梯段的投影重合，以 45° 折断线分界。图中所注“上 20 级”箭头，表示从二层(或三层)上行 20 级即到达三层(或四层)；“下 23(20)级”箭头，表示从二层(或三层)下行 23 级(或 20 级)即到达底层(或二层)。

(3) 在顶层平面图中，由于剖切平面在安全栏杆之上，故两个梯段及平台都未被切到，但均为可见，因而在图中画有两段完整的梯段和平台以及安全栏杆的位置。由于是顶层，只有下行没有上行，所以在梯口处只标有下楼的方向，即“下 20 级”的箭头。

楼梯平面图中除注有楼梯间的开间和进深尺寸、楼地面和平台的标高尺寸之外，还需注出各细部的尺寸。通常把楼梯段的长度尺寸和踏面(步)数、踏面宽度的尺寸合并写在一起，如底层楼梯平面图中的 12×280=3360mm，表示该梯段有 12 个踏面、每个踏面宽 280mm，梯段长为 3360(mm)。

2) 楼梯剖面图

假想用一个铅垂平面，通过各层的一个梯段和楼梯间的门窗洞将楼梯剖开，向另一未剖到的梯段方向投影所作的正投影图，称为楼梯剖面图，如图 9-21 所示。楼梯剖面图主要表达楼梯的结构形式、各梯段的踏级数以及楼梯各部分的高度和相互关系等。

在多层建筑中，如果中间各层的楼梯构造相同，则剖面图可只画出底层、中间层和顶层剖面，中间用折断线断开；如果楼梯间顶部没有特殊之处，一般可省略不画。

阅读楼梯剖面图时，应与楼梯平面图对照起来一起看，要注意剖切平面的位置和投影方向。从图 9-21 可以看出，该楼梯的结构形式为现浇钢筋混凝土双跑式楼梯，每层楼有两个梯段，其上行的第二梯段被剖到，而上行的第一梯段未被剖到。

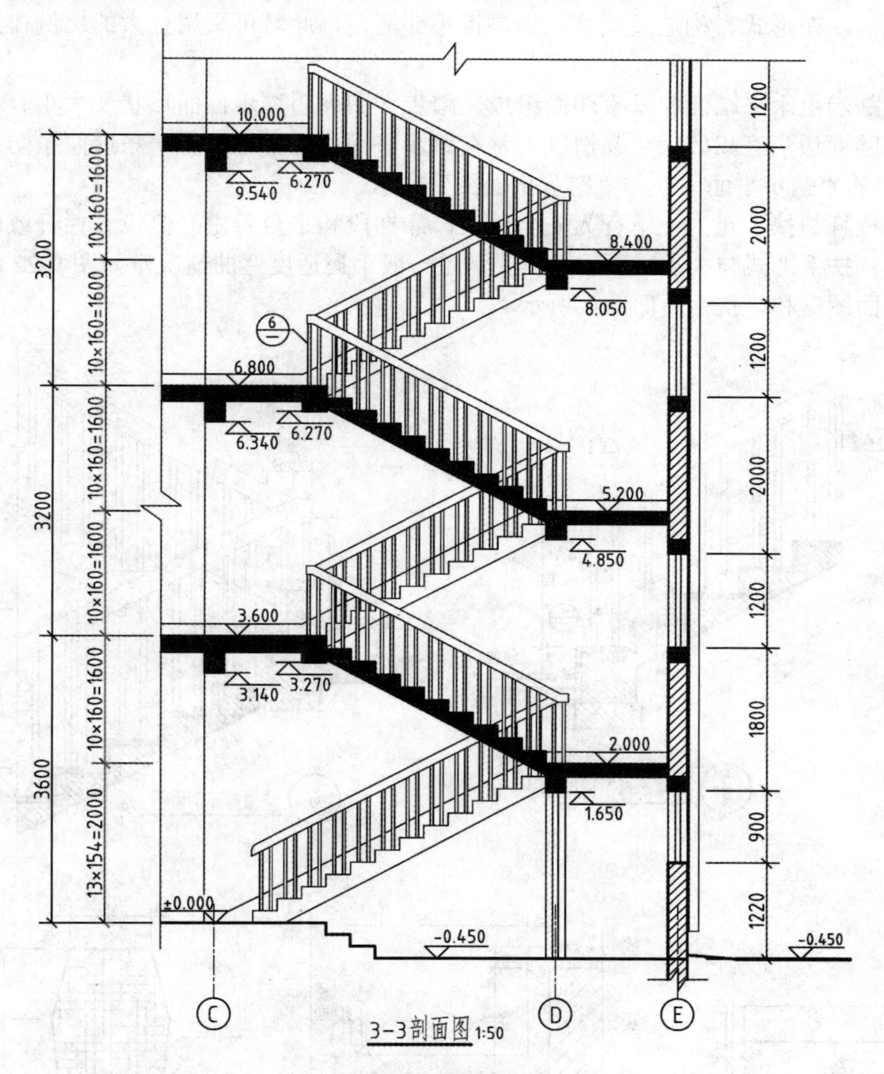

图 9-21　楼梯剖面图

楼梯剖面图中所标注的尺寸有地面、楼面和平台面的标高以及梯段的高度等尺寸。其中梯段的高度尺寸与楼梯平面图中梯段的长度尺寸注法相同，但高度尺寸注的是步级数，而不是踏面(步)数(两者相差 1)。从图中可以看出，一层第一梯段的高度尺寸为 13×154≈2000(mm)，表示该梯段的步级数为 13 级，每个踏步高为 154mm；第二梯段的高度

尺寸为 10×160=1600(mm)，表示该梯段的步级数为 10 级，每个踏步高为 160mm。

从图中所标注的索引符号中可知，楼梯的栏杆、踏步及扶手都另有详图，且都画在本张图(即建施-7)上。

3) 楼梯节点详图

楼梯节点详图是根据图 9-7 所示底层平面图和图 9-21 所示楼梯剖面图中的索引部位绘制的，如图 9-22 所示。楼梯节点详图用较大的比例表达了索引部位的形状、大小、构造及材料情况。从图中可以看出，楼梯各节点的构造和尺寸都十分清楚，但对于某些局部如踏级、扶手等，在形式、构造及尺寸上仍显得不够清楚，此时可采用更大的比例作进一步的表达。

楼梯踏步由水平踏面和垂直踢面组成。踏步详图表明踏步截面形状及大小、材料与面层做法。踏面边沿磨损较大，易滑跌，常在踏步平面边沿部位设置一条或两条防滑条，如图 9-22 中的“踏步平面图”与“踏步剖面图”所示。

楼梯栏杆与扶手是为上下行人安全所设，靠梯段和平台悬空一侧设置栏杆或栏板，上面做扶手，扶手形式与大小、所用材料要满足一般手握适度弯曲情况，如图 9-22 中的“楼梯局部剖面图”和“扶手断面图”所示。

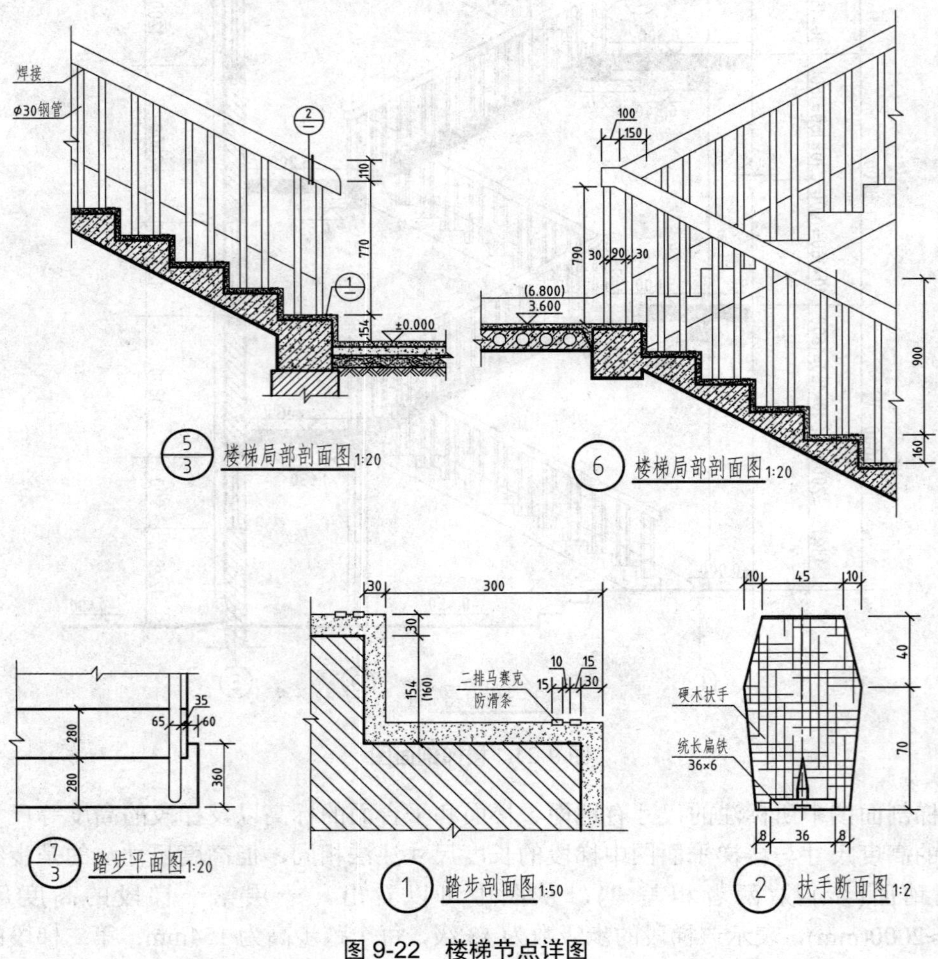

图 9-22 楼梯节点详图

9.3　结构施工图

结构施工图是用来表达建筑物承重构件的布置、形状、大小、材料以及连接情况的图样，简称“结施”，其通常由结构设计说明、结构平面图和构件详图等组成。其中，结构平面图是表达房屋中各承重构件总体平面布置的图样，主要包括基础平面图、楼层结构布置平面图和屋面结构平面图；构件详图主要表达单个构件的形状、尺寸、所用材料和制作安装要求等，包括基础详图和梁、柱、板构件详图，以及楼梯、屋架结构详图与其他详图(如支撑详图)等。

9.3.1　结构施工图有关规定

在绘制结构施工图时，除应遵守《房屋建筑制图统一标准》(GB/T 50001—2010)的规定外，还应遵守《建筑结构制图标准》(GB/T 50105—2010)的规定。

1. 图线

结构施工图中各种图线的用法如表 9-9 所示。

表 9-9　结构施工图的图线用法

名称		线型	线宽	用途
实线	粗	————————	b	螺栓、钢筋线，结构平面图中的单线结构构件线、钢木支撑及系杆线，图名下横线、剖切线
	中粗	————————	$0.7b$	结构平面图及详图中剖到或可见的墙身轮廓线、基础轮廓线，钢、木结构轮廓线，钢筋线
	中	————————	$0.5b$	结构平面图及详图中剖到或可见的墙身轮廓线、基础轮廓线，可见的钢筋混凝土构件轮廓线，钢筋线
	细	————————	$0.25b$	标注引出线，标高符号线，索引符号线、尺寸线
虚线	粗	— — — — — —	b	不可见的钢筋线、螺栓线，结构平面图中不可见的单线结构构件线及钢、木支撑线
	中粗	— — — — — —	$0.7b$	结构平面图中的不可见构件、墙身轮廓线及不可见钢、木结构构件线，不可见的钢筋线
	中	— — — — — —	$0.5b$	结构平面图中的不可见构件、墙身轮廓线及不可见钢、木结构构件线，不可见的钢筋线
	细	— — — — — —	$0.25b$	基础平面图中的管沟轮廓线、不可见的钢筋混凝土构件轮廓线
(单)点画线	粗	——·——·——	b	柱间支撑、垂直支撑、设备基础轴线图中的中心线
	细	——·——·——	$0.25b$	定位轴线、对称线、中心线、重心线

续表

名称		线型	线宽	用途
双点画线	粗		b	预应力钢筋线
	细		$0.25b$	原有结构轮廓线
折断线			$0.25b$	断开界线
波浪线			$0.25b$	断开界线

2．比例

绘制结构施工图时，应根据图样用途和被绘制物体的复杂程度选用适当的比例，常用比例如表 9-10 所示。当构件的纵、横向断面尺寸相差悬殊时，可在同一详图中的纵、横向选用不同比例绘制。

表 9-10　结构施工图常用比例

图名	常用比例	可用比例
结构平面图、基础平面图	1∶50、1∶100、1∶150	1∶60、1∶200
圈梁平面图、总图中管沟、地下设施等	1∶200、1∶500	1∶300
详图	1∶10、1∶20、1∶50	1∶5、1∶25、1∶30

3．构件代号

在结构施工图中，因房屋基本构件较多，为使图面清晰并把不同的构件表示清楚，常将构件的名称用代号表示。常用的构件代号如表 9-11 所示。

表 9-11　常用构件代号

序号	名称	代号	序号	名称	代号	序号	名称	代号
1	板	B	19	圈梁	QL	37	承台	CT
2	屋面板	WB	20	过梁	GL	38	设备基础	SJ
3	空心板	KB	21	连系梁	LL	39	桩	ZH
4	槽形板	CB	22	基础梁	JL	40	挡土墙	DQ
5	折板	ZB	23	楼梯梁	TL	41	地沟	DG
6	密肋板	MB	24	框架梁	KL	42	柱间支撑	ZC
7	楼梯板	TB	25	框支梁	KZL	43	垂直支撑	CC
8	盖板或沟盖板	GB	26	屋面框架梁	WKL	44	水平支撑	SC
9	挡雨板或檐口板	YB	27	檩条	LT	45	梯	T
10	吊车安全走道板	DB	28	屋架	WJ	46	雨篷	YP
11	墙板	QB	29	托架	TJ	47	阳台	YT
12	天沟板	TGB	30	天窗架	CJ	48	梁垫	LD
13	梁	L	31	框架	KL	49	预埋件	M
14	屋面梁	WL	32	刚架	GJ	50	天窗端壁	TD
15	吊车梁	DL	33	支架	ZJ	51	钢筋网	W
16	单轨吊车梁	DDL	34	柱	Z	52	钢筋骨架	G
17	轨道连接	DGL	35	框架柱	KZ	53	基础	J
18	车挡	CD	36	构造柱	GZ	54	暗柱	AZ

4．定位轴线

结构施工图中的定位轴线及编号应与建筑平面图或总平面图的一致。

5．尺寸标注

结构施工图上的尺寸应与建筑施工图相符。需注意的是结构施工图中所注尺寸应是结构构件的结构尺寸(即实际尺寸)，不包括结构表面装修层厚度。

9.3.2　基础图

基础是建筑物在室内地面以下的部分，承受上部荷载并将其传递给地基。其形式取决于上部承重结构的形式和地基情况。在民用建筑中，常见的形式有条形基础(墙基础)和独立基础(柱基础)，如图 9-23 所示。

条形基础埋入地下的墙称为基础墙。当采用砖墙和砖基础时，在基础墙和垫层之间做成阶梯形的砌体，称为大放脚。基础底下天然的或经过加固的土层叫地基，基坑(基槽)是为基础施工而在地面上开挖的土坑，坑底就是基础的底面，基坑边线就是放线的灰线，防潮层是防止地下水对墙体侵蚀而铺设的一层防潮材料，如图 9-24 所示。

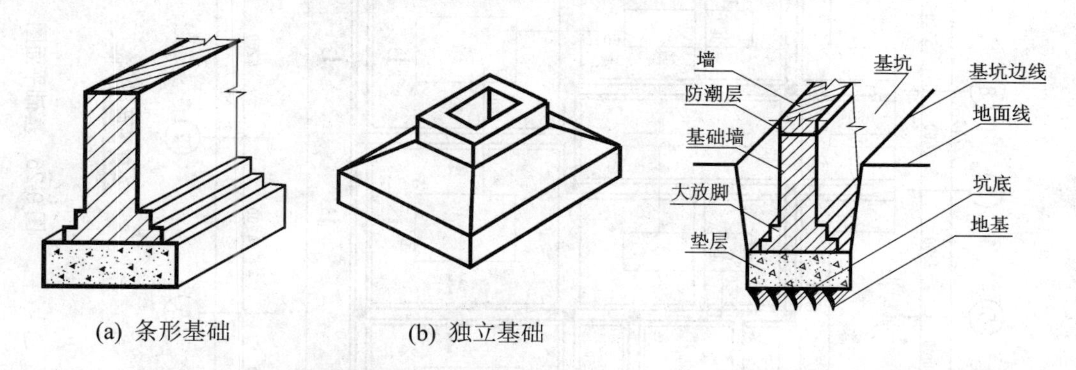

(a) 条形基础　　(b) 独立基础

图 9-23　房屋结构的基础形式

图 9-24　大放脚的构造

基础图是指基础及管沟图，是相对标高±0.000 以下的结构图。基础图是施工时放灰线、开挖基坑、砌筑基础及管沟的重要依据，一般包括基础平面图和基础详图。

1．基础平面图

基础平面图是假想用一水平面沿相对标高±0.000 以下与基底之间切开，移去上部结构和周边土层，由上向下投影所得到的水平剖面图，如图 9-25 所示。基础平面图主要表达基础墙、垫层、留洞以及柱、梁等构件布置的平面关系。

1) 图示内容

基础平面图主要表达以下内容。

(1) 表明基础墙、柱的平面布置，基础底面形状、大小及其与轴线的关系。

(2) 标注基础编号、基础断面图的剖切位置线及其编号。

(3) 标明基础梁的位置、代号。

(4) 注写施工说明，即所用材料的强度等级、防潮层做法、设计依据以及施工注意事项等。

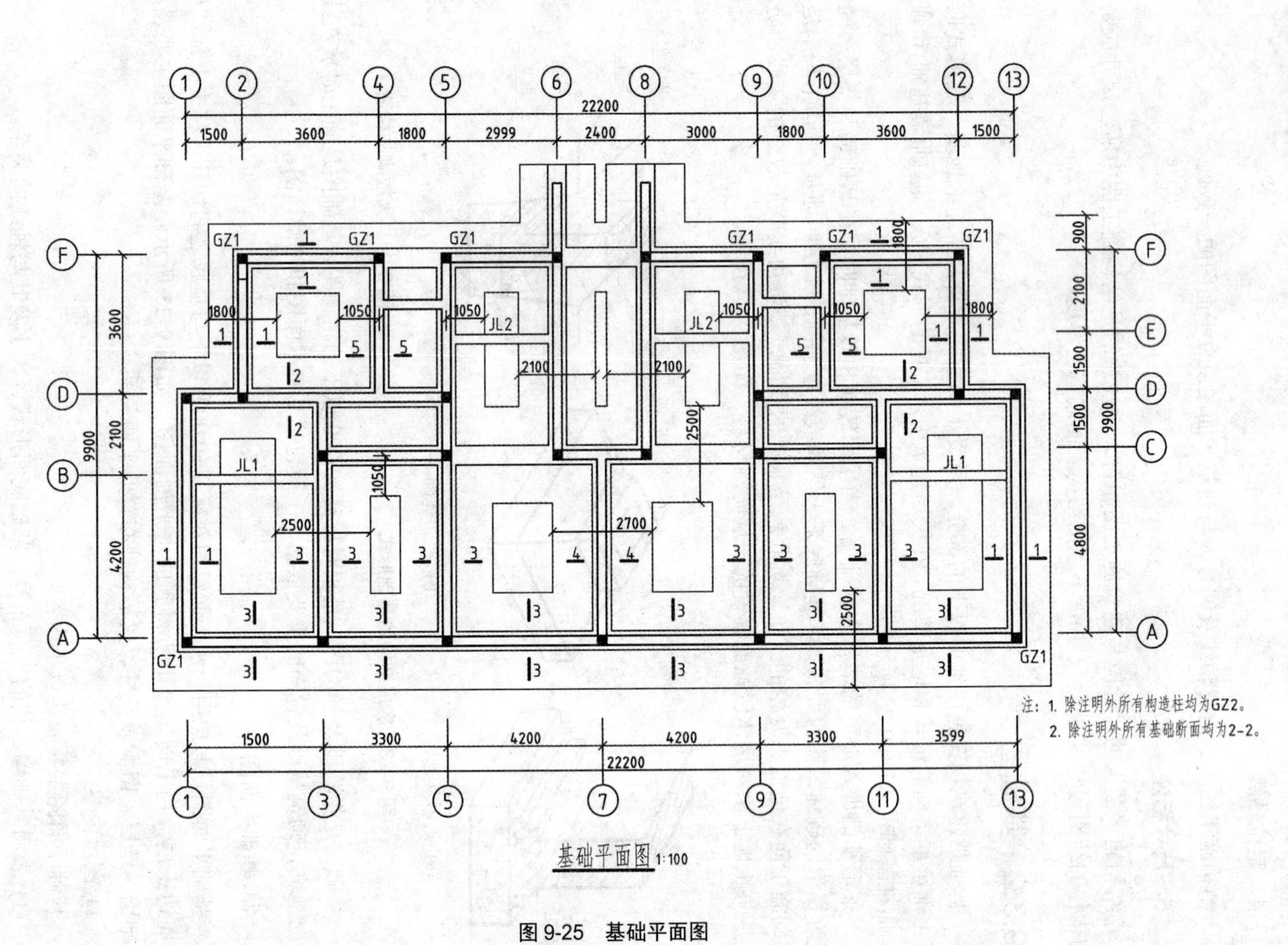

图 9-25　基础平面图

2) 图示方法

(1) 比例。常用 1∶100、1∶150、1∶200 等比例绘制。

(2) 定位轴线。定位轴线(轴线编号、轴线间尺寸)应与建筑施工图中的首层平面图保持一致。

(3) 图线。被剖切到的墙、柱轮廓线，用中粗实线表示；基础底部可见轮廓线用细实线表示；基础梁用粗点画线表示，对其他细部如砖砌大放脚的轮廓线均省略不画。

(4) 图例。由于基础平面图常采用 1∶100 等比例绘制，被剖切到的基础墙身可不画材料图例，钢筋混凝土柱涂成黑色表示。

(5) 尺寸标注。根据结构复杂程度一般分两道标注：外面一道表示基础总长和总宽，里面一道表示基础墙轴线间尺寸。管沟部分应注写其细部尺寸。基础平面图中应标注基础剖切断面符号并注出其编号。

2．基础详图

在基础平面图中仅表示了基础的平面布置，其埋置深度及详细构造情况需要另画详图来表达。基础详图是用较大比例画出的基础局部构造图，如图 9-26 所示。

1) 图示内容

基础详图主要表达基础的尺寸、构造、材料、埋置深度及内部配筋的情况，不同的基础图示方法有所不同。对于条形基础，一般用垂直剖面图表示；对于工业厂房中的独立基础，除了用垂直剖面图表示外，通常还用平面详图表明有关平面尺寸等情况。

2) 图示方法

基础详图多用断面图的图示方法绘制，常用比例为 1∶10、1∶20 等。在基础详图中，与剖切平面相接触的基础轮廓线和钢筋应用粗实线绘制，其他可见轮廓线用中粗实线绘制。详图中应注写基础的轴线及编号，标注室外标高及基础底部标高，钢筋配置情况应详细标注，基础防潮层做法及管沟做法等需用文字加以说明。基础墙及垫层应选择适当图例填充。

3．识图举例

1) 基础平面图

图 9-25 所示为某住宅楼的基础平面图，绘图比例为 1∶100，横向轴线为①～⑬，纵向轴线为Ⓐ～Ⓕ。被剖切到的墙体和柱均用粗实线绘制，墙身外侧的中粗线为基础外轮廓线；基础断面剖切符号标注为 1－1～5－5 等，另外图上还标注了基础梁的布置及编号。

2) 基础详图

图 9-26 所示是某住宅楼的基础详图(即 1－1～5－5 断面图)。由该图可知，该基础为条形基础，由钢筋混凝土基础、基础圈梁和基础墙三部分组成。±0.000 以上为墙体、以下布置有基础圈梁，基底与基础同深，标高为-1.900m。各处基础的外形尺寸及配筋情况如图 9-26 所示。

9.3.3　楼层结构布置平面图

楼层结构布置平面图是假想沿楼板面将房屋剖开，移去上部结构，由上向下投影而得到的水平剖面图，其主要表达每层楼的板、梁、柱、墙、圈梁和门窗过梁等构件的平面布置，以及现浇楼面的构造及配筋情况。

多层建筑如果有相同的楼面结构布置时，可合用一个结构平面图；如果不同，则需画出不同的结构平面图，如图 9-27～图 9-30 所示。

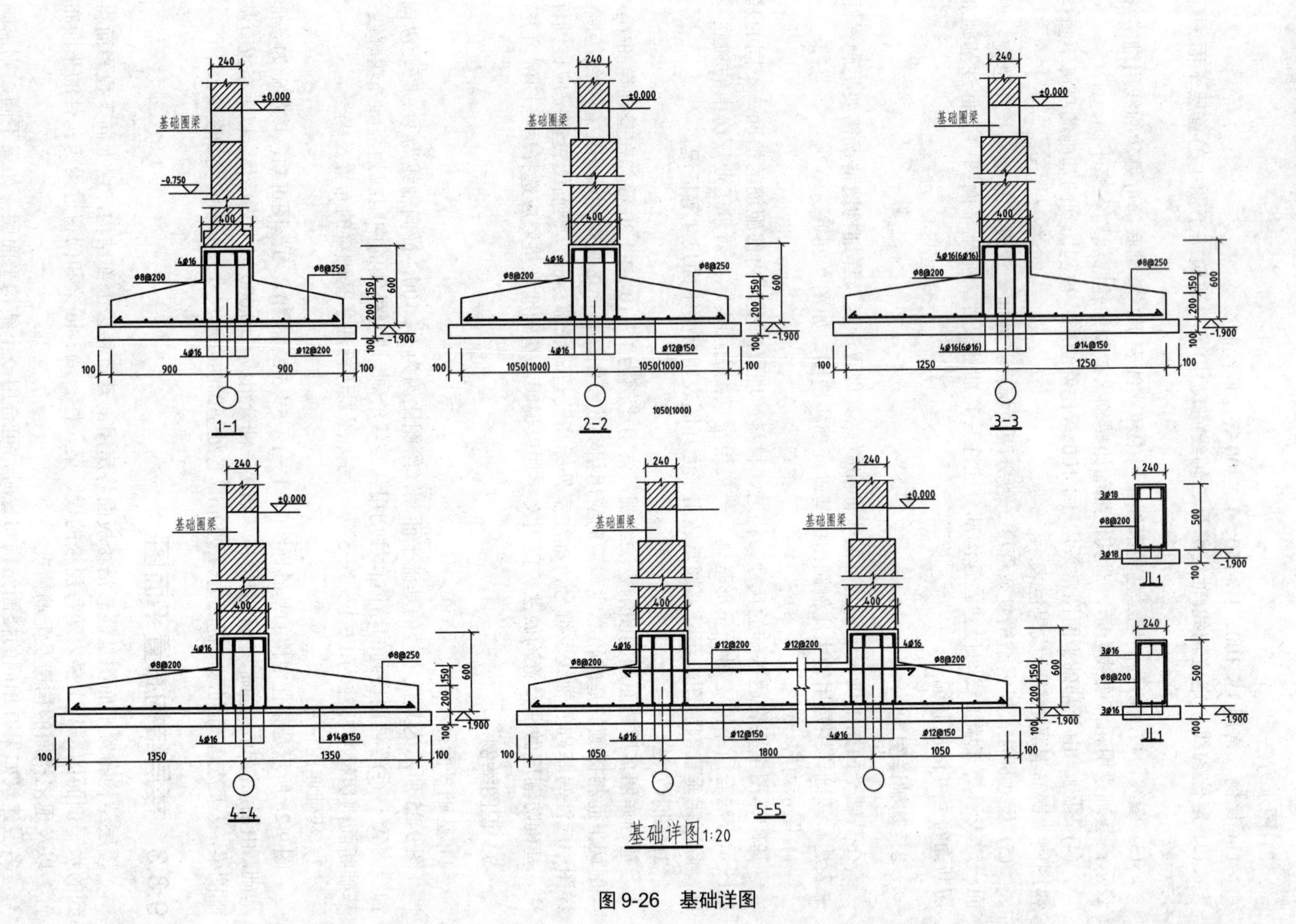

图 9-26 基础详图

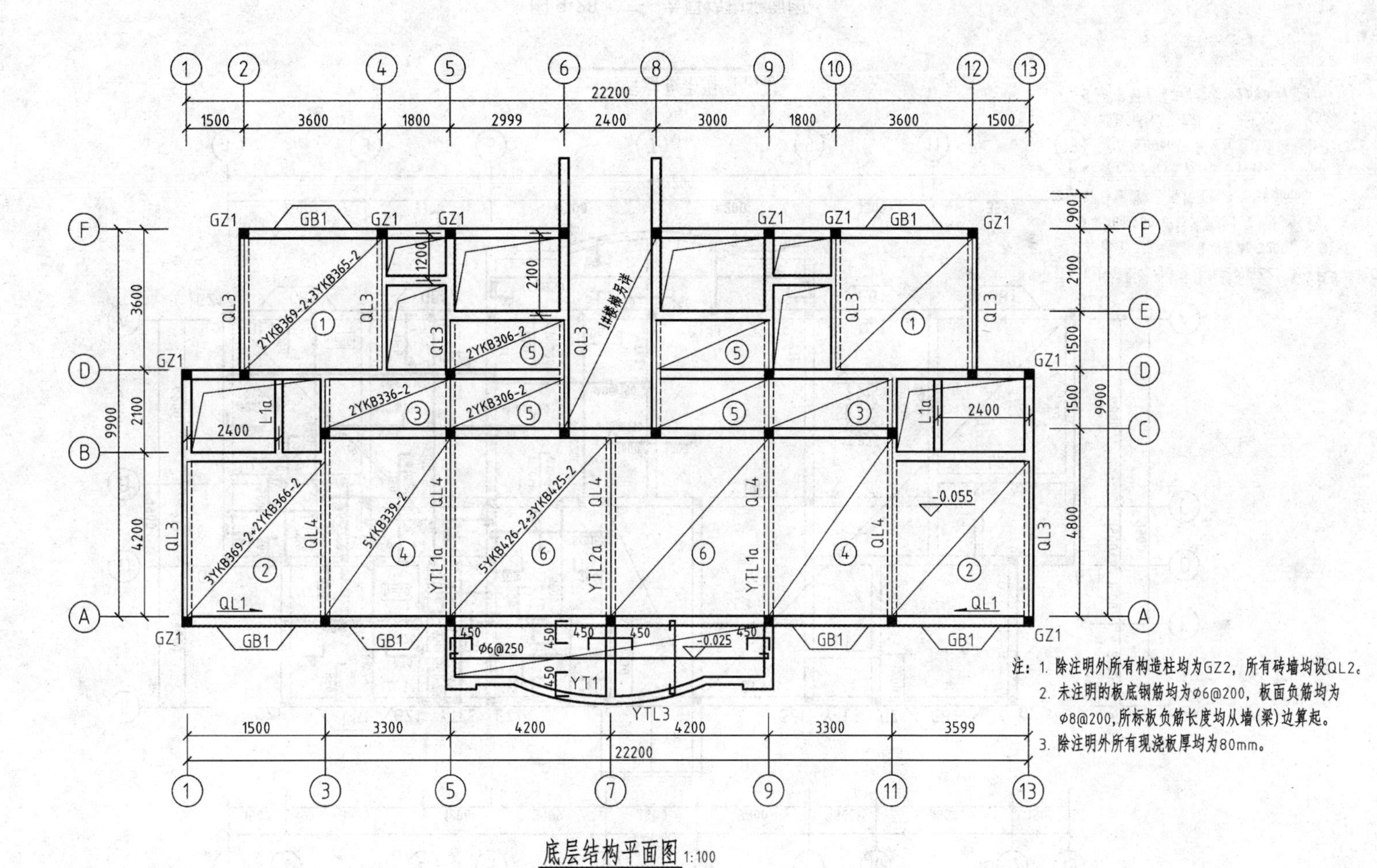

底层结构平面图 1:100

图 9-27　底层结构平面图

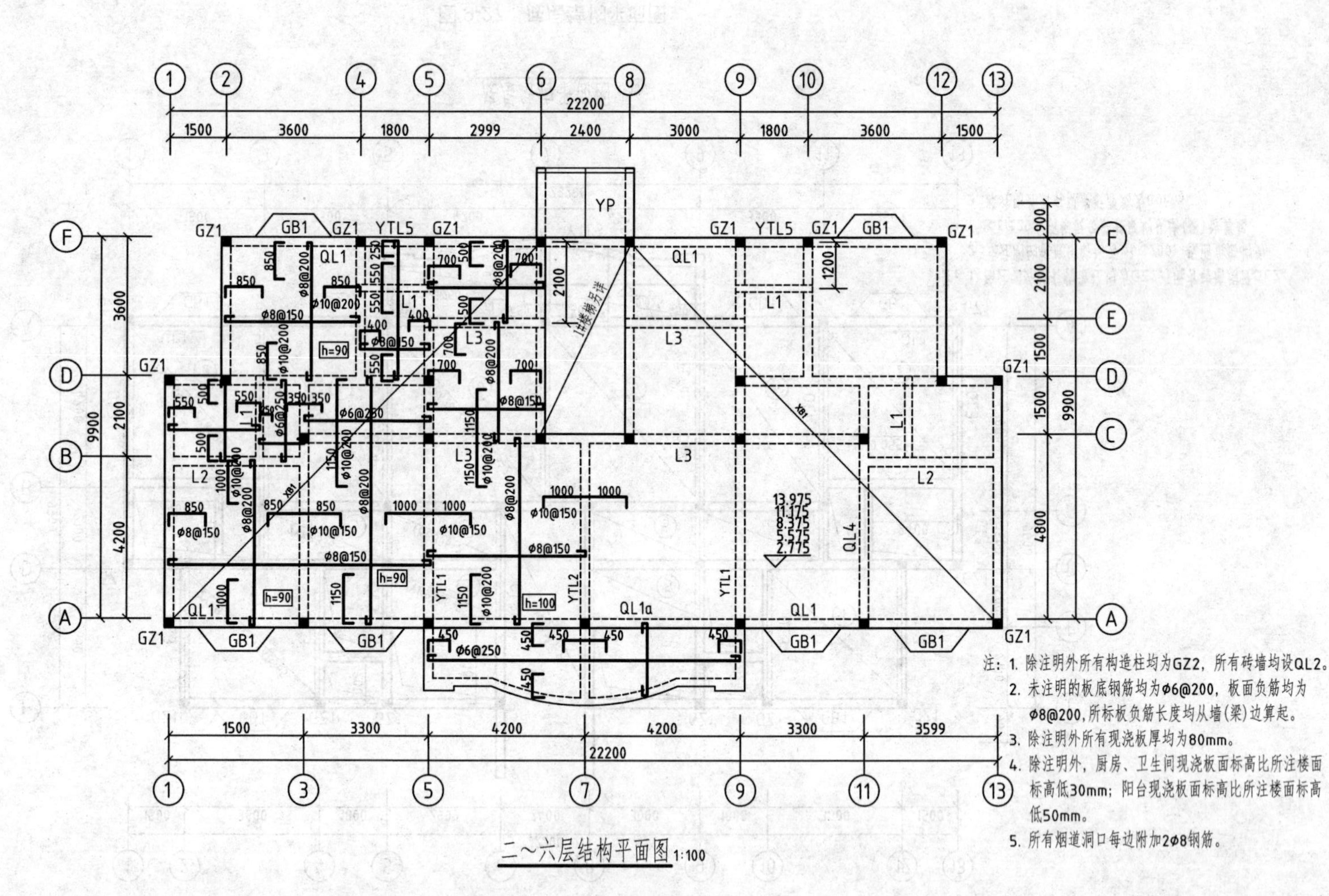

图 9-28　二～六层结构平面图

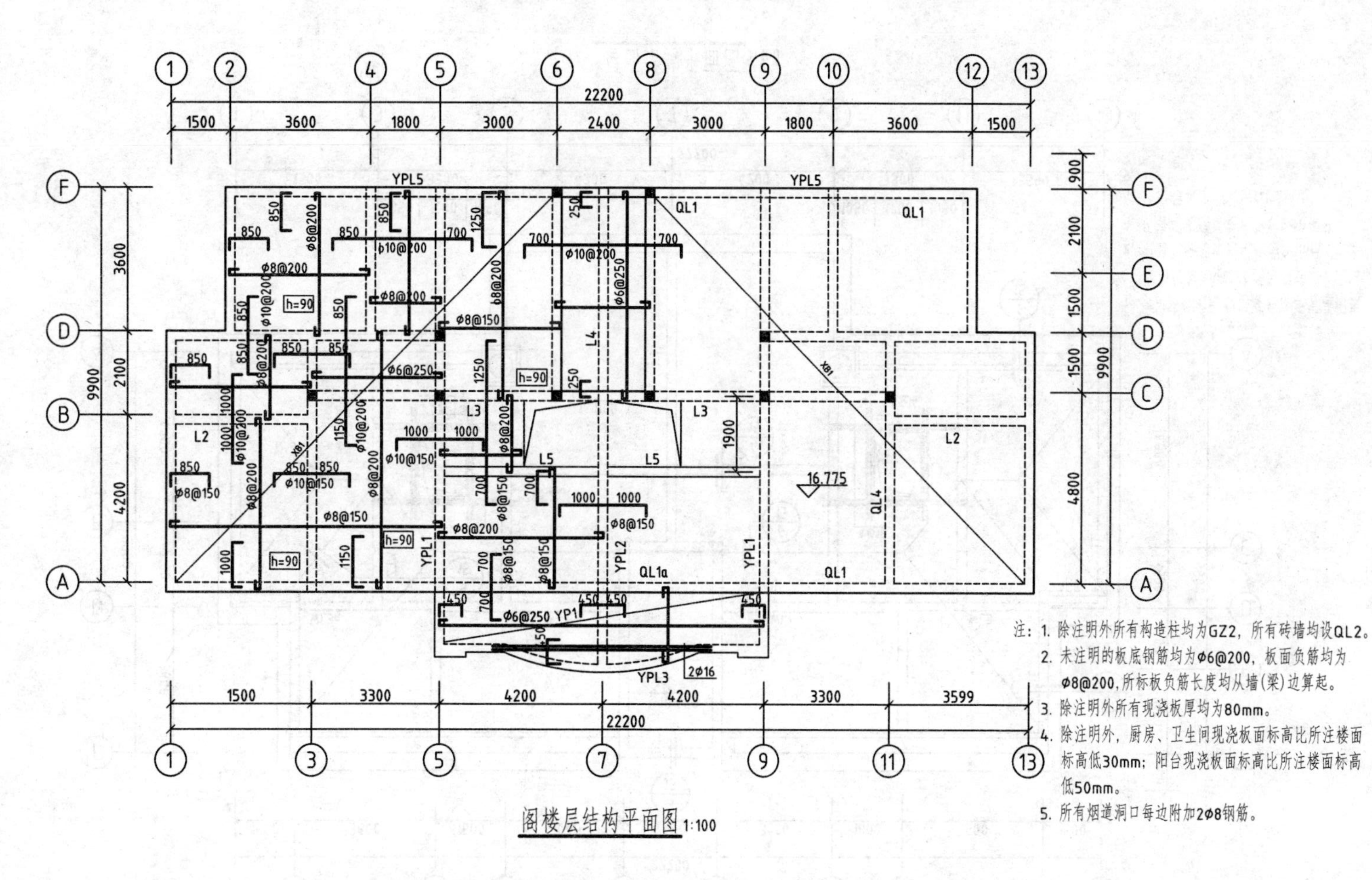

图 9-29　阁楼层结构平面图

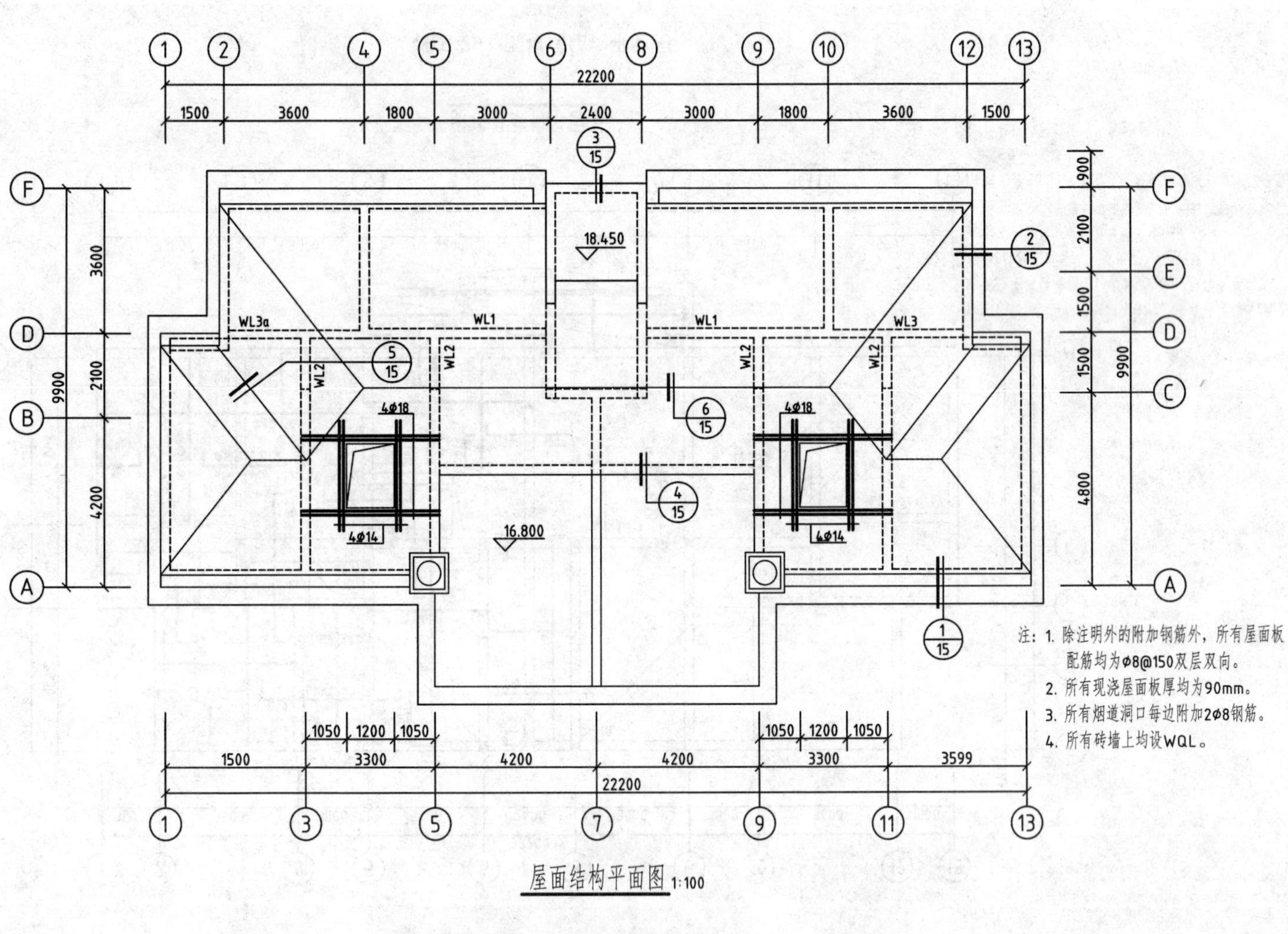

图 9-30 屋面结构平面图

1．图示内容

楼层结构布置图主要表达以下内容。

(1) 表明墙、梁、板、柱等构件的位置及代号和编号。

(2) 确定预制板的跨度方向、数量、型号或编号，以及预留洞的大小及位置。

(3) 标注轴线尺寸及构件的定位尺寸。

(4) 注明详图索引符号及剖切符号。

(5) 注写文字说明等。

2．图示方法

(1) 比例。楼层结构布置图常用 1∶50、1∶100 等比例绘制。

(2) 定位轴线。定位轴线及编号应与建筑平面图保持一致。

(3) 图线。在楼层结构平面布置图中，被剖切到的墙、柱等轮廓用粗实线绘制；被楼板挡住的墙、柱轮廓用中虚线表示；用细实线绘制楼板平面布置情况。

(4) 柱、梁、板的表达。被剖切到的钢筋混凝土柱断面涂黑表示，并注写其代号和编号；楼板下不可见的梁可画虚线并注写其代号，也可用粗点画线表示；板的布置通常是用对角线(细实线)来表示其位置的，并注写其代号及编号。

(5) 尺寸标注。楼层结构布置图尺寸应标注两道：外面一道标注楼板结构总长，内部一道标注轴线间尺寸。预制楼板应注写出分布区域及编号，而现浇楼板则应详细注写出钢筋配置情况，同时该布置图还应注写楼层标高。

3．识图举例

图 9-27 所示为某住宅楼的底层结构布置平面图，绘图比例为 1∶100。图上被剖切到的钢筋混凝土柱断面涂黑表示，并注写其代号，如构造柱 GZ1；楼板下不可见梁用虚线表示，如圈梁 QL4；预制空心板标注可简化，如轴线③～⑤和 Ⓐ～Ⓒ之间的楼板沿对角线注写成 5YKB339—2 并编号为④，其代表的含义为：6 块预应力空心板，板的跨度(即板长)为 3600mm，板宽为 900mm，能承受的荷载等级为 2 级。局部现浇板可直接在布板位置画钢筋详图，如阳台部位。

图 9-28、图 9-29 所示为二～六层及阁楼层结构布置平面图，绘图比例均为 1∶100。与底层结构平面图不同的是，二层以上的每层楼板均为现浇钢筋混凝土板，因此其布置图上注出了板的厚度、配筋及板的布置方式。

除此之外，其他结构平面图还有屋面结构平面图。屋面结构平面图与楼层结构平面布置图基本相同，由于屋面排水的需要，屋面承重构件可根据需要按一定坡度布置。识读时，应注意屋顶上人孔及烟道的布置。

图 9-30 所示为屋面结构平面图，绘图比例为 1∶100。该屋面结构为现浇混凝土屋面板找坡的坡屋顶，屋顶开设有天窗，周围的钢筋布置情况如图所示；另外，图中还注明了屋面各部分的标高。屋面板的详细构造另见详图。

9.3.4　楼梯结构图

楼梯结构图是表达楼梯的类型、尺寸、配筋等构造情况的图样，包括楼梯结构平面图和楼梯结构剖面图，如图 9-31 和图 9-32 所示。

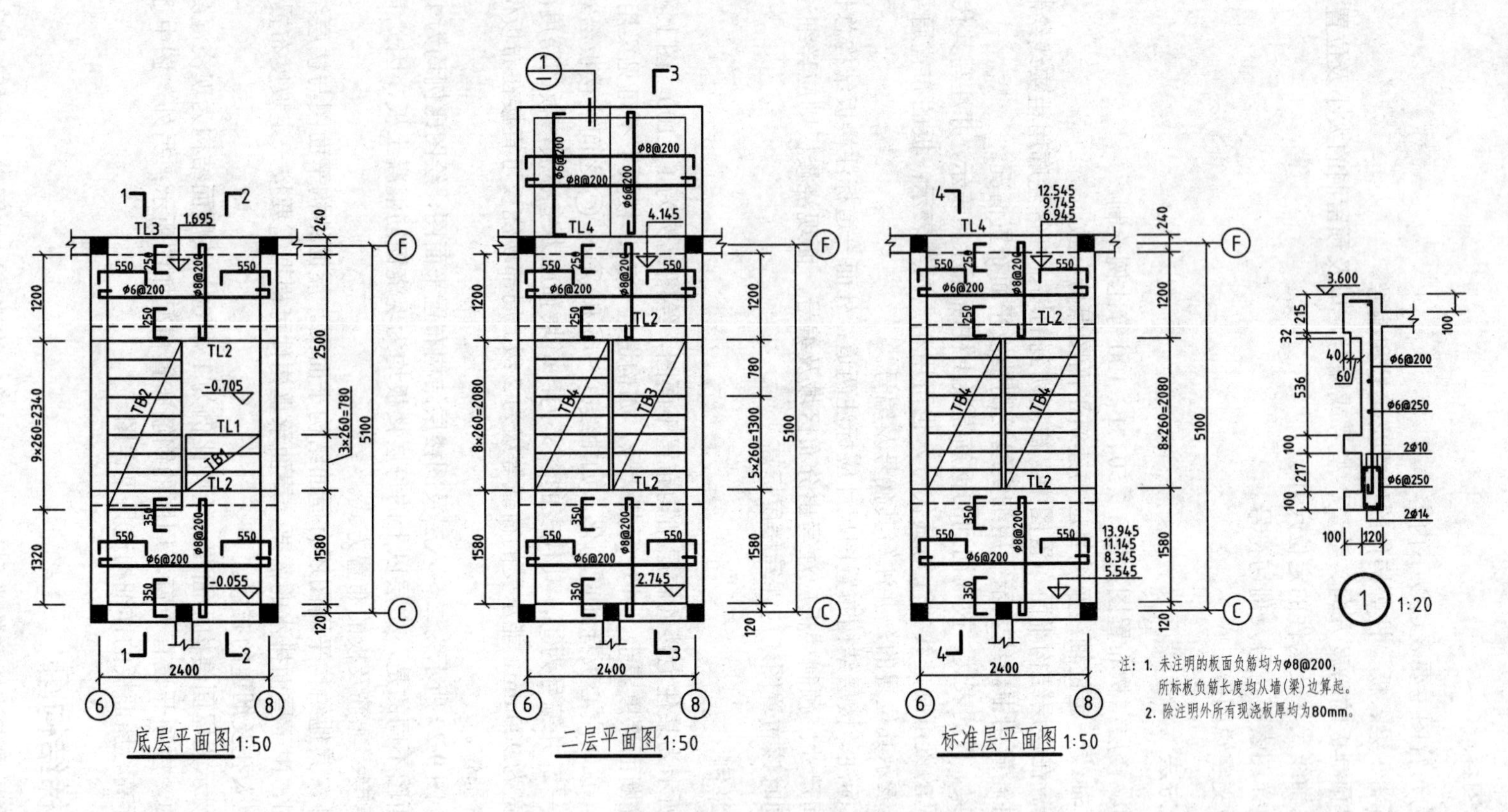

图 9-31 楼梯结构平面图

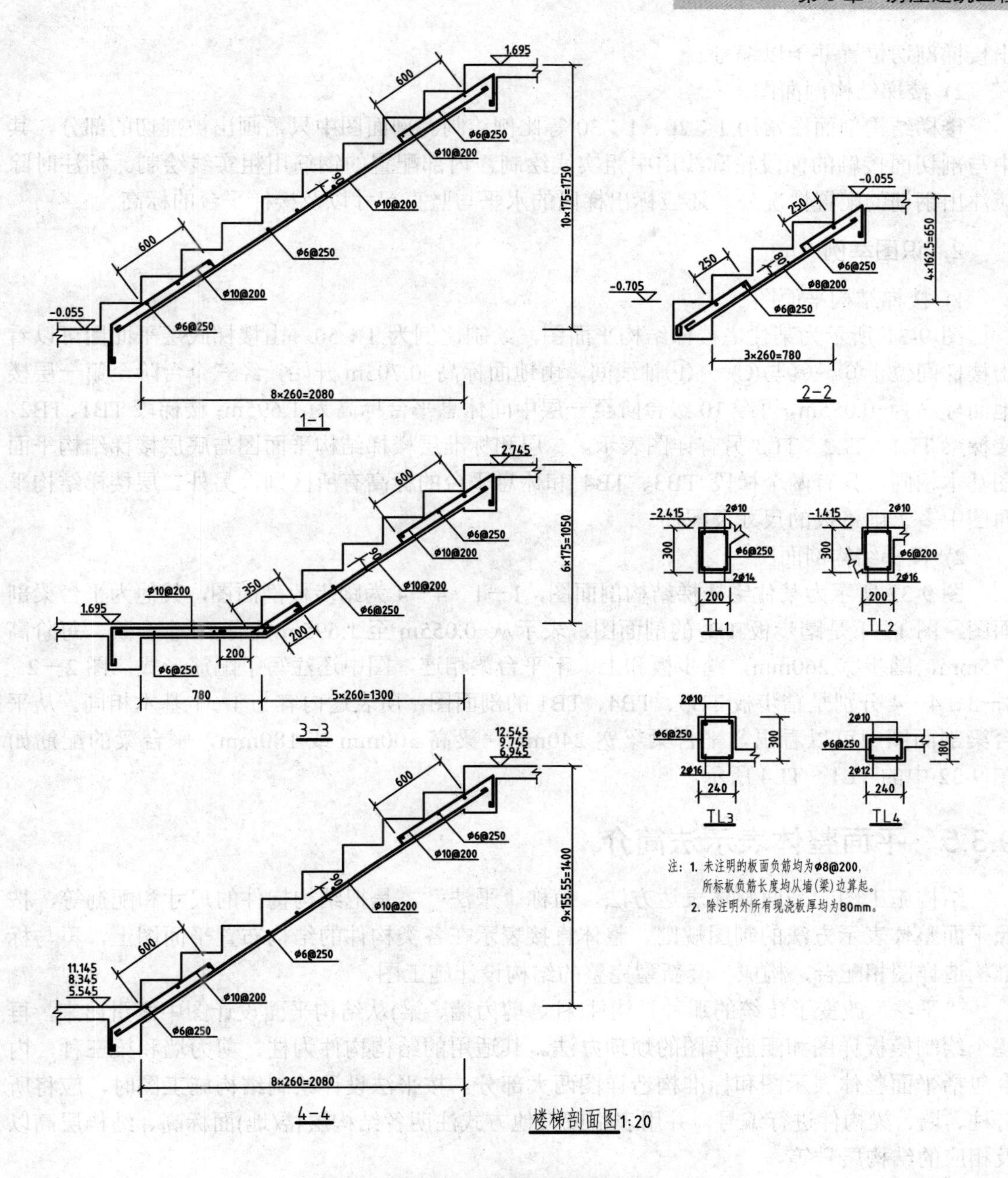

图 9-32　楼梯结构剖面图

1．图示内容及方法

1) 楼梯结构平面图

楼梯结构平面图常用 1∶50 的比例绘制，其中墙、柱轮廓线用中粗实线绘制；现浇板中配置的钢筋用粗实线绘制；遮住的梯梁用中虚线绘制，其他可见轮廓线用中实线绘制。楼梯结构平面图应标注出楼梯间定位轴线的编号及尺寸，同时还应注出楼梯休息平台的标高。图中的梁和板均用相应代号表示(如 PTL 平台梁、TB 梯板等)，另外，需用剖切符号注

出楼梯剖切位置并予以编号。

2) 楼梯结构剖面图

楼梯结构剖面图常用 1∶20、1∶30 等比例绘制。剖面图中只需画出被剖切的部分，其中与剖切面接触的梯段轮廓线用中粗实线绘制，内部配置的钢筋用粗实线绘制。标注时除应注出钢筋的配置情况外，还应标出梯段的水平与竖直尺寸以及楼梯平台的标高。

2. 识图举例

1) 楼梯结构平面图

图 9-31 所示为某住宅楼梯结构平面图，绘制比例为 1∶50。由楼梯底层平面图可以看出楼梯间位于⑥～⑧与Ⓒ ～ Ⓕ轴线间，由地面标高-0.705m 开始，经三个台阶至第一层楼地面标高为-0.055m，再经 10 级台阶至一层中间休息平台标高为 1.695m；楼梯段 TB1、TB2，楼梯梁 TL1、TL2、TL3 另有详图表示。二层和标准层楼梯结构平面图与底层楼梯结构平面图基本相同，只有两个梯段 TB3、TB4 和休息平台的标高有所区别，另外二层楼梯结构平面图中多了雨篷板的尺寸及配筋。

2) 楼梯结构剖面图

图 9-32 所示为某住宅楼梯结构剖面图，1－1～4－4 为踏步板剖面图，其他为平台梁剖面图。图 1－1 是踏步板 TB_2 的剖面图，表示从-0.055m 至 1.695m 共有 10 个台阶，每阶高 175mm，踏步宽 260mm，踏步板和上、下平台梁相连，图中还注写了配筋形式；图 2－2、3－3、4－4 分别是踏步板 TB3、TB4、TB1 的剖面图，所表达内容与 1－1 基本相同。从平台梁剖面图中可以看出，平台梁梁宽 240mm，梁高 300mm 或 180mm，平台梁的配筋如图 9-32 中的 TL1～TL4 所示。

9.3.5 平面整体表示法简介

结构施工图的平面整体表达方法，简称“平法”，是把结构构件的尺寸和配筋等，按照平面整体表示方法的制图规则，整体直接表示在各类构件的结构布置平面图上，再与标准构造详图相配合，构成一套新型完整的结构设计施工图。

“平法”改变了传统的那种将构件(柱、剪力墙、梁)从结构平面设计图中索引出来，再逐个绘制模板详图和配筋详图的烦琐办法。其适用的结构构件为柱、剪力墙和梁三种，内容包括平面整体表示图和标准构造详图两大部分。按平法设计绘制结构施工图时，应将所有柱、墙、梁构件进行编号，并用表格或其他方式注明各结构层楼(地)面标高、结构层高以及相应的结构层号等。

1. 柱“平法”施工图

柱平面布置图可以采用列表注写方式或截面注写方式绘制柱的配筋图，其可以将柱的配筋情况直观地表达出来。这两种绘图方式均要对柱按其类型进行编号，编号由类型代号和序号组成，如表 9-12 所示。例如，KZ10 表示第 10 种框架柱，而 QZ03 表示第 3 种剪力墙上柱。

表 9-12　“平法”施工图中的柱编号

柱 类 型	代　号	序　号
框架柱	KZ	××
框支柱	KZZ	××
梁上柱	LZ	××
剪力墙上柱	QZ	××

1) 列表注写方式

在柱平面布置图上，分别在同一编号的柱中选择一个或几个界面标注几何参数代号(反映截面对轴线的偏心情况)，用简明的柱表注写柱号、柱段起止标高、几何尺寸(含截面对轴线的偏心情况)与配筋数值，并配以各种柱截面形状及箍筋类型图。柱表中自柱根部(基础顶面标高)往上以变截面位置或配筋改变处为界分段注写，具体注写方法详见《平法规则》。

2) 截面注写方式

如图 9-33 所示，截面注写方式省去柱表，在柱平面布置图上，分别在同一编号的柱中选择一个截面，直接在截面边上标注截面尺寸和配筋的数值。柱的配筋平面图采用双比例绘制，并在图上列表注明各柱段的断面和配筋情况；各柱断面在柱所在的平面位置放大，以便于表达其定位尺寸和标注配筋，如图 9-33 中的 KZ1、KZ2、KZ3。

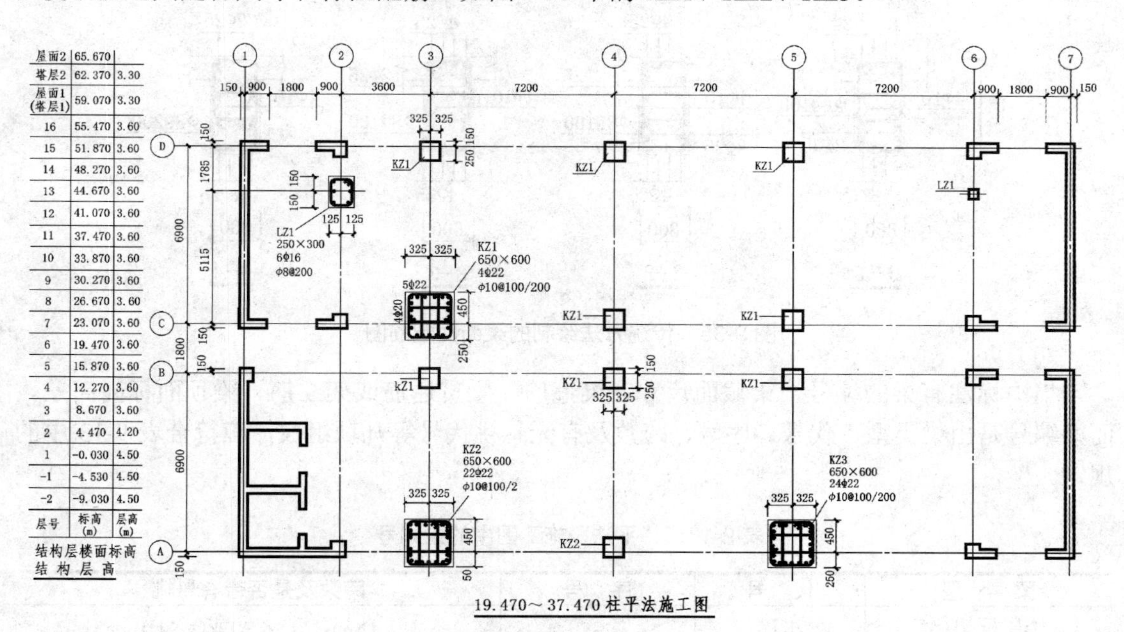

屋面2	65.670	
塔层2	62.370	3.30
屋面1 (塔层1)	59.070	3.30
16	55.470	3.60
15	51.870	3.60
14	48.270	3.60
13	44.670	3.60
12	41.070	3.60
11	37.470	3.60
10	33.870	3.60
9	30.270	3.60
8	26.670	3.60
7	23.070	3.60
6	19.470	3.60
5	15.870	3.60
4	12.270	3.60
3	8.670	3.60
2	4.470	4.20
1	-0.030	4.50
-1	-4.530	4.50
-2	-9.030	4.50
层号	标高 (m)	层高 (m)

图 9-33　柱“平法”施工图的截面注写方式

2. 梁“平法”施工图

梁“平法”施工图是将梁按一定规律编写代号，并将各种代号梁的配筋直径、数量、位置和代号一起写在梁平面布置图上，直接在平面图中表达清楚，不再单独画出梁的配筋剖面图。表达方法主要有平面注写方式和截面注写方式两种。

平面注写方式是在梁平面布置图上，分别在不同编号的梁中各选一根梁，在其上以注写截面尺寸和配筋具体数值的方式来表达梁平法施工图，包括集中标注和原位标注。

集中标注表达梁的通用数值，原位标注表达梁的特殊数值，原位标注取值优先，如图 9-34 所示。只要有图 9-34，就可以将图 9-35 中传统方法表达的内容完全表达清楚，不需要再画断面配筋图。

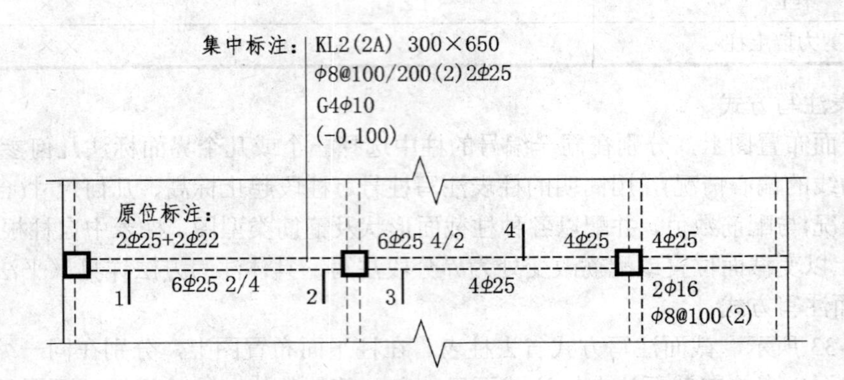

图 9-34　平面注写方式

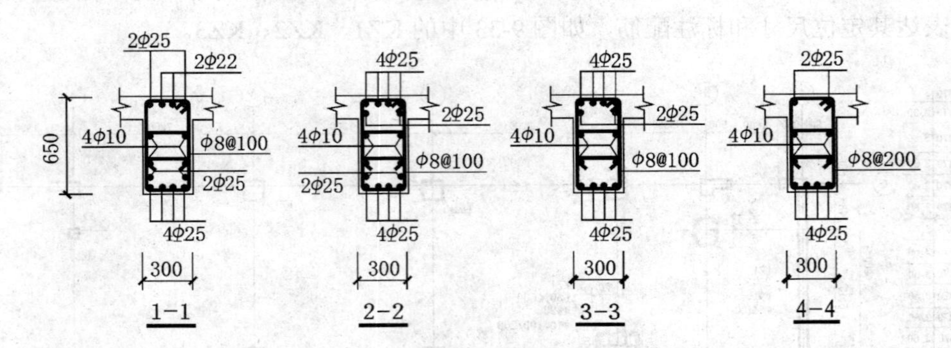

图 9-35　传统方法绘制的梁断面配筋图

集中标注有梁的编号、梁截面尺寸、梁箍筋、梁贯通筋或架立筋、梁顶面标高高差。而梁编号是由梁类型、代号、序号、跨数及有无悬挑代号等几项组成，应符合表 9-13 中的规定。

表 9-13　“平法”施工图中的梁编号

梁 类 型	代　号	序　号	跨数及是否带有悬挑
楼层框架梁	KL	××	(××)、(×× A)或(×× B)
屋面框架梁	WKL	××	(××)、(×× A)或(×× B)
框支架	KZL	××	(××)、(×× A)或(×× B)
非框架梁	L	××	(××)、(×× A)或(×× B)
悬挑梁	XL	××	—
井字梁	JZL	××	(××)、(×× A)或(×× B)

如果集中标注中有贯通筋时，则原位标注中的负筋数包含通长筋的数。原位标注概括地说分两种：标注在柱子附近处，且在梁上方，是承受负弯矩的箍筋直径和根数，其钢筋布置在梁的上部；标注在梁中间且下方的钢筋，是承受正弯矩的，其钢筋布置在梁的下部。

1) 集中标注规则

梁集中标注的内容，有五项必注值及一项选注值，具体规定如下。

(1) 梁编号，如图 9-34 中的 KL2(2A)，2 号框架梁，2 跨一端有悬挑。

(2) 梁截面尺寸 $b \times h$ (宽×高)，如图 9-34 中的 300×650。

(3) 梁箍筋，包括钢筋级别、直径、加密区与非加密区间距及肢数，如图 9-34 中的 ϕ8@100/200(2)，一级钢筋 2 肢箍，加密区间距 100mm，非加密区间距 200mm。

(4) 梁上部贯通筋或架立筋，如图 9-34 中的 2ϕ25，2 根直径 ϕ25 的一级构造钢筋。

(5) 梁侧面纵向构造钢筋或受扭钢筋，如图 9-34 中的 G4ϕ10，4 根 ϕ10 侧面构造筋。

(6) 梁顶面标高高差，如图 9-34 中的−0.100 表示梁顶面的高差为负 0.1m。

2) 原位标注规则

(1) 梁支座上部纵筋。

① 当上部纵筋多于一排时，用斜线“/”将各排纵筋自上而下分开，如图 9-34 中的 6ϕ25 4/2。

② 当同排纵筋有两种直径时，用加号“+”将两种直径相连，注写时将角部纵筋写在前面，如图 9-34 中的 2ϕ25+2ϕ22。

③ 当梁中间支座两边的上部纵筋不同时，须在支座两边分别标注。

(2) 附加箍筋或吊筋。

附加箍筋和吊筋可直接画在平面图中的主梁上，用线引注总配筋值，如图 9-34 所示。当多数附加箍筋或吊筋相同时，可在梁平法施工图上统一注明，少数与统一注明值不同时，再原位引注。

梁集中标注和原位标注的注写位置及内容如图 9-36 所示。

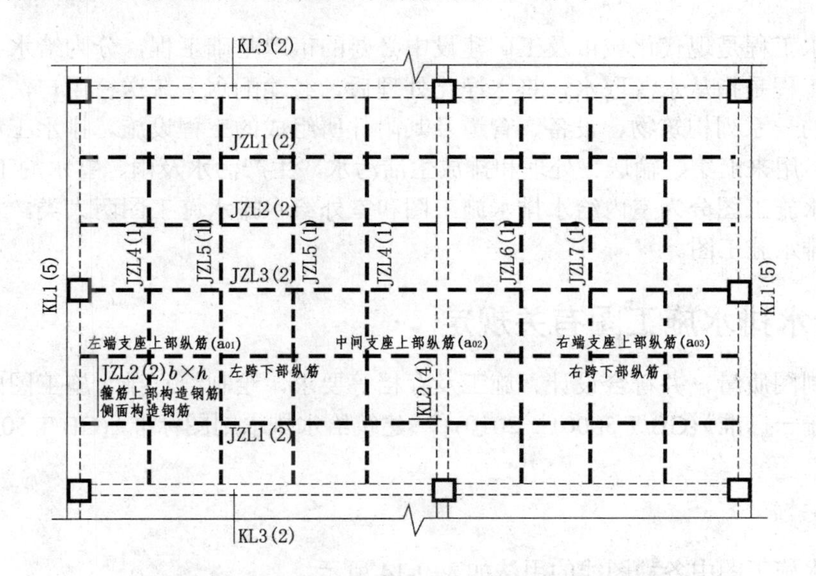

图 9-36　梁“平法”集中标注和原位标注位置

> **注意：** 当在梁上集中标注的内容不适用于某跨或某悬挑部分时，则将其不同数值原位标注在该跨或该悬挑部位，施工时应按原位标注数值取用。

图 9-37 所示为梁“平法”施工图平面注写示例。

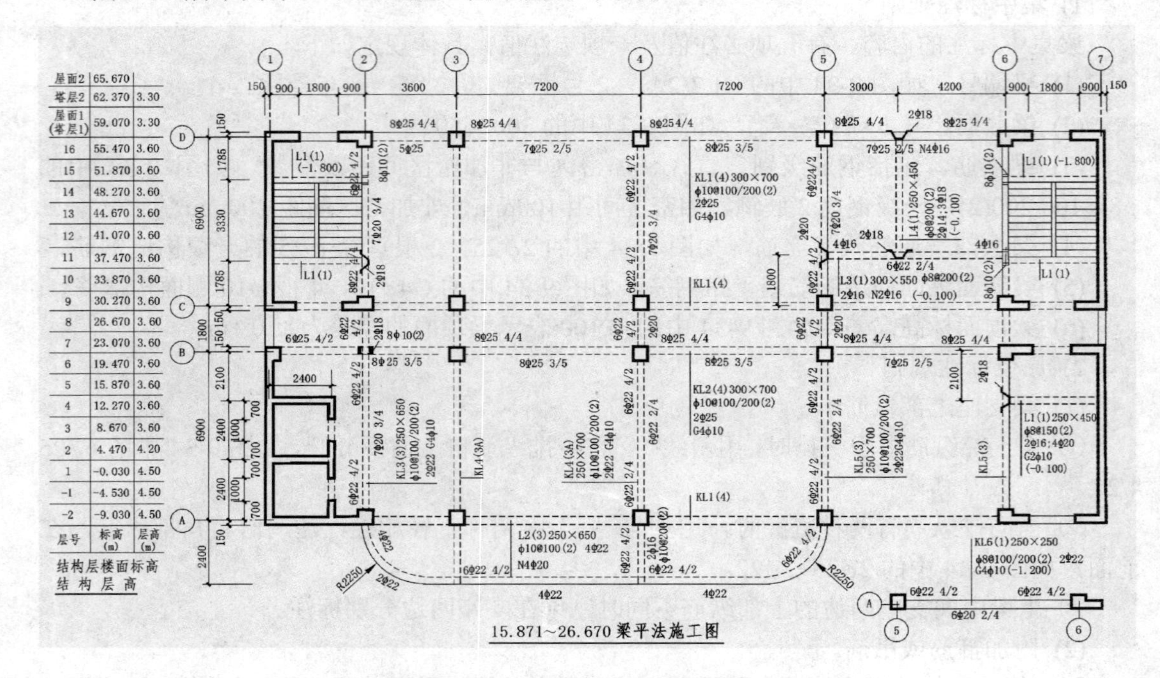

图 9-37　楼层梁“平法”施工图

9.4　给水排水施工图

给水排水工程是现代化城市及工矿建设中必要的市政基础工程，分为给水工程和排水工程。给水工程是指从水源取水，将水净化处理后，经输配水系统送往用户，直至到达每一个用水点的一系列构筑物、设备、管道及其附件所组成的工程设施。排水工程是与给水工程相配套，用来汇集、输送、处理和排放生活污水、生产污水及雨、雪水的工程设施。

给水排水施工图分为室内给水排水施工图和室外给水排水施工图两大类。本章节仅介绍室内给水排水施工图。

9.4.1　给水排水施工图有关规定

为保证制图质量，并符合设计、施工及存档等要求，绘制给水排水施工图应遵守《房屋建筑制图统一标准》(GB/T 50001－2010)和《建筑给水排水制图标准》(GB/T 50106－2010)的有关规定。

1. 图线

给水排水施工图中各种图线的用法如表 9-14 所示。

表 9-14　给水排水施工图的图线用法

名　称	线　型	线　宽	用　途
粗实线	——————	b	新设计的各种排水和其他重力流管线
粗虚线	— — — — — —	b	新设计的各种排水和其他重力管线的不可见轮廓线
中粗实线	——————	$0.7b$	新设计的各种给水和其他压力流管线原有的各种排水和其他重力流管线
中粗虚线	— — — — — —	$0.5b$	新设计的各种给水和其他压力流管线及原有的各种排水和其他重力流管线的不可见轮廓线
中实线	——————	$0.5b$	给水排水设备、零(附)件的不可见轮廓线；总图中新建的建筑物和构筑物的可见轮廓线；原有的各种给水和其他压力流管线
中虚线	— — — — — —	$0.25b$	给水排水设备、零(附)件的可见轮廓线；总图中新建的建筑物和构筑物的可见轮廓线；原有的各种给水和其他压力流管线
细实线	——————	$0.25b$	建筑的可见轮廓线；总图中原有的建筑物和构筑物的可见轮廓线；制图中的各种标注线
细虚线	— — — — — —	$0.25b$	建筑的不可见轮廓线；总图中原有的建筑物和构筑物的不可见轮廓线
(单)点画线	—— - —— - ——	$0.25b$	中心线、定位轴线
折断线	——\/——\/——	$0.25b$	断开界线
波浪线	～～～	$0.25b$	平面图中水面线；局部构造层次范围线；保温范围示意线

2. 比例

给水排水施工图的比例应根据管道和卫生器具布置的复杂程度和画图需要进行选择，常用比例如表 9-15 所示。

表 9-15　给水排水施工图常用比例

名　称	比　例	备　注
区域规划图、区域位置图	1∶50000、1∶25000、1∶10000、1∶5000、1∶2000	宜与总图专业一致
总平面图	1∶1000、1∶500、1∶300	宜与总图专业一致
管道纵断面图	竖向 1∶200、1∶100、1∶50 纵向 1∶1000、1∶500、1∶300	—
水处理厂(站)平面图	1∶500、1∶200、1∶100	—

续表

名　称	比　例	备　注
水处理构筑物、设备间、卫生间，泵房平、剖面图	1∶100、1∶50、1∶40、1∶30	—
建筑给水排水平面图	1∶200、1∶150、1∶100	宜与建筑专业一致
建筑给水排水轴测图	1∶150、1∶100、1∶50	宜与相应图纸一致
详图	1∶50、1∶30、1∶20、1∶10、1∶5、1∶2、1∶1、2∶1	—

3．标高

标高的标注方法应符合以下规定。

(1) 标高单位为 m，可注写到小数点后第二位。

(2) 标注位置。应在管道的起始点、变径(尺寸)点、变坡点、穿外墙及剪力墙等处标注标高。压力管道宜标注管中心标高；重力流管道和沟渠宜标注管(沟)内底标高。

(3) 标高种类。室内管道应标注相对标高；室外管道宜标注绝对标高，当无绝对标高资料时可标注相对标高，但应与总图专业一致。

(4) 标注方法。平面图、剖面图、轴测图中的管道分别按如图 9-38 所示的方式标注。

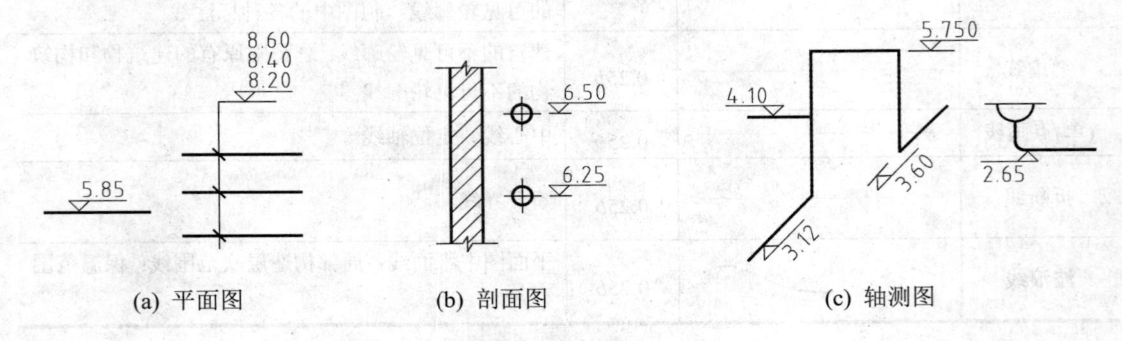

图 9-38　标高标注法

4．管径

管径的表达方式应符合以下规定。

(1) 管径单位为 mm。

(2) 表达方法。水煤气输送钢管(镀锌或非镀锌)、铸铁管等管径宜以公称直径 DN 表示；无缝钢管、焊接钢管(直缝或螺旋缝)等管径宜以外径 D×壁厚表示；铜管、薄壁不锈钢管等管径宜以公称外径 D_w 表示；建筑给水排水塑料管材管径宜以公称外径 d_n 表示；钢筋混凝土(或混凝土)管管径宜以内径 d 表示；复合管、结构壁塑料管等管径应按产品标准的方法表示。

(3) 标注位置。管径在图纸上一般标注在管径变径处，水平管道标注在管道上方；斜管道标注在管道斜上方；立管道标注在管道左侧，如图 9-39 所示。当管径无法按上述位置标注时，可另找适当位置标注。多根管线的管径可用引出线进行标注，如图 9-40 所示。

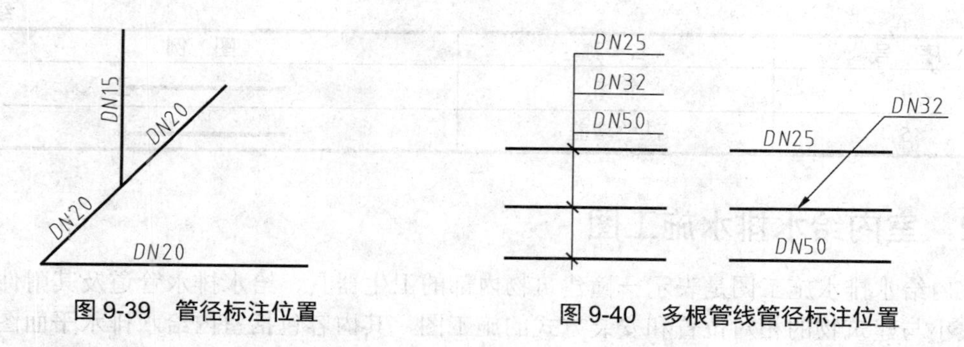

图 9-39　管径标注位置　　　图 9-40　多根管线管径标注位置

5．管道编号

应按以下规定对管道进行编号。

(1) 一般给水管道用字母 J 表示；污水管及排水管道用字母 W、P 表示；雨水管道用字母 Y 表示。

(2) 当建筑物的给水引入管或排水排出管的数量超过 1 根时，应进行编号，方法如下：在直径为 10～12mm 的圆圈内，过圆心画一水平线，线上标注管道种类，如给水系统写“给”或汉语拼音字母 J，线下标注编号，用阿拉伯数字书写，如图 9-41 所示。

(3) 建筑物内穿越楼层的立管，其数量超过 1 根时，也应用拼音字母和阿拉伯数字为管道进出口编号，如图 9-42 所示。“WL-1”为 1 号污水立管。

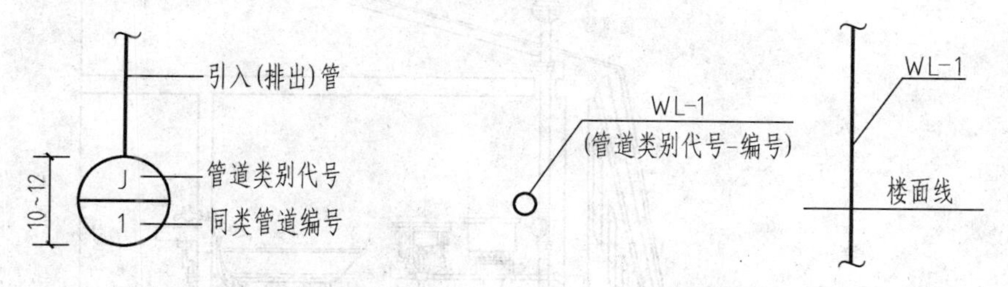

图 9-41　给水引入(污水排出)管编号方法　　　图 9-42　立管编号方法

(4) 在总图中，当同种给水排水附属构筑物(如阀门井、检查井、水表井、化粪池等)的数量超过一个时，也应进行编号。给水阀构筑物的编号顺序宜从水源到干管，再从干管到支管，最后到用户；排水构筑物的编号顺序宜从上游到下游，先干管后支管。

6．管道连接方式

常用的管道连接方式有法兰连接、承插连接、螺纹连接和焊接等方式，其连接符号见表 9-16。

表 9-16　管道连接

序　号	名　称	图　例
1	法兰连接	
2	承插连接	
3	活接头	

续表

序　号	名　称	图　例
4	管堵	
5	法兰堵盖	

9.4.2　室内给水排水施工图

室内给水排水施工图是表示一幢建筑物内部的卫生器具、给水排水管道及其附件的类型、大小与建筑物的相对位置和安装方式的施工图，其内容包括室内给水排水平面图、给水排水系统图、安装详图和施工说明等。

1．室内给水施工图

1) 室内给水系统的组成与分类

室内给水系统根据供水对象的不同，可分为生产、生活和消防三种给水系统。在一幢建筑物内并不一定单独设置三个独立的给水系统，而往往是设置生产与生活、生产与消防、生活与消防或三者并用的给水系统。

室内给水系统由以下几个基本部分构成(见图 9-43)。

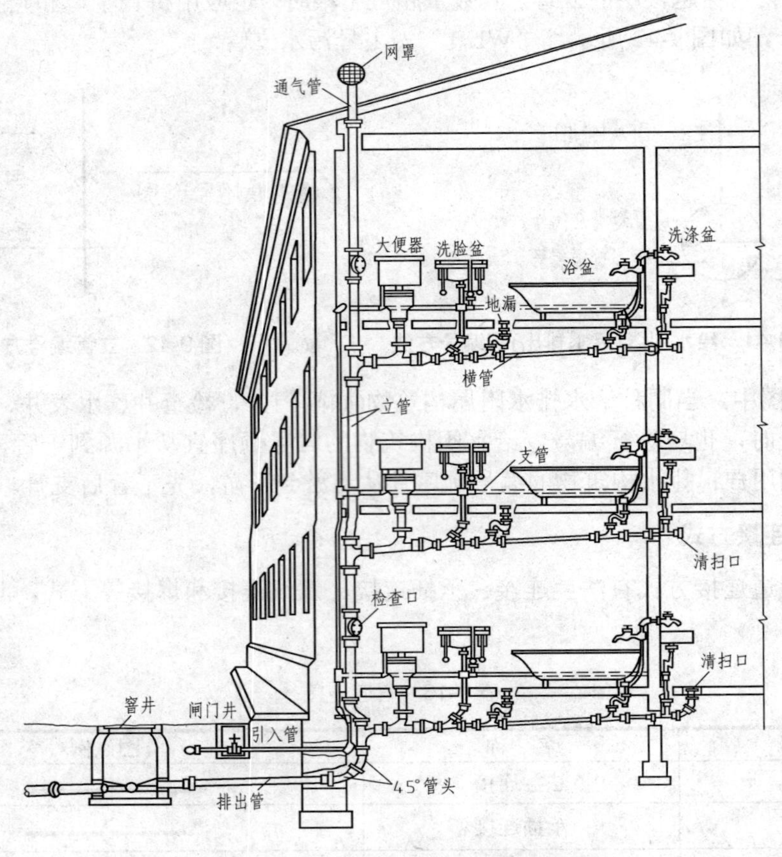

图 9-43　室内给水(排水)系统的组成

(1) 引入管。穿过建筑物外墙或基础，自室外给水管将水引入室内给水管道的水平管。引入管应有不小于 0.003 的坡度，坡向室外管网。

(2) 水表节点。需要单独计算用水量的建筑物，应在引入管上装设水表，有时可根据需要在配水管上装设水表。水表一般设置在易于观察的室内或室外水表井内，水表井内设有闸阀、水表及泄水阀门等。

(3) 配水管网。由水平干管、立管、支管等组成的管道系统。

(4) 配水器具与附件。卫生器具配水龙头、用水设备、阀门、止回阀等。

(5) 升压设备。当室外管网压力不足时，所设置的水箱和水泵等设备。

2) 室内给水系统平面图

(1) 图示内容。

室内给水系统平面图主要表达建筑物内给水管道及用水设备的平面布置情况，主要包括以下内容。

① 室内用水设备的类型、数量及平面位置。

② 室内给水系统中各个干管、立管、支管的平面位置、走向、立管编号和管道的安装方式(明装或暗装)。

③ 管道器材设备如阀门、消火栓等的平面位置。

④ 给水引入管、水表节点的平面位置、走向及与室外给水管网的连接(底层平面图)。

⑤ 管道及设备安装预留洞的位置、预埋件、管沟等方面对土建的要求等。

(2) 图示方法。

① 比例。给水管道平面图的比例一般采用与建筑平面图相同的比例，常用 1∶100，必要时也可采用 1∶50、1∶200、1∶150 等。

② 数量。多层建筑物的给水系统平面图，原则上应分层绘制。对于管道系统和用水设备布置相同的楼层平面可以绘制一个平面图(即标准层给水系统平面图)，但底层给水系统平面图必须单独画出。当屋顶设有水箱及管道时，应画出屋顶平面图，如果管道布置不复杂时，可在标准层平面图中用双点画线画出水箱的位置。

底层给水系统平面图应画出整幢房屋的建筑平面图，其余各层可仅画出布置有管道的局部平面图。

③ 房屋平面图。在管道平面图中所画的房屋平面图，仅作为管道系统及用水设备各组成部分平面布置和定位的基准，因此表示房屋的墙、柱、门窗、楼梯等均用细实线绘制。

④ 用水设备。用水设备中的洗脸盆、大便器等都是工业产品，不必详细表示，可按规定图例画出；而现浇的用水设备，其详图由建筑专业绘制，在给水系统平面图中仅画出其主要轮廓即可。

常用的室内给水排水图例如表 9-17～表 9-19 所示。

表 9-17　管道与附件图例

序　号	名　称	图　例	说　明
1	单一管道	——————	一张图内只有一种管道
2	代号管道	—— J —— —— P —— —— Y ——	用汉语拼音字头表示管道类别

续表

序号	名称	图例	说明
3	图例管道	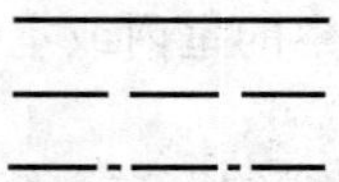	用不同线形区分管道类别
4	管道立管	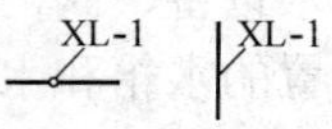 XL-1　XL-1	左为平面图，右为系统图 X 为管道类别代号，L 为立管代号，1 为编号
5	存水弯	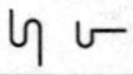	左为 S 弯，右为 P 弯
6	立管检查口	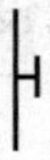	—
7	清扫口		左图为平面图，右图为系统图
8	通气帽		左为伞形帽，右为球网罩
9	图形地漏	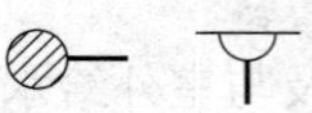	左为平面图，右为系统图 通用。无水封，地漏应加存水弯
10	自动冲洗水箱	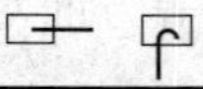	左为平面图，右为系统图

表 9-18　阀门图例

序号	名称	图例	说明
1	闸阀		—
2	角阀		—
3	截止阀	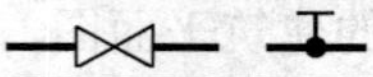	右图在系统图中用得较多
4	蝶阀	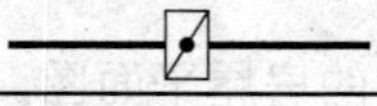	—
5	电动闸阀	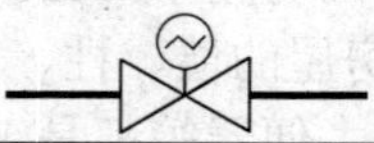	—
6	旋塞阀		右图在系统图中用得较多
7	球阀		—
8	止回阀	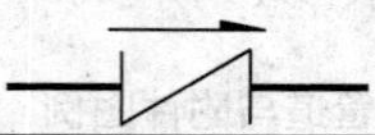	箭头表示水流方向
9	浮球阀	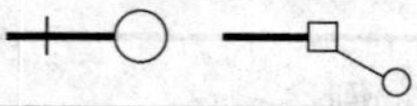	—
10	疏水器		左下向右上画 45° 斜线

表9-19　卫生器具等图例

序号	名称	图例	说明
1	洗脸盆		—
2	浴盆		—
3	盥洗盆		—
4	污水池		—
5	大便器		左图蹲式，右图坐式
6	小便槽		—
7	淋浴喷头		左为平面图，右为立体图或系统图
8	矩形化粪池	HC	HC为化粪池代号
9	雨水口		左为单箅，右为双箅
10	阀门井、检查井		阀门井为圆形，检查井为方形

⑤ 管道。

a. 给水系统平面图是水平剖切房屋后的水平投影。各种管道不论在楼面(地面)之上或之下，都不考虑其可见性，即每层平面图中的管道均以连接该层用水设备的管路为准，而不是以楼层地面为分界。如属本层使用、但安装在下层空间的排水管道，均绘于本层平面图上。

b. 一般将给水系统和排水系统绘制在同一平面图上，这对于设计和施工以及识读都比较方便。

c. 由于管道连接一般均采用连接配件，往往另有安装详图。平面图中的管道连接均为简略表示，具有示意性。

⑥ 系统编号。在底层管道平面图中，各种管道均要按系统进行编号。系统的划分，一般给水管道以每一个引入管为一个给水系统，排水管道以每一个排出管为一个排水系统。系统的编号方法如图9-41所示。

⑦ 尺寸标注。

a. 在给水排水管道平面图中应标注墙或柱的轴线尺寸，以及室内外地面和各层楼面的标高。

b. 卫生器具和管道一般是沿墙或靠柱设置的，不必标注定位尺寸(一般在施工说明中写出)，必要时，以墙面或柱面为基准标注尺寸。卫生器具的规格可标注在引出线上，或在施工说明中说明。

c. 管道的管径、坡度和标高均标注在管道系统图中，在管道平面图中不必标出。

d. 管道长度尺寸用比例尺从图中量出近似尺寸，在安装时则以实测尺寸为准，所以在管道平面图中也不标注管道的长度尺寸。

3) 室内给水管道系统图

(1) 图示内容。

室内给水系统图是给水排水工程施工图中的主要图纸，其主要表达给水管道系统在室内的具体走向，干管的敷设形式，各管段的管径及变化情况，引入管、干管、各支管的标高，以及各种附件在管道上的位置。

(2) 图示方法。

① 轴向选择。管道系统轴测图一般采用正面斜等轴测图绘制。*OX* 轴处于水平方向，*OY* 轴一般与水平线呈 45° 夹角(也可以呈 30° 或 60° 夹角)，*OZ* 轴处于铅垂方向。三个轴向伸缩系数均为 1。

② 比例。管道系统图比例一般采用与管道平面图相同的比例，当管道系统比较复杂时，也可以放大比例；当采用与平面图相同的比例时，*OX*、*OY* 轴向的尺寸可直接从平面图上量取，*OZ* 轴向的尺寸可依层高和设备安装高度量取。

③ 系统图的数量。系统图的数量按给水引入管和污水排出管的数量确定，每一管道系统图的编号都应与管道平面图中的系统编号相一致。

④ 管道。管道的画法与平面图一样，给水管道用粗实线表示，给水管道上的附件(如闸阀、水龙头等)用图例表示，用水设备可不画；当空间交叉管道在图中相交时，在相交处将被挡在后面或下面的管线断开；当各层管道布置相同时，不必层层重复画出，只需在管道省略折断处标注“同某层”即可，各管道连接的画法具有示意性；当管道过于集中、无法表达清楚时，可将某些管段断开，移至别处画出，在断开处给以明确标记。

⑤ 墙和楼、地面的画法。在系统图中还应画出被管道穿过的墙、柱、地面、楼面和屋面的位置，一般用细实线画出即可，其表示方法如图 9-42 所示。

⑥ 尺寸标注。

a. 管径。系统图中所有管段均需标注管径，当连续几段管段的管径相同时，可仅标注管段两端的管径，中间管段管径可省略。直径用公称直径 *DN* 表示。

b. 标高。室内管道系统图中标注的标高是相对标高。给水管道系统图中标注的标高是管中心标高，一般要注出横管、阀门、水龙头和水箱各部位的标高。此外，还要标注室内地面、室外地面、各层楼面和屋面的标高。

c. 凡有坡度的横管都要标注出其坡度。一般室内给水横管没有坡度，室内排水横管有坡度。

⑦ 图例。系统图应列出与平面图统一的图例，其大小要与平面图中图例的大小相同。

2．室内排水施工图

1) 室内排水系统的组成与分类

室内排水系统，根据排水性质的不同可分为生活污水系统、工业废水系统和雨水管道系统。室内排水体制分为分流制和合流制：分流制是分别单独设置生活污水、工业废水和雨水管道系统；合流制是将其中任意两种或三种管道系统组合在一起。

室内排水系统一般由以下几个基本部分组成。

(1) 污(废)水收集器。各种卫生器具、排放生产废水的设备，如雨水斗及地漏等。

(2) 器具排水管。卫生器具和排水横管之间的短管，除坐式大便器外，一般都有 P 式或 S 式存水弯。

(3) 排水横支管。连接器具排水管和立管之间的水平管段。横支管应有一定的坡度，坡向排水立管。

(4) 排水立管。接受各横支管排放的污水，然后送往排出管。排水立管通常在墙角明装，一般靠近杂质最多、最脏及排水量最大的排水点处；有特殊要求时，也可以在管槽或管井中暗装。

(5) 排出管。室内排水立管与室外检查井之间的连接管段。通常为埋地敷设，有一定的坡度，坡向室外检查井。

(6) 通气管。排水立管上端延伸出屋面的一段立管；对于排水横管上连接的卫生设备较多、卫生条件要求较高的建筑及高层建筑，应设辅助通气管。

(7) 清扫设备。为疏通排水管道而设置的检查口和清扫口。检查口在立管上应每隔两层设置，设置高度距地面 1.0m；清扫口设置在具有两个及两个以上大便器或三个及三个以上卫生器具的排水横管上。

2) 室内排水管道平面图

(1) 图示内容。

同室内给水平面图相同，室内排水管道平面图也是主要表达建筑物内排水管道及卫生器具的平面布置情况，主要内容如下。

① 室内卫生设备的类型、数量及平面位置。

② 室内排水系统中各个干管、立管、支管的平面位置、走向、立管编号和管道的安装方式(明装或暗装)。

③ 管道器材设备如地漏、清扫口等的平面位置。

④ 污水排出管、化粪池的平面位置、走向及与室外排水管网的连接(底层平面图)。

⑤ 管道及设备安装预留洞的位置、预埋件、管沟等方面对土建的要求等。

(2) 图示方法。

排水管道平面图的图示方法与给水管道平面图的图示方法相同，区别只是在绘制排水管道时用粗虚线表示。

3) 室内排水管道系统图

(1) 图示内容。

室内排水系统图也是给水排水工程施工图中的主要图纸，其主要表达排水管道系统在室内的具体走向，管路的分支情况，管径尺寸与横管坡度，管道各部标高，存水弯形式，清扫设备设置情况等。

(2) 图示方法。

排水管道系统图的图示方法与给水管道系统图的图示方法相同，只是在标注标高时，排水管道系统图中横管的标高一般由卫生器具的安装高度和管件尺寸所决定，因此不必标注。必要时，室内架空排水管道可标注管中心标高，但图中应加以说明。对于检查口和排出管起点(管内底)的标高，则均须标出。

3．室内给水排水详图

在以上所介绍的室内给水排水管道平面图、系统图中，都只是显示了管道系统的布置情况，至于卫生器具的安装、管道连接等，需要绘制能提供施工的安装详图。详图要求详尽、具体、明确、视图完整、尺寸齐全、材料规格注写清楚，并附必要说明。

一般常用的卫生器具及设备安装详图，可直接套用给水排水国家标准图集或有关详图图集，无须自行绘制；选用标准图时只需在图例或说明中注明所采用图集编号即可。现对大便器做简单的介绍，其余卫生器具的安装详图可查阅《给水排水标准图集》。

图 9-44 是低水箱坐式大便器的安装详图，图中标明了安装尺寸的要求，如水箱的高度是 910mm，坐便器与地面的高度是 390mm 等。

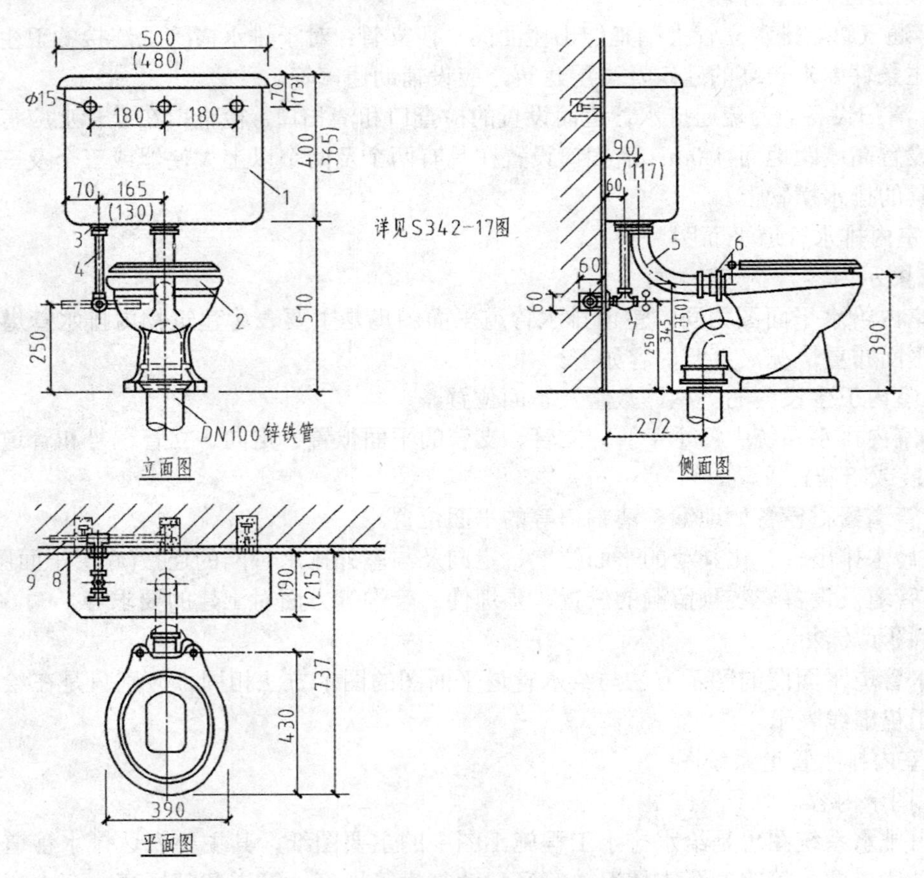

图 9-44　坐式大便器安装详图

注：1—低水箱；2—14 号坐式大便器；3—*DN*15 浮球阀配件；4—水箱进水管(*DN*15)；
5—*DN*50 冲洗管及配件；6—胶皮弯；7—*DN*15 角式截止阀；8—三通；9—给水管。

4．识读要点

识读室内给水排水施工图时应注意以下要点。

(1) 熟悉图纸目录，了解设计说明，在此基础上将平面图与系统图联系起来对照阅读。

(2) 应将给水系统和排水系统分别识读；在同系统中应按编号依次识读。

① 给水系统。识读室内给水系统时根据给水管道系统的编号，从给水引入管开始，按照水流方向顺序进行。即从给水引入管经水表节点、水平干管、立管、横支管直至用水设备。

② 排水系统。识读室内排水系统是根据排水管道系统的编号，从卫生器具开始，按照水流方向顺序进行。即从卫生器具开始经存水弯、水平横支管、立管、排出管直至检查井。

(3) 在施工图中，对于某些常见的管道器材、设备等细部的位置、尺寸和构造要求等往往是不加说明的，而是遵循专业设计规范、施工操作规程等标准进行施工，读图时欲了解其详细做法，需参照有关标准图和安装详图。

5. 识图举例

室内给水排水施工图中的管道平面图和管道系统图相辅相成、互相补充，共同表达屋内各种卫生器具和各种管道以及管道上各种附件的空间位置。在读图时要按照给水和排水的各个系统把这两种图纸联系起来互相对照、反复阅读，才能看懂图纸所表达的内容。

图 9-45 和图 9-46 所示分别是某住宅底层和楼层给水排水管道平面图；图 9-47 和图 9-48 所示分别为给水和排水管道系统图。下面介绍识读室内给水排水施工图的一般方法。

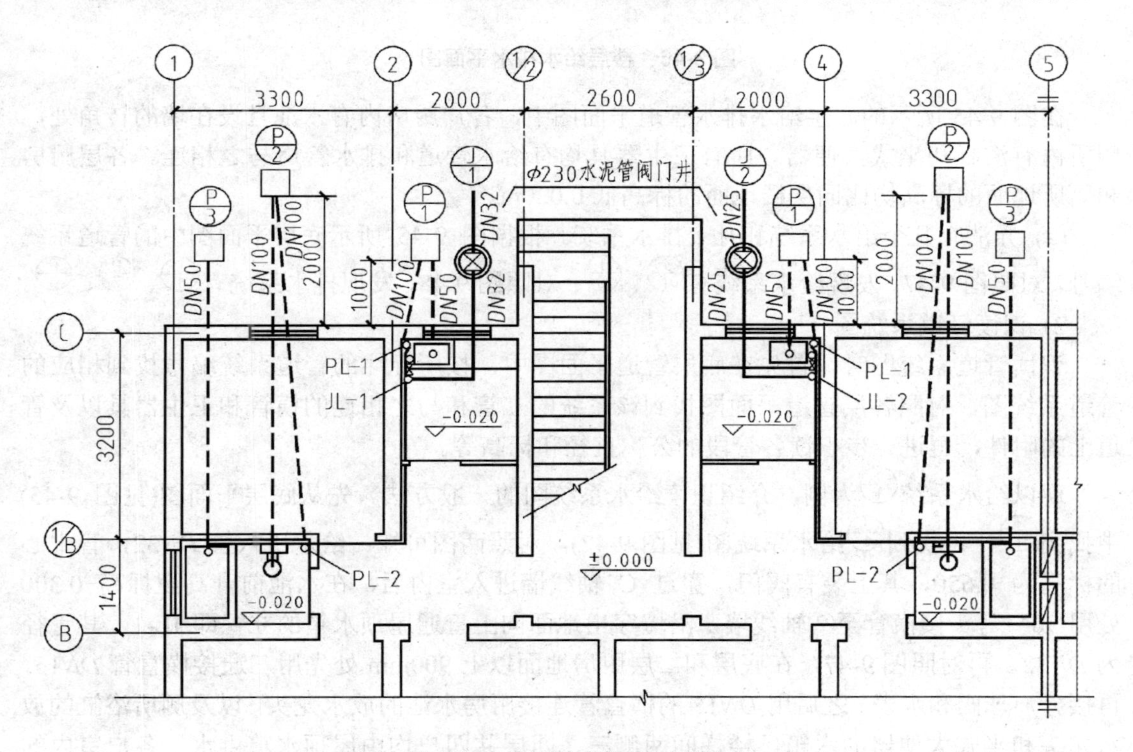

图 9-45　底层给水排水平面图

1) 识读各层平面图

(1) 搞清楚各层平面图中哪些房间布置有卫生器具、布置的具体位置及地面和各层楼面的标高。各种卫生设备通常是用图例画出来的，只能说明设备的类型，而不能具体表达各部分尺寸及构造。因此识读时必须结合详图或技术资料，弄清这些设备的构造、接管方式

和尺寸。

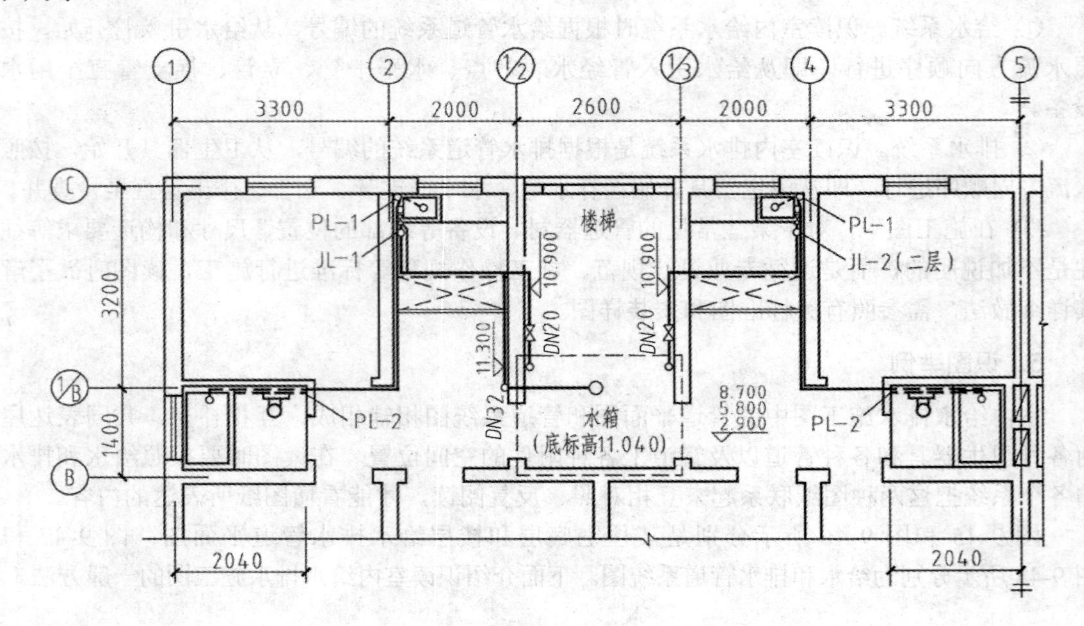

图 9-46　楼层给水排水平面图

在图 9-45 所示的底层给水排水管道平面图中，各户厨房内有水池且设在墙的转角处，厕所内有浴缸和坐式大便器。所有卫生器具均有给水管道和排水管道与之相连。各层厨房和厕所地面的标高均比同层楼地面的标高低 0.020m。

(2) 弄清有几个给水系统和几个排水系统。根据图 9-45 所示底层平面图中的管道系统编号，对照图 9-47，发现给水系统有(J/1)、(J/2)；对照图 9-48，发现排水系统有(P/1)、(P/2)、(P/3)。

2) 识读管道系统图

识读管道系统图时，首先在底层管道平面图中，按所标注的管道系统编号找到相应的管道系统图，对照各层管道平面图找到该系统的立管和与之相连的横管和卫生器具以及管道上的附件，再进一步识读各管段的公称直径和标高等。

现以给水系统(J/1)为例，介绍识读给水系统图的一般方法。先从底层平面图(见图 9-45)中找到(J/1)，再找到(J/1)给水系统图(见图 9-47)，对照两图可知：给水引入管 *DN*32，管中心的标高为-0.650，其上装有阀门，穿过 C 轴线墙进入室内后，在水池前升高至标高-0.300 处用 90° 弯头接横管至②轴线墙，沿墙穿出地面向上直通屋顶水箱的立管即 JL-1，其管径为 *DN*32。再对照图 9-47，在底层和二层厨房地面以上 900mm 处先用三通接横直管 *DN*15，再接分户球阀和水表。之后用 *DN*15 的横直管连接厨房水池的放水龙头，以及厕所浴缸的放水龙头和坐式大便器的水箱。楼梯间两侧三、四层共四户均由屋顶水箱供水，各户室内的供水情况与一、二层相同。楼梯间另一侧一、二层用户由(J/2)给水系统供水，读者可按照以上方法自行识读。

对于排水系统，现以(P/2)为例，先从底层平面图中找出(P/2)(见图 9-45)，再找到(P/2)的排水系统图(见图 9-48)，然后再与图 9-46 相对照，可见(P/2)为住宅各层厕所的排水系统。各层厕所均设有浴缸和坐式大便器，其排水管道均在各层的楼、地面以下。大便器的排水管管径均为 *DN*100，浴缸的排水管管径为 *DN*50。二、三、四层浴缸大便器下面均用相应的 P 型存水弯与 *DN*100 的横支管连接，各层的横支管与 *DN*100 的立管 PL-2 连接，在标高−0.650 处与 *DN*100 的排出管连接后排入 $\frac{P}{2}$ 检查井。在底层、三层和四层的立管 PL-2 上均装有检查口，在立管 PL-2 出屋面后的顶部装有通气帽。在底层大便器单设 *DN*100 的排出管排入 $\frac{P}{2}$ 检查井。底层浴缸单设 $\frac{P}{3}$ 排出管排入检查井。

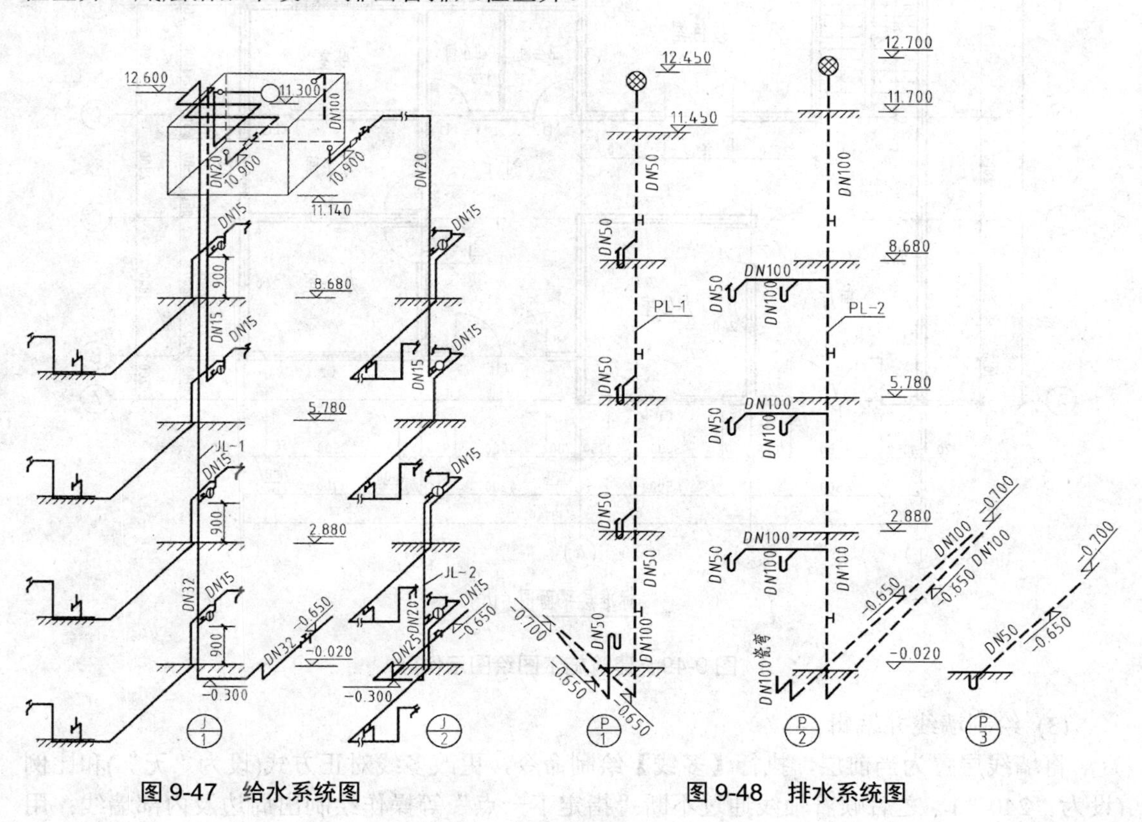

图 9-47　给水系统图　　　　图 9-48　排水系统图

9.5　AutoCAD 绘制房屋建筑工程图

第 2 章介绍了许多 AutoCAD 绘图、编辑和标注等命令的使用方法，下面通过一个例题来介绍用 AutoCAD 绘制房屋建筑工程图的方法。

【例 9.1】 绘制图 9-49 所示某办公楼的建筑平面图，然后标注尺寸并打印出图。

解　方法和步骤如下。

(1) 进行必要的设置。

新建一个图形文件，设置所需的图层、文字与尺寸标注样式、对象捕捉模式以及多线样式等。

(2) 画定位轴线。

将轴线层置为当前层，利用直线、偏移等命令绘制横纵轴网，如图 9-50 所示(可先按比

例 1∶1 绘图，绘制完成后再用缩放命令缩放到所需比例)。

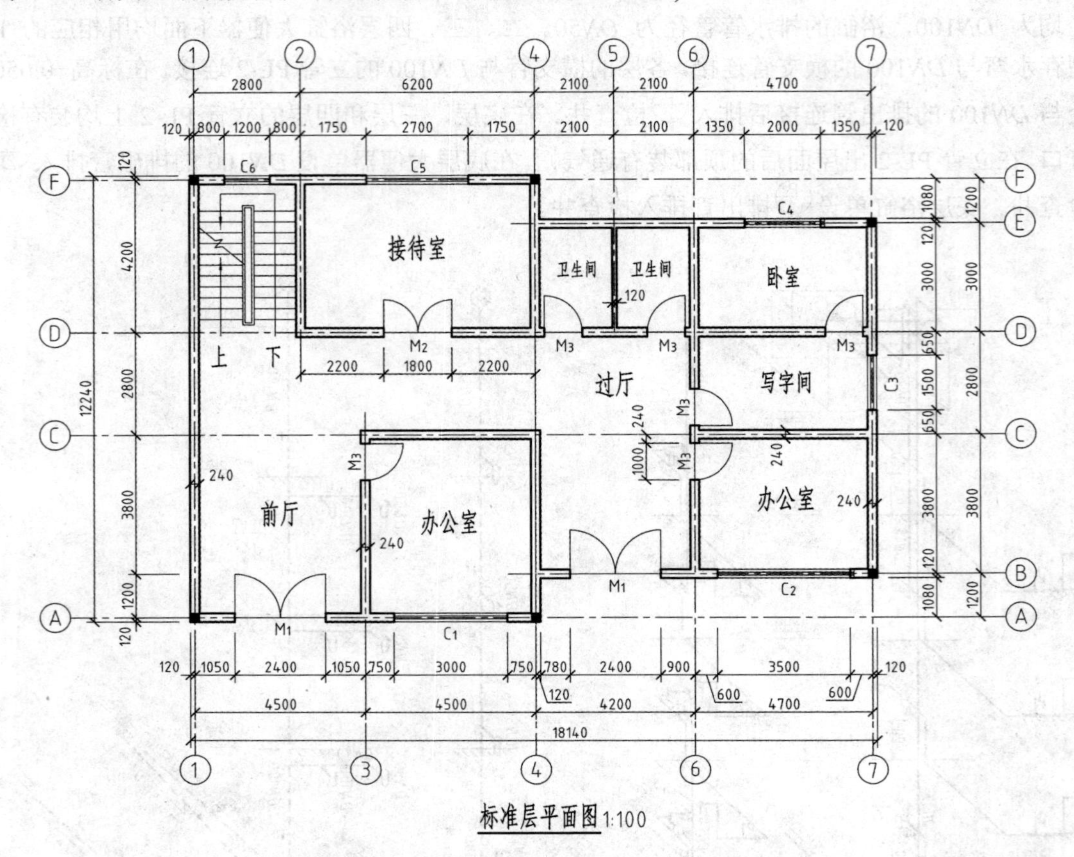

图 9-49 建筑施工图绘图示例

(3) 绘制墙线并编辑。

将墙线层置为当前层，执行【多线】绘制命令，更改多线对正方式(设为“无”)和比例(设为“240”)，之后顺着轴线通过不断“指定下一点”等操作绘制出周边及内部墙线；用多线编辑工具和通用编辑命令等编辑墙线、开门窗洞口，如图 9-51 所示(命令行的详细操作过程可参见第 2 章中的例 2.4)。

(4) 将门、窗、立柱创建成图块插入。

在《建筑制图标准》(GB/T 50104—2010)中规定了各种门窗图例(包括门窗的立面和剖面图例)，所以不需要按实际形状，只画出其规定图例即可。而由于门、窗、立柱在建筑施工图中的重复使用率很高，因而适合将其创建成图块，以便于后期重复使用。

创建及插入图块的操作方法与步骤如下。

① 将 0 层置为当前层，绘制门、窗、立柱等图形，如图 9-52 所示。为便于后期插入不同尺寸的图块时换算插入比例方便，本图所画的块图形尺寸分别是：门扇长及开启线半径为 1000；窗户长 1000，宽 100；立柱的正方形边长为 100×100。

② 执行【创建块】命令，在弹出的【块定义】对话框(参见图 2-65)中输入块名，单击【拾取点】按钮，在绘图区用左键单击指定块的插入基点。

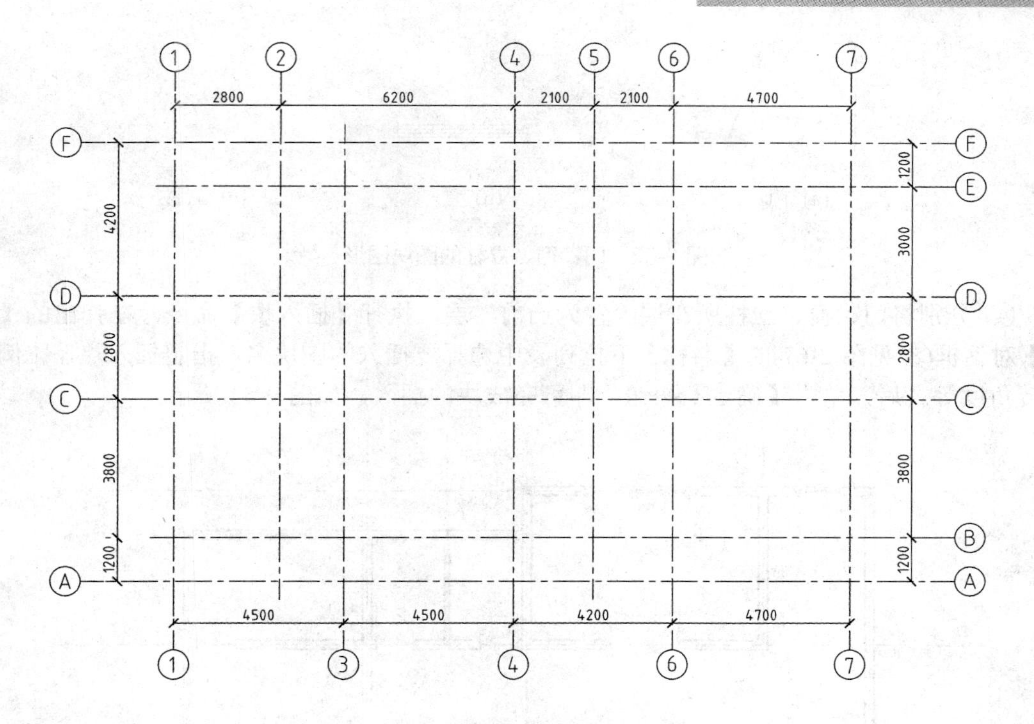

图 9-50　绘制定位轴线

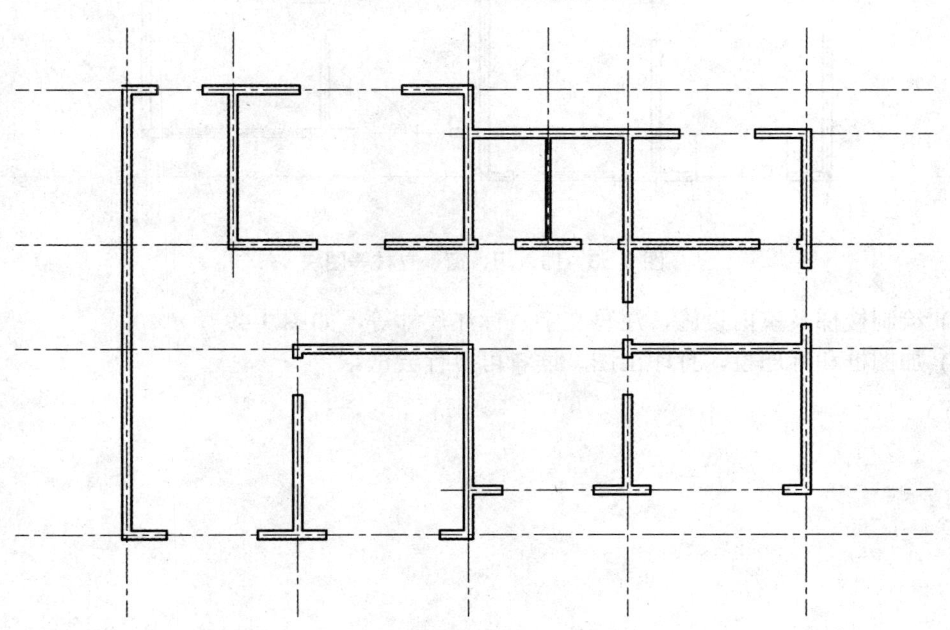

图 9-51　绘制墙线并编辑

③ 单击【选择对象】按钮，在绘图区分别选中门、窗、立柱的图形，确认之后单击【确定】按钮，即可完成内部块的定义(也可以执行【写块】命令，将门、窗、立柱创建为外部块)。

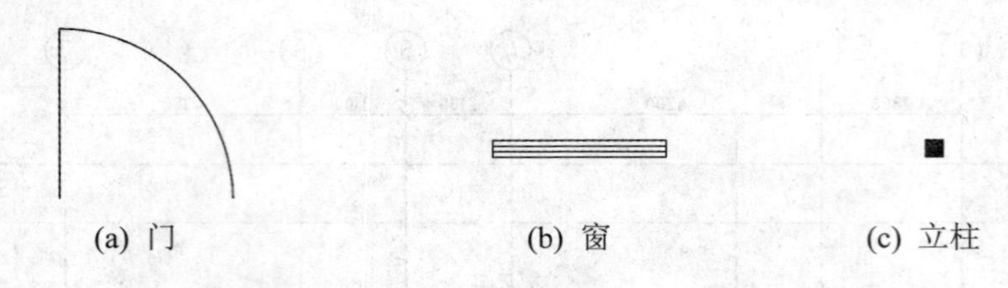

图 9-52　门、窗、立柱的图块图形

④ 分别将门、窗、立柱所在层“置为当前”层，执行【插入块】命令，在弹出的【插入】对话框(参见图 2-67)的【名称】下拉列表中选择要插入的图块名，指定插入点、比例和旋转角度等之后，单击【确定】按钮，即可完成块的插入，如图 9-53 所示。

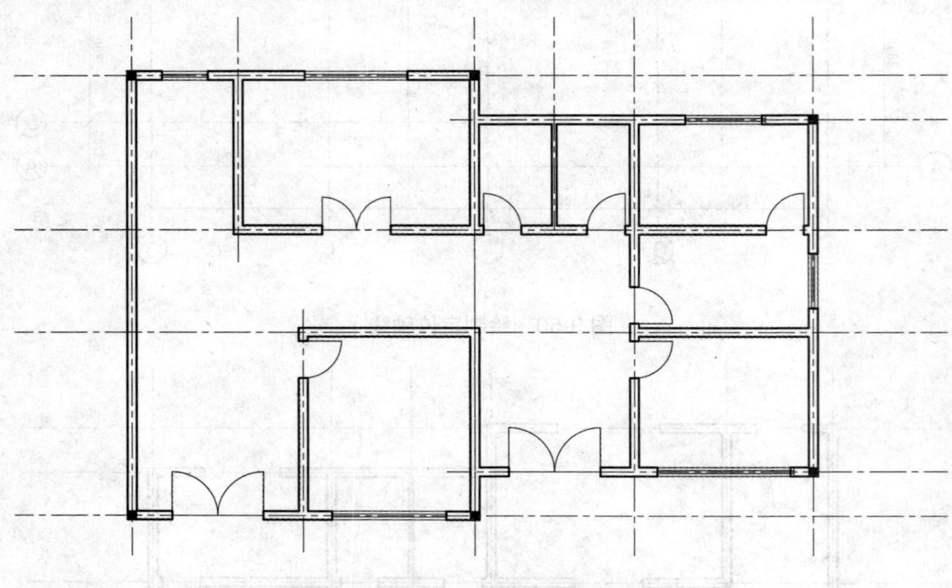

图 9-53　插入门、窗、立柱等图块

(5) 绘制楼梯及室内设施，注写文字、标注尺寸等，如图 9-49 所示。

(6) 加图框和标题栏，打印出图。读者可自行尝试。

参 考 文 献

[1] 刘秀岑. 工程制图[M]. 2 版. 北京：中国铁道出版社，2001.
[2] 刘志麟. 建筑制图[M]. 北京：机械工业出版社，2001.
[3] 何铭新，郎宝敏，陈星铭. 建筑工程制图[M]. 2 版. 北京：高等教育出版社，2001.
[4] 王子茹. 房屋建筑识图[M]. 北京：中国建材工业出版社，2001.
[5] 梁德本，叶玉驹. 机械制图手册[M]. 3 版. 北京：机械工业出版社，2001.
[6] 钱可强. 建筑制图[M]. 北京：化学工业出版社，2002.
[7] 何斌. 建筑制图[M]. 北京：高等教育出版社，2002.
[8] 卢传贤. 土建工程制图[M]. 2 版. 北京：中国建筑工业出版社，2003.
[9] 莫章金，周跃生. AutoCAD 2002 工程绘图与训练[M]. 北京：高等教育出版社，2003.
[10] 丁宇明. 土建工程制图[M]. 北京：高等教育出版社，2004.
[11] 陈文斌. 建筑工程制图[M]. 上海：同济大学出版社，2005.
[12] 程绪琦，王建华. AutoCAD 2006 中文版标准教程[M]. 北京：电子工业出版社，2005.
[13] 王永智，齐明超，李学京. 建筑制图手册[M]. 北京：机械工业出版社，2006.
[14] 武晓丽. 工程制图[M]. 北京：中国铁道出版社，2007.
[15] 夏玲涛. 建筑 CAD[M]. 北京：中国建筑工业出版社，2010.
[16] 张丽军，曾小红. 建筑 CAD[M]. 武汉：武汉理工大学出版社，2011.
[17] 李怀健，陈星铭. 土建工程制图[M]. 4 版. 上海：同济大学出版社，2012.
[18] 吴运华，高远. 建筑制图与识图[M]. 3 版. 武汉：武汉理工大学出版社，2012.
[19] 莫章金，毛家华. 建筑工程制图与识图[M]. 3 版. 北京：高等教育出版社，2013.
[20] 高恒聚. 建筑 CAD[M]. 北京：北京邮电大学出版社，2013.
[21] 赵武. AutoCAD 2010 建筑绘图精解[M]. 北京：机械工业出版社，2013.
[22] 麓山文化. AutoCAD 2013 建筑设计与施工图绘制[M]. 北京：机械工业出版社，2013.
[23] 张喆，武可娟. 建筑制图与识图[M]. 北京：北京邮电大学出版社，2013.
[24] 向欣. 建筑构造与识图[M]. 北京：北京邮电大学出版社，2013.
[25] 张小平. 建筑识图与房屋构造[M]. 2 版. 武汉：武汉理工大学出版社，2013.
[26] 高恒聚，马巧娥. AutoCAD 建筑制图实用教程[M]. 北京：北京邮电大学出版社，2013.
[27] 吴银柱，吴丽萍. 土建工程 CAD[M]. 3 版. 北京：高等教育出版社，2014.

[28] 徐江华，王莹莹，等. AutoCAD 2014 中文版基础教程[M]. 北京：中国青年出版社，2014.

[29] 宋巧莲，徐连孝. 机械制图与 AutoCAD 绘图[M]. 北京：机械工业出版社，2015.

[30] GB/T 50001—2010 房屋建筑制图统一标准[S].

[31] GB/T 50103—2010 总图制图标准[S].

[32] GB/T 50104—2010 建筑制图标准[S].

[33] GB/T 50105—2010 建筑结构制图标准[S].

[34] GB/T 50106—2010 给水排水制图标准[S].

[35] GB 50162—92 道路工程制图标准[S].

全国高职高专土木与建筑规划教材

工程制图与 CAD 习题集

牟　明　主　编

芦金凤　马扬扬　副主编

清华大学出版社

北　京

内 容 简 介

本习题集是牟明主编教材《工程制图与 CAD》的配套教学用书，其内容与教材章节内容紧密配合。通过该习题集的实践练习可以使教材所讲授的基本知识、基本理论和基本方法等得以巩固和深化，有助于学习者学习能力和动手能力的培养。

习题的选编目的明确、形式多样、循序渐进、前后衔接；富有启发性和趣味性，并能体现专业特点，可供高职高专、职工大学、函授大学、电视大学土建及各相关专业学生学习选用，也可供相关专业的工程技术人员学习参考。

前　言

本习题集是牟明主编《工程制图与 CAD》的配套教学用书，其内容与教材章节内容紧密配合。本书特色有以下几点。

(1)　习题内容力求符合学生的认知规律，兼顾教学、自学和知识拓展等多方面需要，由浅入深、由易到难、循序渐进、前后衔接。便于学生综合运用和掌握所学的基本知识和基础理论，有助于学习能力和动手能力的培养。

(2)　题目类型丰富多样、注重应用，且富有启发性和趣味性。可使学生在有限的时间内获得更多的信息、完成更多的训练，有利于培养其分析问题与解决问题的能力。

(3)　习题留有一定余量，并选编了部分有难度的习题，以满足不同专业和有不同需求的学生的练习要求。

(4)　习题集中各种工程图的画法和表达方法均按照我国现行技术标准、规范的要求编写。

本习题集由山东职业学院牟明任主编，济南工程职业技术学院芦金凤、山东职业学院马扬扬任副主编，山东职业学院郭忠相、山东协和学院封妍、山东职业学院刘力参编。本书第 1、2、7 章由牟明编写；第 3、4 章由芦金凤编写；第 9 章由马扬扬编写；第 5 章由郭忠相编写；第 6 章由封妍编写；第 8 章由刘力编写。

欢迎使用本习题集的师生及广大读者提出宝贵意见，以便修订时加以调整与改进。

编　者

目 录

班级＿＿＿＿＿＿学号＿＿＿＿姓名＿＿＿＿＿＿

学生可沿此线剪下上交

1-1　绘图工具的用法(抄绘下列图线，不标注尺寸)。

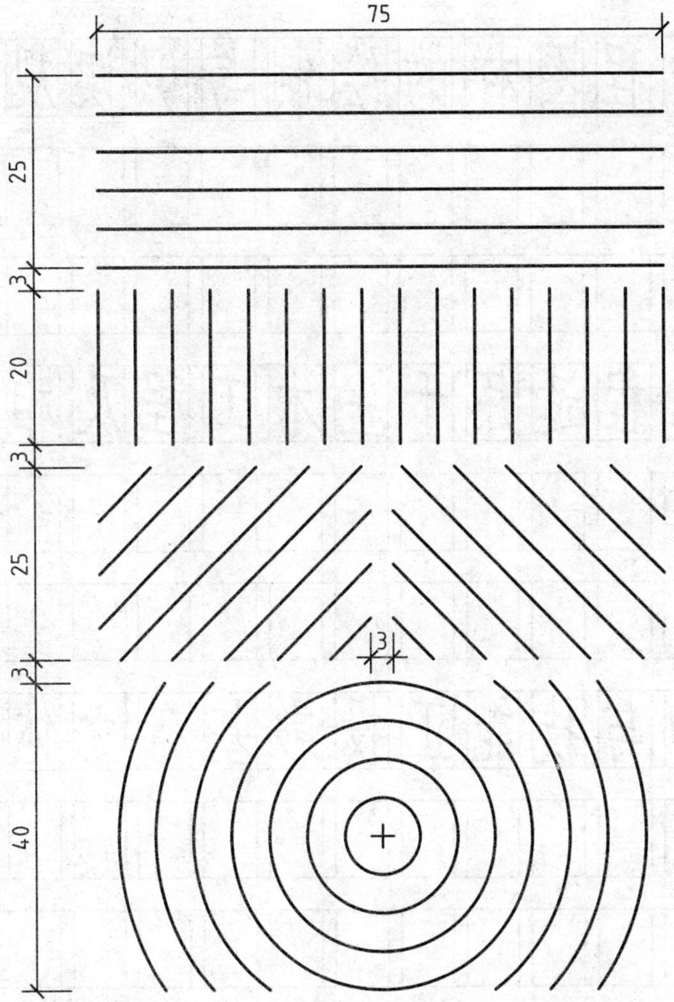

75

25

3

20

3

25

3

3

40

(图线间隔为5mm)

学生可沿此线剪下上交

1-2　字体练习。

工程制图与CAD是研究工程图样的绘制与识读规律

以及用计算机进行绘图的课程适用于土木工程及相关

专业主要内容有制图基本知与技能正投影基础立体的

班级________学号________姓名________

1-3　字体练习。

投影钢筋混凝土结构图道路桥梁涵洞隧道房屋建筑工

程图等本课程是既有抽象投影理论且实践性很强的技

术基础课需要在将来的生产实践中继续将其融会贯通

学生可沿此线剪下上交

班级________ 学号________ 姓名________

学生可沿此线剪下上交

1-4　字体练习。

为使这种语言规范化我国分别制定了建筑机械道路等专业的制图标准并不断修

订完善而且逐步与世界各国行业组织的制图标准协调统一房屋的组成基础墙柱

子楼地面楼梯屋顶门窗阳台建筑施工图包括图纸目录施工总说明总平面图平立

剖详钢筋混凝土结构图承重构件有梁板柱墙体总体布局立面造型内部布置细部

构造等平面整体表示法适用的构件为柱剪力墙梁主要包括整体和标准构件详图

班级＿＿＿＿＿＿学号＿＿＿＿姓名＿＿＿＿＿＿

学生可沿此线剪下上交

1-5　字体练习。

工程图样是一种以图形为主要内容的技术文件用以表达工程实体形状大小所用材料以及加工和施工时的技术

要求能正确地绘制和阅读工程图样是工程技术人员表达设计意图交流技术思想指导生产施工等必备基本知识

与技能所以工程制图这门课是土木工程及其相关专业学生必修的一门重要的基础课学习目的有两个一是为后

续专业课程打基础二是为今后能胜任本职工作创造条件本课程的任务是使学生通过学习达到以下要求熟悉国

家制图标准有关规定能正确使用绘图工具掌握几何作图方法和步骤获得较熟练绘图技能掌握正投影法基础理

论和作图方法以及轴测投影的基本知识和画法能绘制专业图样并具有良好图面质量熟悉计算机绘图基本知识

与操作培养认真负责工作态度和一丝不苟工作作风学好投影理论培养绘图与读图能力练好基本功掌握技能

学生可沿此线剪下上交

1-6　字体练习。

A B C D E F G H I J K L M N O P Q R S T U V W X Y Z

a b c d e f g h i j k l m n o p q r s t u v w x y z

α β λ ξ σ γ ε ζ η θ φ ψ ω Φ Ψ 1 2 3 4 5 6 7 8 9 0 Ⅰ Ⅱ Ⅲ Ⅳ Ⅴ

1-7　图线练习(按图中尺寸、线型和比例抄绘图样，不标注尺寸)。

学生可沿此线剪下上交

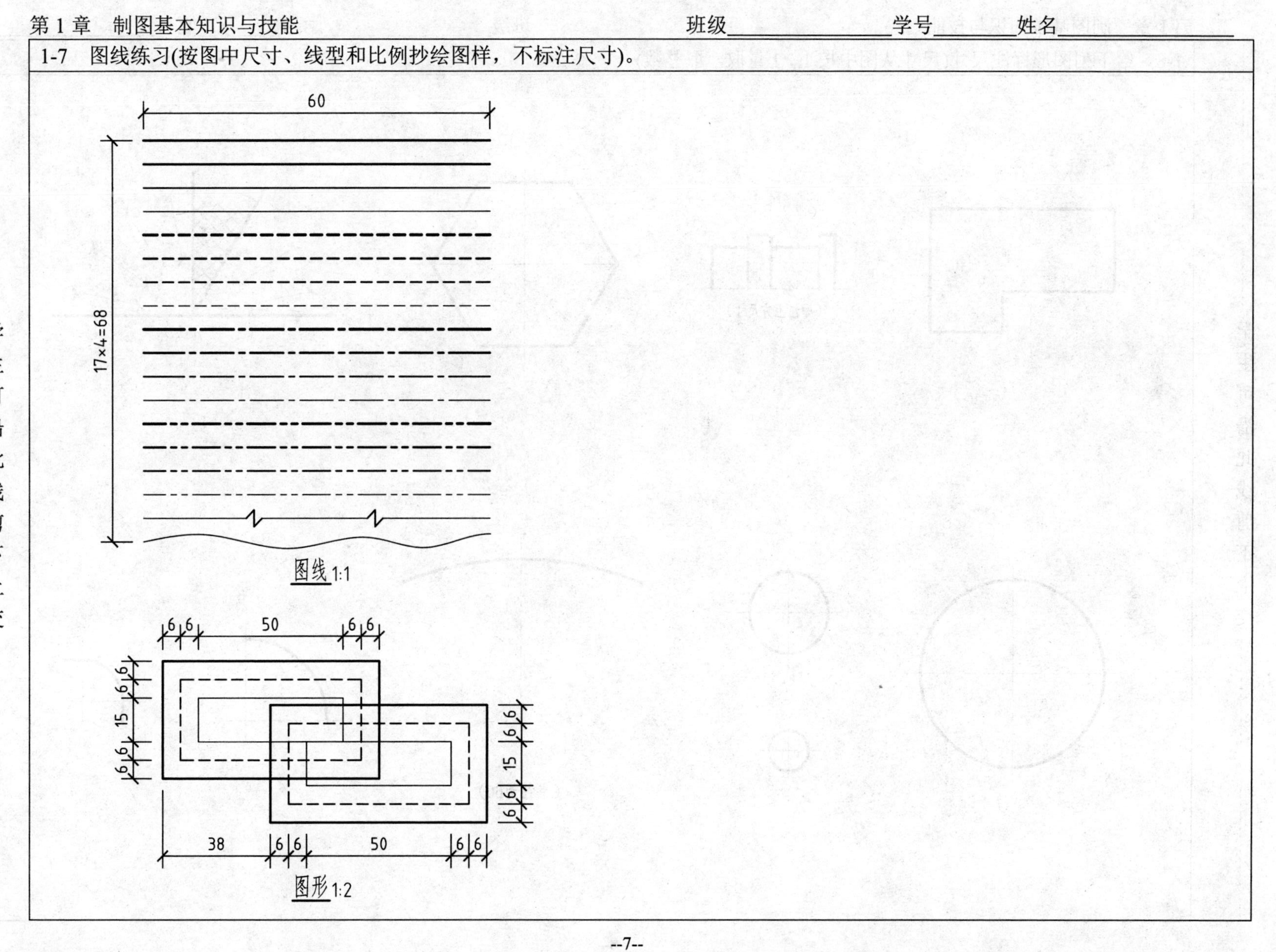

图线 1:1

图形 1:2

学生可沿此线剪下上交

1-8　给下列图形标注尺寸(尺寸从图中按 1∶1 量取，取整数)。

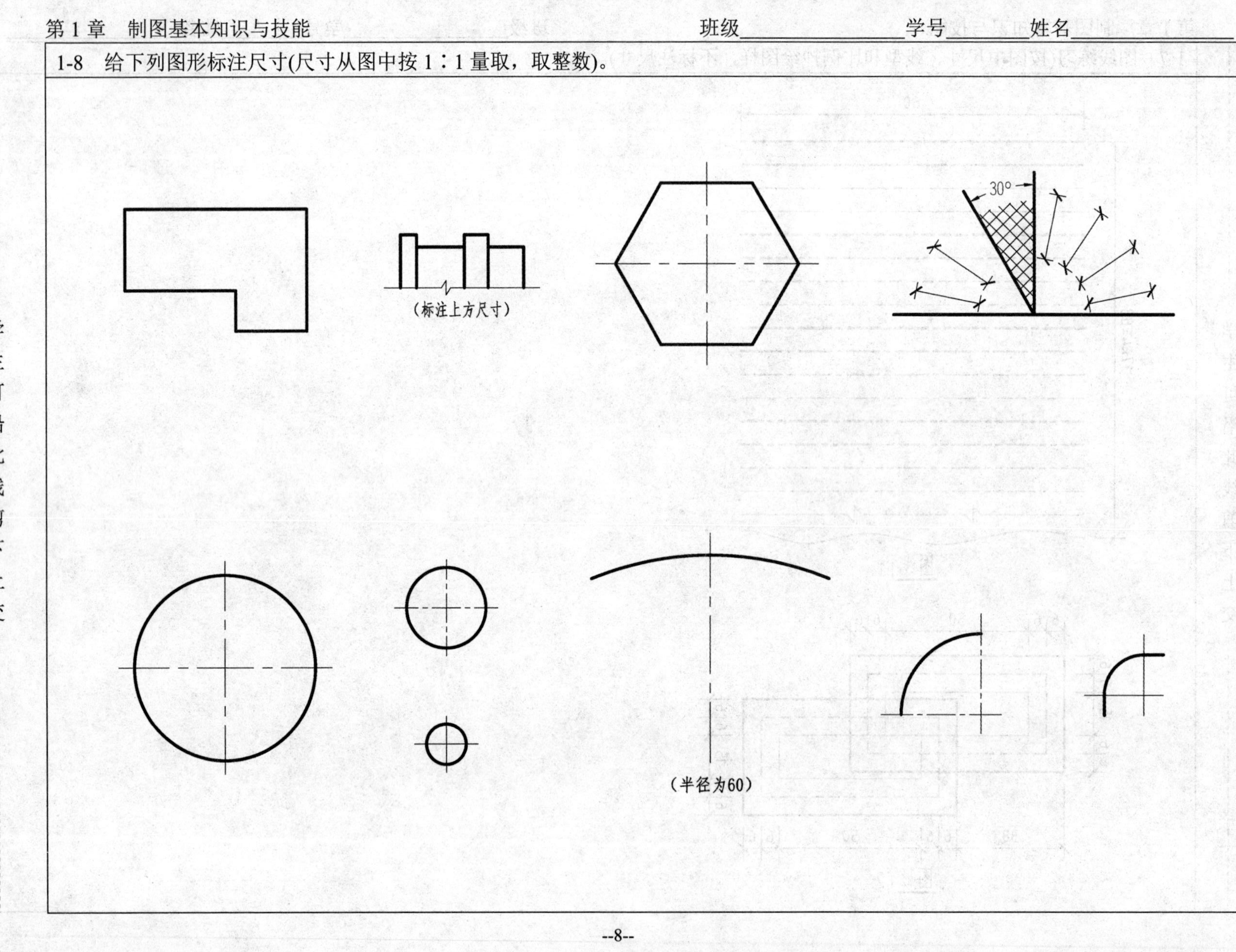

1-9　找出上图尺寸标注中的错误，将正确的标注在下图中。

1.

2.

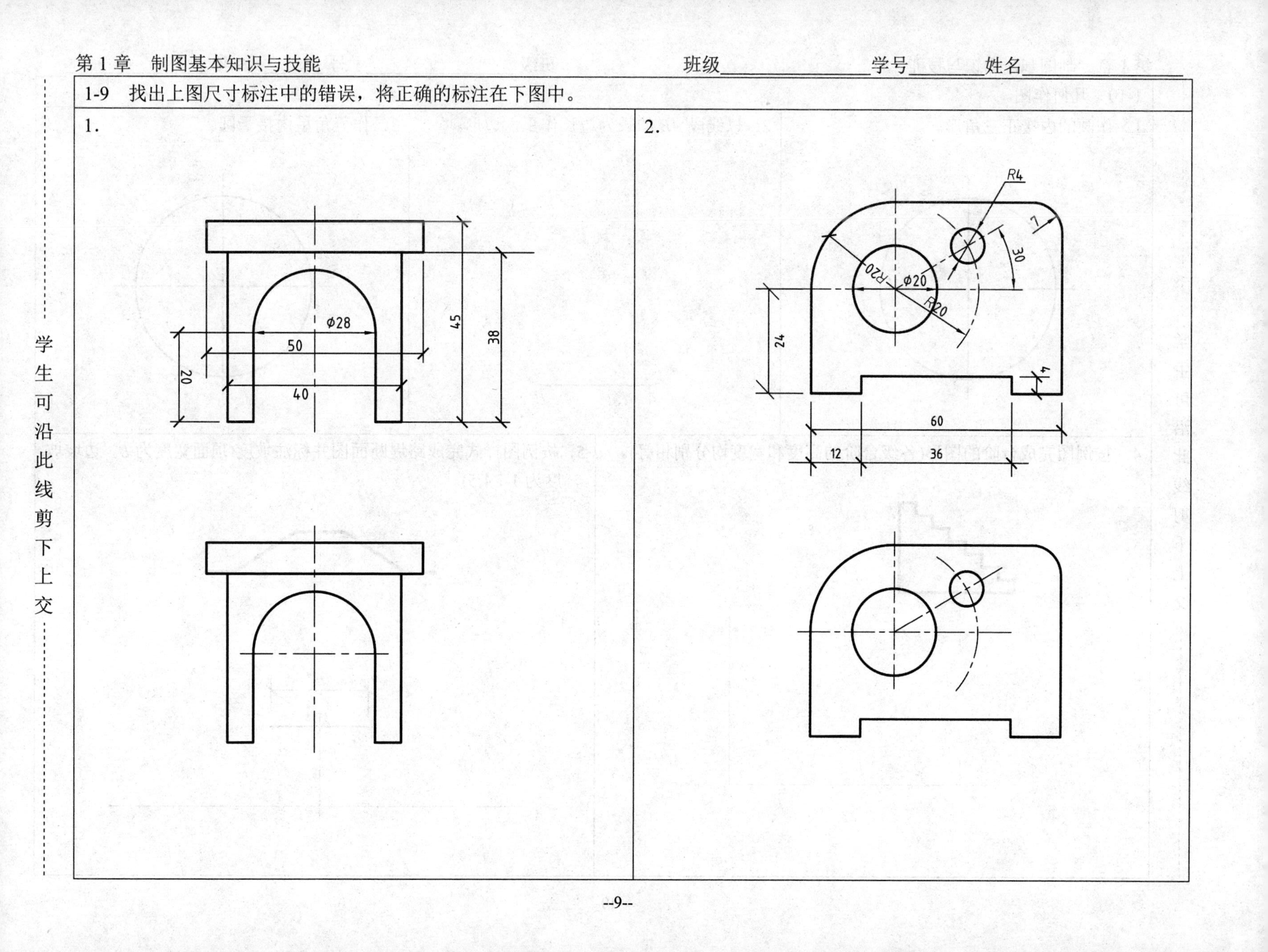

班级________ 学号______ 姓名________

学生可沿此线剪下上交

1-10　几何作图。

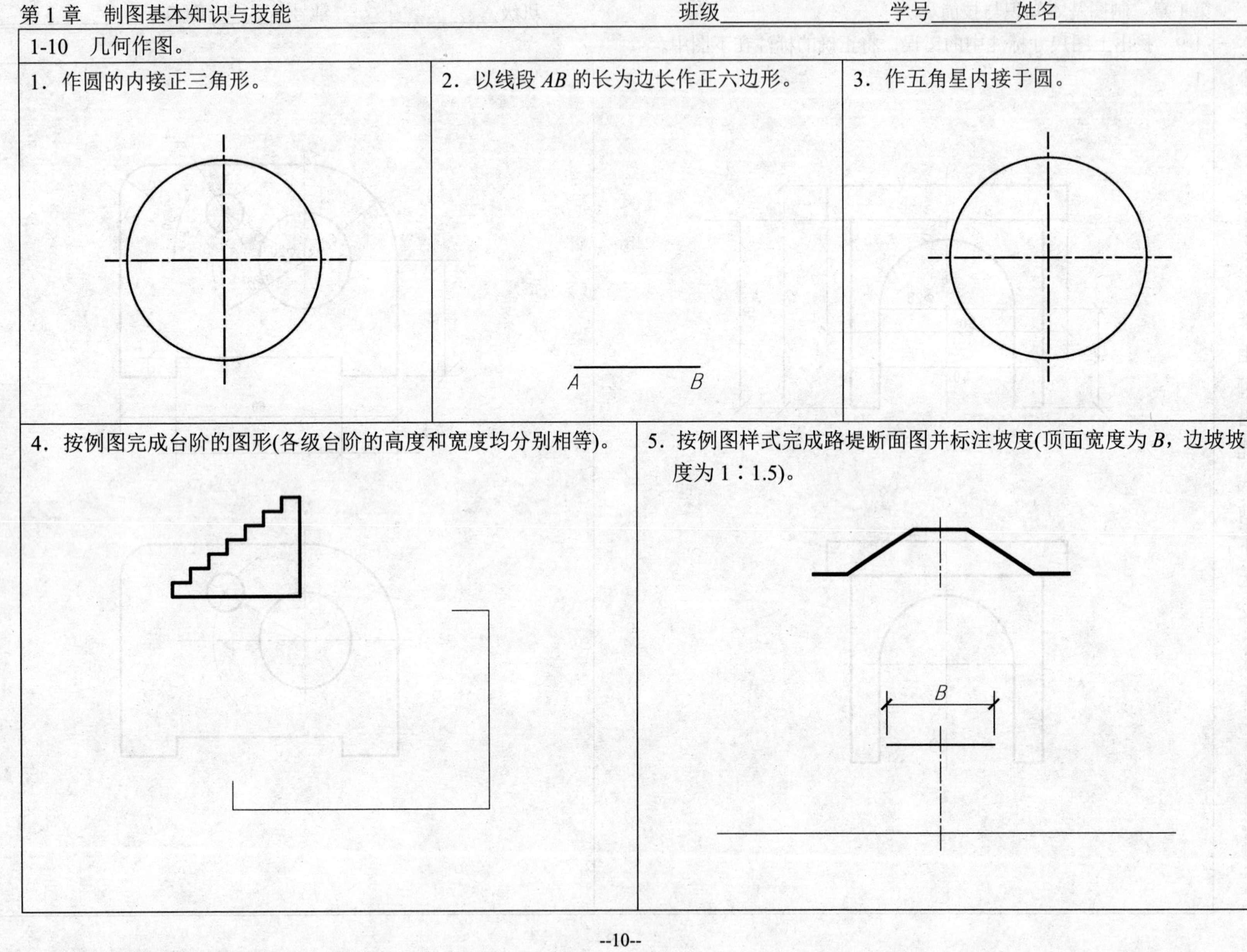

1．作圆的内接正三角形。

2．以线段 AB 的长为边长作正六边形。

3．作五角星内接于圆。

4．按例图完成台阶的图形(各级台阶的高度和宽度均分别相等)。

5．按例图样式完成路堤断面图并标注坡度(顶面宽度为 B，边坡坡度为 1∶1.5)。

1-10　几何作图。

6．用四心圆弧法画椭圆(长、短轴分别为 60mm、40mm)。

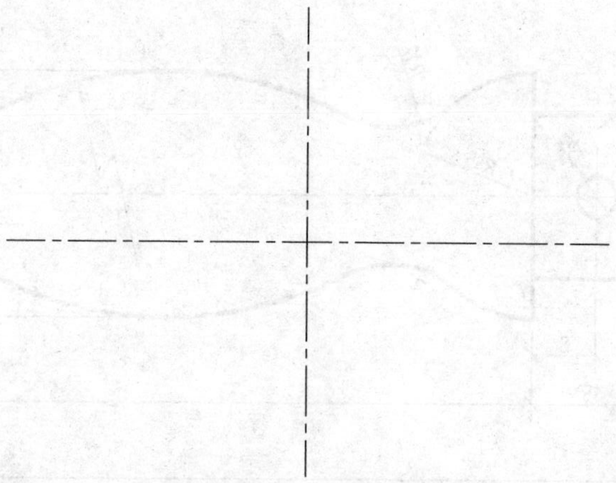

7．根据已知半径作圆弧连接两已知直线。

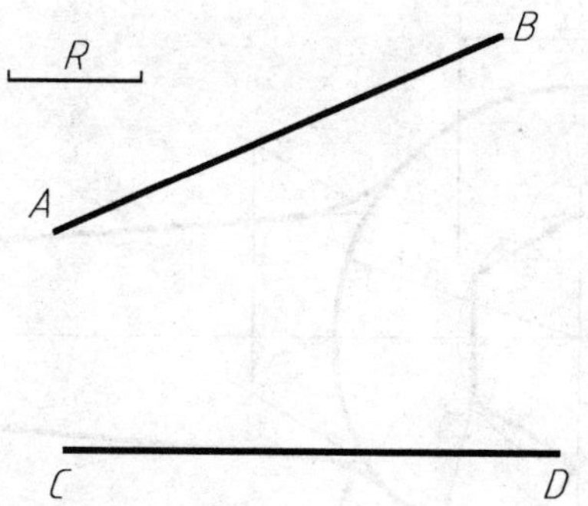

R

A B

C D

8．用已知半径作圆弧分别与两已知圆弧内、外连接。

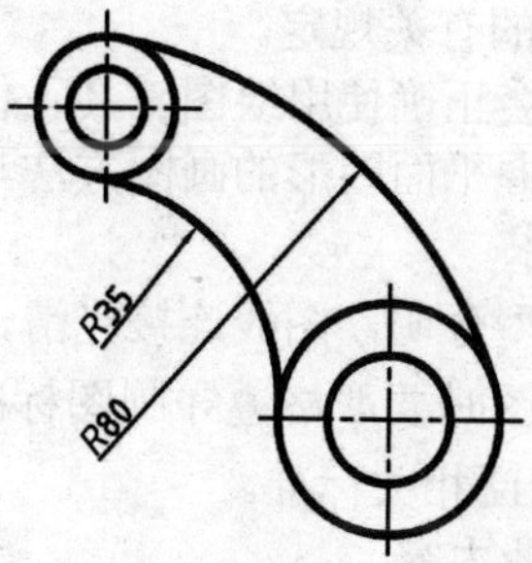

R35

R80

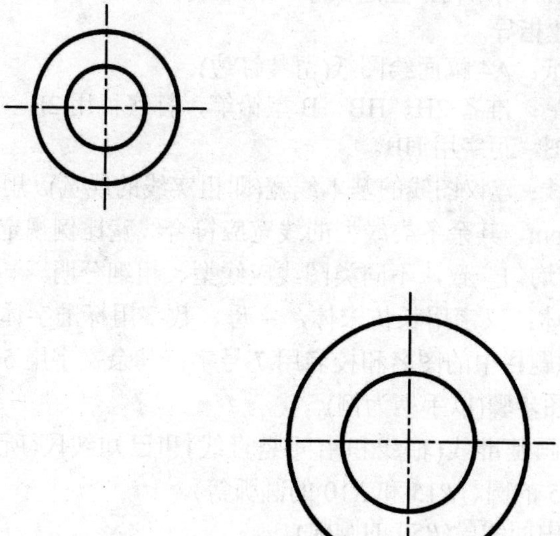

学生可沿此线剪下上交

学生可沿此线剪下上交

1-11　平面图形的画法。

1．目的

(1) 熟悉国家制图标准中有关图幅、图线、字体及尺寸标注等方面的有关规定。

(2) 学会正确使用绘图工具、仪器的方法。

(3) 掌握平面图形的画图方法与步骤。

2．要求

(1) 线型分明，图线连接光滑，作图准确，图面整洁。

(2) 绘图时要严格遵守制图标准的各项规定，如有不详之处必须查阅相关标准。

3．作业内容

抄绘：(1)手柄；(2)六角扳手；(3)花池栏杆；(4)扶手轮廓；(5)路徽；(6)吊钩，任选其中一张绘制并标注尺寸。

4．作业指导

(1) 图纸：A4 幅面绘图纸(留装订边)。

(2) 铅笔：准备 2H、HB、B 型铅笔，打底稿用 2H，描深用 HB 或 B，写字用 HB。

(3) 图线：建议图线的基本线宽(即粗实线的线宽)b 用 0.7mm 或 0.5mm，其余各类线型的线宽应符合线宽比例规定，同类图线应均匀一致，不同类图线应线型、粗细分明。

(4) 字体：汉字用长仿宋体，字母、数字用标准字体书写。建议标题栏中的图名和校名用 7 号字；其余文字用 5 号字。

5．绘图步骤(以手柄为例)

(1) 先画基准线(轴线和中间竖直线)和已知线段(所有直线段、$\phi 5$ 的圆、$R15$ 和 $R10$ 的圆弧等)。

(2) 画中间线段($R50$ 的圆弧)。

(3) 画连接线段($R12$ 的圆弧)。

(4) 检查无误后描深图线并标注尺寸。

(5) 填写标题栏中的图名、校名、比例等内容。

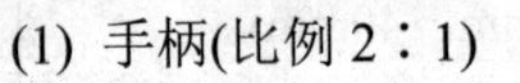
(1) 手柄(比例 2∶1)

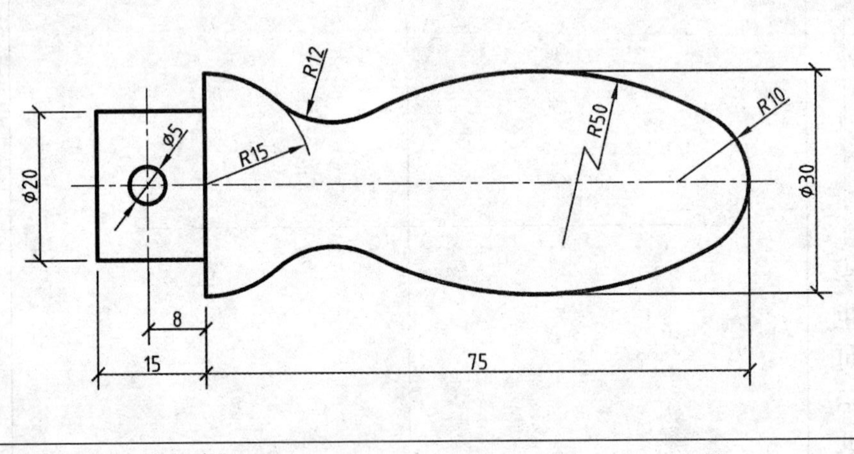

(2) 六角扳手(比例 1∶1)

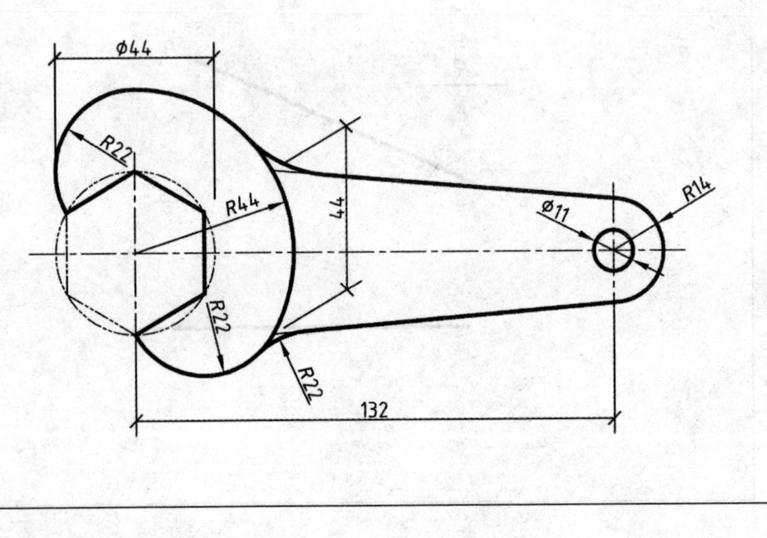

1-11　平面图形的画法。

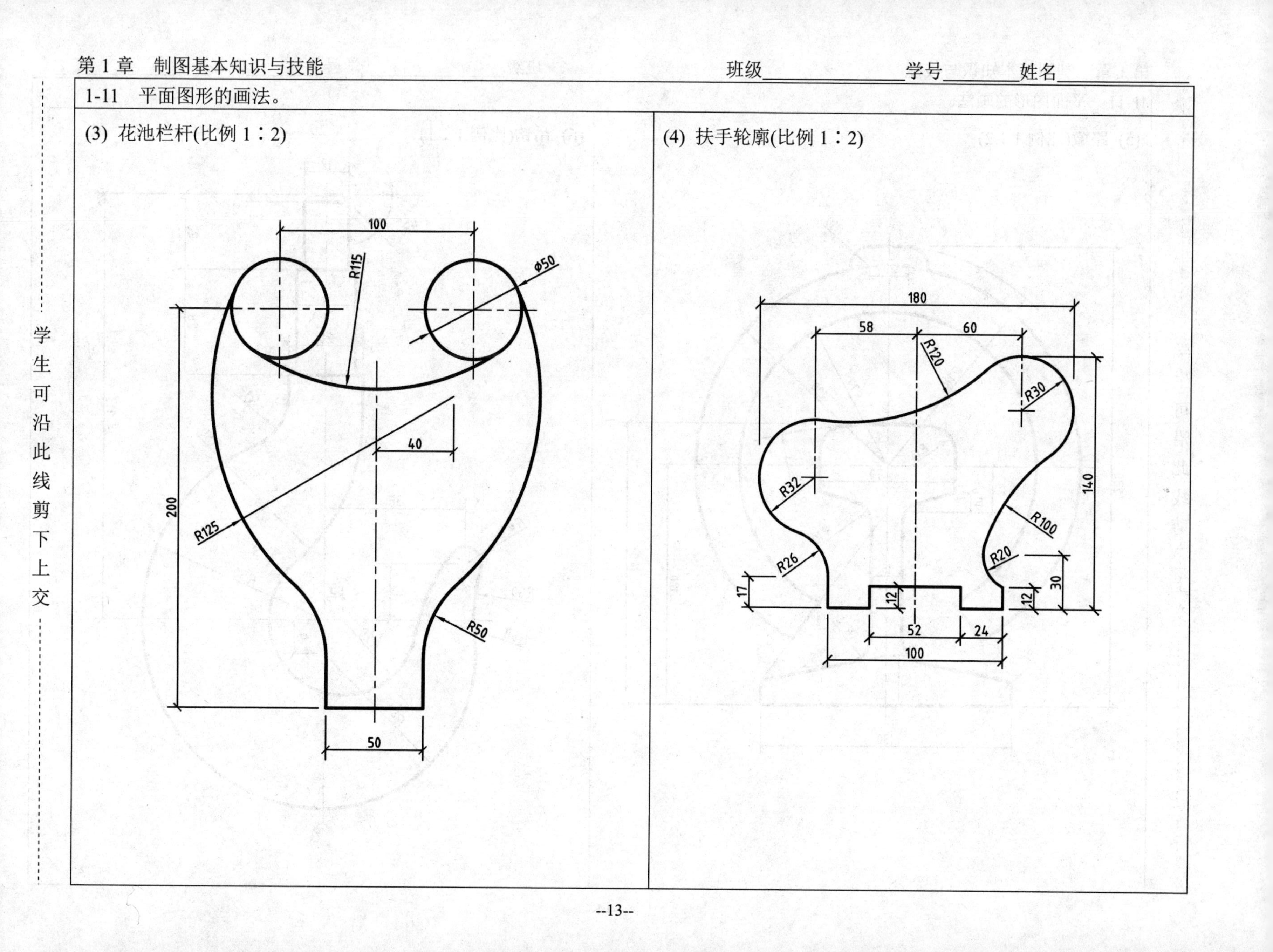
(3) 花池栏杆(比例 1∶2)
100
R115
Φ50
40
200
R125
R50
50
(4) 扶手轮廓(比例 1∶2)
180
58
60
R120
R30
R32
140
R100
R20
R26
17
12
30
12
52
24
100
学生可沿此线剪下上交

班级________学号________姓名________

学生可沿此线剪下上交

1-11　平面图形的画法。

(5) 路徽(比例 1∶2)

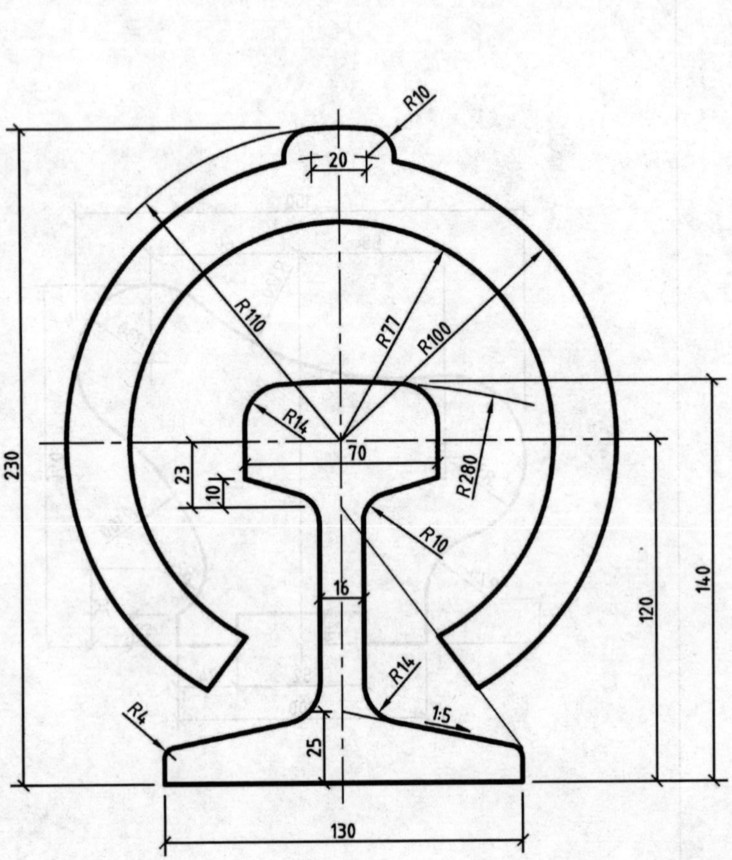

230　R10　20　R110　R77　R100　R14　70　23　10　R280　R10　16　R14　1:5　R4　25　120　140　130

(6) 吊钩(比例 1∶1)

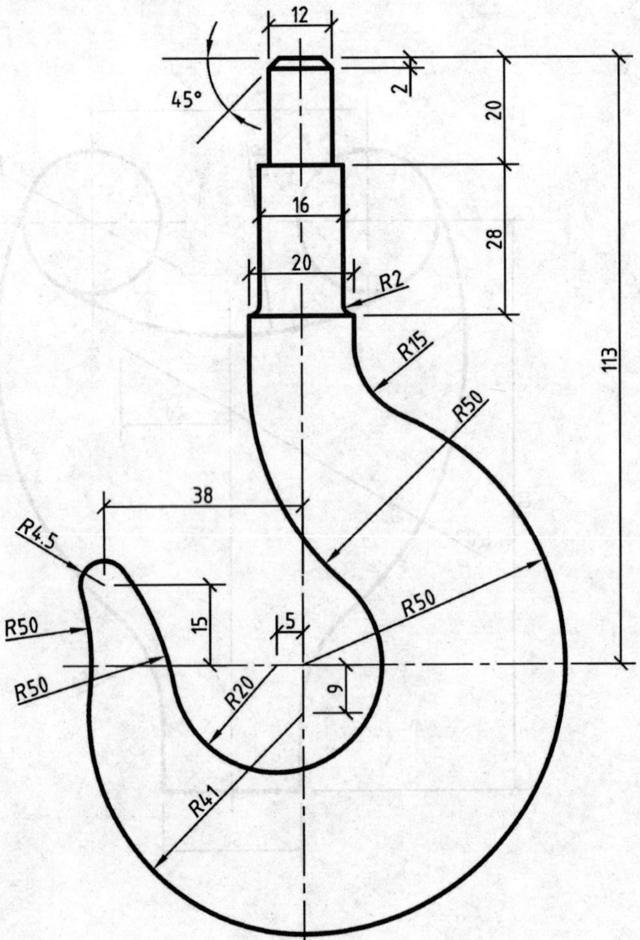

12　45°　2　20　16　28　20　R2　113　R15　R50　38　R4.5　15　5　R50　R50　R50　R20　9　R41

班级________ 学号________ 姓名________

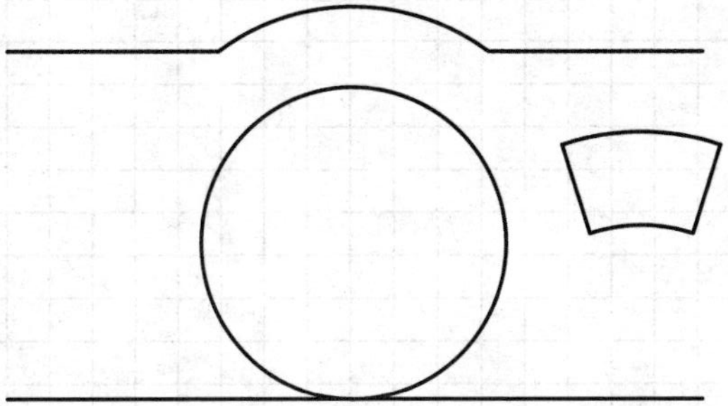

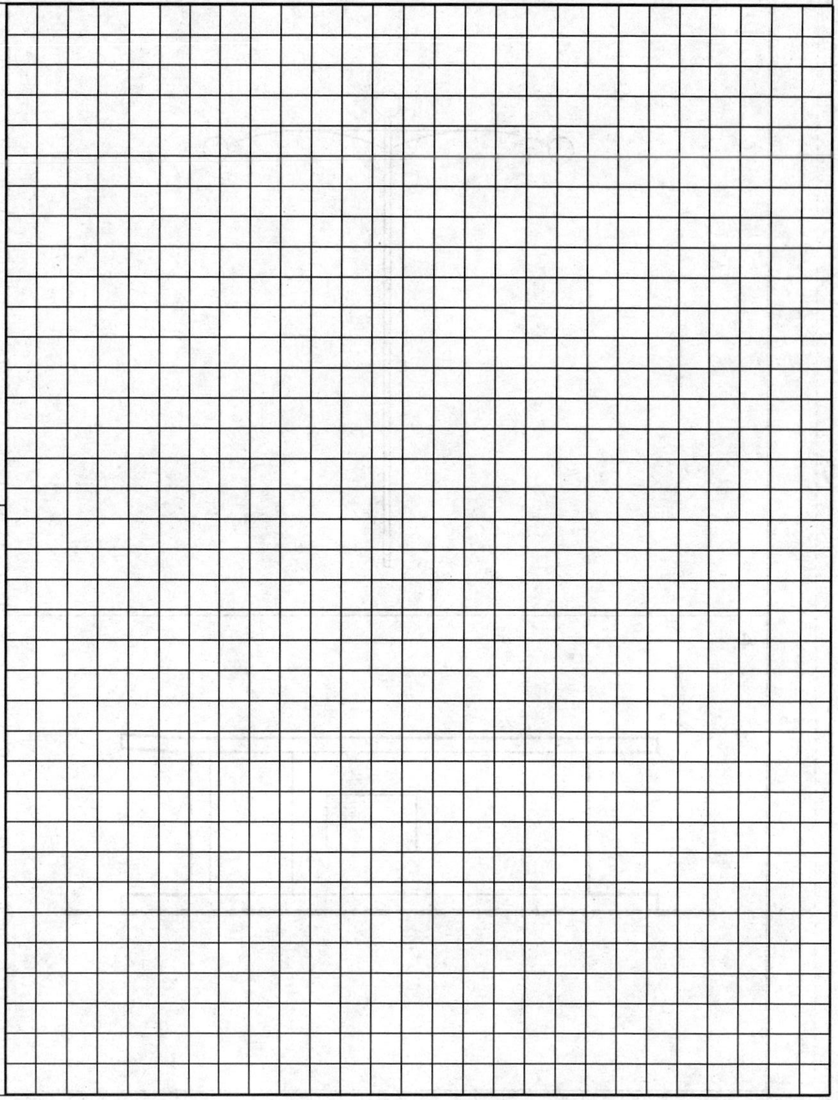

学生可沿此线剪下上交

1-12　徒手绘图(凭目测按大致比例画出下列图形)。

1.

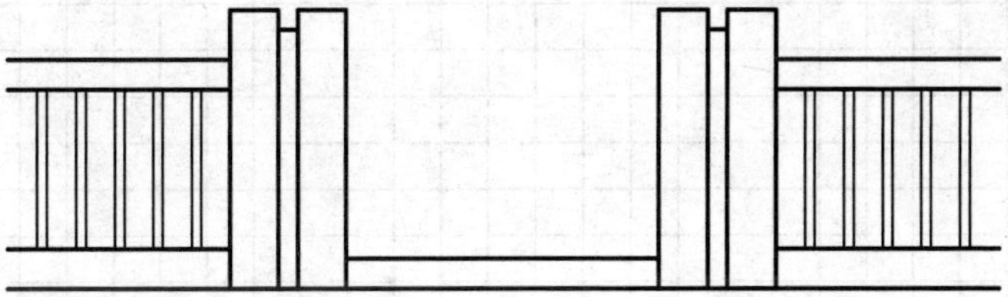

2.

班级________________学号________姓名________________

1-12　徒手绘图(凭目测按大致比例画出下列图形)。

3.

4.

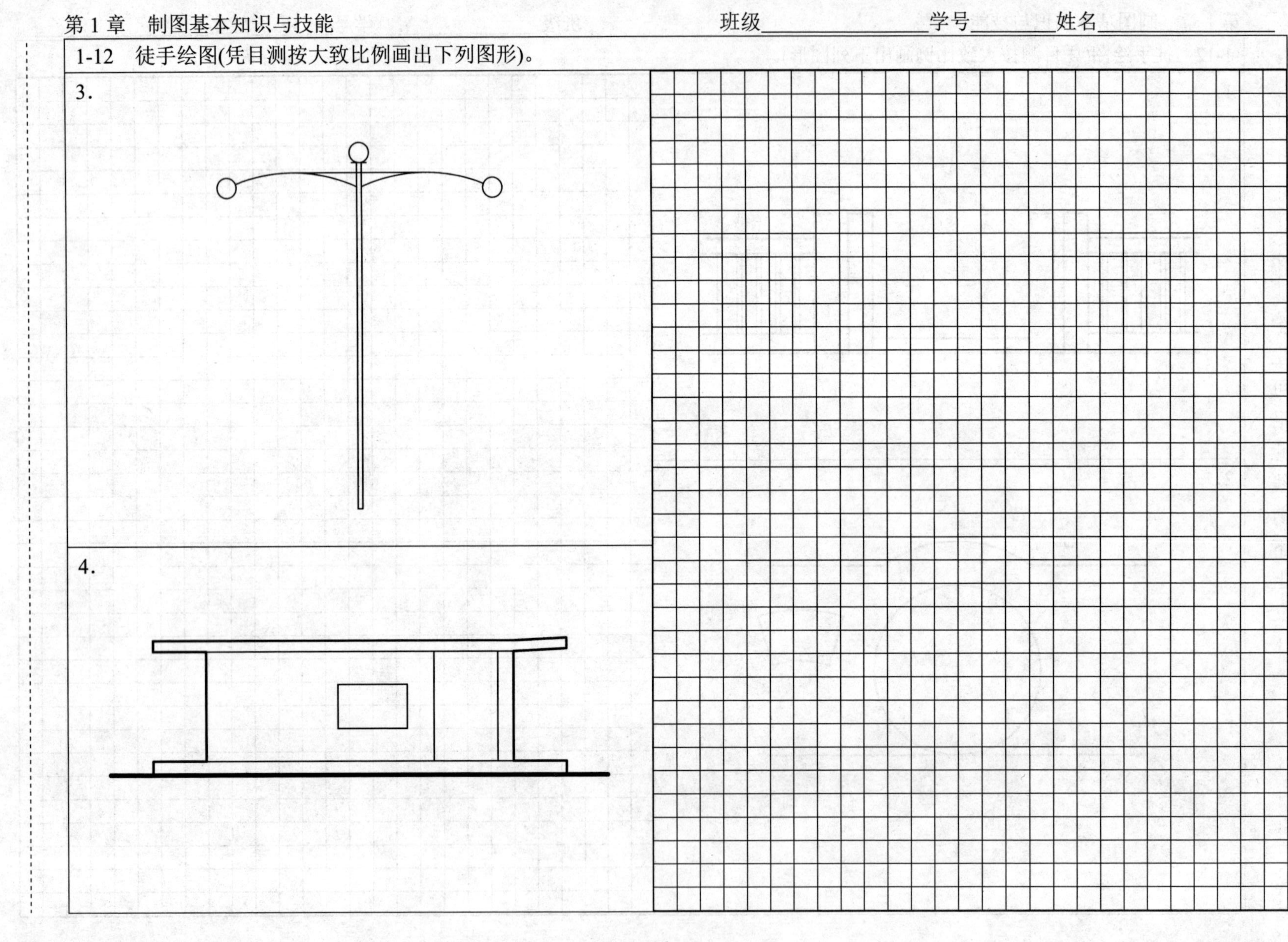

2-1　用圆、正多边形、直线、圆弧、构造线以及修剪、复制等命令绘制以下图形。

2-2　用正多边形、圆、圆弧以及偏移、修剪等命令绘制以下图形。

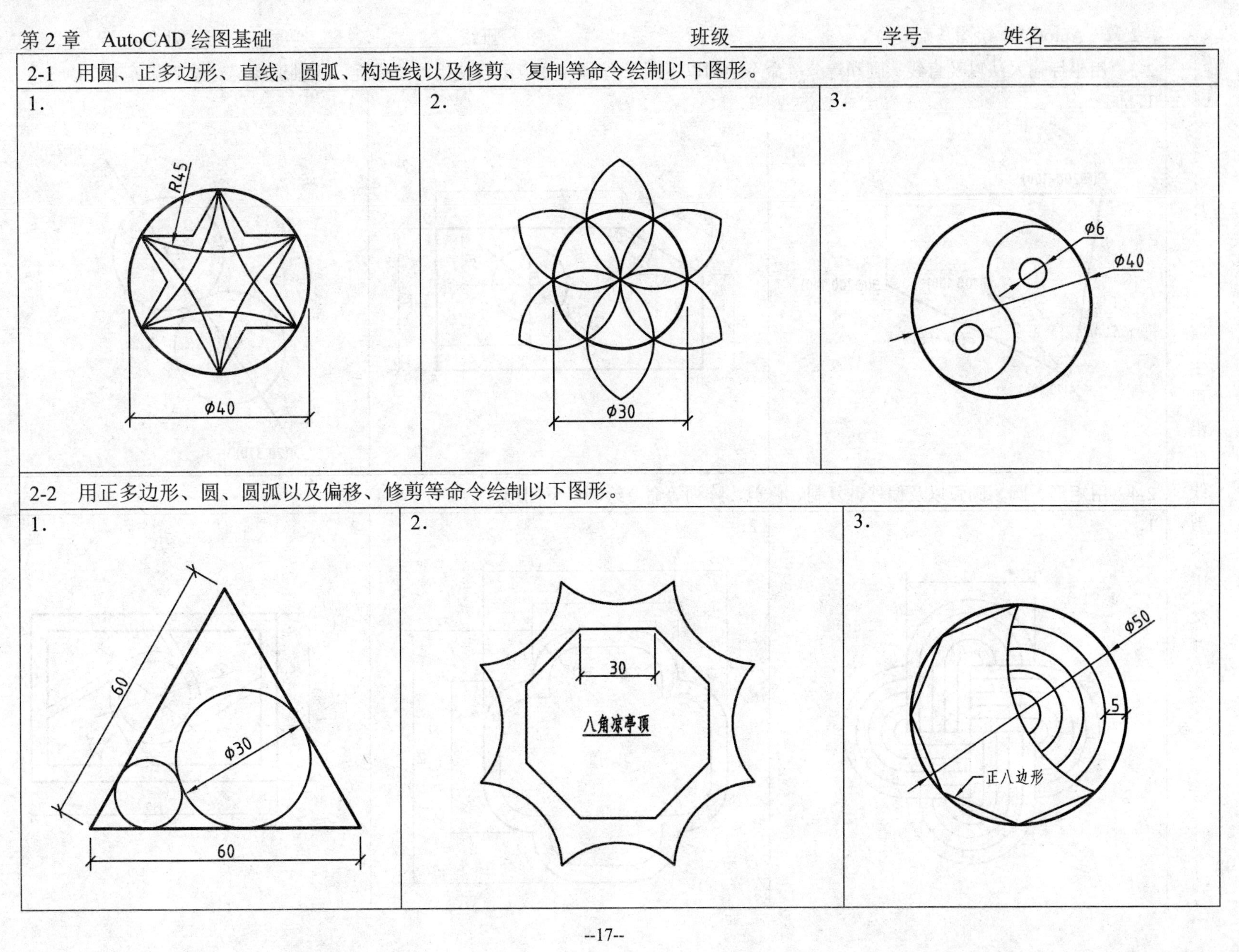

学生可沿此线剪下上交

2-3　用坐标输入法以及直线、圆和等分等命令绘制以下图形(绘图时注意配合使用对象捕捉、极轴追踪、对象追踪等工具)。

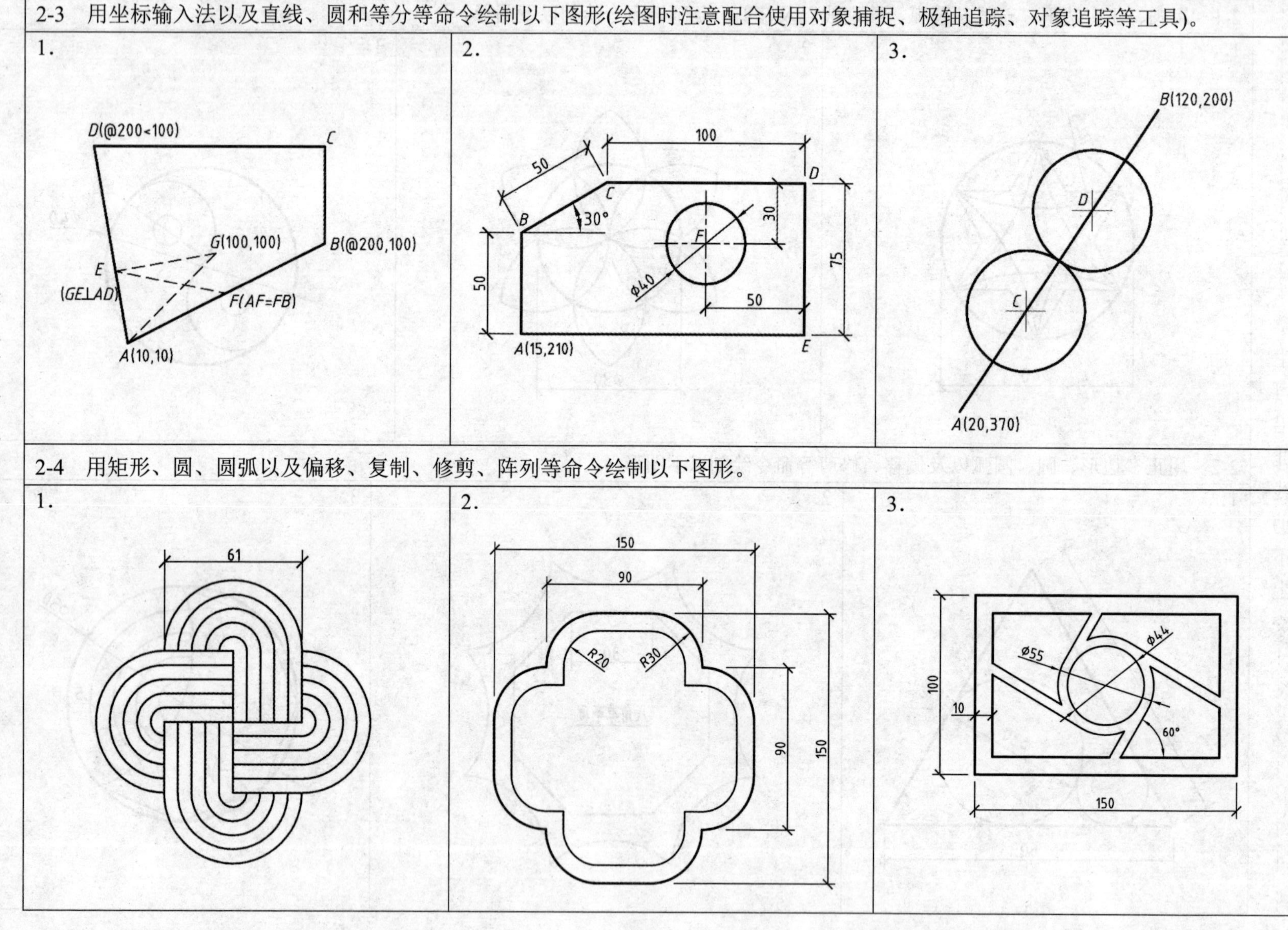

学生可沿此线剪下上交

2-5　按给定尺寸绘制沙发、茶几以及橱柜。

2-7　图形的镜像练习。

2-8　多段线的绘制、编辑以及阵列等练习。

2-6　图形的拉伸练习[绘制(a)图，并将其拉伸成(b)图]。

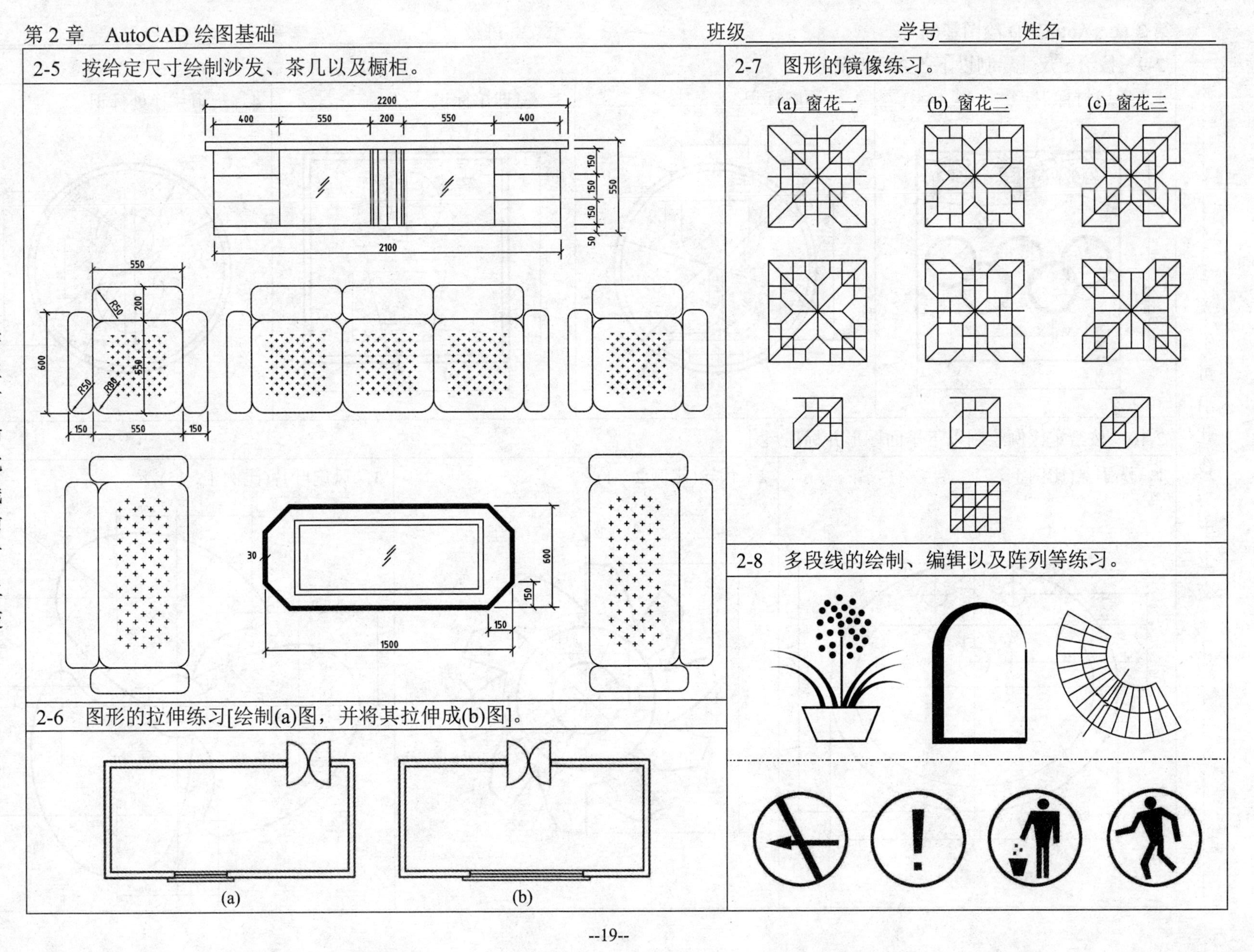

学生可沿此线剪下上交

2-9　按给定尺寸绘制以下各类标识图形。

1．奥运村标识

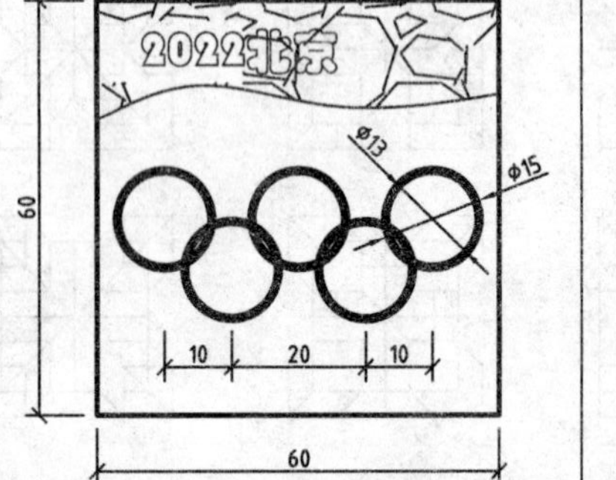

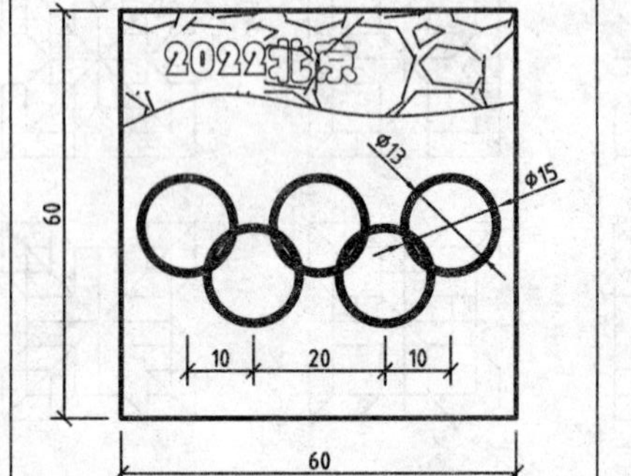

2．酒吧标识

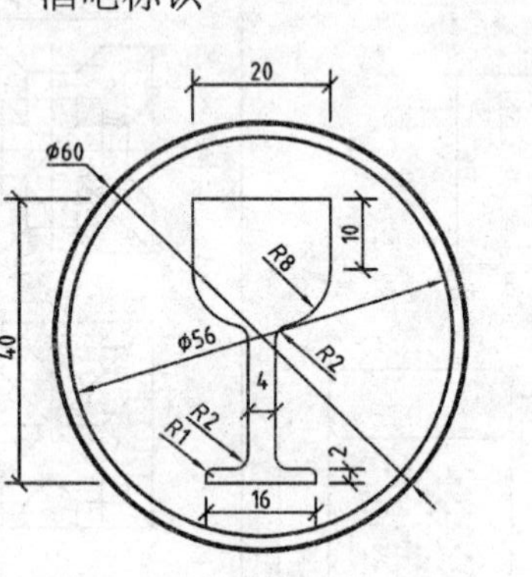

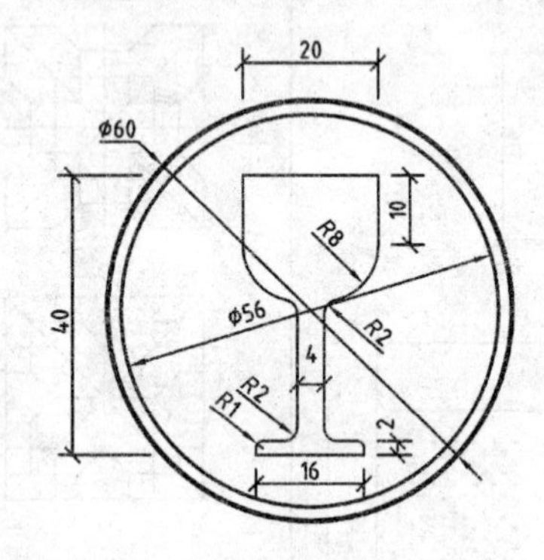

3．篮球馆标识

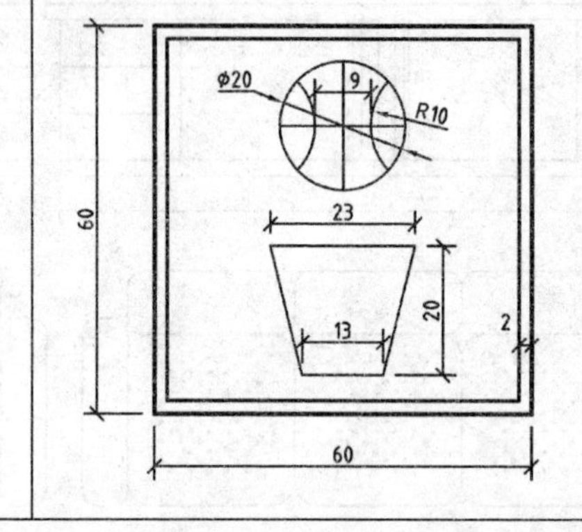

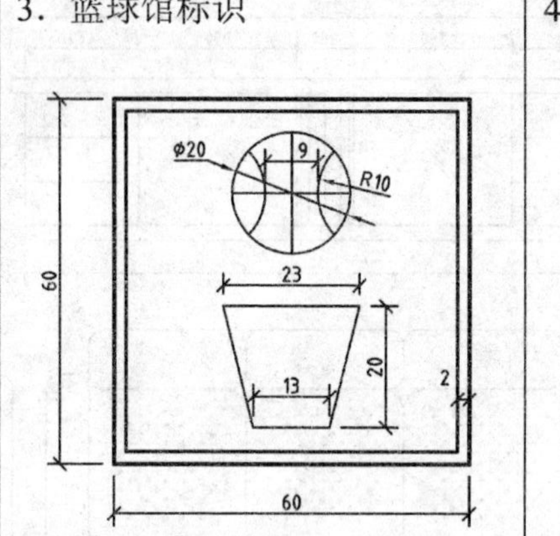

4．货币兑换处标识

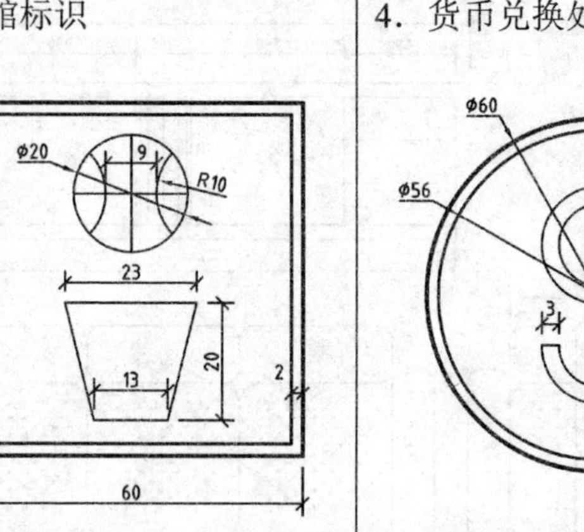

2-10　按给定比例绘制以下平面图形并标注尺寸。

1．洗手盆(比例 1∶2)

2．齿轮(比例 2∶1)

3．风扇叶片(比例 1∶15)

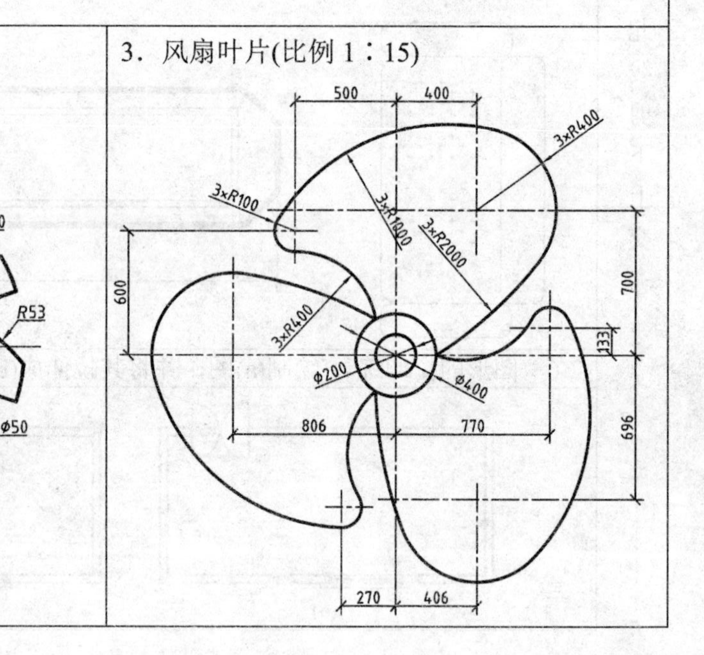

班级________ 学号________ 姓名________

3-1　投影图与立体图对照编号。

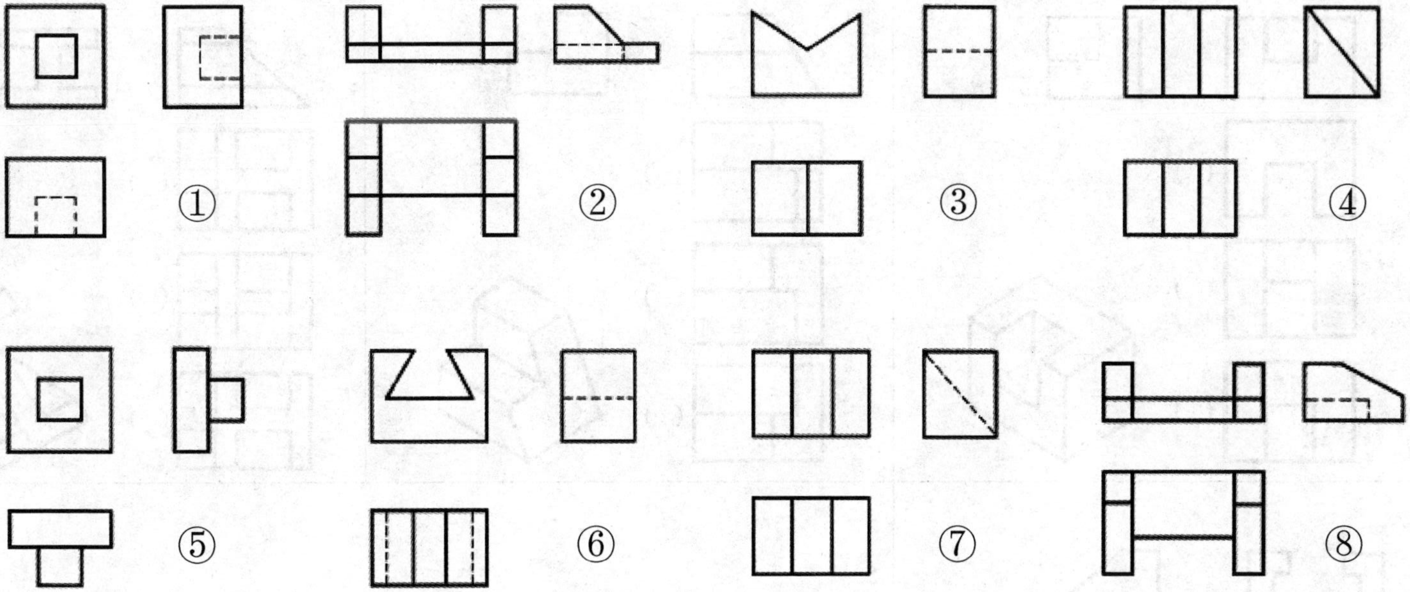

①　②　③　④

⑤　⑥　⑦　⑧

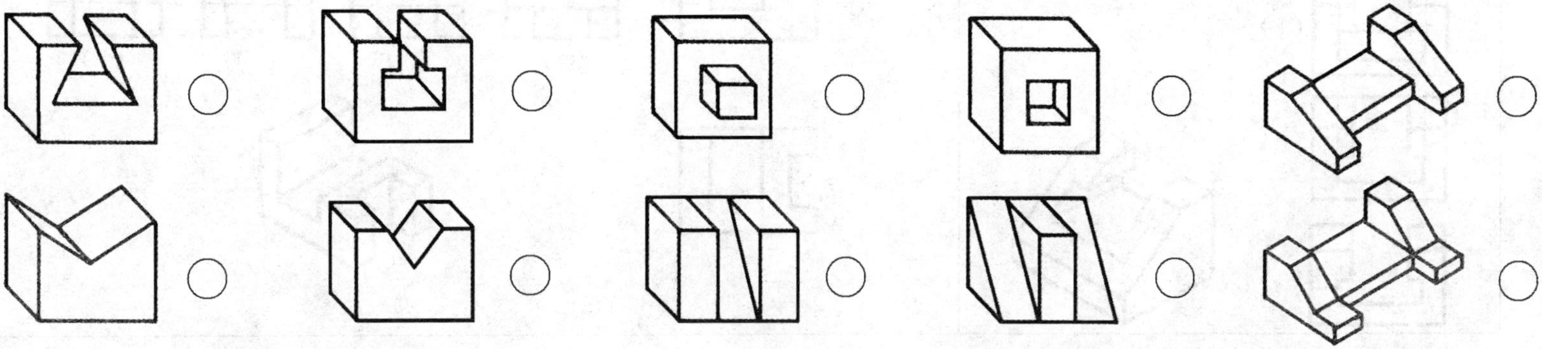

学生可沿此线剪下上交

班级________ 学号______ 姓名________

学生可沿此线剪下上交

3-2　根据两面投影图和立体图，找出正确的第三面投影图(在相应的括号内打“√”)。

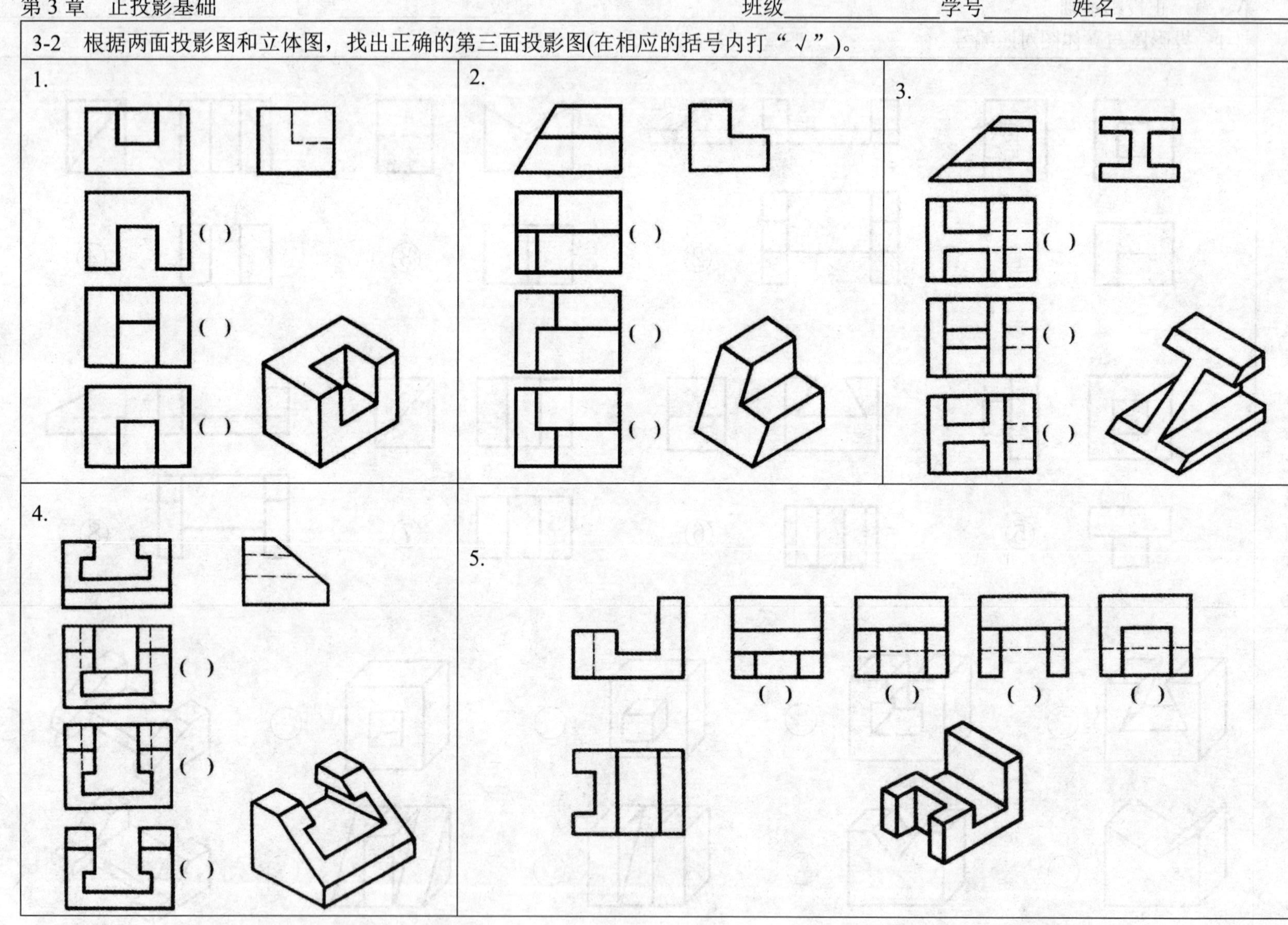

3-3　补齐投影图中的漏线。

1.　2.　3.

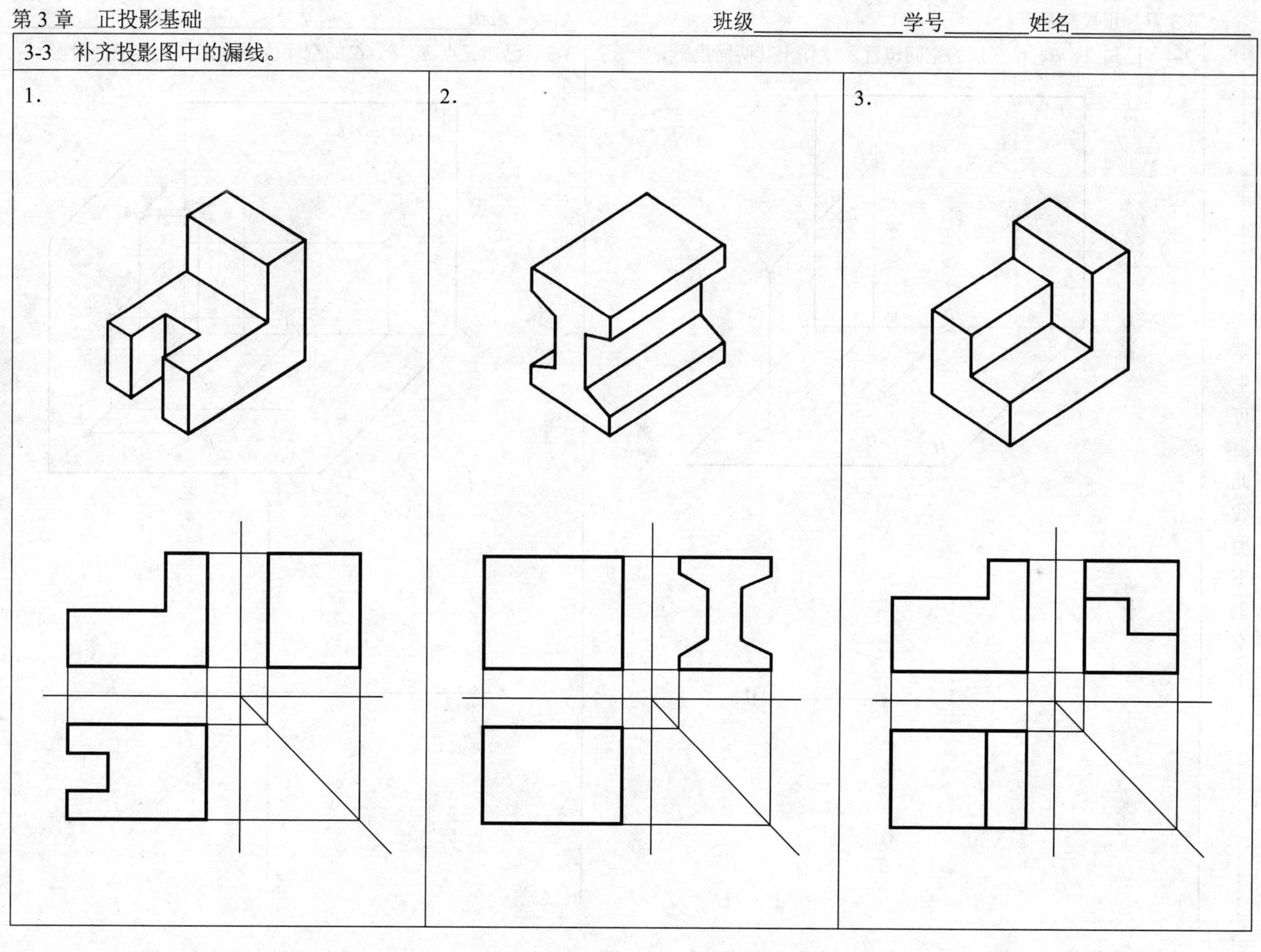

学生可沿此线剪下上交

班级________学号________姓名________

学生可沿此线剪下上交

3-4　已知 A、B、C 三点的空间位置，试作出其两面投影。

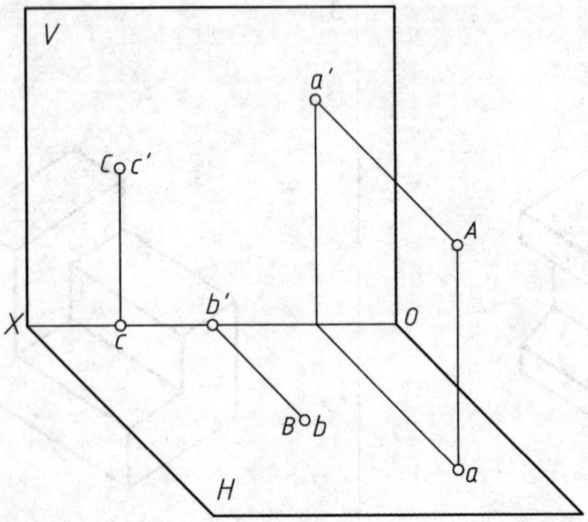

3-5　已知三点 A、B、C 的空间位置，试作出其三面投影。

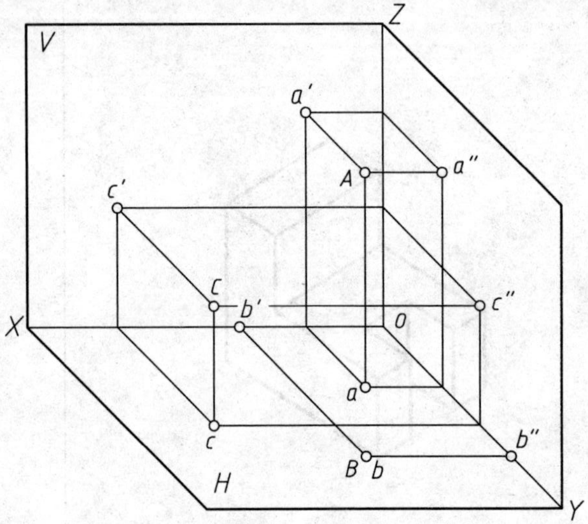

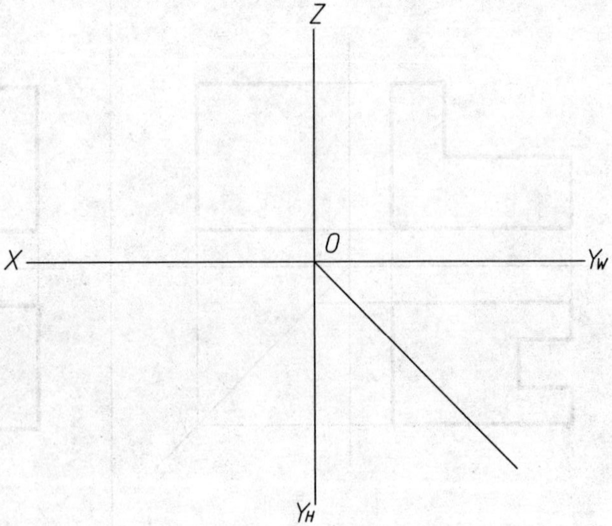

3-6　对照立体图，在三面投影图中注明 A、B、C 三点的三面投影。

1.　2.　3.　4.

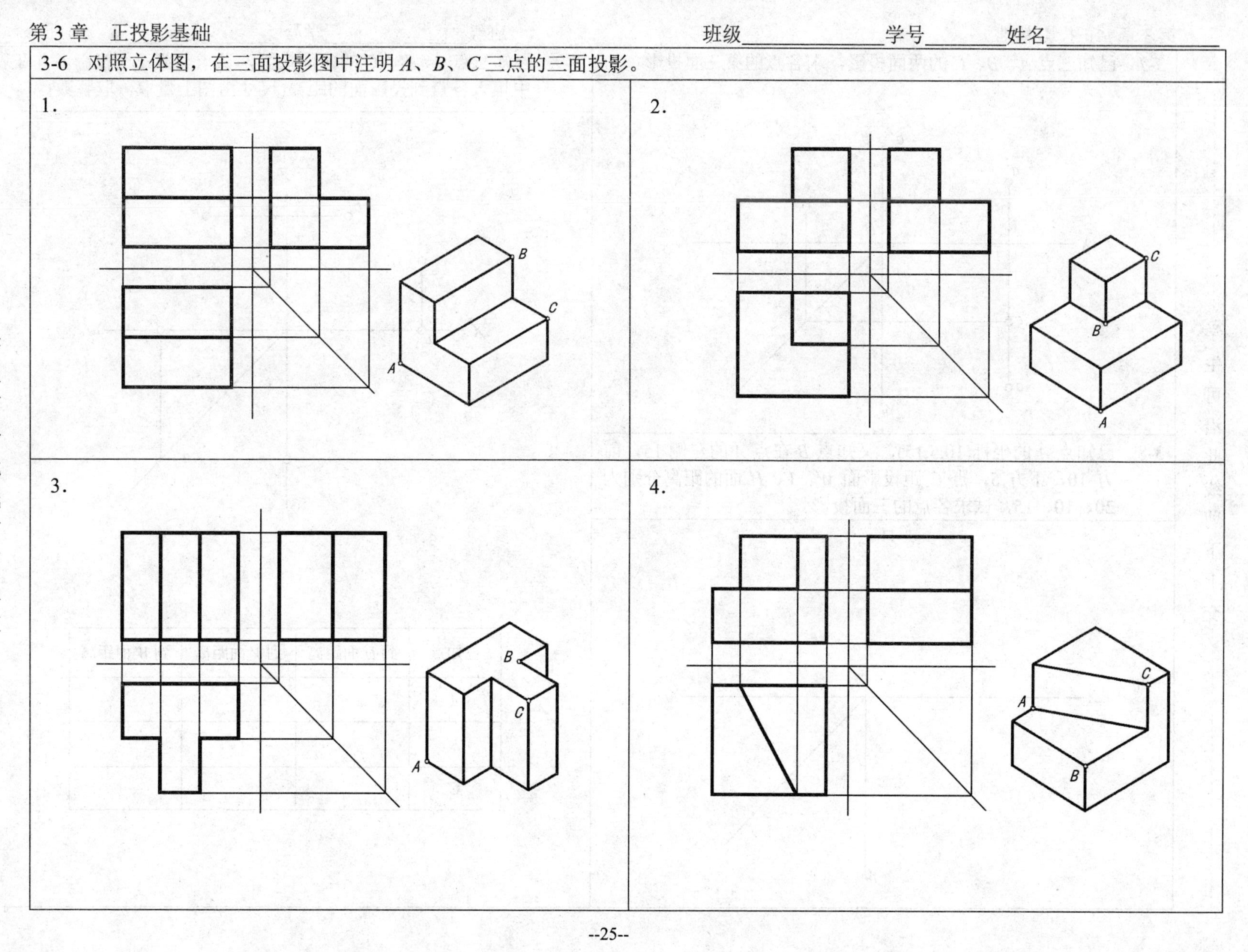

学生可沿此线剪下上交

班级＿＿＿＿＿＿学号＿＿＿＿姓名＿＿＿＿＿＿

学生可沿此线剪下上交

3-7　已知三点 *A*、*B*、*C* 的两面投影，求各点的第三面投影。

3-8　已知点 *A* 的坐标(10,5,15)，又知点 *B* 在点 *A* 的左侧 15，前方 10，下方 5，点 *C* 距投影面 *W*、*V*、*H* 面的距离分别为 20、10、15，试求各点的三面投影。

3-9　已知三点 *A*、*B*、*C* 的两面投影，试求其第三面投影，并在表中填入各点到投影面的距离(尺寸由图上量取，取整数)。

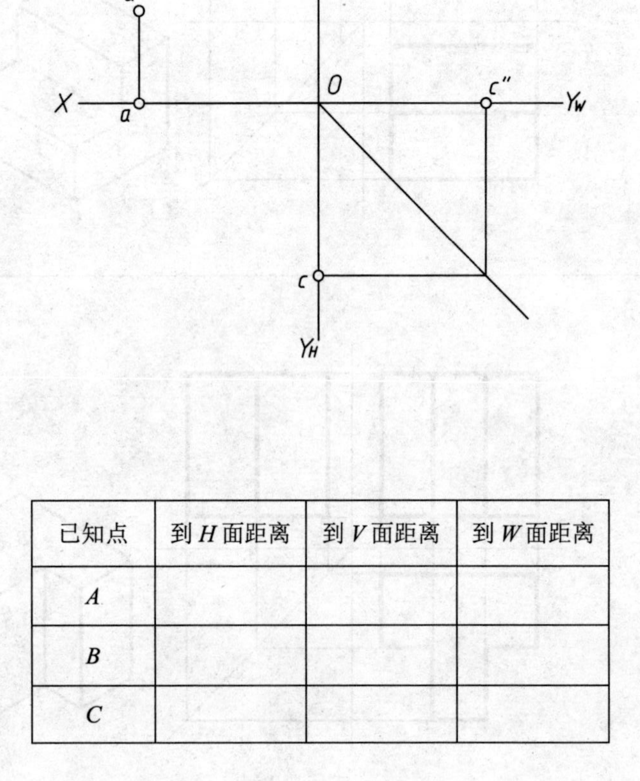

已知点	到 *H* 面距离	到 *V* 面距离	到 *W* 面距离
A			
B			
C			

班级______ 学号______ 姓名______

3-10　在下列投影图中，试标出立体图上所注直线段的三面投影，并判断其空间位置。

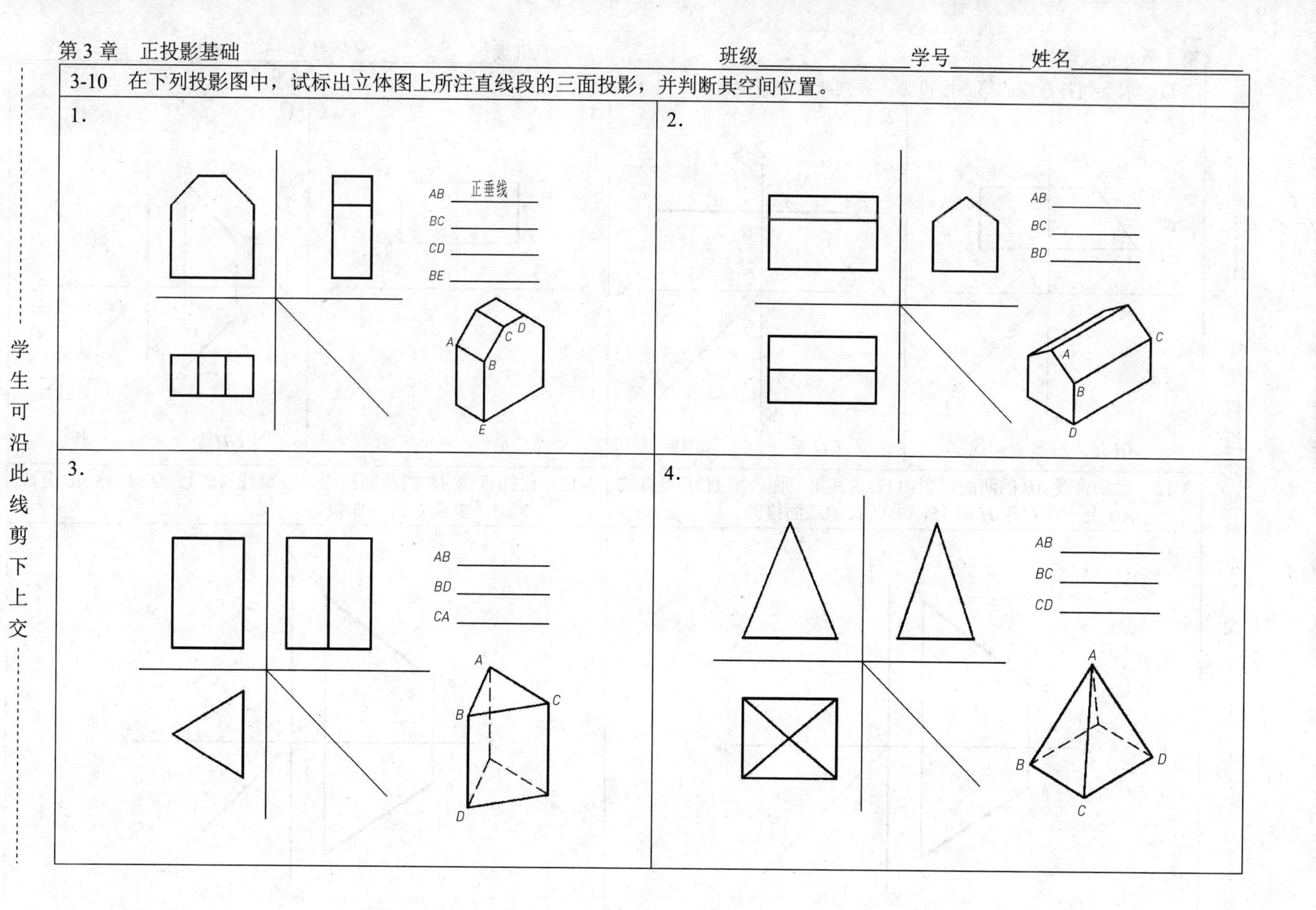

学生可沿此线剪下上交

学生可沿此线剪下上交

3-11　求下列各直线的第三面投影，并判断其空间位置。

1. AB 是________线

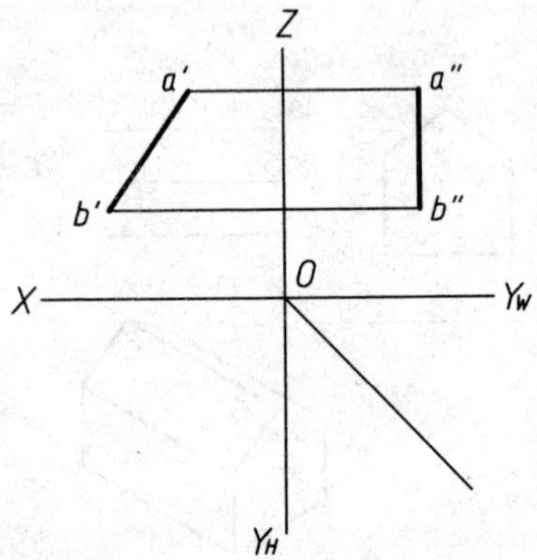

2. CD 是________线

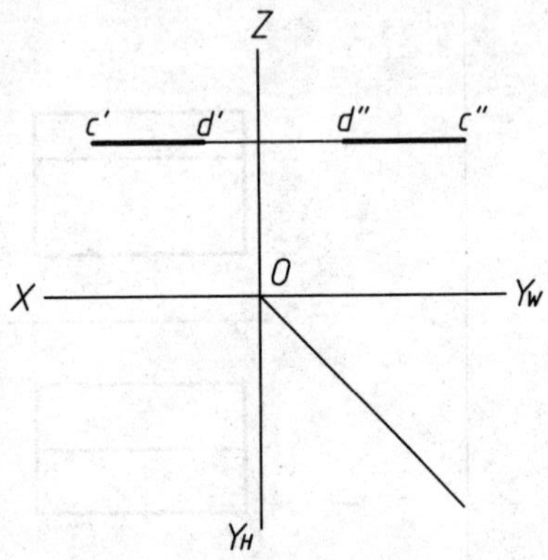

3. EF 是________线

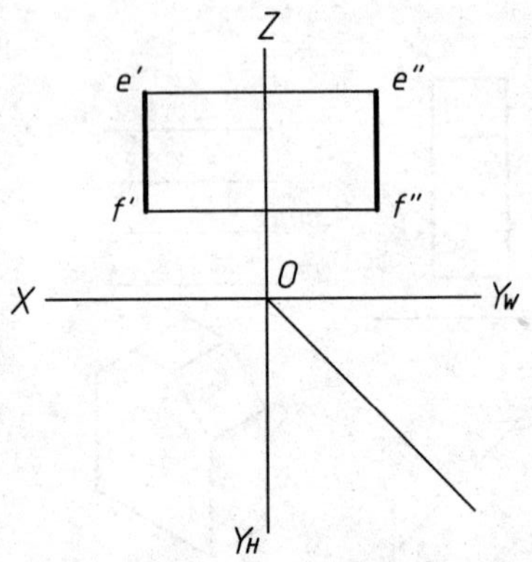

4. GH 是________线

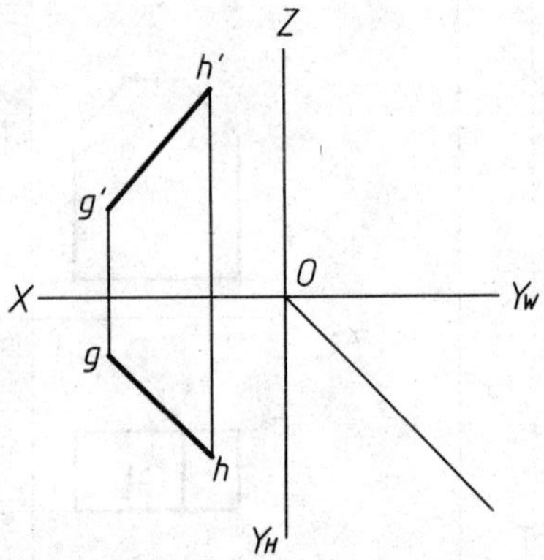

3-12　已知直线 AB 的两面投影：(1) 求其第三面投影；(2) 设直线 AB 上一点 C 距 H 面 15，求点 C 的三面投影。

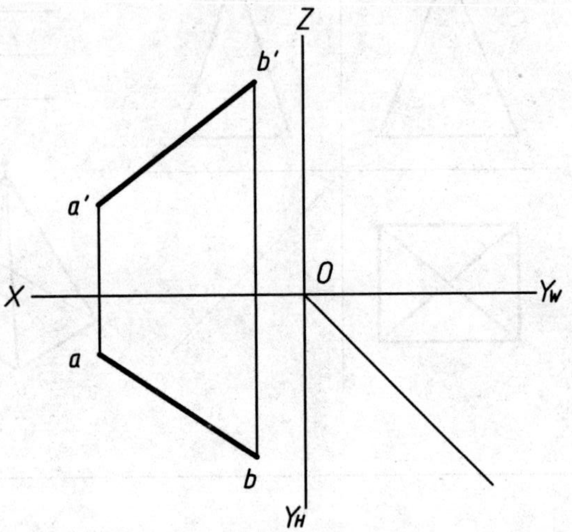

3-13　已知直线 AB 的两面投影，设直线 AB 上一点 C 将 AB 分成 2∶3，求点 C 的三面投影。

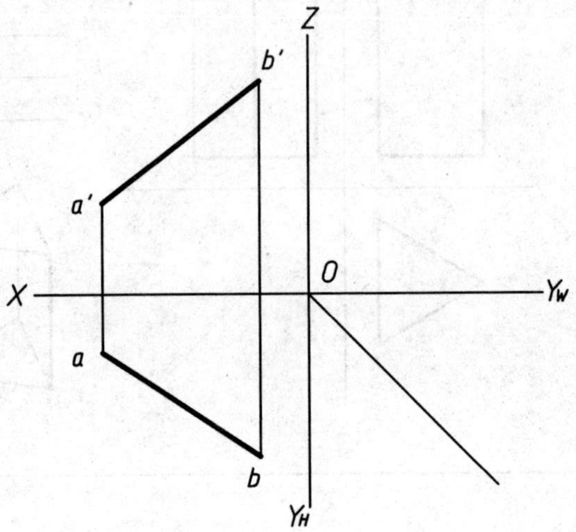

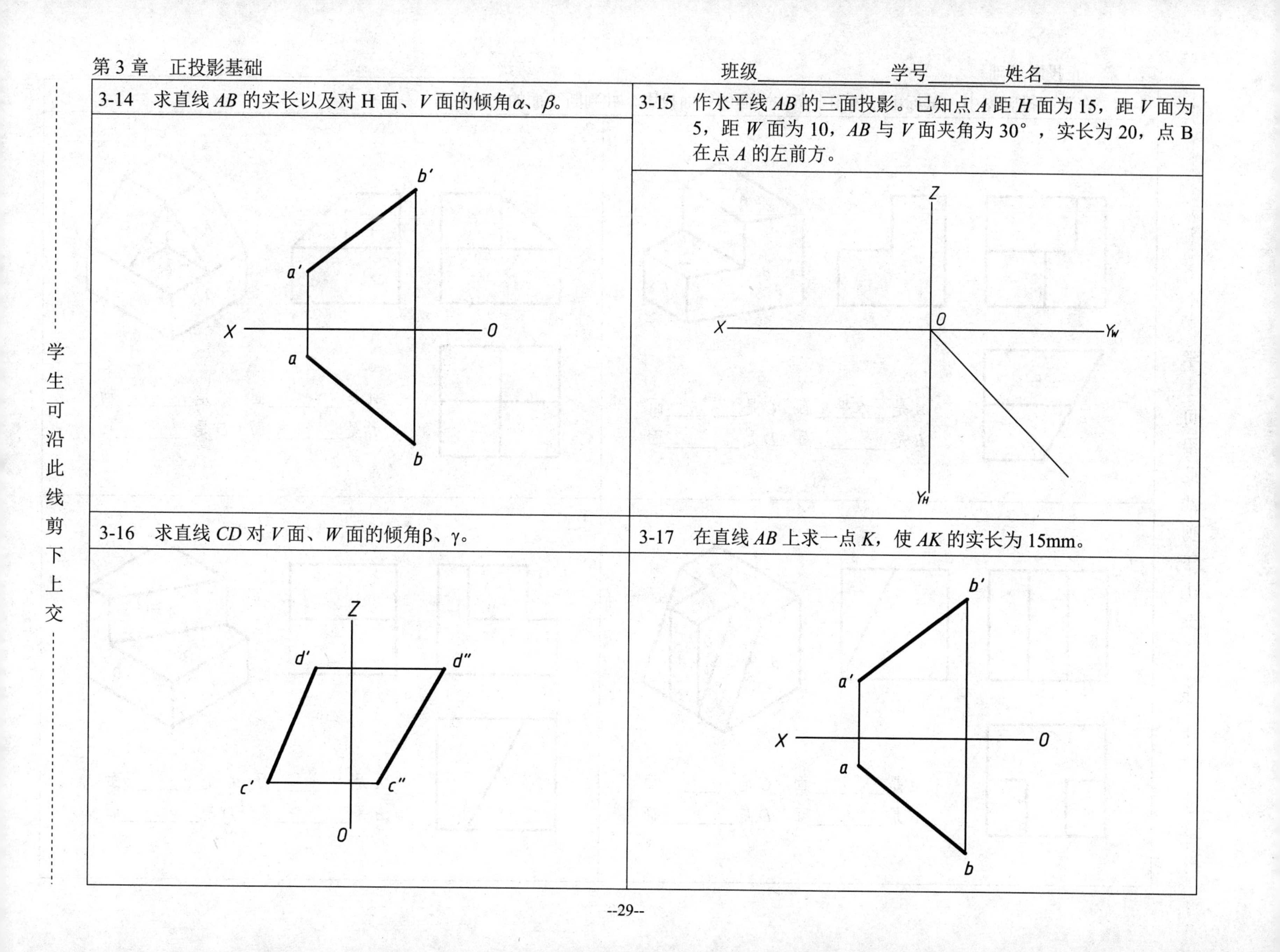
学生可沿此线剪下上交
3-14　求直线 *AB* 的实长以及对 H 面、*V* 面的倾角 α、β。
b′
a′
X
O
a
b
3-15　作水平线 *AB* 的三面投影。已知点 *A* 距 *H* 面为 15，距 *V* 面为 5，距 *W* 面为 10，*AB* 与 *V* 面夹角为 30°，实长为 20，点 B 在点 *A* 的左前方。
Z
X
O
Y_W
Y_H
3-16　求直线 *CD* 对 *V* 面、*W* 面的倾角β、γ。
Z
d′
d″
c′
c″
O
3-17　在直线 *AB* 上求一点 *K*，使 *AK* 的实长为 15mm。
b′
a′
X
O
a
b

班级________ 学号________ 姓名________

学生可沿此线剪下上交

3-18　在下列投影图中，试标出立体图上所注平面的三面投影，并判断平面的空间位置。

1.

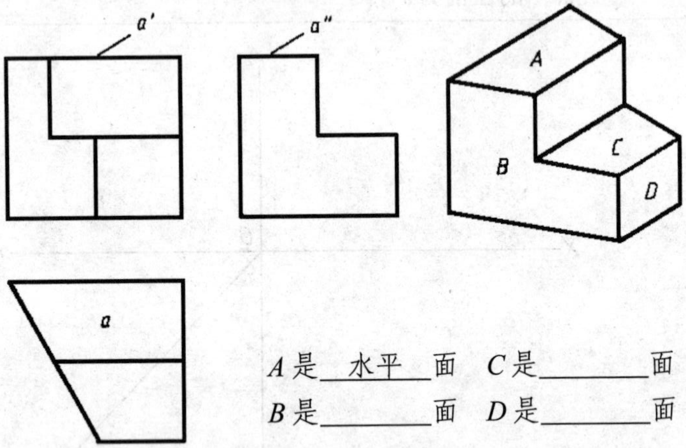

a′　a″　A　B　C　D　a

A 是__水平__面　C 是________面

B 是________面　D 是________面

2.

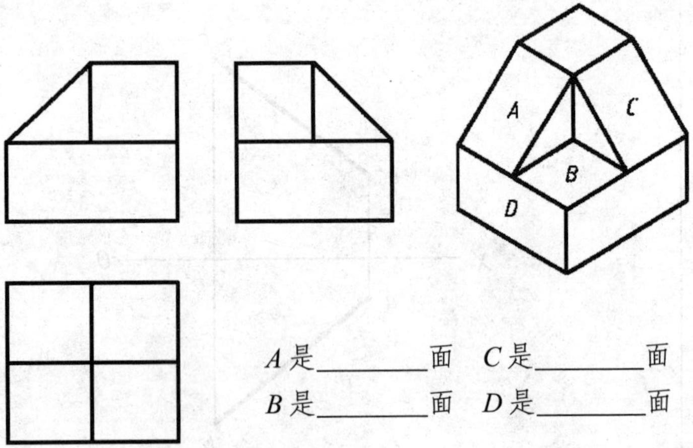

A　B　C　D

A 是________面　C 是________面

B 是________面　D 是________面

3.

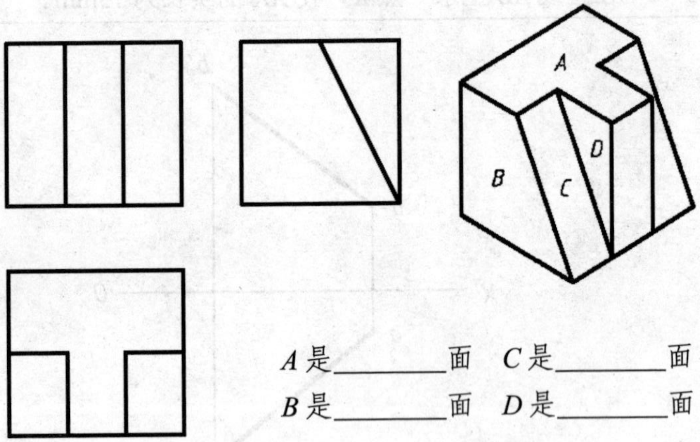

A　B　C　D

A 是________面　C 是________面

B 是________面　D 是________面

4.

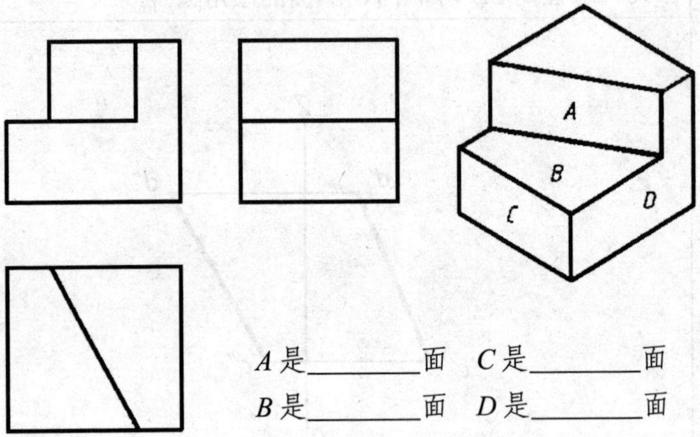

A　B　C　D

A 是________面　C 是________面

B 是________面　D 是________面

　　班级________学号________姓名________

3-18　在下列投影图中，试标出立体图上所注平面的三面投影，并判断平面的空间位置。

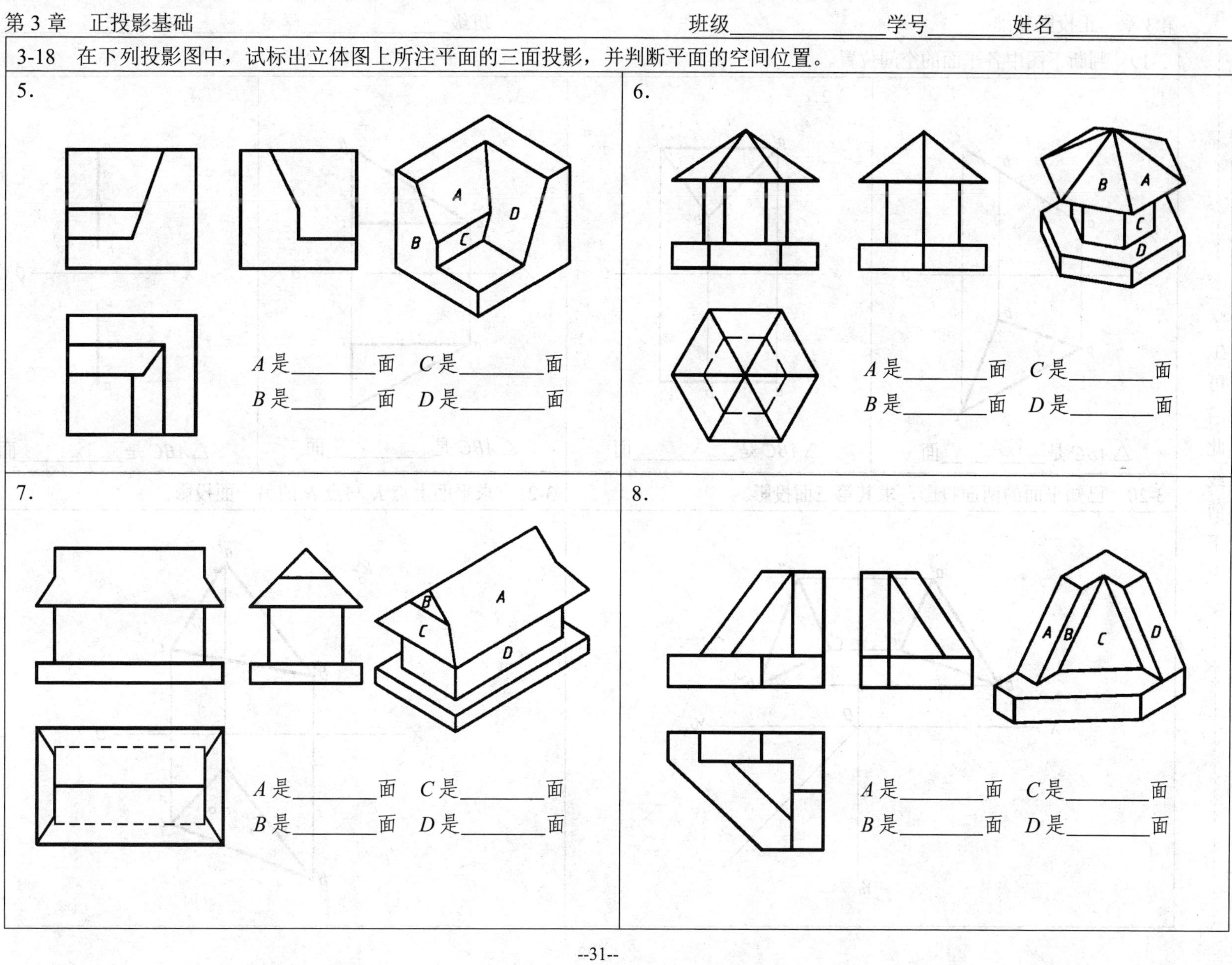

学生可沿此线剪下上交

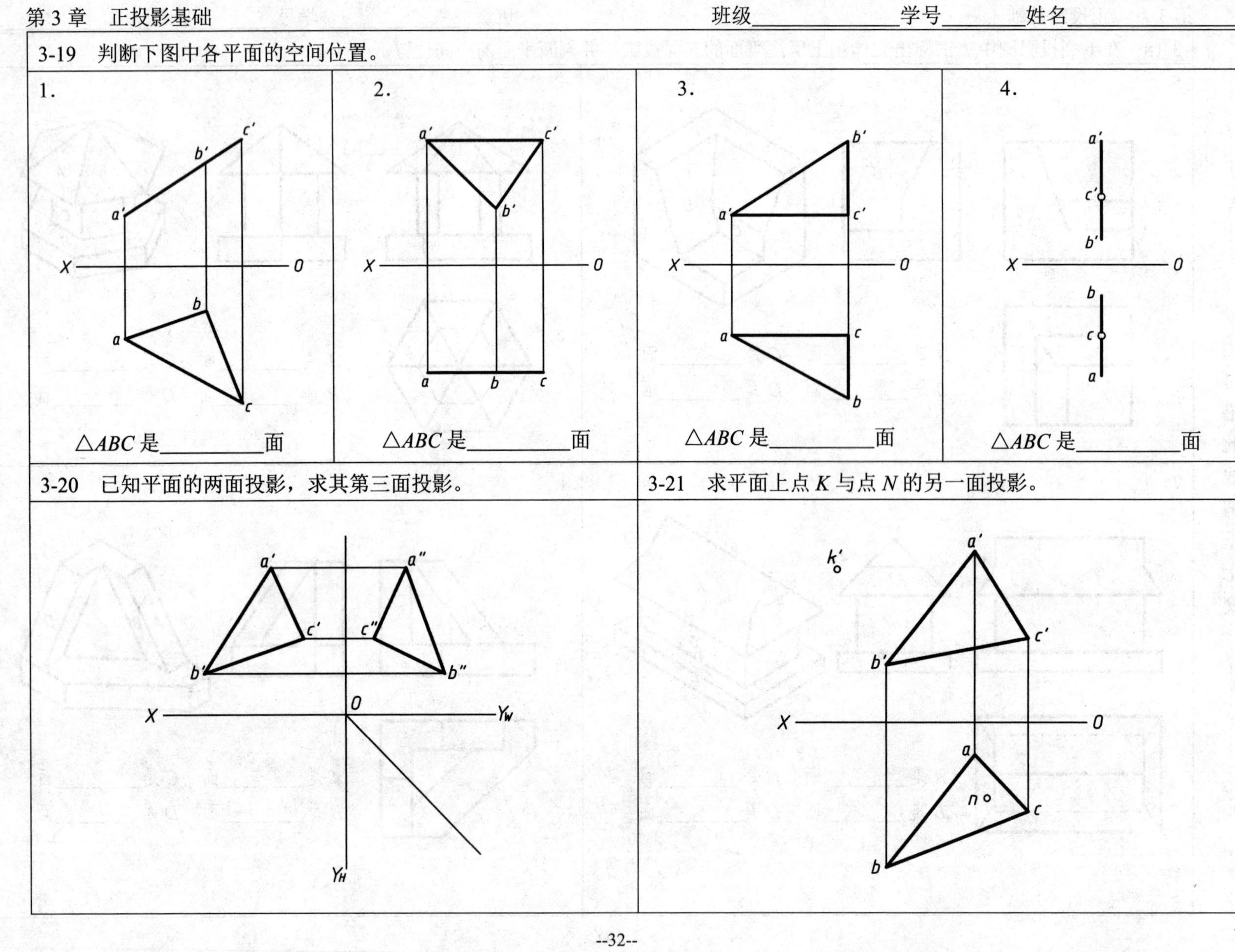
学生可沿此线剪下上交
3-19　判断下图中各平面的空间位置。
1.
a′
b′
c′
X
O
a
b
c
△ABC 是________面
2.
a′
c′
b′
X
O
a
b
c
△ABC 是________面
3.
b′
a′
c′
X
O
a
c
b
△ABC 是________面
4.
a′
c′
b′
X
O
b
c
a
△ABC 是________面
3-20　已知平面的两面投影，求其第三面投影。
a′
a″
c′
c″
b′
b″
X
O
YW
YH
3-21　求平面上点 K 与点 N 的另一面投影。
a′
k′
c′
b′
X
O
a
n
c
b

班级________学号________姓名________

3-22　完成平面图形 *ABCDE* 的水平投影。

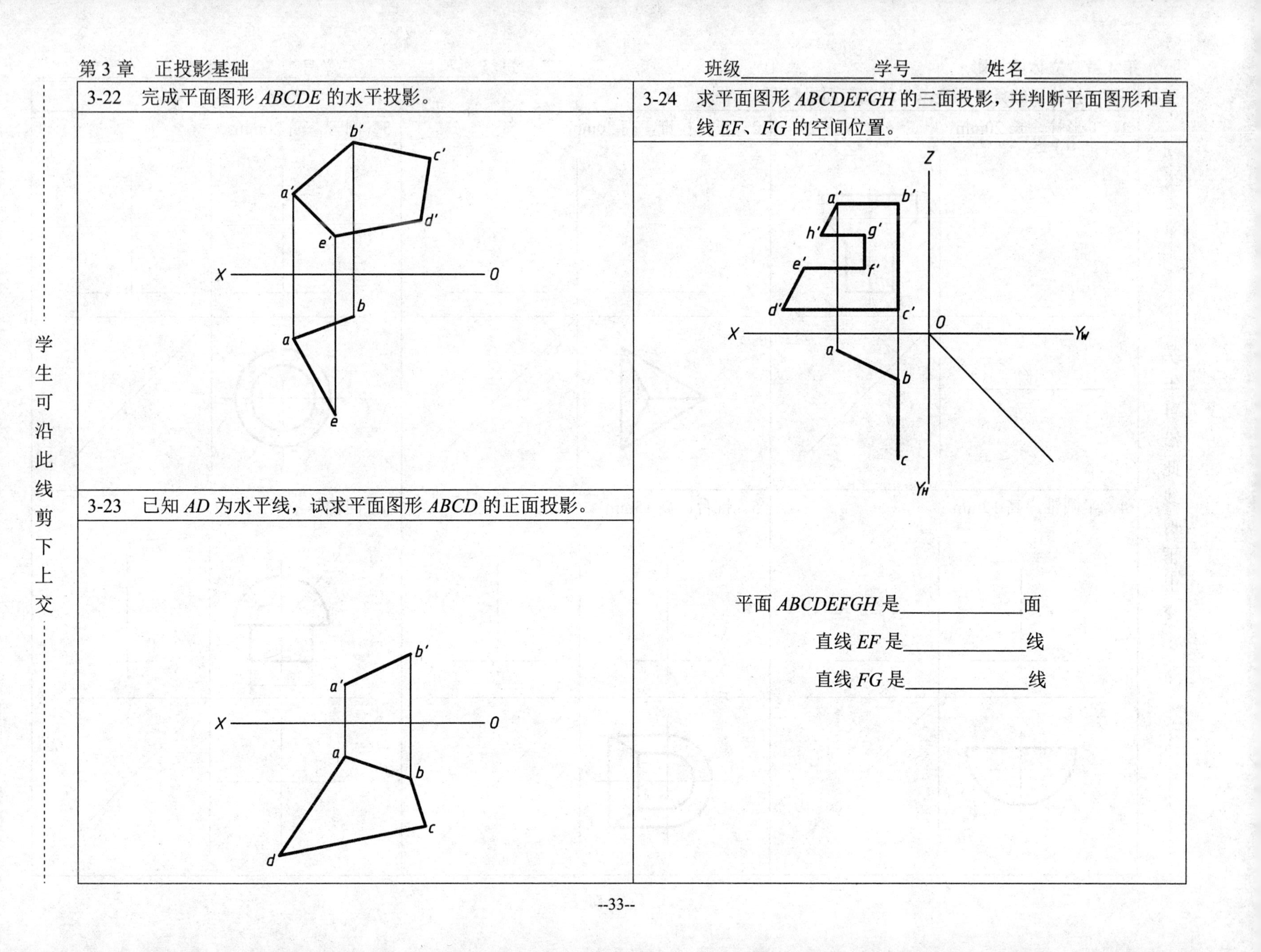

3-23　已知 *AD* 为水平线，试求平面图形 *ABCD* 的正面投影。

3-24　求平面图形 *ABCDEFGH* 的三面投影，并判断平面图形和直线 *EF*、*FG* 的空间位置。

平面 *ABCDEFGH* 是________面

直线 *EF* 是________线

直线 *FG* 是________线

学生可沿此线剪下上交

4-1　按给出的条件画全基本体的三面投影图。

1．T 形柱，长 20mm	2．正三棱锥，高 20mm	3．圆管，高 20mm
4．半圆锥，高 15mm	5．锥台，高 15mm	6．回转体

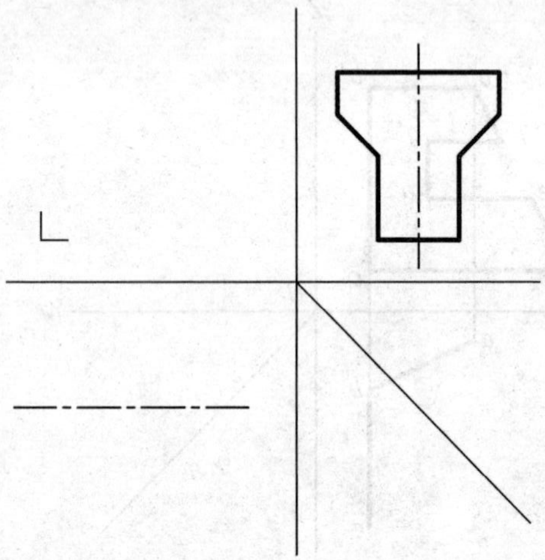

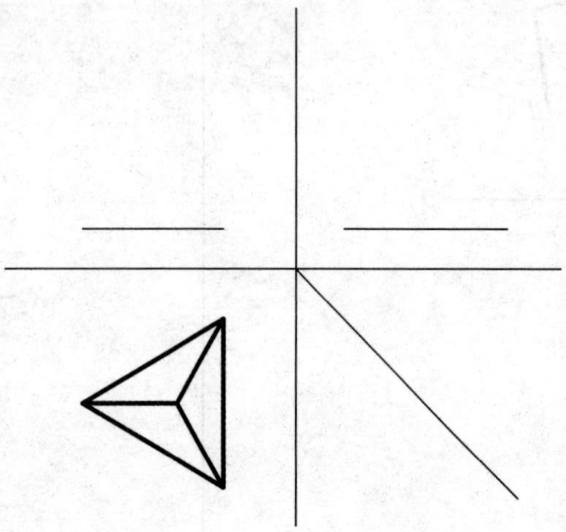

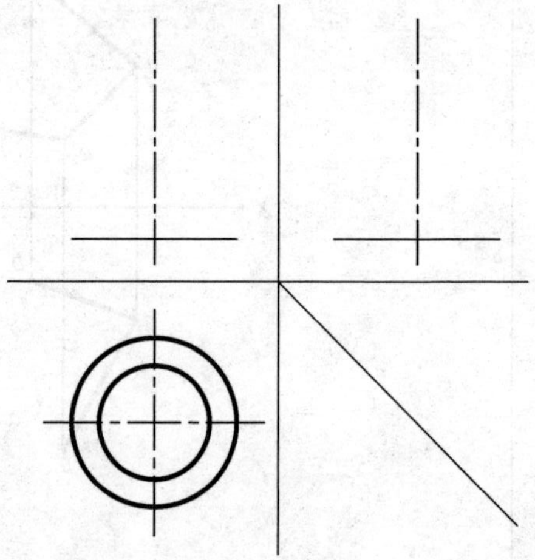

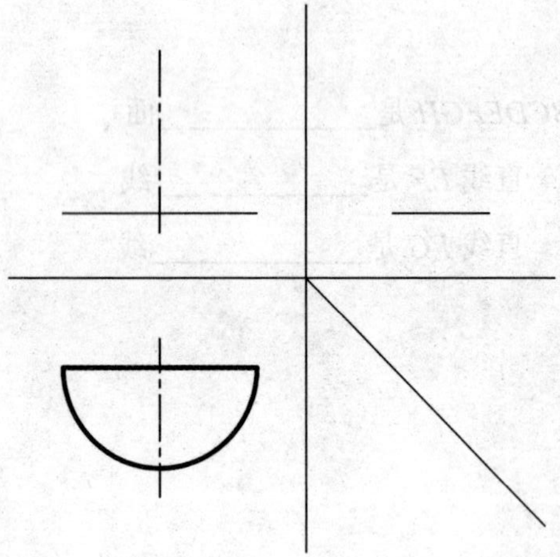

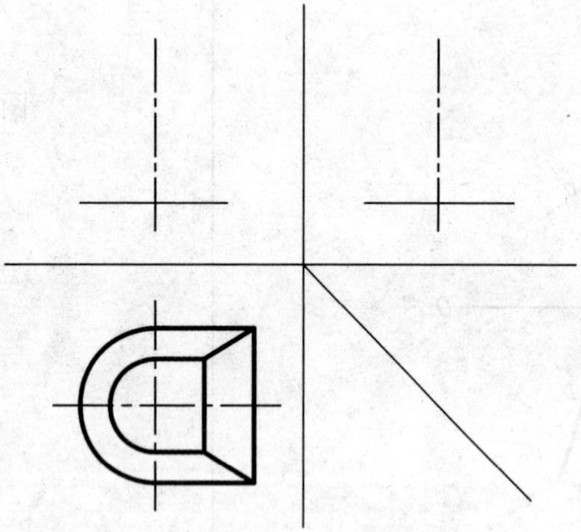

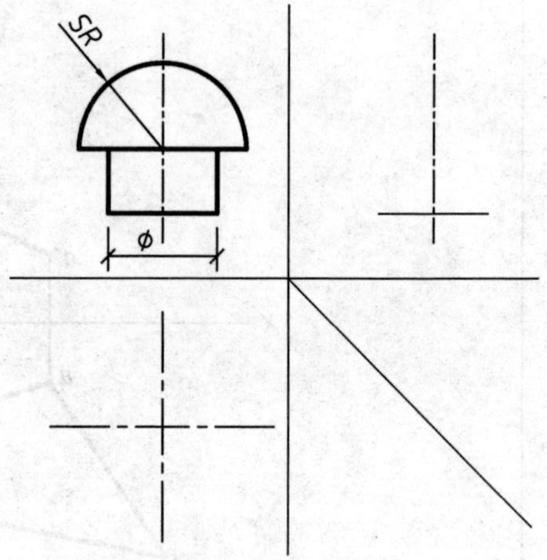

学生可沿此线剪下上交

4-2　补画基本体的第三面投影图，并求其上点、线的其他两面投影。

1．五棱柱

a′ b′ c′ d

2．三棱台

a′ b

3．四棱台与四棱柱

c′ d″

4．圆柱

c′ b a

5．圆台

c″ a″ b″

6．圆球

a′ b′ d′

班级________ 学号________ 姓名________

学生可沿此线剪下上交

4-3　补全棱柱和棱锥截切体的三面投影。

1. 六棱柱

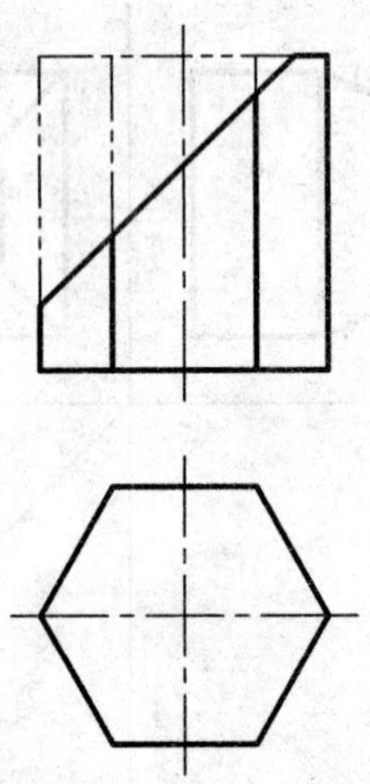

2. 三棱柱

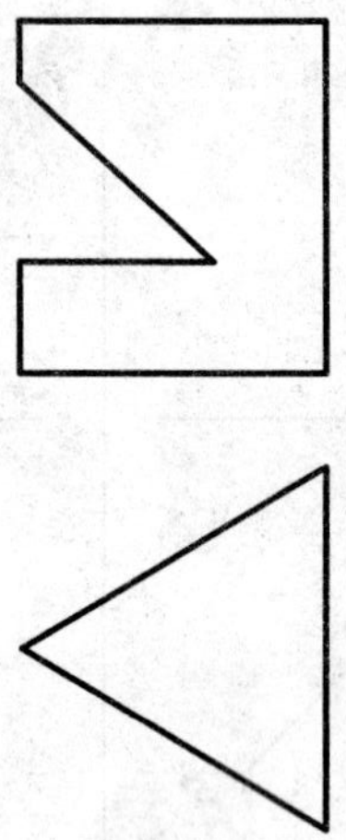

3. 五棱锥

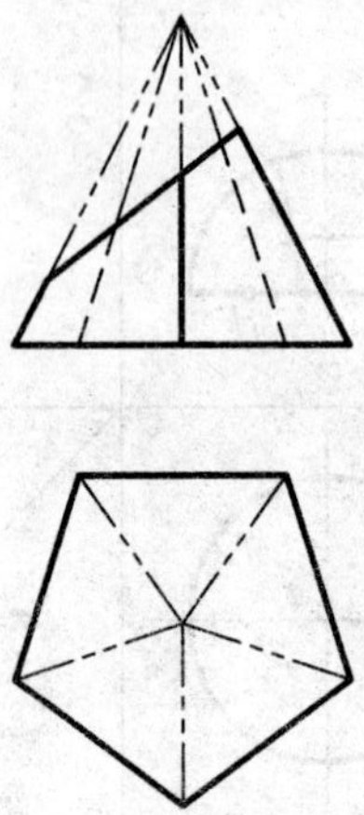

4. 四棱锥

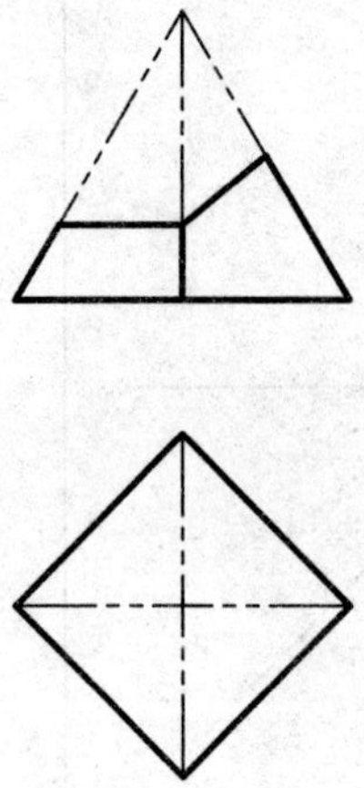

班级________ 学号________ 姓名________

4-4　补全圆柱截切体的三面投影。

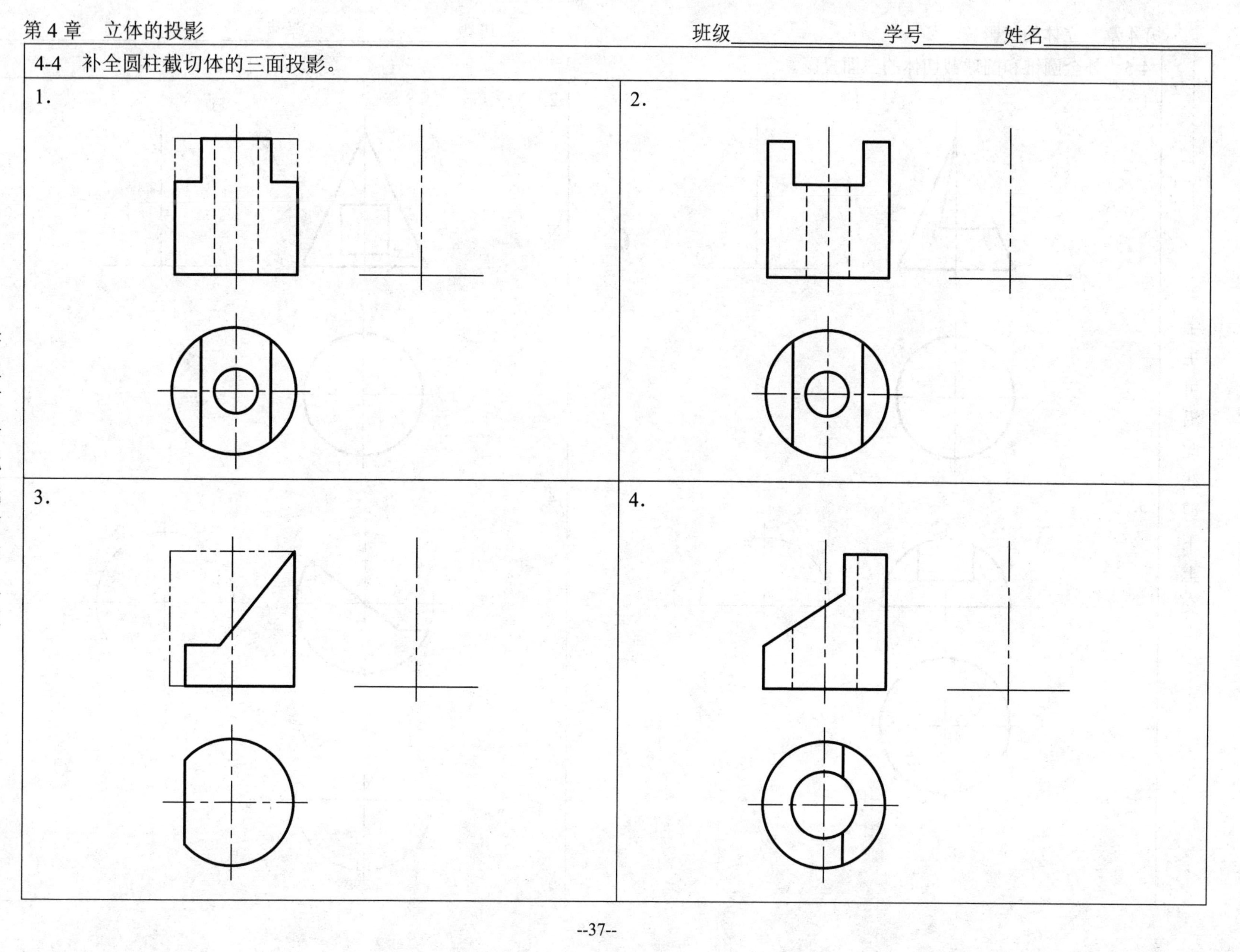

学生可沿此线剪下上交

学生可沿此线剪下上交

4-5　补全圆锥和圆球截切体的三面投影。

1.

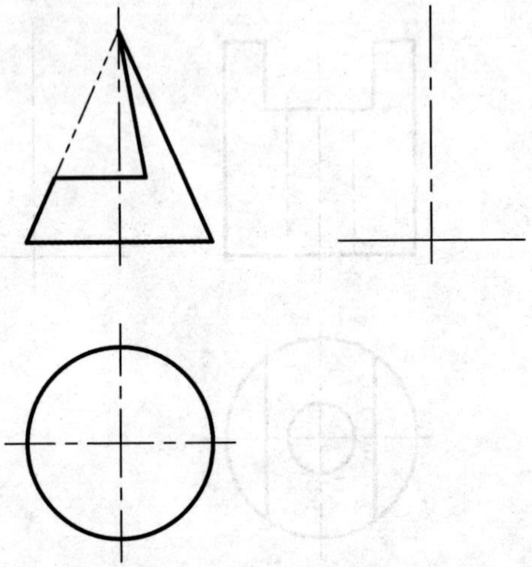

2.

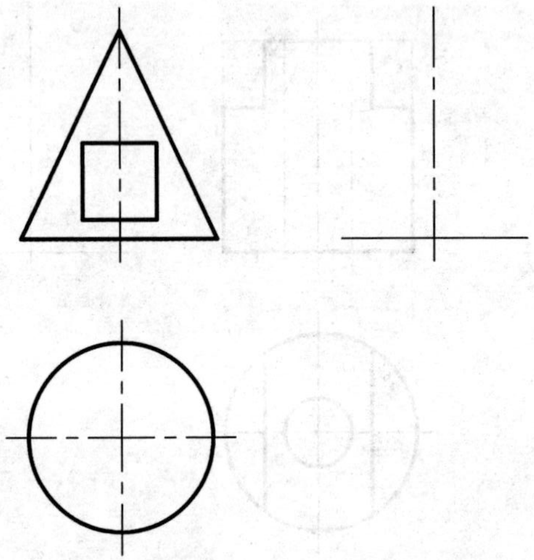

3.

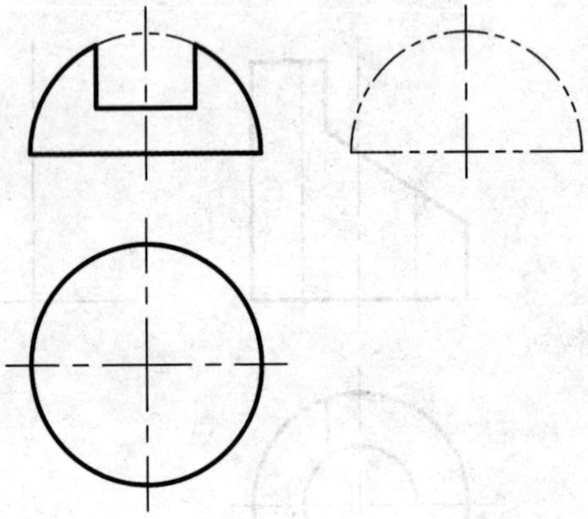

4.

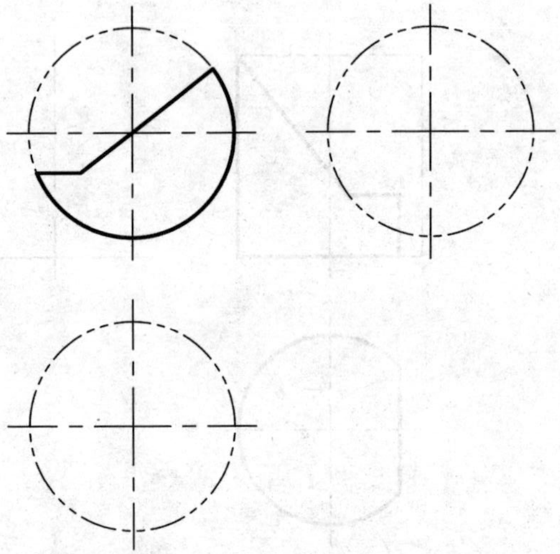

班级________ 学号________ 姓名________

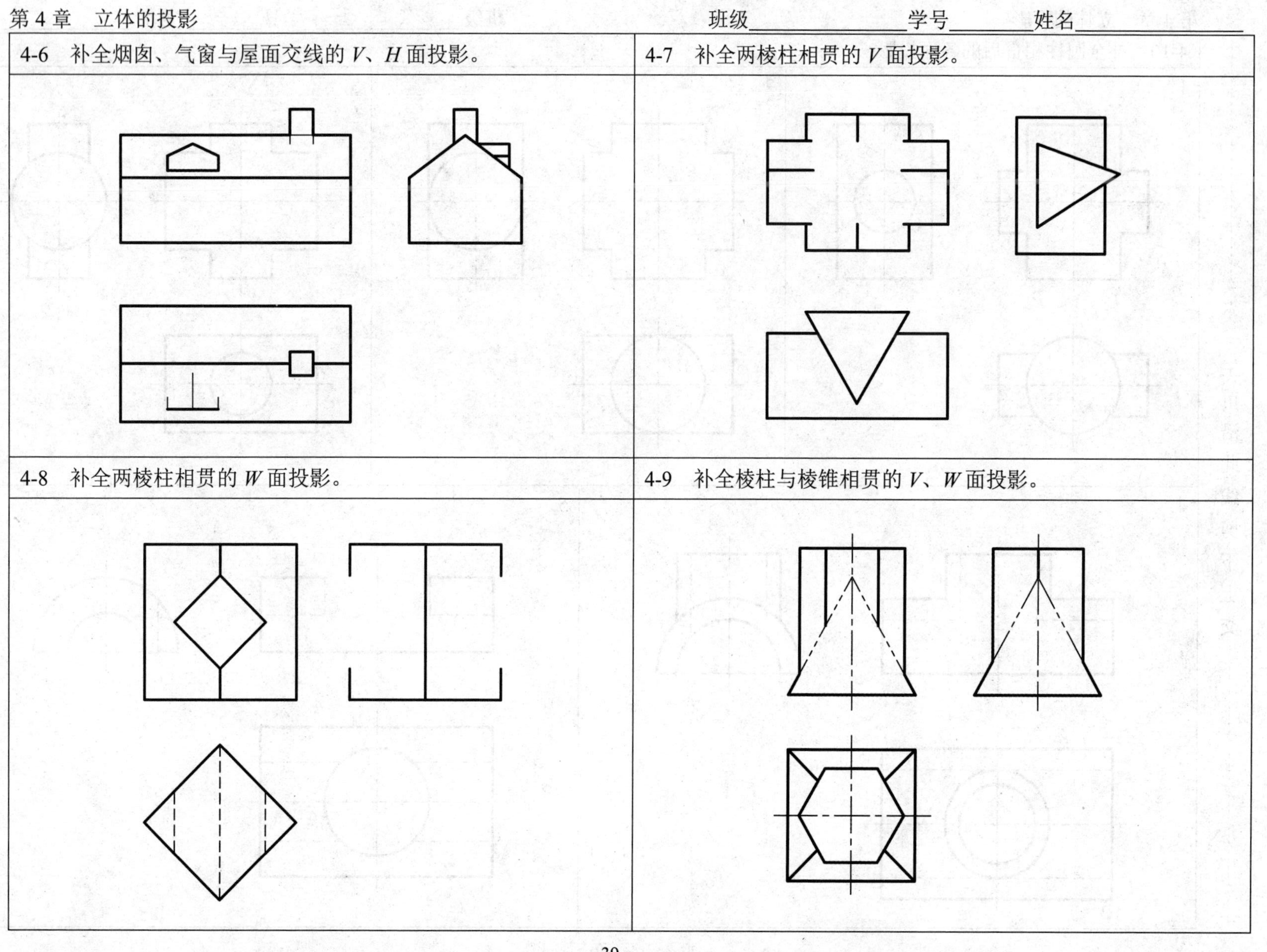

学生可沿此线剪下上交

学生可沿此线剪下上交

4-10　补全圆柱相贯后的各面投影。

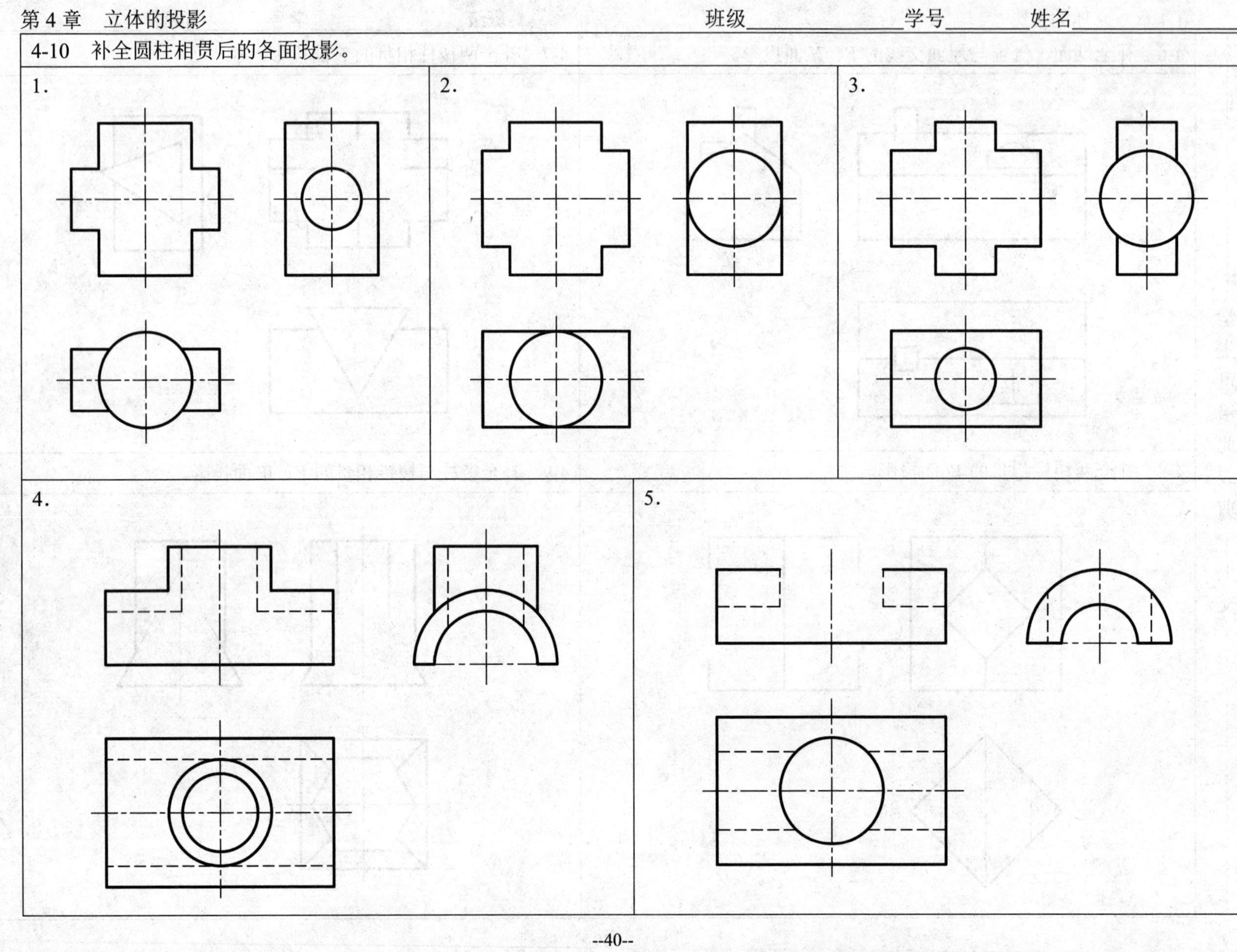

班级________ 学号______ 姓名________

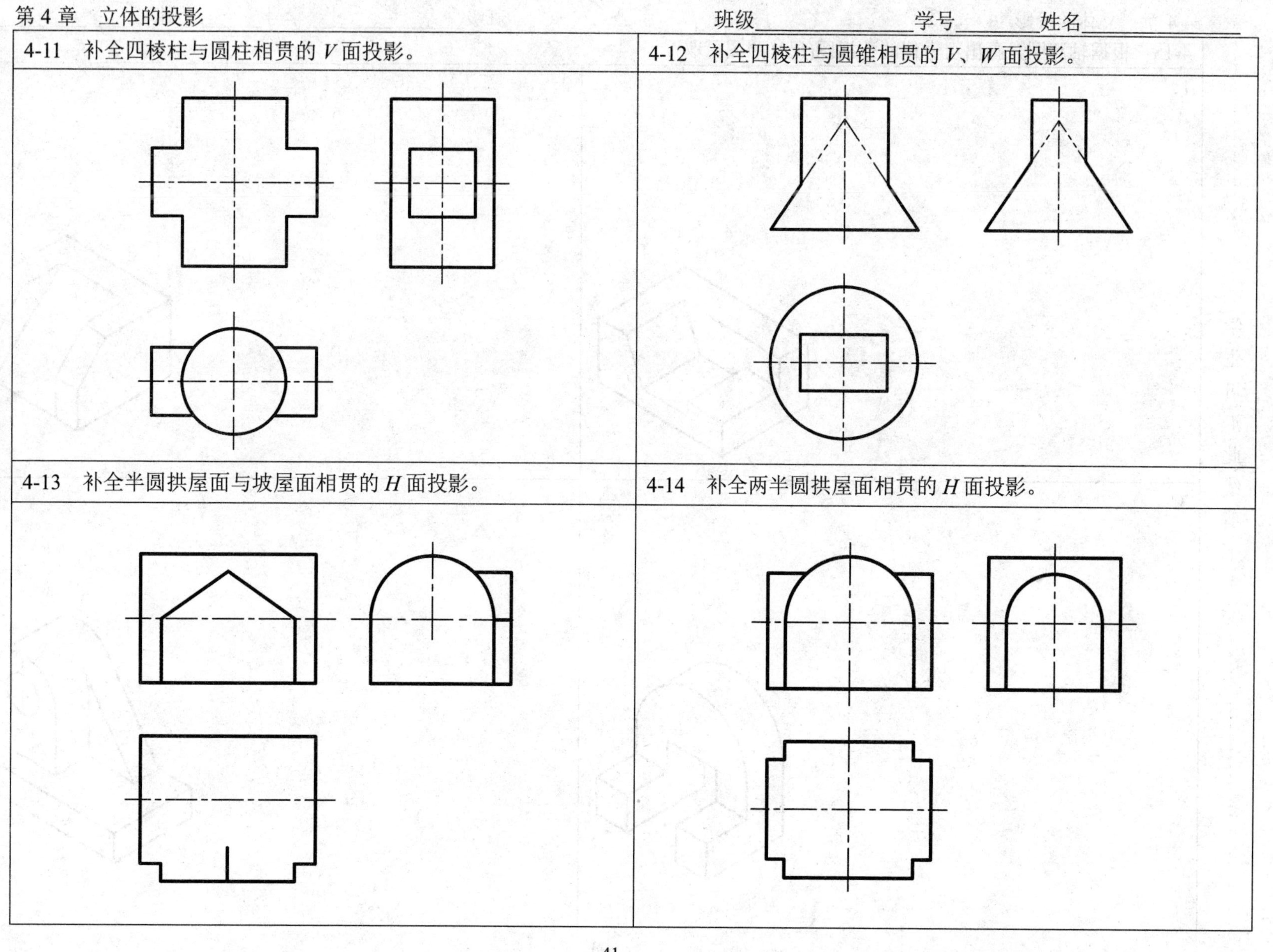

4-11　补全四棱柱与圆柱相贯的 V 面投影。

4-12　补全四棱柱与圆锥相贯的 V、W 面投影。

4-13　补全半圆拱屋面与坡屋面相贯的 H 面投影。

4-14　补全两半圆拱屋面相贯的 H 面投影。

学生可沿此线剪下上交

班级________ 学号________ 姓名________

学生可沿此线剪下上交

4-15　根据轴测图，画出组合体的三视图(尺寸照图量取)。

1.

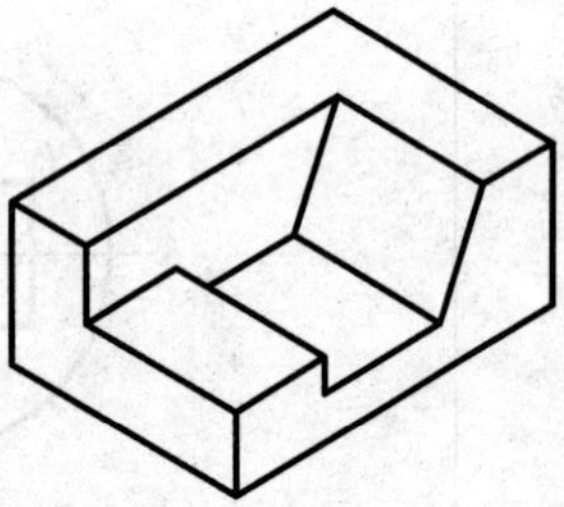

2.

3.

4.

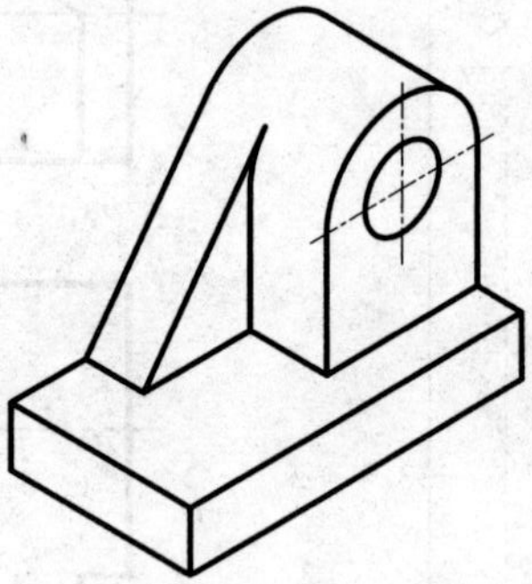

班级________________学号________姓名________________

4-16　补画组合体的第三视图，并在视图中标出平面 P 和 R 的其余投影。

1.

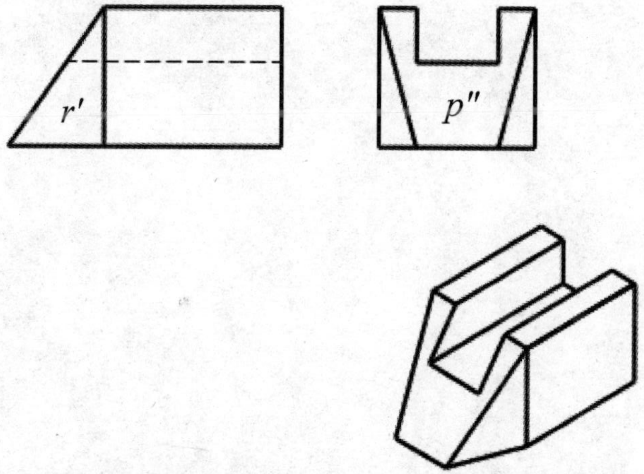

r'　p''

2.

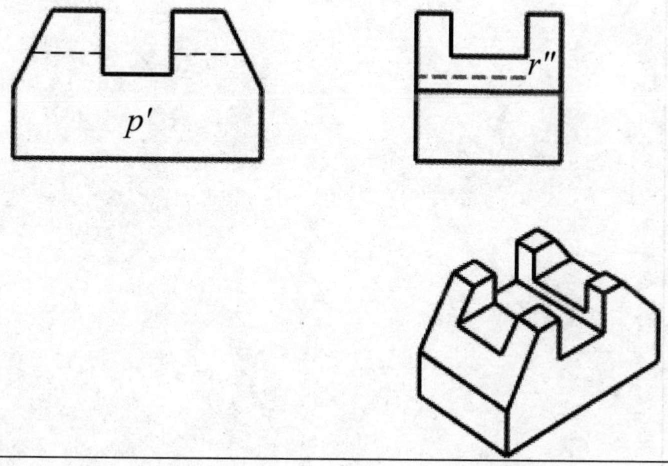

p'　r''

3.

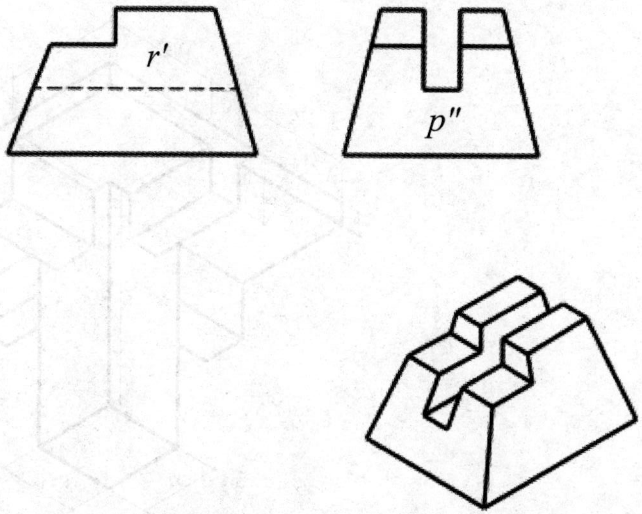

r'　p''

4.

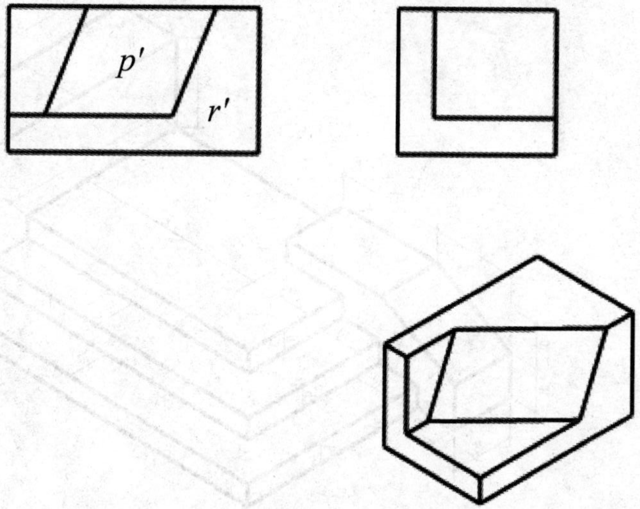

p'　r'

学生可沿此线剪下上交

班级＿＿＿＿＿＿＿＿学号＿＿＿＿＿姓名＿＿＿＿＿＿＿＿

学生可沿此线剪下上交

4-17　根据轴测图及所给尺寸，画出组合体的三视图并标注尺寸(比例 1∶2)。

1.

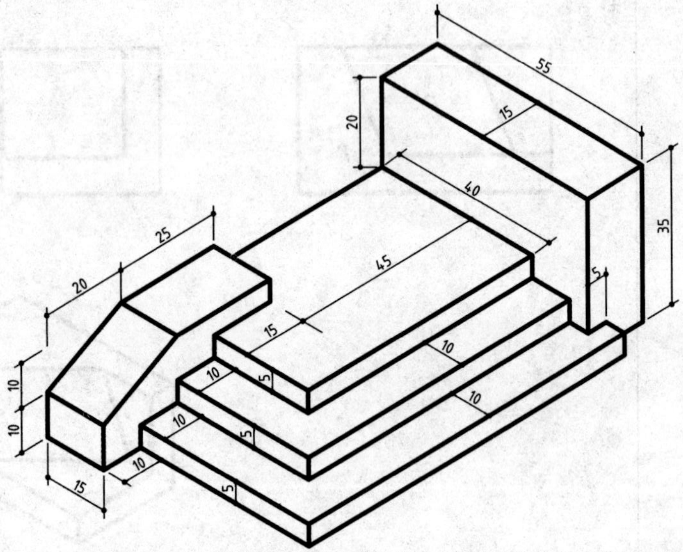

2.

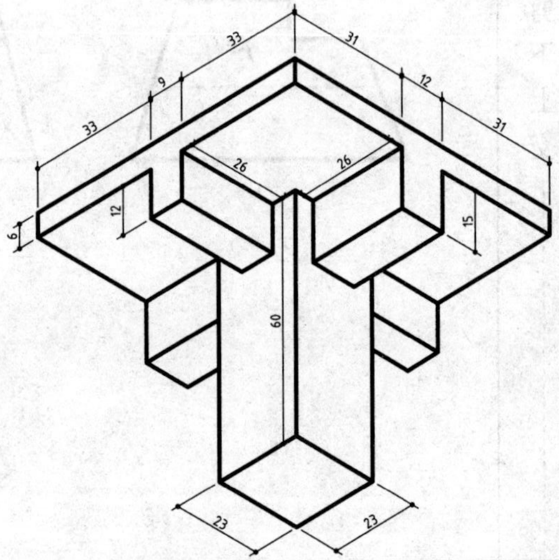

4-18　标注组合体的尺寸(尺寸数值按 1∶1 由图中量取，取整数)。

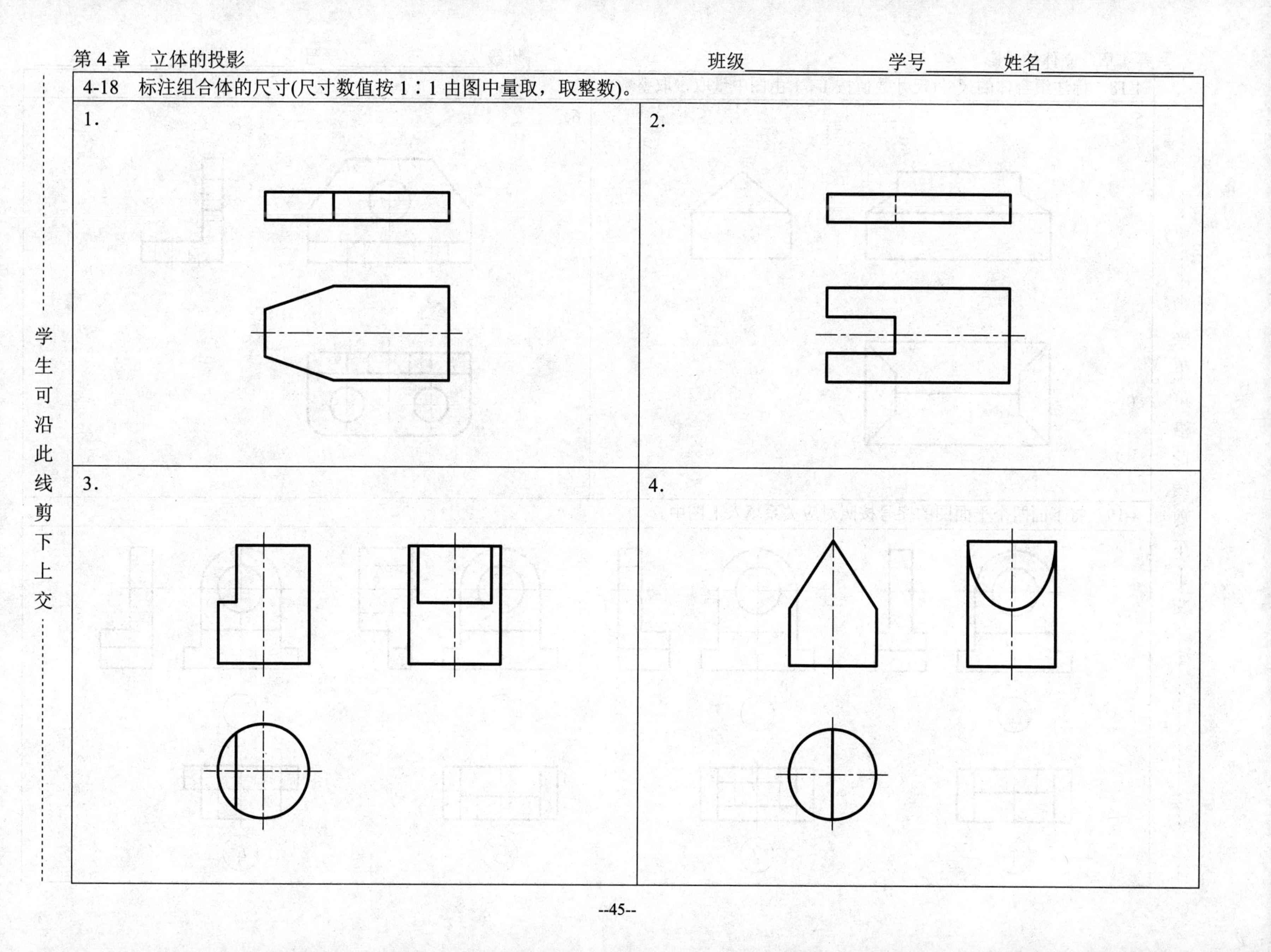

班级________ 学号________ 姓名________

学生可沿此线剪下上交

4-18　标注组合体的尺寸(尺寸数值按 1∶1 由图中量取，取整数)。

5.

6.

4-19　将下面四个平面图的序号按照对应关系填入上图中。

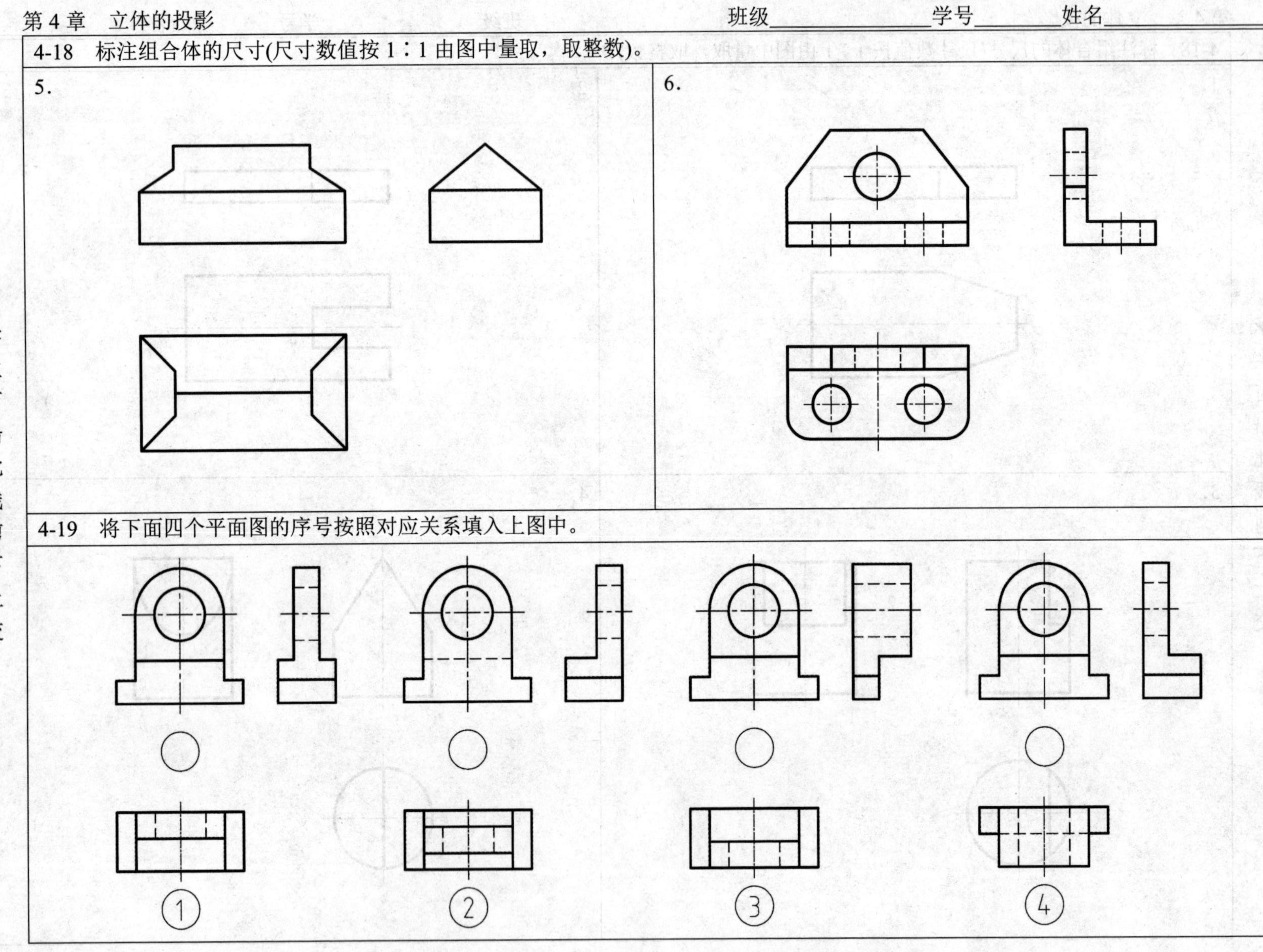

4-20　根据组合体的两视图，补画其第三视图。

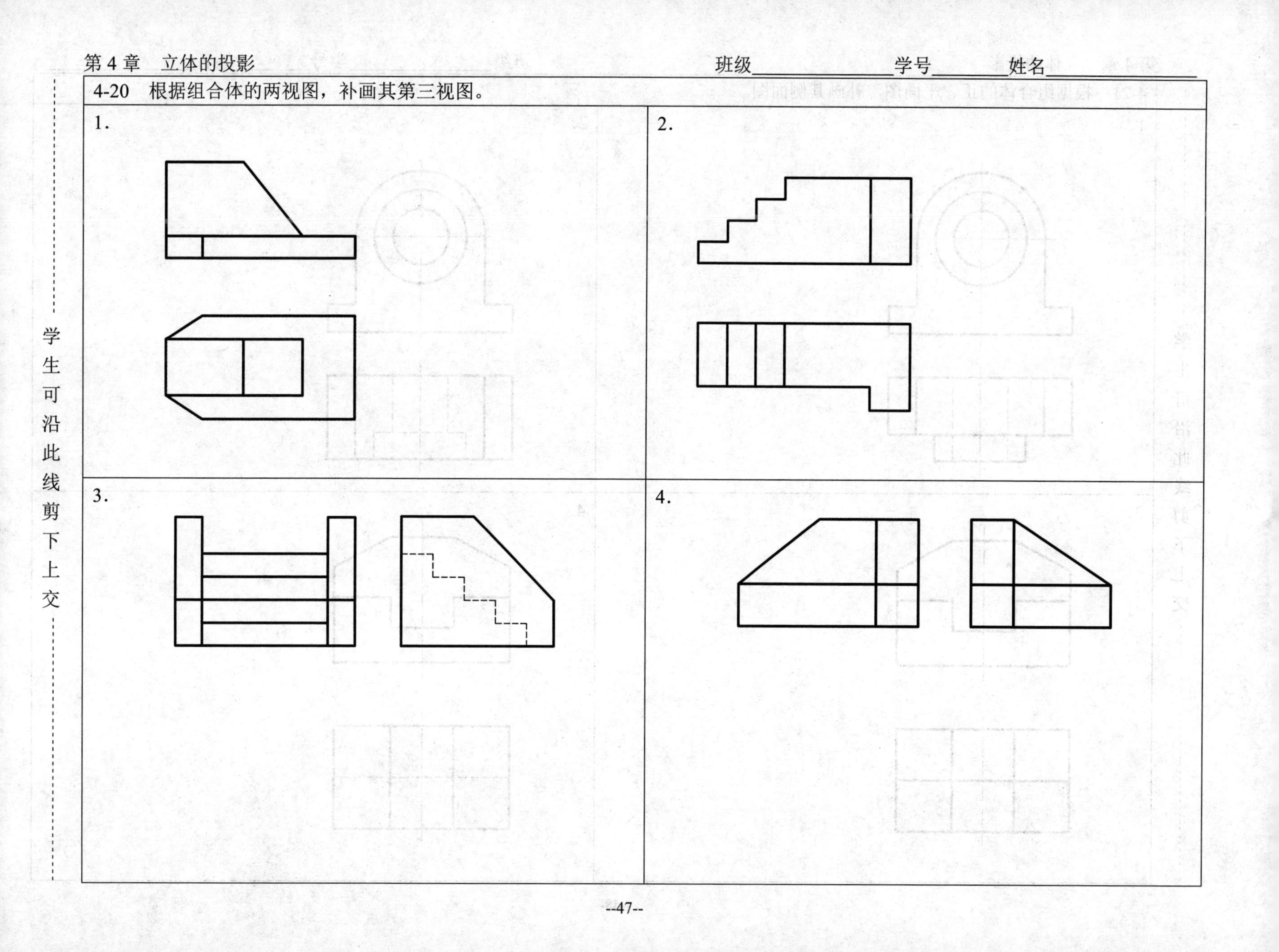

学生可沿此线剪下上交

4-21　根据组合体的正、平面图，补画其侧面图。

1.

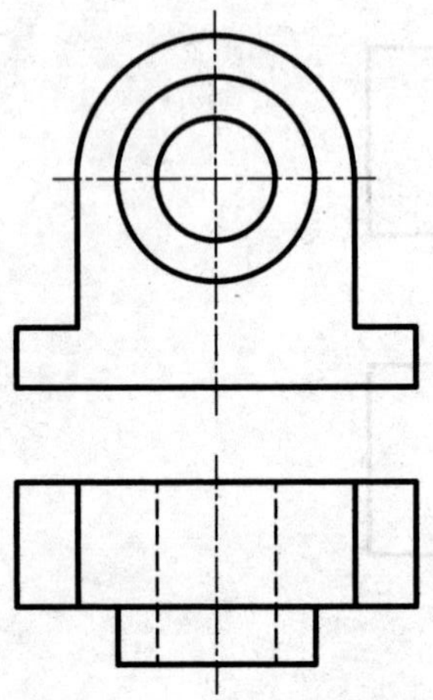

2.

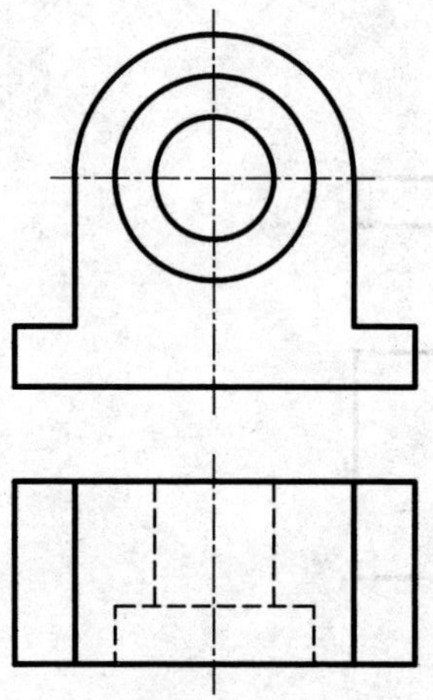

3.

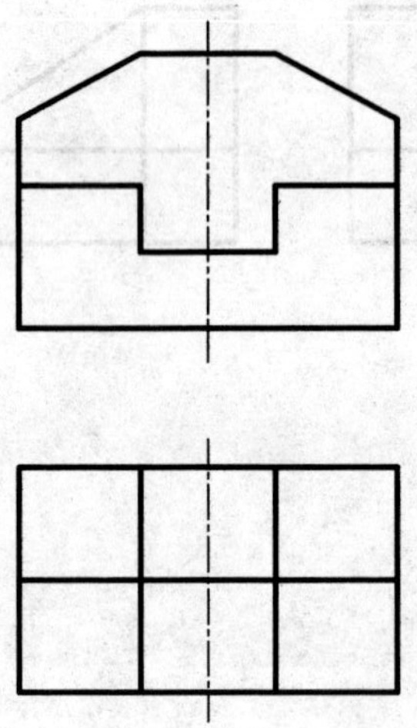

4.

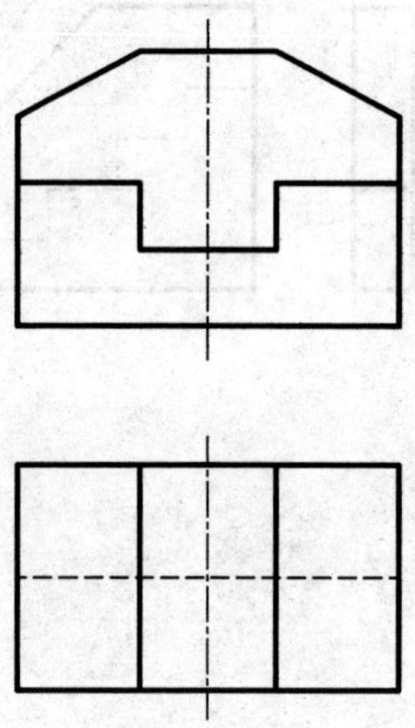

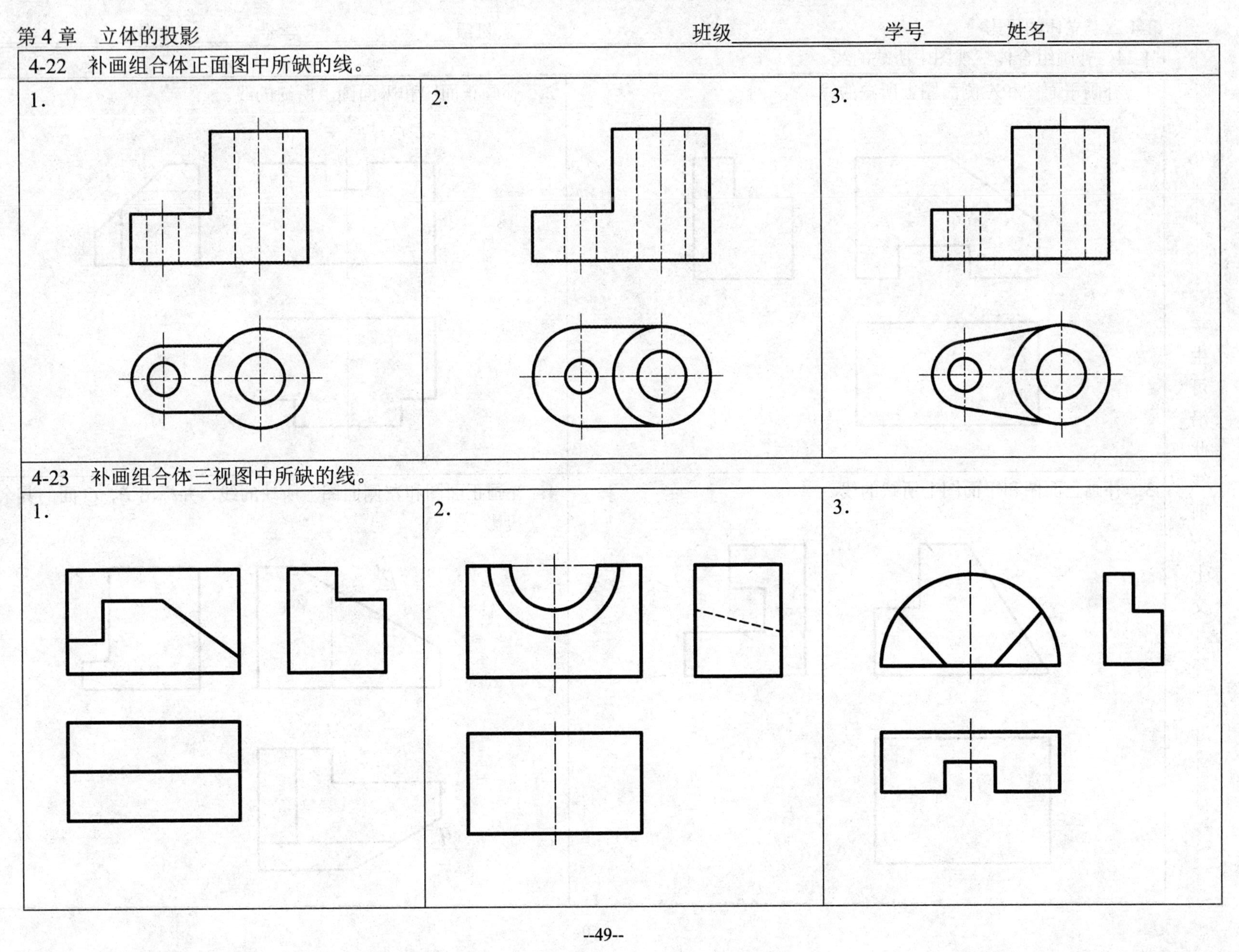
4-22　补画组合体正面图中所缺的线。
1.
2.
3.
4-23　补画组合体三视图中所缺的线。
1.
2.
3.
学生可沿此线剪下上交

班级________ 学号________ 姓名________

学生可沿此线剪下上交

4-24　补画组合体三视图中所缺的线。

1．补画平面图和左侧面图上所缺的线。

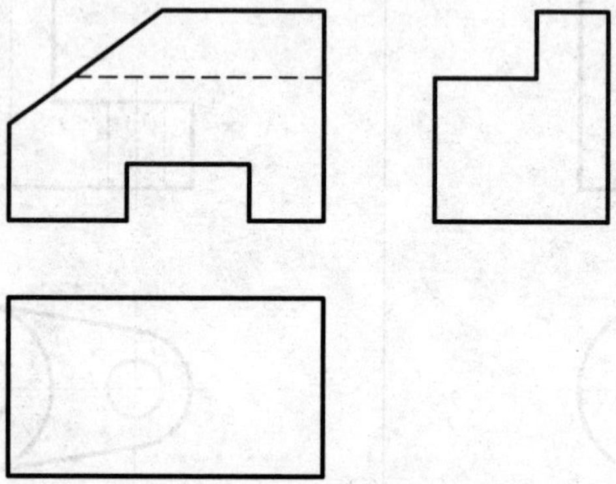

2．补画正面图和平面图上所缺的线。

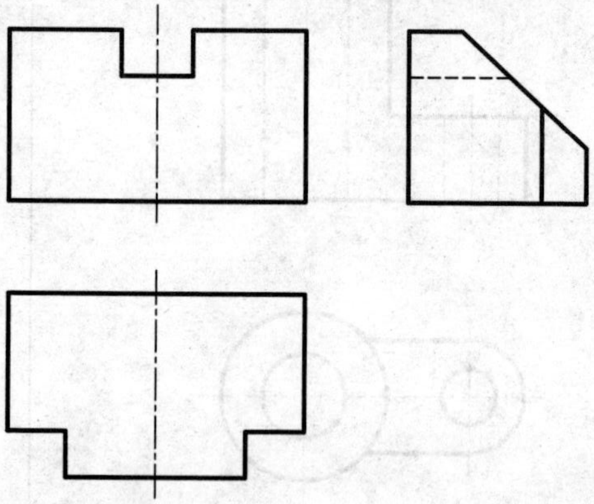

3．补画正面图和平面图上所缺的线。

4．补画正面图和左侧面图上所缺的线，并标出 P、Q 面的其余两投影。

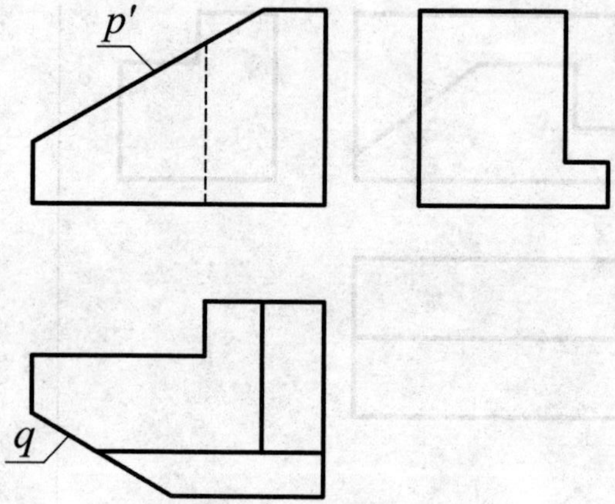

p'

q

5-1　画出下列形体的正等测图。

1.

2.

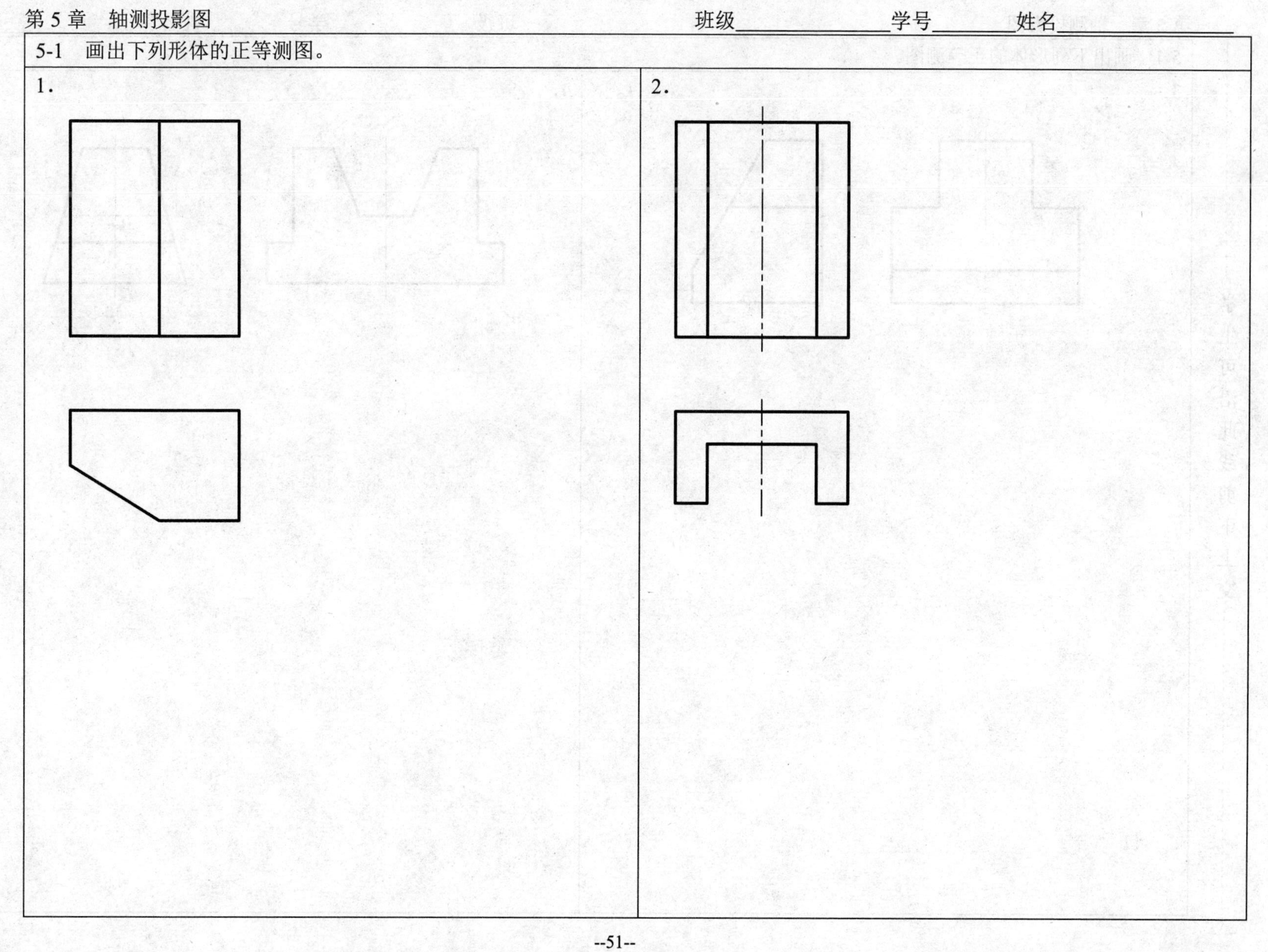

学生可沿此线剪下上交

班级__________ 学号________ 姓名__________

学生可沿此线剪下上交

5-1　画出下列形体的正等测图。

3.

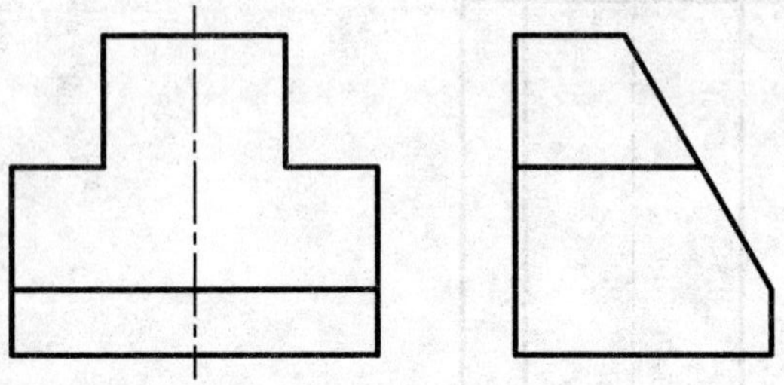

4.

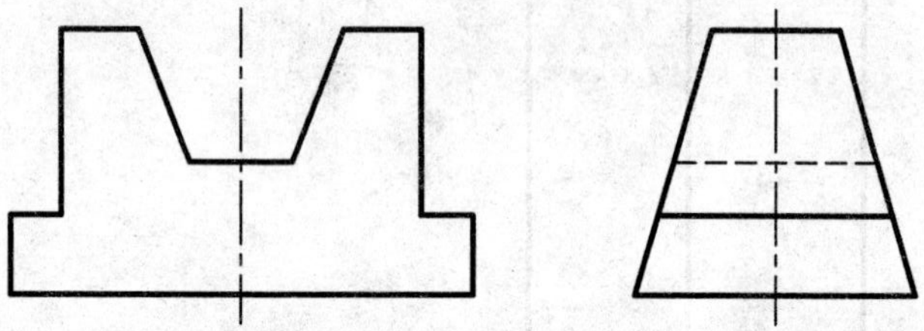

5-1　画出下列形体的正等测图。

5．

6．

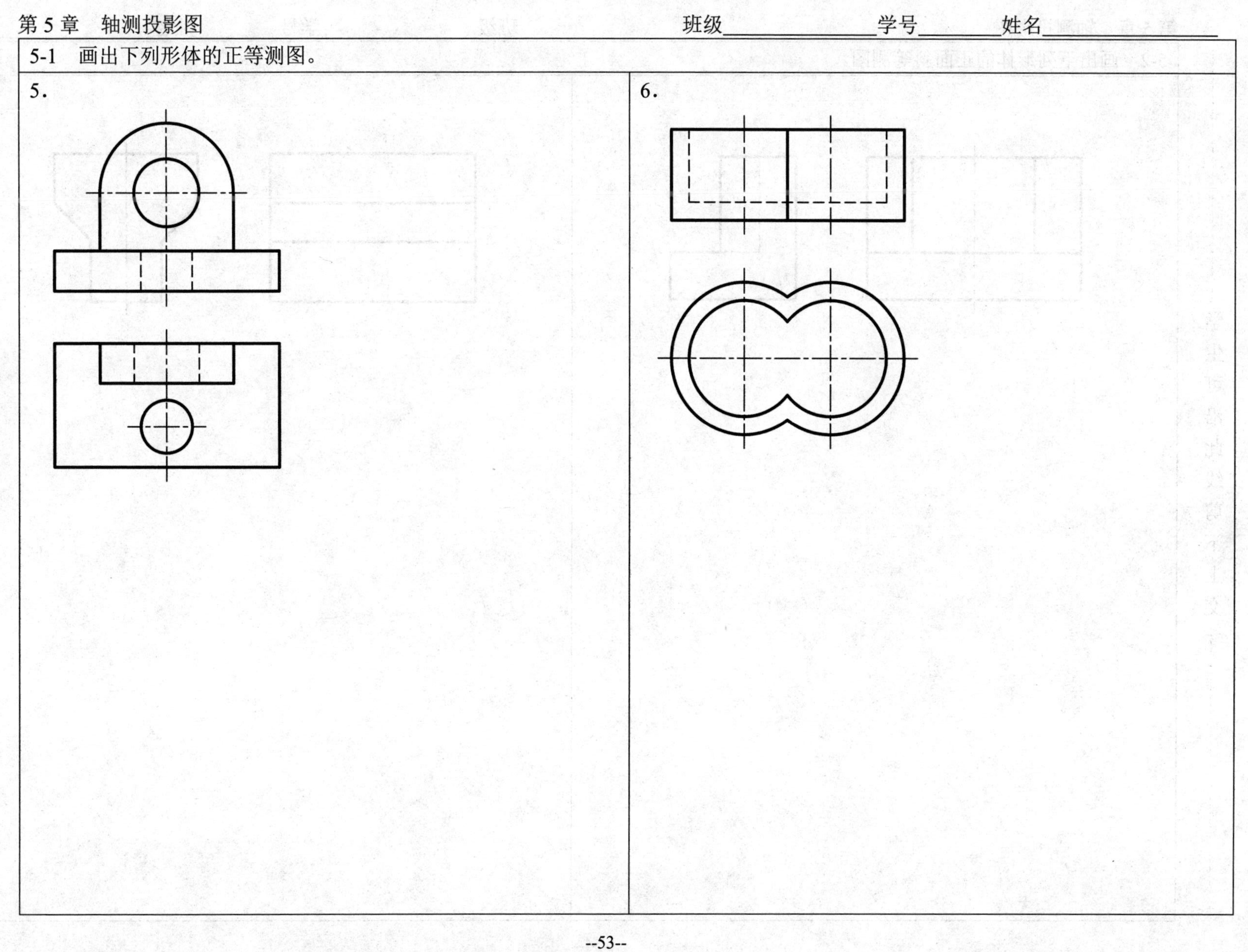

学生可沿此线剪下上交

班级________学号________姓名________

学生可沿此线剪下上交

5-2　画出下列形体的正面斜等测图。

1.

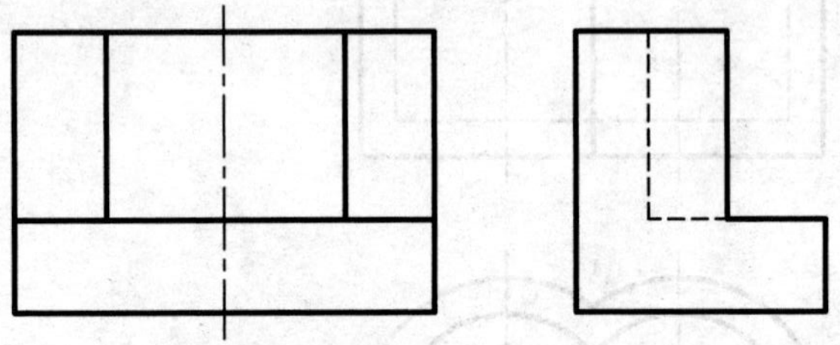

2.

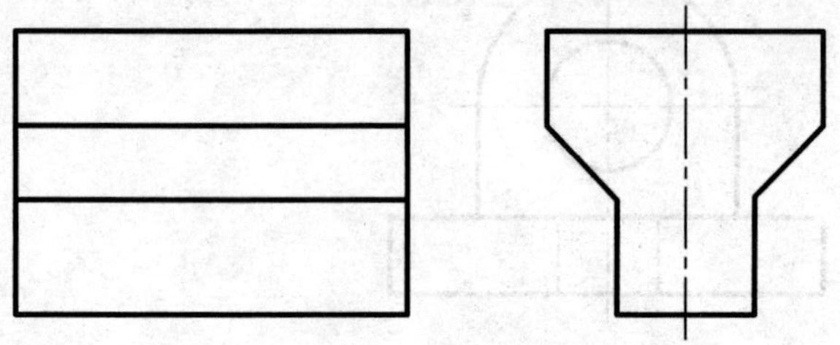

班级________ 学号________ 姓名________

5-2　画出下列形体的正面斜等测图。

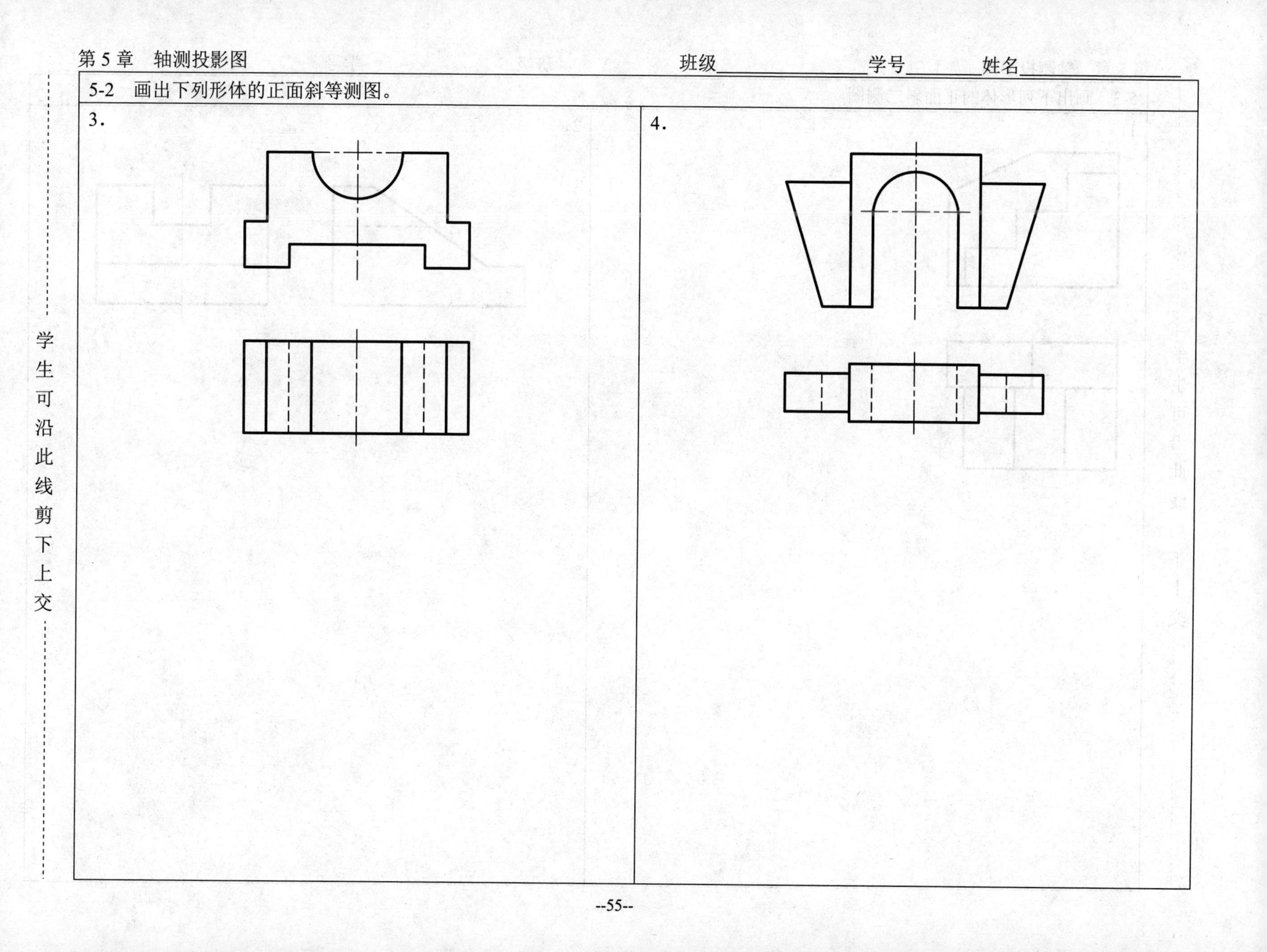

3．

4．

学生可沿此线剪下上交

学生可沿此线剪下上交

5-3　画出下列形体的正面斜二测图。

1.

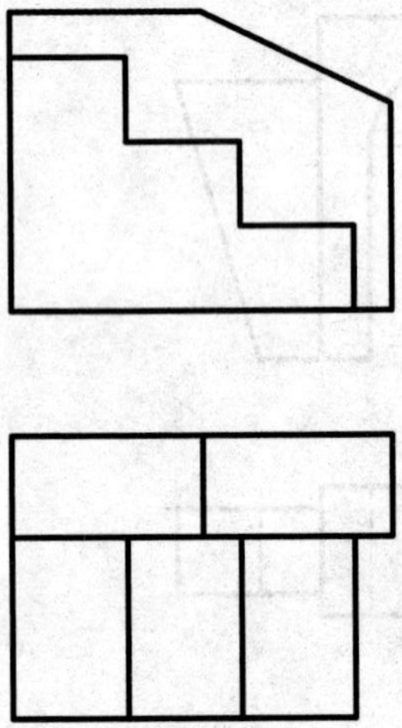

2.

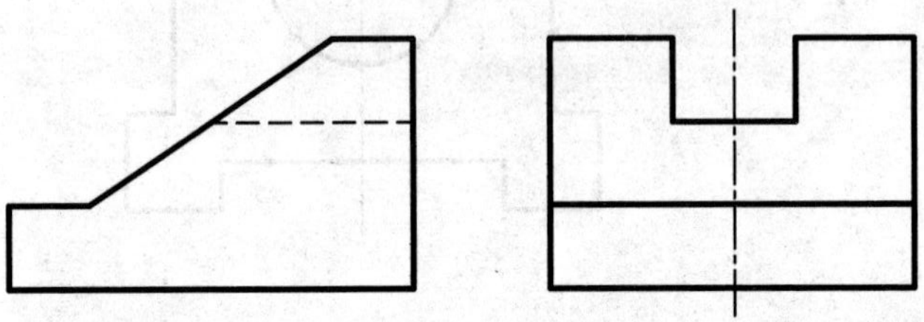

班级________学号________姓名________

5-3　画出下列形体的正面斜二测图。

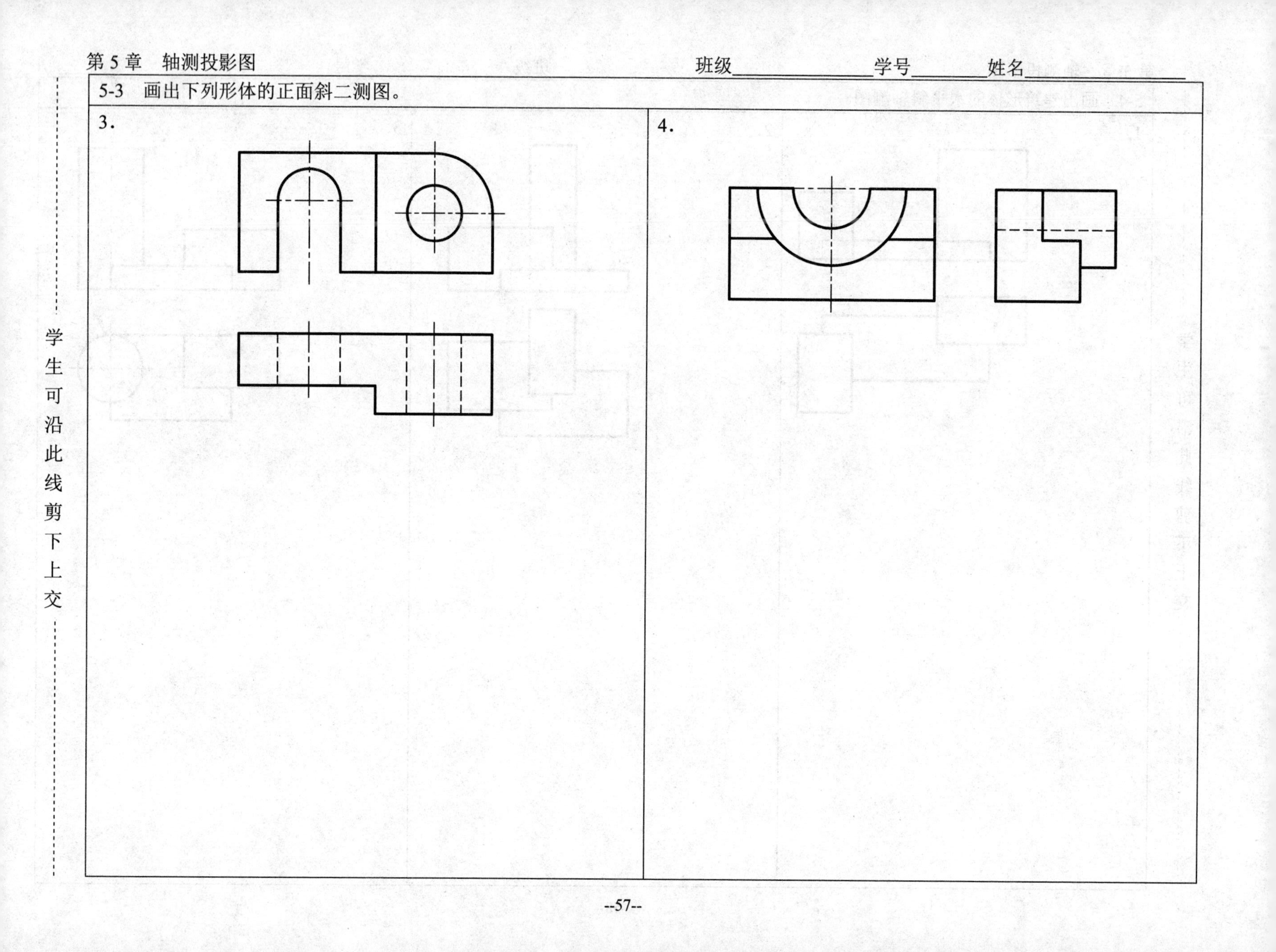

3.

4.

学生可沿此线剪下上交

班级________学号________姓名________

学生可沿此线剪下上交

5-4　画出建筑形体的水平斜轴测图。

1.

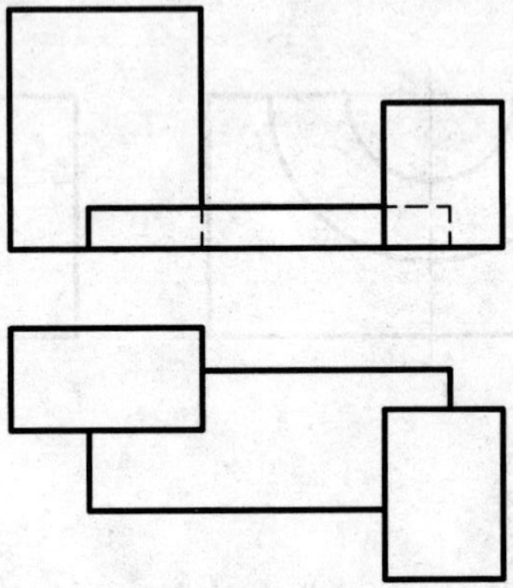

2.

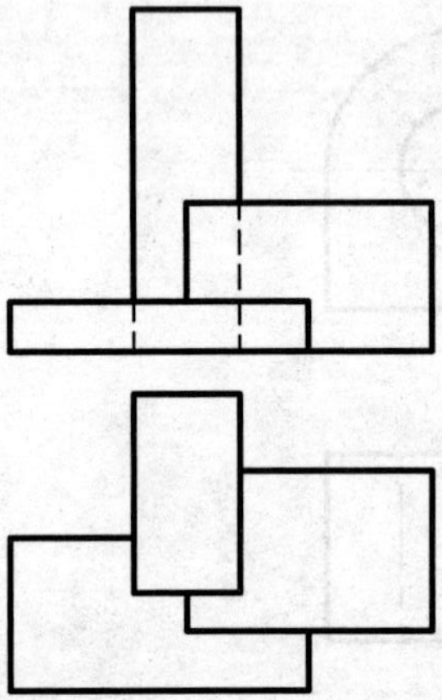

3.

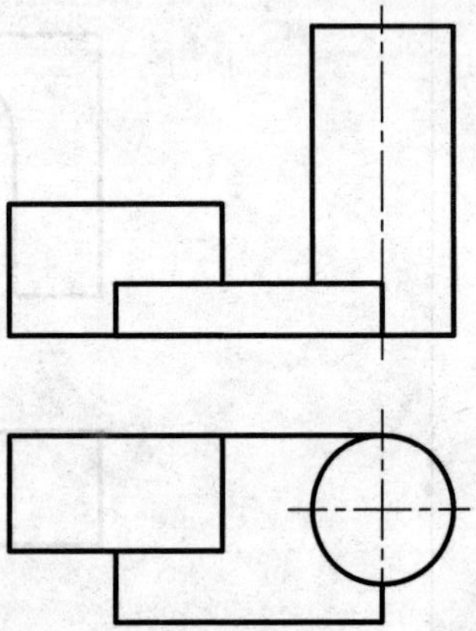

5-5　绘制建筑形体的轴测图。

1．目的

(1) 了解轴测投影的形成、种类和基本性质。

(2) 掌握轴测投影图的基本画法。

2．要求

(1) 读懂形体的三面投影图。

(2) 尺寸照图量取，比例自定，铅笔描深。

3．作业内容

绘制右图：(1)休息亭的正等测图；(2)房屋的正面斜等测图。

4．作业指导

(1) 图纸：A4 幅面绘图纸(横放)。

(2) 铅笔：准备 2H、HB、B 型铅笔，打底稿用 2H 铅笔，描深用 HB 或 B，写字用 HB。

(3) 图线：建议图线的基本线宽(即粗实线的线宽)b 用 0.7mm 或 0.5mm，其余各类线型的线宽应符合线宽比例规定，同类图线应均匀一致，不同类图线应线形、粗细分明。

(4) 字体：汉字用长仿宋体，字母、数字用标准字体书写。建议标题栏中的图名和校名用 7 号字；其余文字用 5 号字。

5．绘图步骤

(1) 先在三视图中确定出坐标原点的位置及坐标轴 X、Y、Z。

(2) 绘制轴测投影轴 X_1、Y_1、Z_1。

(3) 根据轴测投影的基本性质，运用坐标法，结合叠加、挖切等方法依次作出各个组成部分的轴测图。

(4) 检查无误后，擦去多余作图线，描深图线(虚线可省略不画)。

(5) 填写标题栏中的图名、校名、比例等内容。

(1) 作休息亭的正等测图。

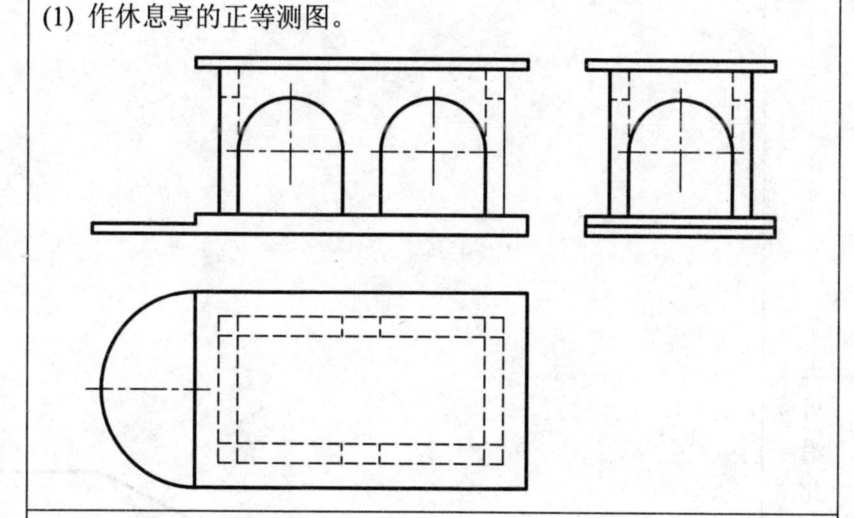

(2) 作房屋的正面斜等测图。

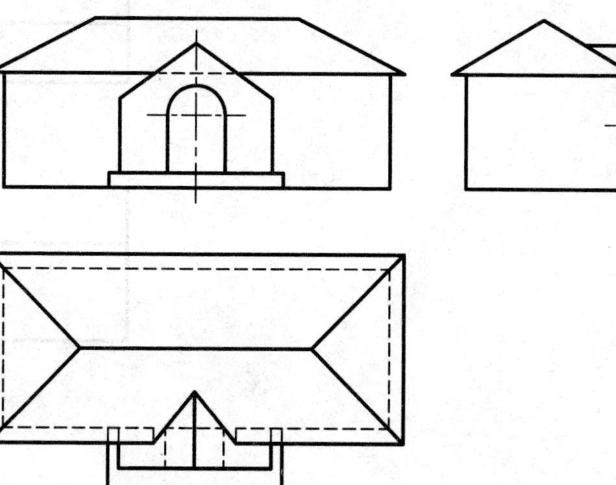

学生可沿此线剪下上交

班级＿＿＿＿＿学号＿＿＿＿姓名＿＿＿＿＿

学生可沿此线剪下上交

6-1　已知形体的正面图、平面图和左侧面图，补画出其他三个基本视图。

6-2　补全下列剖面图中漏画的线，并说明漏画的线是面还是交线的投影。

1.

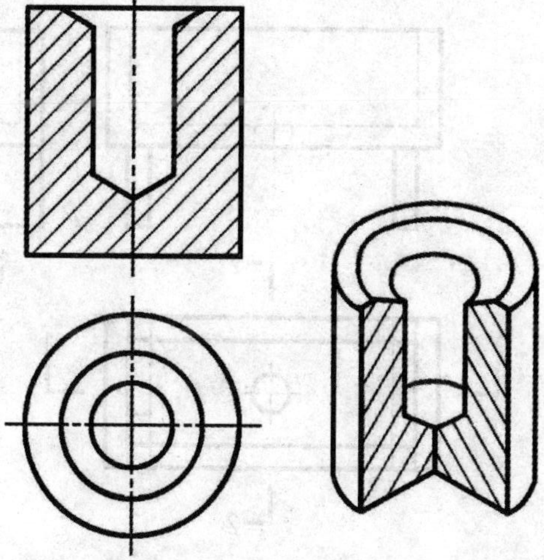

漏画的线是__________的投影。

2.

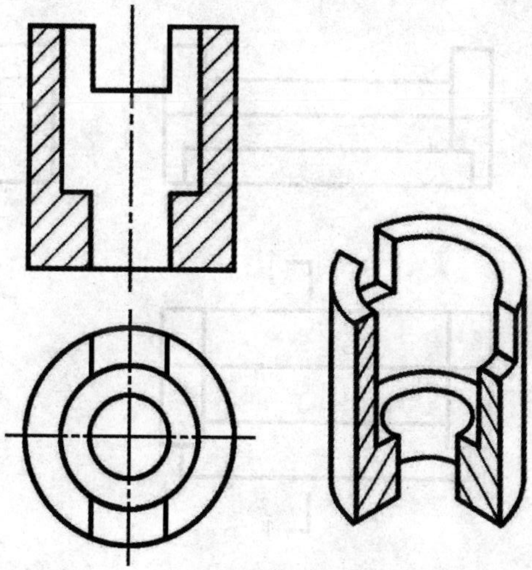

漏画的线是__________的投影。

3.

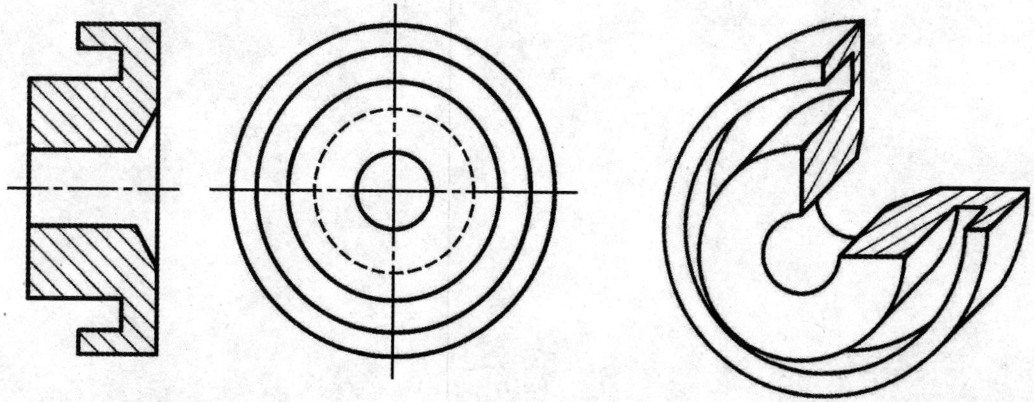

漏画的线是__________的投影。

学生可沿此线剪下上交

班级＿＿＿＿＿学号＿＿＿＿姓名＿＿＿＿＿

学生可沿此线剪下上交

6-3　作下列形体的 1—1、2—2 剖面图。

1．台阶

1

1

2．水池

2

1

1

2

6-4　改正下列剖面图中的错误(将漏画的线补上，多余的线打“×”)。

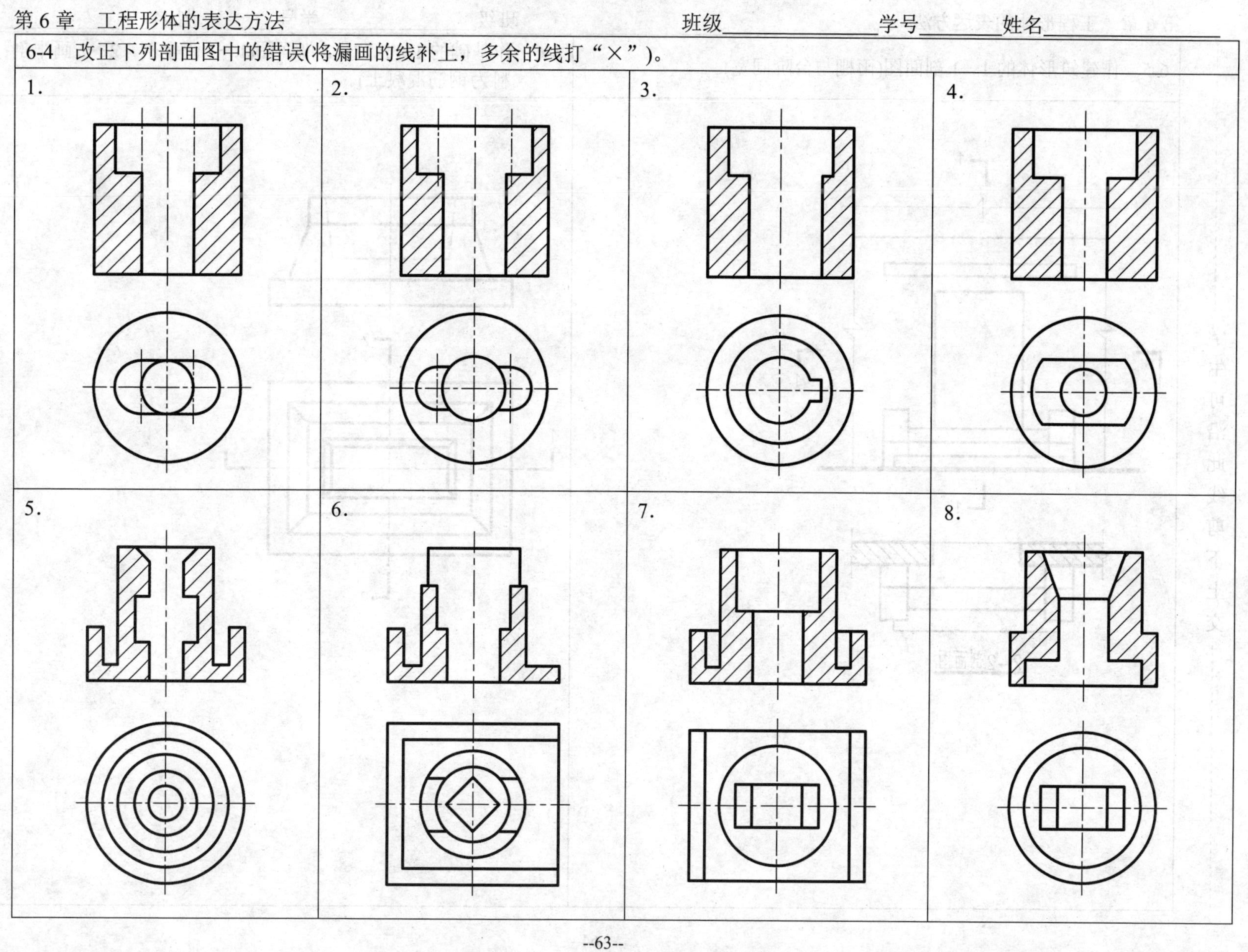

学生可沿此线剪下上交

班级________学号________姓名________

学生可沿此线剪下上交

6-5　作建筑形体的 1—1 剖面图(雨棚与台阶同宽)。

6-6　作基础的 1—1、2—2 剖面图(1—1 画全剖，2—2 画半剖；材料为钢筋混凝土)。

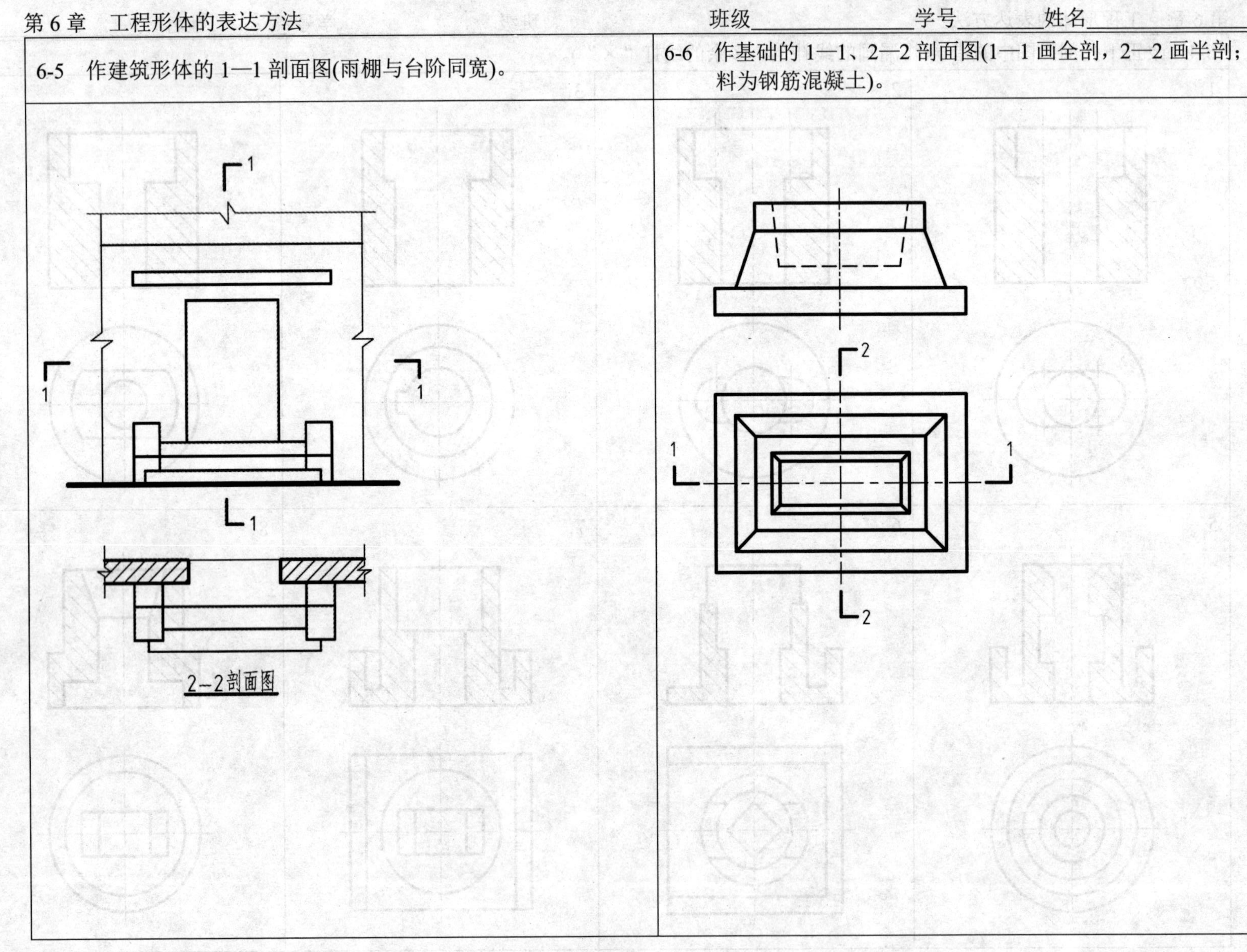

班级________ 学号________ 姓名________

6-7　补画出平面图(将平面图画成局部剖面图；材料为混凝土)。

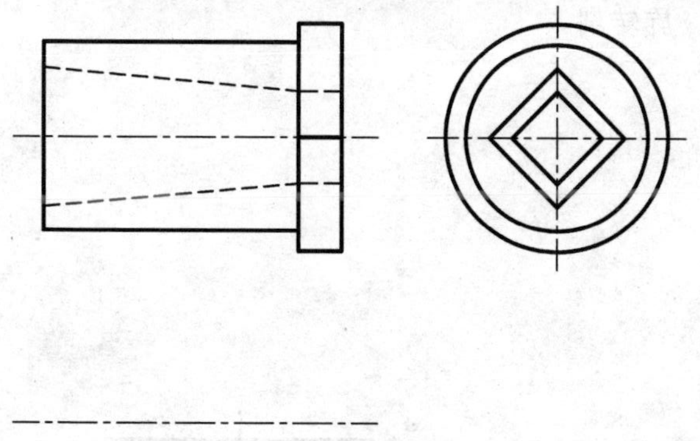

6-8　补画出平面图(将平面图画成局部剖面图；材料为金属)。

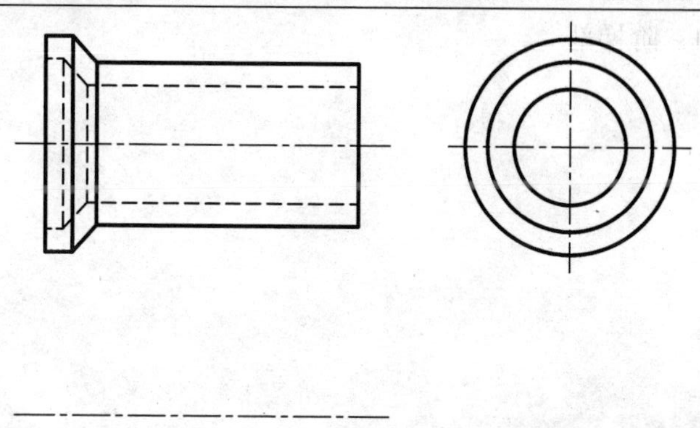

6-9　指出局部剖面图中的错误，将正确的画在右边。

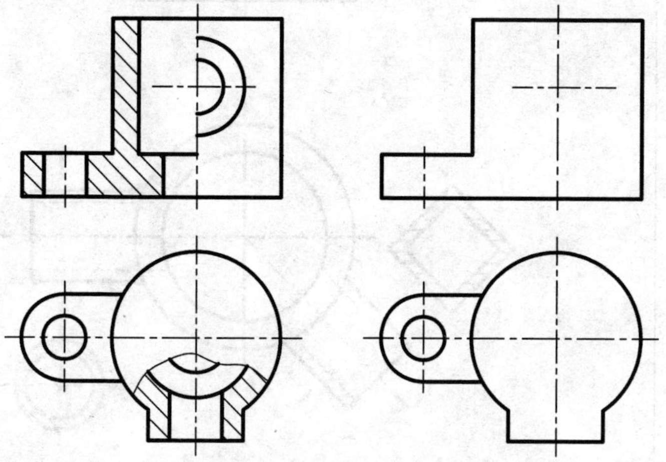

6-10　将正面图和平面图改画成适当的局部剖面图(画在右边)。

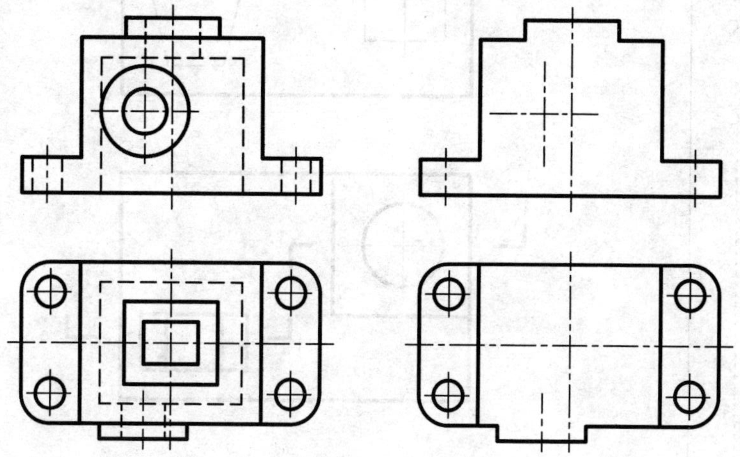

学生可沿此线剪下上交

班级＿＿＿＿＿＿学号＿＿＿＿姓名＿＿＿＿＿＿

学生可沿此线剪下上交

6-11　按指定的剖切位置作形体的 1—1 剖面图。

1．阶梯剖

2．旋转剖

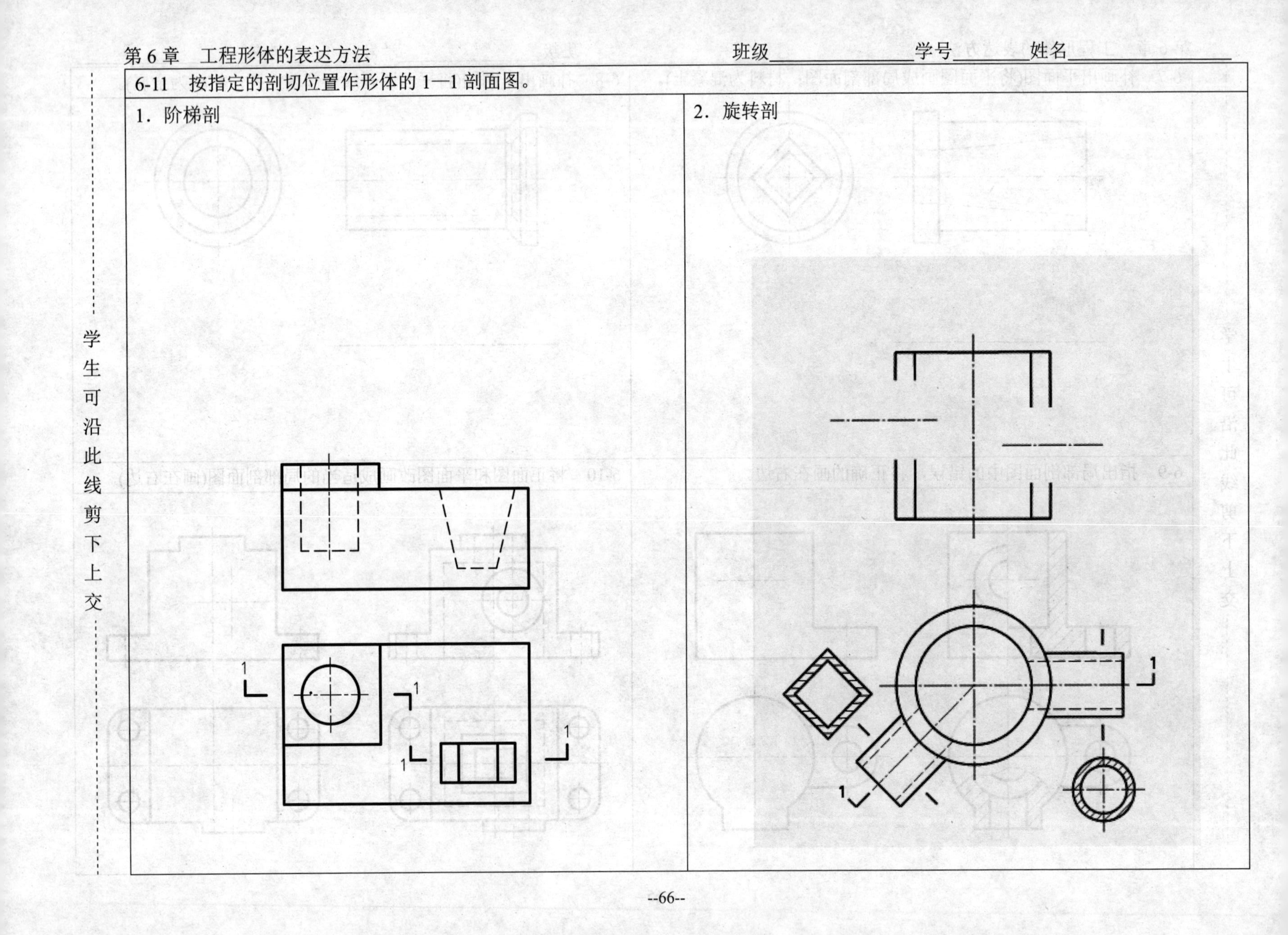

6-12　作形体的 1—1～5—5 断面图(材料为钢筋混凝土) 。

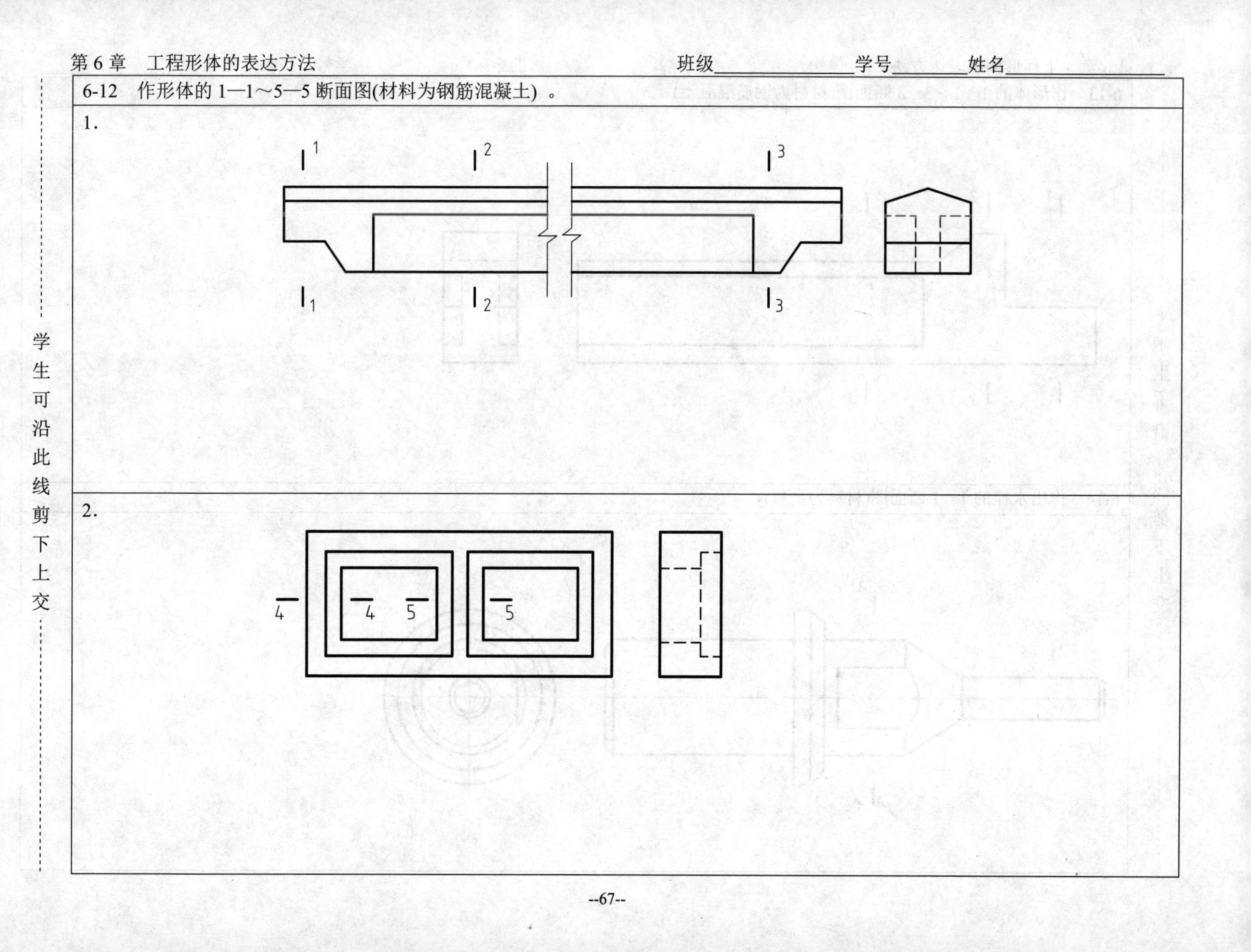

班级________学号________姓名________

学生可沿此线剪下上交

6-13　作形体的 1—1～3—3 断面图(材料为钢筋混凝土)。

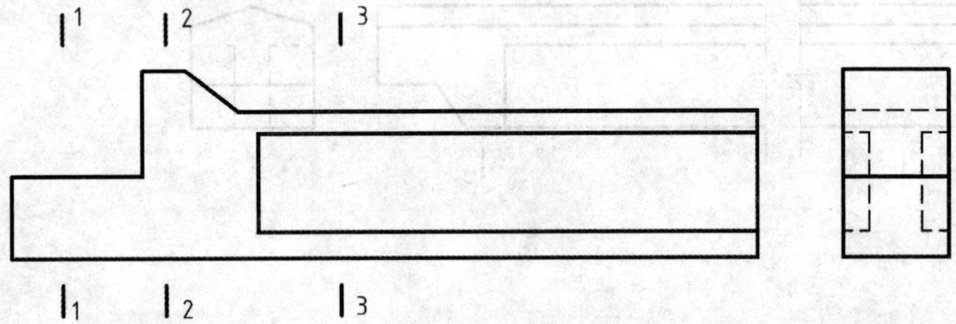

1　2　3

1　2　3

6-14　作出水栓的 1—1 断面图(材料为金属)。

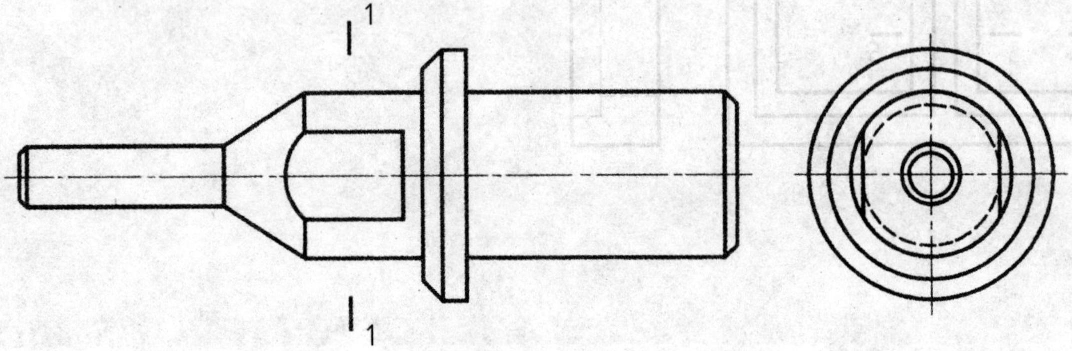

1

1

学生可沿此线剪下上交

6-15　作柱子的 1—1～3—3 断面图(材料为钢筋混凝土)。

6-16　在正面图中画出 1—1 重合断面图。

6-17　将 1—1 剖面图中的装饰部分用重合断面表示在正立面图中。

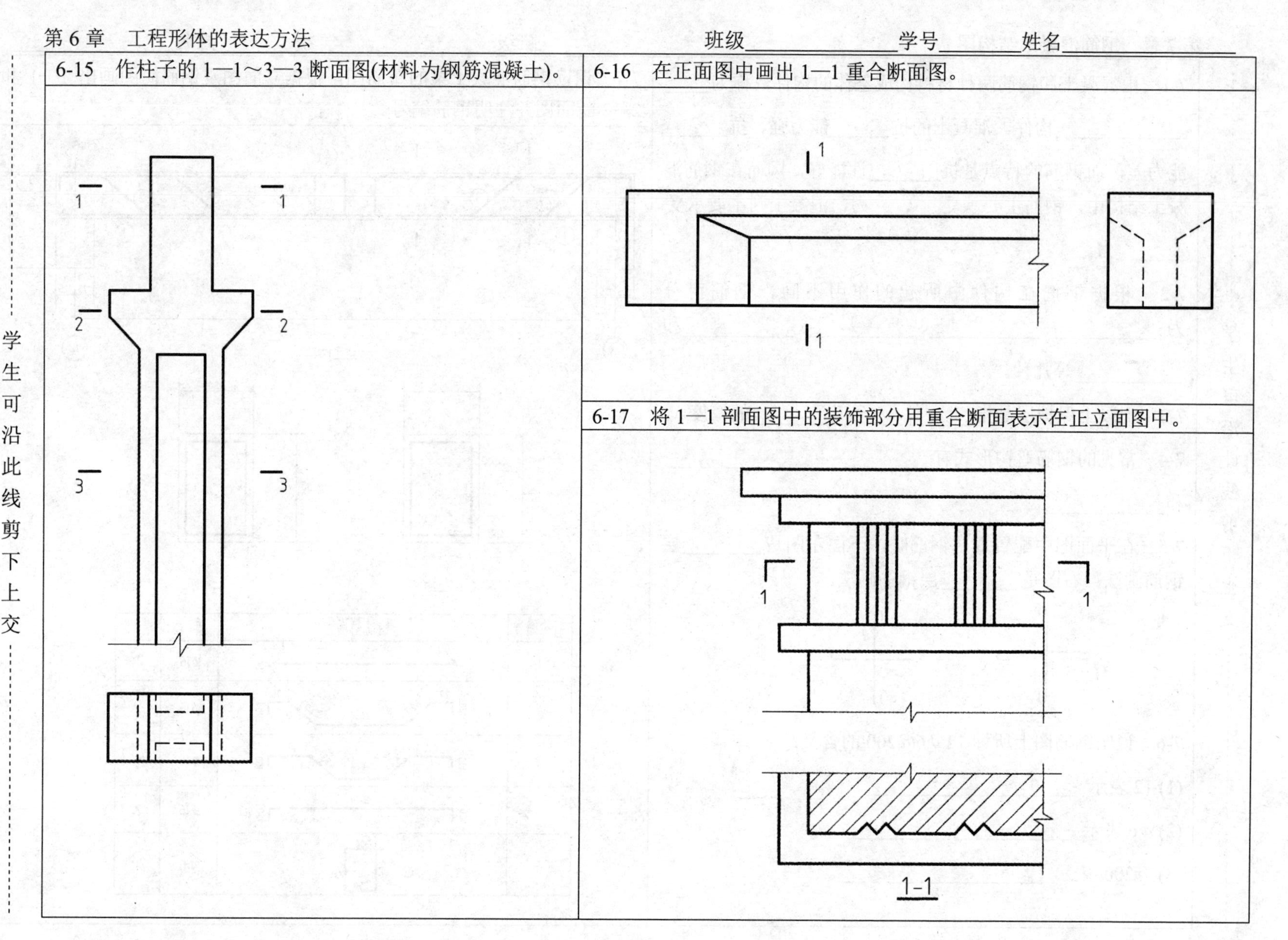

7-1　由混凝土和钢筋两种材料构成整体的构件，称为____________构件。混凝土的抗______能力强、抗______能力差，而钢筋的特点是抗______性能好，因而在钢筋混凝土结构中，钢筋主要承受______力，混凝土则主要承受______力。

7-2　根据钢筋在构件中所起的作用不同，钢筋可分为________、________、________、________和________等几种。

7-3　混凝土保护层是指________至________的厚度。

7-4　常见的钢筋弯钩形式有________、________和________。

7-5　在平面图中配置双层钢筋时，下面左图是______层钢筋画法；右图是______层钢筋画法。

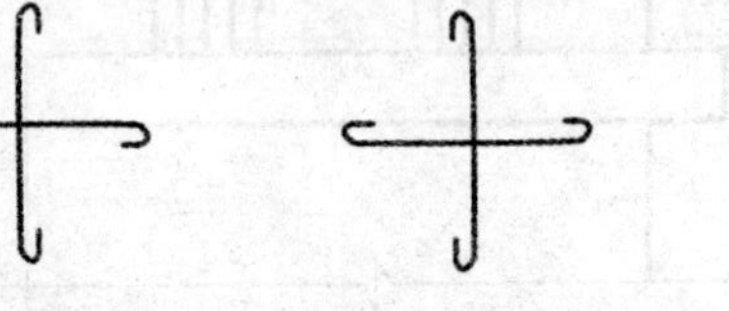
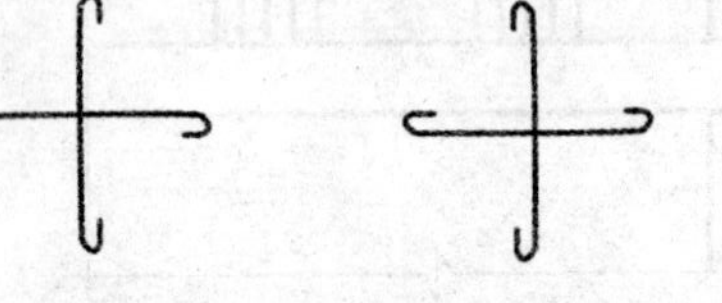

7-6　说明钢筋图上所标 12 ϕ6@200 的含义：

(1) 12 表示 ____________；

(2) ϕ6 表示 ____________；

(3) @200 表示 ____________。

7-7　识读钢筋混凝土梁的布筋图，根据立面图及钢筋简图画出 1—1 和 2—2 断面图并注明钢筋编号。

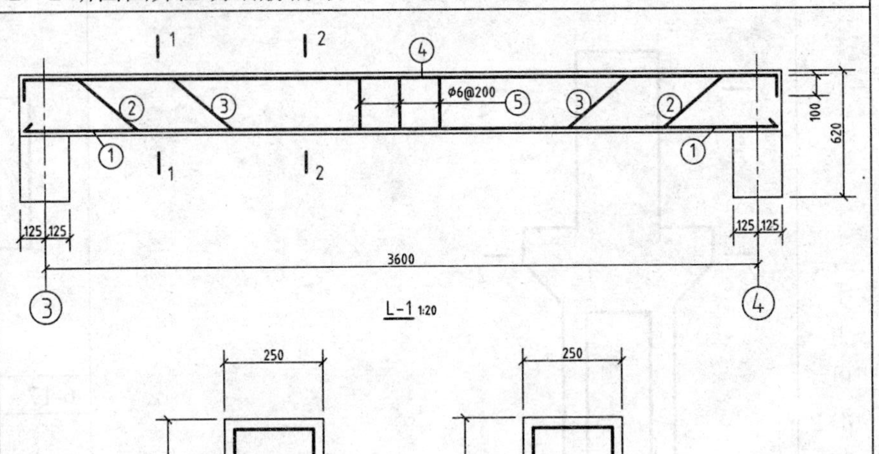

钢筋编号	钢筋简图	直 径	根 数
1	3800	ϕ16	2
2	100　275　423　2650　423　275　100	ϕ16	2
3	100　775　423　1650　423　775　100	ϕ16	1
4	100　3800　100	ϕ16	2
5	300　300　250　250	ϕ6	20

7-8　读懂 T 形梁的布筋图，解答下列问题。

(1) 画出 3—3 和 4—4 断面图并注明钢筋编号；

(2) 计算②、④号钢筋的设计长度：②号________m、④号________m；

(3) 该梁各号钢筋的根数分别为：①号____根、②号____根、③号____根、④号____根、⑤号____根、⑥号____根、⑦号____根。

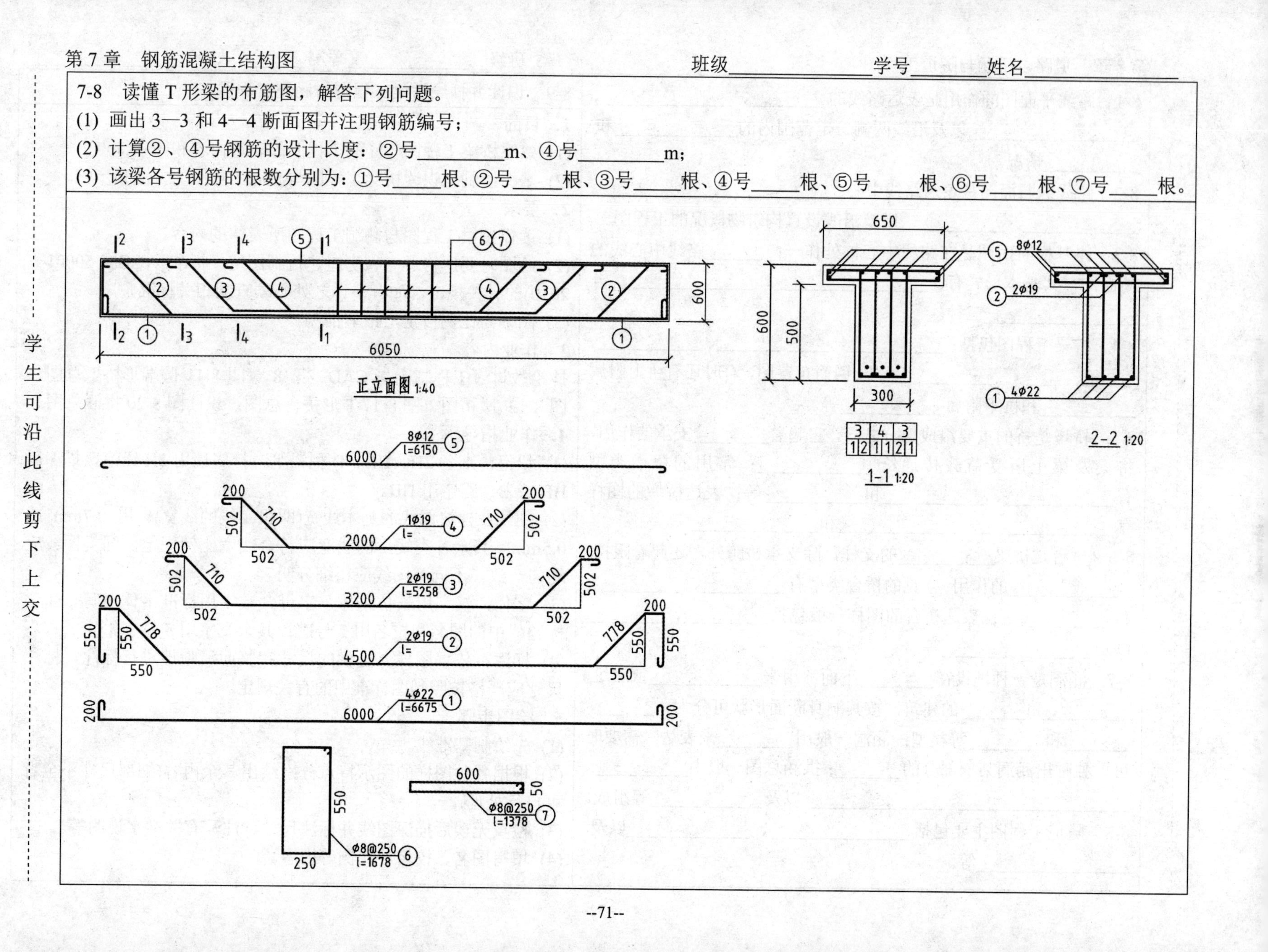

班级＿＿＿＿＿＿学号＿＿＿＿姓名＿＿＿＿＿＿

8-1　路线平面图的作用是表达路线的＿＿＿＿、＿＿＿＿＿＿、＿＿＿＿＿＿＿以及沿线两侧一定范围内的＿＿＿＿＿和＿＿＿＿情况。

8-2　路线纵断面图是表达路线中心＿＿＿＿＿、＿＿＿＿＿、＿＿＿＿＿、＿＿＿＿＿以及沿线设置构筑物概况的工程图。

8-3　路基横断面图是在路线中心桩处作一＿＿＿＿路线中心线的断面图，其基本形式有：＿＿＿＿＿＿、＿＿＿＿＿＿和＿＿＿＿＿＿三种。

8-4　桥梁工程图包括：＿＿＿＿、＿＿＿＿＿、＿＿＿＿＿、＿＿＿＿＿、＿＿＿＿＿以及钢筋布置图，有时还有桥上附属＿＿＿＿和桥下附属＿＿＿＿＿等。

8-5　桥墩是桥的重要组成部分之一，它起着＿＿＿＿支承的作用，将梁及梁上所受荷载传递给＿＿＿＿＿；常用的桥墩类型有＿＿＿＿＿、＿＿＿＿＿和＿＿＿＿＿等；表达桥墩的图样有＿＿＿＿＿＿、＿＿＿＿＿＿和＿＿＿＿＿＿等。

8-6　桥台是桥梁＿＿＿＿＿的支柱，除支承桥跨外，还起着阻挡＿＿＿＿＿＿的作用；常见的桥台类型有＿＿＿＿＿、＿＿＿＿＿、和＿＿＿＿＿等；表达桥台的图样一般包括＿＿＿＿＿、＿＿＿＿＿以及＿＿＿＿＿＿＿等。

8-7　涵洞是一种埋设在＿＿＿＿下面，用来＿＿＿＿＿＿或通过＿＿＿＿＿和＿＿＿＿的建筑，按其洞身断面形状可分为＿＿＿＿、＿＿＿＿和＿＿＿＿等类型；涵洞一般用＿＿＿＿来表达，需要时可单独画出涵洞某一部分的＿＿＿＿；拱涵总图一般由＿＿＿＿＿、＿＿＿＿＿＿、＿＿＿＿＿＿以及＿＿＿＿＿＿等组成。

8-8　隧道工程图主要包括＿＿＿＿＿＿、＿＿＿＿＿＿以及＿＿＿＿＿＿等。

8-9　识读并抄绘桥梁工程图与涵洞工程图。

1．目的

(1) 熟悉桥梁工程图与涵洞工程图的表达内容和图示特点。

(2) 掌握绘制与识读桥梁工程图与涵洞工程图的方法和步骤。

2．要求

(1) 读懂桥梁工程图与涵洞工程图所表达的内容。

(2) 绘图时要严格遵守《房屋建筑制图统一标准》(GB/T 50001—2010)的有关规定，如有不详之处必须查阅相关标准。

(3) 图幅与比例自定，铅笔描深。

3．作业内容

抄绘教材《工程制图与 CAD》第 8 章图 8-11 圆端形桥墩总图、图 8-12 墩帽图、图 8-17 T 形桥台总图；识读图 8-20 拱涵总图。

4．作业指导

(1) 铅笔：准备 2H、HB、B 型铅笔，打底稿用 2H 铅笔，描深用 HB 或 B，写字用 HB。

(2) 图线：建议图线的基本线宽(即粗实线的线宽)b 用 0.7mm 或 0.5mm，其余各类线形的线宽应符合线宽比例规定，同类图线应均匀一致，不同类图线应粗细分明。

(3) 字体：汉字用长仿宋体，字母、数字用标准字体书写。建议标题栏中的图名和校名用 7 号字；其余文字用 5 号字。

(4) 标注：依据图样上提供的尺寸完整而清晰地进行标注，标注尺寸应严格按照制图标准中的有关规定。

5．绘图步骤

(1) 先绘制基准线。

(2) 根据各种图样的图示特点分别绘出其余内容(细部尺寸不全者可自行处理)。

(3) 检查无误后描深图线并标注尺寸、注写有关文字说明等。

(4) 填写图名、校名、比例等内容。

8-10　识读并抄绘隧道洞门图(按图中比例和尺寸将下列图形分别抄绘在 A3 图纸上，其他要求可参照上题)。

1．立面图

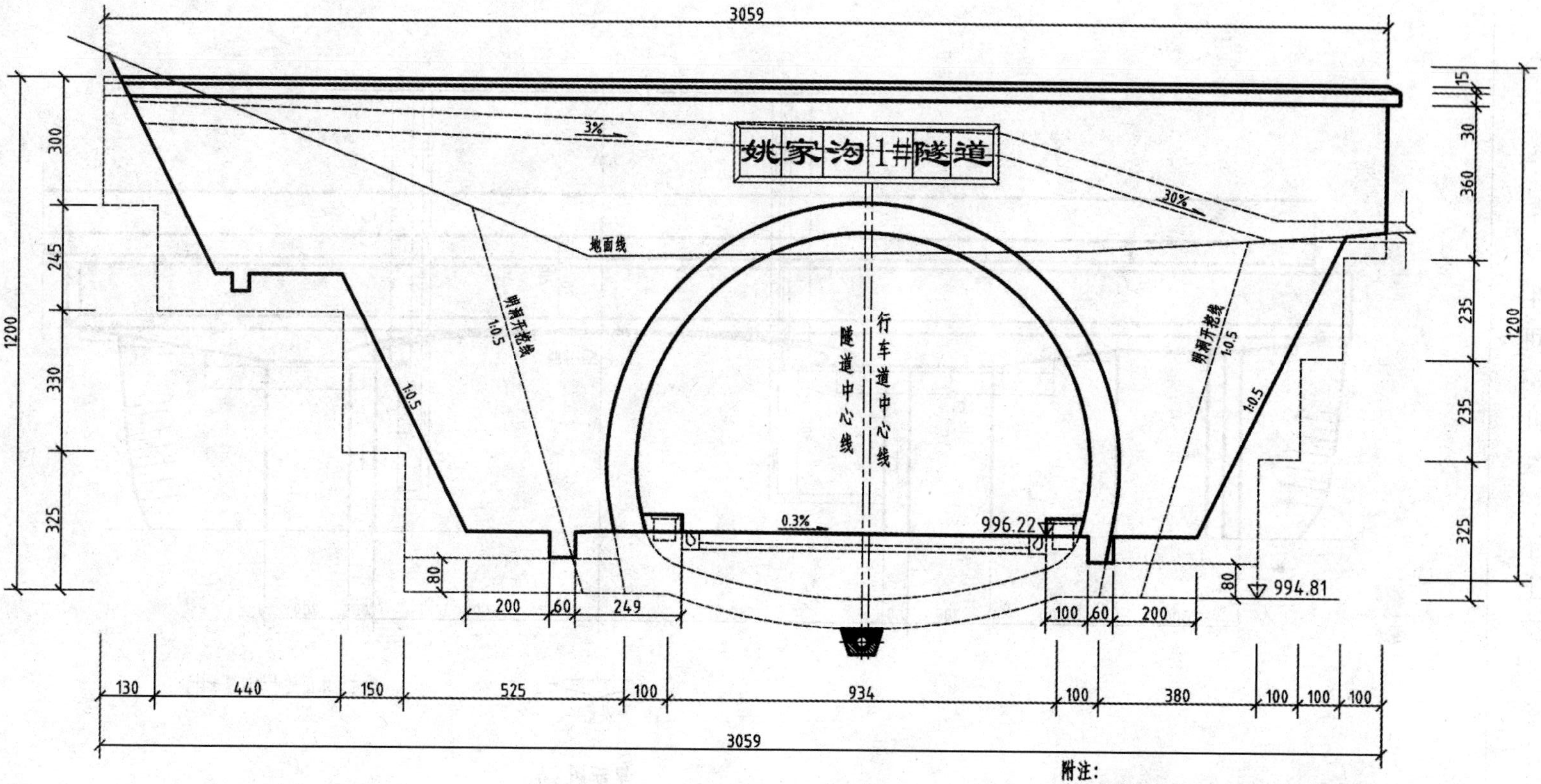

立面图 1:100

附注：

1. 本图尺寸除标高以米计外，余均以厘米计；
2. 洞口边坡防护形式与路基边坡防护形式相同，数量计入路线；
3. 洞门挖方数量计入明洞工程；
4. 洞门墙采用板材镶面；
5. 明洞永久边坡防护形式见"边坡防护设计图"；
6. 洞外路基边沟设不小于0.3%的反坡，以防水倒流入隧道；
7. 洞门及明洞地基承载力应不低于250kPa。

学生可沿此线剪下上交

学生可沿此线剪下上交

8-10　识读并抄绘隧道洞门图(按图中比例和尺寸将下列图形分别抄绘在 A3 图纸上，其他要求可参照上题)。

2．平面图

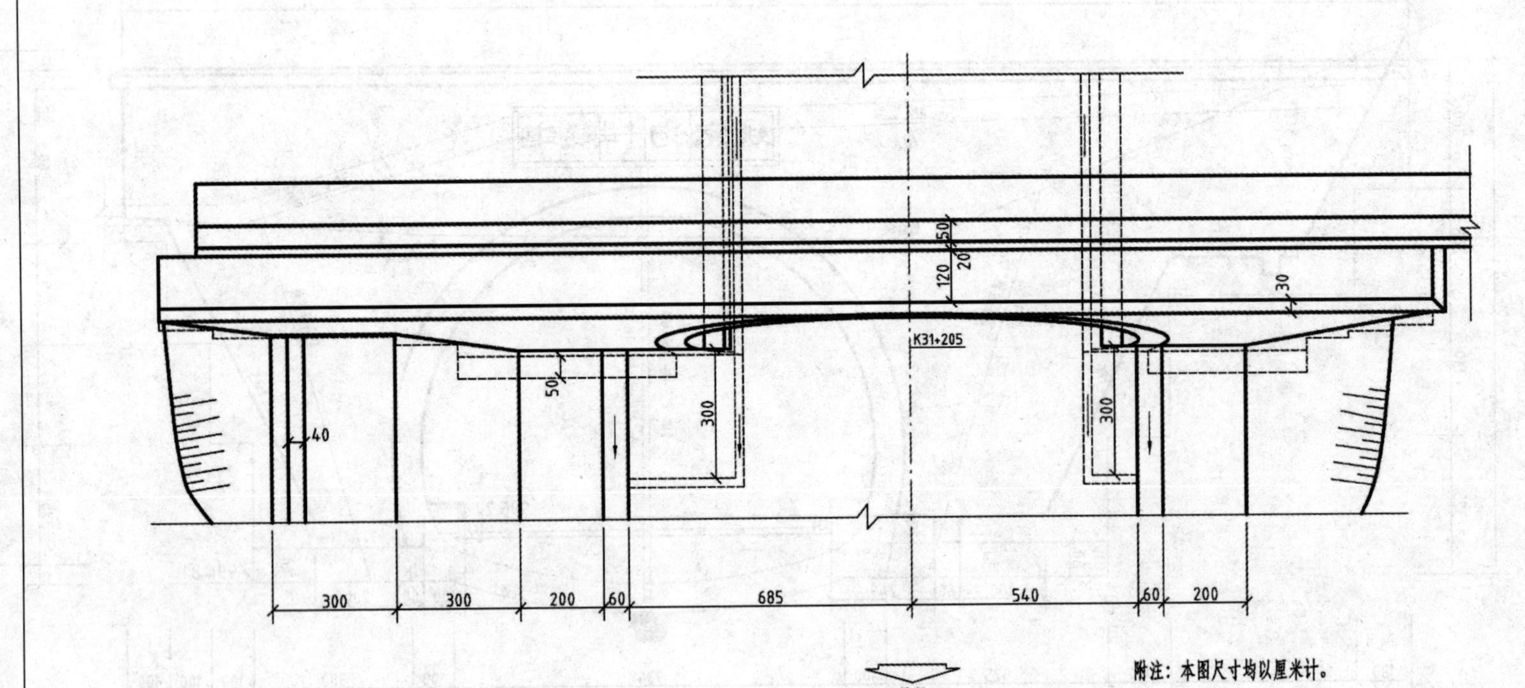

平面图 1:100

8-10　识读并抄绘隧道洞门图(按图中比例和尺寸将下列图形分别抄绘在 A3 图纸上，其他要求可参照上题)。

3．侧面图及详图等

侧面图 1:100

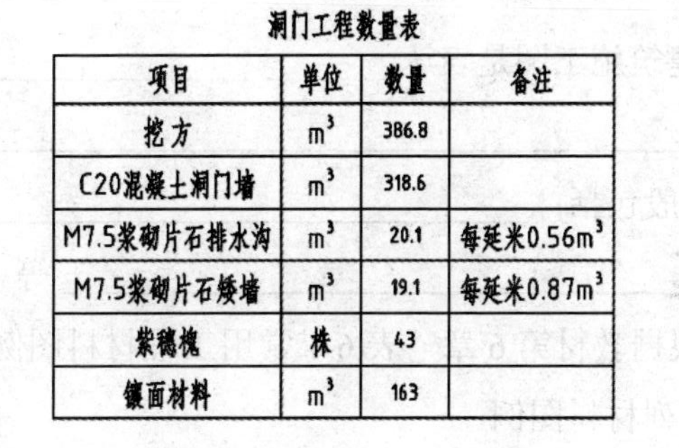

洞门工程数量表

项目	单位	数量	备注
挖方	m^3	386.8	
C20混凝土洞门墙	m^3	318.6	
M7.5浆砌片石排水沟	m^3	20.1	每延米0.56m^3
M7.5浆砌片石矮墙	m^3	19.1	每延米0.87m^3
紫穗槐	株	43	
镶面材料	m^3	163	

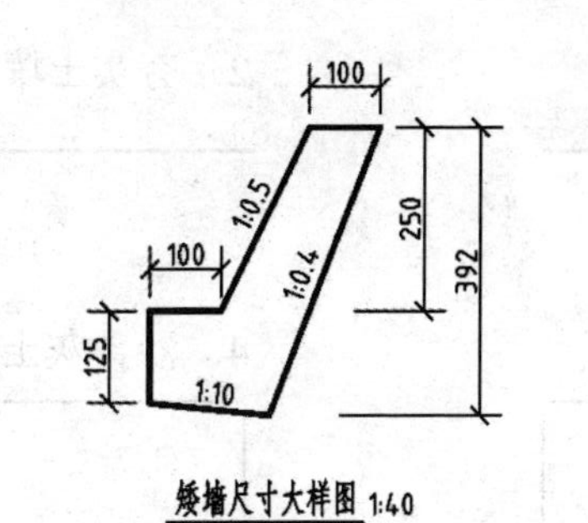

矮墙尺寸大样图 1:40

附注：

1. 本图尺寸均以厘米计；
2. 洞口边坡防护形式与路基边坡防护形式相同，数量计入路线；
3. 洞门挖方数量计入明洞工程；
4. 洞门墙采用板材镶面；
5. 洞门及明洞地基承载力应不低于250kPa。

学生可沿此线剪下上交

学生可沿此线剪下上交

9-1　一套房屋施工图按专业分工不同，一般可分为________、________和设备施工图等三部分；其中设备施工图包括________、________和________等。

9-2　建筑施工图是表达________的图样，一般包括：________等。

9-3　根据教材第 6 章“表 6-1 常用工程材料图例”的内容，画出下列材料图例。

1．自然土壤　　2．夯实土壤

3．砖　　4．沙、灰土

5．钢筋混凝土　　6．金属

9-4　在横线上写出下列符号的名称，在引出线上说明符号中数字的含义。

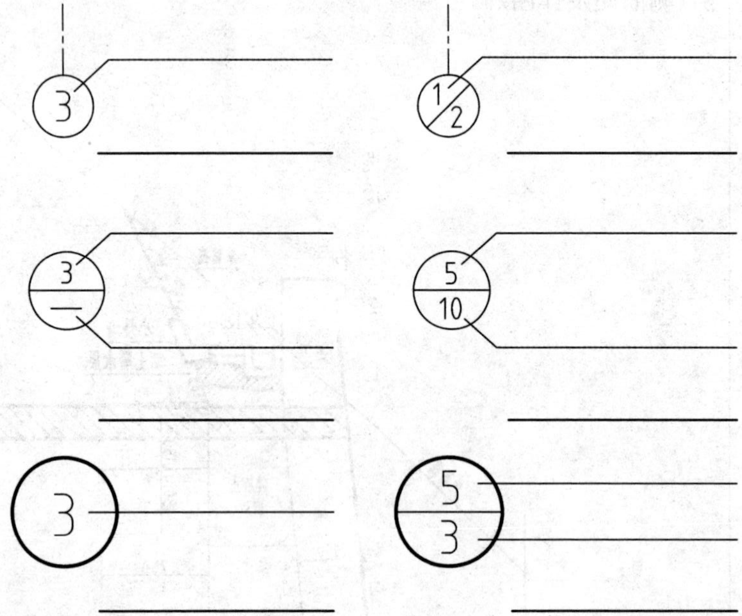

3　　1/2

3/—　　5/10

3　　5/3

9-5　在下图窗图例的横线上写出窗的名称，并在立面图中画出开启方向线。

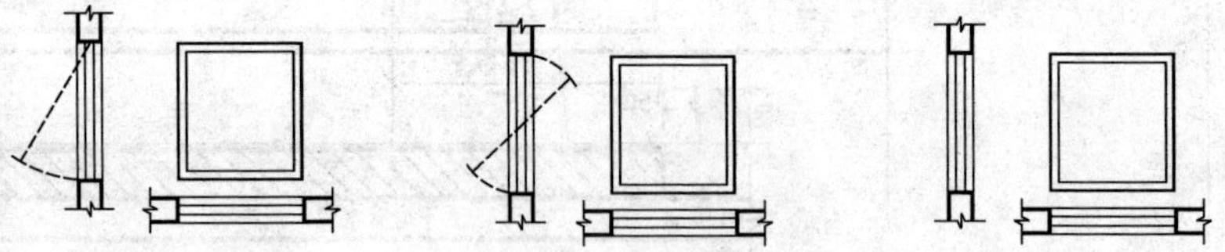

学生可沿此线剪下上交

9-6　建筑总平面图是新建建筑在建设场地上总体__________的平面图。其主要是将____所画出的图样。

9-7　总平面图中标注的尺寸以______为单位，一般标注到小数点后________位；其他建筑图样(平、立、剖面图)中所标注的尺寸则以________为单位。

9-8　写出下列总平面图图例的名称。

________　________

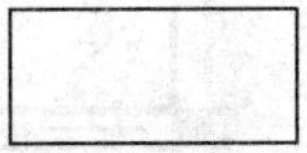

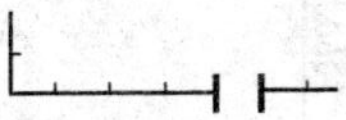

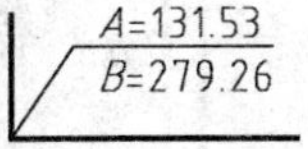

________　A=131.53 B=279.26 ________

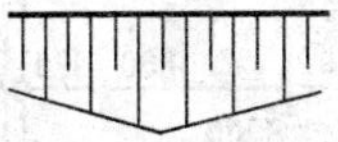

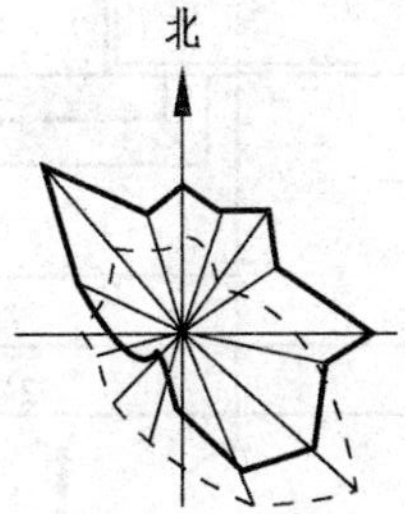

北

________　________

9-9　阅读下面的总平面图，把各建筑物的层数和地面标高填入表内。

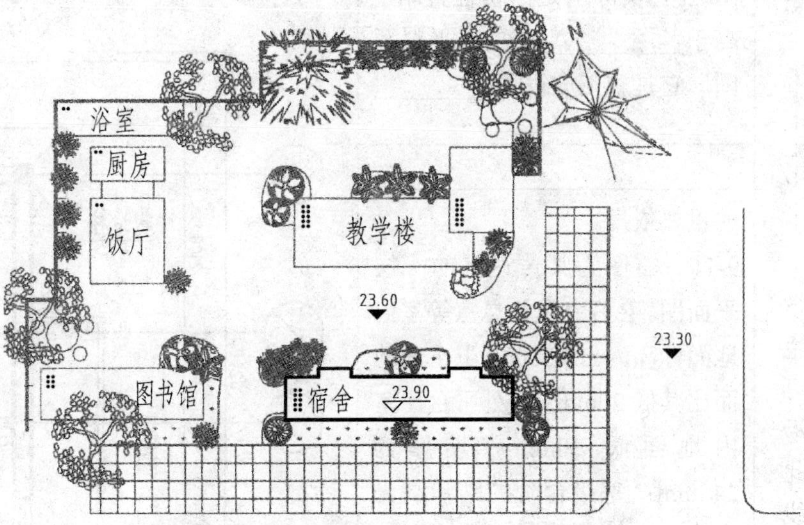

浴室　厨房　饭厅　教学楼　图书馆　宿舍　23.60　23.90　23.30

总平面图 1:500

名称	宿舍	教学楼	图书馆	饭厅	厨房	浴室
层数						

名称	宿舍室内地坪	室外地坪	道路
标高			

班级＿＿＿＿＿＿ 学号＿＿＿＿ 姓名＿＿＿＿＿＿

学生可沿此线剪下上交

9-10　建筑平面图(除屋顶平面图之外)实际上是剖切位置略高于＿＿＿＿＿处的水平剖面图。它是施工放线、＿＿＿＿＿＿＿＿＿＿＿＿＿＿＿＿＿＿＿＿＿＿＿＿＿＿＿＿＿＿等的重要依据。

9-11　右图为某传达室的一层平面图。会客室及休息室等室内地面标高为±0.000m，卫生间地面比其低 20mm；室外平台比室内地面低 30mm；墙厚为 240mm；每级台阶的踏步高为 150 mm；房屋外墙的东、北、西三面设散水，散水坡宽度为 500m。

读懂该平面图，完成如下要求。

(1) 注出所有轴线编号。

(2) 补全所缺的尺寸(按图示比例照图量取)。

(3) 注出有标高符号处的标高值。

(4) 如若 C_1 窗所在立面(外墙面)的朝向为南偏东 30°，在平面图左下角画上指北针(指北针符号按规定绘制)。

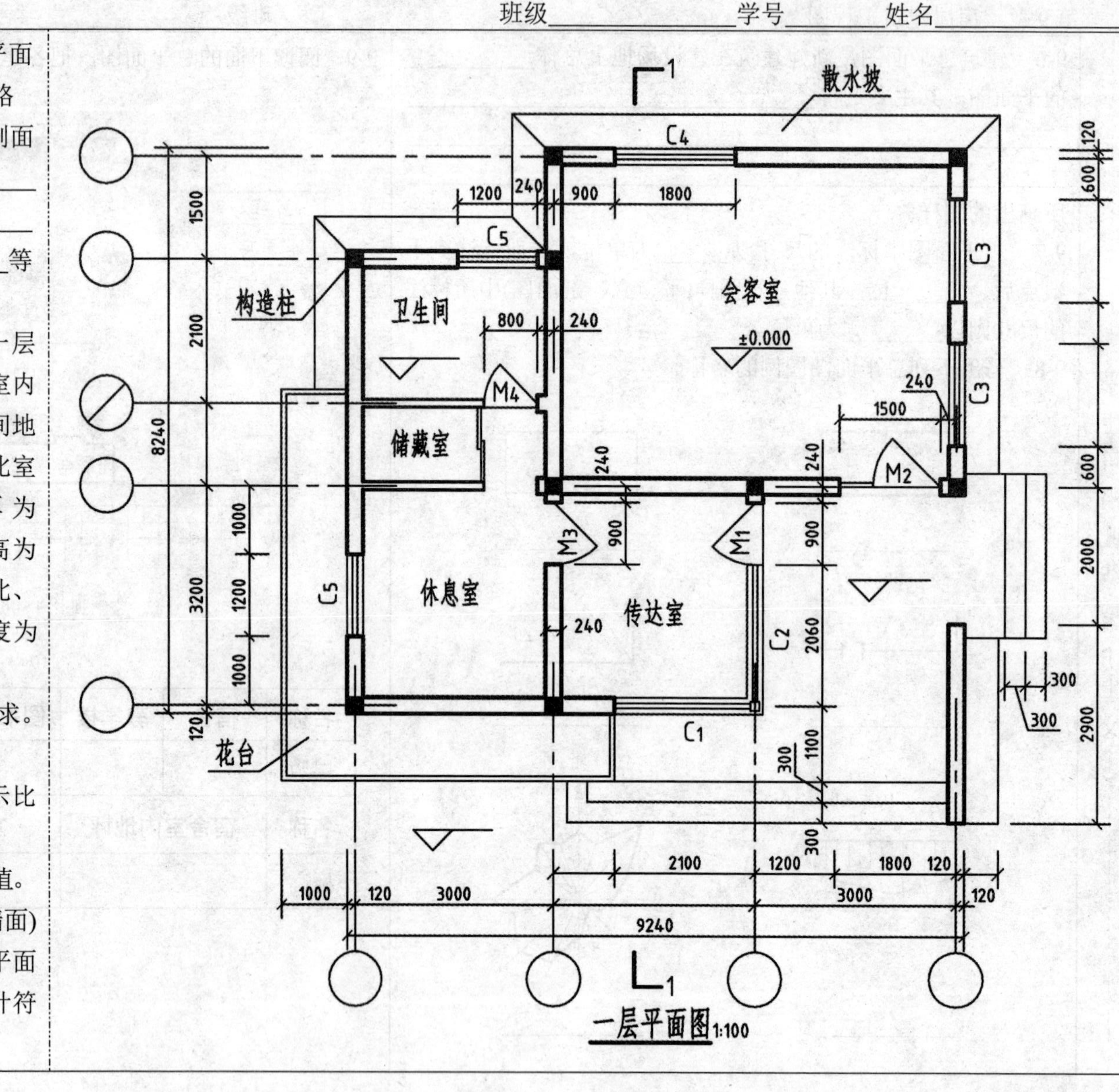

一层平面图 1:100

学生可沿此线剪下上交

9-11 (续)

(5) 填空回答下列问题。

① 该图为＿＿层平面图，比例为＿＿＿＿＿。

② 横向定位轴线从＿＿至＿＿，纵向定位轴线从＿＿至＿＿；建筑总长为＿＿＿＿m，总宽为＿＿＿＿m。

③ 休息室的开间和进深尺寸分别为＿＿＿＿和＿＿＿＿mm；传达室的开间和进深尺寸分别为＿＿＿＿和＿＿＿＿mm；卫生间的开间和进深尺寸分别为＿＿＿＿和＿＿＿＿mm；会客室的开间和进深尺寸分别为＿＿＿＿和＿＿＿＿mm。

④ 房间内卫生间地面标高为＿＿＿＿＿；室外平台标高为＿＿＿＿＿；室外地坪标高为＿＿＿＿＿。

⑤ 传达室的门编号为＿＿＿＿，其两面墙上的窗编号分别为＿＿＿＿和＿＿＿＿；会客室的门编号为＿＿＿＿，其两面墙上的窗编号分别为＿＿＿＿、＿＿＿＿和＿＿＿＿；休息室的门编号为＿＿＿＿，其一面墙上的窗编号为＿＿＿＿；卫生间的门编号为＿＿＿＿，其一面墙上的窗编号为＿＿＿＿。

⑥ 储藏室位于纵向轴线＿＿至＿＿之间；在水平轴线＿＿至＿＿之间有一编号为＿＿＿＿的剖切符号。

⑦ 该建筑设有＿＿个构造柱，其横截面尺寸均为＿＿＿＿＿；室外台阶踏步宽均为＿＿＿＿＿。

9-12　识读并抄绘建筑施工图。

1. 目的

(1) 熟悉一般民用建筑施工图的内容和表达方法。

(2) 掌握绘制与识读建筑施工图的方法和步骤。

2. 要求

(1) 读懂建筑施工图所表达的内容。

(2) 绘图时要严格遵守《房屋建筑制图统一标准》(GB/T 50001—2010)和《建筑制图标准》(GB/T 50104—2010)的有关规定，如有不详之处必须查阅相关标准。

3. 作业内容

抄绘教材《工程制图与CAD》第9章图9-7底层平面图。

4. 作业指导

(1) 图纸：A3幅面绘图纸(横放)。

(2) 比例：1∶100。

(3) 铅笔：准备2H、HB、B型铅笔，打底稿用2H铅笔，描深用HB或B，写字用HB。

(4) 图线：建议图线的基本线宽(即粗实线的线宽)b用0.7mm或0.5mm，其余各类线型的线宽应符合线宽比例规定，同类图线应均匀一致，不同类图线应粗细分明。

(5) 字体：汉字用长仿宋体，字母、数字用标准字体书写。建议标题栏中的图名和校名用7号字；其余文字用5号字。

(6) 标注：依据图样上提供的尺寸完整而清晰地进行标注，标注尺寸应严格按照制图标准中的有关规定。

5. 绘图步骤

(1) 先绘制定位轴线(横纵轴网)。

(2) 再绘制墙线，柱断面和门窗洞。

(3) 绘制门窗图例、楼梯、室内设施及室外散水等。

(4) 检查无误后描深图线并标注尺寸、注写定位轴线编号、标高、门窗编号及有关文字说明等。

(5) 填写图名、校名、比例等内容。

学生可沿此线剪下上交

9-13　建筑立面图主要用来表达建筑物的________________________和________等。

9-14　右图为某传达室的一个立面图(其一层平面图见习题 9-11)。房屋总高为 4.08m；窗台高于室内地面 900mm，窗高 1.8mm，花台高 600mm；外墙面为浅绿色水刷石饰面，白水泥引条线。对照一层平面图，完成如下要求：

(1) 在两端轴线和图名上注出相应的轴线编号；(2) 补全所缺的尺寸(按图示比例照图量取)；(3) 注出有标高符号处的标高值；(4) 在指引线上注写墙面的装饰用料。

9-15　建筑剖面图是建筑施工图中不可缺少的重要图样之一，主要用来表达建筑物内部竖直方向的________、楼层分层情况以及简要的________和________等内容。

9-16　右图为某传达室的剖面图(一层平面图及立面图见习题 9-11、习题 9-14)。对照一层平面图与立面图，完成如下要求：(1) 注出所有轴线编号；(2) 补全所缺的尺寸(按所示比例照图量取)；(3) 注出有标高记号处的标高值；(4) 注全该剖面图的图名。

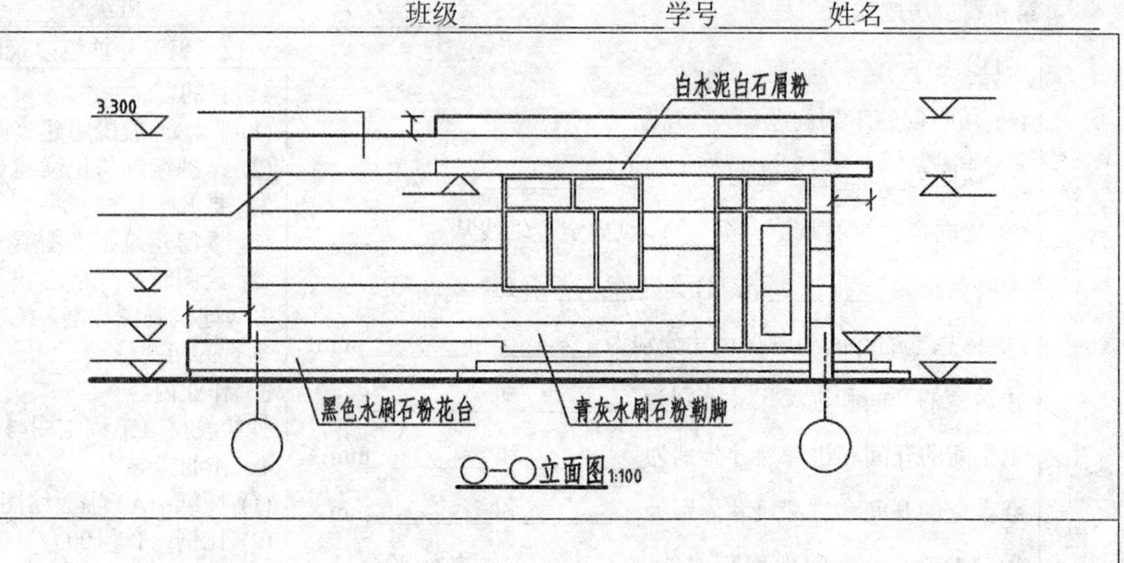

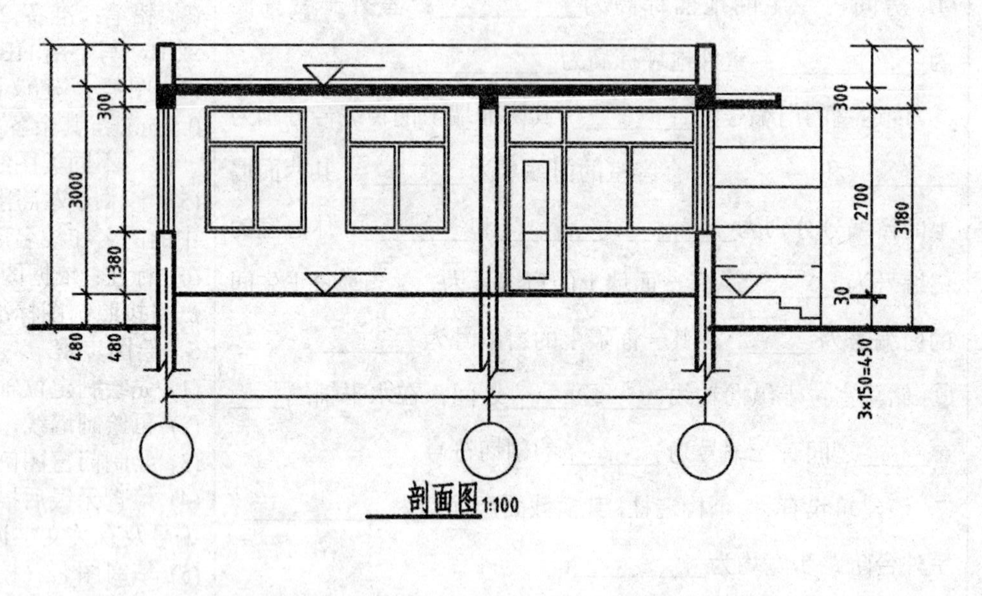

学生可沿此线剪下上交

9-17　建筑详图是把建筑物的细部构造用__________的比例绘制出来的图样。其是建筑平、立、剖面图的__________和深化。

9-18　施工时，为便于查阅建筑详图，应在平、立、剖面图中用________符号注明已画详图的部位、编号及详图所在图纸的编号，同时对所画出的详图以__________符号表示。

9-19　楼梯详图一般包括平面图、________图和__________图等。其中多层建筑一般需要画出________层、________层和顶层三个楼梯平面图，而顶层平面图的最大特征是：楼梯段完整，要画出________的位置，只标注向“______”方向的箭头。

9-20　楼梯剖面图是假想用一个铅垂平面，通过各层的一个________和楼梯间的_______洞将楼梯剖开，向另一未剖到的梯段方向投影所作的正投影图。其主要用来表达楼梯的__________形式、各梯段的_________数以及楼梯各部分的_________和相互关系等。

9-21　根据右图所示的楼梯 3—3 剖面图和顶层平面图，绘制楼梯底层和中间层平面图，并标注尺寸、标高、轴号及图名等。

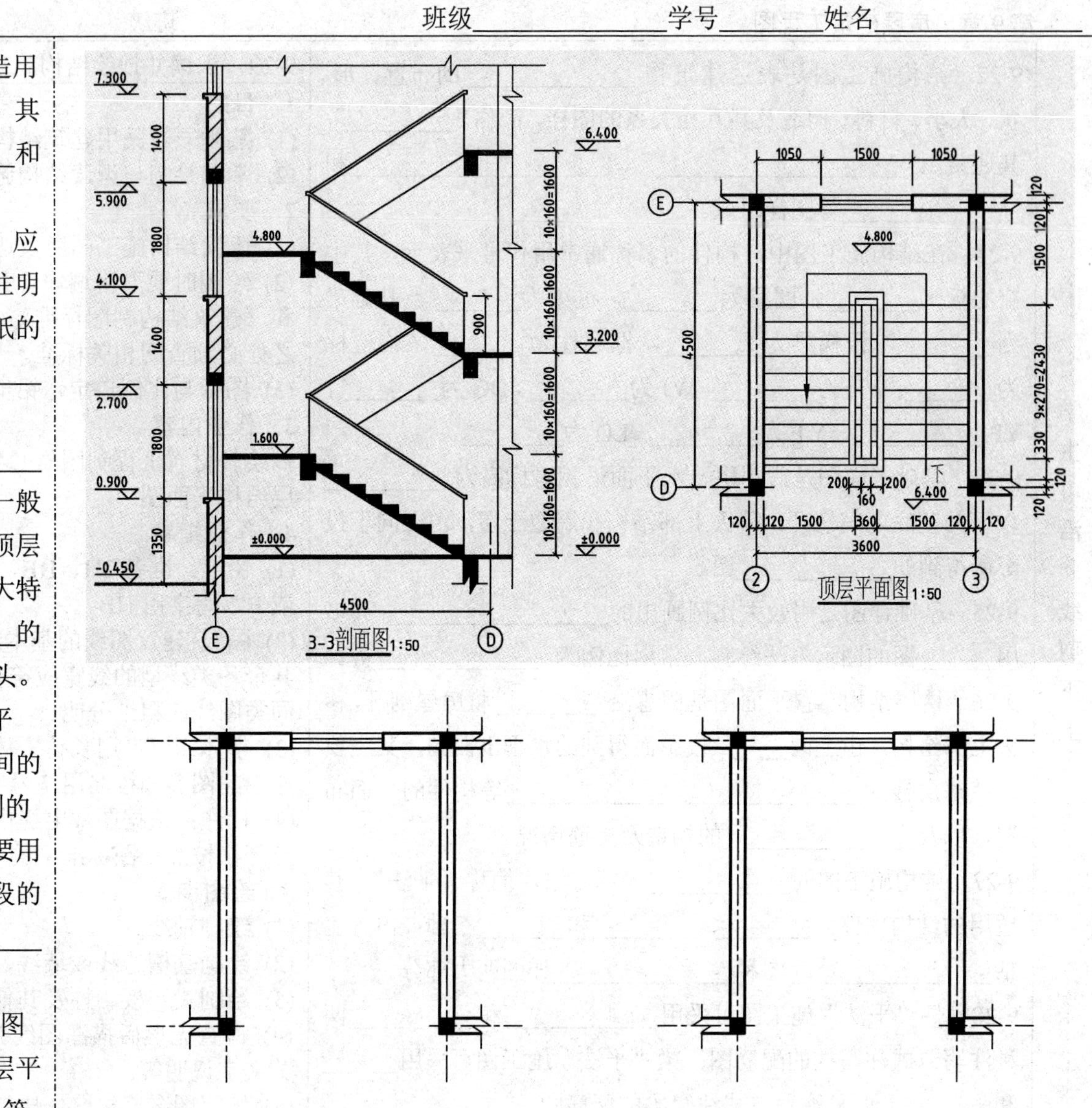

3-3剖面图 1:50

顶层平面图 1:50

班级________学号________姓名________

学生可沿此线剪下上交

9-22 结构施工图是表达建筑物________的布置、形状、大小、材料、构造及其互相关系的图样，简称“________”，其通常由________、________和________等图样组成。

9-23 在结构施工图中，构件的名称通常用代号来表示，其中空心板为________，圈梁为________，过梁为________，基础梁为________，楼梯梁为________，框架柱为________，构造柱为________；WL为________，WJ为________，DQ为________，YP为________，YT为________，LD为________。

9-24 基础平面图是假想用一水平面沿相对标高为________以下与基底之间切开，移去上部结构和周边土层，由上向下投影所得到的________图。

9-25 基础详图是用较大比例画出的________；其多用________图的图示方法绘制，常用比例为________等。

9-26 楼层结构布置平面图是假想沿________将房屋剖开，移去上部结构，由上向________投影而得到的水平剖面图，其主要表达每层楼的________等构件的平面布置，以及________的构造及配筋情况。

9-27 结构施工图的________表达方法，简称“平法”，其适用的结构构件为________、________和________三种；内容包括________图和________详图两大部分。

9-28 柱“平法”施工图可采用________和________两种注写方式注写柱的配筋图；梁“平法”施工图可采用________和________两种注写方式注写梁的配筋图。

9-29 识读并抄绘结构施工图。

1. 目的

(1) 熟悉一般民用建筑结构施工图的内容和表达方法。

(2) 掌握绘制与识读结构施工图的方法和步骤。

2. 要求

(1) 读懂结构施工图所表达的内容。

(2) 绘图时要严格遵守《房屋建筑制图统一标准》(GB/T 50001—2010)和《建筑结构制图标准》(GB/T 50105—2010)的有关规定，如有不详之处必须查阅相关标准。

(3) 图幅与比例自定，铅笔描深。

3. 作业内容

抄绘教材《工程制图与CAD》第9章图9-25基础平面图、图9-27底层结构平面图。

4. 作业指导

(1) 铅笔：准备2H、HB、B型铅笔，打底稿用2H铅笔，描深用HB或B，写字用HB。

(2) 图线：建议图线的基本线宽(即粗实线的线宽)b用0.7mm或0.5mm，其余各类线型的线宽应符合线宽比例规定，同类图线应均匀一致，不同类图线应粗细分明。

(3) 字体：汉字用长仿宋体，字母、数字用标准字体书写。建议标题栏中的图名和校名用7号字；其余文字用5号字。

(4) 标注：依据图样上提供的尺寸完整而清晰地进行标注，标注尺寸应严格按照制图标准中的有关规定。

5. 绘图步骤

(1) 绘制轴线。

(2) 绘制基槽边线或墙线、楼板布置方向线等。

(3) 绘制梁、板、柱及其他需表达构配件的轮廓线。

(4) 检查无误后描深图线并标注尺寸、注写定位轴线编号、标高及有关文字说明等。

(5) 填写图名、校名、比例等内容。

班级________ 学号________ 姓名________

学生可沿此线剪下上交

9-30 给水排水施工图一般分为______给水排水施工图和______给水排水施工图。

9-31 室内给水排水施工图是表达一幢建筑物内部的卫生器具、________管道及其附件的______、______与建筑物的________和__________的施工图。其内容一般包括________________、________________、__________和__________等。

9-32 填写下列管道的代号。

(1) 给水管用字母________表示；

(2) 排水管用字母________表示；

(3) 污水管用字母________表示；

(4) 雨水管用字母________表示。

9-33 当建筑物的给水引入管或排水排出管的数量超过一根时，应进行编号。方法是：在直径约为________mm 的圆圈内，过圆心画一水平线，线上标注________种类，如给水系统写“给”或汉语拼音字母 J；线下标注________，用阿拉伯数字书写。

9-34 室内给水系统根据供水对象的不同，可分为__________、__________和__________三种给水系统。在一幢建筑物内并不一定单独设置三个独立的给水系统，而往往是设置__________、__________、__________或三者并用的给水系统。

9-35 管道系统轴测图一般采用______________图绘制。系统图中所有管段均需标注______，当连续几段管段的管径相同时，可仅标注______管段的管径，______管段管径可省略不用标注。直径用公称直径______表示。

9-36 用文字在横线上标明以下常用图例及代号的含义。

____________ ____________ ____________

____________ ____________ ____________

____________ ____________ ____________

____________ ____________ ____________

班级________________学号________姓名________________

学生可沿此线剪下上交

9-37　对照教材图 9-47 给水系统图，将下图中的所有空格填写完整。

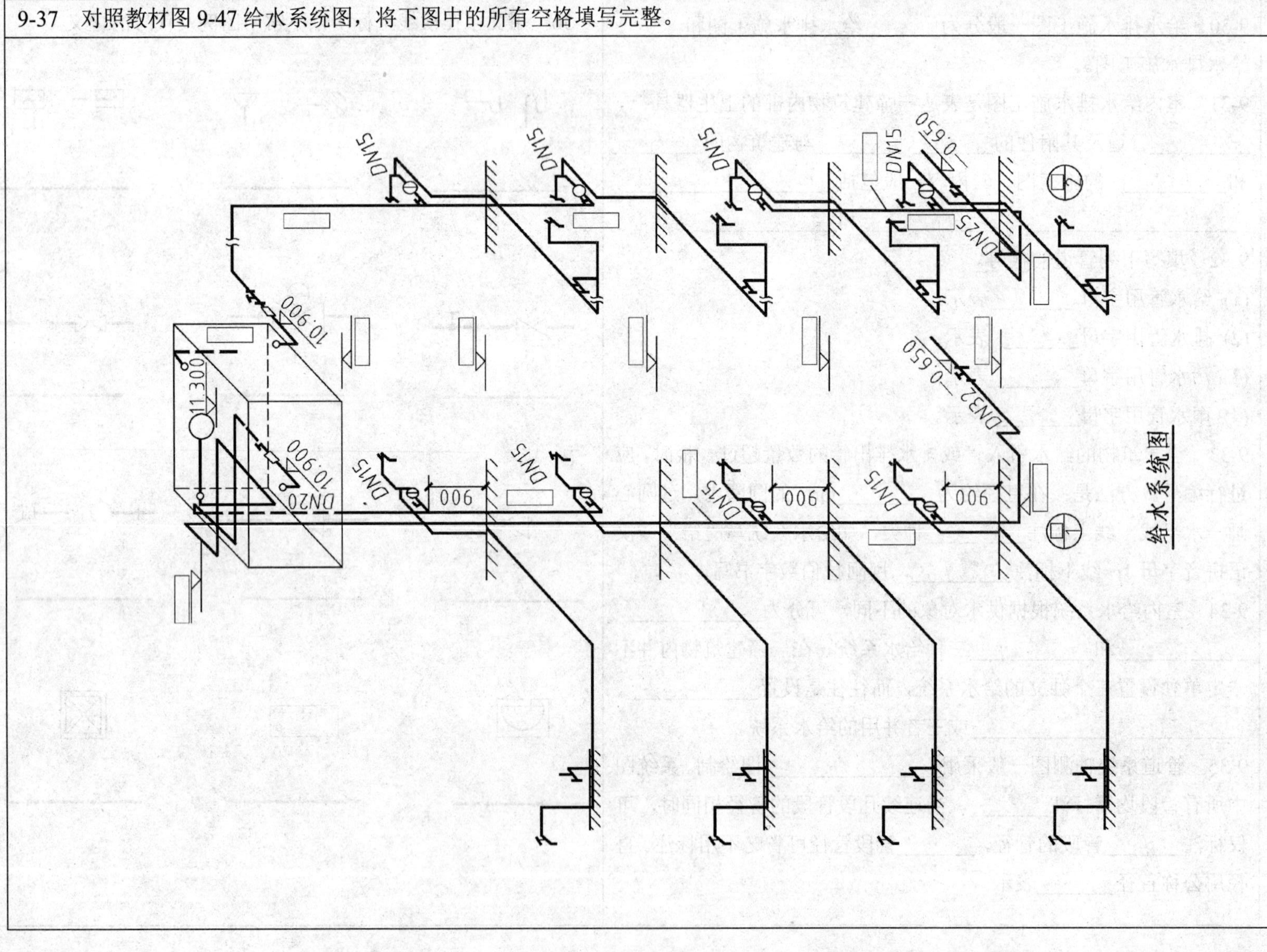

给水系统图

班级________ 学号________ 姓名________

学生可沿此线剪下上交

9-38　画出水箱管道系统图。

正立面图

平面图

水箱管道系统图

9-39　识读并抄绘室内给水排水施工图。

1．目的

(1) 熟悉一般民用建筑室内给排水施工图的内容和表达方法。

(2) 掌握绘制与识读室内给水排水施工图的方法和步骤。

2．要求

(1) 读懂室内给排水施工图所表达的内容。

(2) 绘图时要严格遵守《房屋建筑制图统一标准》(GB/T 50001—2010)和《给水排水制图标准》(GB/T 50106—2010)的有关规定，如有不详之处必须查阅相关标准。

(3) 图幅与比例自定，铅笔描深。

3．作业内容

抄绘教材《工程制图与 CAD》第 9 章图 9-45 底层给水排水平面图和图 9-46 楼层给水排水平面图。

4．作业指导

(1) 铅笔：准备 2H、HB、B 型铅笔，打底稿用 2H 铅笔，描深用 HB 或 B，写字用 HB。

(2) 图线：建议图线的基本线宽(即粗实线的线宽)*b* 用 0.7mm 或 0.5mm，其余各类线型的线宽应符合线宽比例规定，同类图线应均匀一致，不同类图线应粗细分明。

(3) 字体：汉字用长仿宋体，字母、数字用标准字体书写。建议标题栏中的图名和校名用 7 号字；其余文字用 5 号字。

(4) 标注：依据图样上提供的尺寸完整而清晰地进行标注，标注尺寸应严格按照制图标准中的有关规定。

5．绘图步骤

(1) 先绘制轴线、墙、柱、门窗洞口、楼梯等。

(2) 绘制用水设备、卫生器具等。

(3) 绘制给水排水系统中的管道设备等。

(4) 检查无误后描深图线并标注尺寸，注写定位轴线编号、管道的直径与编号及标高等。

(5) 填写图名、校名、比例等内容。